ERPÉTOLOGIE

GÉNÉRALE

ou

HISTOIRE NATURELLE

COMPLÈTE

DES REPTILES,

TOME QUATRIÈME.

PARIS.—IMPRIMERIE ET FONDERIE DE FAIN,
Rue Racine, n. 4, place de l'Odéon.

ERPÉTOLOGIE

GÉNÉRALE

ou

HISTOIRE NATURELLE

COMPLÈTE

DES REPTILES.

Par A. M. C. DUMÉRIL

MEMBRE DE L'INSTITUT, PROFESSEUR A LA FACULTÉ DE MÉDECINE,
PROFESSEUR ET ADMINISTRATEUR DU MUSÉUM D'HISTOIRE NATURELLE, ETC.

ET PAR G. BIBRON,

AIDE NATURALISTE AU MUSÉUM D'HISTOIRE NATURELLE.

TOME QUATRIÈME.

CONTENANT L'HISTOIRE DE QUARANTE-SIX GENRES
ET DE CENT QUARANTE-SIX ESPÈCES DE LA FAMILLE DES IGUANIENS,
DE L'ORDRE DES SAURIENS.

OUVRAGE ACCOMPAGNÉ DE PLANCHES.

PARIS.

LIBRAIRIE ENCYCLOPÉDIQUE DE RORET,
RUE HAUTEFEUILLE, N° 10 BIS.

1837.

AVERTISSEMENT.

CE volume ne termine pas l'étude des Sauriens : notre intention étant de donner une histoire complète des Reptiles, nous nous sommes trouvés plus riches que nous ne l'avions pensé, d'après un premier dénombrement. En nous occupant de la détermination précise des espèces, nous avons pu découvrir beaucoup de faits nouveaux et éviter des erreurs qu'il aurait été facile de commettre ou de répéter, si nous n'avions eu le grand avantage de diriger nos observations sur un nombre de Lézards Iguaniens supérieur à celui qu'aucun naturaliste ait jamais pu avoir en même temps sous les yeux.

Les richesses de notre Muséum national ont encore été augmentées cette année des envois faits d'Égypte, du Sénégal et de Madagascar par MM. Botta, Eudelot et Bernier ; elles l'ont été surtout d'une belle suite de Reptiles généreusement offerte par M. Ramon de la Sagra. Nous avons pu décrire quelques espèces intéressantes du cabinet de la Faculté des sciences de Paris, recueillies par M. Botta en Californie ; d'autres qui provenaient du musée de Boulogne, et de celui de Leyde particulièrement, grâce à l'inté-

a

rêt que portent à la science MM. Temminck et Schlegel qui nous ont fait parvenir tous les objets que nous leur avions demandés.

M. Bibron, qui a visité les principales collections de Londres, a été favorisé dans ses recherches, de la manière la plus gracieuse, par MM. Bennett, dont la perte récente est si regrettable, Owen, Gray, Waterhouse, et surtout par M. T. Bell qui a bien voulu lui confier quelques espèces rares, dont l'examen comparatif nous était indispensable.

C'est dans ces heureuses circonstances que ce quatrième volume a été rédigé. Il comprend l'histoire d'une seule famille, il est vrai; mais elle est complète. Cent quarante-six espèces y sont décrites et distribuées en quarante-six genres, dont neuf sont établis pour la première fois. Parmi les espèces, quarante-trois n'étaient pas encore inscrites sur les registres de la science, et sur un pareil nombre d'espèces déjà connues les auteurs n'avaient pas donné des notions suffisantes.

Ce volume constatera donc les progrès immenses que la connaissance des Reptiles a faits dans ces dernières années, et nous ne doutons pas que sa publication ne tende à contribuer encore d'une manière plus efficace à l'avancement de l'Erpétologie, en facilitant les études et en appelant ainsi de nouvelles découvertes.

Au Muséum d'histoire naturelle de Paris, le 10 septembre 183

HISTOIRE NATURELLE

DES

REPTILES.

SUITE

DU

LIVRE QUATRIÈME.

DE L'ORDRE DES LÉZARDS OU DES SAURIENS.

CHAPITRE VIII.

FAMILLE DES IGUANIENS OU EUNOTES.

§ I. CONSIDÉRATIONS GÉNÉRALES SUR CETTE FAMILLE ET
SUR SA DISTRIBUTION EN SECTIONS ET EN GENRES.

D'APRÈS le nom d'EUNOTES, que nous avons emprunté
des Grecs (1) pour désigner cette division des Lézards,
on serait porté à croire que toutes les espèces de cette
famille devraient se faire remarquer par une crête ou

---

(1) Nous croyons devoir répéter ici que ce nom Εὔνωτος, signifie
beau dos, dos remarquable par sa grâce, quoiqu'il ait souvent été

par quelque autre partie saillante sur la ligne médiane
du dos ou de la queue : nous devons cependant avouer
que ce caractère ne se rencontre pas chez tous ces
Sauriens. La dénomination que nous avons adoptée
dépend uniquement de l'opposition que nous avons
cherché à établir avec les Varaniens, dont le dos est
constamment plat, et que nous avons appelés les *Pla-
tynotcs*. Si le nom d'*Eunotes* ne rend pas notre pensée
aussi bien que nous l'aurions désiré, nous pouvons dire,
pour faire valoir les motifs de l'établissement de cette
famille, que nous avons trouvé un caractère plus
constant et beaucoup plus naturel dans la structure
et la conformation de la langue, qui est charnue, papilleuse, non engaînée, et dont l'extrémité seule est
libre de toute adhérence. C'est par cette conformation,
en effet, que les Eunotes se distinguent de toutes les
autres familles de Sauriens, à l'exception de celle des
Geckotiens, qui d'ailleurs n'ont jamais de crêtes dorsales, et dont les grands yeux ne peuvent pas être recouverts par les paupières, parce qu'elles sont trop
courtes et adhérentes au globe.

D'après cette unique considération de la forme de la
langue, nous obtenons un caractère positif. Réfléchis-
sons, en effet, que les Crocodiliens ne l'ont jamais
mobile isolément, puisqu'elle est fixée de toutes parts
au plancher de la bouche, et adhérente par ses bords
à la concavité des branches sous-maxillaires ; que,
chez les Varaniens et surtout chez les Caméléoniens,
cette langue est très longue, protractile et rétractile
dans un fourreau ; qu'enfin cet organe est libre, suivant

---

employé pour désigner, par extension, celui qui a de bonnes et
larges épaules.

toute sa longueur, dans les trois autres familles, celles qui réunissent les Lézards, les Scinques et les Chalcides.

Il nous serait facile de joindre à ces caractères positifs plusieurs autres annotations que nous indiquerons rapidement comme négatives. Ainsi, pour les distinguer des Crocodiliens, nous citerons le mode d'implantation et de conformation des dents, qui ne sont pas coniques, ni creuses à la base, ni reçues chacune dans un alvéole distinct, et plusieurs autres particularités, telles que les opercules mobiles sur le tympan des oreilles, la longueur des conduits olfactifs, l'absence des ongles aux doigts externes de toutes les pattes, l'unité ou la non division de l'extrémité libre de l'organe générateur externe chez les mâles.

A peine osons-nous établir ici une comparaison avec les Caméléoniens, tant sont nombreuses les différences qui les éloignent des Iguaniens. Nous parlerons seulement de la longue langue vermiforme; de la réunion des doigts entre eux pour former la pince; de la queue prenante ou enroulante, et de la paupière unique qui recouvre leurs yeux.

Les Geckotiens ont bien quelques rapports avec les Agames, comme nous l'avons déjà indiqué en parlant de leur langue; plusieurs espèces, comme les Anolis, ont aussi de l'analogie par la dilatation qu'éprouvent quelques parties de leurs doigts; mais les yeux, presque sans paupières, et surtout l'absence absolue de crête sur la région dorsale, suffisent pour les faire distinguer, ainsi que la disposition et la forme des écailles de la peau.

Les différences sont moins évidentes entre les Iguaniens et les autres Sauriens rapportés aux quatre der-

1.

nières familles. Nous allons cependant les rapporter brièvement.

Ainsi les VARANIENS, si bien caractérisés par la forme de leur langue remarquable par sa longueur et sa profonde bifurcation, sont, en outre, privés de la crête du dos ou de la queue. On les distingue surtout par la conformation et le petit nombre de leurs dents, qui se trouvent fort espacées entre elles et reçues dans des alvéoles séparés.

La manière dont les écailles sont disposées et leurs formes particulières, suffisent pour éloigner les Eunotes des trois autres familles qui nous restent à indiquer, comme nous l'avons d'ailleurs exprimé dans le tableau synoptique inséré à la page 596 du tome second. Car dans ces familles la surface entière de la tête est garnie de grandes plaques cornées, polygones, aplaties, qu'on ne retrouve pas dans les Iguaniens.

Chez les AUTOSAURES ou LACERTIENS, le dessous du ventre est recouvert de grandes plaques carrées et mobiles, distribuées par bandes régulières.

Dans les SCINCOÏDIENS ou LÉPIDOSOMES, ces écailles sont toutes entuilées, et semblables entre elles sur toute la surface du corps qui n'a jamais de crêtes ou d'écailles plus grandes dans la longueur du dos.

Enfin, chez les CHALCIDIENS ou CYCLOSAURES, qui ressemblent aux précédens sous quelques rapports, les écailles sont toutes rangées régulièrement par bandes transversales ou verticillées, et les pattes, lorsqu'elles existent, sont généralement très courtes.

En résumant ces diverses considérations nous aurons les caractères essentiels des Sauriens de cette famille des Eunotes ou Iguaniens.

Le corps couvert de lames ou écailles cornées, sans écussons osseux, ni tubercules enchâssés, ni disposés par anneaux verticillés ou circulairement entuilés ; sans grandes plaques carrées sous le ventre : le plus souvent une crête ou ligne saillante sur le dos ou sur la queue.

Tête dont le crâne n'est pas revêtu de grandes plaques polygones.

Dents, tantôt dans un alvéole commun, tantôt soudées au bord libre des os, mais non enchâssées.

Langue libre à sa pointe, épaisse, fongueuse ou veloutée, non cylindrique, et sans fourreau dans lequel elle puisse rentrer.

Yeux garnis de paupières mobiles.

Doigts libres, distincts, tous onguiculés.

Comme les genres rapportés à cette famille sont fort nombreux, nous croyons utile, pour les faire d'abord connaître, au moins sous leurs noms, qui sont très variés, de présenter une histoire chronologique de leur distinction ou de leur création par les divers auteurs, et des motifs qu'ils ont apportés pour leur établissement.

OPPEL est un des premiers erpétologistes qui, dès l'année 1811, ait rangé les Sauriens, dont nous faisons l'histoire, dans une sorte de famille naturelle, qu'il nomme les IGUANOÏDES, et qu'il caractérise ainsi : « Langue charnue, non fourchue, doigts non palmés, » queue arrondie ou comprimée, tête quadrangulaire, » gorge dilatable; les écailles supérieures de la tête » plus grandes que celles du dos. » Les genres qu'il y inscrivit étaient ceux des Lophyres, des Iguanes, des Basilics, des Dragons et des Anolis. Il y réunissait aussi les Caméléons, et il en avait séparé les Agames, qu'il laissait à tort, suivant nous, avec les Geckoïdes.

Cuvier, en 1817, reproduisit cette famille sous le nom d'Iguaniens, auxquels il reconnaissait une grande analogie avec les Lacertiens par les formes générales, la longueur de la queue, les doigts libres, inégaux; des yeux, des oreilles et des organes génitaux semblables; mais avec une langue épaisse, non extensible, et échancrée seulement à l'extrémité. Notre célèbre naturaliste fit bien quelques changemens, en 1829, à son premier arrangement; mais il en conserva à peu près les bases telles que nous allons les reproduire. Il divisa cette famille en deux sections : les *Agamiens* et les *Iguaniens* proprement dits, ceux-ci auraient des dents au palais, tandis que les premiers en sont privés.

Suivant Cuvier, les Agamiens n'auraient donc pas de dents au palais. Les genres qu'il y a inscrits sont : 1° Les *Cordyles*, caractérisés par la disposition des écailles du dos, du ventre et de la queue en rangées transversales; dont la tête, comme celle des Lézards, est protégée par un bouclier osseux, couvert de plaques cornées; ils ont de plus de grands pores aux cuisses, et des écailles épineuses sur les parties latérales du dos, aux épaules et au dehors des cuisses. 2° Les *Stellions* de Daudin, dont les épines de la queue sont médiocres, la tête renflée en arrière, le dos et les cuisses hérissés de plus grandes écailles, quelquefois épineuses, et qui ont des groupes d'épines autour des oreilles, pas de pores aux cuisses, et la queue longue et pointue. Il y ajoute les *Queues-Rudes* ou *Doryphores*, qui n'ont pas le tronc hérissé de petits groupes d'épines. Viennent ensuite les *Fouette-Queue* ou *Uromastix*, qui sont des espèces de Stellions dont la tête n'est pas renflée derrière, dont les écailles sont petites et uniformes sur le corps, excepté à la queue, où elles sont très épineuses. Ces espèces ont aussi des pores aux cuisses. 3° Les *Agames* proprement dits, semblables aux Stellions, mais dont la queue est couverte d'écailles entuilées, non verticillées. Cuvier subdivise ce groupe en plusieurs sous-genres. Tels sont les *Agames* proprement dits, dont les écailles du corps sont relevées en pointes ou en tubercules, surtout aux environs du conduit auditif, où elles forment des épines, tantôt isolées, tantôt réunies, et dont la peau de la gorge est lâche, plissée en travers, et susceptible de gonflement. Quelques-uns ont des pores aux cuisses, d'autres n'en ont pas. C'est là que Cuvier rapporte les *Tapayes* ou *Agames* orbiculaires, ainsi nommés à cause de la grosseur de leur ventre et de la brièveté de leur queue ; les changeans ou *Trapelus*, les *Léiolépis*, *Tropidolépis* et *Léposomes* ou *Tropidosaures* de Boié. Le genre *Galéote* ou *Calotes*, établi par notre auteur, est encore voisin des Agames ; mais leur peau est revêtue d'écailles régulières, entuilées, souvent carénées et terminées en pointe ; leur queue est très longue, et leur dos est garni d'une crête formée par des lames écailleuses ; ils n'ont ni fanons ni pores aux cuisses, ce qui les distingue des Iguanes. Le genre *Lophyre*, que nous avons ainsi désigné, et que Cuvier a adopté d'après Oppel. Ces espèces sont encore semblables aux Agames par les écailles et par la crête dorsale, ils ont la queue comprimée. Les *Gonocéphales* de Kaüp, les *Lyriocéphales* de Merrem, les *Brachylophes* et les *Physignathes* de Cuvier, en sont encore très voisins. Puis viennent les *Istiures* de Cuvier ou *Lophures* de Gray, ainsi nommés à cause de la crête dorsale soutenue par des apophyses épineuses des vertèbres, comme le porte-crête d'Amboine, décrit d'abord par Schlosser. On y range enfin les *Dragons*, remarquables par les prolongemens de la peau des flancs soutenue par les côtes, par le fanon et les goîtres qu'ils portent sous la gorge. Cuvier en rapproche le petit genre des *Sitanes*, qui n'ont pas les flancs garnis d'ailes, mais dont le fanon est énorme, puisqu'il s'étend jusque sous le milieu du ventre, et qu'il a plus du double de la hauteur de l'animal. Cuvier croit aussi, et tout porte à le penser, que le *Ptérodactyle*, dont on a trouvé les débris fossiles, doit être rapproché de cette division des Agamiens.

Les IGUANIENS proprement dits réunissent moins de genres. Suivant Cuvier, ils auraient tous le palais garni de dents. Ils comprennent d'abord le genre des *Iguanes*, dont le corps et la queue sont couverts de petites écailles entuilées; qui ont sur le dos une crête formée d'écailles pointues, larges, redressées; un fanon sous la gorge; des plaques arrondies ou des écussons vers les tempes, et d'autres de formes polygones sur le crâne; des pores aux cuisses; des dents tranchantes, triangulaires, crénelées. Les espèces du genre *Ophryesse* de Boié, qui en diffèrent parce qu'ils n'ont ni fanon ni pores aux cuisses; les *Basilics*, semblables aux précédens, mais ayant de plus, sur le dos et sur la queue, une crête analogue à celle des Istiures, soutenue par les apophyses épineuses des vertèbres. Les *Polychres* ou Marbrés de Cuvier, semblables à des Iguanes sans crêtes; les *Ecphymotes* de Fitzinger, avec les dents et les pores des Polychres, et la queue munie d'écailles pointues, carénées; enfin les *Oplures* ou *Quetzpaléos*, participent tout à la fois des formes des Agames, sans en avoir les pores fémoraux; des Stellions, par les écailles pointues et carénées de la queue, et des Polychres par les dents ptérygoïdiennes.

Le dernier de ces genres adoptés par Cuvier est celui des *Anolis* de Daudin ; il est caractérisé principalement par la dilatation de l'avant-dernière phalange de leurs doigts. La plupart ont un fanon sous la gorge et les dents des Iguanes. Les uns ont une crête caudale, d'autres ont la queue ronde. Nous avons déjà dit qu'à cause des dents palatines reconnues dans le fossile de Maestricht, Cuvier avait cru devoir rapprocher le genre *Mosasaurus* de cette famille des Iguaniens, ainsi que nous l'avons indiqué en traitant des fossiles à la fin du volume précédent, page 506.

LATREILLE, en 1825, dans l'ouvrage qu'il a publié sous le titre de *Familles naturelles du règne animal*, n'a fait que profiter des travaux publiés de son temps, lorsqu'il a inscrit la famille des Iguaniens au second rang dans l'ordre des Sauriens. Il a adopté l'arrangement de Cuvier pour les dents au palais.

En 1826, M. Fitzinger, dans sa nouvelle classification des Reptiles, a partagé en trois familles ce groupe, que nous nommons les Iguaniens. La première, sous le nom de PNEUSTOÏDES, est analytiquement caractérisée par la brièveté de la langue, le tympan caché, un goître, deux paupières. Elle comprend : 1° le *Pneustes prehensilis*, que d'Azara avait indiqué comme étant du genre Caméléon, portant une crête dorsale. Il n'aurait pas de cinquième doigt aux pattes antérieures ; 2° le *Lyriocéphale* de Merrem, qui est l'*Agama scutata ;* et 3° les *Phrynocéphales*, qui n'ont pas le dos garni d'une crête, mais les pattes à cinq doigts devant et derrière, comme les précédens. La seconde famille est celle des DRAGONOÏDES ; elle est caractérisée par la présence d'une sorte de manteau qui élargit les flancs ou les pattes. Il place auprès du genre *Dragon* deux autres genres fossiles, tels que le *Ptéro-*

dactyle et l'*Ornithocéphale*. Enfin la troisième famille, la plus considérable par le nombre des genres
qu'elle réunit, est celle des AGAMOÏDES. Ils sont distribués
en un tableau synoptique ainsi que nous allons d'a-
bord le développer, pour le présenter ensuite sous la
forme analytique. Deux genres ont les doigts dilatés.
Ce sont ceux des *Xiphosures*, qui ont une crête sur la
queue; et les *Anolis*, qui n'en ont pas. Chez tous les
autres, les doigts ne sont pas dilatés. Une première
grande subdivision comprend les genres dont la queue
est annelée ou présente des verticilles. Parmi ceux-là
les *Cyclures* ont une crête sur le dos. Ceux qui suivent
n'en ont pas; mais il en est, comme les *Uromastix*, qui
ont des pores sous les cuisses, tandis qu'il n'y en a pas
chez les *Tropidures*, qui ont des dents palatines; ni
chez les *Stellions*, dont le palais n'est pas garni de cette
sorte de dents en crochets. Dans les autres genres, dont
la queue n'est pas annelée, et qui sont beaucoup plus
nombreux, il en est dont le dos porte une crête, qui
quelquefois ne se prolonge pas sur la queue, comme
dans les *Calotes;* tandis qu'elle est très-distincte
chez les autres, et que même elle est garnie à l'intérieur de rayons osseux dans les *Basilics*, mais non
pas dans les trois autres genres, qui sont les *Iguanes*
ayant des pores aux cuisses, lesquels manquent aux
Ophryesses, qui ont des dents au palais, et aux *Lophyres*, qui n'en ont pas. Parmi les genres dont le dos
n'est pas garni d'une crête, M. Fitzinger distingue les
espèces qui ont des pores aux cuisses, comme celles
du genre *Polychre*, et celles qui n'en ont pas, et qui
tantôt ont des dents au palais, comme les *Ecphymotes*,
et celles dont le palais est lisse, comme les *Tapayes*,
dont l'abdomen est très-gros, et les *Agames*, qui ne
l'ont pas aussi développé.

FAMILLE DES AGAMOÏDES DE FITZINGER.

À doigts

- dilatés ou élargis : avec la queue
  - surmontée d'une crête. . . . . 1. XIPHOSURE.
  - sans crête. . . . . 2. ANOLIS.

- non dilatés : queue
  - non annelée : dos
    - à crête
      - et sur la queue
        - à rayons osseux à l'intérieur. . . . . 3. BASILIC.
        - sans rayons :
          - distincts. . . . . 4. IGUANE.
          - pores fémoraux nuls : dents palatines
            - apparentes. . . . . 5. OPHRYESSE.
            - nulles. . . . . 6. LOPHYRE.
      - non prolongée sur la queue. . . . . 7. CALOTES.
    - sans crête : pores aux cuisses
      - très-visibles. . . . . 8. POLYCHRE.
      - nuls : dents palatines
        - apparentes. . . . . 9. ECPHYMOTE.
        - nulles :
          - non ventru. . . . . 10. AGAME.
          - corps à gros ventre. . . . . 11. TAPAYE.
  - verticillée : dos
    - à crête. . . . . 12. CYCLURE.
    - nuls : dents palatines
      - distinctes. 13. TROPIDURE.
      - nulles. . . . . 14. STELLION.
    - sans crête : pores aux cuisses
      - distincts. . . . . 15. UROMASTIX.

Nous avons déjà indiqué, à la page 290 du tome premier du présent ouvrage, les divisions et les genres adoptés par Wagler, et publiés en 1830 dans son Système de la classification naturelle des amphibies ; mais comme il a présenté beaucoup de détails sur les Reptiles de cette famille, en établissant un grand nombre de genres auxquels il a rapporté des espèces déjà décrites par d'autres auteurs, nous croyons devoir donner une analyse plus complète de son travail, fruit des savantes recherches d'un esprit observateur et très-éclairé.

Nous rappellerons donc que la famille des Iguaniens, dont nous nous occupons ici, correspond à la seconde tribu de Wagler, celle qu'il nomme les Pachyglosses, laquelle se subdivise en deux : 1° suivant que le corps est déprimé ou aplati : les Platycormes ; 2° suivant qu'il est comprimé ou plus étroit en largeur qu'il n'est élevé en hauteur : les Sténocormes. Ces subdivisions sont séparées en outre en deux groupes, d'après la manière dont les dents sont attachées aux mâchoires : on les nomme alors *Acrodontes* ou *Pleurodontes*.

Le caractère indiqué par le nom de Pachyglosses, consiste en une langue charnue, épaisse, large, attachée presque entièrement, excepté à la pointe, aux branches de la mâchoire inférieure du côté interne.

I. Les genres de la première division, ou à corps déprimé, les PLATYCORMES, se partagent donc en *Acrodontes*, c'est-à-dire à couronnes des dents fixées au sommet des mâchoires. Tels sont ceux, au nombre de quatre, dont les noms suivent :

1° Les Phrynocéphales (Kaup). Espèces asiatiques, dont les conduits auditifs ne sont pas visibles, et dont les narines sont en avant, à demi fermées par une écaille. Il y rapporte trois espèces de Lézards décrites par Pallas sous le nom de *Lacerta aurita, Caudivol-vula* et *Helioscopa*.

2º Le genre TRAPELUS (Cuvier) d'Afrique, espèces qui ont les conduits des oreilles distincts', et dont les narines, situées au sommet de l'angle rostral, sont béantes et visibles au milieu d'une écaille saillante ; leur queue est arrondie, à écailles entuilées. Quatre espèces, dont la synonymie est fort embrouillée, mais que Wagler a cherché à éclaircir, y sont indiquées sous les noms d'*Agama guttata*, de Merrem ; *Agama mutabilis*, du même ; *Lacerta Hispida*, de Linné ; et *Lacerta Agama*, du même.

3º Le genre STELLIO (Daudin), qui se trouve aussi en Afrique, caracterisé par des conduits auditifs externes apparens, dont les narines sont situées en arrière et au-dessous de l'angle rostral, formant un petit tube, et qui ont la queue arrondie, verticillée. Il n'y a qu'une espèce inscrite jusqu'ici dans ce genre, c'est le *Lacerta Stellio* de Linné, ou l'Agame cordylée de Merrem.

4º Les Fouette-Queues ou UROMASTIX (Merrem), espèces également africaines. Leurs narines sont dirigées en arrière, placées presque sur l'angle arrondi du museau, dans une écaille plus grande que les autres ; leur queue, écailleuse en dessous, est déprimée et annelée, ou verticillée. Il n'y a que trois espèces inscrites par Wagler dans ce genre, il les indique comme correspondantes au *Stellio spinipes* de Daudin, à l'*Uromastix acanthinurus* de Bell, et à celui que Ruppel a nommé *Ornatus*.

II. Les genres de la seconde subdivision des *Platycormes*, ceux qui ont les couronnes des dents fixées au bord interne d'un sillon alvéolaire commun, ou les

Pleurodontes, sont également au nombre de quatre , savoir :

5° Les UROCENTRONS (de Kaup), espèce d'Amérique, caractérisée par la situation des narines au sommet d'un petit tubercule, qui se voit au milieu d'une écaille convexe, et dont la queue est conique, épaisse, toute verticillée. Il n'y a que l'espèce désignée par Linné, d'après Séba, sous le nom de *Lacerta azurea.*

6° Les PHRYNOSOMA (Wiegmann) d'Amérique aussi. Leurs narines sont situées en avant et au-dessus de la pointe du museau ; ils ont la queue courte, arrondie, pointue, offrant une base large et déprimée, couverte d'écailles entuilées, semblables entre elles ; tandis que celles qui garnissent le dos sont irrégulières. Trois espèces y sont rapportées. Deux ont les écailles qui couvrent l'abdomen lisses. Ce sont le *Phrynosoma orbiculare* de Wiegmann, et l'*Agama Douglassii* de Bell. La troisième espèce a les écailles abdominales carénées. C'est le *Phrynosoma bufonium* de Wiegmann.

7° Le genre PLATYNOTUS, établi par Wagler sur une espèce d'Amérique, est caractérisé ainsi : narines latérales éloignées l'une de l'autre par un court tubercule, et ouvertes au milieu d'une écaille convexe ; queue arrondie, grêle, beaucoup plus longue que le tronc, à écailles entuilées, dilatée et déprimée à la base.

8° Le genre TROPIDURUS (Neuwied), qui comprend plusieurs espèces d'Amérique, et qui se distingue par les narines s'ouvrant audessus et au-devant de la pointe du museau ; par leur queue longue, arrondie, à écailles entuilées, mais verticillées, et dont le dos est également recouvert d'écailles semblables entre elles et entuilées. **Ces espèces se sépa-**

rent en deux sous-genres. Les unes ont des pores aux cuisses ; chez euz le bord antérieur du conduit auditif est pectiné, et leur cou présente latéralement des plis verticaux. Telles sont les trois espèces que Wiegmann a désignées sous le nom de *Sceleporus torquatus, Spinosus* et *Grammicus*. D'autres n'ont pas de pores sur la partie inférieure des cuisses. Tels sont le *Tropidurus torquatus* de Neuwied , et l'*Agama undulata* de Lichtenstein.

III. Les *Pachyglosses* à corps comprimé ou STÉNO-CORMES se divisent également en Pleurodontes et en Acrodontes. Ces genres sont encore plus nombreux que les précédens, car il y en a vingt-trois, dont quatorze dans la première subdivision et neuf dans la seconde. Parmi les *Pleurodontes* sont rangés :

9° Le genre CYCLURA de Harlan , qui ne comprend qu'une espèce américaine, est caractérisé par la position des narines au milieu d'une grande écaille placée au sommet du museau et de l'angle rostral ; la queue est arrondie, verticillée; il y a un goître lâche plissé en travers. Telle est la *Cyclura carinata* de Harlan , que Cuvier a placée au nombre des *Iguanes* et Wiegmann parmi les *Cténosaures*.

10° L'HYPSILOPHUS (Wagler) d'Amérique. Les narines sont celles des Cyclures ; mais il y a une plaque en écusson derrière les oreilles , la queue est entière, comprimée dans toute la partie supérieure, avec un goître formant un grand fanon non dilatable. Tel est le *Lacerta iguana* de Linné , ou l'*Iguana tuberculata* de Laurenti.

11° Le genre MÉTOPOCÉROS de Wagler est semblable aux deux précédens pour les narines , mais elles sont re-

couvertes d'un écusson ; leur front porte une corne ;
enfin la queue et le goître sont ceux de l'Hypsilophe.
C'est là que se trouve rapporté l'*Iguana cornuta* d'A-
mérique.

12° L'AMBLYRHINCUS ou Large-Nez de Bell, espèce
d'Iguane la plus commune en Amérique, et que Laurenti a désignée sous le nom de *Delicatissima*, dont
les narines sont celles des Cyclures, mais entourées
d'écailles élevées, de manière à représenter une sorte
de tube, dont le sommet de la tête est osseux et tuberculeux, la gorge n'ayant qu'un petit goître, et la queue
étant celle de l'Hypsilophe.

13° Le genre BASILISCUS (Laurenti), également d'A-
mérique, dont les narines sont simples, comme dans les
Cyclures, l'occiput lobé, la gorge recouverte d'une
peau lâche à plis transverses, la queue comprimée,
mais arrondie et anguleuse vers la pointe. Deux espèces y sont inscrites : le *Lacerta Basiliscus* de Linné,
et le *Basiliscus vittatus* de Wiegmann.

14° L'OEDICORYPHUS de Wiegmann, qui l'a fait connaître par une lettre à Wagler, ne comprend qu'une
espèce d'Amérique, dont le nom indique le principal
caractère. Il réside dans la forme du sommet de la tête,
qui est d'abord étroit et concave entre les orbites et qui
se renfle ensuite ; la gorge est lisse ; les doigts ont le
bord externe denticulé et frangé ; la queue est entière,
arrondie. Wiegmann a depuis désigné cette espèce sous
le nom de *Corythaeolus Vittatus*.

15° Le genre DACTYLOA de Wagler correspond à
celui que nous avons nommé *Anolis* d'après Daudin.
Toutes les espèces qu'il comprend sont américaines.
Wagler le caractérise ainsi : narines latérales sur le
sommet d'un tubercule, le chanfrein (*meso-rhinium*)

bossu, le vertex semblable à celui du genre précédent; un goître dilatable; tous les doigts, le pouce excepté, dilatés et lobés; la queue comprimée au sommet. Les espèces sont distinguées suivant qu'elles ont la queue garnie d'une crête, tel que le grand Anolis à crête de Cuvier; ou qu'elles ont la queue simple comme l'*Anolis bimaculatus* de Merrem, le *Lacerta bullaris* de Linné, l'*Anolis gracilis* de Neuwied, et celui qu'il a nommé *Viridis*.

16° La Draconura de Wagler, espèce d'Amérique, à laquelle il assigne pour caractères : vertex et narines du Dactyloa, goître à pli longitudinal un peu dilatable; doigts élargis près des articulations; queue ronde, épaisse à la base, qui est arrondie. Il y range une seule espèce, qu'il désigne sous le nom de *Nitens*, et dont il donne la description.

17° Norops de Wagler, nom qui signifie brillant, et que cet auteur assigne à une espèce d'Amérique, qui est l'*Anolis auratus* de Daudin, dont les narines sont les mêmes que celles du Dactyloa, le sommet de la tête plat, couvert d'écussons irréguliers lisses, le goître avec un pli longitudinal, les doigts simples avec l'avant-dernière phalange légèrement lobée, la queue faisant suite au tronc, entière, à angles arrondis.

18° Polychrus (Cuvier), espèces d'Amérique, dont les narines sont situées au-dessous du sommet de l'angle du bec, les doigts simples, la queue entière et à angles arrondis. Tels sont le *Lacerta marmorata* de Linné, et le *Polychrus acutirostris* de Spix.

19° Ophryoessa de Boié, aussi d'Amérique, correspondant au *Lacerta superciliosa* de Linné, dont le caractère est ainsi exprimé par Wagler : narines sur l'angle rostral, dans une écaille bossue, au-devant du

sommet d'un tubercule, la gorge et les doigts du Polychrus ; la queue comprimée dans toute son étendue.

20° Enyalius (Wagler), espèce d'Amérique : narines, vertex et doigts de l'Ophryoesse ; goître à plis
transverses ; queue ronde. Deux espèces : l'*Agama
concatenata* de Neuwied, et le *Lophyrus margaritaceus* de Spix.

21° *Hypsibatus* de Wagler ou Pneustes de Kaup,
espèces d'Amérique, auxquelles notre auteur assigne
pour caractères : narines situées un peu latéralement
en dessus sur une écaille bossue ; occiput couvert
d'un seul grand écusson ; les sourcils garnis d'écussons ; gorge resserrée à plis transverses ; queue du
genre précédent.

22° Otocryptis (Wiegmann), également d'Amérique : ce genre n'a été établi que pour une seule espèce,
dont les narines sont comme celles des Ophryoesses ; les
tympans cachés ; le sommet de la tête couvert d'écailles
un peu en carène ; la gorge lisse ; les doigts frangés ;
la queue arrondie.

IV. Sous le titre de *Pachyglosses sténocormes*,
acrodontes, c'est-à-dire à couronnes des dents insé-
rées sur le sommet des os maxillaires, sont réunis les
neuf genres suivans :

23° Lyrocephalus de Merrem, espèce d'Asie, qui
est l'*Agama scutata*, dont les narines sont situées latéralement au centre d'une écaille saillante, les oreilles
cachées, le goître dilatable, la queue tout-à-fait arrondie et comprimée, les écailles du dos dissemblables,
aplaties, irrégulières ; celles du ventre plus fortes,
semblables entre elles, et entuilées.

24° Gonyocephalus de Kaup, espèce d'Asie, qui

est l'*Iguana chamæleontina* de Laurenti, ou l'*Agama gigantea* de Kuhl, et dont le caractère est ainsi exprimé par Wagler : narines au-dessous du sommet de l'angle rostral au milieu d'une écaille, goître dilatable ; queue entière arrondie, comprimée à la base ; écailles du dos plates, petites, homogènes, irrégulièrement distribuées ; celles du ventre plus grandes, entuilées, carénées.

25° BRACHYLOPHUS (Cuvier), espèce asiatique, qui est l'*Iguana fasciata* de Brongniart, dont les narines sont situées latéralement sur l'angle du bec, un goître existe sous la gorge ; les écailles sont généralement aplaties, petites, et régulières sur le dos et sous le ventre ; celles des pattes et de la queue sont plus grandes, comprimées et carénées.

26° PHYSIGNATHUS (Cuvier), espèce de l'Asie, décrite dans le Règne animal sous le nom de *Cocincinnus*. Elle a pour caractère : les écailles disposées et conformées comme celles du Brachylophe ; tête gonflée, et épineuse en arrière ; point de goître ; queue très comprimée.

27° LOPHURA de Gray, également une seule espèce d'Asie, qui est le *Lacerta Amboinensis* de Schlosser, dont les narines, à demie fermées, sont situées au sommet d'un museau aigu ; le goître est simple, dilatable ; les écailles du dos sont plates, hétérogènes, un peu irrégulières ; celles du ventre petites, carrées ; celles des pattes et de la queue comprimées, entuilées.

28° CHLAMYDOSAURUS (Gray). Singulière espèce de la Nouvelle-Hollande, remarquable par une sorte d'appendice membraneux venant de la nuque, et soutenu par de petits os.

2.

29° Calotes (Cuvier), genre plus nombreux en espèces également d'Asie, dont les narines sont percées dans le milieu d'une écaille saillante au-dessous de l'angle rostral ; le goître dilatable et allongé ; les écailles du tronc homogènes, grandes, entuilées ; queue arrondie, polygone. Telles sont l'*Agama cristatella* de Kuhl, la *Gutturosa* de Merrem, la *Versicolor* de Daudin, le *Lacerta calotes* de Linné.

30° Semiophorus (Wagler), ou *Sitana* (Cuvier), espèce d'Asie, remarquable par un goître prolongé jusqu'au milieu du ventre, et très élevé, à écailles entuilées et carénées.

31° Draco (Linné), espèces nombreuses d'Asie, très remarquables par un prolongement de la peau des flancs, qui sont soutenus par des côtes lombaires. Cinq espèces y sont rapportées par Wagler, savoir : *D. præpos*, Linné ; *D. viridis* et *fuscus* de Daudin, qui sont, l'un le mâle, l'autre la femelle ; *D. Fimbriatus* de Kuhl ; *D. Lineatus* de Daudin.

Quoique nous soyons bien éloignés d'adopter entièrement cette classification de Wagler, nous avons cru devoir cependant la reproduire avec plus d'étendue que celle des autres auteurs, car son étude particulière nous a fourni l'occasion de reconnaître plusieurs modifications importantes dans la structure de quelques espèces dont il fallait réellement profiter. On pourra voir d'ailleurs que cette famille des Pachyglosses correspond complétement dans ses tribus et ses divisions à celle que nous avons nous-mêmes adoptée, et qui comprend essentiellement toutes les espèces de Lézards confondues antécédemment sous les noms d'Iguanes, d'Agames et de Dragons.

Wagler, d'après ce que nous venons d'indiquer, les

divise réellement en deux groupes principaux ; les espèces à corps déprimé , et celles qui ont le tronc comprimé de droite à gauche. Chacune de ces divisions
premières se partage en deux autres sections , suivant
le mode d'implantation des dents. Les Acrodontes ,
dont toutes les espèces sont originaires de l'ancien continent d'Afrique ou d'Asie, à l'exception du Chlamydosaure de la Nouvelle-Hollande ; tandis que tous les Pleurodontes se retrouvent uniquement en Amérique. Cette
distinction paraît donc assez naturelle , puisqu'elle
sépare en effet les Sauriens de pays divers par un caractère constant qui réside dans le mode d'implantation des dents. Malheureusement cette particularité
n'est pas toujours facile à constater, car les dents sont
petites , souvent cachées par les gencives , et, pour s'en
assurer, il faudrait fendre les mâchoires ou avoir les
squelettes tout à fait dépouillés de la chair , et cette
circonstance ne peut pas s'obtenir autant qu'on le dé-
sirerait. Ensuite Wagler, voulant tirer ses caractères
comparatifs des genres dans les mêmes parties , a cru
pouvoir les rencontrer dans la position des narines ; il
s'est évidemment abusé sur la valeur de ce caractère,
ou bien il s'est fait complétement illusion , car il
n'existe pas dans les variétés de cette disposition des
différences assez précises pour établir une véritable
distinction. Afin d'arriver à son but, il a eu beau cher-
cher à varier ses expressions descriptives, il n'y avait
réellement pas assez de différences ; aussi a-t-il fait
entrer en concurrence plusieurs autres caractères naturels ; mais, afin de les faire mieux valoir, il a été forcé
d'avoir recours à des distinctions purement spécifiques , ainsi que nous aurons occasion de le faire remarquer quand nous traiterons de quelques espèces

qu'il a cru devoir isoler pour en faire autant de types de genres dans lesquels il lui a été impossible d'inscrire aucun autre individu.

Lorsqu'en 1831 M. GRAY publia, à la suite de l'édition anglaise du Règne animal de Cuvier, un tableau synoptique des Reptiles (1), il a divisé, ainsi qu'il suit, les genres qui composent la famille des Sauriens dont nous faisons l'histoire.

Voici d'abord comment il partage les IGUANIENS, auxquels il donne pour caractères : les dents trilobées ou dentelées, placées sur le bord interne des mâchoires ; corps et tête comprimés ; palais le plus souvent garni de dents. Il établit parmi eux trois grandes divisions, d'après la disposition des côtes et de la peau de la gorge.

A. Les Iguanes, qui ont les côtes simples, la gorge dilatable, la tête courte, le dos crêté, le palais denté et des pores fémoraux nombreux. Il y rapporte, 1° le genre *Iguana* proprement dit, tels que le *Tuberculata* et le *Nudicollis*, qui ont la queue également écailleuse, les doigts inégaux en longueur, des plaques céphaliques aplaties, le fanon dentelé. 2° Le genre *Brachylophus*, tel que le *Fasciatus*, qui ne diffère des précédents que parce que le fanon n'est pas dentelé. 3° Le genre *Amblyrhincus*, dans lequel il range l'espèce dite *Cristatus*, et celle qu'on a désignée sous le nom d'*Ater*, dont la queue est comprimée, avec des anneaux d'écailles épineuses ; les doigts presque égaux ; la tête couverte de plaques convexes.

B. Dans le second groupe, qui comprend cinq gen-

_____

(1) THE ANIMAL KINGDOM, tom. IX. Voyez dans cet ouvrage, tom. I, page 269, l'analyse générale que nous en avons présentée.

res, les côtes sont simples encore, et la gorge offre un pli en travers et non un fanon. Tels sont, 1° les genres *Cyclura* et *Ctenosaura*, dont la tête est allongée, à écussons; le dos garni d'une crête, des anneaux d'é-cailles épineuses à la queue; les écailles dorsales de forme carrée, et des pores fémoraux. 2° Les genres qui ont pour type l'*Ophryessa*, et qui sont au nombre de quatre, les *Xiphura*, *Plica*, *Oplurus* et *Doryphorus*, dont les caractères sont empruntés à la forme de la queue et à celles des écailles. 3° Le genre *Leiocepha-lus*, dont le dos et la queue sont garnis d'écailles caré-nées, convergentes sur le dos y formant une crête, et qui sont dépourvus de pores fémoraux. 4° Les espèces correspondantes aux genres *Tropidolepis* de Cuvier ou *Sceleporus* de Wiegmann, qui ont aussi les écailles carénées, mais dont les cuisses ont des pores très ap-parens. 5° Enfin le genre *Phrynosoma*, dont la tête est courte, arrondie, à deux lobes en arrière, avec des écailles épineuses. Corps et queue courts, déprimés, à écailles carénées, irrégulières; une frange dentelée sur les flancs; pores fémoraux distincts; palais sans dents. Telles sont les espèces nommées *Douglasii*, *Cor-nutus*, *Bufonium*, *Orbiculare*.

C. Ce troisième groupe comprend quatre genres, dont les côtes forment, en se rejoignant en dessous, des cercles complets; dont la tête est garnie d'écussons, et chez lesquels la gorge est très extensible. Le premier genre est celui des *Basilics*, dont la tête est comme capuchonée; le dos crêté, les cuisses sans pores appa-rens, et les doigts bordés latéralement. Les *Chamœ-leopsis* avec une tête carrée, l'occiput comprimé et prolongé en crête, le dos avec une crête basse, et qui n'ont pas de pores aux cuisses. Les *Anolis*, dont la

tête est allongée et simple, les doigts dilatés sous l'a-
vant-dernière phalange. Enfin les *Polychres*, dont la
tête est anguleuse, le corps couvert de petites écailles
lisses, plus grandes en dessous, la queue arrondie,
les doigts simples, et dont les cuisses n'offrent pas de
pores.

WIEGMANN avait commencé, comme nous l'avons dit,
à publier dans l'Isis, en 1828, tome XXII, page 664,
beaucoup de faits sur les Sauriens, qui composent la
famille dont nous entreprenons l'histoire ; mais depuis
il s'est fait lui-même un devoir de relever quelques
erreurs dans lesquelles il était tombé, et il les a indiquées dans la préface de sa grande Erpétologie du
Mexique, publiée au mois d'août 1834 (1), et que nous
n'avons pu mentionner jusqu'ici. Nous allons en conséquence en présenter l'analyse. Nous profiterons également de quelques observations anatomiques qu'il a
pu faire sur certaines espèces qu'il a décrites pour la
première fois.

Il divise les Sauriens en trois sous-ordres : 1. les
Cuirassés, *Loricati ;* 2. les Écailleux, *Squamati ;* et
3. les Annelés, *Annulati.*

Les Écailleux, auxquels se rapportent en particulier les espèces qui composent la famille dont nous
nous occupons, sont partagés en trois séries, d'après
la forme de la langue. Les *Leptoglosses* ou à langue
étroite ; les *Rhiptoglosses* ou à langue cylindrique,
protractile ; et les *Pachyglosses* ou, comme il l'exprime, les Sauriens à langue courte, épaisse, recouverte d'une sorte de velours de papilles courtes, fili-

---

(1) *Voyez* la note de la page 592 du tome III du présent ouvrage.

formes, à peine échancrée à son extrémité, qui est arrondie ; dont la forme du tronc varie, et qui tous ont quatre pattes. Chez eux l'os pariétal est simple, ou présente deux branches qui se portent en divergeant en arrière ; les os de la tête ne sont jamais recouverts d'une croûte calcaire.

La première division de cette troisième série, qui en est le type, comprend les *Crassilingues* ou à langue épaisse. Ce sont les genres qui vont se présenter à notre étude, car la seconde division, sous le nom de *Latilingues* ou à langue large, renferme les Geckotiens, ou, comme il les appelle, les Ascalabotes, que nous avons précédemment fait connaître.

Les Langues-Épaisses, *Crassilingues*, sont ainsi caractérisés : yeux clos par des paupières mobiles, à pupille arrondie, oreilles externes rarement cachées sous la peau. Fosse temporale non découverte en dessus, limitée en dehors par les os orbitaux postérieurs et le temporal. Orbite fermée ou limitée en arrière. Un seul os pariétal ; les dents innées ou fixées au sommet des des bords maxillaires. (Pleurodontes ou Acrodontes.) Ces caractères sont principalement mis en opposition avec ceux qu'il attribue aux Ascalabotes.

Les Crassilingues sont partagés en deux familles : les *Dendrobates*, qui grimpent ou marchent sur les arbres, et les *Humivagues*, qui marchent sur la terre. Les premiers ont le tronc plus ou moins comprimé. Le milieu du dos porte une carène ou une crête. Les seconds ont le tronc déprimé, la ligne moyenne du dos est presque plane, au moins chez la plupart elle ne porte pas de crête. Dans l'une et dans l'autre famille, M. Wiegmann établit deux sous-divisions, les *Em-*

phyodontes (1), dont les dents naissent dans l'épaisseur des mâchoires, et qui, selon lui, sont tous originaires de l'ancien monde ; et les *Prosphyodontes* (2), qui ne se rencontrent que dans le nouveau-monde.

Les Dendrobates correspondent aux Sténocormes de Wagler. Aux caractères précédemment indiqués, Wiegmann ajoute que leur tête est de forme pyramidale, régulièrement tétragone, à pans verticaux ; que leur gorge est le plus souvent munie d'un fanon ou d'un goître, et que leurs pattes sont allongées, le plus souvent très maigres.

Dans la première tribu, les Emphyodontes, les couronnes des dents naissent sur les mâchoires, ce qui correspond aux Acrodontes de Wagler.

Les uns n'ont pas les flancs bordés d'un repli membraneux, et leurs oreilles sont cachées sous la peau, comme les genres *Lyrocephalus* et *Otocryptis*.

Les autres Sauriens, qui n'ont pas les oreilles cachées, et qui cependant appartiennent à la même sous-tribu, tantôt n'ont pas les cuisses garnies de pores, tels sont les genres *Gonyocephalus*, *Calotes* et *Semiophorus ;* tantôt ils ont des pores fémoraux, et Wiegmann y rapporte également trois genres, les *Physignathes*, les *Lophures* et les *Chlamydosaures*.

Les genres *Draco* et *Dracunculus* ont les flancs bor-

---

(1) De Εμφυομαι, je nais dedans ; *innascor*, *ingeneror* ; et de Οδοντες, dent

(2) Des mots grecs πρισφὺς, adnées, adhérentes, *adhærentes*, *adnatæ ;* et de οδους, ιδοντες, *dentes*. Ces deux expressions avaient été proposées par M. Wiegmann avant celles de M. Wagler, et avant ces deux naturalistes, Cuvier avait fait connaître dans la première édition de ses Ossements fossiles la manière dont les dents sont implantées chez les Iguanes.

dés d'un repli membraneux de la peau, soutenu par les fausses côtes abdominales, et les premiers diffèrent des seconds parce que leur tympan est apparent.

La seconde tribu, celle des Prosphyodontes ou à dents soudées au côté interne du sillon des mâchoires, autrement dits les Pleurodontes sténocormes et Pachyglosses de Wagler, n'ont pas de dents laniaires, et appartiennent tous au Nouveau-Monde.

Un seul genre a les tympans non apparents : c'est celui des *Pneustes* de Merrem, mais que l'auteur, dont nous analysons le travail, paraît regarder comme douteux.

Les autres genres ont le tympan visible, mais tantôt les orifices des narines sont supérieures, comme dans les genres *Ophryoessa* et *Hypsibalus;* tantôt les narines sont latérales, soit avec un casque ou prolongement occipital osseux, comme dans les deux genres *Corythophanes* et *Chamæleopsis ;* soit sans casque occipital osseux, comme les *Corythæolus* et les *Basiliscus,* qui n'ont pas de pores fémoraux, ou comme les *Cyclures,* qui en ont. Soit, enfin, comme le genre *Iguana,* dont la queue est comprimée et crêtée dans toute sa longueur, ou comme les *Amblyrhincus,* qui n'ont pas de fanon ; la situation des narines, plus ou moins rapprochées du bout du museau, quoique latérales, ont fait ranger là les genres *Læmanctus* et *Polychrus,* de même qu'elle y a fait placer sous les noms de *Norops,* de *Draconure* et de *Dactyloa,* les espèces qui, d'après divers caractères que nous indiquerons plus loin, ont dû former des genres, principalement à cause de la saillie particulière formée par l'intervalle que les narines laissent entre elles.

La seconde famille des Pachyglosses ou celle des

Humivagues ou Terrestres de Wiegmann, correspondante aux Platycormes ou à corps déprimé de Wagler,
se trouve caractérisée par la forme de la tête, qui est
plus courte, déprimée, et triangulairement arrondie,
dilatée fortement en arrière, avec les bords latéraux
taillés obliquement, et qui ont le tronc déprimé, le dos
large, rarement caréné. Elle se divise, avons-nous dit,
comme la précédente, en Emphyodontes ou Acrodontes
de Wagler, et en Prosphyodontes ou Pleurodontes de
ce dernier auteur, ce qui forme ainsi deux tribus.

Dans la première, tantôt les tympans sont à nu,
avec ou sans pores fémoraux, et il y a cinq genres dans
ces deux sous-divisions. Trois appartiennent à la première. Ce sont ceux des *Leiolepis*, *Uromastix*, *Amphibolurus;* les deux autres sont ceux du *Stellio* et du
Trapelus. Le seul genre *Phrynocephalus* n'a pas de
tympan visible.

Dans la seconde tribu, l'absence des pores fémoraux
réunit quatre genres, qui sont nommés *Strobilurus*,
Urocentron, *Platynotus* et *Tropidurus*, et la présence
de ces pores aux cuisses rapproche les deux genres
Sceloporus et *Phrynosoma*.

Ainsi, en résumé, M. Wiegmann réunit trente-deux
genres dans cette série des Crassilingues. Il les divise
en Dendrobates et en Humivagues, et chacune de ces
tribus en séries doubles, suivant l'insertion des dents
en Emphyodontes et en Prosphyodontes.

Les Emphyodontes Dendrobates ou n'ont pas de manteau latéral, sorte de parachute, et parmi ceux-là
tantôt on ne voit pas les tympans, comme dans les
deux genres indiqués; tantôt ils sont visibles avec ou
sans pores fémoraux. Ici se trouvent réunis six genres

distincts, trois par trois. Deux genres seulement ont des membranes latérales.

Les Prosphyodontes ont tantôt les tympans cachés comme le seul genre *Pneustes;* tantôt ils sont découverts comme dans les quatorze genres, suivant l'indication que nous en avons faite précédemment.

Les Crassilingues terrestres ou Humivagues sont séparés, comme nous l'avons vu, par le mode d'insertion des dents. Les Emphyodontes ont tantôt les oreilles visibles, avec ou sans pores fémoraux. Il y a cinq genres dans ce cas. Tantôt les tympans sont cachés, tel est le seul genre des Phrynocéphales. Enfin les Prosphyodontes n'ont pas de pores fémoraux. Il y a quatre genres dans cette catégorie; deux autres seulement en ont de bien distincts, tels sont les Scélopores et les Phrynosomes.

Ce travail nous a beaucoup servi, et quoique nous ne l'ayons pas adopté, il nous a été d'un très grand secours. Nous aurons soin d'indiquer par la suite les lumières qu'il nous a fournies dans plusieurs cas véritablement embarrassans.

En 1835, notre collègue, M. de Blainville, en décrivant, dans le tome IV de la troisième série des Annales du Muséum, quelques espèces de Reptiles de la Californie, a présenté l'analyse d'un système d'erpétologie. La famille des Eunotes, dont nous faisons connaître ici la partie historique, s'y trouve partagée en trois, savoir : 1° les Agames, 2° les Dragons, et 3° les Iguanes.

1° Les Agames. Leurs caractères sont en général bien tracés : cependant nous ferons remarquer qu'il est extrêmement rare de trouver chez ces Sauriens des dents maxillaires entières. Chez le plus grand nombre, le sommet de chaque dent est à trois lobes. Quoique l'auteur leur ait encore attribué, comme caractère, d'avoir les dents enchâssées ou d'être Acrodontes, nous avons pu vérifier, d'après Wagler et Wiegmann, que neuf des sous-genres rapportés à ce groupe sont très certainement Pleurodontes, tels sont ceux des *Phrynosoma*, *Platynotus*, *Ecphymotes*, *Tropidolepis*, *Hypsibatus*, *Ophryessa*, *Brachylophus*, *Amblyrhincus* et *Callisaurus*. Quant à l'absence des dents palatines, elle n'a certainement pas lieu dans les genres *Ecphymotes*, *Hypsibatus*, *Ophryessa* et *Brachylophus*.

Au reste, voici les subdivisions de cette famille en quatre groupes :

A. Espèces dépourvues de crêtes dorsale et caudale, ou les Agames, neuf sous-genres, dont voici les noms : *Phrynocephalus*, *Stellio*, *Phrynosoma*, *Platinotus*, *Trapelus*, *Agama*, *Ecphymotes*, *Tropidolepis* et *Amphibolurus*. Cependant trois espèces de ce dernier genre ont une crête dorsale.

B. Espèces pourvues de crête dorsale formée d'écailles, ou les Lophyres. Il y range les sous-genres *Hypsibatus*, *Galeotes*, *Lophyrus*, *Ophryessa*, *Lyrocephalus* et *Gonyocephalus*. Mais ce dernier genre, établi par Kaup, est très-certainement fondé sur la même espèce que nous avons nommée *Lophyrus*, ainsi que nous le dirons à son article.

C. Espèces sans crête dorsale et à queue verticillée par des anneaux d'écailles fort épineuses, ou les Fouette-queues, *Uromastix*. Un seul genre.

D. Espèces pourvues d'une crête dorsale et de dents maxillaires appliquées, plus ou moins denticulées, sans dents palatines.

AGAMIGUANES. Quatre genres : *Physignathus*, *Bra-chylophus*, *Istiurus* et *Amblyrhincus*.

2° Les DRAGONS, dont les caractères sont également extraits des auteurs. Il y a quatre genres, qui sont ainsi indiqués : *Draco*, *Chlamydosaurus*, *Callisaurus* et *Sitana*. Mais dans les Sitanes les pattes ne sont pas terminées par *cinq* doigts inégaux, car ils n'en ont que quatre aux pattes postérieures ; et les dents maxillaires ne sont pas implantées sur les mâchoires chez les *Callisaures*, qui sont au contraire pleuro-dontes.

3° Les IGUANES. Parmi les caractères attribués à cette famille, on lit : dents palatines sur un seul rang. Dans le genre Iguane en particulier elles sont disposées sur deux rangées.

Cette famille est subdivisée en six groupes, ainsi qu'il suit :

1. Les BASILICS. Crête soutenue par des apophyses épineuses prolongées, tête triangulaire. Un seul genre.

2. Les ANOLIS. Doigts dilatés et garnis d'écailles sous l'avant-dernière phalange, ongles arqués très-aigus. Cinq genres : *Xiphosurus*, *Dactyloa*, *Anolis*, *Draconura* et *Norops ;* mais ce dernier genre n'a pas les doigts dilatés.

3. Les SUBIGUANES. Tête singulièrement dilatée ; dos denticulé, ainsi que le bord des doigts. Un seul genre, *OEdicoryphus*. C'est le *Corythæolus* de Kaup et de Wiegmann. Nous avons reconnu que c'était un indi-vidu du *Basiliscus mitratus*.

4. Les IGUANES, dont le dos est garni d'une crête paléacée. Tels sont les sous-genres : *Corythophanes*, *Hypsilophus*, *Metapoceros*, *Cyclura* et *Chamæ-leopsis*.

5. Les Marbrés ou Polychres, espèces sans crêtes, dont le corps et la queue sont fort grêles et couverts d'écailles lisses. C'est là que sont rangés les *Polychres*, les *Lœmanctus*, *Leiolepsis*. Il n'y a réellement d'écailles lisses que dans ce dernier genre ; les deux autres les ont carénées.

6. Les Echinés ou Urocentrons, sans crête dorsale, dont la queue est couverte d'écailles fortement épineuses, disposées en verticilles. Tels sont les genres : *Oplurus*, *Tropidurus*, *Doryphorus* et *Strobilurus*. Ce dernier genre, établi par Wiegmann, n'a pas les écailles verticillées, car il dit positivement *Squamis imbricatis*, en parlant de l'espèce nouvelle, qu'il nomme *Torquatus*.

Profitant des recherches et de tous les travaux importans dont nous venons de présenter l'analyse, et singulièrement favorisés par la situation heureuse dans laquelle nous nous trouvons placés, nous avons pu examiner, manier, étudier d'une manière toute spéciale le groupe des Sauriens dont nous traçons l'histoire. Les genres que réunit cette famille sont à la vérité en beaucoup plus grand nombre que dans aucune autre ; mais plusieurs sont tellement distincts au premier aperçu, et caractérisés par leur conformation extérieure, qu'ils ont dû être établis à la simple inspection, quoique quelques-uns ne renferment encore qu'une espèce qui paraît ainsi isolée. Mais comme les découvertes dans cette branche de la zoologie se sont succédé fort rapidement pendant ces dernières années, on doit naturellement supposer que les types ainsi indiqués deviendront bientôt deux centres vers lesquels on ne tardera pas à grouper beaucoup d'autres espèces sur lesquelles les naturalistes seront maintenant appelés à diriger plus particulièrement leur attention ; sorte d'influence qui se trouve ainsi exercée par les découvertes nombreuses et successives qui se font de nos jours dans toutes les branches de l'histoire naturelle.

Après avoir réuni par des caractères essentiels, communs ou généraux, tous les Sauriens de la famille des Eunotes, comme nous l'avons fait au commencement de ce chapitre, nous avons dû emprunter aux observations faites d'abord par Cuvier, et ensuite à celles de Wiegmann et de Wagler, notre point de départ pour la distribution des espèces ou des genres en deux sous-familles, d'après le mode d'implantation des dents sur l'une et l'autre mâchoires. Cette particularité de structure offre une concordance remarquable avec les régions que ces animaux habitent. Cependant nous devons avouer que cette disposition des dents n'est pas facile à observer ou à vérifier de prime abord ; car il n'est pas aisé d'écarter les mâchoires dans l'animal, soit pendant sa vie, soit après sa mort, quand il a été conservé dans la liqueur ; et même, pour reconnaître de quelle manière les couronnes des dents sont fixées, il faut souvent fendre les gencives afin de s'assurer de la présence du sillon dans les Pleurodontes, ou de son absence dans les Acrodontes.

Cependant nous avons pu vérifier sur le plus grand nombre des espèces cette insertion des dents, et nous verrons que par une singulière relation, dont nous ne connaissons ni la cause, ni le but, ni l'effet, il existe dans le nouveau monde et dans l'ancien des genres qui semblent se correspondre par la forme ou les apparences extérieures ; car les premiers, c'est-à-dire les Pleurodontes ou les espèces la plupart américaines,

REPTILES, IV. 3

ont les dents reçues dans une sorte de fosse creusée
suivant la longueur du bord des os des mâchoires auxquels elles n'adhèrent solidement que par la face interne des couronnes; et les seconds, ou les Acrodontes,
observés pour la pluplart en Afrique ou en Asie, ont
les couronnes dentaires soudées à la partie la plus saillante de ces mêmes os que recouvrent les gencives, de
sorte que les dents font une partie continue des mâchoires qui, par suite, n'offrent jamais de sillon.

Quarante-six genres composent aujourd'hui cette
famille, dans laquelle le nombre des espèces s'élève à
près de cent cinquante. La première sous-famille, celle
des Pleurodontes, réunit à elle seule trente-un genres,
tandis qu'on n'en compte que quinze dans la seconde
sous-famille, celle des Acrodontes.

Nous allons indiquer d'abord les noms et les caractères essentiels de chacun des genres que nous avons
adoptes, et nous les disposerons dans l'ordre que nous
avons jugé le plus naturel, c'est-à-dire comme formant
une sorte de liaison d'une famille à une autre, ou d'espèce à espèce, entre les genres ainsi rapprochés. Un
tableau synoptique, qui terminera ce chapitre, indi-
quera la marche analytique à l'aide de laquelle on
parviendra à la désignation du nom de genre. Le premier numéro fera connaître l'ordre suivant lequel ces
genres seront successivement décrits; le second déno-
tera le nombre des espèces, et le troisième portera l'indication de la page du présent volume, où l'histoire
de chacun de ces genres sera présentée avec détails
avant de faire connaître les espèces qui doivent s'y rapporter.

On trouvera ce tableau à la page 46 de ce quatrième volume.

Iʳᵉ SOUS-FAMILLE : LES PLEURODONTES

G. I. Polychre. Caractères. Un petit fanon sous la gorge ; des pores aux cuisses ; les doigts non dilatés ; des dents au palais ; point de crêtes dorsales ; les écailles du corps entuilées et carénées.

G. II. Laimancte. Un pli transversal en sillon sous le cou ; point de pores fémoraux ; pas de dents au palais ; queue très longue, sans épines et non préhensile.

G. III. Urostrophe. Un sillon transversal au-devant de la poitrine ; pas de pores fémoraux ; des dents palatines ; queue recourbée en dessous.

G. IV. Norops. Un petit fanon guttural ; ni pores fémoraux ni dents au palais ; écailles carénées ; pas de crêtes dorsales ; queue non préhensile.

G. V. Anolis. Doigts dilatés sous l'avant-dernière phalange ; des dents au palais ; pas de pores aux cuisses.

G. VI. Corythophane. Occiput relevé en casque ; dents au palais ; pas de pores aux cuisses. Un petit fanon et un pli sous-gutturaux.

G. VII. Basilic. Occiput garni d'un repli de la peau ; doigts frangés, comme dentelés sur les bords ; dents au palais ; pas de pores aux cuisses. Dans les mâles, les crêtes du dos et de la queue soutenues quelquefois par des apophyses osseuses.

G. VIII. Aloponote. Le dessus du corps dépourvu d'écailles ; un petit fanon sous la gorge ; queue carénée, garnie d'écailles carénées et verticillées ; deux rangées de pores sous les cuisses ; dents au palais ; couronnes des maxillaires à trois lobes.

G. IX. Amblyrhinque. Corps à écailles relevées en

3.

tubercules pointus ; une crête d'écailles minces sur le dos et sur la queue ; tête couverte de bosselettes à bases polygones ; des dents au palais ; une rangée de pores fémoraux ; doigts gros et courts.

G. X. IGUANE. Un long fanon ; une crête dorsale et caudale ; dents palatines sur deux rangs ; des pores fémoraux sur une seule ligne ; queue longue, comprimée, à écailles égales, entuilées et carénées.

G. XI. MÉTOPOCÉROS. Gorge dilatable, sans fanon ; crête sur le dos et la queue ; deux rangs de pores fémoraux ; dents au palais ; queue des Iguanes ; des plaques tuberculeuses sur le museau.

G. XII. CYCLURE. Gorge lâche, à plis transversaux ; écaillure, dents et pores fémoraux comme dans les Iguanes, mais la queue garnie d'écailles verticillées, alternant avec des anneaux d'épines.

G. XIII. BRACHYLOPHE. Un petit fanon ; écailles dorsales granuleuses ; d'ailleurs semblables aux Iguanes pour les dents palatines et les pores des cuisses.

G. XIV. ÉNYALE. Tête courte, crâne couvert de plaques polygones, égales entre elles ; pas de pores fémoraux ; queue sans crête.

G. XV. OPHRYESSE. Semblable aux Ényales ; mais une crête dorsale et surtout la caudale très-fortement dentelée et comprimée.

G. XVI. LÉIOSAURE. Tête courte, déprimée, à petites écailles plates, convexes ; pas de crête médiane ni pores fémoraux ; des dents au palais ; les doigts antérieurs courts, arrondis, gros, et garnis en dessous d'une rangée d'écailles lisses.

G. XVII. UPÉRANODON. Tête couverte en devant de petites plaques inégales, une grande plaque occipitale et des écailles sus-oculaires larges ; pas de dents au palais ; un pli transversal et un longitudinal sous le cou ; pas de pores fémoraux ; tronc presque triangulaire , surmonté d'une petite crête dorsale qui ne s'étend pas sur la queue.

G. XVIII. Hypsibate. Semblables aux précédents , mais des dents au palais ; deux carènes sur le dos ; le derrière des oreilles épineux ; pas de pores fémoraux ; écailles carénées , entuilées.

G. XIX. Holotropide. Cou lisse, plissé irrégulièrement sur les côtés ; un repli oblique de la peau au-devant des épaules ; bord auditif dentelé en avant ; les écailles dorsales carénées et disposées de manière à former des lignes obliques, saillantes, convergentes sur l'échine ; une crête dorsale et caudale ; pas de pores fémoraux ; les trois premiers doigts postérieurs dentelés.

G. XX. Proctotrète. Pas de pores sous les cuisses, mais de très évidents au-devant du cloaque chez les mâles ; pas de crêtes longitudinales ; des dents au palais ; écailles entuilées , les supérieures carénées.

G. XXI. Tropidolépide. Cou présentant une sorte de fente oblique sur les côtés ; pas de crêtes en longueur ; queue grosse, déprimée à la base ; écailles imbriquées , carénées sur le dos , lisses sous le ventre.

G. XXII. Phrynosome. Corps court, déprimé, à queue et membres très courts ; écailles entremêlées sur le dos de tubercules trièdres ; occiput garni d'écailles ou de tubercules piquans , redressés.

G. XXIII. Callisaure. Corps et queue déprimés et alongés ; doigts très longs, grêles ; longue série de pores fémoraux ; dents maxillaires simples , coniques ; pas de palatines, pas de pli longitudinal sous la gorge.

G. **XXIV.** Tropidogastre. Écailles du dos à une carène, celles du ventre à trois ; pas de pores aux cuisses ; une petite crête longitudinale ; deux ou trois plis en travers sous la gorge.

G. **XXV.** Microlophe. Un repli de la peau sur les côtés du ventre et au-devant des épaules, un autre arqué sur la poitrine ; bord du trou auditif dentelé en avant ; une crête basse, dentelée sur le dos, et sur la queue.

G. **XXVI.** Ecphymote. Tronc déprimé, court, à écailles lisses sous le ventre, surmontées de carènes formant des lignes convergentes sur le dos ; queue à écailles verticillées, carénées ; pas de pores fémoraux ; des dents au palais.

G. **XXVII.** Sténocerque. Queue longue, comprimée, entourée d'anneaux de grandes écailles épineuses ; écailles du dos carénées, formant des lignes obliques ; celles du ventre lisses ; des dents au palais.

G. **XXVIII.** Strobilure. Semblable au précédent, mais pas de dents palatines ; une grande plaque occipitale entourée de petites scutelles ; des plis comme ramifiés sur les parties latérales du cou.

G. **XXIX.** Trachycycle. Corps élancé ; la queue armée d'écailles épineuses disposées par anneaux, légèrement étranglés à leur base ; pas de crête médio-longitudinale ; pas de dents au palais ; dessus des cuisses hérissé d'épines ; pas de pores fémoraux.

G. **XXX.** Oplure. Corps trapu, queue grosse, garnie d'épines ; des dents au palais, des plis sous la gorge ; pas de crêtes médianes, pas de pores aux cuisses ; écailles du dos variables suivant les espèces, lisses ou carénées.

G. XXXI. Doryphore. Un pli longitudinal sur les flancs, deux larges plis sur le milieu du cou; membres courts, trapus, égaux devant et derrière; pattes à doigts alongés, grêles; pas de pores fémoraux; queue courte, aplatie, large à la base, garnie sur les parties latérales et supérieures d'écailles armées d'une épine aiguë.

II° SOUS-FAMILLE : LES ACRODONTES.

G. XXXII. Istiure. Corps comprimé; une crête dorsale; un petit fanon, un pli en V au-devant de la poitrine; le tympan à fleur de tête; des pores fémoraux; doigts, et surtout les postérieurs, élargis par des écailles; queue deux fois plus longue que le tronc.

G. XXXIII. Galéote. Pas de pli transversal sous le cou; queue très longue, sans crête; pas de pores aux cuisses.

G. XXXIV. Lophyre. Des écailles disposées par bandes obliques : un pli en travers du dessous du cou. Ecailles qui couvrent le dessus du corps, formant des bandes transversales; celles du ventre petites et carrées : pores aux cuisses.

G. XXXV. Lyriocéphale. Pas de tympan visible; le bout du museau surmonté d'une protubérance molle écailleuse; une crête sur le dos et la queue.

G. XXXVI. Otocrypte. Museau plane, non prolongé; occiput aplati horizontalement; pas de tympan visible; queue arrondie; pas de goître ni de plis sous la gorge.

G. XXXVII. Cératophore. Museau prolongé en une espèce de petite corne cylindrique. Pas de crête sur la queue, qui est arrondie, conique et non comprimée.

G. XXXVIII. Sitane. Dans les mâles un énorme fanon sous le cou, s'étendant jusque sous le ventre; queue longue, conique, sans crête; quatre doigts seulement aux pates postérieures.

G. XXXIX. Chlamydosaure. Une énorme collerette plissée, dentelée, étalée de chaque côté du cou, formée par la peau couverte d'écailles, et soutenue par des stylets osseux.

G. XL. Dragon. La peau des flancs étendue et soutenue par les côtes, pour former une sorte d'aile ou de parachute; un fanon sous le cou.

G. XLI. Léiolépide. Corps élancé, couvert d'écailles lisses et serrées; cuisses garnies de pores; langue en fer de flèche, écailleuse en avant, papilleuse à la base; pas de fanon; pas de crête dorsale; queue conique très-grêle.

G. XLII. Grammatophore. Un grand tympan à fleur de tête; des tubercules trièdres par bandes longitudinales sur le dos, transversales sur la queue; des pores aux cuisses.

G. XLIII. Agame. Des pores sur l'écaille antérieure qui recouvre le cloaque; pas de pores sous la partie inférieure des cuisses.

G. XLIV. Phrynocéphale. Tête arrondie, aplatie, à cou comme étranglé; tronc large, déprimé; pas de crête dorsale ni de pores fémoraux; bord des doigts dentelés.

G. XLV. Stellion. Queue garnie d'écailles épineuses, disposées par anneaux; pas de pores aux cuisses.

G. XLVI. Fouette-queue. Queue aplatie, garnie d'anneaux d'écailles épineuses; des pores sous les cuisses; tête triangulaire; tronc alongé et déprimé, à écailles petites, régulières.

———

Telle est l'énumération rapide des quarante-six genres que nous rapportons à la famille des Iguaniens, mais nous devons donner quelques détails sur les motifs qui nous ont dirigés dans cet arrangement, qui résulte de considérations plus ou moins importantes, ainsi que nous allons le faire connaître.

Nous ne partageons nullement l'opinion des erpétologistes qui ont voulu trouver dans le groupe des Iguaniens, indiqué par Cuvier, les élémens propres à l'établissement de plusieurs familles, même après en avoir éloigné les Cordyles, que la disposition verticillée des écailles appelait naturellement parmi les Cyclosauriens. Le soin tout particulier que nous avons mis à étudier cette tribu des Lézards nous a pleinement convaincus qu'ils doivent être tous réunis dans un même cadre, attendu qu'on chercherait vainement parmi les espèces des caractères assez importans pour motiver une division telle que doit l'exiger l'établissement d'une famille. Il n'y aurait que le mode d'implantation des dents sur le bord des mâchoires, ou dans la rainure dont elles occupent la partie interne. Cependant, cette distinction en Acrodontes et en Pleurodontes n'étant réunie à aucune autre particularité de l'organisation d'une grande valeur, ne pouvait réellement suffire. La conformation de la langue, à quelques légères modifications près, est la même dans toutes ces espèces, et l'écaillure, aussi variable chez les Pleurodontes que chez les Acrodontes, ne pourrait pas être employée avec plus de succès. Conséquemment, nous avons dû adopter la famille des

Iguaniens, que nous partageons à la vérité, de même que Cuvier, Wagler et Wiegmann, en deux grandes sections ou sous-familles, mais non d'après les mêmes principes que ces auteurs. Ainsi nous n'avons pas pris avec G. Cuvier, pour base de notre division, l'existence ou l'absence de dents palatines ; car ce caractère ne pouvait servir qu'à la distinction des genres. Nous avons eu bien plus de raison pour ne pas faire entrer, comme grande division, la considération de la forme comprimée ou déprimée du corps, ainsi que l'avaient fait Wagler et M. Wiegmann, car cette particularité est d'une valeur encore moindre, puisqu'il est vrai que parmi les Anolis il existe à la fois des espèces à corps élevé et d'autres à corps aplati.

Nous avons préféré tirer nos moyens de distinction de la structure des organes, et nous les avons trouvés dans la différence bien réelle que nous avons dit exister dans le système dentaire des Sauriens qui nous occupent. Ainsi partagés, et rangés suivant l'ordre indiqué dans le tableau qui va suivre, les Iguaniens constituent deux séries parallèles, composées d'espèces, parmi lesquelles celles de l'une sont, quant aux formes extérieures, à peu près semblables à celles de l'autre. On en voit même qui paraissent avoir été exactement construites d'après le même modèle. Les exemples les plus remarquables nous sont offerts par les Basilics et les Istiures, les Iguanes et certains Lophyres ; les genres Oplures, Doryphores d'une part, et les Fouette-Queues de l'autre. Les Callisaures rappellent, jusqu'à un certain point, les formes des Dragons, et les Hypsibates celles des espèces d'Agames, connues sous les noms de Sombre et des Colons.

De prime abord, il paraît facile de réunir les genres

qui composent cette famille en différens petits groupes qui faciliteraient la détermination de ces derniers, ou, en d'autres termes, de subdiviser en tribus, d'une manière bien précise, ces deux grandes sections ou sous-familles. Mais il n'en est point ainsi, attendu que tous les genres se lient les uns aux autres par des nuances pour ainsi dire insensibles. Toutefois, nous en avons fait l'essai, mais le résultat nous a semblé si peu satisfaisant, que nous nous contenterons simplement de le présenter dans un tableau qui va suivre, sans l'appliquer à la classification que nous avons adoptée pour les Iguaniens, et cela parce que nous avons trouvé que ces tribus ne peuvent être distinguées les unes des autres avec assez de précision, si ce n'est pourtant celles des Anoliens, que la conformation de leurs doigts caractérise d'une manière toute particulière.

Cependant ces groupes, considérés d'une manière générale, dénotent, jusqu'à un certain point, des rapports naturels entre les genres ainsi disposés; mais, nous le répétons, ce sont plutôt des aperçus indiqués par la conformation apparente, que des divisions établies sur de véritables caractères, tels que les naturalistes pouvaient le désirer.

Essai d'une classification naturelle des LÉZARDS IGUANI

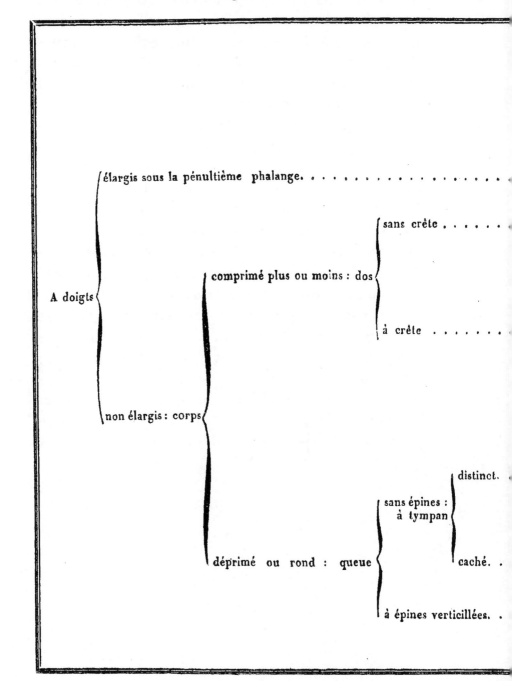

deux sous-familles, subdivisées en neuf tribus.

SOUS-FAMILLES :

1. PLEURODONTES.		2. ACRODONTES.	
Tribus.	*Genres.*	*Tribus.*	*Genres.*
ANOLIENS	ANOLIS.		
POLYCHRIENS	POLYCHRE. UROSTROPHE. LAIMANCTE. NOROPS.		
IGUANIENS	CORYTHOPHANE. BASILIC. ALOPONOTE. AMBLYRHINQUE. IGUANE. MÉTOPOCÉROS. CYCLURE. BRACHYLOPHE. ENYALE. OPHRYESSE.	6. GALÉOTIENS	ISTIURE. LOPHYRE. LYRIOCÉPHALE. CÉTATOPHORE. OTOCRYPTE. GALÉOTE.
TROPIDOLÉPIDIENS .	LÉIOSAURE. HYPSIBATE. HOLOTROPIDE. PROCTOTRÈTE. TROPIDOLÉPIDE. PHRYNOSOME. CALLISAURE. TROPIDOGASTRE. MICROLOPHE. ECPHYMOTE.	7. AGAMIENS	SITANE. DRAGON. CHAMYDOSAURE. LÉIOLÉPIDE. GRAMMATOPHORE. AGAME.
. . . .		8. PHRYNOCÉPHALIENS.	PHRYNOCÉPHALE.
OPLURIENS.	STÉNOCERQUE STROBILURE. TRACHYCYCLE. OPLURE. DORYPHORE.	9. STELLIONIENS	STELLION. FOUETTE-QUEUE.

Cette famille des Iguaniens ne se laisse pas diviser en genres d'une manière aussi régulière et en apparence aussi naturelle que ceux qui ont été établis dans les autres tribus du même ordre des Sauriens. Nous voulons dire que les caractères distinctifs des genres n'ont pas pour base les diverses modifications que présente une même partie du corps, ou un organe spécial comparé dans toute la série des espèces de l'une ou de l'autre sous-famille, comme cela a lieu, par exemple, chez les Crocodiliens, qui ont offert une si notable différence dans la forme du museau ou des mâchoires ; ou bien comme dans les Geckotiens, dont les genres ont été fondés principalement d'après la forme des doigts. Ici, pour établir les genres, il a fallu avoir recours à presque toutes les parties du corps dont on a emprunté des caractères. Ainsi, tantôt nous nous sommes servis de la différence que présente la forme des doigts ; tantôt de la présence ou de l'absence, soit d'un fanon, soit des dents palatines, ou bien de celles des pores fémomaux. Parfois on a mis en opposition les diverses manières dont le cou est plissé ; dans d'autres cas on a tenu compte du plus ou du moins de développement que prend la peau des flancs, soit qu'elle forme un simple pli, soit qu'elle s'étende horizontalement en une sorte de membrane aliforme, soutenue ou non dans son épaisseur par les fausses côtes prolongées. On s'est également servi de l'existence ou de la non apparence du canal auditif externe. La forme de la queue elle-même, ou la disposition des écailles qui la recouvrent, ont été aussi employées dans certains cas pour mettre en opposition des genres rapprochés par la marche symétrique, mais fort différens sous beaucoup d'autres rapports. Tel est le système que nous présentons dans le tableau qui se trouve placé en regard de cette page.

TABLEAU SYNOPTIQUE DES GENRES DE LA FAMILLE DES IGUANIENS OU EUNOTES.

Espèces à dents { inscrites sur le bord interne d'un sillon creusé dans les mâchoires. . . . **1re SOUS-FAMILLE : LES PLEURODONTES.**

{ solidement fixées sur le bord saillant et plein des mâchoires. . . . **2e SOUS-FAMILLE : LES ACRODONTES.**

PLEURODONTES : à doigts

ACRODONTES : à tympan

Noms des genres		Nombre des espèces	Nos des Pages
11. Métopocéros		1.	210
8. Aloponotes		1.	189
12. Cyclura		3.	214
10. Iguane		3.	190
9. Amblyrhynque		3.	193
13. Brachylophe		1.	205
22. Phrynosome		1.	311
23. Callisaure		1.	324
1. Polychre		1.	63
21. Tropidolépis		10.	294
18. Ecphymote		20.	253
15. Ophryesse		1.	239
24. Trapélosaure		1.	334
19. Holotropide		1.	259
25. Microlophe		1.	334
6. Basilic		1.	172
27. Sténocerque		3.	360
28. Strobilure		1.	353
30. Oreocéphale		2.	359
14. Enyale		3.	231
17. Urostrophe		3.	247
3. Upéranodon		1.	77
4. Laemancte		5.	81
16. Ecphymote		10.	344
20. Liosaure		2.	286
29. Tragachète		1.	155
31. Doryphore		1.	369
5. Anolis		25.	85
39. Chlamydosaure		2.	440
32. Istiure		4.	376
42. Grammatophore		4.	468
40. Léiolépis		5.	463
46. Porphyre-queue		2.	597
34. Lophyre		10.	420
43. Agame		10.	481
33. Gaïzone		7.	391
40. Dragon		8.	441
45. Sitelaire		2.	566
38. Sitana		2.	435
35. Leiocéphale		2.	425
37. Coryphophore		1.	433
36. Otocryptis		2.	430
44. Phrynocéphale		5.	512

Nombre total des espèces . 166.

REPTILES IV.

En regard de la page (6)

§ II. ORGANISATION. MŒURS. DISTRIBUTION GÉOGRAPHIQUE.

1° *Organisation. Mœurs.*

Dans l'exposé que nous allons faire de la structure des Sauriens qui appartiennent à cette famille, nous aurons peu de considérations nouvelles à présenter : ce serait d'ailleurs nous répéter inutilement. En traitant de l'organisation et des mœurs des Reptiles de cet ordre en général, nous avons déjà consigné, dans le second volume de cet ouvrage (pages 598 et suiv.), les particularités les plus notables que nous offriront certains genres. Nous n'aurons donc qu'à les indiquer ici sommairement. Cet énoncé éveillera de nouveau l'attention du lecteur, qui trouvera ensuite plus de détails sur ces faits d'observations dans les articles suivans, où il sera spécialement question des genres dont les noms se trouveront relatés.

La forme générale du corps et la disposition du squelette ne varient guère que pour les proportions des diverses régions de l'échine, surtout dans celle de la queue, et pour la configuration des vertèbres, dont les apophyses épineuses et transverses correspondent à l'état extérieur de compression ou de dépression, lorsque le pourtour n'en est pas arrondi et les diamètres successivement décroissans, ce qui est le cas le plus ordinaire. Cependant, chez le plus grand nombre des espèces, tels que chez les Lophyres, les Basilics, les Polychres, les Iguanes, la région du dos offre une saillie prononcée, soutenue par la série des apophyses épineuses du rachis, qui, le plus souvent, forment ainsi cette crête qui les a fait désigner sous le nom d'Eunotes,

Cette disposition se fait surtout remarquer dans les Basilics et les Agames ; tandis que chez les Stellions et les Fouëtte-Queues les épines dorsales sont peu saillantes. Il faut aussi faire observer que , relativement à la longueur de la queue, les corps des vertèbres qui la constituent sont beaucoup plus courts chez les espèces qui l'ont peu longue , comme les Phrynocéphales, que dans celles qui l'ont excessivement prolongée. Chez ces dernières même, tels que les Iguanes et les Anolis, il y a une autre particularité ; c'est que les corps ou les parties centrales et cylindriques de ces vertèbres caudales, plus grosses , et comme dilatées à leurs extrémités, pour les articulations réciproques , ont en même temps la portion moyenne plus grêle et plus fragile , de sorte que c'est dans cette portion que s'opère souvent la rupture qui donne lieu consécutivement à la reproduction de la queue et aux difformités qu'elle présente alors. En effet, d'après les observations faites par M. Rousseau père, les squelettes des Reptiles Sauriens qu'il avait eu occasion de préparer, et dont la queue était mutilée, ont constamment offert dans ce cas un long cône cartilagineux , au lieu de vertèbres distinctes , et Carus a reconnu que la moelle épinière ne se reproduit pas dans cette tige cartilagineuse qui remplace les vertèbres de la queue.

Le nombre des vertèbres cervicales est le plus souvent de six. Cette région est généralement raccourcie : cependant elle a besoin de beaucoup de force , car elle soutient la tête à laquelle, par le moyen de ses muscles , elle imprime des mouvemens brusques et rapides pour étourdir la proie qui résiste , lorsqu'elle est saisie entre les mâchoires. Souvent les pièces osseuses offrent des apophyses trachéliennes articulées, qui sont véritablement des indices ou des rudimens de celles des côtes qui doivent suivre, comme nous l'avons déjà fait connaître en traitant des Crocodiles.

Les vertèbres dorsales, ou celles qui portent les côtes vraies, varient beaucoup pour le nombre dans les différens genres. Les premières lombaires qui les suivent leur sont semblables, si ce n'est qu'elles ne portent pas sur les parties latérales de leur corps ces facettes articulaires qui caractérisent celles qui les précèdent. Le plus ordinairement il n'y a que deux vertèbres pelviennes, sur lesquelles porte l'os iléon ou le bassin.

La tête est constamment articulée par un seul condyle, situé au-dessous du grand trou occipital qui livre passage à la moelle nerveuse. Elle présente de grandes différences pour la configuration, ce qui dépend de la conformation des os qui appartiennent au crâne (1), à la face ou aux mâchoires, ainsi que nous le dirons en traitant des genres. Nous indiquerons plus loin, à l'occasion des organes digestifs, les modifications que présentent les mâchoires et les dents dont elles sont armées.

Les côtes sont généralement grêles, faibles, arrondies et de même forme, quoiqu'elles varient pour les courbures, suivant que le tronc est cylindrique, déprimé ou comprimé dans sa région thoracique. Les premières, ou les antérieures, se rendent le plus souvent sur les parties latérales d'un sternum, ou sur une série de petits os qui occupent la partie inférieure de la poi-

---

(1) Il a été noté par Carus (tome 1, n° 213) que dans les Iguanes il existe, entre les lames interne et externe des os du crâne, une sorte de diploé celluleux. Ce qui est rare chez les Reptiles qui n'ont pas l'organe de l'odorat très développé.

REPTILES, IV.   4

trine ; ou bien elles se réunissent entre elles sur la région moyenne, à peu près de la même manière que chez les Caméléons, car cette disposition se retrouve chez les Polychres et les Anolis. Dans les Dragons, les côtes postérieures sont libres et prolongées dans l'épaisseur de la peau des flancs, pour soutenir la sorte de parachute étendu sur les parties latérales du corps comprises entre les membres antérieurs et les postérieurs. Cependant, ainsi que nous l'avons déjà dit, les Sauriens diffèrent essentiellement des Ophidiens, en ce que les côtes sont toujours réunies en partie sur la région antérieure de la poitrine, et limitent alors constamment l'étendue transversale et verticale du tronc. Aussi ils ne peuvent avaler une proie plus grosse que le corps, comme le contraire a lieu chez les Serpens, dont les côtes, de même que les mâchoires, devaient se prêter au mécanisme de leur singulière déglutition.

Toutes les espèces de Sauriens Eunotes ont les deux paires de membres toujours apparentes et terminées par des doigts, dont le nombre ne varie que très peu. Leur conformation, leur longueur respective, ont été d'ailleurs étudiées, et ont servi à caractériser les genres, principalement pour les Anolis et pour quelques autres, qui ont offert quelques particularités, tels que les Sitanes. Généralement les pattes sont écartées ; mais cependant moins courtes que dans plusieurs autres familles ; telles que celles des Geckos, des Scinques et des Chalcides ou Cyclosaures. Ainsi la présence d'une épaule formée par deux os et celle d'un bassin caractérisent ces Sauriens et les éloignent des Ophidiens.

Les muscles, dans cette famille de Sauriens, n'offrent pas de dispositions bien spéciales, à l'exception de quelques particularités dépendantes de la forme ou

de la modification de certaines parties, comme dans les
Iguanes, les Dragons, les Sitanes, les Istiures ou Physignathes de Cuvier. Mais ces détails se reproduiront
quand nous ferons connaître ces genres. D'ailleurs on
trouvera des renseignemens dans les ouvrages d'anatomie comparée, tels que ceux de Cuvier, de Carus et
de Meckel, ainsi que nous l'avons déjà dit à la page 619
du second volume du présent ouvrage.

Quant aux organes destinés à la sensibilité dans les
Sauriens Eunotes, nous n'aurons également rien de
bien notable à faire connaître; car toutes les particularités ou les modifications présentées par les instrumens
destinés aux sensations, sont employées comme indi-
cations caractéristiques dans la diagnose des genres.

M. Cuvier, dans son ouvrage sur les ossemens fossiles, a fait connaître, par des descriptions et des figures, la conformation du crâne chez les Iguanes, les
Uromastix et les Agames : et Wiegmann, dans son Erpétologie du Mexique, a présenté beaucoup de détails
sur le même sujet, en décrivant le Chamœleopsis, le
Cyclure, le Scélépore et les Phrynosomes, comme on le
verra à chacun de ces articles.

Pour les tégumens, nous rappellerons les tubercules
polyèdres des Grammatophores ; les épines du cou des
Agames ; celles de la queue des Doryphores, Strobilures,
Sténocerques, Uromastix et Trachycycles ; les écailles
carénées des Ophryesses, Laimanctes, Tropidogastres
et Ecphymotes ; les expansions cutanées des diverses régions des crêtes du dos et de la queue dans le plus
grand nombre de genres, mais surtout des Iguanes, des
Istiures, des Basilics ; celles de la nuque ou de l'occiput
dans les Corythophanes et ces mêmes Basilics ; sur les
flancs des Dragons et des Callisaures ; et enfin du cou,

4

sous la forme de fanon , dans les Sitanes , les Dragons, les Iguanes, ou sur les parties latérales au devant des épaules dans les Chlamydosaures.

C'est ici que nous devons également relater les pores que présentent un grand nombre de genres , soit le long des cuisses postérieures , tantôt sur une simple ligne , tantôt sur deux rangées longitudinales et parallèles ; soit aussi au devant de l'anus : circonstances dont nous nous sommes servis pour dresser le tableau synoptique destiné à la classification des genres, et que l'on pourra consulter à ce sujet (1).

En général , les doigts sont alongés et terminés par des ongles crochus. Le seul genre des Anolis présente une dilatation particulière sous les avant-dernières phalanges. Plus les doigts sont courts et les ongles droits, moins les espèces chez lesquelles on observe cette disposition sont habiles à grimper ; aussi les a-t-on désignées , peut-être à tort , sous le nom d'*Humivagues* , tandis que les autres , à doigts alongés et inégaux , et à ongles acérés et crochus , ont été appelés Grimpeurs par excellence ou *Dendrobates* , c'est-à-dire marchans sur les arbres.

Ainsi que nous l'avons exprimé dans les généralités sur les Sauriens , les organes destinés à l'odoration sont peu développés ; ils le sont surtout très peu dans les Eunotes, car il n'y a chez eux aucune anfractuosité ni sinus aérien ; en outre les orifices externes des narines sont peu humides et très petits , situés le plus ordinairement très près de l'extrémité du museau, et

_____

(1) Voyez en outre l'ouvrage de Meisner : dissertation in-4o publiée à Bâle en 1832, intitulée : *De Amphibiorum quorumdam papillis, glandulisque femoralibus.*

rapprochés l'un de l'autre en dessus. En dedans de la bouche les narines s'ouvrent par une simple fente sur laquelle la langue peut s'appliquer comme une soupape. Ces conduits sont principalement et presque uniquement destinés à l'entrée et à la sortie de l'air qui sert à la respiration, et l'animal ne paraît guère s'en servir pour explorer de loin les qualités olfactives de sa proie, qu'il distingue plutôt à l'aide de la vue et de l'ouïe, que par l'olfaction; la respiration s'opérant d'ailleurs à des intervalles assez éloignés.

En exposant les caractères généraux de cette famille, nous avons déjà fait connaître la disposition et la conformation de la langue, qui peut bien donner la sensation des saveurs, mais qui est surtout propre à imprimer des mouvemens à la proie soumise à l'action des dents et à l'acte de la déglutition. Sous ce dernier rapport, elle se trouve liée à l'os hyoïde, qui présente en effet des modifications importantes dans les différens genres. En général, elle est courte, large, mobile à son extrémité, mais elle n'est pas fendue profondément à sa pointe qui est libre. Quant à sa base, elle ne peut pas rentrer dans un fourreau, et c'est un caractère qui la distingue en particulier de celle des Varaniens et des Caméléons. Aussi Wagler a-t-il employé l'expression de Pachyglosses pour indiquer cette disposition. Cette langue est toujours humide et enduite d'un suc gluant; ses papilles, qui varient pour la forme, en ce que les unes sont coniques, et les autres comme écailleuses et entuilées de devant en arrière, paraissent devoir servir à la perception des matières sapides.

A l'exception de quelques genres, et en particulier de ceux qu'on a nommés *Otocrypte* et *Phrynocéphale* dont le tympan n'est pas apparent, tous les Iguaniens ont un canal auditif, plus ou moins élargi à son orifice externe ou à fleur de tête; quelquefois, comme dans certains Agames, ce n'est qu'une simple fente, dont l'entrée se trouve protégée par quelques écailles pointues et comme épineuses.

Tous les Iguaniens connus ont des yeux garnis de paupières mobiles; l'orbite, dans laquelle ils sont placés, varie par son étendue et par les limites que déterminent les os de la face et du crâne. La plupart ont l'arcade surcilière avancée; quelquefois elle est tuberculeuse et très saillante, comme dans l'Ophryesse et l'Hypsibate. Jusqu'ici nous ne connaissons pas d'espèces chez lesquelles les observateurs aient indiqué une pupille à fente linéaire; cependant on a dit de quelques-unes qu'elles étaient nocturnes.

Sous le rapport des organes de la nutrition, la famille des Iguaniens ne nous présente pas de particularités notables, autres que celles dont nous aurons soin d'indiquer la disposition quand nous ferons connaître les genres. La structure générale de la bouche, de l'articulation des mâchoires, de la forme des dents, les mouvemens de la langue, ont été exposés dans les généralités sur les reptiles Sauriens, à la page 636 et suivantes du second volume du présent ouvrage. Cuvier, dans la seconde partie du cinquième tome sur les ossemens fossiles, a fait figurer, sur les planches XVI et XVII les têtes osseuses et l'os hyoïde, d'un Iguane et d'un Agame. Quant aux dents des mâchoires, dont nous avons eu soin d'indiquer la forme et la disposition dans chacun des articles qui sont consacrés aux genres, nous devons rappeler que Wagler, à la fin de son système naturel des Amphibies, en a présenté une description très détaillée, d'après une ou plusieurs espèces de chacun des genres qu'il a décrits. Nous devons dire seulement ici, que c'est dans cette famille des Eunotes qu'on observe d'une manière plus évidente les dents palatines et ptérygoïdiennes, qui se retrouvent ensuite d'une manière plus évidente dans l'ordre des Serpens. Il en est de même de l'os hyoïde, dont les cornes et la partie supérieure du corps sont d'autant plus prolongées, qu'elles servent, chez quelques espèces, à soutenir la peau qui forme le fanon ou le repli lontudinal des tégumens qu'on voit sous le cou et sous la mâchoire dans les Sitanes, les Basilics, les Dragons, et surtout dans les Anolis, espèces qui ont fourni à M. Thomas Bell le sujet de la description et des figures qu'il en a données (1).

Nous n'avons rien de bien particulier à faire connaître sur les voies digestives ; nous dirons seulement que, dans les recherches anatomiques auxquelles nous nous sommes livrés, nous avons trouvé le ventricule de plusieurs espèces rempli de débris de végétaux en assez grande quantité, tels que des fleurs, des feuilles et des graines, qui nous portent à croire que plusieurs sont herbivores ; circonstance qui n'est guère d'accord avec la forme des dents, dont aucune n'a offert des couronnes tuberculeuses, ni composées d'émail et de ciment osseux apparent. Ce fait a été d'ailleurs constaté par Wiegmann, Wagler et Carus.

Chez la plupart, l'estomac semble être une portion continue de l'œsophage, si ce n'est que les fibres et les rides sont le plus souvent dans une autre direction ; en

---

(1) *Voyez* Annales des Sciences naturelles, tom. VII, pag. 191, et non 131, comme il est indiqué par erreur typographique à la page 644 de notre second volume.

outre, il n'y a pas de véritable cardia. Le ventricule, proprement dit, est le plus souvent conique, et le pylore n'est distinct que par un faible rétrécissement, qui est assez alongé dans le Stellion, l'Istiure physignathe et les Iguanes. Dans le Polychre, les Galéotes et le Lyriocéphale, ce pylore est généralement peu marqué, à cause de sa brièveté et du peu d'épaisseur de ses parois.

Les intestins varient pour la longueur. Dans les espèces qui ont la queue très longue, comme les Iguanes, les proportions du tube digestif ne sont guère que du tiers de l'étendue totale de l'échine. Il n'y a pas de distinction évidente entre les intestins grêles et ceux que l'on nomme ordinairement les gros ; de sorte que, dans ce cas, il n'y a pas de cœcum, tels sont le Cordyle, l'Agame, le Sitane ; tandis qu'au contraire, dans les Iguanes, le Galéote et le Lyriocéphale, il existe un véritable cul-de-sac à la terminaison de l'intestin grêle quand il s'abouche dans le plus gros canal.

La glande pancréatique est volumineuse chez les Iguanes, l'Istiure et le Lyriocéphale. La forme et la situation de la rate varient. Le plus souvent elle est placée au milieu du mésentère sous l'estomac ; tantôt à droite comme dans l'Iguane ; tantôt à gauche ou au milieu de la portion inférieure de l'estomac, ce qu'on remarque dans le plus grand nombre.

Les organes de la circulation, de la respiration et des sécrétions n'ont présenté aucune disposition bien importante à noter, soit pour les formes, soit pour les usages, autres que celles que nous avons fait connaître dans les généralités.

Il en est de même des organes de la génération sur lesquels nous n'avons d'autres observations à relater que celles dont nous avons fait l'exposé général dans l'article de notre second volume précédemment cité, et auquel nous renvoyons.

Les mœurs et les habitudes des Iguanes sont indiquées par leur structure. Nous trouvons ici des Reptiles en général très agiles ; d'abord, parce que tous vivent dans des climats dont la température est constamment chaude, ensuite parce que tous ont les membres fort développés, et propres à supporter le tronc. Quelques-uns, par la forme comprimée et l'excessive longueur de leur queue, peuvent habiter les savanes noyées, où cet instrument doit leur servir de rame ou d'aviron. Leurs ongles crochus leur permettent de grimper facilement, et de poursuivre les petits animaux, qui deviennent leur nourriture la plus habituelle. Nous avons déjà dit (1) qu'on mange en Amérique la chair des Iguanes.

2°˙ Distribution géographique.

Il nous reste maintenant à faire connaître comment les Iguaniens ont été répartis sur la surface du globe. Les Pleurodontes semblent, pour ainsi dire, appartenir exclusivement au nouveau monde ou aux Amériques, à l'exception du genre Brachylophe. D'un autre côté, l'Amérique ne nourrit aucun Acrodonte. Toutes les espèces de ce groupe se trouvent en Asie, en Afrique, en Australasie, et une seule dans l'Europe australe.

Tous les Iguaniens qu'on a observés en Amérique habitent sa partie méridionale, si ce n'est le Phrynosome cornu et le Tropidolépide ondulé, qui sont, à ce qu'il paraît, originaires des régions septentrionales.

Il n'existe donc en Europe qu'un seul Iguanien :

_____

(1) Tome II, pag. 619.

c'est le Stellion vulgaire, qu'on trouve, il est vrai, également en Afrique et en Asie. Dans cette dernière partie du monde, on en compte trente-deux autres, dont vingt-huit appartiennent aux Indes orientales. Parmi les quatre autres se trouvent le Brachylophe à bandes, le seul de la sous-famille des Pleurodontes qui soit étranger à l'Amérique; puis trois Phrynocéphales, dont l'habitation paraît limitée à la partie nord de l'Asie.

En Afrique on rencontre, outre le Stellion vulgaire, douze autres espèces d'Iguaniens, c'est-à-dire un Phrynocéphale, trois Uromastix ou Fouette-Queues, et huit Agames.

L'Australasie produit les quatre espèces qu'on a rapportées au genre Grammatophore, puis un Fouette-Queue ou Uromastix, et le Saurien si bizarre pour les formes, que l'on a nommé Chlamydosaure; ce qui fait un total de six espèces.

Nous avons rédigé deux tableaux destinés à donner une idée exacte de la distribution géographique des genres et des espèces connues, dans un ordre tel qu'on puisse distinguer d'un coup d'œil les différentes régions du globe qui en paraissent dépourvues, et celles où elles se rencontrent en plus ou moins grand nombre. En résumé, on voit que jusqu'ici on n'a fait connaître l'existence d'aucun Pleurodonte en Europe ni en Afrique; tandis qu'on a reconnu un Acrodonte dans la première de ces deux parties du monde et douze dans la seconde, et lorsqu'en Amérique on a pu observer quatre-vingt-quatorze Pleurodontes et pas un seul Acrodontes, on a trouvé un seul des premiers en Asie et trente des seconds; enfin, pas un seul Pleurodonte en Australasie, où l'on a découvert jusqu'ici sept espèces d'Acrodontes.

Répartition des Iguaniens d'après leur existence géographique.

Noms des genres de la 1re sous-famille, ou des PLEURODONTES.	Europe.	Asie.	Afrique.	Amérique.	Australasie et Polynésie.	Total des espéces.
POLYCHRE.	0	0	0	3	0	3
LAIMANCTE	0	0	0	5	0	5
UROSTROPHE	0	0	0	1	0	1
NOROPS.	0	0	0	1	0	1
ANOLIS	0	0	0	25	0	25
CORYTHOPHANE.. . . .	0	0	0	2	0	2
BASILIC. . , ...	0	0	0	2	0	2
ALOPONOTE	0	0	0	1	0	1
AMBLYRHINQUE	0	0	0	3	0	3
IGUANE.	0	0	0	3	0	3
MÉTOPOCÉROS.	0	0	0	1	0	1
CYCLURE	0	0	0	3	0	3
BRACHYLOPHE.	0	1	0	0	0	1
ENYALE.	0	0	0	2	0	3
OPHRYESSE	0	0	0	1	0	1
UPÉRANODON	0	0	0	1	0	1
LÉIOSAURE	0	0	0	2	0	2
HYPSIBATE	0	0	0	2	0	2
HOLOTROPIDE.	0	0	0	2	0	2
PROCTOTRÈTE.	0	0	0	10	0	10
TROPIDOLÉPIDE.. . . .	0	0	0	8	0	8
PHRYNOSOME	0	0	0	3	0	3
CALLISAURE.	0	0	0	1	0	1
TROPIDOGASTRE. . . .	0	0	0	1	0	1
MIGROLOPHE	0	0	0	4	0	4
ECPHYMOTE	0	0	0	1	0	1
STÉNOCERQUE.	0	0	0	1	0	1
STROBILURE.	0	0	0	1	0	1
TRACHYCYCLE.	0	0	0	1	0	1
OPLURE.	0	0	0	2	0	2
DORYPHORE.	0	0	0	1	0	1
Nombre des espéces dans chaque partie du monde.	0	1	0	94	0	95

Répartition des Iguaniens d'après leur existence géographique.

Noms des genres de la 2ᵉ sous-famille, ou des ACRODONTES.	Europe.	Asie.	Afrique.	Amérique.	Australasie et Polynésie.	Total des espèces.
ISTIURE.	0	2	0	0	1	3
GALÉOTE	0	5	0	0	0	5
LOPHYRE	0	4	0	0	0	4
LYRIOCÉPHALE.	0	1	0	0	0	1
OTOCRYPTE.	0	1	0	0	0	1
CÉRATOPHORE.	0	1	0	0	0	1
SITANE.	0	1	0	0	0	1
CHLAMYDOSAURE.	0	0	0	0	1	1
DRAGON	0	8	0	0	0	8
LÉIOLÉPIDE.	0	1	0	0	0	1
GRAMMATOPHORE	0	0	0	0	4	4
AGAME.	0	2	8	0	0	10
PHRYNOCÉPHALE.	0	3	1	0	0	4
STELLION.	1	0	0	0	0	1
FOUETTE-QUEUE	0	1	3	0	1	5
Nombre des espèces dans chaque partie du monde.	1	30	12	0	7	50

§ III. DES GENRES ET DES ESPÈCES DE LA FAMILLE DES SAURIENS EUNOTES OU LÉZARDS IGUANIENS.

Nous avons indiqué dans la première section de ce livre les caractères de cette famille, et comment l'observation a permis de la partager en deux tribus ou sous-familles. Nous allons maintenant procéder à l'examen successif des genres et des espèces qui se rapportent à cette distribution, en étudiant successivement les Iguaniens Pleurodontes qui appartiennent à la première sous-famille, et les Iguaniens Acrodontes qui constituent la seconde tribu.

PREMIÈRE SOUS-FAMILLE DES SAURIENS EUNOTES.

LES IGUANIENS PLEURODONTES.

(Cette tribu correspond à celle que Wagler a désignée sous le nom de *Pachyglossæ platycormæ et Stenocormæ Pleurodontes*, que M. Wiegmann appelle *Pachyglossæ Dendrobatæ et Humivagæ Prosphyodontes*.)

Cette première sous-famille est beaucoup plus nombreuse en genres et en espèces que la seconde, dont elle ne se distingue que par le mode d'implantation des dents. Celles-ci sont tout simplement appliquées sur le bord interne du sillon creusé dans les mâchoires, en sorte qu'il suffit que les gencives soient fendues et les os mis à nu pour que la base ou la racine de la dent apparaisse. Ces dents, qui sont fort rapprochées les unes des autres, diminuent de hauteur graduellement et d'une manière presque insensible à mesure qu'elles avancent vers l'ex-

trémité des mâchoires. On distingue rarement des laniaires parmi ces dents, dont aucune n'est réellement
pointue et conique, comme on en voit presque toujours chez les Iguaniens Acrodontes. Les dents maxillaires des espèces de la tribu que nous étudions ont
leur sommet ou la partie libre et émaillée, plus ou
moins trilobée. Il n'y a que quelques genres dans lesquels on les voit dentelées sur les bords ; presque tous
ont le palais garni de dents disposées sur une ou deux
rangées de chaque côté. Tantôt la membrane du tympan est tendue à fleur du conduit auditif, tantôt elle
est un peu enfoncée dans celui-ci, dont le bord peut
être simple ou dentelé. On ne connaît encore aucune
espèce qui soit privée d'oreille externe. C'est parmi les
Iguaniens Pleurodontes seulement qu'on rencontre des
espèces dont les doigts sont élargis à peu près de la
même manière que chez certains Geckotiens. Tous
les Iguaniens Pleurodontes, un seul genre excepté,
celui des Brachylophes, sont originaires du nouveau
monde.

Pour trouver l'ordre et la série des genres, il suffira
de consulter le grand tableau synoptique que nous avons
fait placer à la page 46 du présent volume. Nous allons
seulement reproduire ici les noms des trente-un genres
d'après la distribution qui en a été faite pour leur étude
successive :

1. POLYCHRE.	12. CYCLURE.	22. PHRYNOSOME.
2. LAIMANCTE.	13. BRACHYLOPHE.	23. CALLISAURE.
3. UROSTROPHE.	14. ENYALE.	24. TROPIDOGASTRE.
4. NOROPS.	15. OPHRYESSE.	25. MICROLOPHE.
5. ANOLIS.	16. LÉIOSAURE.	26. ECPHYMOTE.
6. CORYTHOPHANE.	17. UPERANODON.	27. STÉNOCERQUE.
7. BASILIC.	18. HYPSIBATE.	28 STROBILURE.
8. ALOPONOTE.	19. HOLOTROPIDE.	29. THRACHYCYCLE.
9. AMBLYRHYNQUE.	20. PROCTOTRÈTE.	30 OPLURE.
10. IGUANE.	21. TROPIDOLÉPIDE.	31. DORYPHORE.
11. MÉTOPOCÉROS.		

Ier. GENRE. POLYCHRE. *POLYCHRUS* (1), Cuvier.

CARACTÈRES. Peau de la région inférieure du cou formant un pli longitudinal ou une sorte de petit fanon dentelé en avant. Des dents palatines ; des pores fémo - raux. Quatrième doigt des pieds de même longeur que le troisième. Écailles du corps, toutes ou en partie imbriquées et carénées. Queue non préhensile ; ni crête dorsale, ni caudale.

Les Polychres ont des formes élancées, la tête pyramido-quadrangulaire plus ou moins alongée, couverte en dessus et latéralement de petites plaques polygones à peu près de même grandeur ; le cou gros ; le dos arrondi ; les membres de longueur médiocre, et la queue au contraire très développée, n'offrant, pas plus que le dos, la moindre trace de crête. Les narines sont latérales, ouvertes chacune dans une plaque de petit diamètre, située fort près de l'extrémité du museau. Les dix-huit ou vingt premières dents de chaque mâchoire sont simples, à peu près arrondies, et légèrement courbées en arrière ; toutes les autres sont droites, comprimées, à trois pointes ou angles à leur sommet. Celles qui arment le palais, disposées sur une petite rangée de chaque côté, sont courtes et coniques. La membrane du tympan est tendue sur le bord du trou auriculaire, qui est médiocre et sans dentelures ; les doigts sont simples. Aux pieds comme aux mains, le quatrième n'est pas plus long que le troisième. Sous toute l'étendue du cou et de la gorge, la peau pend en une sorte de petit fanon, dont le bord libre est dentelé

(1) Ce nom de *Polychrus*, ϖολύχροος, signifie versicolore, qui varie beaucoup dans les couleurs.

en avant. Mais à la jonction du cou avec la poitrine on ne
voit point de pli cutané transversal, comme cela existe chez
les Laimanctes et les Urostrophes, deux genres qui vont suivre celui-ci. La plus grande partie des écailles qui revêtent
le corps des Polychres sont entuilées et surmontées d'une
carène ; il y a une ligne de très-petits pores sous chaque
cuisse. Les genres de la sous-famille des Iguaniens pleurodontes, avec lesquels les Polychres ont le plus de rapport ,
sont ceux des Laimanctes, des Urostrophes et des Norops.

Comme ces derniers, ils portent un petit fanon sous le
cou ; mais ils offrent de plus qu'eux, des dents palatines et
des pores fémoraux ; deux caractères qui les distinguent
aussi des Laimanctes, chez lesquels le fanon est remplacé
par un pli transversal de la peau en avant de la poitrine.

D'une autre part, la queue non préhensile des Polychres
les fait différer des Urostrophes, qui manquent de pores aux
cuisses et de fanon, et dont toutes les écailles sont lisses au
lieu d'être carénées.

Les Polychres ont, à ce qu'il paraît, la faculté de changer de
couleur aussi promptement que les Caméléons, avec lesquels
ils offrent d'ailleurs deux autres points de ressemblance qui
méritent d'être signalés ; le premier est d'avoir les poumons
très développés et divisés en plusieurs bronches, avec] ou
sans appendices ; le second leurs fausses côtes sont assez
longues pour se réunir et former des cercles entiers autour
du corps.

Les Polychres vivent sur les arbres et se nourrissent d'insectes. Dans l'estomac de ceux que nous avons ouverts ,
nous avons reconnu des débris de Diptères et de petits Coléoptères.

Le *Lacerta marmorata* de Linné est l'espèce qui a servi
de type à Cuvier pour établir ce genre dans lequel on
ne compte encore aujourd'hui que deux espèces ; il l'avait
désigné en français par un nom adjectif qui ne pouvait convenir au genre ; il y rapportait l'espèce de Lézard décrit, ou
plutôt indiqué, sous le nom trivial de marbré.

Wagler, en adoptant ce genre, y a réuni les Ecphymotes de Fitzinger.

TABLEAU SYNOPTIQUE DES ESPÈCES DU GENRE POLYCHRE.

Dos à écailles de la ligne médiane et longitudinale plus	grandes que les latérales. . ' 1. P. MARBRÉ.
	petites que les latérales . . 2. P. ANOMAL.

---

a. *Espèces à écailles du dos subégales, les médianes étant un peu plus grandes que les latérales.*

1. LE POLYCHRE MARBRÉ. *Polychrus marmoratus.* Cuvier.

CARACTÈRES. D'un brun marron, avec ou sans bandes transversales fauves, bordées de brun; des traits bruns, divergeant du pourtour de l'œil. Tête ; pattes quelquefois colorées en vert.

SYNONYMIE. *Lacerta chalcitica marmorata ex Gallœcia.* Séba, tom. 2, p. 79, tab. 76, fig. 4.

Lacerta americana cum cauda longissima, Temapara dicta. Idem. tom. 1er. pag. 140, tab. 88, fig. 4.

Lacerta cauda tereti, corpore triplo longiore, pedibus pentadactylis gula subcristata. Linn. Amœn. Acad. tom. 1er. p. 129.

Lacerta marmorata. Linn. Mus. Adolph. Fred. p. 43.

Iguana cauda longissima tereti, conica : Crista dorsi vel gulœ nulla. Gronov. mus. Ichth. p. 83; et Zooph. p. 13.

Lacerta marmorata. Linn. Syst. nat. édit. 10, p. 208, et édit. 12, p. 368.

Le marbré. Lacép. Hist. quad. ovip. t. 1er. p. 394, tab. 26.

Lacerta marmorata. Shaw, Gener. zool. t. 3, p. 224.

Iguana marmorata. Latr. Hist. rept. t. 1er. pag. 265.

Agama marmorata. Daud. Hist. rept. t. 3, p. 433.

Polychrus marmoratus. Merr. Syst. Amph. p. 48.

Polychrus marmoratus. Spec. Lacert. Bras. p. 14, tab. 14.

Polychrus marmoratus. Fitz. Verz. Mus. Wien. p. 49.

Polychrus fasciatus. Delaporte, Bullet. Sc. nat. t. 9, p. 110.

REPTILES, IV.   **5**

Polychrus marmoratus. Gray, Philos. magaz. t. 2, p. 56.

Le marbré de la Guyane. Cuv. Règn. anim. 2e. édit. t. 2, p. 47.

Polychrus virescens. Wagl. Syst. Amph. pag. 149.

Polychrus marmoratus. Guer. Iconog. Règn. anim. tab. 11, fig. 3.

Polychrus marmoratus. Gray, Synops. Rept. in Griffith's anim. Kingd. tom. 9, p. 47.

Polychrus virescens. Schinz. Vebers. des Thierr. von Cuv. t. 2, p. 65.

Polychrus marmoratus. Neuw. Beïtr. zur Naturg. Bras. t. 1er. p. 110; et Rec. Pl. Color. Anim. Brés. tab. sans num.

Polychrus marmoratus. Eichw. Zool. spec. Ross. et Polon. t. 3, p. 182.

Polychrus virescens. Wagl. Icon. et Descript. Amph. tab. 12, fig. 1.

Polychrus strigiventris. Idem. loc. cit. fig. 2.

Polychrus marmoratus. Schinz. naturg. und Abbild. Rept. p. 88, tab. 28, fig. 1.

Polychrus marmoratus. Wiegm. Herpetol. Mexic. part. 1, p. 16.

Camaleáo au Brésil.

DESCRIPTION

FORMES. Le Polychre marbré a le corps assez fort, les membres médiocres et la queue exessivement alongée. La tête est d'un quart plus large qu'elle n'est haute. La portion de sa face supérieure, comprise entre le bord orbitaire antérieur et la marge postérieure de l'occiput, est plane et de figure carrée, tandis que la région antérieure présente une forme triangulaire et un plan incliné en avant. Le museau, ou plutôt l'étendue de la tête qui se trouve en avant des orbites, varie de longueur suivant les individus. Chez ceux où nous l'avons vue la plus courte, elle était égale au diamètre de l'orbite; et chez ceux où elle s'est montrée la plus longue, elle était d'un tiers plus grande que ce même diamètre de l'orbite.

Le bout du museau est légèrement aplati. Les plaques céphaliques sont médiocres, polygonales, plates, faiblement striées. Chaque lèvre est protégée par cinq ou six paires de squames

quadrilatérales oblongues. L'écaille rostrale est également quadrilatérale, et moitié plus dilatée dans son sens transversal que dans
son sens vertical. La plaque mentonnière a cinq pans, tous arqués; le supérieur en dehors, les quatre autres en dedans. Les
ouvertures des narines sont grandes, arrondies et dirigées en arrière. L'écaille conique, dans laquelle chacune d'elles est percée,
se trouve précédée de deux autres écailles, l'une trapézoïdale,
l'autre rhomboïdale; et derrière elle l'on voit une plaque hexagone, après laquelle il en vient quatre autres dont la figure n'est
pas bien déterminée, mais qui toujours sont plus longues que
hautes. Sur le museau, immédiatement derrière la rostrale, sont
placées à côté l'une de l'autre, deux plaques subquadrangulaires,
qui sont suivies d'une grande écaille hexagonale. Après celle-ci, il
en vient encore deux qui ont la même forme qu'elle; enfin trois
qui, de même que ces deux-ci, sont placées sur une ligne transversale. Une série rectiligne de trois ou quatre petites squames
occupe la ligne médio-longitudinale de la surface crânienne, séparant les deux bandes ceintrées d'écailles qui recouvrent les bords
orbitaires supérieurs. L'on remarque que celles des plaques polygonales du dessus du derrière de la tête, qui en occupent la région
centrale, sont un peu moins dilatées que les autres. Un pavé de petites écailles, à surface légèrement rugueuse, protége les régions sus-
oculaires. Des squamelles lisses garnissent les tempes. L'ouverture de l'œil est petite et circulaire; les paupières sont couvertes
de grains excessivement fins; la membrane tympanale est légèrement enfoncée dans le trou auriculaire, dont le contour subovale
n'offre point de dentelures. Sous la gorge et sous la région collaire
pend un petit fanon, dont la partie marginale la plus voisine du
menton est légèrement dentelée: c'est le seul pli que forme la peau
du cou. Les écailles qui revêtent ce dernier ne sont point imbriquées; celles de ses côtés sont granuleuses et lisses, celles du dessous ovales et bombées, et celles du dessus épaisses, en losanges
et fortement carénées. Le tronc est subarrondi et garni d'écailles
rhomboïdales carénées, qui sont très imbriquées sur le dos et sous
le ventre; tandis que sur les flancs elles le sont fort peu. Couchées le long du tronc, les pattes de devant n'atteignent pas jusqu'à
la racine de la cuisse; les pattes de derrière sont un peu moins
courtes. Les fesses et la face inférieure des bras offrent des écailles,
soit carrées, soit en losanges, lisses et légèrement convexes. Les

5.

autres parties des membres sont couvertes de squames rhomboïdales carénées. Les doigts ont en dessus une bande d'écailles
rhomboïdales, à surface lisse; celles de leurs parties latérales sont
plus petites et disposées sur deux rangs; en dessous ils sont garnis
d'une rangée de grandes scutelles très élargies, et surmontées de
cinq ou six carènes arrondies. La paume des mains et la plante
des pieds présentent de petites écailles imbriquées, semées de petits points granuleux. Il existe, sous chaque cuisse, de sept à neuf
petits pores ovoido-circulaires, percés chacun dans une écaille dont
le bord postérieur est parfois échancré. La queue a une fois et
demie plus de longueur que le reste du corps; elle est arrondie
et excessivement grêle, particulièrement vers son extrémité postérieure. Les écailles qui la revêtent sont rhomboïdales, imbriquées et pourvues d'assez fortes carènes.

COLORATION. Conservés dans l'alcohol tels qu'on les possède dans
les collections, les marbrés sont généralement d'un brun marron
plus ou moins clair sur leurs parties supérieures; leur dos offre
souvent une suite de quatre ou cinq chevrons fauves, bordés ou
liserés de noir en arrière. Quelquefois les intervalles que laissent
ces chevrons entre eux, sont semés de taches ou de points également de couleur fauve. Parmi les échantillons appartenant à cette
espèce que renferme notre musée, il s'en trouve un dont le dos
est d'un brun mordoré, et qui offre, le long des flancs, des bandes
verticales fauves sur un fond vert : couleur qui est répandue sur
la tête, et qui règne sur les mains, les pieds, les genoux et les
coudes. C'est en particulier un individu semblable à celui-ci, qui
a servi de modèle à la figure du *Polychrus virescens* du prince de
Neuwied, figure que Wagler a reproduite dans ses *Icones et Des-
criptiones amphibiorum*. Tous les marbrés présentent, de chaque
côté de la tête, cinq ou six traits noirs disposés en rayons autour
de l'ouverture de l'œil. La queue est irrégulièrement annelée de
brun foncé. Des taches, ou des bandes de cette dernière couleur,
se montrent sur le dessus des membres. Tantôt les régions inférieures sont uniformément blanches, tantôt elles sont clair-semées
de taches brunes ou fauves.

DIMENSIONS. *Longueur totale.* 53". *Tête.* Long. 3" 5'". *Cou.*
Long. 1" 5'". *Corps.* Long. 11". *Memb. antér.* Long. 6". *Memb.
post.* Long. 7". *Queue.* Long. 37".

PATRIE. Le Polychre marbré est répandu dans toute l'Amérique
méridionale ; nous l'avons reçu de Surinam, de la Guyane et du

Brésil. Il vit sur les arbres, et ne paraît pas se nourrir exclusivement d'insectes ; car, aux débris de Coléoptères que nous avons trouvés dans son estomac, étaient mêlés des détritus de fleurs. On dit que la femelle fait sa ponte au mois de mai, et qu'elle se compose de dix à douze œufs de la grosseur d'une olive.

Observations. Ainsi que nous l'avons fait remarquer plus haut, le *Polychrus virescens* du prince de Neuwied n'est pas différent du Polychre marbré, auquel il faut aussi réunir le *Polychrus strigiventris* de Wagler, établi sur un individu qui, suivant cet auteur, n'aurait pas eu de pores fémoraux. Il est en effet très facile de se tromper à cet égard, attendu que, chez certains sujets, ces pores sont excessivement peu marqués. Le Polychre à bande de M. Delaporte, aujourd'hui comte de Castelnau, est aussi un double emploi du Polychre marbré. C'était une espèce que ce savant entomologiste avait bien innocemment établie d'après un individu empaillé, sur le dos duquel le marchand, ou celui qui l'avait vendu d'abord, s'était amusé à peindre une bande jaune.

B. *Espèces à écailles dorsales inégales, celles de la ligne médiane étant plus petites que les latérales.*

2. LE POLYCHRE ANOMAL. *Polychrus anomalus.* Wiegmann.

CARACTÈRES. D'un vert pâle, avec trois taches de chaque côté du dos.

SYNONYMIE. *Polychrus anomalus.* Wiegm. Herpet. Mexic. pars 1, pag. 26.

DESCRIPTION.

FORMES. Cette espèce a les narines placées à peu près au milieu de l'étendue qui existe entre le bout du museau et le bord antérieur de l'orbite. Les écailles du milieu de son dos sont petites, inégales, affectant une forme circulaire, quoiqu'elles soient réellement polygones. Celles qui revêtent les parties latérales du tronc sont du double plus grandes, étroites, oblongues, subquadrangulaires et disposées par séries obliques, entre lesquelles se montrent d'autres écailles d'un plus petit diamètre.

Les squames abdominales sont moins dilatées que celles des flancs ; elles ressemblent à des rhombes subovales, elles sont imbriquées et très distinctement carénées. La face externe des membres est recouverte d'écailles rhomboïdales, également pourvues de carènes. On en voit aussi sur les squames caudales, qui sont subrhomboïdales et imbriquées. La queue a une forme arrondie.

COLORATION. Le dessus de l'animal est verdâtre, marqué de trois taches noires de chaque côté de la région rachidienne. Une teinte jaunâtre règne sur les parties inférieures du corps, qui sont longitudinalement striées de noir-brun.

DIMENSIONS. *Longueur totale*, 7" 14'''. *Tête.* Long. 11'''. *Corps.* Long. 2". *Queue.* Long. 7" 1'''.

PATRIE. Cette espèce de Polychre se trouve au Brésil.

Observations. Elle ne nous est connue que par ces détails descriptifs, qui ont été publiés dans la première partie de l'ouvrage de M. Wiegmann, qui a pour titre : *Herpetologia mexicana.*

IIe GENRE. LAIMANCTUS. *LÆMANCTUS* (1).
Wiegmann.

CARACTÈRES. Peau de la région inférieure du cou formant un pli transversal en avant de la poitrine. Ni dents palatines ; ni pores fémoraux. Quatrième doigt des pieds plus longs que le troisième. Toutes ou partie des écailles du corps imbriquées et carénées. Queue non préhensile. Ni le dos ni la queue crêtés.

L'ensemble des formes des Laimanctes est le même que celui des Polychres, à cela près qu'ils ont le corps un peu plus comprimé et les membres plus grêles. La forme de leur tête est celle d'une pyramide à quatre faces, plus ou moins déprimée, dont le dessus et les côtés sont protégés par des

---

(1) Ce nom de *Læmanctus* vient de λαιμος, la gorge, *guttur*, et de αγχῶ, j'étrangle, *constrigo*, dont le cou est étranglé, *cui jugulum constrictum est*, λαιμαγτος.

petites plaques polygones, convexes ou peu aplaties. Les Laimanctes manquent de dents au palais, et de pores crypteux sous les cuisses. La peau de leur cou ne pend point en
fanon, comme celle des Polychres; mais elle offre un pli
transversal tout près de la poitrine, ce qui fait paraître
leur cou comme un peu resserré ou comme étranglé. Les
membres sont maigres, et la queue fort longue, arrondie ou
légèrement comprimée. Leurs dents et leurs oreilles ressemblent à celles des Polychres. Le quatrième doigt des pieds
est plus long que les trois qui le précèdent, tandis que le
cinquième est presque aussi court que le premier. Parmi les
espèces à queue arrondie, il y en a qui, avec l'occiput
élargi postérieurement et incliné en avant, ont les écailles
des côtés du corps disposées par bandes transversales, et le
dessous des doigts tuberculeux. D'autres, au contraire, ont
l'occiput incliné en arrière, les écailles des flancs disposées
assez irrégulièrement, et le dessous des doigts garni de scutelles simples. Mais chez les unes et les autres, la majeure
partie des écailles sont imbriquées et carénées.

M. Wiegmann, auquel on doit l'établissement du genre
Laimancte, y range quatre espèces, auxquelles il faut joindre le *Polychrus acutirostris* de Spix. Nous avons le regret
de n'avoir pu observer aucune de ces espèces : les descriptions que nous allons en donner sont empruntées aux deux
auteurs que nous venons de citer.

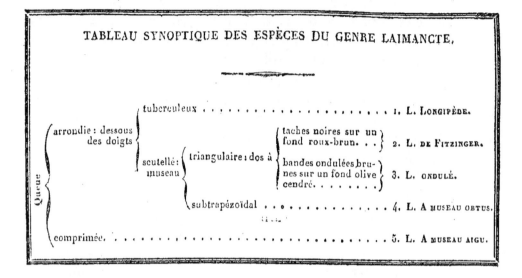

TABLEAU SYNOPTIQUE DES ESPÈCES DU GENRE LAIMANCTE.

Queue
- arrondie : dessous des doigts
  - tuberculeux .... 1. L. LONGIPÈDE.
  - scutellé : museau
    - triangulaire : dos à
      - taches noires sur un fond roux-brun ... } 2. L. DE FITZINGER.
      - bandes ondulées brunes sur un fond olive cendré .... } 3. L. ONDULÉ.
    - subtrapézoïdal .... 4. L. A MUSEAU OBTUS.
- comprimée. .... 5. L. A MUSEAU AIGU.

A. LAIMANCTES A QUEUE ARRONDIE.

a. Espèces à occiput incliné en avant, élargi et arrondi en arrière. Écailles du côté du corps disposées par bandes transversales. Dessous des doigts garni d'une série de tubercules.

1. LE LAIMANCTE LONGIPÈDE. *Læmanctus longipes*. Wiegmann.

CARACTÈRES. Membres postérieurs et queue excessivement alongés.

SYNONYMIE. *Lœmanctus longipes*. Wiegmann. Herpetol. Mexican. pars 1, pag. 46, tab. 4.

DESCRIPTION.

FORMES. Cette espèce a des formes très élancées. Elle se fait principalement remarquer par la longueur et la gracilité de ses membres postérieurs, qui, lorsqu'on les couche le long du tronc, s'étendent jusqu'au bout du museau. La queue a deux fois plus d'étendue que le reste du corps. Le dessus de la tête est une surface plane inclinée en avant. Son contour représente un ovale oblong, dont la partie correspondante à l'occiput est plus large que celle

qui lui est opposée. Les côtés du museau sont concaves, garnis
de plaques polygones assez dilatées. L'oreille a une forme ovale,
et les bords n'en sont point dentelés. Les narines sont dirigées
en arrière et percées sur les côtés, tout près de l'extrémité du
museau, dans une scutelle rhomboïdale. Les plaques de la surface crânienne sont irrégulières, polygones, surmontées de petits
grains qui les rendent rugueuses. Celles du ventre et de l'occiput
n'ont qu'un petit diamètre; mais celles qui revêtent le front et
le museau sont assez grandes. On compte quatorze écailles labiales supérieures et vingt-quatre inférieures. Les unes et les
autres sont quadrangulaires. La plaque rostrale ressemble à un
pentagone, et la mentonnière, qui est fort petite, a un triangle
subarrondi. Une série d'écailles hexagonales borde le menton
de chaque côté. Sous la gorge, il existe des squames subovales,
relevées de deux ou trois petites arêtes. Les écailles qui revêtent
la région inférieure du corps sont subrhomboïdales et carénées.
Elles augmentent de grandeur, et le nombre de leurs carènes
s'accroît à mesure qu'elles s'avancent vers le pli jugulaire, qui
lui-même en offre de semblables, si ce n'est qu'elles sont plus
petites. La région cervicale est garnie de petites écailles lisses,
ou faiblement striées. Sur le dos, il existe de grandes squames
rhomboïdales, imbriquées, surmontées d'une ou deux carènes, et
plus dilatées sur la région médio-longitudinale que sur les côtés.
Les écailles des parties latérales du tronc ne sont pas aussi grandes que celles du dos. Elles ont une forme ovo-rhomboïdale, et
sont disposées par séries transversales. Des squames rhomboïdales
imbriquées recouvrent les membres; celles des coudes et des genoux sont petites et unicarénées, tandis que celles des avant-bras
offrent trois arêtes, et souvent une dentelure sur leur bord libre.

Les doigts de la main sont grêles; le troisième et le quatrième
ne diffèrent pas de longueur. Ceux des pieds sont très longs et
tous tuberculés en dessous; parmi eux, c'est le quatrième qui est
le plus étendu. De petites écailles protubérantes et colorées en
jaune garnissent la paume des mains et la plante des pieds.

La queue est conique et revêtue d'écailles rhomboïdales imbriquées, dont les arêtes constituent des carènes longitudinales
qui rendent cette partie du corps anguleuse.

COLORATION. Un roux cendré colore le sommet de la tête, tandis qu'un jaune verdâtre règne sur le front et le museau. Les
côtés de celui-ci et la gorge présentent une teinte jaunâtre; une

tache subtrapézoïdale d'un roux brun foncé se montre en avant
du tympan. La nuque est rayée de roux jaunâtre. On voit se
dérouler sur toute l'étendue des côtés du cou une large bande
brune, liserée de jaune inférieurement. Sur le dessus du corps
est répandue une couleur rousse violacée. Cinq grandes bandes
brunes, liserées de noir sont imprimées de distance en distance
en travers du tronc. La seconde de ces bandes est marquée, vers le
sommet du dos, d'une tache d'un jaune vert. Les deux dernières
prennent une teinte verte près de la région dorsale. La face externe
des bras et des avant-bras est semée de taches jaunes ; leur face
interne offre une teinte orangé-roux. Les cuisses présentent un
semi de taches jaunes ou verdâtres, sur un fond roux violet
foncé. Un roux orangé colore l'abdomen. Vers le milieu de chaque flanc naît une ligne jaune qui s'étend longitudinalement
jusqu'à la racine de la cuisse. La queue, uniformément d'un roux
orangé à sa base, se montre vers sa région moyenne entourée
de grands anneaux brun olive, et vers son extrémité d'autres
anneaux plus étroits et d'un cendré roussâtre.

Dimensions. *Longueur totale*, 25" 5'". *Tête*. Long. 1" 8'",
Queue. Long. 20".

Patrie. Le Laimancte longipède vient du Mexique.

Observations. C'est une espèce que nous n'avons pas encore eu
l'occasion d'observer nous-mêmes. La description que nous venons d'en donner est la traduction de celle que M. Wiegmann a
publiée dans son Erpétologie du Mexique.

b. *Espèces à occiput ou horizontal ou incliné en arrière. Écailles
des côtés du corps petites, convexes, disposées irrégulièrement ;
celles du milieu du dos polygones, carénées, plus grandes que
celles des côtés. Dessous des doigts garni de scutelles simples.*

2. LE LAIMANCTE DE FITZINGER. *Lœmanctus Fitzingerii*.
Wiegmann.

Caractères. D'un roux brun en dessus ; un double rang de taches noires sur le haut du dos. Abdomen roux. Tête médiocre ;
contour horizontal du museau ayant la figure d'un triangle
obtus.

Synonymie. *Lœmanctus Fitzingerii*. Wieg., Herpetol. Mexican.
pars 1, pag. 46.

Patrie. Le Laimancte de Fitzinger habite le Brésil.

3. LE LAIMANCTE ONDULÉ. *Lœmanctus ondulatus*. Wiegmann.

CARACTÈRES. Dessus du corps olive cendré, avec deux bandes latérales ondulées, d'un noir brun, bordées de blanchâtre inférieurement. Tête médiocre; contour horizontal du museau offrant la figure d'un triangle obtus.

SYNONYMIE. *Lœmanctus undulatus*. Wiegm., Herpet. Mexic. pars 1, pag. 46.

PATRIE. Cette espèce est du même pays que la précédente.

4. LE LAIMANCTE A MUSEAU OBTUS. *Lœmanctus obtusirostris*. Wiegmann.

CARACTÈRES. Dessus du corps tacheté de brun sur un fond cendré brunâtre. Abdomen d'un fauve cendré. Museau large, subtronqué, à contour horizontal subtrapézoïdale.

SYNONYMIE. *Lœmanctus obtusirostris.* Wiegm., Herpetol. Mexican., pars 1, pag. 46.

PATRIE. Le Laimancte à museau obtus est originaire du Mexique, comme les deux précédents.

Observations. Ces trois dernières espèces de Laimanctes ne nous étant pas mieux connues que la première, nous avons dû nous borner à reproduire les seuls détails descriptifs qu'en a publiés M. Wiegmann, dans la première partie de son Erpétologie du Mexique.

B. LAIMANCTES A QUEUE COMPRIMÉE.

5. LE LAIMANCTE A MUSEAU POINTU. *Lœmanctus acutirostris*. Wiegmann.

CARACTÈRES. Tête longue, pointue en avant. Écailles dorsales élargies, aplaties. D'une teinte olive blanchâtre en dessus; de couleur d'ocre en dessous.

SYNONYMIE. *Polychrus acutirostris*, Spix, Lacert. Nov. Bras., pag. 151, tab. 14, *a*.

Ecphymotes acutirostris. Fitz. Verzeich. zool. mus. Wien. p. 49.

Polychrus acutirostris. Wagl. Syst. amph. pag. 149.

Polychrus acutirostris. Schinz. Naturg. abbild. rept. pag. 89, tab. 28, fig. 2.

DESCRIPTION.

Formes. La tête de cette espèce est fort alongée. Son contour horizontal a la figure d'un triangle isocèle. En dessus, elle est couverte de plaques assez dilatées, plates sur le front et le museau; mais petites, convexes, et rugueuses sur l'occiput. Les narines sont situées un peu plus près du bout du nez que du bord de l'orbite. Le tympan est petit et ovalaire. Des écailles oblongues, aplaties, dilatées, recouvrent le dos; l'abdomen en offre de rhomboïdales et imbriquées. Les pattes de derrière ne sont pas proportionnellement aussi développées que celles du Laimancte longipède; mais elles se terminent de même par des doigts longs et grêles. La queue, dont l'étendue est égale à celle du reste du corps, offre un léger aplatissement de droite à gauche. Suivant Spix, la femelle serait plus grosse que le mâle.

Coloration. Une teinte olive blanchâtre est répandue sur le dessus du corps, dont les parties inférieures offrent une couleur d'ocre. On voit des traces d'anneaux noirs autour de la queue.

Dimensions. *Corps.* Long. 1" 1". *Queue.* Long. 8" 5"'.

Patrie. Ce Laimancte est aussi une espèce brésilienne, dont nous n'avons pas encore vu un seul échantillon.

Observations. Cependant nous la croyons différente de ses quatre congénères, si toutefois la description que l'on vient de lire, qui est en même temps la reproduction de celle Spix, est parfaitement exacte.

IIIᵉ GENRE. UROSTROPHE. *UROSTRO-PHUS* (1). Nobis.

CARACTÈRES. Peau de la région inférieure du cou formant un pli transversal en avant de la poitrine. Des dents palatines ; pas de pores fémoraux. Quatrième doigt des pieds plus long que les autres. Toutes les écailles du corps lisses ; celles du ventre plates, imbriquées ; les autres bombées, juxta-posées. Queue préhensile.

Bien que la physionomie des Urostrophes soit la même que celle des Polychres, on les en distingue à la première vue par la faculté préhensile de la queue, par l'inégalité du troisième et du quatrième doigt des pieds, par l'absence de pores fémoraux, par la présence sous le cou d'un pli transversal au lieu d'un fanon, enfin par la disposition en pavé des écailles bombées et non carénées, qui revêtent les parties supérieures du corps. Les Urostrophes sont d'ailleurs semblables aux Polychres, à l'exception toutefois des écailles ventrales, dont la surface est parfaitement unie. Outre que le genre qui nous occupe diffère de celui des Laimanctes par moins de gracilité dans les membres et dans la queue, il s'en distingue encore en ce que cette partie terminale du corps est préhensile, en ce qu'il a des dents palatines et en ce que ses écailles ne sont pas carénées. Ce dernier caractère empêche aussi qu'on ne confonde les Urostrophes avec le genre suivant, celui des Norops, qui, à l'exception de la forme grêle du corps, ont la plupart des caractères des Laimanctes, avec le fanon des Polychres.

(1) Ce nom est emprunté à deux mots grecs, qui signifient queue contournée, de Ούρα, queue, *cauda*, et de Στροφος, contourné, *contortus, involutus*.

Une des particularités les plus remarquables que présentent les Urostrophes est la faculté qu'ont ces Iguaniens de se servir de leur queue de la même manière que le font les Caméléons, quoiqu'à un degré moindre ; car cette queue, qui est légèrement comprimée et arrondie sur sa face supérieure comme sur sa face inférieure, ne peut s'appliquer et se courber en dessous, de manière à s'enrouler étroitement autour d'une branche ou de tout autre corps, ainsi qu'on le voit faire aux Caméléons.

Nous n'avons encore observé qu'une seule espèce appartenant à ce genre ; c'est l'Urostrophe de Vautier, ainsi appelé du nom du voyageur auquel nous devons le premier des deux sujets qui ont été envoyés au Muséum, et dont la description va suivre.

1. L'UROSTROPHE DE VATIEUR. *Urostrophus Vautieri.* Nobis.

CARACTÈRES. Museau court, obtus, revêtu d'un pavé irrégulier de petites plaques polygones à surface lisse. Dos et queue offrant des bandes transversales brunes, sur un fond fauve ou marron, plus ou moins clair.

SYNONYMIE ?

DESCRIPTION.

FORMES. L'Urostrophe de Vautier a des formes moins sveltes que le Polychre marbré. La tête est d'un tiers plus longue qu'elle n'a de largeur en arrière. Son contour horizontal donne la figure d'un triangle obtusément arrondi en avant. La mâchoire supérieure est armée de quarante-six à quarante-huit dents, et l'inférieure de quarante à quarante-deux. Les dix ou douze premières ont une forme conique ; toutes les autres sont comprimées et tricuspides. Dans chaque os palatin sont enfoncées et disposées sur une seule ligne six ou huit petites dents coniques assez fortes. Le dessus de la tête, en arrière du front, offre une surface plane et horizontale ; la partie antérieure est également plane, mais elle est inclinée en avant. Les narines sont petites, ovalo-circulaires, percées chacune dans une petite plaque qui est

située sur le côté du museau, à très-peu de distance de son extrémité. La plaque rostrale est pentagonale, et plus dilatée dans son
sens transversal que dans son sens vertical. Huit paires d'écailles
subquadrilatérales oblongues sont appliquées sur chaque lèvre.
La scutelle nasale, de l'un et de l'autre côté, est séparée de la rostrale par deux petites squames à plusieurs angles, placées l'une
devant l'autre. La régionfrontale, l'espace interorbitaire, le vertex
et les côtés du museau sont recouverts d'écailles plates, lisses et à
plusieurs pans, toutes à peu près de même diamètre. Le dessus
du museau en offre de semblables pour la forme, mais qui sont
moins dilatées. Les squames occipitales sont bombées. La région surciliaire est garnie d'un double rang de petites plaques
carrées. En dedans de ce double rang d'écailles, ou mieux sur la
région sus-oculaire, l'on remarque de petites plaques polygones
qui semblent être disposées par séries semi-circulaires emboîtées
les unes dans les autres. Celles de ces plaques qui occupent le
centre de cette région sus-oculaire sont plus dilatées que les autres.
De petites scutelles lisses, à plusieurs pans constituent, le long de
chaque branche du maxillaire inférieur, des bandes parallèles à la
rangée des écailles labiales. Ces bandes, au nombre de deux
seulement près du menton, se trouvent être de quatre ou cinq
sur la seconde moitié de l'étendue de la mâchoire inférieure. Les
paupières sont granuleuses, bordées chacune d'un rang de petites
écailles carrées, derrière lequel il en existe un autre composé
de squamelles tuberculeuses, jusqu'à un certain point disposées
comme le sont les cils chez les Mammifères et les oiseaux. La
membrane du tympan est légèrement enfoncée dans le trou de
l'oreille. Celui-ci est petit, ovale, sans dentelure et situé un peu
en arrière de la commissure des lèvres. La peau du cou fait, sur
la région de celui-ci contiguë à la poitrine, un pli transversal qui
se prolonge de chaque côté jusqu'en haut de l'épaule. Il n'existe
pas la moindre apparence de fanon. Le dessus du tronc est arrondi,
mais le ventre est plat. Les membres, couchés le long du corps,
s'étendent, ceux de devant jusqu'au milieu du flanc, et ceux de derrière jusqu'à l'aisselle. Le troisième et le quatrième doigt des mains
ont la même longueur ; aux pieds, le quatrième est un peu plus
alongé que le troisième. La queue est fort remarquable, en ce qu'elle
est conformée de manière à ce que l'animal peut l'enrouler autour
des branches, ainsi que le fait le Caméléon. Cependant elle est
loin d'être aussi préhensile que celle de ce dernier. Cette queue

entre pour les deux tiers dans la longueur totale de l'animal. Quoique distinctement arrondie en dessus et en dessous, elle est très légèrement comprimée dans toute son étendue. Des écailles convexes, non imbriquées, ayant en un mot l'apparence de grains squameux, sont répandues sur le cou, les fesses, le dessus et les côtés du corps. Les squamelles qui revêtent la partie supérieure des membres sont lisses, en losanges et légèrement imbriquées. Celles qui protégent les régions inférieures de ces parties sont également lisses et imbriquées, mais leur forme est subovale. L'écaillure du ventre se compose de petites pièces lamelleuses pentagones ou carrées, placées en recouvrement les unes sur les autres. Elles sont aussi complétement dépourvues de carènes. Nous n'avons pas découvert de pores crypteux, ni sous les cuisses, ni près de l'anus. Le dessus des doigts porte un rang d'écailles hexagonales imbriquées; sur chacun de leurs côtés, il y en a une série de rhomboïdales; et en dessous une bande de quadrilatérales dilatées transversalement. Des anneaux de squamelles quadrangulaires carénées et subimbriquées se voient autour de toute l'étendue de la queue. Les carènes de la région supérieure sont peu sensibles, mais celles de la région inférieure sont très prononcées. La longueur des ongles est médiocre, et leur courbure faiblement marquée.

COLORATION. Sur le fond marron fauve que présente le dessus du corps, s'étend depuis l'occiput jusqu'à la racine de la queue, une large bande brune, des côtés de laquelle descendent sur les flancs des espèces de franges oblongues. La face supérieure des membres est nuagée de brun noirâtre. Celle de la queue est coupée transversalement, et à de petits intervalles, de bandes brunâtres. Un fauve clair, auquel se mêlent quelques petits traits noirs, règne sur la surface de la tête. Le dessous du corps offre un blanc fauve, sur lequel apparaissent quelques petites taches d'un brun pâle. Plusieurs lignes en zigzags de cette dernière couleur se montrent sur les côtés de la mâchoire inférieure. Le palais et l'intérieur de la gorge sont colorés en noir.

DIMENSIONS. *Longueur totale*, 22" 7'''. *Tête*. Long. 2" 3'''. *Cou.* 1" 1'''. *Corps*. 5". *Memb. postér*. Long. 5". *Queue. Long.* 13" 3'''.

PATRIE. Nous ne possédons de cette espèce que deux exemplaires qui ont été recueillis au Brésil, l'un par M. Vautier, l'autre par M. Gaudichaux.

IVᵉ GENRE. NOROPS. *NOROPS* (1). Wagler.

CARACTÈRES. Peau du dessous du cou formant un pli saillant, une sorte de petit fanon non dentelé ; ni dents palatines, ni pores fémoraux. Quatrième doigt des pieds plus long que le troisième. Écailles du corps carénées, en partie imbriquées ; celles des flancs beaucoup plus petites que celles du dos et du ventre. Queue médiocre, non préhensile, privée de crête comme le dos.

Ce genre semble former le passage entre les trois précédens et celui des Anolis, auquel il tient par quelques-unes des espèces chez lesquelles la dilatation des doigts est peu sensible, et qui ont aussi les écailles qui garnissent les côtés du corps, d'un diamètre beaucoup plus petit que celles du dos et du ventre. Quoi qu'il en soit, les Norops constituent un petit groupe générique assez nettement caractérisé par l'absence complète de crêtes dorsale et caudale, de dents palatines et de pores fémoraux. Ils ont, de même que les Polychres, un petit fanon sous le cou ; mais il n'est pas dentelé ni aussi alongé, attendu qu'il ne se voit réellement que dans la région collaire. La tête, un peu longue et de forme pyramido-quadrangulaire, est recouverte de petites plaques polygones égales entre elles, la plupart bicarénées. De grandes écailles unicarénées, imbriquées, protégent les parties supérieure et inférieure du corps, tandis qu'on en voit sur les flancs de beaucoup plus petites,

---

(1) Le nom de NOROPS, introduit dans l'erpétologie par cet auteur, est tout-à-fait grec, Νωροψ, et signifie brillant, *splendidus* C'est la traduction du nom spécifique.

subimbriquées, mais également carénées, ayant une apparence granuleuse. Les dents ne diffèrent pas de celles des espèces des genres précédens. Les pattes ont à peu près le même développement que celles des Polychres ; mais la queue est proportionnellement plus courte et plus grosse. Bien qu'elle paraisse arrondie, elle est réellement à quatre faces, particulièrement à sa base, et un peu aplatie de droite à gauche. Quant à l'écaillure de cette partie du corps, elle ressemble à celle des Polychres et des Laimanctes. Le quatrième doigt des pieds est plus long que le troisième.

Ce genre ne se compose encore que d'une espèce décrite pour la première fois par Daudin comme un Anolis. C'est Wagler qui a proposé d'en faire, avec juste raison, le type d'un groupe particulier.

1. LE NOROPS DORÉ. *Norops auratus.* Wagler.

Caractères. Tête couverte de petites plaques oblongues, multi-carénées. Corps d'un brun fauve doré, avec ou sans bande d'une teinte plus claire sur le dos.

Synonymie. *Anolis auratus.* Daud. Hist. Rept. t. 4, p. 89.
Norops auratus. Wagl. Syst. Amph. p. 149.
Norops auratus. Wiegm. Herpet. Mexic. pars 1, pag. 16.

DESCRIPTION.

Formes. Le Norops doré est médiocrement alongé. La tête a, en longueur totale, le double de sa largeur postérieure ; le museau est pointu ; les narines sont petites, ovoïdo-circulaires, percées chacune dans une petite plaque située fort près de l'extrémité du museau. Chaque mâchoire porte de quarante-six à quarante-huit dents, dont les douze ou quatorze premières sont simples, arrondies, pointues ; tandis que les autres sont comprimées, et à couronne distinctement tricuspide. Ni l'un ni l'autre des deux individus que nous avons pu observer ne nous a offert de dents palatines. Les écailles du dessus de la tête paraissent imbriquées : celles d'entre elles qui recouvrent le front et le museau sont hexagones, oblongues, surmontées de trois ou quatre carènes.

Celles qui occupent l'intervalle inter-orbitaire et l'occiput, offrent un peu moins de longueur, et ne portent la plupart qu'une seule carène. Les régions sus-oculaires ont le contour de leur surface granuleux, et présentent, vers leur partie centrale, quatre ou cinq plaques relevées d'une à cinq arêtes. Les bords surciliaires, qui se continuent jusqu'à la narine en formant une espèce de petite crête, sont recouverts d'un double rang d'écailles uni-carénées, très-étroites et fort alongées. La plaque rostrale est de médiocre étendue; elle ne semble offrir que deux côtés, l'un inférieur et rectiligne, l'autre supérieur fort arqué. Il y a quatorze squames quadrilatères très oblongues autour de chaque lèvre; on remarque deux petites écailles mentonnières, représentant deux triangles scalènes unis base à base. Il existe un double rang de grandes écailles carénées au-dessus de la série des plaques labiales supérieures; et il y en a trois autres sous le rang des écailles labiales inférieures. Les paupières sont granuleuses; elles offrent sur leur bord deux rangs d'écailles ressemblant, celles du premier, à de petites pièces carrées; celles du second, à de petits tubercules.

La membrane tympanale ne se trouve pas tout-à-fait à fleur du trou ovale et médiocre de l'oreille. Bien que le corps soit assez comprimé, le dos est néanmoins arrondi. La peau de la région inférieure du cou forme un petit pli longitudinal qui ne s'étend pas sous la gorge: c'est, du reste, le seul qu'on observe sur cette partie du corps. Portés en avant, les membres atteignent, ceux de devant le bout du museau, ceux de derrière le bord de l'oreille. Le troisième et le quatrième doigt des mains ont la même longueur; le quatrième doigt des pieds est plus long que le troisième. La queue est environ une fois de plus étendue que le reste du corps; à sa racine elle est presque carrée; mais dans le reste de sa longueur elle présente une légère compression, sans pour cela être tranchante ni en dessus ni en dessous. Des écailles granuleuses revêtent la première moitié du dessus du cou, sur les côtés duquel il s'en montre de plates et lisses; tandis que celles qui garnissent sa région inférieure sont hexagones, oblongues et faiblement carénées. Il règne, à partir du milieu du cou jusqu'à la base de la queue, douze ou quatorze séries longitudinales de grandes écailles en losange, peu imbriquées, mais relevées de fortes carènes. Les flancs sont revêtus de très petites écailles qui, à la vue simple, paraissent granuleuses, mais qu'on reconnaît

6.

être réellement rhomboïdes et légèrement carénées, lorsqu'on les examine à la loupe. Ce sont aussi des écailles rhomboïdes, mais fort grandes, imbriquées et hautement carénées, qui garnissent la poitrine et le ventre, où elles se trouvent disposées par séries longitudinales, au nombre de seize ou dix-huit environ. La peau des fesses et du dessous des avant-bras est couverte de grains squameux d'une extrême finesse; mais les autres parties des membres sont protégées, de même que le dos et le ventre, par de grandes squames rhomboïdes carénées. Une bande de scutelles imbriquées, lisses, à bord libre arrondi, couvre le dessus des doigts, sur chacun des côtés desquels se trouve appliquée une série d'écailles rhomboïdales carénées. La face inférieure des doigts est garnie d'une rangée de squames imbriquées, dont la surface est lisse. Les squamelles caudales sont aussi entuilées; elles ressemblent à des losanges, et se disposent de telle manière, que leurs carènes constituent, dans le sens longitudinal de la queue, des lignes saillantes qui rendent celle-ci anguleuse; le dessous des cuisses, ni la région préanale ne présentent la moindre trace de pores crypteux.

COLORATION. Les deux exemplaires de cette espèce, que renferme notre musée, n'ont pas une coloration tout-à-fait semblable. L'un, d'un brun fauve doré sur le dos et sur la queue, offre une raie blanchâtre qui s'étend depuis l'oreille jusqu'en arrière de l'épaule. Là commence une bande noire qui, après avoir parcouru tout le côté du dos, va se terminer à la hanche. La surface de la tête présente une teinte noirâtre. Notre second individu se fait remarquer par une bande bien prononcée d'un fauve doré, bordée de brun, laquelle règne sur toute la longueur du dos et du dessus de la queue. A la racine de celle-ci aboutit une raie blanchâtre, qui vient du bord inférieur de l'orbite, en suivant le côté du dos.

Ces deux individus ont les parties inférieures d'un blanc jaunâtre, à reflets dorés.

DIMENSIONS. *Longueur totale*, 11" 3"'. *Tête*. Long. 1" 2"'. *Cou*. Long. 6"'. *Corps*. Long. 3". *Memb. antér.* Long. 2". *Memb. postér.* Long. 3" 8"'. *Queue*. Long. 6" 5"'.

PATRIE. L'un de nos sujets faisait partie d'une collection envoyée de la Guyane par MM. Leschenault et Doumerc; l'autre est originaire de Surinam. Il nous a été donné par le musée de Leyde.

Vᵉ GENRE. ANOLIS. *ANOLIS*. Daudin (1).
(*Anolis*, Merrem. *Anolius*, Cuvier. *Dactyloa*, Wagler. *Draconura*, Wagler et Wiegmann. *Xiphosurus*, Fitzinger.)

CARACTÈRES. Doigts dilatés sous l'antépénultième
phalange, formant un disque sub-ovale plus ou moins
élargi, garni de lamelles écailleuses imbriquées. Sous
le cou, un goître qui, lorsqu'il n'est pas gonflé, prend
la forme d'un fanon plus ou moins développé. Des
dents palatines ; pas de pores aux cuisses.

Les Anolis ont un caractère dont on ne trouve d'autres exemples parmi les Sauriens que dans la famille des
Ascalabotes. Nous voulons parler de l'élargissement que
présentent leurs doigts dans une certaine portion de leur
surface antérieure, c'est-à-dire sous l'étendue de l'antépénultième phalange. Dans cet endroit, la peau se distend en
travers de manière à former un disque plutôt pyriforme
qu'ovalaire, dont le bout le plus étroit est placé en arrière, et dont la face inférieure est revêtue de feuillets
squameux extrêmement minces, imbriqués dans le sens
de la longueur du doigt. Il arrive cependant quelquefois
que ce disque est garni de scutelles semblables à celles du
reste de la surface sous-digitale, c'est ce que nous montrent en particulier quelques espèces, chez les doigts desquelles l'élargissement dont nous venons de parler est très
faible, mais néanmoins réellement sensible ; c'est cette
seule et légère différence qui a donné lieu à Wagler d'établir

---

(1) Nom donné à la Martinique et dans toutes les Antilles, suivant Rochefort et Nicholson, à plusieurs espèces de Sauriens de ce
genre.

un nouveau genre, appelé Draconure, pour une espèce que nous laisserons parmi les Anolis, auxquels elle ressemble dans tous les autres points de son organisation.

En général, la dilatation discoïdale est beaucoup plus prononcée sous les trois doigts du milieu que sous le cinquième, et principalement sous le premier, où quelquefois elle est à peine apparente. Les Anolis sont un exemple frappant du peu de raison que l'on a eu de se servir de la forme comprimée ou déprimée du corps pour établir des divisions dans la famille des Iguaniens ; puisque dans un même genre on trouve des espèces à tronc presque arrondi, ou même moins haut que large, comme l'*Anolis vertubleu*, l'*Anolis resplendissant* et d'autres qui ont plus de hauteur que de largeur, ainsi que le montrent l'*Anolis à écharpe*, l'*Anolis caméléonide*, etc.

La tête des Anolis est quadrangulaire, tantôt assez alongée, tantôt au contraire fort courte. Le museau est plus ou moins large : chez la plupart des espèces il est arrondi ; quelques-unes l'ont pointu ; chez d'autres il est coupé carrément. La surface de la tête est rarement tout-à-fait plane. Elle offre presque toujours un léger enfoncement ovale ou rhomboïdal vers la région du front, de chaque côté de laquelle on remarque souvent un renflement longitudinal en forme de carène. Dans quelques cas, le dessus du museau est bicaréné, et en général son extrémité est un peu renflée entre les orifices des narines. Pour ce qui est des plaques céphaliques, qui peuvent être lisses, unicarénées, bicarénées, ou même tricarénées, elles sont loin d'être toujours à peu près du même diamètre. En général, celles qui protégent la partie antérieure de la tête ou le museau sont petites, ou un peu moins dilatées que les frontales. Celles que nous appelons surorbitaires, parce qu'en effet elles recouvrent le bord supérieur de l'orbite, sont les plus grandes de toutes. Elles forment de chaque côté du vertex un demi-cercle qui ceint la région sus-oculaire. La peau de celle-ci est granuleuse et offre vers son milieu un disque composé de plaques, dont le nombre et la grandeur varient. Comme chez tous les Iguaniens, on remarque une plaque sincipitale, laquelle est généralement assez petite, de forme ovale, mais cependant polygone, située un peu en arrière du vertex. La plaque mentonnière est constamment double. La membrane du tympan est plus ou moins enfoncée dans le trou auriculaire externe dont le bord est simple, et le diamètre quelquefois très petit.

Les dents maxillaires, dont le nombre varie suivant les genres, les espèces et même les individus, ressemblent à celles de la plupart des autres Iguaniens, c'est-à-dire que les antérieures sont simples, arrondies, pointues, un peu courbées en arrière, et que les autres sont comprimées et divisées en trois lobes ou trois dentelures à leur sommet.

Toutes ces espèces portent un petit rang de dents coniques enfoncées dans chaque os palatin. Les narines, petites et elliptiques, s'ouvrent soit sur le dessus (ce qui est fort rare), soit sur les côtés du museau, souvent très près de son extrémité, quelquefois un peu en arrière. Elles sont environnées de plusieurs petites écailles, parmi lesquelles on remarque les supérieures à cause de la forme un peu arquée qu'elles présentent. La langue est épaisse, légèrement échancrée à sa pointe.

La peau du cou fait rarement des plis sur les côtés de cette partie du corps ; mais en dessous elle forme une espèce de sac que l'animal, en le remplissant d'air, peut transformer en un goître quelquefois énorme ; mais qui, dans l'état ordinaire, reste pendant comme le fanon des Iguanes. La grandeur de ce fanon varie suivant les espèces : chez quelques-unes il est très développé, s'étendant depuis le menton jusque sous la poitrine, tandis que chez d'autres il se réduit à un simple pli, qui n'excède pas en longueur la région collaire. Certains Anolis ont le dos et la queue complétement dépourvus de pli ou de crête. Chez d'autres, au contraire, on voit régner depuis la nuque jusqu'à la queue et même s'étendre sur celle-ci une arête dentelée, composée d'écailles comprimées. Les uns ont la queue presque arrondie ; les autres l'ont fortement comprimée ; mais le passage de l'une de ces formes à l'autre se fait d'une manière si bien graduée, si insensiblement, que l'on ne saurait où poser la limite qui devrait séparer les espèces à queue arrondie de celles qui l'ont aplatie latéralement. Parmi ces dernières, il y en a de fort remarquables par une singularité qui consiste en ce qu'on voit, sur la partie supérieure et longitudinale de leur queue, une haute crête, soutenue dans son épaisseur par les apophyses des vertèbres, comme cela a lieu chez les Basilics et les Istiures. Cependant, si nos observations sont exactes, cela n'aurait lieu que dans les individus mâles. En général, la queue est très conique, tantôt assez grosse, tantôt extrêmement grêle.

Les membres sont bien développés, et les doigts offrent une longueur proportionnée. Le troisième et le quatrième des mains sont égaux entre eux pour la longueur, tandis qu'aux pattes postérieures le quatrième est plus long que le troisième. Aucune espèce n'a de pores fémoraux. Il en est quelques-unes chez lesquelles on remarque, sous la queue en arrière de l'anus, une rangée transversale de deux à cinq écailles plus grandes que celles qui les avoisinent. Voici ce qu'on observe quant à l'écaillure. Nous avons déjà dit que les plaques céphaliques sont inégales en diamètre : nous ajouterons qu'elles sont polygones, oblongues ou bien affectant une forme circulaire. A l'exception d'une seule espèce, dont le ventre est garni de grains squameux extrêmement fins, tous les Anolis ont les parties inférieures du tronc revêtues d'écailles imbriquées, lisses ou carénées. A l'égard des parties supérieures, on les voit généralement recouvertes d'écailles semblables entre elles, imbriquées chez certaines espèces, juxta-posées chez d'autres, et pouvant, dans l'un ou l'autre cas, être lisses ou carénées. Pour ce qui est de leur figure, on peut dire qu'il y en a d'ovales, de rhomboïdales, de carrées, de polygones, d'hexagones et de circulaires. Quelques Anolis ont les écailles des flancs beaucoup

plus petites que celles du dos et du ventre. Nous n'en connaissons qu'un seul, qui, de même que les Geckotiens, offre
des tubercules épars au milieu des squamelles du dessus de
son corps et de ses membres. Un autre se fait remarquer
par ses larges squames plates, circulaires, entremêlées de
petites écailles qui garnissent la peau de ses parties supérieures. Ce mode d'écaillure, en particulier, offre la plus
grande ressemblance avec celui de plusieurs Caméléons. La
peau des membres et de la queue varie autant que celle des
autres parties du corps. Dans les tégumens de la queue sont
pratiqués de petits enfoncemens circulaires, sur les bords
desquels naissent des écailles un peu plus grandes que les
autres.

Les Anolis ont, comme les Caméléons, les Polychres et
beaucoup d'autres Sauriens, la faculté de changer de couleur. Leur taille est à peu près la même que celles des Lézards. Ces petits Iguaniens sont très agiles, courent fort
vite, grimpent aux arbres, et se tiennent fort bien accro-
chés sur les branches et même sur les feuilles, à l'aide de
petits disques lamelleux, dont le dessous de leurs doigts est
garni, et qui leur servent comme de pelotes. Les Anolis vivent exclusivement d'insectes. On prétend que les mâles
peuvent japper à la manière des chiens, et qu'en courant ils
tiennent leur queue relevée en trompette.

Daudin, qui est le fondateur du genre Anolis, y avait
instinctivement rangé une espèce qui y tient, il est vrai,
de fort près, mais qu'on a cependant dû en retirer, attendu
qu'elle manque du principal caractère que cet auteur lui-
même assigne à son genre : caractère qui consiste à avoir,
non pas comme il le dit, la dernière, mais bien l'antépénultième phalange aplatie, élargie, et marquée en dessous de
rides transversales. Cette espèce est le type du genre précédent, le *Norops auratus*. Daudin a commis une autre erreur en prenant pour un Anolis le Sphériodactyle sputa-
teur, qu'il avait d'abord, avoue-t-il, considéré comme un
Gecko (ce qui est vrai), mais que sa forme élancée, ses cou-

leurs brillantes l'engagèrent décidément à le placer parmi
les Anolis. Il résulte de cela que les espèces d'Anolis décrites
par Daudin, dont le nombre s'élevait à huit, s'est trouvé
réduit à six, parmi lesquelles on compte encore un ou deux
doubles emplois. Ces espèces sont de celles dont la synonymie est la plus embrouillée, et bien que nous ayons apporté
tous nos soins à l'éclaircir, nous ne nous flattons pas encore
d'avoir complétement réussi.

Wagler, en substituant le nom[1] de *Dactyloa* à celui
d'Anolis, adopté par tous les erpétologistes, nous montre
de nouveau jusqu'à quel point il semblait se plaire à changer des noms connus de tous, pour en composer de nouveaux auxquels il attachait son nom, lors même qu'il n'avait
pas le moindre prétexte pour le faire.

Nous allons donner ici la description de vingt-cinq espèces d'Anolis que nous avons reconnu exister dans notre
musée. Elles sont toutes indiquées dans le tableau synoptique placé en regard de cette page, de telle sorte qne l'on
peut d'un coup d'œil saisir les différences d'après lesquelles
nous avons cru devoir les subdiviser en plusieurs petits
groupes. Ces différences sont tirées, d'abord du plus ou
moins de dilatation des doigts, d'où il résulte deux divisions principales, dout la seconde se partage d'après les
écailles du ventre, qui sont ou granuleuses ou dilatées et
imbriquées. Puis, parmi ces dernières, on fait une distinction de celles dont le pholidosis des flancs est beaucoup plus
petit que celui du dos. Enfin, entre ces Anolis à écaillure
du tronc de même grandeur, deux divisions ont été établies,
l'une pour les espèces dont les écailles du corps sont semées
de tubercules, l'autre pour celles qui les ont homogènes ou
semblables entre elles.

Dans ce nombre de vingt-cinq espèces d'Anolis, il y en
a au moins la moitié qui se trouveront décrites ici, pour
la première fois, à l'exception de trois ou quatre qui ont
été récemment publiées par Wiegmann.

TABLEAU SYNOPTIQUE DES ESPÈCES DU GENRE ANOLIS.

Doigts fort peu dilatés : des écailles plus grandes sur le milieu du dos que sur les côtés et formant	deux rangées seulement.				1. A. Respersissant.
	quatre ou cinq rangées.				2. A. Chrysolépide.

plates, imbriquées : celles des flancs, : beaucoup plus petites que celles du dos et du ventre.
- entremêlées de tubercules . . . . . . 3. A. Gentil.
- sur le museau, qui est bicaréné . . . . . . 4. A. Loysiana.

carénées ; narines percées
- un peu en arrière du museau . . . . . . 11. A. de la Caroline
- latéralement . . . . . . 12. A. Velmucri.

aussi dilatées que les autres,

sans tubercules : squames ventrales
- subarrondie . . . . . . 16. A. de Richard.
- tout près de l'extrémité du nez : queue dentelée. . . . . . 18. A. Ravi.
- comprimée : sur chaque région sus-oculaire un disque de
  - cinq plaques . . . . . . 19. A. de la Sagra.
  - dix à quinze plaques . . . . . . 13. A. de Valenciennes.

lisses, plus

que celles des côtés du corps . . . . . . 9. A. Nasique,

dépassant l'extrémité de la mâchoire inférieure . . . . . . 8. A. Ponctué.

coupé carrément . . . . . . 5. A. Museau de brochet.

court,
- grandes ou aussi grandes que celles des flancs; museau
  - sans aucune espèce de crête : oreilles
    - grandes : écailles dorsales
      - unies. . . . . . 6. A. de Goudot.
      - carénées . . . . . . 7. A. Bimaculé.
    - petites : plaques céphaliques
      - carénées . . . . . . 10. A. Ventrulko.
      - unies . . . . . .

arrondi : cou et dos
- deux carènes (bien marquées. . . . . . 17. A. A crête (le petit)
- longitudinales (peu prononcées . . . . . . 15. A. Tête marbrée.
- point de carènes. . . . . . 14. A. Tête de caïman.

sans dentelures : en avant du front . . . . . . 20. A. de Leach.

légèrement dentelée. . . . . . 21. A. A écailles.

très dilatés : écailles ventrales

offrant
- un pli de la peau
- une carène dentelée.

comme sur la queue : crâne
- couvert d'aspérités . . . . . . 22. A. d'Edwards.
- plan uni . . . . . .

remplacée sur la première moitié de la queue (une grande tache noire. . . . . . 23. A. A crête (le grand)
par une crête à rayons osseux : sur le flanc (deux grands rubans noirs. . . . . . 24. A. de Ricord.

granuleuses, en pavé, plus petites que celles des côtés du corps. . . . . . 25. A. Cartléonide.

REPTILES, IV.

(En regard de la page 90.)

A. Anolis a doigts peu dilatés.
(Genre *Draconura* (1) de Wagler et de Wiegmann.)

Les Anolis de cette première division ont, à part l'absence de membranes des flancs, une grande ressemblance avec les Dragons. Ils offrent comme eux un museau court, et une queue très longue et excessivement grêle. Sans avoir les doigts aussi dilatés que les espèces rangées dans la seconde division, ils ne les ont cependant pas d'une même venue comme chez les Norops, par exemple ; car il existe réellement un élargissement transversal, bien faible, il est vrai, sous l'antépénultième phalange des doigts des mains et des pieds. C'est ce qui nous a décidés à ne point conserver le genre Draconure de Wagler, qui ne se trouvait reposer sur aucune autre différence que celle-ci ; différence que nous sommes loin de considérer comme assez importante pour constituer un caractère générique.

1. L'ANOLIS RESPLENDISSANT. *Anolis refulgens*. Schlegel.

CARACTÈRES. Dessus du museau couvert de petites écailles oblongues, hautement carénées, formant un pavé coupé longitudinalement par une série de squames plus dilatées, aplaties, disco-polygones, relevées d'une carène au milieu. Trou de l'oreille médiocrement ouvert. Sur le dos, deux rangées seulement d'écailles plus grandes que les autres. D'un gris verdâtre doré, avec des bandes brunes sur le dessus des membres. Occiput brun, marqué d'une tache blanche au milieu ; une autre tache blanche au-dessus de chaque tempe.

SYNONYMIE. *Anolis refulgens*. Schlegel. Mus. de Leyde.
Draconura nitens. Wagler ? Syst. Amph. pag. 149.

---

(1) A queue de Dragon, de Δρακων, et de Θυρα.

DESCRIPTION.

FORMES. La tête de l'Anolis resplendissant n'est seulement que
d'un tiers plus longue qu'elle n'est large en arrière, où son diamètre transversal est le même que son diamètre vertical; le museau est assez court et renflé à son extrémité. La région frontale
offre une légère cavité subrhomboïdale. Petites et subarrondies,
les narines sont placées sur les côtés du museau, fort près de son
extrémité. Le bord surciliaire forme une petite crête tranchante
qui se prolonge en avant, presque jusqu'au trou nasal. Cette crête
est garnie de cinq ou six petites écailles oblongues, très étroites;
le dessus du bout du museau se montre un tant soit peu rugueux;
attendu que les squamelles polygones oblongues qui le revêtent, sont renflées ou relevées de carènes. Parmi ces squamelles, l'on en distingue de disco-polygones unicarénées, et
un peu plus dilatées que les autres, formant une série médio-
longitudinale. Le front est recouvert de squames oblongues,
aplaties, irrégulièrement hexagones, offrant une faible arête qui
ne les traverse pas dans toute leur longueur. Il en existe neuf ou
dix autres semblables, si ce n'est qu'elles sont peut-être un peu
plus petites sur chaque région sus-oculaire, dont le bord externe
et granuleux. Les petites plaques squameuses composant la série semi-circulaire qui recouvre chaque bord orbitaire supérieur
sont au nombre d'une dizaine; leur forme est hexagone oblongue, et leur surface unicarénée. Celles qui garnissent la cavité
frontale, disposées en rosace, n'en diffèrent que par leur diamètre,
qui est plus petit. La plaque occipitale occupe le milieu de la
région, dont elle porte le nom; elle est grande, circulaire, et environnée de toutes parts de très petites écailles subpolygonales,
aplaties et comme rugueuses. Des granulations squameuses garnissent les tempes et les paupières dont le bord offre un double
rang de petits tubercules pointus. La squame rostrale a la
figure d'un croissant; les deux écailles mentonnières ressembleraient à deux triangles scalènes si le bord postérieur n'était
légèrement arqué en dedans. Sur l'un comme sur l'autre côté
de chaque lèvre, on peut voir onze plaques offrant quatre
pans à peu près égaux. Les deux faces latérales de la partie de la
tête, comprises entre le bout du museau et le bord antérieur de
l'œil, sont chacune garnies de trois rangées longitudinales de

squamelles subhexagones, surmontées d'une carène longitudinale, qui est plus rapprochée de leur bord inférieur que de
leur bord supérieur. Le dessous de chacune des deux branches
sous-maxillaires présente trois séries de plaques hexagones,
oblongues, dont la surface est unie. L'ouverture de l'oreille
est d'une grandeur médiocre ; sa forme est circulaire et son
contour simple, c'est-à-dire dépourvu de toute espèce de
dentelures. On voit pendre un petit fanon sous le cou, et
non au delà, car il ne se prolonge ni sous la gorge ni sur
la poitrine. Bien que le tronc soit légèrement comprimé, le dos
est arrondi ; l'on n'y remarque ni crête écailleuse, ni pli cutané.
Couchés le long du cou, les membres de devant excèdent le bout
du museau de la moitié de la longueur de leur quatrième doigt.
Portées dans la même direction, les pattes de derrière dépassent
l'extrémité du nez, de l'étendue de la dernière phalange de leur
avant-dernier doigt. La queue fait à elle seule plus des deux tiers
de la longueur totale de l'animal. La base en est forte, mais le
reste de l'étendue excessivement grêle. Elle présente un si léger
aplatissement de droite à gauche, qu'elle peut être considérée
comme véritablement conique ; n'étant surmontée d'aucune carène. Le cou offre une écaillure granuleuse extrêmement serrée.
Les écailles dorsales sont sub-hexagones, non imbriquées et à
surface unie et légèrement convexe ; toutefois la région rachidienne en supporte deux séries un peu plus dilatées, et qui semblent
être légèrement tectiformes ou en dos d'âne. Les squames des
parties latérales du tronc, outre qu'elles sont plus petites que celles de sa face supérieure, ressemblent à de petits grains ovales. La
gorge en porte qui sont absolument semblables. Plus développées
que celles du dos, les écailles du fanon, de la poitrine et du ventre
sont carénées, rhomboïdales, et à pointe terminale obtuse. La
peau des fesses et celle du dessous des avant-bras ont une apparence
granuleuse. Ce sont d'assez grandes squames rhomboïdales, et
pourvues de carènes qui protégent le dessus des membres. Les
scutelles sous-digitales sont lisses et assez dilatées, elles présentent quatre côtés, et par conséquent quatre angles, qui sont obtusément arrondis. La queue porte des écailles hexagonales,
qui, sur la face supérieure de sa racine, sont lisses, et disposées
en pavé ; mais qui, dans le reste de son étendue, sont carénées
et entuilées.

Coloration. Le seul individu de l'Anolis resplendissant que

nous possédions est du sexe masculin. Il a le dessus de la partie postérieure d'un brun noirâtre ; sa plaque occipitale est blanche. Une tache également blanche se montre derrière chaque orbite. Son museau présente un roux fauve formant une bande transversale sur le vertex, qui est coloré en gris verdâtre. Les tempes et les côtés du cou sont marbrés de brun et de vert grisâtre , et les branches sous-maxillaires tachetées de brun. Une teinte grise, tirant sur le verdâtre excessivement pâle , règne sur la région cervicale , sur la première moitié du dos , ainsi que sur les parties latérales du tronc qui sont voisines des épaules. Mais la moitié postérieure du dos et des flancs offre sur un fond fauve des bandes obliques brunes assez peu distinctes les unes des autres. Les reins brillent de l'éclat de l'or. Au reste, la surface entière de l'animal reflète une teinte dorée plus ou moins vive. Une espèce de tache annulaire de couleur brune est imprimée sur chaque hanche. La teinte gris verdâtre d'une partie du cou et du dos se répand aussi sur les membres et sur la queue : ceux-là sont coupés de bandes transversales brunes, et celle-ci offre des traces d'anneaux noirâtres. Le dessous de l'animal est d'une couleur blanche, glacée de verdâtre.

DIMENSIONS. *Longueur totale ,* 18". *Tête.* Long. 1" 8'''. *Memb. antér.* 3" 2'''. *Memb. postér.* Long. 5" 7'''. *Queue.* Long. 12" 5'''.

PATRIE. L'exemplaire d'après lequel a été faite la description qui précède provient du musée de Leyde , où il avait été envoyé de Surinam.

2. L'ANOLIS CHRYSOLÉPIDE. *Anolis chrysolepis.* Nobis.

CARACTÈRES. Écailles du museau et du front subhexagonales , oblongues , égales , tricarénées. Trou auriculaire très petit. Sur le dos, plusieurs séries d'écailles plus grandes que les autres. Dos fauve ou verdâtre ; une teinte dorée sur toutes les parties du corps. Une suite de points noirs sur la colonne vertébrale. Derrière chaque tempe , une raie brunâtre , se continuant parfois en s'élargissant tout le long du côté du dos jusqu'à la racine de la queue.

SYNONYMIE. *Draconura Nitzchii.* Wieg.? Herpetol. Mexic. pars 1, pag. 16.

FORMES. Bien que fort voisine de la précédente , cette espèce s'en distingue pourtant par les caractères suivants : les petites pla ques subhexagones oblongues , tricarénées qui revêtent le dessus du museau, sont toutes égales entre elles ; et celles qui garnissent le front leur ressemblent complétement. La squame occipitale est un peu plus petite que chez l'Anolis resplendissant. Les trous auriculaires sont aussi remarquablement moins ouverts. L'Anolis chrysolépide diffère encore de ce dernier par ses écailles dorsales, qui , au lieu d'être lisses , sont carénées et toutes proportionnellement plus dilatées. On les voit disposées sur quatre ou six séries longitudinales.

CoLORATION. Les diverses couleurs que présente cette espèce brillent d'un éclat doré encore plus vif que celles de la précédente ou de l'Anolis resplendissant. L'un des deux exemplaires que renferme notre collection est presque entièrement fauve , couleur qui prend une teinte carnée à reflets d'or le long des flancs et sur la base de la queue. On remarque une raie longitudinale noire derrière chaque tempe. Le dos présente sur la ligne médiane une suite de petites taches brunâtres qui finissent par se confondre en approchant de la queue. Celle - ci laisse voir sur les parties latérales , de distance en distance , des points blancs , cerclés de noir ; quelques autres points , mais sans bordure blanche, sont répandus sur les flancs.

Notre second individu a le dessus de la tête marqué transversalement de deux bandes roussâtres : l'une est située au bas du front, et l'autre sur le vertex même. Son dos est coloré en vert doré ; ses flancs sont nuagés de brun et de roux , et son fanon présente une teinte noirâtre. La raie noire, que nous avons dit exister derrière la tempe de notre premier individu , lequel est une femelle, se trouve être changée chez le second , qui est un mâle, en une bande prolongée tout le long du côté du dos, jusqu'à la racine de la queue.

DIMENSIONS. Les dimensions de cette espèce sont absolument les mêmes que celles de l'Anolis resplendissant.

PATRIE. L'Anolis chrysolépide se trouve à la Guyane et à Surinam. L'un de nos deux sujets nous a été donné par MM. Leschenault et Doumerc , l'autre par M. Emmanuel Rousseau.

Observations. Nous avons tout lieu de croire que le *Draconura Nitzchii* de M. Wiegmann , n'est pas différent de notre Anolis chrysolépide,

B. Anolis a doigts distinctement dilatés.
(Genre *Dactyloa* (1). Wagler, Wiegmann.)

Nous avons partagé en deux cette seconde division, suivant que les espèces dont elle se compose ont le ventre garni d'écailles aplaties et le plus souvent imbriquées, ou bien revêtu de très petits grains squameux, arrondis et placés les uns à côté des autres. La seconde subdivision de ces Anolis à doigts distinctement dilatés, ne comprend encore qu'une seule espèce ; mais la seconde en renferme un grand nombre. Parmi celles-ci de légères différences dans le mode d'écaillure de leurs parties supérieures nous ont encore permis d'établir plusieurs petits groupes. De cette manière, nous espérons qu'on arrivera plus facilement et plus promptement à la détermination d'espèces qu'il n'est pas toujours aisé de distinguer les unes des autres au premier examen.

a. *Espèces dont le ventre est garni d'écailles aplaties, lisses ou carénées, et le plus souvent imbriquées.*

Parmi les espèces de ce groupe, il s'en trouve que nous avons séparées des autres, parce que les écailles de leurs flancs, au lieu d'être à peu près de même diamètre que celles du dos et du ventre, sont au moins de moitié plus petites.

---

(1) Ce nom est formé de Δακτυλος, doigt, et de ῶα, figure ovale.

a. Espèces à écailles des flancs beaucoup plus petites que celles du dos et du ventre.

3. L'ANOLIS GENTIL. *Anolis pulchellus.* Nobis.

CARACTÈRES. Tête longue, pyramido-quadrangulaire, un peu déprimée. Deux arêtes longitudinales sur le dessus de la partie antérieure de la tête. Écailles des flancs granuleuses ; celles du dos et du ventre du double plus grandes et carénées ; pas de crête cervicale, ni dorsale. Queue comprimée, tranchante et faiblement dentelée en dessus. Parties supérieures fauves ; côtés de la tête, flancs, dessous du corps et face inférieure des membres d'un blanc jaunâtre.

SYNONYMIE. (Nous n'en connaissons pas.)

DESCRIPTION.

FORMES. La longueur totale de la tête est double de sa largeur en arrière, laquelle présente un peu plus d'étendue que la hauteur de l'occiput. Cette tête, dont les deux côtés se rapprochent l'un de l'autre à mesure qu'ils avancent vers le museau, se trouve par conséquent offrir un contour horizontal, ayant la figure d'un triangle isocèle. La surface entière du crâne est inclinée en avant ; loin d'être plane, elle offre entre les narines un renflement derrière lequel il existe une cavité oblongue qui s'étend jusqu'au front. Cette cavité est bordée de chaque côté par une carène arrondie ou en dos d'âne, qui n'est pour ainsi dire que la prolongation de celle que présente le bord orbitaire supérieur, et en dehors de laquelle on remarque un sillon longitudinal peu profond. Les narines, qui sont subovales et dirigées un peu obliquement en arrière, s'ouvrent de chaque côté de l'extrémité du museau. Chacune d'elles est circonscrite en haut par une plaque oblongue cintrée qui se prolonge jusqu'à la rostrale, en bas par une autre à peu près semblable, et en arrière par trois ou quatre petits grains squameux. Le bord surciliaire fait une petite saillie qui se lie à l'arête anguleuse que forme la face supérieure et l'une des latérales du museau. Toutes les plaques céphaliques supérieures sont légèrement carénées. Sur le bout du museau, dont l'épaisseur est presque égale à la largeur de l'orbite, il y a six ou huit squames irréguliè-

REPTILES, IV. 7

rement polygones, égales , et disposées par paires. Après ces squames il en vient quatre à six autres, dans l'arrangement desquelles
il ne semble exister aucune symétrie. On remarque que celle
d'entre elles qui est la plus centrale présente un développement
un peu plus grand que les autres. Un double rang de petites
plaques, à plusieurs pans, tapisse le fond de la cavité frontale ;
il y en a sur le vertex un simple, qui sépare l'une de l'autre les
deux séries semi-circulaires de plaques appartenant aux bords
orbitaires supérieurs. Les squames polygones qui recouvrent
les deux carènes que nous avons dit exister sur le dessus de la
partie antérieure de la tête sont du double plus grandes que les
autres écailles céphaliques ; chaque région sus-oculaire présente
un disque de huit ou neuf petites plaques polygones, inégales en
diamètre. Comme ce disque n'occupe pas toute la surface de cette
région sus-oculaire , le reste, c'est-à-dire la partie la plus voisine
de son bord, est externe et garnie de petites granulations squameuses,

L'espace de forme triangulaire qui existe de chaque côté
de la tête, entre le bout du nez et l'œil , ou ce que les auteurs
nomment *canthus rostralis* , présente un léger enfoncement.
Les écailles qui en garnissent la surface sont quadrilatères,
oblongues, et disposées sur trois rangées longitudinales.

La plaque rostrale, plus large que haute, se compose d'un
côté inférieur rectiligne , et d'un bord supérieur qui est fort
arqué. Chacune des deux écailles mentonnières représente un
triangle équilatéral. L'on compte six squames oblongues à
quatre pans de chaque côté de la lèvre supérieure et de la
lèvre inférieure. La surface de la partie postérieure de la tête
est couverte de petites écailles bombées et subcarénées, au milieu desquelles se fait remarquer la plaque occipitale, dont la
forme est circulaire. Les tempes sont granuleuses, de même que
les paupières, qui présentent un double rang de petits tubercules sur leurs bords. La membrane du tympan se trouve un peu
enfoncée dans le trou auriculaire, qui est subovale et complètement dépourvu de dentelures ; la peau forme un grand fanon
qui s'étend jusque sur le milieu de la poitrine. Le corps a plus de
hauteur que de largeur ; le dessus en est légèrement tectiforme.
Couchées le long du tronc , les pattes atteignent, celles de devant
presque à l'aine, et celles de derrière à l'œil. La queue , qui est
assez comprimée pour que la partie supérieure en soit tranchante,

paraît d'un tiers plus longue que le reste de l'animal, elle est surmontée dans toute son étendue d'une petite crête ou arête dentelée en scie. On ne voit rien de semblable ni sur le cou, ni sur
le dos. Les faces supérieures et latérales du cou sont protégées par
des squames granuleuses assez petites ; les écailles du dessus et
des côtés du dos sont imbriquées, épaisses, avec une apparence
circulaire, quoique réellement polygones ; ces écailles, dont
on compte environ vingt-quatre rangées longitudinales, ne sont
pas positivement ce que l'on peut appeler carénées ; il serait plus
juste de dire qu'elles ont leur centre renflé et leurs bords amincis.
Les flancs présentent une écaillure composée de petites pièces imbriquées, moins développées que celles du dos et du ventre, et
dont la forme est subovale ou subcirculaire, et la surface lisse.
Le dessous de la tête est revêtu d'écailles épaisses, disco-polygones, subimbriquées, unies ou très faiblement carénées. Les
squames du fanon sont rhomboïdales, carénées et assez grandes.
Les plaques ventrales, qui sont imbriquées et légèrement carénées, ressemblent à des losanges, ayant leurs angles un peu
obtus. Les membres ont pour tégumens des écailles subhexagonales carénées ; toutefois les fesses sont granuleuses. Des scutelles
rhomboïdales, relevées de fortes carènes qui forment des lignes
saillantes dans le sens de la longueur du corps, se montrent sur
toute l'étendue du prolongement caudal.

COLORATION. Cette espèce d'Anolis a le dessus de la tête lavé de
brun-marron très clair. Son dos, sa queue et la face supérieure
de ses membres présentent une teinte d'un brun grisâtre. Les
côtés de la tête au niveau du dessous de l'œil, les flancs, et toutes
les régions inférieures de l'animal, offrent une couleur blanche
assez pure. Derrière la narine il naît une bande noirâtre, qui va
toujours en s'élargissant jusqu'à l'épaule.

DIMENSIONS. *Longueur totale*, 12" 2'". *Tête*. Long. 1" 6'". *Cou*.
Long. 4'". *Corps*. Long. 2" 4'". *Memb. antér*. Long. 2" 1'". *Memb.
postér*. Long. 3" 3'". *Queue*. Long. 7" 8'".

PATRIE. L'Anolis gentil habite l'île de la Martinique. C'est de là
au moins que nous ont été envoyés, par M. Plée, les trois exemplaires que nous possédons.

7.

b. *Espèces dont les écailles des flancs sont à peu près du même diamètre que celles du dos et du ventre.*

Les Anolis de ce groupe peuvent être partagés en espèces, dont les écailles du dessus et des côtés du tronc sont entremêlées de tubercules et en espèces, dont l'écaillure de ces parties est ce que nous appelons homogène.

a. Espèces à écailles des parties supérieures et latérales du corps entremêlées de tubercules.

4. L'ANOLIS LOYSIANA. *Anolis loysiana.* Nobis.

CARACTÈRES. Tête ovalo-triangulaire, couverte de grandes plaques anguleuses, lisses. Front concave; pas de crête dorsale, ni de caudale. Écailles du dessus et des côtés du tronc non imbriquées, disco-polygones, plates, lisses, égales, parsemées de petits tubercules. Queue conique; squames ventrales imbriquées, lisses. D'un blanc-bleu; une série de taches triangulaires brunes de chaque côté du dos.

SYNONYMIE. *Acantholis loysiana.* Th. Coct. Comptes rendus de l'Inst. de Franc. 1836, t. III, pag. 226.

Acantholis loysiana. Id. Hist. de l'île de Cuba, par Ramon de la Sagra, Rept. non encore publiés.

DESCRIPTION.

FORMES. La tête est déprimée et du double plus longue qu'elle n'est large en arrière; les deux côtés forment un angle aigu dont le sommet est arrondi. Les régions sus-oculaires sont bombées, et l'espace qui les sépare l'une de l'autre est creusé en une gouttière qui, en avant, se perd dans une cavité ovalaire que l'on voit s'étendre jusqu'sur le milieu du museau. C'est à très peu de distance de l'extrémité de celui-ci que se trouvent situées, l'une à droite, l'autre à gauche, les ouvertures nasales ; elles sont petites et subcirculaires. Toutes les plaques du dessus de la tête sont parfaitement lisses et à contour anguleux. Celle que l'on nomme *occipitale* est assez développée et ovalo-circulaire, quoique ayant réellement plusieurs pans ; elle s'articule de chaque côté avec une assez grande squame subpentagone, en dehors de laquelle il en existe quelques autres ayant à peu près la même figure, mais un plus petit diamètre. Devant cette même écaille occipitale sont sept scutelles disposées sur une rangée transversale un peu anguleuse, c'est-à-dire formant un angle très ouvert. De ces sept plaques, la médiane, ou celle qui occupe la région nuchale, est couverte d'un pavé de petites écailles égales, disco-polygones et parfaitement plates. Les bords orbitaires supérieurs portent chacun dix plaques qui forment par conséquent deux rangées sémicirculaires, que l'on voit soudées ensemble sur le front et sur le vertex. La première et la seconde plaque de chacun de ces deux rangs supra-orbitaires sont petites, mais pas encore autant que les quatre dernières. La quatrième, la cinquième et la sixième sont du double plus dilatées que les deux premières, et la troisième est presque aussi grande à elle seule que les trois qui la suivent immédiatement. Cette même troisième plaque a plus de longueur que de largeur, et plus d'étendue transversale en avant qu'en arrière. Elle couvre de son côté une partie du front, et descend même jusque dans la cavité antéro-frontale. Dans celle-ci, et sur les parties de la surface de la tête qui les bordent, on compte une dizaine d'assez grandes squames, toutes articulées les unes avec les autres. Le reste du dessus du museau est garni, ainsi que ses régions latérales, de squamelles disco-polygones, qui ont en diamètre, la moitié de celui que présentent les plaques de la cavité frontale. Chaque région sus-oculaire offre, placée sur une ligne longitudinale, quatre scutelles anguleuses, qui diminuent successivement de grandeur jusqu'à la dernière ; le reste de la surface sus-oculaire est granuleux. La plaque rostrale, qui a quatre fois plus d'étendue en longueur qu'en hauteur, présente quatre côtés. Bien qu'ayant cinq pans, dont deux il est vrai sont excessivement petits, les écailles mentonnières ressemblent à des triangles isocèles. Nous avons compté six paires de plaques labiales supérieures, et huit paires de plaques inférieures ; les unes et les autres sont longues, étroites, subquadrangulaires. Il y a environ cinquante-quatre dents à la mâchoire d'en haut, parmi lesquelles

il ne se trouve guère que les huit ou neuf dernières de chaque
côté qui soient distinctement comprimées et tricuspides, toutes
étant coniques, pointues et un peu courbées. A la mâchoire inférieure on n'en remarque que six ou sept qui aient cette dernière
forme ; et la totalité n'est que de quarante. La membrane tympanale est un peu enfoncée dans le trou auriculaire, dont l'ouverture est étroite est subcirculaire. Parmi les écailles qui en garnissent le contour, celles de la portion antéro-supérieure nous
semblent un peu plus fortes que les autres. Ce sont de petites
plaques non imbriquées, disco-polygones, aplaties et lisses qui
revêtent chaque région temporale, au milieu de laquelle est implanté un petit tubercule conique. Le tronc de l'Anolis loysiana
offre un peu plus de largeur que de hauteur ; le dessous en est
plat, mais le dessus est légèrement arqué en travers. Lorsqu'on
les couche le long du corps, les pattes de devant n'atteignent pas
jusqu'à l'aine ; placées de la même manière, les pattes de derrière
s'étendent jusqu'au bord postérieur de la tête. Forte, quadrilatère et à angles arrondis à sa base, la queue se trouve être assez
grêle et de forme conique dans le reste de son étendue ; elle est,
comme le cou et le dos, complétement dépourvue de pli ou de
crête. L'écaillure du dessus et des côtés du cou, ainsi que des faces
supérieure et latérale du tronc, se compose de très petites pièces
disco-polygones, lisses, non imbriquées, auxquelles se mêlent
quelques petits tubercules coniques, dont la base est entourée de
petites écailles subtuberculeuses ; d'autres tubercules, mais plus
pointus que ceux-ci, se montrent sur les membres et la base de la
queue. La face supérieure de ceux-là est garnie d'écailles semblables à celles du dos, excepté sur le devant du bras et de la cuisse,
sur les mains et sur les pieds, où il existe de grandes squames
polygones, lisses, légèrement imbriquées. La peau de la région
antéro-scapulaire fait un petit pli curviligne ; le cou laisse voir un
rudiment de fanon. Le dessous de la tête, entre les branches sous-
maxillaires, est revêtu d'écailles non imbriquées, ovalo-rhom-
boïdes, un peu convexes et lisses. Les squamelles pectorales et les
ventrales sont également lisses et imbriquées, mais peu aplaties,
un peu plus grandes et circulo-hexagones. L'écaillure du dessous
des membres est la même que celle du ventre, à cela près que les
pièces qui la composent ne sont pas si distinctement imbriquées.
Le dessus du premier tiers de l'étendue de la queue est garni d'é-
cailles semblables à celles du dos, et le dessous de squames pa-

reilles à celles du ventre. Toutefois l'on remarque, sur la ligne médio-longitudinale supérieure, une série de squamelles plus grandes que les autres. Le reste du prolongement caudal, en dessus comme en dessous, présente des écailles rhomboïdales, oblongues, étroites, imbriquées et carénées; mais il se pourrait que cette espèce d'écaillure fût celle d'une queue reproduite.

COLORATION. Les parties supérieures de ce petit Iguanien sont peintes d'un blanc bleuâtre ou verdâtre, qui prend une teinte rousse sur les reins et la base de la queue. On voit de chaque côté du dos, placées à la suite les unes des autres, cinq ou six taches triangulaires de couleur brune. L'extrémité du museau et ses parties latérales sont également brunes, ainsi qu'une tache qui, du bord de l'orbite, s'étend jusque sur la tempe. Le dessous de l'animal est entièrement blanc.

DIMENSIONS. *Longueur totale*, 7" 7"'. *Tête*. Long. 1" 3"'. *Cou*. Long. 4"'. *Corps*. Long. 2". *Memb. antér*. Long. 1" 5"'. *Memb. postér*. Long. 8" 8"'. *Queue*. 4".

PATRIE. Cette petite espèce d'Anolis est originaire de Cuba; elle faisait partie des riches collections zoologiques qui ont été recueillies par M. Ramon de la Sagra.

Observations. L'Anolis loysiana sera figuré dans la partie erpétologique de l'ouvrage que va publier sur l'île de Cuba le savant voyageur que nous venons de nommer. Il en a déjà été donné une description dans un mémoire de M. Cocteau, sur le genre qui nous occupe en ce moment; mémoire dont il existe un extrait dans les Comptes rendus de l'Institut pour l'année 1836, n°. 9, pag. 226. Dans ce mémoire, M. Cocteau propose de considérer l'Anolis Loysiana comme type d'un genre particulier qui tirerait son caractère de la forme que présentent plusieurs des écailles de la partie supérieure du corps. Ces squames se trouvent relevées en cônes, ou en pyramides triangulaires, disséminées plus ou moins régulièrement au milieu des écailles qui recouvrent cette région et qui sont petites, égales entre elles et couchées les unes sur les autres. C'est de cette disposition que cet habile erpétologiste a tiré le nom d'Acantholis, comme pour indiquer un Anolis **épineux**.

b. Espèces à écailles du dessus et des côtés du tronc homogènes ou non entremêlées de tubercules.

Nous avions d'abord cru pouvoir subdiviser ce groupe en espèces à queue conique et en celles à queue comprimée ; mais nous nous sommes bientôt aperçu que cela était impossible, attendu que cette partie terminale du corps passe de la première forme à la seconde par des degrés pour ainsi dire insensibles. L'ordre dans lequel nous allons successivement faire connaître ces Anolis à doigts bien dilatés et à écailles du tronc homogènes est établi, à une ou deux exceptions près, sur le changement gradué d'une forme arrondie à une forme tout-à-fait comprimée qu'éprouve la longue queue de ces petits animaux. Les espèces qui commencent la série ne présentent aucune sorte de saillie sur la ligne médio-longitudinale du dos et de la queue ; celles qui les suivent immédiatement offrent un pli de la peau le long du dessus du cou et du dos ; puis il en vient qui joignent à ce pli longitudino-cervical et dorsal, lorsqu'il existe toutefois, une carène dentelée sur le prolongement caudal, où parfois elle s'élève comme une sorte de nageoire, soutenue qu'elle est dans son épaisseur, par des apophyses osseuses, ainsi que cela se voit chez le petit Anolis à crête.

On arrive ensuite à des espèces dont la partie supérieure du corps est tout entière surmontée d'une dentelure en scie ; enfin la série se termine par deux grands Anolis, sur le cou et le dos desquels il règne aussi une arête dentelée, et dont la première moitié de la queue se trouve offrir une crête élevée, ayant dans son épaisseur des rayons osseux ; tandis que la moitié postérieure, bien qu'aussi comprimée que l'antérieure, a son bord supérieur arrondi et complètement dépourvu de dentelures.

Ce développement en une espèce de nageoire verticale que présentent certains Anolis ne paraît être, de même que chez les Basilics et les Istiures, qu'un attribut des individus mâles. C'est pour cela que nous n'avons pas adopté le genre *Xiphosurus* de M. Fitzinger ; genre qui ne reposait que sur la différence sexuelle dont nous venons de parler. C'est par ces Xiphosures, ou espèce à queue fort élevée, que le genre Anolis se lie aux Basilics, avec lesquels il offre d'ailleurs plusieurs autres rapports d'organisation.

5. L'ANOLIS MUSEAU DE BROCHET. *Anolis lucius.* Nobis.

CARACTÈRES. Tête courte, déprimée, museau large, arrondi, garni de petites plaques lisses, polygones, subcirculaires. Scutelles des bords orbitaires très grandes, particulièrement les deux qui se trouvent sur la région frontale. Celle-ci, légèrement rhomboïdo-concave. Sur chaque région sus-oculaire des granulations entourant un disque de quatre ou cinq squames anguleuses unies. Oreilles fort grandes ; cou, dos et queue dépourvus de carènes ; cette dernière conique, très longue. Écailles du dessus et des côtés du corps médiocres, égales, non imbriquées, subcirculaires, convexes, unies ; en dessus, quatre bandes blanches, croisées par quatre bandes noires.

DESCRIPTION.

FORMES. Cet Anolis a des formes extrêmement sveltes ; sa tête offre une ressemblance frappante avec celle du Caïman à museau de Brochet. Elle a la partie antérieure de sa face supérieure protégée par un pavé de plaques polygones qui sont un peu dilatées et plates vers la région frontale ; tandis qu'elles sont petites et légèrement bombées vers le bout du museau. Les bords orbitaires supérieurs présentent à eux deux, trois paires de scutelles, toutes soudées ensemble, qui couvrent le front et le vertex. Celles de ces plaques, qui comp sent la première paire, sont subpyriformes et excessivement grandes ; les quatre autres sont quadrilatères et d'un tiers moins élargies. Les deux dernières se trouvent immédiatement suivies de la squame occipitale, qui, bien qu'à plusieurs pans, présente une forme circulaire. Derrière elle, ainsi qu'à sa droite et à sa gauche, la surface de la tête est garnie de grains squameux extrêmement fins. On en voit de semblables sur les tempes ; chaque région sus-oculaire offre un disque de quatre ou cinq petites scutelles anguleuses. Toutes les plaques céphaliques, dont nous venons de parler, sont complétement dépourvues de carènes. L'écaille rostrale est quadrilatère et deux fois plus large que haute ; les deux squames mentonnières, qui sont très grandes, ressemblent à des triangles équilatéraux. On compte sept plaques labiales quadrilatères de chaque côté, à l'une comme à l'autre mâchoire. La membrane tympanale est très mince et un peu enfoncée dans le trou auriculaire, dont le diamètre est aussi grand que celui d'une orbite. Quatre ou cinq séries de petites écailles lisses, à quatre pans, garnissent les côtés antérieurs de la tête, dont l'angle, qui s'étend d'une narine au bord surciliaire, porte une rangée de six ou sept grandes squames subhexagonales oblongues. Le cou est légèrement étranglé ; il existe, sous sa face inférieure un petit pli longitudinal en forme de fanon ; en dessus il n'est, pas plus que le dos et la queue, surmonté d'aucune espèce de crête. Les membres sont grêles : couchés le long du corps, ceux de devant s'étendent jusqu'aux fesses, et ceux de derrière jusqu'aux bords antérieurs des orbites. La queue, qui a le double de la longueur du reste de l'animal, est extrêmement grêle et un peu comprimée dans presque toute son étendue ; car c'est seulement à sa racine qu'elle se montre assez élargie et un peu déprimée. La gorge est revêtue de petites écailles égales, lisses, subcirculaires. Sous le cou, l'on en voit d'obtusément rhomboïdales, unies, de même diamètre, et imbriquées ; sur ses côtés, ainsi que sur sa face supérieure, il existe de très petites granulations squameuses. Le dessus et les parties latérales du tronc offrent des écailles lisses, circulo-quadrilatères, subimbriquées, et peut-être légèrement convexes ; celles d'entre elles qui composent les deux séries correspondantes à la région rachidienne sont un peu moins petites que les autres. Les squames pectorales et

les ventrales sont lisses et imbriquées ; mais les unes sont hexagones, et les autres subquadrilatères. Ce sont des écailles rhomboïdales, carénées, qui revêtent le dessus des membres ; leur face
inférieure en est garnie d'un peu plus petites et lisses. Les scuteles
sous-digitales sont aussi dépourvues de carènes. Le dessus de la
queue se trouve garni, dans le premier tiers de sa longueur, de
petites écailles quadrilatères lisses, qui ne semblent pas imbriquées ; mais dans le reste de son étendue il en offre qui se montrent distinctement entuilées et très faiblement carénées. On remarque que celles qui constituent la rangée médiane sont un peu
plus grandes que les autres, et surmontées chacune d'une carène
bien prononcée. La région caudale inférieure présente d'abord
un pavé de petites écailles subquadrilatères lisses ; puis il en
vient de trapézoïdes et imbriquées, qui sont disposées sur deux
rangs, de même que les suivantes, mais dont la forme est à peu
près carrée et la surface fortement carénée.

Coloration. Le brun et le gris blanchâtre composent en grande
partie le mode de coloration de cette espèce d'Anolis. Le premier
occupe le dessus du museau, et dessine, sur la partie postérieure
de la tête, une grande tache cordiforme. On le voit former le
long du tronc, entre l'épaule et l'aine, une raie unicolore, et au-
dessus d'elle une large bande pointillée de blanc, laquelle s'étend
depuis l'omoplate jusqu'à la hanche. Cette même couleur brune
forme un angle aigu, dont le sommet repose sur le cou, dont les
côtés parcourent, l'un la tempe droite, l'autre la tempe gauche ;
elle constitue encore de chaque côté du cou une autre raie oblique
qui va se perdre sur l'épaule. Les flancs sont semés de quelques
ocelles blanchâtres. Le dos est coupé transversalement par quatre
bandes noires : la première est située en arrière des épaules, la
seconde sur le milieu du dos, la troisième un peu en avant du
niveau des aines, et la quatrième sur l'extrémité du tronc. La
queue offre des demi-anneaux bruns. Les membres, dans toute
leur longueur, ont leur face supérieure marquée de bandes transversales d'un brun pâle. L'extrémité du bout des doigts est brune ;
le ventre, la poitrine, le cou et la gorge sont uniformément
blanchâtres, excepté cette dernière, qui paraît ondulée de brun
pâle.

Dimensions. *Longueur totale*, 15" 1'". *Tête.* Long. 1" 5'". *Cou.*
Long. 6'". *Corps.* Long. 3". *Memb. antér.* Long. 2" 8'". *Memb.*
postér. Long. 4" 6'". *Queue.* Long. 10".

PATRIE. L'Anolis museau de brochet habite l'île de Cuba. Le seul échantillon que renferme la collection du Muséum d'histoire naturelle a été donné à cet établissement par M. Ramon de la Sagra.

Observations. Cette espèce d'Anolis sera représentée dans la partie erpétologique de l'Histoire de l'île de Cuba, à la publication de laquelle travaille en ce moment le savant voyageur que nous venons de nommer.

6. L'ANOLIS DE GOUDOT. *Anolis Goudotii*. Nobis.

CARACTÈRES. Formes sveltes. Tête longue. Front légèrement concave, garni ainsi que le museau d'écailles disco-polygonales unies. Régions sus-oculaires et bords orbitaires supérieurs couverts de grandes squames lisses soudées ensemble. Oreille grande. Dos et queue dépourvus de crêtes; cette dernière très longue, très grêle, conique, simple. Écailles dorsales petites, rhomboïdales, carénées; celles des flancs subgranuleuses. Squames ventrales presque carrées, lisses, imbriquées. Dessus du corps brun; une large bande plus claire tout le long du dos.

SYNONYMIE ?

DESCRIPTION.

FORMES. Cette espèce n'a pas des formes moins élancées que la précédente, à laquelle elle ressemble aussi beaucoup par la figure et la disposition de ses plaques céphaliques. Toutefois la tête est proportionnellement plus alongée et par conséquent plus étroite; c'est-à-dire qu'elle a en longueur totale le double environ de la largeur postérieure. De même que chez l'Anolis à museau de brochet, le dessus de la tête offre une concavité rhomboïdale, des plaques assez petites en avant des yeux et d'autres légèrement bombées aux environs des narines. Celles-ci sont arrondies et situées de chaque côté du bout du museau, qui est un tant soit peu renflé. Il n'existe pas non plus de rangée d'écailles entre les deux demi cercles des squames des bords supraorbitaires. Ces squames, au nombre de six ou sept de chaque côté, diminuent graduellement de grandeur à partir de la première jusqu'à la dernière. La première présente une figure pentagone oblongue, la seconde est trapézoïde, et les autres sont quadrilatères. Très

développée et disco-polygone, la plaque occipitale se trouve
articulée en avant avec des squames des bords orbitaires. A sa
droite, à sa gauche et derrière elle, la surface de l'occiput est
garnie de petites écailles plates, lisses, ayant une forme circulaire, quoique offrant réellement plusieurs côtés. Bien qu'assez
grande, l'oreille ne l'est pas tout-à-fait autant que chez l'espèce
précédente : mais la membrane du tympan est de même fort
mince et un peu enfoncée. On remarque quatre rangs longitudinaux de petites plaques quadrilatères lisses de chaque côté
de la partie de la tête qui est située en avant des yeux. Les
squames labiales ressemblent à celles de l'Anolis museau de
brochet. Le dessous du cou ne présente qu'un très faible pli longitudinal. Le tronc est légèrement arrondi, aucune crête ne le
surmonte, et à cet égard il ressemble à la région cervicale et au
prolongement caudal. Les membres ne sont ni moins grêles, n
moins alongés que ceux de l'espèce précédente. La queue a aussi
la même forme et la même longueur. De petites écailles subovalo-
quadrilatères lisses, égales, revêtent le dessous de la tête. La face
inférieure du cou est garnie de squamelles granuleuses imbriquées. On voit la poitrine et le ventre protégés par des bandes transversales d'écailles à peu près carrées et faiblement imbriquées. Des granulations squameuses adhèrent à la peau des
régions supérieure et latérales du cou. Le dos est couvert de
petites écailles rhomboïdales, aplaties, carénées, et subimbriquées ; les flancs en offrent qui, non-seulement sont plus petites, mais dont l'aspect est granuleux. Le dessus des bras, des
cuisses et des jambes présente des squamelles en losanges, imbriquées, et pourvues de carènes ; tandis que la face inférieure
de ces parties est garnie d'écailles lisses et subarrondies. Les
fesses sont granuleuses. L'écaillure de la queue est la même que
chez l'Anolis à museau de brochet.

CoLORATION. Il naît sur la nuque une large bande châtain-clair,
lisérée de noir, laquelle va se perdre sur le dessus de la queue. Les
flancs présentent une teinte d'un brun marron, qui devient verdâtre en s'approchant du dos. Sur le dessus des membres se
montrent des bandes transversales brunes, qui se détachent d'un
fond couleur marron. La face supérieure de la queue laisse voir
des demi-anneaux bruns à moitié effacés. Le dessous du corps
est blanchâtre, clairsemé de piquetures brunes. Une teinte couleur de chair règne sur les parties inférieures des membres,

DIMENSIONS. *Longueur totale*, 12" 2'''. *Tête.* Long. 1" 2'''. *Cou.* Long. 4'''. *Corps.* Long. 2" 1'''. *Memb. antér.* Long. 1" 8'''. *Memb. postér.* Long. 8''' 9". *Queue.* Long. 8" 5'''.

PATRIE. L'Anolis de Goudot est une espèce encore inédite dont il nous a été envoyé un individu de l'île de la Martinique par le naturaliste voyageur auquel nous l'avons dédiée.

7. L'ANOLIS BRUNDORÉ. *Anolis fusco-auratus.* D'Orbigny.

CARACTÈRES. Tête assez alongée ; museau large, subarrondi ; une légère cavité en avant du front. Écailles céphaliques subégales, carénées. Squames du dos et des flancs non imbriquées, comme granuleuses, les premières moins petites que les secondes, pas de crête cervicale ni de crête dorsale ; queue grêle, subarrondie ou très faiblement comprimée, offrant en dessus une faible arête écailleuse. Dessus du corps d'un brun doré ; ventre blanchâtre, nuagé de brun.

SYNONYMIE. *Anolis fusco-auratus.* D'Orbigny. Voy. Amér. mérid. Rept. tab. 3, fig 2.

DESCRIPTION.

FORMES. La tête de l'Anolis brun doré a la même forme et les mêmes proportions que celles de l'Anolis de Goudot. Pourtant son extrémité antérieure, ou le museau, est un peu plus large et obtusément arrondie. Les narines, circulaires et latérales, ne sont éloignées de la plaque rostrale que de la largeur d'une petite squame. Le front est légèrement concave. Les écailles qui revêtent le dessus du museau sont petites, subhexagones et tricarénées. Les scutelles recouvrant les bords orbitaires supérieurs constituent de chaque côté, comme c'est l'ordinaire, une série curviligne qui, ici, se prolonge antérieurement pour se réunir à la rangée de plaques de l'angle du museau, avec laquelle elle forme un triangle isocèle. Elles sont polygones, carénées, et prennent une forme d'autant plus oblongue, qu'elles se rapprochent davantage du museau. On compte sur chaque région sus-oculaire douze à quinze petites plaques polygones et carénées, formant un disque entouré d'écailles granuleuses. La scutelle occipitale est ovo-polygonale ; devant elle, sont des écailles plates à plusieurs côtés, et derrière de petits grains squameux. Les faces antéro-

latérales de la tête sont garnies d'écailles unicarénées, irrégulièrement hexagones. La squame rostrale offre quatre angles, dont
les deux supérieurs sont arrondis ; elle est très dilatée en travers,
et à peine plus haute que les plaques labiales, dont on compte
neuf paires en haut et onze en bas. Ces plaques labiales sont quadrilatères oblongues, mais celles d'en haut diffèrent de celles
d'en bas, en ce que leur bord supérieur est légèrement renflé.
Les deux écailles mentonnières ont à peu près la même forme et
le même diamètre que les labiales inférieures. La membrane du
tympan se trouve un peu enfoncée dans le trou auriculaire, qui
est ovale et de médiocre grandeur. Les tempes sont granuleuses.
Les écailles du dos, dont la forme est subcirculaire et légèrement
renflée, sont serrées, mais non imbriquées, et moins petites que
celles des flancs, qui ressemblent à des grains très fins, un peu
écartés les uns des autres. Les squames pectorales et les ventrales
sont subovales, imbriquées et lisses. Sur les membres l'on voit
des squamelles en losanges, carénées et imbriquées ; sous ces
mêmes parties, il en existe de semblables à celles du ventre. Les
écailles caudales sont de petites pièces rhomboïdales, carénées et
entuilées. Celles d'entre elles qui occupent la région médio longitudinale supérieure sont plus grandes et plus fortement carénées que les autres ; en sorte qu'elles constituent une espèce de
petite carène longitudinale. La queue, assez forte à sa racine,
mais excessivement grêle dans le reste de son étendue, entre pour
les deux tiers dans la longueur totale de l'animal. Elle est très légèrement, mais distinctement comprimée, si ce n'est à sa base, où
elle semble être arrondie. Portées en avant ou couchées le long du
cou, les pattes antérieures ne s'étendent pas au delà du bout du
nez, et celles de derrière, mises dans la même position, atteignent à l'oreille.

Coloration. Cette espèce, ou plutôt le seul individu par lequel
elle nous soit connue, a les parties supérieures nuagées de brun
sur un fond d'une teinte marron, à reflets dorés. Le dessous de
son corps est blanchâtre, nuancé de brun.

Dimensions. *Longueur totale*, 14'. *Tête*. Long. 1" 2"'. *Cou*. Long.
5"'. *Corps*. Long. 2" 8"'. *Memb. antér*. Long. 1" 7"'. *Memb. post*.
Long. 3" 2"'. *Queue*. Long. 9"' 5"'.

Patrie. L'Anolis brun doré est originaire du Chili.

Observations. C'est à M. d'Orbigny, que l'on doit sa découverte.

8. L'ANOLIS PONCTUÉ. — *Anolis punctatus*. Daudin.

Caractères. Tête fort alongée, déprimée. Bout du museau coupé carrément et revêtu de petites écailles irrégulièrement polygones, renflées et lisses. Une cavité frontale en losange, non bordée de carènes, garnie d'un pavé d'écailles, plates, lisses, disco-polygones. Demi-cercles squameux des bords orbitaires supérieurs séparés l'un de l'autre par une série, quelquefois interrompue, de petites écailles. Régions sus-oculaires offrant un disque de seize à vingt petites plaques anguleuses. Narines termino-latérales. Dessus et côtés du tronc couverts de grains oblongs non imbriqués, très fins et lisses. Scutelles ventrales entuilées, unies. Cou, dos et queue dépourvus de toute espèce de crête; cette dernière très longue, très grêle, quadrilatérale, subarrondie à sa racine, et légèrement comprimée dans le reste de son étendue. D'un bleu ardoisé ou violacé en dessus. Une série de taches noirâtres étroites le long du dos. Tronc parfois semé de quelques points blancs. Un semi de points noirs sur le bas des flancs, sous les membres et quelquefois sous le corps.

Synonymie. *Anolis punctatus.* Daud. Hist. Rept. tom. IV, p. 84, tab. 66, fig. 2.

Anolis viridis. Princ. Neuw. Rec. Pl. col. anim. Brés. tab. sans n⁰ fig. 1 ; et Voy. au Brés. tom. II, pag. 132.

Anolis violaceus. Spix. Lacert. Nov. Brasil. pag. 15, tab. 17, fig. 2.

Anolis punctatus. Gray, Synops, Rept. in Griffith's, anim. Kingd. tom. IX, pag. 46.

Anolis violaceus, idem loc. cit.

DESCRIPTION.

Formes. L'Anolis ponctué a la tête déprimée et du double plus longue qu'elle n'est large en arrière. Le front offre un enfoncement rhomboïdal et le bout du museau, qui est renflé, se trouve coupé presque carrément. Les narines sont petites, latérales, percées tout près de la plaque rostrale. Celle-ci, de forme triangulaire, a plus d'étendue transversale que dans l'autre sens. Parfois les côtés supérieurs sont comme crénelés. Bien qu'ayant réellement cinq pans, les deux scutelles mentonnières affectent une figure triangulaire. Par un de ses côtés, qui est arqué en dedans, chacune d'elles tient à une squame rhomboïdale qui se trouve être le chef de file d'une série parallèle à la rangée des écailles labiales inférieures. Celles-ci sont quadrilatères, ou pentagones oblongues et au nombre de huit ou dix paires, de même que les labiales supérieures. Sur le dessus du museau, il existe des petites écailles parfois simplement bombées, d'autres fois relevées en tubercules trièdres ou tétraèdres, suivant que l'animal est jeune ou adulte. Ces écailles sont assez nombreuses pour former douze rangées longitudinales ou quatorze rangs transversaux. Le front ou mieux la cavité frontale présente un pavé d'écailles un peu plus dilatées que celles du museau et disposées comme en rosace. Ces écailles sont plates et rondes, quoique polygones. Une série de squamelles, qui parfois s'interrompt au milieu du vertex, sépare les deux demi-cercles de squames qui couvrent les bords orbitaires supérieurs, squames qui sont grandes, anguleuses et qui offrent une légère carène longitudinale située, non sur leur ligne médiane, mais plus près de leur bord externe que de leur bord interne. On en compte de sept à neuf pour chaque demi-cercle. Les régions sus-oculaires portent chacune un disque d'une vingtaine de petites plaques, parmi lesquelles il n'y en a guère qu'une ou deux plus grandes que les autres. L'écaille occipitale est médiocre, plate, subcirculaire ou distinctement anguleuse. Elle a devant elle et sur ses côtés, de petites plaques polygones à surface aplatie; et derrière ou sur tout le reste de l'occiput, on voit de fines granulations squameuses, comme il en existe aussi sur les régions temporales. L'angle latéral du museau, qui s'étend de la narine au bord surciliaire, est recouvert par six écailles rhomboïdales oblongues. Des squames plates, les unes pentagones, les autres hexagones, revêtent les côtés de la partie antérieure de la tête. La peau de la région inférieure du cou forme un petit fanon qui commence sous la gorge et se termine à la naissance de la poitrine. Les paupières, qui sont granuleuses, ont leur bord garni d'un double rang de petits tubercules. Des grains squameux revêtent les régions supérieure et latérales du cou. La gorge offre des écailles ovales, convexes, et le dessous du cou des grains ovalo-rhomboïdaux en dos d'âne. Le dessus du tronc est, ainsi que les côtés, garni de fort petites écailles égales entr'elles,

REPTILES, IV.   8

non imbriquées, à surface légèrement bombée ou en dos d'âne,
et dont le contour tient de l'ovale et du rhombe. Les squames
pectorales sont ovales, lisses, imbriquées et comme un peu bombées; les abdominales sont de même, lisses et entuilées; mais
outre que leur surface est plane, elles ont une figure, soit rhomboïdale, soit carrée. Les écailles qui protégent la face supérieure
des membres sont des petites pièces en losange, pourvues de carènes et disposées comme les tuiles d'un toit. Quant à celles qui
garnissent les régions inférieures, elles ont une forme presque
circulaire, une surface plane, et ne se trouvent pas placées
en recouvrement les unes sur les autres. La région supérieure
de la queue est couverte d'écailles hexagones carénées, subimbriquées. En dessous, cette partie terminale du corps présente sur
sa ligne médiane un double rang de scutelles hexagones, lisses,
imbriquées, dilatées en travers, à droite et à gauche desquelles
sont d'autres écailles semblables à celles-ci, si ce n'est qu'elles
sont beaucoup plus petites. Le cou présente un léger étranglement. Le dos est arrondi et complétement dépourvu de crête,
ainsi que la queue; celle-ci, dont la longueur est près de deux
fois plus considérable que celle du reste du corps, est forte, et
quadrilatère, subarrondie à sa racine; puis elle devient brusquement fort grêle, en prenant une forme tétragonale un peu
comprimée, qu'elle conserve jusqu'à son extrémité. Lorsqu'on les
couche le long du cou, les pattes de devant s'étendent jusqu'au bout
du museau, et celles de derrière, mises de la même manière,
touchent par leur extrémité à l'ouverture auriculaire. Les doigts
sont bien dilatés.

COLORATION. L'un des deux individus appartenant à cette espèce,
que renferme notre collection, a la partie antérieure du dessus
de la tête d'un gris jaunâtre, et l'occiput ardoisé. Un bleu violacé
est répandu sur les régions supérieures et latérales du tronc, ainsi
que sur la face externe des membres. Ceux-ci offrent quelques
points noirs, et il existe le long du dos les traces d'une suite de
taches carrées noirâtres. Sur la queue, qui est ardoisée,
se montrent des demi-anneaux bruns. Une teinte blanchâtre
règne sous les parties inférieures, qui sont presque toutes ponctuées de noir. Notre second exemplaire, celui-là même d'après
lequel Daudin a établi l'espèce, présente en dessus un bleu ardoisé, marqué çà et là de petits points blancs arrondis. Il porte
depuis la nuque jusque sur la queue une ligne noire qui, inter-

rompue qu'elle est de distance en distance, semble n'être qu'une série de raies placées les unes à la suite des autres. On remarque sur les côtés du tronc comme des indices de bandes verticales noirâtres. Un semi de points noirs s'étend sur les membres, sous les cuisses et la base de la queue, ainsi que le long de la partie inférieure des flancs.

DIMENSIONS. *Longueur totale*, 25" 9"'. *Tête*. Long. 2" 2"'. *Cou*. Long. 7"'. *Corps*. Long. 5". *Memb. antér*. Long. 3" 3"'. *Memb. postér*. Long. 5" 2"'. *Queue*. Long. 18".

PATRIE. C'est à tort, sans doute, que Daudin a dit que l'individu de l'Anolis ponctué, qu'il avait observé dans la collection du Muséum d'histoire naturelle, venait de la Martinique ; attendu que rien, sur le bocal qui le renferme, n'indique qu'il ait été envoyé de ce pays ; nous pensons plutôt qu'il provient du Brésil, de même qu'un second exemplaire qui nous a été rapporté de Rio-Janeiro, par M. Gaudichaud.

Observations. Ce qui vient jusqu'à un certain point fortifier notre opinion à cet égard, c'est la presque certitude que nous avons que l'*Anolis viridis* du prince de Neuwied d'une part, et d'une autre part celui appelé *violaceus* par Spix, qui tous deux aussi sont Brésiliens, n'appartiennent pas à une espèce différente de notre Anolis ponctué.

9. L'ANOLIS NASIQUE. *Anolis nasicus*. Nobis.

CARACTÈRES. Tête alongée à museau pointu, renflé, comprimé, légèrement arqué, s'avançant un peu au delà de la mâchoire inférieure, revêtu de petites écailles oblongues en dos d'âne. Narines latérales, situées un peu en arrière du bout du nez. Une cavité antéro-frontale rhomboïde, garnie d'un pavé d'écailles disco-polygones, aplaties, fournissant deux rangs longitudinaux qui séparent les deux demi-cercles de squames des bords orbitaires supérieurs. Un très grand fanon jaune. Un pli le long du cou et du dos. Queue très longue, très grêle, sans carène, forte et triangulaire dans le reste de son étendue. Dessus du corps brun, parfois semé de points blancs.

SYNONYMIE. *Anolis gracilis*. Princ. Neuw. Rec. pl. col. anim. Bres. tab. sans no, fig. 2, et Voy. au Brés. tom. 2, pag. 131.

Dactyloa gracilis. Wagl. Syst. Amph. pag. 148.

Anolis gracilis. Gray, Synops. Rept. in Griffith's anim. Kingd. tom. 9, pag. 46.

8.

DESCRIPTION.

Formes. L'Anolis nasique est fort voisin du précédent ; toutefois il s'en distingue de suite par son museau, à la fois relevé et comprimé, qui excède un peu en longueur l'extrémité de la mâchoire inférieure. La plaque rostrale, au lieu d'être appliquée verticalement comme à l'ordinaire contre le bout du nez, se trouve placée en dessous d'une manière presque horizontale. La tête de l'Anolis nasique est proportionnellement plus alongée que celle du ponctué, dont elle diffère encore par un rang d'écailles de plus entre les deux demi-cercles de squames supra-orbitaires. L'Anolis nasique a un très grand fanon ; il s'étend depuis la gorge jusque sur le milieu de la poitrine. Son cou et son dos offrent un pli longitudinal, qui n'est pas surmonté d'une crête dentelée ; la queue est aussi longue et aussi grêle que celle de l'Anolis ponctué. La base cependant en est forte et triangulaire, tandis que dans le reste de sa longueur elle présente une forme tétragonale, légèrement comprimée ; mais elle ne laisse voir aucune trace de crête sur sa partie supérieure.

Quant aux membres, ils ont les mêmes proportions que chez l'espèce précédente ; l'écaillure de toutes les parties du corps ressemble à celle de l'Anolis ponctué.

Coloration. Nous possédons deux échantillons de l'Anolis nasique, qui ont le dessus du corps uniformément teint d'un brun lie de vin ; leur fanon est d'un jaune orangé sale. Les régions du dessous de leur corps, qui ne sont point dépouillées d'épiderme, présentent une teinte jaunâtre ; mais toutes celles qui en sont privées offrent une teinte grise tirant sur la couleur du dos. On trouve, dans un des ouvrages du prince de Neuwied, une figure représentant cette espèce, mais sous un mode de coloration différent de celui que nous venons d'indiquer ; c'est-à-dire que, d'après cette figure, la tête et le bas des flancs seraient verts, que le dessus du corps offrirait une couleur chocolat, et que le dos et la queue se montreraient coupés en travers par des séries de points blancs.

Dimensions. *Longueur totale*, 28" 1'''. *Tête*. Long. 2" 5'''. *Cou*. Long. 8'''. *Corps*. Long. 4" 8'''. *Memb. antér*. Long. 3". *Memb. post*. Long. 5" 5'''. *Queue*. Long. 20".

Patrie. L'Anolis nasique est une espèce brésilienne. Les deux individus qui font partie de la collection du Muséum d'histoire naturelle ont été envoyés de Rio-Janeiro par M. Gallot.

Observations. Bien que la figure donnée par le prince de Neuwied, ne soit point excellente, nous croyons pourtant que c'est un Anolis nasique qui lui a servi de modèle. La seule chose qui pourrait nous en faire douter, c'est la double saillie que le peintre semble avoir voulu indiquer sur la partie supérieure et antérieure de la tête; caractère qui n'existe réellement pas chez notre espèce. Mais, si nous ne nous trompons pas, cette saillie n'est autre que l'indication un peu outrée des bords latéraux de l'enfoncement qui existe en avant du front.

10. L'ANOLIS VERTUBLEU. *Anolis chloro-cyanus.* Nobis.

CARACTÈRES. Tête pyramido-quadrilatère un peu déprimée, à face supérieure presque plane, couverte d'écailles disco-polygonales, subégales, non carénées; squames des bords orbitaires supérieurs à peine plus dilatées que les autres, et les deux demi-cercles qu'elles forment séparés l'un de l'autre sur le vertex par une ou deux séries de petites écailles. Narines termino-latérales. Oreilles petites; pas de crête cervicale, ni de crête dorsale. Queue grande, forte et un peu déprimée à sa base, mince et faiblement comprimée dans le reste de sa longueur; une légère dentelure sur sa face supérieure; écailles du dessus et des côtés du tronc égales, subovales, subgranuleuses, non imbriquées; squames ventrales, entuilées, lisses; en dessus, uniformément d'un bleu verdâtre ou d'un vert bleuâtre.

SYNONYMIE. *Lacertus viridis Jamaicensis.* Catesby, Hist. Carol. tom. 2, pag. 66, tab. 66.

Lacerta bullaris. Linn.? Syst. nat. édit. 10, pag. 208; et édit. 12, pag. 368.

Lacerta bullaris. Gmel. Syst. nat. pag. 1073, n° 32.

Le Rouge-Gorge. Daub. Dict. rept. pag. 669.

Le Rouge-Gorge. Lacép. Quad. ovip. tom. 2, pag. 401.

Le Rouge-Gorge. Bonnat. Encyclop. méth. pag. 55, Pl. 9, fig. 6.

Red-throath Lizard. Shaw, Gener. zool. t. 3, p. 242.

DESCRIPTION.

FORMES. La tête de cette espèce d'Anolis est alongée et déprimée ; son contour horizontal donne la figure d'un triangle isocèle, dont e sommet correspondant au bout du nez est légèrement arrondi ; ses parties latérales sont perpendiculaires, et sa face supérieure, qui serait parfaitement plane sans un très léger enfoncement rhomboïde qui, existant en avant du front, offre une pente inclinée du côté du museau. Celui-ci a fort peu d'épaisseur. Les écailles qui revêtent le dessus de la tête sont petites, non carénées, et toutes ont, à très peu de chose près, le même diamètre ; les plus grandes d'entre elles au nombre de dix ou onze sont disposées en un demi-cercle sur chacun des deux bords orbitaires supérieurs. Celles de moyenne grandeur forment un double rang sur la ligne médiane et longitudinale du vertex, et les plus petits protégent la surface occipitale, au centre de laquelle on voit la plaque de ce nom, dont la figure est disco-polygonale. Chaque région sus-oculaire offre, environnée de granulations, un disque de dix à douze petites scutelles ayant, à l'exception de deux qui sont oblongues, une forme hexagone arrondie, de même que la plupart des autres squames céphaliques. L'un et l'autre angles du museau sont recouverts de plaques oblongues en dos d'âne, qui constituent une arête qui s'étend depuis le bord surciliaire jusqu'au-dessous de l'ouverure nasale ; celle-ci, qui se trouve située tout près de l'extrémité latérale du museau, est circulaire et dirigée en dehors. La squame rostrale, excessivement dilatée en tra vers, offre quatre côtés : un inférieur, à peu près rectiligne; deux latéraux, obliques ; et un supérieur, légèrement arqué et comme tranchant. Les écailles mentonnières sont trapézoïdales et assez développées. Les plaques labiales, proprement dites, sont de forme carrée, oblongue, et au nombre de seize ou dix-huit en haut comme en bas. La mâchoire supérieure est armée d'une soixantaine de dents, dont les quatorze ou quinze dernières de chaque côté, offrent un sommet distinctement tricuspide. Il y en a un moindre nombre à la mâchoire inférieure, c'est-à-dire cinquante-six environ, parmi lesquelles on en compte vingt ou vingt-deux trilobées. La membrane du tympan se trouve tendue en dedans du trou de l'oreille, dont l'ouverture ovalo-circulaire est simple et fort petite. Il règne depuis la gorge jusqu'à la poitrine, un petit

fanon à bord libre, curviligne. Il n'existe aucune espèce de crête sur
la ligne médiane du dessus du corps ; le cou, gros et assez alongé,
n'offre pas d'étranglement. Le tronc ne semble pas avoir tout-à-
fait autant de hauteur que de largeur ; sa face supérieure est arrondie. La queue, dont l'étendue entre pour les deux tiers dans
la totalité de celle de l'animal, est conique et peut-être un peu
comprimée, excepté cependant à sa racine où elle est carrée,
légèrement déprimée, et à angles arrondis. Là aussi elle est assez
forte, tandis qu'elle est très grêle dans le reste de sa longueur.

Couchés le long du tronc, les membres antérieurs atteignent,
par leur extrémité, la base de la cuisse et ceux de derrière
l'ouverture auriculaire.

Le dos et les flancs, ainsi que le dessus et les côtés du cou sont
revêtus de petits grains squameux non imbriqués, légèrement
convexes ou en dos d'âne dont la figure n'est ni parfaitement carrée, ni positivement circulaire. Parmi ces grains, il en est d'un
peu plus gros que les autres : ce sont ceux qui occupent la région
moyenne du dos et de la face supérieure du cou, sur lesquelles ils
constituent deux ou trois séries longitudinales. Le dessous de
la tête est protégé par des écailles granuleuses, ovalaires, entuilées. La gorge en offre qui ont la même forme et la même
disposition, mais qui sont plates. Sur les régions pectorale et ventrale il existe des squamelles aplaties, lisses et légèrement imbriquées, dont le contour semble être carré, bien qu'il se compose réellement de six côtés. Le dessus des membres est revêtu
d'écailles subrhomboïdales, carénées et imbriquées, au lieu que
leur région inférieure offre des squamelles ovalo-rhomboïdales
à surface renflée et unie. Les squames qui garnissent la base
de la queue, outre qu'elles sont assez petites, affectent une
forme carrée, bien qu'elles soient hexagonales comme celles du
reste de l'étendue de cette partie du corps. Les unes et les autres
sont légèrement imbriquées, pourvues de carènes et disposées
par bandes circulaires, parmi lesquelles on en remarque, de distance en distance, dont la largeur est un peu plus grande que
celle des autres. Le dessus de ce même prolongement caudal offre
une rangée longitudinale de squames en dos d'âne, qui y forme
comme une sorte de petite arête. Derrière l'anus, sous la queue,
il existe une paire de grandes scutelles plates, lisses, subrectan-
gulaires.

COLORATION. Cette espèce d'Anolis se reconnaît pour ainsi dire de suite à la couleur verte, plus ou moins bleuâtre, qui est répandue sur toutes les parties supérieures de son corps. Pourtant on rencontre quelquefois des individus dont le dessus et les côtés de la tête sont bruns. Les régions inférieures présentent une teinte blanche lavée de vert ou de bleuâtre.

Dimensions. *Longueur totale*, 23" 2"'. *Tête*. Long. 2" 2"'. *Cou*. Long. 1". *Corps*. Long. 4". *Memb. antér*. Long. 2" 8"'. *Memb. post*. Long. 4" 5"'. *Queue*. Long. 16".

Patrie. Cet Anolis nous a été envoyé de la Martinique et de Saint - Domingue. C'est à M. Ricord, en particulier, que nous sommes redevables des individus qui proviennent de cette dernière île.

Observations. Il se pourrait que le *Lacertus Jamaicensis viridis* de Catesby appartînt à la même espèce que notre Anolis *chlorocyanus*. Toutefois, nous nous garderons bien de l'affirmer, attendu que la figure, dont nous voulons parler, laisse trop à désirer pour que l'on puisse la déterminer d'une manière précise. S'il en était ainsi, notre espèce aurait alors pour synonyme l'*Anolis bullaris* de Linné, et le Rouge-Gorge de Lacépède et de Bonnaterre, espèces qui n'ont été établies que d'après le portrait du Lézard de Catesby, que nous venons de citer.

11. L'ANOLIS DE LA CAROLINE. *Anolis Carolinensis*. Cuvier.

Caractères. Tête alongée, triangulaire, déprimée, à face supérieure presque plane dans le jeune âge, fortement bicarénée chez les adultes. Narines s'ouvrant sur le museau et assez en arrière de son extrémité. Plaques céphaliques, grandes, polygones, carénées. Demi - cercles squameux des bords orbitaires supérieurs séparés l'un de l'autre sur le vertex par un ou deux rangs d'écailles ; pas de crête cervicale, ni de crête dorsale ; oreilles médiocres. Queue subarrondie, forte à sa racine, offrant en dessus une série d'écailles un peu plus grandes et plus carénées que les autres. Squames du dessus et des côtés du tronc égales, non imbriquées, subrhomboïdales, carénées. Plaques ventrales, imbriquées, subcarénées. Le plus souvent une grande tache noire sur la tempe.

Synonymie. *Lacerta cauda tereti corpore duplo longiore, pedibus pentadactylis, crista gula integerrima, dorso lœvi*. Linn. Amœnit. Acad. t. I, pag. 286, tab. 14, fig. 2.

Lacerta principalis. Linn. Mus. Adolp. Fred. pag. 43.

Lacerta principalis, Linn. Syst. nat. édit. 10, pag. 20, et édit. 12, pag. 360.

Lacerta principalis, Gmel. Syst. nat. pag. 1062, n° 7.

Lacerta viridis Carolinensis. Catesb. Hist. nat. Carol. tom. 2, pag. 65, tab. 65.

Le Large-Doigt. Daub. Dict. Rept. pag. 642.

Le Large-Doigt. Latr. Hist. Rept. tom. I, p. 279.

Le Large-Doigt. Lacep. Quad. Ovip. tom. I, pag. 263.

Iguana bullaris. Latr. Hist. Rept. tom. I, pag. 279.

Smooth - Crested, Lizard. Shaw. Gener. zoolog. tom. 3, pag. 222.

Green Carolina Lizard. Shaw. Gener. zool. tom. III, pag. 243.

Anolis roquet ou rouge-gorge. Daud. Hist. Rept. tom. IV, p. 69.

Anolis bimaculé principal. id. loc. cit. pag. 62.

Iguana strumosa. Brongn. Ess. classif. Rept. pag. 33, fig. 4.

Anolis bullaris. Merr. Syst. Amph. pag. 44, exclus. Synonym. tab. 65, Catesb. (Anolis chloro-cyanus).

Anolis principalis id. loc. cit. pag. 44, exclus. Synonym. fig. 2, tab. 6, Bonnat. (Anolis Richardii?).

L'Anolis de la Caroline. Cuv. Régn. anim. tom. II, 1re édit. pag. 43, et 2e édit. pag. 50.

The Anolis of Carolina. Pidg. and. Griff. Anim. Kingd. tom. 9, pag. 139.

Dactyloa bullaris. Wagl. Syst. Amph. pag. 148.

Anolis bullaris. Eichw. zool. Spec. Ross. et Polon. tom. 3, pag. 282.

Dactyloa bullaris. Wieg. Herpetolog. Mexic. pars 1, pag. 16.

Dactyloa biporcata. Wiegm. loc. cit. pag. 47.

DESCRIPTION.

Formes. La tête de l'Anolis de la Caroline est très déprimée et surtout fort alongée, puisqu'elle a, en longueur totale, le double de sa largeur postérieure. La figure que représente son contour horizontal est un triangle isocèle fort aigu en avant, mais dont le sommet est néanmoins arrondi. Un caractère qui est encore demeuré jusqu'ici particulier à l'Anolis de la Caroline, parmi ses congénères, c'est d'avoir les trous des narines non pas sur les côtés du museau, mais sur la partie supérieure de ce même museau , assez en arrière de son extrémité , c'est-à-dire vers la fin du premier tiers de la longueur de la tête. Ces narines ont leur ouverture dirigée en arrière , en même temps qu'elle est un peu tournée vers le ciel.

La face supérieure de la tête offre un même plan incliné en avant ; ses côtés sont perpendiculaires, et d'autant plus profondément creusés à partir du bout du museau jusqu'au bord de l'orbite, que l'animal est plus âgé. Les tempes sont plates et la région occipitale se trouve partagée longitudinalement par une espèce de sillon , de chaque côté duquel il existe une légère éminence convexe. Les régions sus-oculaires sont faiblement bombées ; chacune d'elle sporte un disque composé de dix à douze plaques d'inégale grandeur ayant plusieurs pans et une surface plate, légèrement striée. La plaque occipitale , qui est grande et ovalo-arrondie , occupe à peu près le milieu de la partie postérieure de la tête. Elle se trouve environnée d'écailles polygones , dont le diamètre diminue à mesure qu'elles se rapprochent du cou. Ces écailles sont surmontées chacune d'une faible arête longitudinale. On compte huit ou neuf écailles anguleuses, rangées en demi-cercle sur chaque bord orbitaire , écailles qui sont relevées d'une carène de même que celles qui forment la rangée longitudinale existant sur la ligne médiane de l'espace interoculaire. On voit naître deux arêtes , l'une à droite, l'autre à gauche du front ; elles s'étendent parallèlement dans une direction à peu près droite , jusques à la hauteur du bord postérieur des narines environ. Arrivées là , elles se rapprochent brusquement l'une de l'autre, de manière à ce que l'espace qui existe alors entre elles ne peut plus être considéré autrement que comme un simple sillon qui ne se prolonge pas tout-à-fait jusqu'à l'extrémité du museau. Ces deux arêtes , qui sont extrêmement saillantes chez les sujets adultes , se laissent à peine apercevoir dans les jeunes individus, dont le dessus de la tête est par conséquent à peu près uni. La partie de la face supérieure de la tête , comprise entre le bout du nez et le front , est couverte d'écailles plus grandes qu'aucune de celles des autres régions céphaliques. Leur forme est hexagone, oblongue, et leur surface, qui se trouve surmontée de trois ou quatre petites carènes dans le jeune âge, se courbe en dos d'âne chez les sujets adultes. Aussi rencontre-t-on de vieux individus dont la région céphalique antérieure est très accidentée, ou extrêmement rugueuse. L'angle du museau forme une

arête tranchante. Il y a de cinquante à soixante dents à la mâchoire supérieure et de quarante - quatre à cinquante à l'inférieure. En haut comme en bas , les quatre ou cinq dernières de
chaque côté sont distinctement plus grosses que les autres , particulièrement chez les sujets adultes. La plaque rostrale est quadrilatère , et plus élevée au milieu qu'à ses deux extrémités. Elle a
six ou sept fois plus d'étendue transversale que d'étendue verticale. Les deux squames mentonnières sont grandes et trapézoïdes. Les autres plaques des lèvres sont au nombre de seize ou
dix-huit sur chacune. Leur forme est celle de quadrilatères ou
de pentagones oblongs. La membrane du tympan se trouve un
peu enfoncée dans l'oreille , dont l'ouverture est petite et trian-
gulo - ovale. Le tronc offre presque autant de hauteur que de
largeur; il est plat en dessous , en toit évasé vers le dos. Les pattes
de devant , lorsqu'on les couche le long du corps , laissent encore entre leurs extrémités et l'aine une distance égale à la longueur de leur troisième doigt. Celles de derrière , placées de la
même manière , s'étendent jusqu'à l'oreille. La queue fait à peu
près les deux tiers de la longueur totale de l'animal. Subconique
à sa base , elle a une apparence comprimée dans le reste de son
étendue. Le dessous du cou offre un petit fanon qui se prolonge
sous la poitrine , quelquefois même fort en arrière des bras. Le
dessus et les côtés du tronc sont revêtus de petites écailles égales ,
non imbriquées , hexagones , arrondies , relevées en dos d'âne ou
légèrement carénées. Examinées sans le secours de la loupe , ces
écailles ressemblent à des grains arrondis. Ni le cou , ni le dos
ne sont surmontés de crêtes ; nous ne nous sommes même pas
aperçu que les écailles de leur ligne médiane et longitudinale
soient sensiblement plus grandes que les autres, ainsi que cela a
lieu le plus souvent. Sur les membres, se montrent de petites
pièces rhomboïdes imbriquées et en dos d'âne. Sous les mêmes
parties , sont des granulations squameuses assez semblables à
celles du dos. Le ventre est garni d'écailles ovalo-hexagones ,
imbriquées et faiblement carénées. Autour de la queue existent
des verticilles de squamelles subrhomboïdales carénées. Celles
du dessous sont oblongues, plus développées et plus fortement
carénées que celles du dessus. De distance en distance, il y a de
ces verticilles qui sont plus larges que les autres ; chez certains
sujets , le dessus de la queue offre tout le long de sa ligne médiane une espèce de petite crête qui est produite par une série

d'écailles, dont le diamètre a un peu plus d'étendue que celles qui les avoisinent.

COLORATION. L'Anolis de la Caroline paraît doué de la faculté de changer de couleur comme ses congénères. Dans l'état de vie, en dessus il présente le plus ordinairement un beau vert, et en dessous une teinte d'un blanc pur. Souvent alors il a la gorge rouge, les tempes noires et une suite de points de cette dernière couleur sur la base de la queue; mais il arrive que la couleur verte des parties supérieures est remplacée par du brun, tantôt complétement, tantôt en partie seulement.

Voici au reste les différents modes de coloration que nous avons observés sur les échantillons assez nombreux que renferment nos collections.

Il y a quelques individus qui, en dessus, sont presque uniformément verts, attendu que leur tête seule présente une teinte brune ou roussâtre. Leur tempe est marquée d'une tache noirâtre presque carrée. D'autres, et c'est le plus grand nombre, c'est-à-dire tous ceux qui proviennent de l'Amérique septentrionale, car l'espèce se trouve aussi à Cuba, ont leurs parties supérieures plus ou moins piquetées de noir sur un fond, tantôt vert, tantôt vert-brun ou bien roussâtre. Il en est même quelques-uns, parmi ceux-là, qui sont clair-semés de très petits points blancs. Le dessus de la partie antérieure de la tête est coloré en brun roussâtre. Sur la tempe, est imprimée une grande tache quadrilatère noire. Cette même couleur noire, plus ou moins foncée, couvre presque toujours la région latérale de la tête, qui est située entre le bout du nez et l'œil. Les lèvres sont blanches, marquées d'une suite de petites taches quadrangulaires brunes ou noirâtres. Une teinte blanchâtre règne sur toutes les parties inférieures du corps, dont quelques-unes, telles que le ventre et la poitrine, sont nuancées ou tachetées de noirâtre, ou bien encore parcourues longitudinalement, comme la gorge, par des linéoles composées de petits points noirs. Parmi les individus de l'Amérique septentrionale, l'on en trouve dont les points noirs des côtés de la région moyenne du dos se rapprochent les uns des autres de telle sorte, qu'ils constituent une espèce de bande ondulée. Enfin presque tous conservent plus ou moins, sur toute l'étendue de leur dos et de leur queue, la trace d'un ruban roussâtre, rétréci à ses deux extrémités; ce qui est très apparent chez les jeunes sujets.

Les Anolis appartenant à cette espèce, que nous avons reçus de l'île de Cuba, offrent, à très peu de chose près, le même mode de coloration que ceux de l'Amérique septentrionale. Ainsi les seules différences notables qu'ils présentent sous ce rapport, c'est que leurs couleurs sont en général plus claires et plus vives. On remarque particulièrement que le vert a un reflet doré et que le roussâtre tire sur la couleur de chair. Les sujets adultes ont le dos orné de séries longitudinales de petites taches blanchâtres, ce qui ne les empêche pas d'avoir des points noirs comme les individus provenant de l'Amérique septentrionale; mais à la vérité ces points sont moins nombreux et plus dilatés. Il est rare de rencontrer de ces individus, originaires de l'île de Cuba, ayant la tempe marquée d'une tache noire.

Dimensions. Longueur totale, 22" 6"'. *Tête.* Long. 2" 8"'. *Cou.* Long. 7"'. *Corps.* Long. 4" 1"'. *Membr. antér.* Long. 2" 6"'. *Memb. postér.* Long. 4" 4"'. *Queue.* Long. 15" 1"'.

Patrie. L'habitation de cette espèce d'Anolis est loin d'être aussi limitée que quelques erpétologistes ont paru le croire. C'est un de ceux, au contraire, dont la patrie est la plus étendue. Quant à nous, nous sommes certains qu'il est répandu dans toute l'Amérique septentrionale, car il nous a été envoyé de Savannah par M. Delarue-Villaret; de la Caroline du Sud par M. l'Herminier; de Géorgie par M. Leconte; de Pensylvanie par M. Lesueur, etc. Puis nous l'avons reçu de Cuba par les soins de M. Ricord, et plus récemment M. Ramon de la Sagra nous en a généreusement laissé choisir une belle suite d'échantillons parmi ceux qu'il a recueillis dans cette dernière île.

Observations. C'est, suivant nous, à cette espèce que l'on doit rapporter le Saurien que Linné a décrit d'abord avec assez de détails dans les Aménites académiques, et désigné ensuite par une simple phrase caractéristique, sous le nom de *Lacerta principalis* dans les diverses éditions du *Systema naturæ*. Nous ne connaissons effectivement aucun autre Anolis que celui de la Caroline auquel soit applicable ces termes de la description de Linné: *narium foramina minima*, car il est le seul entre tous ses congénères qui ait les narines percées sur le dessus du museau. Au reste, les autres passages de cette description, sans être aussi explicites que celui-ci, ne conviennent pas moins à notre espèce, ainsi que l'on peut s'en convaincre en consultant le 1er. volume des Aménites académiques, pag. 286, n°. 11.

L'Anolis de la Caroline se trouve représenté d'une manière

assez reconnaissable dans l'ouvrage de Catesby, sous le nom de *Lacerta viridis Carolinensis*. Les descriptions que Daubenton et Lacépède, chacun de son côté, ont publiées d'un Lézard qu'ils appellent le Large-Doigt sont évidemment traduites de celle que Linné a donnée de son *Lacerta principalis* à la page 286, n°. 11, du premier volume des Aménites académiques. Mais elles l'ont été d'une manière imparfaite, particulièrement de la part de Lacépède, qui a justement omis de reproduire les caractères les plus saillans de l'espèce qu'il voulait faire connaître, ceux d'avoir les narines percées sur le dessus du museau qui est creusé de sillons. En cette occasion, on s'aperçoit que Lacépède n'avait pas les objets sous les yeux.

Bonnaterre aussi a publié, dans l'Encyclopédie méthodique, une description, et de plus une figure d'un Lézard Large-Doigt; la première est faite d'après celle du *Lacerta principalis* de Linné, et la seconde d'après un dessin du père Plumier, qui représente un Anolis certainement différent de celui de la Caroline, mais que nous n'avons pu déterminer d'une manière certaine. L'espèce dont il se rapproche le plus est incontestablement notre Anolis de Richard. Shaw, dans sa Zoologie générale, a reproduit la description du Large-Doigt de Lacépède, qu'il nomme *Smouth crested Lizard* ou *Lacerta principalis* de Linné, et auquel il rapporte fort mal à propos la figure n°. 3 de la planche 32, du tome premier de l'ouvrage de Séba, figure qui est celle d'un *Varanus Bengalensis*. Il est aisé de reconnaître que Latreille, dans son Histoire naturelle des Reptiles, a parlé deux fois et sous deux noms différens de l'Anolis de la Caroline. Cet auteur, dans un premier article, donne effectivement une description de ce Saurien, qu'il nomme alors Large-Doigt, c'est une traduction de celle du *Lacerta principalis* de Linné; puis, dans un second, il en fait de nouveau mention sous le nom d'*Iguana bullaris*, d'après un individu qui avait été rapporté de la Caroline, et donné par Bosc à Daudin. C'est en particulier sur ce même individu que l'erpétologiste, que nous venons de nommer en dernier lieu, a fait la description de son *Anolis bullaris*, auquel il a improprement rapporté, selon nous, l'espèce représentée dans la planche 66 de l'ouvrage de Catesby; car nous pensons qu'elle est la même que notre *Anolis chloro-cyanus*.

De même que Latreille, Daudin a fait un double emploi de l'Anolis de la Caroline, en considérant le *Lacerta principalis* de

Linné, comme différant de son *Anolis bullaris*, c'est-à-dire comme une variété de l'espèce qu'il a appelée Bimaculée. Il nous paraît certain que le Lézard, décrit et représenté par M. Brongniart sous le nom d'Iguane goîtreux, dans son essai d'une classification des Reptiles, appartient à l'espèce que nous nommons de la Caroline. Pour s'en convaincre, il suffit de lire avec attention la description de ce savant naturaliste, et l'on reconnaît de suite qu'elle a été faite d'après un sujet de l'*Anolis Carolinensis*, sinon jeune au moins d'âge moyen; car il y est dit que les plaques de la tête sont égales, ce qui est effectivement vrai pour les individus qui n'ont pas encore acquis tout leur développement. Le même auteur, M. Brongniart, a commis une erreur synonymique en citant comme semblables à son Iguane goîtreux le *Lacerta strumosa* et le *Lacerta bullaris* de Linné, qui sont : le premier, l'Anolis rayé de Daudin; le second, notre Anolis vertubleu.

L'Anolis de la Caroline se trouve d'abord inscrit dans le Système des Amphibies de Merrem, sous le nom d'*Anolis bullaris*, avec une synonymie de laquelle il faut retrancher le *Lacerta viridis Jamaicensis* de Catesby, ou notre *Anolis chloro-cyanus*; puis il y est désigné une seconde fois par le nom d'*Anolis principalis*, et comme se rapportant à la figure du Large-Doigt de Bonnaterre, ce qui est une erreur, car elle représente une espèce différente que nous considérons comme très voisine de notre Anolis de Richard. L'Anolis de la Caroline de Cuvier est bien certainement le même que celui qui fait le sujet du présent article; mais l'illustre auteur du Règne animal, sans doute par une erreur involontaire, au lieu de citer la figure de la planche 65 de Catesby, qui le représente réellement, a indiqué la planche suivante, dans laquelle se trouve le portrait de l'*Anolis chloro-cyanus*.

Nous pensons que le *Dactyloa biporcata* de M. Wiegmann ne diffère pas non plus de l'Anolis de la Caroline; c'est une espèce qui a été établie sur des sujets venus du Mexique, et sans doute semblables à ceux que nous avons reçus de l'île de Cuba, car les productions erpétologiques de ces pays sont en grande partie les mêmes.

12. L'ANOLIS VERMICULÉ. *Anolis vermiculatus*. Th. Cocteau.

CARACTÈRES. Tête longue, pyramido-quadrangulaire, à face supérieure renflée vers son extrémité, mais un peu concave au milieu. Deux très faibles arêtes frontales. Narines latérales, ouvertes un peu en arrière de l'extrémité du museau. Celui-ci arrondi et couvert de petites p'aques oblongues unicarénées. Front garni d'écailles arrondies, polygones, multicarénées. Demi-cercles squameux des bords orbitaires séparés par une ou deux séries de squamelles. Écailles des régions sus-oculaires petites, carénées. Oreilles grandes. Un double rang de petites plaques quadrilatères sous le menton. Cou surmonté d'un gros pli. Écailles du dessus et des côtés du tronc, en grains tuberculeux, égales entre elles. Squames ventrales, imbriquées, subovales, carénées. Queue comprimée, faiblement dentelée en dessus. Dos vermiculé de brun sur un fond brun-fauve.

SYNONYMIE. *Anolis vermiculatus*. Th. Coct. Hist. de l'île de Cub. par Ramon de la Sagra, Rept. tom. 1 (non publiée), Pl. 8.

DESCRIPTION.

FORMES. La tête de l'Anolis vermiculé est fort alongée, attendu que sa longueur totale présente deux fois et plus l'étendue transversale de sa partie postérieure. Celle-ci est un peu plus haute que large. Le pourtour de cette tête a la figure d'un triangle isocèle dont l'angle antérieur, ou celui correspondant au museau, outre qu'il est fort aigu, aurait son sommet un peu tronqué et légèrement arrondi. Les parties latérales sont perpendiculaires, et ne présentent d'autre enfoncement que celui de forme oblongue et peu prononcé, qui se trouve devant chaque œil. La surface du crâne offre un plan fort incliné du côté du museau. Les régions susoculaires sont un peu bombées. L'espace interorbitaire forme une gouttière peu profonde, qui, de chaque côté, est bordée par une arête en dehors de laquelle on remarque un sillon. Ce sillon se prolonge d'abord en s'élargissant un peu, puis en se rétrécissant jusques vers le premier sixième de la longueur du dessus de la tête. La surface du museau située entre les orifices des narines présente un renflement longitudinal. Sur le milieu même du vertex, derrière l'espace inter-oculaire, il existe un enfoncement peu profond, ayant une forme rhomboïdale, dont l'angle postérieur est occupé par la plaque occipitale. Celle-ci est plate, lisse et ovalo-circulaire. On voit (descendre du milieu du sourcil, le long de l'angle latéro-supérieur du museau, jusqu'au niveau de la première plaque labiale, une petite arête qui est recouverte d'écailles subrhomboïdales, étroites, très longues, lisses, et imbriquées d'une manière oblique. C'est positivement au-dessous de cette arête et sur le côté du museau que se trouve située l'ouverture nasale, qui est assez petite et dirigée latéralement. Les plaques du dessus de la tête sont médiocrement développées et presque égales entre elles. Les plus petites sont granuleuses et assez fines : elles garnissent la région occipitale, située en dehors de l'enfoncement rhomboïdal du vertex, enfoncement que revêtent des squames semblables à celles qui protègent la surface de la tête comprise entre le front et le bout du museau. Or ces squames affectent une forme circulaire, quoique présentant réellement quatre, cinq et même six pans. Toutefois celles qui occupent l'entre-deux des orifices des narines sont oblongues et à surface comme ridée, soit en long, soit en travers, et parfois même relevée en tubercule polyèdre. Les scutelles qui recouvrent les bords orbitaires supérieurs sont au nombre de huit ou neuf de chaque côté. Quant à leur forme, elle est la même que celle du dessus de la partie antérieure de la tête, mais pour ce qui est de leur diamètre, il est un peu plus grand. Les régions sus-oculaires portent chacune un disque d'une quinzaine de plaques qui ne sont pas non plus différentes de celles de la surface antérieure de la tête. Ce disque est environné de granulations squameuses subpolyèdres.

On compte cinquante-quatre dents environ à la mâchoire supérieure, parmi lesquelles les seize dernières de chaque côté sont tricuspides. La mâchoire inférieure, autour de laquelle il n'y en a guère qu'une cinquantaine, n'en offre que vingt-six dont la couronne soit trilobée. La seule plaque rostrale a presque autant d'étendue que les deux écailles mentonnières réunies. Elle penche légèrement en avant, parce qu'en effet le bout du museau est coupé un peu obliquement comme celui de certains Ophidiens. Cette plaque rostrale, qui est fort élargie, a le double de hauteur au milieu qu'à l'une ou l'autre de ses deux extrémités. Les écailles mentonnières sont trapézoïdales. Il y en a huit ou neuf quadrilatères, oblongues, ou presque rectangulaires, qui sont appliquées le long de chaque côté des lèvres. Le trou de l'oreille, qui est élevé, grand et ovalaire, porte sur son bord antérieur un double rang de grains squameux un peu plus forts que ceux du reste de son pourtour. La membrane du tympan se trouve un peu enfoncée dans l'oreille. Le cou est légèrement comprimé, surmonté d'une espèce de bourrelet longitudinal. On remarque un pli de la peau qui, prenant naissance sous l'aisselle, contourne le devant de l'épaule et va se terminer sur le milieu de la région pectorale, à la pointe que forme le fanon en arrière. Ce fanon est peu développé, et ne règne que sous le cou absolument. Les côtés de celui-ci sont plissés longitudinalement. La nuque offre en travers un pli cutané qui s'étend d'une oreille à l'autre. Le tronc a un peu plus de hauteur que de largeur. Les flancs sont arrondis, mais le dos est légèrement tectiforme. Couchés le long du corps, les membres s'étendraient, ceux de devant jusqu'à l'aine, ceux de derrière jusqu'au bord antérieur de l'orbite. La queue fait plus des deux tiers de la longueur totale de l'animal. Elle est comprimée ; sa face inférieure est arrondie, et la supérieure tranchante et surmontée d'une petite crête composée d'écailles en dents quadrilatères, oblongues, à surfaces plates et lisses. Ces écailles, qui n'adhèrent pas à la peau par la totalité de leur face inférieure, mais seulement par un de leurs bords, semblent être un rudiment de ces petites crêtes que l'on voit sous la ganache de certains Caméléons. De fort petites écailles subrhomboïdales, oblongues, en dos d'âne, égales entre elles, et non imbriquées, garnissent la gorge et l'entre-deux des branches sous-maxillaires. Ce sont des squamelles imbriquées, ovalo-hexagones, et en dos d'âne, qui revêtent le ventre et la poitrine. Quoique fort peu développées, ces squamelles pectorales et ventrales le sont plus que les grains squameux qui garnissent le dessus et les côtés du cou et du tronc, grains qui sont égaux entre eux et disposés en pavé. Sur les épaules et le long du dos, au lieu d'être arrondis, ils présentent une forme conico-polyèdre. La région collaire inférieure est protégée par des écailles plus fortes que celles du ventre. Elles sont imbriquées, en losange, et forment le dos d'âne d'une manière très prononcée. La peau des flancs est couverte de granulations très fines. Il règne tout le long de l'épine dorsale une espèce d'arête, à peine apparente, composée de tubercules trièdres, seulement un peu plus développés que les autres grains squameux de la région du dos.

Le dessus des membres se montre garni d'écailles subrhomboïdales, en dos d'âne et imbriquées. Le dessous de ces mêmes parties n'offre que des squames bombées. Les fesses sont granuleuses. Autour de la queue se succèdent des cercles de petites écailles quadrilatères, oblongues, surmontées d'une carène placée d'une manière oblique. Sous la région caudale, immédiatement derrière l'anus, est une rangée transversale de scutelles rhomboïdales, carénées.

COLORATION. Les faces supérieure et latérales de la tête sont rousses, à l'exception de la plaque occipitale, qui est blanchâtre. Le dessus et les côtés du cou, ainsi que le dos et les régions externes des membres, offrent des lignes vermiculées d'un brun-roux sur un fond gris-brun assez clair. Une teinte ardoisée semble être répandue sur les flancs. Un blanc fauve règne sous la tête et s'étend sur la poitrine et le ventre, tandis que la face inférieure des pattes et de la queue présente une teinte fauve, légèrement carnée.

DIMENSIONS. *Longueur totale*, 26" 2'''. *Tête*. Long. 3" 5'''. *Cou*. Long. 1" 4'''. *Corps*. Long. 5" 8'''. *Memb. antér.* Long. 8" 2''', *Queue* (reproduite). Long. 14" 5'''.

PATRIE. L'Anolis vermiculé est originaire de l'île de Cuba. Notre musée en possède deux beaux échantillons dont on est redevable à M. Ramon de la Sagra.

13. L'ANOLIS DE VALENCIENNES. *Anolis Valencienni*. Nobis.

CARACTÈRES. Tête alongée, déprimée, à face supérieure plane, couverte au-devant des yeux de plaques rhomboïdes, plates, lisses, aussi grandes que les squames des bords orbitaires supérieurs, lesquelles forment deux demi-cercles qui sont soudés ensemble sur le vertex. Un disque de quatre scutelles unies sur chaque région sus-oculaire. Trou de l'oreille fort petit. Un assez grand fanon. Pas de crête cervicale, ni de dorsale. Ecailles du tronc médiocres, égales, ovales, arrondies, juxta-posées, plates et lisses. Squames ventrales subquadrilatères, de moitié plus petites que celles des autres parties du tronc, plates, lisses, subimbriquées. Queue comprimée, surmontée d'une petite carène dentelée en scie.

SYNONYMIE ?

9.

DESCRIPTION.

Formes. La tête de cette espèce d'Anolis est très déprimée, et une fois plus longue en totalité qu'elle n'est large en arrière. Sa face supérieure forme un plan incliné en avant, qui n'offre ni enfoncemens ni arêtes. Les régions sus-oculaires sont à peine bombées. Le bout du museau est large et arrondi. Petites et circulaires, les narines s'ouvrent sur les côtés du museau, chacune dans une plaque qui s'articule avec la première et la seconde écaille labiales. Ces narines, bien que dirigées latéralement en dehors, sont un tant soit peu tournées vers le ciel. Au-dessus de chacune d'elles sont deux petites squames oblongues, étroites et cintrées; immédiatement derrière leur bord postérieur existent six ou sept fort petites écailles ovalo-rhomboïdales. Entre elles deux, sur le dessus du museau, se trouvent placées les unes à côté des autres sept ou huit plaques subhexagonales de médiocre grandeur, que suivent de grandes scutelles formant un pavé qui s'étend jusque sur le front. Ces scutelles ressemblent à des losanges, bien qu'elles aient réellement six pans. On compte sept ou huit plaques rangées en demi-cercle sur chaque bord orbitaire, et les plus grandes d'entre elles ne le sont pas autant que quelques-unes des scutelles qui garnissent le dessus de la partie antérieure de la tête.

Il n'y a pas de rangée longitudinale d'écailles sur la ligne médiane de l'espace interorbitaire, ce qui fait que les deux demi-cercles de plaques des bords supra-orbitaires se touchent. La plaque occipitale, dont les bords sont comme festonnés, offre un assez grand diamètre. Devant elle, il y a une squame pentagone à laquelle elle est soudée; à sa droite, comme à sa gauche, sont trois ou quatre écailles à plusieurs pans, et tout le reste de la partie postérieure de la tête se montre garni de petites pièces écailleuses subhexagonales, aplaties. Toutes les plaques céphaliques, sans exception, présentent une surface unie. Les trous auriculaires sont élevés et si petits qu'ils ne laissent pas voir la membrane tympanale, qui se trouve un peu avancée dans leur intérieur. Leur contour est ovalaire. La plaque rostrale, qui est très étendue en travers, n'a pas plus de hauteur que les plaques labiales, dont la figure est quadrilatère. Le nombre de ces dernières est de seize autour de chaque mâchoire. Les deux écailles men-

tonnières ont un assez grand développement et une forme triangulaire. Le cou, qui est un peu comprimé, a, de même que le dos,
sa partie supérieure arrondie et dépourvue de toute espèce de
saillies longitudinales; mais sa face inférieure laisse pendre un assez
grand fanon non dentelé, qui s'étend depuis la gorge jusque sur
la poitrine. La longueur des pattes de devant est à peine égale aux
deux tiers de celle du tronc. Lorsqu'on les couche le long de celui-ci, les membres postérieurs ne s'étendent non plus que jusqu'à l'épaule.

La queue, presque carrée à sa racine et comprimée dans le
reste de son étendue, offre une crête composée d'écailles
subhexagones et en dos d'âne, dont le bord postérieur est plus
élevé que l'antérieur. La longueur de cette queue n'entre guère
que pour la moitié dans la totalité de l'étendue longitudinale de
l'animal, mais nous devons dire que chez notre individu cette
partie du corps semble s'être reproduite.

Les tempes sont revêtues de petites écailles plates et lisses, et
d'une forme hexagonale-arrondie. Sur le dessus et les côtés du
cou on voit des squamelles circulaires ou ovales, juxta-posées et
à surface légèrement bombée. Le dessous de la tête en offre d'o-
valaires, convexes, non imbriquées. A la peau de la région inférieure du cou, adhèrent des squames arrondies ou ovales,
plates, lisses et espacées. L'écaillure du dos et des flancs se compose de petites pièces ovalo-circulaires, aplaties, lisses, égales
entre elles et disposées en pavé. Un des caractères distinctifs de
l'Anolis de Valenciennes, c'est d'avoir les régions pectorale et
ventrale revêtues d'écailles plus petites que celles du dos et des
flancs. Celles de ces écailles qui garnissent la poitrine sont ovales;
tandis que celles de l'abdomen sont hexagonales, affectant une
forme carrée. Elles se montrent légèrement imbriquées et ont
leurs angles arrondis. C'est un pavé de squamelles hexagonales,
plates et lisses qui protége la face externe des membres, dont les
régions inférieures ont pour tégumens des écailles également
rhomboïdales, mais un peu entuilées et légèrement convexes. Si
ce n'est qu'elle est plus petite, l'écaillure des fesses ressemble à
celle du dos. Les écailles qui garnissent la queue ne sont point
imbriquées, mais disposées circulairemeut autour d'elles. Toutes
ont une forme hexagonale carrée, et une surface plate et lisse, à
l'exception de celles qui occupent la seconde moitié inférieure de
cette partie du corps; car elles présentent une figure carrée
oblongue et une carène assez prononcée.

Coloration. Le seul échantillon que nous possédons de cette espèce paraît être décoloré par suite de son séjour prolongé dans la liqueur alcoolique.

Les parties supérieures offrent une teinte carnée à reflets dorés. Il a sur les reins des nuances roussâtres ou couleur de rouille, et une ou deux bandes semblables en travers de la racine de la queue. Des points également roussâtres sont semés sur les fesses. La tête et toutes les régions inférieures présentent une teinte blanchâtre. Les parties latérales de son fanon sont brunes.

Dimensions. *Longueur totale,* 12" 6'". *Tête.* Long. 2" 1'". *Cou.* Long. 7'". *Corps.* Long. 4". *Membr. antér.* Long. 2" 1'". *Memb. postér.* Long. 3" 1'". *Queue.* Long. 5" 8'".

Patrie. Nous ignorons quelle est la patrie de cet Anolis, qui a été donné au Muséum par le docteur Leach.

14. L'ANOLIS A TÊTE DE CAIMAN. *Anolis alligator.* Nobis.

Caractères. Tête peu alongée, assez déprimée antérieurement. Bout du museau large, arrondi. Une cavité frontale subrhomboïde, garnie de petites plaques disco-polygones. Scutelle occipitale grande, soudée en avant avec les deux demi-cercles des squames des bords supra-orbitaires. Ceux-ci formant chacun une carène en dos d'âne que l'on ne voit pas se prolonger sur le museau. Ces demi-cercles squameux des bords orbitaires supérieurs se touchent sur le vertex. Un grand fanon. Oreilles médiocres. Côtés postérieurs de la mâchoire inférieure non renflés. De la nuque à la queue, un petit pli garni d'un double rang d'écailles un peu plus fortes que les autres. Sur le dessus et les côtés du tronc, de petits grains subrhomboïdaux en dos d'âne, non imbriqués. Écailles ventrales moins petites que celles des flancs, lisses, entuilées. Queue comprimée, à dessus tranchant, surmontée d'une petite crête d'écailles trièdres, serrées, imbriquées, égales. Dessus du corps, soit brun, soit d'une couleur feuille morte, ou bien bleuâtre ou verdâtre uniformément, ou marqué de taches blanchâtres ou roussâtres, formant le plus souvent des lignes en chevrons. Une tache noire sous l'aisselle.

Synonymie. *Lacerta eximia ex insulâ S. Eustachii.* Séb. tom. 1. pag. 139, tab. 87, fig. 4 et 6.

Le Roquet. Lacép. Quad. ovip. tom. 1, pag. 397, tab. 27.

Le Roquet. Bonnat. Encyclop. méth. pag. 54, Pl. 9, fig. 5.

Lacerta bimaculata. Var. Shaw. Gener. zool. tom. 3, pag. 223.

Le Roquet. Id. loc. cit. pag. 223.

Iguana bimaculata. Latr. Hist. Rept. tom. 1, pag. 273. Exclus. synonym. *Lacerta bimaculata.* Sparm. (Anolis Leachii ?)

Anolis bimaculatus. Daud. Hist. Rept. tom 4, pag. 55. Exclus. synonym. *Lacerta bimaculata.* Sparm. (Anolis Leachii ?)

Iguane roquet. Brongn. Ess. classif. rept. pag. 32, tab. 1, fig. 3. Exclus. synonym. *Iguana principalis.* Linn. (Anolis carolinensis) et *Lacerta bimaculata.* Sparm. (Anolis Leachii ?)

Anolis Cepedii. Merr. Syst. amph. pag. 44.

L'Anolis ou *Roquet des Antilles.* Cuvier. Règn. anim. tom. 2 , 2e. édit. pag. 49. Exclus. synonym. *Lacerta bullaris.* Gmel. (Anolis chloro-cyanus.)

DESCRIPTION.

FORMES. On ne peut donner une idée plus exacte de la forme de la tête de cette espèce d'Anolis, qu'en disant qu'elle ressemble à celle d'un Caïman, et du Caïman à lunettes en particulier. Elle a par conséquent son extrémité antérieure assez dilatée en travers et arrondie. Les régions sus-oculaires sont un peu renflées. L'espace inter-orbitaire se trouve former une gouttière peu profonde, qui, à la hauteur du front, se change en une cavité rhomboïdale prolongée sur le museau jusqu'au niveau de la seconde ou de la troisième plaque labiale supérieure. Le dessus du museau, en avant de la fosse rhomboïdale dont nous venons de parler, présente un renflement longitudinal. Les narines sont petites, ovalaires, latérales, et tournées tout-à-fait de côté. L'écaille qui forme le contour de chacune d'elles touche à la plaque rostrale. Plate, unie, assez grande et circulo-anguleuse, la squame occipitale se trouve articulée en avant, avec quelques-unes des scutelles des bords supra-orbitaires. Ces dernières scutelles sont au nombre de sept à neuf pour chacun des deux demi-cercles qui se touchent sur le vertex par leur partie la plus cintrée. La troisième de ces mêmes scutelles est toujours au moins du double plus grande que les deux qui la précèdent. Elle est plus longue que large ; tandis que les quatre, les cinq ou les six (suivant les individus) qui la suivent sont plus larges que longues. Le bord orbitaire supérieur offre une arête ou une espèce de saillie en dos d'âne, d'autant plus prononcée que l'animal est plus âgé, mais

dont l'extrémité antérieure est toujours plus forte que la
postérieure. La cavité frontale et les régions du dessus du museau qui lui sont latérales présentent des petites plaques aplaties,
lisses, circulo-anguleuses. Derrière les narines on en voit de
même forme, mais qui sont un peu plus petites, et dont la surface est légèrement bombée. Celles qui recouvrent la région
inter-nasale sont subhexagonales, oblongues et également à surface convexe. La région occipitale, derrière et sur les côtés de la
plaque de ce nom, offre des granulations squameuses, comme il en
existe aussi sur les tempes. Chaque région sus-oculaire supporte
un disque de six à dix scutelles anguleuses, dont le centre de chacune, chez certains individus, est relevé d'une très petite carène.
Ce disque est environné d'écailles granuleuses. L'angle latéral du
museau est tranchant, à partir de dessous la narine jusqu'au bord
surciliaire. Les squamelles, au nombre de sept qui le recouvrent,
sont petites et oblongues. La squame rostrale offre quatre côtés et
au moins trois fois plus d'étendue en largeur qu'en hauteur. Très
souvent le milieu de son bord supérieur fait un petit angle aigu
qui se replie sur le dessus du museau. On compte douze ou
quatorze écailles labiales autour de chaque mâchoire. Les scutelles mentonnières sont grandes et pentagones. Il existe, sous
chaque branche du maxillaire inférieur, une série de plaques
subhexagonales, qui, après la deuxième ou la troisième non-seulement diminuent de grandeur, mais ne se touchent plus avec
les écailles labiales, attendu qu'entre la série de celles-ci et la
leur, il se trouve une ligne de très petites écailles hexagonales.
Médiocre et ovale, l'oreille laisse voir la membrane du tympan
un peu enfoncée dans son intérieur. La peau de la région inférieure du cou forme un très grand fanon triangulaire, qui
s'étend depuis le milieu du dessous de la tête jusqu'au commencement du ventre. Les deux mâchoires sont armées chacune de
quarante-six à cinquante dents dont les quatorze ou quinze dernières sont comprimées et tricuspides. Il n'y a que trois ou quatre dents, courtes, mais fortes, de chaque côté du palais. Le cou
est gros et le dos légèrement tectiforme. Ces deux régions sont surmontées d'un faible pli cutané que garnit un double rang d'écailles
subconiques un peu plus développées que celles des autres parties
du dos. Étendues le long du tronc, les pattes de devant touchent
à l'aine par leur extrémité; placées de la même manière, celles
de derrière atteignent à l'œil. La queue est assez forte à sa base,

quoique participant déjà un peu de cette compression qui se montre dans le reste de son étendue. La partie supérieure en est plus ou moins tranchante, mais toujours surmontée d'une carène d'écailles tétraèdres et imbriquées. Parmi ces écailles nous n'avons pas remarqué que, de distance en distance, il y en ait une qui soit plus haute que les autres, ainsi que cela est évident chez l'espèce suivante. Cette queue fait plus des deux tiers de la longueur totale de l'animal. Les écailles des flancs, qui ne sont point imbriquées, ont un diamètre un peu moindre que celles du dos, mais les unes et les autres ressemblent à des grains subcirculaires, légèrement relevés en dos d'âne. La première moitié du ventre est garnie d'écailles lisses, réellement hexagonales, mais affectant une forme carrée, comme l'ont distinctement celles de la seconde moitié de la région abdominale. Les faces latérales de la queue sont couvertes des squames rhomboïdales, carénées, imbriquées ; sa face inférieure en offre de plus grandes, ayant à peu près la même forme que celles des côtés, si ce n'est qu'elles sont tronquées en arrière, et que leur carène est plus prononcée. Le dessus des pattes antérieures, ainsi que le devant des jambes et des cuisses, sont protégés par des squames rhomboïdales, carénées. Les fesses sont granuleuses.

COLORATION. Le mode de coloration de l'*Anolis alligator* varie considérablement suivant les individus. Nous en avons dont le fond de couleur des parties supérieures est bleuâtre ou bien verdâtre ; chez d'autres il est brun ; ceux-ci l'offrent presque noirâtre, et ceux-là d'une teinte de feuille morte. Mais en général on remarque, sur le travers du dos, des chevrons de taches blanchâtres, obscurément entourées de noir. Ces chevrons ont leur sommet dirigé en avant, et les taches qui les composent sont plus ou moins dilatées et plus ou moins apparentes. Parfois, elles sont très espacées, d'autrefois au contraire si rapprochées, qu'elles constituent de véritables raies liserées de noir. Certains individus ont le dessus du corps vermiculé de fauve sur un fond brun ou bien vermiculé de brun sur un fond fauve. Dans les deux cas, les parties inférieures sont colorées en fauve brun clair. Nous possédons un échantillon qui est d'un bleu verdâtre sur toutes ses régions supérieures, excepté sur la tête, qui offre une teinte jaunâtre. Il a le dessus du cou et du tronc piqueté de noir, et les épaules marquées de quelques taches blanchâtres. Son fanon présente une teinte jaune extrêmement pâle ; le dessous de ses

cuisses offre une couleur de chair, et le reste de ses parties inférieures un blanc lavé de verdâtre.

Beaucoup de nos échantillons ont les lèvres blanchâtres, et
chaque plaque labiale marquée d'une tache quadrilatère noire.
Quelques-uns ont le dessous de la tête ponctué ou rayé transversalement de noirâtre. Le plus souvent il règne une teinte brune
sur le dessus de la tête, dont la plaque occipitale est presque
toujours blanchâtre. Cette surface de la tête offre aussi quelquefois
une couleur roussâtre, soit uniforme, soit nuancée de brun.

La plupart des sujets qui présentent des taches blanches sur le
tronc en ont aussi des bandes transversales sur les membres et
sur la queue.

Tous les Anolis à tête de Caïman, que nous avons pu observer,
nous ont montré leur aisselle colorée en noir. Un grand nombre
nous ont offert la trace d'une bande transversale blanchâtre sur
la partie antérieure de l'épaule.

Les jeunes ont de chaque côté du corps une bande noire ou brune, imprimée sur fond, soit brunâtre, soit verdâtre, ou bien de
couleur de feuille morte. Cette bande qui s'étend depuis la nuque
jusqu'à la racine de la queue offre quelquefois une suite de points
blancs le long de son bord inférieur. Il arrive assez souvent de rencontrer des individus d'une certaine taille encore revêtus de cette
livrée.

DIMENSIONS. *Longueur totale.* 21" 9'". *Tête.* Long. 2" 4'". *Cou.*
Long. 8'". *Corps.* Long. 4" 3'". *Memb. antér.* Long 3" 2'". *Memb.*
postér. Long. 5". *Queue.* Long. 14" 4".

PATRIE. Nos échantillons de l'Anolis à tête de Caïman viennent
presque tous de la Martinique, où M. Plée et M. Droz en ont recueilli
plusieurs. Nous en avons un que M. Desmarest a donné comme
provenant de l'île de Cuba; mais nous doutons qu'il en soit originaire; nous ne croyons pas davantage qu'un autre exemplaire qui
a été adressé de New-Yorck par M. Milbert ait été réellement trouvé dans l'Amérique septentrionale.

Observations. L'Anolis à tête de Caïman est depuis long-temps
représenté dans l'ouvrage de Séba : c'est celui qu'il appelle Lézard
de l'île Saint-Eustache. Lacépède l'a également figuré et décrit sous
le nom de Roquet. Ensuite M. Brongniart lui a faussement rapporté d'abord le *Lacerta principalis* de Linné, qui se trouve être
au contraire son Iguane goîtreux ou notre Anolis de la Caroline,

puis le *Lacerta bimaculata* de Sparmann, espèce que nous considérons comme semblable à notre *Anolis Leachii*.

Daudin, sous le nom d'Anolis bimaculé, a confondu l'Anolis à tête de Caïman et notre *Anolis Leachii*; car il est évident que sa description est un mélange de celles du Lézard de l'île de Saint-Eustache de Séba, et du *Lacerta bimaculata* de Sparmann. La figure du Roquet de l'Encyclopédie méthodique étant une copie de celle de Lacépède, se trouve par conséquent représenter aussi notre *Anolis alligator*.

15. L'ANOLIS A TÈTE MARBRÉE. *Anolis marmoratus*. Nobis.

CARACTÈRES. Tête pyramido-quadrangulaire, médiocrement alongée, un peu déprimée. Bout du museau comme tronqué, mais néanmoins arrondi. Une cavité frontale subrhomboïde, limitée de chaque côté par le prolongement de la carène en dos d'âne que présente chacun des bords orbitaires supérieurs. Plaques de ceux-ci formant deux demi-cercles séparés l'un de l'autre sur le vertex par une série quelquefois interrompue de petites écailles. Plaque occipitale médiocrement dilatée, ayant devant elle et sur ses côtés de petites squames à plusieurs pans. Sur chaque région sus-oculaire un disque de huit à dix scutelles anguleuses, relevées d'une faible carène. Un grand fanon. Ouverture de l'oreille assez grande. De la nuque à la racine de la queue, un pli garni d'un double rang d'écailles un peu plus fortes que les autres. Sur le dessus et les côtés du tronc, des petits grains squameux non imbriqués, subrhomboïdaux, en dos d'âne. Squames ventrales moins petites que celles des flancs, imbriquées, lisses. Queue comprimée, à dessus tranchant, garni d'écailles en dents de scie inégales en hauteur. Tête et cou marbrés de fauve ou de blanchâtre, sur un fond brun marron clair. Le dessus du corps d'un bleu ardoisé uniforme. Pas de tache noire sous l'aisselle.

DESCRIPTION.

FORMES. La tête de cette espèce n'a pas tout-à-fait la même forme que celle de la précédente, attendu qu'elle n'est ni aussi large, ni aussi arrondie à son extrémité antérieure. Son extrémité libre ou mieux le bout du museau, est en effet comme tronqué, en même temps que légèrement cintré.

Ici l'arète qui surmonte chaque bord orbitaire, outré qu'elle est moins forte que chez l'Anolis à tête de Caïman, se prolonge un peu sur le museau, au lieu de s'arrêter au bas du front. Les demi-cercles de squames supra-orbitaires présentent chacun deux ou trois pièces de moins que l'espèce précédente. Ils ne peuvent pas non plus se toucher sur la région sincipitale, dont la ligne médio-longitudinale est parcourue par une série de petites écailles. La plaque de l'occiput est aussi moins grande, et séparée des scutelles supra-orbitaires par de petites squames.

La queue de l'Anolis à tête marbrée est plus tranchante que celle de l'*Anolis alligator*, qui a la sienne surmontée d'une suite d'écailles en dents de scie, parmi lesquelles, de distance en distance, on en remarque une plus élevée que les autres. Chez l'Anolis à tête de Caïman, la crête caudale ne présente pas d'inégalité dans la hauteur des écailles qui la composent.

COLORATION. Les faces supérieure et latérales de la tète, aussi bien que du cou, offrent un brun marron ou chocolat, sur lequel se dessinent des marbrures blanches ou fauves, et même de couleur de chair. Les autres parties du dessus du corps sont uniformément colorées en bleu ardoisé, tirant parfois sur une teinte chocolat très brune. Un blanc carné est répandu sous la tête et les membres. Le ventre est blanc, lavé de vert bleuâtre. Quelques nuances de la couleur du dos se montrent sur la gorge. L'aisselle n'offre pas la moindre apparence de tache noire, comme cela est très apparent dans l'espèce précédente.

DIMENSIONS. *Longueur totale*, 19". *Tête.* Long. 2" 3'". *Cou.* Long. 7'". *Corps.* Long. 4". *Memb. antér.* Long. 3" 3'". *Memb. postér.* Long. 5" 4'". *Queue.* Long. 12" 4'".

PATRIE. L'Anolis à tête marbrée habite aussi la Martinique. La collection en renferme deux très beaux individus mâles, dont on est redevable à M. Plée.

Observations. Bien que fort voisin de l'Anolis à tête de Caïman, l'Anolis à tête marbrée ne peut être confondu avec lui, car, comme on vient de le voir, il s'en distingue par des caractères réellement spécifiques. Nous faisons cette remarque parce qu'à la première vue, on serait tenté de ne le considérer que comme une variété de l'*Anolis alligator*.

16. L'ANOLIS DE RICHARD. *Anolis Richardii*. Nobis.

CARACTÈRES. Tête ovalo-triangulaire, assez déprimée en avant. Une cavité frontale subrhomboïde. Une fort grande plaque occipitale s'articulant en avant, avec les scutelles des bords orbitaires. Celles-ci formant deux demi-cercles qu'une série de petites écailles séparent l'un de l'autre. Ces mêmes bords supra-orbitaires, relevés chacun d'une carêne en dos d'âne qui ne se prolonge pas sur le museau. Un grand fanon. Oreilles médiocres. Sur le cou, une petite crête composée d'un double rang de tubercules coniques. Écailles du milieu du dos hexagono-rhomboïdales ; celles de la région rachidienne plus grandes que les autres. Flancs et côtés dorsaux garnis de forts petits grains squameux, coniques ; squames ventrales moins petites que celles des parties latérales du tronc, imbriquées, carénées. Queue très faiblement comprimée, à dessus non tranchant, mais surmonté d'une faible crête à dents de scie, serrées et d'égale hauteur. Parties supérieures d'un gris violacé. Coudes et genoux marqués chacun d'une tache noire.

SYNONYMIE ?

DESCRIPTION.

FORMES. L'Anolis de Richard a beaucoup de rapports avec l'*Anolis alligator*, auquel il ressemble principalement par la forme de la tête. Toutefois, elle est proportionnellement plus forte. L'écaillure céphalique diffère de celle de l'Anolis à tête de Caïman, en ce que les deux demi-cercles de squames supra-orbitaires sont séparés l'un de l'autre, sur le vertex, par une série de petites écailles ; en ce que ces squames supra-orbitaires elles-mêmes n'ont pas plus de largeur que de longueur ; enfin en ce que la plaque occipitale est à proportion plus dilatée. L'oreille de l'Anolis de Richard est peut-être un peu plus petite que celle de l'espèce précédente, mais ses membres offrent les mêmes proportions, le tronc la même forme et le fanon la même grandeur. Quant à la queue, qui a deux fois plus d'étendue que le reste du corps, elle a sa base quadrilatère subarrondie, et le reste de sa longueur ni positivement comprimée, ni parfaitement arrondie ; c'est-à-dire que la coupe transversale de sa région moyenne donnerait la figure d'un ovale ayant sa partie supérieure légèrement anguleuse. Cette queue est surmontée d'une petite carène en dents de scie, qui commencent à ne plus être bien apparentes vers la fin du second tiers du prolongement caudal. Le cou, les épaules et les côtés du tronc sont revêtus de très petits grains squameux, coniques, non imbriqués. Sur le dos il existe des écailles rhomboïdales ou hexagonales carénées, moins petites que les grains des flancs, et qui se dilatent davantage à mesure qu'elles approchent de la ligne médio-dorsale, où l'on en remarque de plus fortes que les autres, formant un double rang. La région cervicale est parcourue par une petite crête composée de tubercules coniques, qui ne se suivent pas positivement, attendu qu'ils sont alternativement jetés un peu en dehors de la ligne médiane du cou.

Les écailles du ventre de l'Anolis de Richard étant carénées, peuvent servir de moyen de distinction entre cette espèce et les deux suivantes, chez lesquelles elles sont lisses. A la vue simple, ces écailles paraissent carrées, mais lorsqu'on les examine à la loupe on s'aperçoit qu'elles ont réellement six côtés.

COLORATION. Un gris violacé colore les parties supérieures du corps, tandis qu'un gris blanchâtre règne sur les régions inférieures, si ce n'est sous les membres qui présentent une teinte carnée. Le dessus de la tête est châtain. Une tache de cette dernière couleur existe sur chaque genou. une plus grande se laisse voir sur le dos en arrière des épaules, et d'autres, beaucoup moins dilatées, sont irrégulièrement semées sur le cou, sur les reins et sur les bras.

DIMENSIONS. *Longueur totale*, 24" 4'''. *Tête*. Long. 2" 2'''. *Cou.* Long. 9'''. *Corps*. Long. 4" 3'''. *Memb. antér*. Long. 3" 1'''. *Memb. post*. Long. 6" 4'''. *Queue*. Long. 17".

PATRIE. Cette espèce ne nous est connue que par un seul individu, que nous avons trouvé étiqueté dans la collection comme ayant été rapporté par le botaniste Richard père. Elle provient de Tortola, l'une des îles principales des Antilles.

Observations. Il se pourrait que la figure du Large-Doigt de l'Encyclopédie méthodique, qui est copiée de Plumier, représentât un Anolis appartenant à la même espèce que celle du présent article.

17. LE PETIT ANOLIS A CRÊTE. *Anolis cristatellus.* Nobis.

CARACTÈRES. Tête pyramido-quadrangulaire subéquilatérale. Cavité frontale ayant la figure d'un triangle isocèle. Bords orbitaires supérieurs formant deux carènes qui se prolongent sur le museau, dans la direction des narines ; demi-cercles squameux de ces mêmes bords supra-orbitaires, soudés ensemble sur le vertex. Plaque occipitale médiocre, environnée de petites écailles à plusieurs pans. Cou et dos offrant un pli garni d'un double rang d'écailles un peu moins petites que les autres. Dessus et côtés du tronc revêtus de grains squameux excessivement fins. Squames ventrales moins petites que celles des flancs, plates, imbriquées, lisses. Queue comprimée, à dos tranchant, et surmontée chez les mâles d'une grande crête, soutenue dans son épaisseur par des rayons osseux.

SYNONYMIE. *Anolis porphyreus.* Oppel. Mus. de Paris.

Le petit Anolis à crête. Cuv. Règn. anim. tom. 2, 2e édition, pag. 49. Exclus. Synonym. *Lacerta bimaculata.* Sparm. (Anolis Leachii.)

DESCRIPTION.

FORMES. Le petit Anolis à crête a des formes assez ramassées. Sa tête représente une pyramide à quatre faces à peu près équilatérales. Le milieu de la région occipitale offre un enfoncement rhomboïdal qui n'est point du tout apparent chez les jeunes sujets. Les deux bords antérieurs de cet enfoncement rhomboïdal sont précisément les deux saillies que forment les bords supra-orbitaires, saillies qui se prolongent obliquèment en dehors dans la direction des narines, jusqu'à peu près au niveau de la seconde plaque labiale supérieure. L'espace qui existe entre ces saillies forme un creux ayant la figure d'un triangle isocèle. La surface du bout du museau est renflée. Les narines, petites, circulaires et dirigées tout-à-fait de côté, sont situées, l'une à droite l'autre à gauche de l'extrémité du museau, tout près de la plaque rostrale. Quatre ou cinq plaques hexagonales oblongues, fort étroites et légèrement imbriquées, recouvrent l'angle qui s'étend du bord surciliaire jusque sous l'orifice nasal. La squame occipitale, qui est petite et ovalo-circulaire, se trouve placée dans l'angle postérieur de l'enfoncement rhomboïdal dont nous avons parlé plus haut. Elle ne touche pas aux scutelles supra-orbitaires ; attendu qu'elle en est séparée par des plaques aplaties, à peu près carrées. Derrière elle, et à sa droite et à sa gauche, la surface du crâne est couverte de petites écailles subovalaires, légèrement bombées. Les scutelles du dessus des orbites sont au nombre de sept à neuf pour chacune des deux séries qu'elles composent. La seconde d'une série est plus grande que la première, et la troisième plus grande que la seconde ; mais les suivantes diminuent graduellement de grandeur jusqu'à la dernière. Ces deux séries de scutelles supra-orbitaires sont soudées ensemble sur la région sincipitale. La cavité en triangle isocèle, qui existe sur la partie antérieure de la tête, est garnie de petites plaques anguleuses à surface plane, dont le diamètre est moitié moindre que celui des plaques des carènes qui bordent les côtés de cette même cavité : celles du dessus du museau, et particulièrement des régions postéro-nasales, sont encore plus petites. Chaque région sus-oculaire supporte un disque d'une quinzaine de plaques anguleuses, autour duquel sont de petites écailles granuleuses. Souvent le centre de ces plaques est surmonté d'une très faible carène. Les régions latérales de la tête, comprises entre le bout du nez et les yeux, sont garnies chacune de six ou sept rangées longitudinales de squamelles rectangulaires, à surface unie. Il y a seize plaques labiales quadrilatères, oblongues, autour de chaque mâchoire. La squame rostrale a un fort grand diamètre transversal ; au milieu, son bord supérieur offre une échancrure en V ou semi-circulaire, de chaque côté de laquelle existe une pointe aiguë ou arrondie. Les écailles mentonnières sont pentagones, subtriangulaires. On compte autour de la partie supérieure, comme à la partie inférieure de la bouche, de vingt-quatre à trente dents comprimées et tricuspides, et de trente-six à quarante qui n'ont pas cette forme.

Le trou auriculaire, dans lequel est un peu enfoncée la membrane du tympan, est presque vertical et de forme ovale. Le fanon, dont le bord libre est arrondi, s'étend depuis le milieu du dessous de la tête jusqu'à l'extrémité postérieure de la poitrine. Les tempes sont granuleuses. Le cou est gros, et le dos en forme de toit : l'un et l'autre offrent un pli longitudinal sur lequel existent des écailles un peu moins petites que celles des autres régions cervicale et dorsale. Mises le long du tronc, les pattes de devant s'étendraient jusque sur la base de la cuisse ; celles de derrière touchent au bord antérieur de l'œil.

La queue a moitié plus de longueur que le reste de l'animal. Elle est comprimée, et le dessus en est tranchant. Chez les mâles, les apophyses supérieures prennent, dans les deux premiers tiers de son étendue, un développement tel que sa hauteur est doublée. Ceci lui donne l'air d'être surmontée d'une nageoire ; attendu que la peau qui recouvre ces apophyses est si mince, qu'on voit les rayons osseux au travers.

Les écailles granuleuses des parties supérieure et latérales du cou et du tronc sont si fines que la peau de ces régions a l'apparence de certaines étoffes de soie. Les tégumens du dessus et du derrière des cuisses, du devant des jambes et d'une partie des avant-bras sont tout-à-fait semblables. La face externe des bras et des cuisses offre, ainsi que les mollets, de grandes squamelles imbriquées, subhexagonales et très faiblement carénées. Le dessous de la tête est protégé par des rangées longitudinales de grains ovalaires, non imbriqués. La poitrine est couverte d'écailles subrhomboïdales entuilées, à surface lisse ; le ventre en offre qui ne diffèrent de celles-ci qu'en ce qu'elles sont subhexagonales et presque arrondies en arrière. Les côtés de la queue ont pour écaillure des pièces rhomboïdales carénées et imbriquées. La face inférieure de cette même partie du corps se trouve garnie de grandes scutelles quadrilatères, surmontées chacune d'une forte arête.

Coloration. Parmi les individus appartenant à cette espèce qui font partie de notre collection, il en est qui, en dessus, sont uniformément gris, nuancés de roussâtre. D'autres offrent aussi une teinte grise, mais elle paraît lavée de verdâtre ; plusieurs d'entre eux ont de chaque côté du dos une suite de grandes taches oblongues, brunes, bordées de noirâtre ; et sur leurs flancs sont répandues d'autres taches plus petites et de couleur noire.

Le fanon est généralement d'une teinte noirâtre ; le plus souvent aussi on remarque des lignes irrégulières de points noirs qui se détachent du fond blanchâtre de la gorge, couleur qui est celle de toutes les autres parties inférieures du corps. Les lèvres sont blanches, marquées de taches quadrilatères brunes.

Les jeunes sujets ont un bandeau brun en travers du vertex, une tache sur l'occiput, et un large ruban de couleur blanche le long du corps, depuis la nuque jusque sur la queue. Les parties laté-

REPTILES, IV.   10

rales de leur dos sont clair-semées de points de la même couleur que le ruban dont nous venons de parler. Le haut de la tempe est blanc, ainsi que le bord inférieur de l'orbite et le dessous du corps, qui se trouve ponctué de marron, particulièrement sur la gorge et la région pubienne.

Dimensions. *Longueur totale*, 16" 8'"· *Tête.* Long. 2". *Cou.* Long 6'". *Corps.* Long. 3" 7'". *Memb. antér.* Long. 2" 7'". *Memb. postér.* 4" 7'". *Queue.* Long. 10" 5'".

Patrie. Le petit Anolis à crête a été envoyé de la Martinique par M. Plée. Nous en avons aussi un individu qui est étiqueté comme venant de la Guyane; mais cette origine nous paraît douteuse.

Observations. M. Cuvier, qui a le premier signalé l'existence de cette espèce d'Anolis, lui a, selon nous, fort à tort donné pour synonyme le Lézard bimaculé de Sparmann. Ce dernier appartient à une autre espèce d'Anolis, que nous décrirons sous le nom d'*Anolis Leachii.* Nous avons trouvé dans la collection du Muséum un petit Anolis à crête, femelle, portant le nom d'*Anolis porphyreus* écrit de la main d'Oppel. Nous ignorons si jamais ce naturaliste en a publié la description.

18. L'ANOLIS RAYÉ. *Anolis lineatus.* Daudin.

Caractères. Tête médiocrement alongée; museau arrondi au bout, couvert de petites plaques polygones, unies et un peu bombées. Cavité frontale oblongue, limitée de chaque côté par une large carène couverte de grandes écailles. Squames des bords orbitaires formant deux demi-cercles qui se touchent sur le vertex. Régions sus-oculaires granuleuses, offrant au milieu un disque de cinq plaques lisses. Scutelle occipitale petite. Un grand fanon marqué d'une large tache noire. Un pli sur le cou et le long du dos. Toutes les écailles du tronc légèrement carénées. Queue comprimée, faiblement dentelée. Dessus du corps grisâtre. Deux raies noires, interrompues de chaque côté du corps.

Synonymie. *Salamandra mexicana rarior strumosa.* Seb. tom. II, pag. 21, tab. 20, fig. 4.

Lacerta strumosa. Linn. Syst. nat. édit. 10, pag. 208, et édit. 12, pag. 368.

Salamandra strumosa. Laur. Synops. Rept. pag. 42.

Lacerta strumosa. Gmel. Syst. natur. pag. 1067.

Le Goîtreux. Daub. Dict. Rept. pag. 628.

Le Goîtreux. Lacép. Hist. Quad. Ovip. tom. I, pag. 403.

Le Goîtreux. Bonnat. Encycl. méth. pl. 10, fig. 1.

Lacerta strumosa. Shaw, Gener. Zool. tom. III, pag. 224.

Anolis lineatus. Daud. Hist. Rept. tom. IV, pag. 66, tab. 48, fig. 1.

Anolis lineatus. Merr. Syst. Amphib. pag. 45.

L'Anolis rayé, Cuv. Regn. Anim. édit. 2, tom. II, pag. 49.

Anolis lineatus. Gray, Synops. Rept. in Griffith's, Anim. Kingd. tom. IX, pag. 46.

DESCRIPTION.

FORMES. La tête de l'Anolis Rayé a en longueur totale environ le double de sa largeur postérieure. Sa forme est celle d'une pyramide à quatre faces équilatérales. La portion de sa surface, à partir du front jusqu'à la nuque, offre un plan horizontal, et celle qui se trouve entre le front et le bout du nez, un plan incliné en avant. Le milieu de l'occiput présente un petit enfoncement circulaire. Il y en a un en triangle isocèle au bas du front, d'où partent, l'une à droite l'autre à gauche, deux carènes en dos d'âne, qui s'avancent obliquement en dehors dans la direction des narines jusqu'au niveau de la troisième plaque labiale supérieure. Ces carènes sont recouvertes chacune par trois plaques anguleuses, dont la seconde est un peu plus grande que la première, et la troisième du double plus étendue que la seconde. La troisième, qui est très oblongue, fait partie du demi-cercle de squames qui forment la couverture d'un bord orbitaire supérieur. Elle est suivie de cinq ou six petites scutelles qui diminuent successivement de diamètre. L'espace interoculaire ou le vertex n'offre d'autres plaques que celles qui font partie des demi-cercles supra-orbitaires. L'écaille occipitale est peu dilatée, polygone, oblongue, et entourée de petites plaques lisses, disco-hexagonales. Entre les deux carènes antéro-frontales, ou plutôt entre les deux rangées de plaques qui les recouvrent, il existe soit un seul, soit deux rangs de très petites squames hexagonales, lisses, comme d'ailleurs on en voit sur tout le reste de la surface du museau. C'est de chaque côté de l'extrémité de celui-ci que se trouvent situées les ouvertures nasales, qui ne sont séparées de la scutelle rostrale

10.

que par une seule écaille. Ces orifices externes des narines sont dirigées en arrière et un peu en haut. Sur chaque région sus-oculaire il existe un disque de cinq plaques, entouré de grains squameux; de ces plaques, trois sont hexagonales, transverses, et plus grandes que les deux autres dont la figure est trapézoïdale. La lèvre supérieure, de même que l'inférieure, est garnie de quatorze squames quadrilatères, ou pentagones oblongues. La plaque rostrale est fort élargie et carrée. Les écailles mentonnières présentent chacune cinq côtés, dont trois très grands et deux extrêmement petits. On compte de quarante-huit à cinquante dents à chaque mâchoire. Il existe un pavé d'écailles subovales, granuleuses, sur les tempes. L'oreille est de forme petite, ovale, et sa membrane tympanale un peu enfoncée dans son intérieur. Un grand fanon règne depuis l'origine de la gorge jusque sur la poitrine. Le cou et le tronc sont comprimés, légèrement tectiformes, et surmontés d'un repli de la peau dépourvu de dentelures. La queue est subquadrilatère à sa racine, et présente une forme aplatie, de droite à gauche, dans le reste de son étendue. Sa partie supérieure est garnie d'une crête faiblement dentelée en scie.

Couchés le long du tronc, les membres de devant vont toucher l'aine, et ceux de derrière, placés de la même manière, s'étendent jusqu'à l'œil. Les écailles des parties supérieure et latérales du cou, comme du tronc, sont petites, égales entre elles, non imbriquées, circulaires, et peut-être un peu convexes, particulièrement sur la région cervicale. Le dessous de la tête est garni de grains squameux ovalaires. Sur la poitrine on remarque des écailles rhomboïdales, en dos d'âne, imbriquées; le ventre est protégé par des squames qui sont également imbriquées, mais de forme hexagonale, et pourvues d'une faible carène. Autour de la queue, sont des verticilles d'écailles carénées; celles de ces écailles qui occupent la base sont carrées, tandis que les autres sont rhomboïdales. En dessous, elles sont plus oblongues et plus fortement carénées que sur les côtés.

Coloration. Une teinte grise est répandue sur les parties supérieures, tandis que les inférieures sont blanchâtres. Il y a une très grande tache circulaire noire imprimée de chaque côté du fanon. Puis il existe le long du corps deux bandes étroites de la même couleur que les taches dont nous venons de parler. Ces bandes, qui sont plusieurs fois interrompues, occupent, l'une la ligne qui conduit directement de l'épaule au-dessus de la cuisse, l'autre une étendue longitudinale comprise entre l'aisselle et l'aine.

DIMENSIONS. *Longueur totale*, 15". *Tête*. Long. 2" 3"'. *Cou*. Long. 9"'. *Corps*. Long. 4". *Memb. antér*. Long. 3". *Memb. postér*. Long. 5" 4"'. *Queue*. Long. 7" 8"'.

PATRIE. L'Anolis rayé serait originaire de la Martinique, si l'indication que porte l'un des deux échantillons de notre collection est exacte. Quant au second, nous ignorons quelle est son origine. Pourtant nous soupçonnons qu'il provient du cabinet de Séba, et qu'il a servi de modèle à l'une des figures que renferme l'ouvrage publié par cet auteur.

Observations. Dans tous les cas, cette figure est bien certainement celle d'un Anolis rayé. Laurenti l'a considérée comme représentant une Salamandre qui est inscrite dans son *Synopsis*, sous le nom de *Salamandra strumosa*. Lacépède en a fait son Lézard goîtreux, et Bonnaterre en a donné une copie dans l'Encyclopédie méthodique, où elle porte aussi le nom de Lézard goîtreux. Ce qui est réellement singulier, c'est que Daudin ne se soit pas aperçu que cette figure de Séba, qu'il a citée faussement comme étant le portrait de son Anolis roquet, représentait, au contraire, l'espèce que lui-même a décrite et figurée le premier sous le nom d'Anolis rayé, d'après le même individu qui vient de servir à la description précédente.

19. L'ANOLIS DE LA SAGRA. *Anolis Sagrei*. Cocteau.

CARACTÈRES. Tête pyramido-quadrangulaire, subéquilatérale. En avant du front, une légère cavité en triangle isocèle, bordée de chaque côté par une arête en dos d'âne, qui est la continuation de celle que présente chacun des bords orbitaires supérieurs. Ceux-ci, garnis de scutelles oblongues, formant deux demi-cercles qui se touchent sur le vertex. Bout du museau couvert de petites plaques oblongues, carénées. Narines termino-latérales. Régions sus-oculaires offrant chacune un disque de dix à quinze squames polygones. Pas de crête cervicale ni de crête dorsale. Écailles du dessus et des côtés du tronc subégales, subimbriquées, subrhomboïdales, faiblement carénées ; celles de la ligne médio-dorsale un peu plus grandes que les autres ; squames ventrales imbriquées, carénées ; queue comprimée, surmontée d'une petite carène dentelée. Dessus du corps fauve ou grisâtre, semé de points foncés. Une suite de taches triangulaires brunes de chaque côté du dos des jeunes sujets.

SYNONYMIE. *Anolis Sagrei*. Th. Coc. Hist. de l'île de Cub. par M. Ramon de la Sagra, part. Erpétol. tab. 10.

Dactyloa nebulosa. Wiegm. Herpetol. Mexican., pars 1, p. 48.

DESCRIPTION.

FORMES. L'ensemble des formes de l'Anolis de la Sagra est le même que celui de la plupart des Lézards proprement dits. Sous ce rapport, il ressemble à l'Anolis rayé. La forme de sa tête n'est pas du tout différente de celle de ce dernier. On remarque effectivement que la face supérieure en est plane, dans sa portion postérieure, et au contraire inclinée en avant dans sa partie antérieure. Celle-ci offre une cavité oblongue, bordée de chaque côté par une carène légèrement tranchante, que recouvrent quatre ou cinq plaques de même grandeur. Le reste de la surface antérieure de la tête est garni d'écailles oblongues, polygones, unicarénées, ou même bicarénées et tricarénées sur le museau. Ces écailles semblent être disposées par bandes transversales de deux ou trois chacune. Le milieu de la région occipitale présente un enfoncement circulaire. Les angles latéraux du museau sont tranchans et garnis de squames rhomboïdales, très oblongues, fort étroites, et imbriquées d'une manière oblique. Il y a sur chaque région sus-oculaire un disque composé de dix à quinze plaques offrant plusieurs côtés ; mais il n'en occupe pas toute la surface, car une certaine partie, la plus voisine de la marge externe, est granuleuse. Les squames des bords sus-orbitaires, qui sont fortement carénées chez les adultes, forment deux demi-cercles, dont les points les plus arqués se touchent sur le vertex.

Les narines, qui sont petites et arrondies, se trouvent placées sur les côtés du museau, fort près de son extrémité. Elles s'ouvrent chacune vers le haut d'une écaille qui, en bas, touche à la première labiale. Par le haut cette écaille est contiguë à une petite squame oblongue ; devant elle, elle a une plaque alongée, irrégulièrement triangulaire, et derrière on voit des grains squameux oblongs, assez fins.

Le bord des paupières est garni de deux rangs de petites plaques ; celles du premier sont carrées et plates, celles du second
sont tuberculeuses. Les squames qui revêtent, de l'un et de l'autre
côté, la surface triangulaire comprise entre le bout du nez et
l'œil, sont carénées et à plusieurs pans. La plaque occipitale est
ovale et environnée de petites écailles disco-polygones, bombées
et carénées. Les tempes sont granuleuses. Sept squames quadrilatères oblongues sont appliquées contre chacun des côtés des lèvres. On remarque une double série de plaques rhomboïdales, à
surface lisse, le long de la face externe des branches sous-maxillaires. L'écaille rostrale, qui a deux fois plus de largeur que de
hauteur, présente quatre côtés, dont les deux latéraux sont obliques. Les scutelles mentonnières ont une forme triangulaire.

Le cou est gros; la peau de sa face inférieure tombe en un fanon qui se prolonge un peu sur la poitrine. Le tronc, dont le
dessus est arrondi et dépourvu de crête, se montre légèrement
comprimé. Ce n'est guère que chez les individus adultes que l'on
voit un faible repli cutané le long de l'épine dorsale.

Placés sur les côtés du tronc, les membres antérieurs touchent à
l'aine par leur extrémité terminale ; et ceux de derrière, mis de
la même manière, s'étendent jusqu'à l'œil.

La queue a une longueur double de celle du reste du corps.
La partie supérieure en est tranchante et surmontée d'une très
petite crête, composée d'écailles triangulaires à sommet pointu.

Les parties supérieures du corps sont revêtues de petites squames hexagonales, subcarénées et excessivement peu imbriquées,
si toutefois elles le sont réellement. Parmi elles, il y en a quelques-unes qui, outre qu'elles sont un peu moins petites que les
autres, affectent une forme circulaire : ce sont celles qui constituent les deux séries de la ligne médiane et longitudinale du dos.
Ces écailles du dessus et des côtés du tronc, examinées sans le secours de la loupe, paraissent granuleuses, particulièrement chez
les jeunes sujets. La gorge est garnie de squames subovales, imbriquées, à surface convexe, et très faiblement carénée. La poitrine
et le ventre en offrent qui ressemblent à des losanges à angles
obtus, et qui sont pourvues de carènes bien prononcées. Il y en a
d'à peu près semblables sur la face supérieure des membres. Les
fesses offrent des granulations squameuses. Les écailles de la queue
sont rhomboïdales, imbriquées et très carénées, principalement
en dessous, où elles se montrent aussi plus grandes que sur les

côtés. Le dessus des doigts présente des scutelles tricarénées ; leurs faces latérales offrent des squames à une seule arête ; et leur face inférieure des écailles lisses.

COLORATION. Les jeunes Anolis de cette espèce se font remarquer par le mode de coloration de leur dos qui , sur un fond fauve très clair, présente une suite de grands rhombes d'un fauve foncé ; puis, de chaque côté de cette suite de rhombes, une bande noire, découpée en dents de scie. Le dessus de la queue offre souvent un dessin semblable ; mais avec l'âge il le perd., de même que le dos ; c'est même à peine si l'on en découvre la trace chez un grand nombre de sujets adultes. Parmi ceux-ci , il y en a dont les parties supérieures sont colorées en brun marron ; d'autres, chez lesquelles elles sont grisâtres ou bien d'un fauve doré. On en rencontre qui sont uniformément blonds , lorsque les parties latérales de leur corps ne laissent pas apercevoir un plus ou moins grand nombre de petites taches noires. En général , les régions inférieures sont fauves ou d'un blanc grisâtre.

DIMENSIONS. *Longueur totale* , 17" 4'''. *Tête*. Long. 1" 5'''. *Cou*. Long. 7'''. *Corps*. Long. 3" 2'''. *Memb. antér*. Long. 2" 6'''. *Memb. postér*. Long. 4" 5'''. *Queue*. Long. 12".

PATRIE. Cet Anolis habite l'île de Cuba , d'où nous en possé_dons des individus qui ont été recueillis , les uns par M. Ricord , les autres par M. Ramon de la Sagra , auquel on a dédié l'espèce. Il se trouverait également au Mexique , si, comme nous le soupçonnons , le *Dactyloa nebulosa* de Wiegmann n'en était pas différent.

20. L'ANOLIS DE LEACH. *Anolis Leachii*. Nobis.

CARACTÈRES. Tête assez alongée, déprimée , présentant deux carènes longitudinales en avant des yeux. Côtés postérieurs de la mâchoire inférieure renflés ; demi-cercles squameux des bords orbitaires supérieurs , séparés l'un de l'autre, sur le vertex, par une série de petites écailles. Une cavité frontale oblongue, garnie de plaques polygones unies, plus grandes que celles du museau. Scutelle occipitale circulaire , peu dilatée , entourée de petites écailles. Sur chaque région sus-oculaire un disque de neuf à onze petites plaques anguleuses presque égales; un fanon médiocre. Sur le cou et le dos, un pli de la peau denticulé ; écailles de dessus et des côtés du tronc , non imbriquées , en dos d'âne. Squames ventrales lisses, entuilées. Queue surmontée d'une carène en dents de scie, d'inégale hauteur. Des vermiculations sur un fond brun fauve, ou sur un fond grisâtre ; une tache noirâtre sous l'aisselle ; une autre blanchâtre au devant de l'épaule.

SYNONYMIE. *Lacerta bimaculata*. Sparm. Nov. act. Stock. tom. 5, 3ᵉ trim. pag. 169, tab. 4, fig. 1.

Lacerta bimaculata. Gmel. Syst. Nat. Linn. pag. 1059.

Anolis bimaculatus. Merr. Syst. amph. pag. 45, exclus. synon. *Iguana bimaculata*. Latr. *Anolis bimaculatus*. Daud. et fig. 4 et 5, tab. 87, tom. 1, Séb. (*Anolis Alligator*), et le petit Anolis à crête (*Anolis cristatellus*).

DESCRIPTION.

FORMES. Ce que la tête de l'Anolis de Leach offre de plus caractéristique, c'est le renflement très prononcé des parties latérales et postérieures de la mâchoire inférieure ; car cette particularité, que présentent beaucoup d'Agames, certains Galéotes, un Istiure et quelques Lophyres, n'existe chez aucune autre espèce d'Anolis connus. Cette tête dont le diamètre vertical, en arrière, est d'un tiers moindre que le transversal, n'a pas tout-à-fait une fois plus d'étendue longitudinale qu'elle n'offre de largeur au niveau des oreilles ; sa face supérieure présente un seul et même plan incliné en avant. Les régions sus-oculaires sont un peu bombées. Au milieu de la partie postérieure du crâne, se fait remarquer un enfoncement, au fond duquel se trouve placée la plaque occipitale, dont la figure est ovalo-circulaire, la surface lisse et le diamètre médiocre.

Le front donne naissance à deux arêtes en dos d'âne, qui s'avancent sur le dessus du museau, dans la direction des narines, et en s'écartant par conséquent un peu l'une de l'autre pour aller se terminer au niveau de la troisième plaque labiale supérieure ; l'espace qui se trouve entre elles deux est légèrement creux. Le dessus du bout du museau présente un petit renflement longitudinal, derrière lequel sont deux courtes carènes arrondies, formant un angle aigu dont le sommet est dirigé en avant. Le dessus et les bords de la partie antérieure de la tête sur la ligne qui conduit directement, de chaque côté d'une narine, au bord maxillaire, forment des angles tranchants.

On compte, dans une série qui commence à l'extrémité anté-

rieure d'une des carènes pré-frontales, et qui finit à l'extrémité postérieure du bord supra-orbitaire, neuf ou dix squames
polygones et nécessairement en dos d'âne, puisque telle est la
forme de la partie osseuse qu'elles recouvrent. Les quatre ou
cinq dernières de ces squames sont les plus petites de la série. En
comparant le degré de développement des autres avec le leur,
on s'aperçoit que le diamètre de la quatrième et de la cinquième,
est seulement un peu plus grand ; que celui de la première,
comme celui de la seconde, est double ; et que la troisième,
qui est oblongue, a deux fois plus d'étendue. Les autres plaques
du dessus de la partie antérieure de la tête ont également plusieurs côtés, et ne sont pas carénées. Celles qu'on voit tout-à-fait
sur le bout du museau sont plus petites que celles du front. Chaque région sus-oculaire présente un disque entouré d'écailles granuleuses, qui se compose de dix à quinze petites scutelles irrégulièrement hexagonales ; scutelles qui semblent être disposées sur
deux ou trois rangs demi-circulaires. La surface occipitale, sur
les côtés et en arrière de la plaque qui en emprunte le nom,
est couverte de très petites écailles bombées, offrant plusieurs
pans.

Les narines sont deux petites ouvertures latérales qui ont l'air
d'être pratiquées, l'une à droite l'autre à gauche de l'extrémité
du museau, sous une petite voûte couverte de deux séries de
squamelles subhexagonales, étroites et cintrées. Ces ouvertures
nasales sont un peu dirigées en arrière ; la plaque rostrale est
deux fois moins haute qu'elle n'est large. Les écailles mentonnières sont fort grandes, offrant, malgré leurs quatre côtés, une
figure subtriangulaire. Les lèvres portent chacune neuf paires de
scutelles quadrilatères oblongues. Chaque mâchoire est armée
d'une soixantaine de dents, dont les dix-huit dernières environ,
de chaque côté, présentent un aplatissement de dedans au dehors et un sommet trilobé. La membrane tympanale se trouve
tendue en dedans du trou de l'oreille, dont l'ouverture est petite
et ovalo-triangulaire. L'Anolis de Leach a un fanon qui n'est pas
très développé, bien qu'il s'étende depuis la gorge jusque sur la
poitrine.

Le cou et le dos sont légèrement tectiformes et surmontés d'un
petit pli, qui néanmoins est plus prononcé sur le premier que
sur le second ; ce pli est garni de deux rangs d'écailles rhomboïdales en dos d'âne, qui simulent une espèce de petite crête. Les

proportions des membres sont les mêmes que dans l'espèce précédente ; la queue a moitié plus de longueur que le reste du corps. Comme elle est assez fortement comprimée , sa partie supérieure présente un tranchant bien prononcé, qui est surmonté, dans toute son étendue , d'une crête composée d'écailles en dents de scie ; parmi ces écailles on en remarque , de distance en distance, de plus élevées que les autres. Les tempes ont pour écaillure un pavé de squames ovales ou circulaires , égales , lisses , et comme un peu bombées ; des écailles épaisses , subimbriquées et à surface unie , garnissent le dessous de la tête. Sur la poitrine sont des scutelles subrhomboïdales , oblongues , lisses , imbriquées et un peu plus dilatées que celles de forme ovalo-hexagonale, qui protégent la première moitié du ventre ; la seconde moitié de la région abdominale en offre dont la figure est presque carrée. Les écailles des flancs sont plus petites que celles des côtés du cou et du dos ; mais les unes et les autres ressemblent à de petits tubercules en dos d'âne , disposés en pavé. Des squamelles en losanges , carénées et imbriquées revêtent la face supérieure des membres. Le devant des cuisses présente de grandes squames transversohexagones, à peine carénées ; il y a de petites écailles rhomboïdales, entuilées et à carènes, sur le dessus des jambes. La face supérieure des régions fémorales offre une écaillure qui n'est pas différente de celle du dos ; de fines granulations squameuses adhèrent à la peau des fesses. Le dessous des quatre pattes est revêtu d'écailles subrhomboïdales , lisses et imbriquées.

Sur les côtés de la queue sont des squamelles rhomboïdales , imbriquées , pourvues chacune d'une arête qui forme une pointe en arrière ; de distance en distance il en existe un rang transversal qui sont plus grandes que les autres. La région sous-caudale offre de grandes scutelles quadrilatères, oblongues, rétrécies postérieurement et surmontées d'une très forte carène ; immédiatement derrière l'anus se trouve une paire d'écailles subovales, lisses, très dilatées.

COLORATION. Nous possédons deux individus de cette espèce , dont un est complétement décoloré ; le second offre des vermiculations d'un brun roussâtre sur la tête et le cou, qui sont teints de gris-roux , ainsi que sur le dos , dont le fond présente un gris verdâtre. Les faces supérieures des membres et de la queue sont roussâtres, faiblement marquées de quelques taches brunes. Le dessous du bras, ou plutôt l'aisselle, est noirâtre, et on voit sur le devant de l'épaule une espèce de petite bande grise ou blanchâtre, offrant une teinte foncée sur ses bords. Les régions inférieures sont d'un blanc sale.

DIMENSIONS. *Longueur totale,* 27" 7'". *Tête.* Long. 3" 5'". *Cou.* Long. 7" 3'". *Corps.* Long. 6". *Memb. antér.* Long. 4" 2'". *Memb. postér.* Long. 6" 8'". *Queue.* Long. 17" 5'".

PATRIE. Cette espèce d'Anolis se trouve aux Antilles ; mais nous ne savons pas précisément dans quelle île. Peut-être même en habite-t-elle plusieurs.

Observations. Nous ne croyons pas nous tromper en considérant le Lézard bimaculé de Sparmann comme appartenant à la même espèce que notre Anolis de Leach ; car la figure publiée par cet auteur hollandais est le portrait exact des individus que nous venons de décrire, à cela près cependant que la dentelure dorsale y est rendue d'une manière plus prononcée qu'elle ne l'est réellement chez ceux-ci. Mais, quant à l'habitude du corps, elle est absolument la même. La forme de la tête, en particulier, est parfaitement rendue. On distingue très bien le renflement que présente, de chaque côté, la partie postérieure de la mâchoire inférieure ; renflement qui est un des caractères spécifiques de l'Anolis de Leach. La description qui accompagne cette figure, convient également bien à notre espèce, moins toutefois le mode de coloration, qui est un peu différent. Cependant nous retrouvons devant chaque épaule une tache, telle que Sparmann annonce qu'il en existe une, mais sans désigner quelle en est la couleur. C'est donc à tort que Daudin et d'autres erpétologistes, en reproduisant la description de Sparmann, ont fait dire à cet auteur que la tache de l'épaule de son Lézard était noire. C'est le dessous du bras ou l'aisselle qui est de couleur noire ; mais la tache qu'on remarque devant l'épaule est blanchâtre, au moins dans nos individus.

L'Anolis que Daudin a regardé comme étant le même que le Lézard bimaculé de Sparmann, se trouve être notre *Anolis alligator.*

21. L'ANOLIS A ÉCHARPE. *Anolis equestris.* Merrem.

CARACTÈRES. Surface de la tête extrêmement rugueuse. Oreilles petites, comme canaliculées. Un grand fanon jaunâtre ou blanchâtre ; une simple crête dentelée sur le cou, le dos et la queue : celle-ci très comprimée. Écailles du dessus et des côtés du tronc plates, lisses, non imbriquées, tenant de l'ovale et du carré. Squames ventrales entuilées, dépourvues de carènes; parties supérieures, le plus souvent bleues ou vertes ; une bande oblique, blanchâtre au-dessus de l'épaule.

SYNONYMIE. *Lacertus major é viridi-cinereus dorso cristâ breviori donato. Hans Sloane.* Hist. nat. Jam. tom. 2, pag. 333, tab. 273, fig. 2.

Le grand Lézard vert cendré, à dos légèrement crété. Daud. Hist. rept. tom. 4, pag. 62.

Le grand Anolis à écharpe. **Cuv.** Règ. anim. tom. 2, 2ᵉ édit. pag. 49, tab. 5, fig. 2.

Anolis equestris. Merr. Syst. amph. pag. 45.

Anolis rhodolœmus. Bell, Zool. Journ. tom. 3, pag. 235, tab. Supplém. n° 20.

Anolis equestris. Pidg. and Griff. Anim. kind. tom. 9, pag. 138, tab. sans num. fig. 2.

Anolis equestris. Gray, Synops, Rept. in Griffith's anim. kingd. tom. 9, pag. 46.

DESCRIPTION.

FORMES. Sous le rapport de la forme, la tête ressemble à une pyramide à quatre faces, ayant une longueur totale double de sa largeur à la base. Sa face supérieure, qui offre un plan incliné en avant, est extrêmement inégale, attendu que les os du crâne eux-mêmes sont comme excoriés sur certaines régions, creusés d'anfractuosités sur d'autres, ou bien relevés de tubérosités en quelques endroits. Il n'y a que le bout du museau et les régions sus-oculaires qui présentent une surface unie, et sur lesquelles on distingue des écailles : celles-ci sont petites, égales, lisses, disco-pentagones ou hexagones. L'angle qui existe de chaque côté du museau, c'est-à-dire celui que produit le dessus de la partie antérieure de la tête et l'une de ses faces latérales, est surmonté dans toute son étendue de grosses tubérosités coniques, striées de haut en bas. Ces tubérosités s'avancent même un peu sur le bord surciliaire, dont le milieu est souvent simple, mais dont l'extrémité postérieure est toujours hérissée de tubercules polyèdres, formant plusieurs rangs qui descendent jusque près de la tempe, où ils forment une masse oblongue.

Le bord orbitaire supérieur, celui qui ceint la marge interne de la région sus-oculaire, forme des lamelles verticales qui rappellent en quelque sorte la conformation de certains Madrépores ; d'autres lamelles osseuses, semblables à celles-ci, mais moins développées, existent sur le vertex et sur la région moyenne de l'occiput. Le bord postérieur de celui-ci offre un triple et même un quadruple rang de tubercules osseux, pointus, si serrés les uns contre les autres, qu'ils constituent une masse compacte. La partie du dessus de la tête, comprise entre le front et le niveau des narines, présente des tubercules polyèdres, moins forts que les tubérosités qui garnissent les angles latéraux du museau, mais plus développés que tous ceux qui peuvent exister sur les autres régions céphaliques.

Les ouvertures externes des narines sont petites et pratiquées, l'une à droite, l'autre à gauche du museau, dans une plaque qui touche à la première des neuf ou dix écailles labiales qui garnissent un des côtés de la lèvre supérieure. On compte également une vingtaine de plaques labiales inférieures, dont la forme, comme celle des supérieures, est quadrilatère oblongue. La squame rostrale leur ressemble par le nombre de ses côtés et par son peu de hauteur ; mais elle a beaucoup plus d'étendue longitudinale. Les deux scutelles mentonnières présentent un assez grand développement ; elles se composent de deux petits et de deux grands côtés rectilignes, et d'un cinquième, qui est de moyenne étendue et arqué en dedans.

Chaque mâchoire porte une soixantaine de dents, dont les douze ou treize premières de chaque côté sont assez petites et subconiques ; tandis que les autres sont fortes, comprimées et à sommet tricuspide. La membrane tympanale se trouve un peu enfoncée dans le conduit auditif, qui a l'air d'être percé obliquement d'arrière en avant, et dont l'ouverture est assez petite. Le cou est comprimé. La coupe transversale du tronc donnerait la figure d'un triangle isocèle : c'est-à-dire que le dos est tectiforme. On observe que, depuis la nuque jusque sur les reins, la peau

forme un pli assez élevé en commençant, et au contraire fort
bas en arrière, mais découpé dans toute sa longueur en dents
de scie un peu effilées et droites. Cette espèce de crête molle est
continuée jusque sur le milieu de la queue par une autre crête
que composent des écailles en dents de scie, basses, épaisses, et
couchées en arrière.

Lorsqu'on les étend le long du corps, les membres de devant
n'atteignent pas jusqu'à l'aine, mais ceux de derrière touchent
à l'œil par leur extrémité terminale. La queue a en longueur le
double de celle de l'animal. Elle est comprimée depuis sa racine
jusqu'à sa pointe ; mais dans sa partie supérieure elle n'est tranchante que dans les deux premiers tiers de son étendue.

L'Anolis à écharpe présente un très grand fanon triangulairement arrondi à sa partie inférieure. Ce fanon, qui prend naissance un peu en arrière du menton, ne se termine qu'à l'origine de la région abdominale. Il n'offre aucune espèce de dentelures. On voit la peau du dessus de l'épaule former un pli oblique qui se prolonge en arrière de celle-ci. La nuque et les côtés
du cou ont leur surface semée de grains squameux, ovales. Des
écailles bombées, les unes carrées, les autres rhomboïdales, constituent des séries longitudinales sur la face inférieure de la tête
et du cou, mais non sur le fanon, dont le bord libre est seul garni
d'écailles : écailles qui sont petites, lisses, imbriquées, pentagonales ou hexagonales, mais affectant, dans l'un ou l'autre cas,
une figure carrée. Les épaules et les régions voisines de la crête
dorsale sont revêtues de squames ovales, à surface convexe, placées à de grands intervalles les unes des autres. L'écaillure des
parties latérales du tronc se compose de pièces rondes ou ovales,
plates, lisses, disposées en damier. Sur les régions abdominales
il existe, pour les protéger, des bandes transversales de squamelles
carrées, subimbriquées et lisses, ayant un diamètre plus petit
que les écailles des côtés du corps. Le dessus des bras et des jambes
est couvert d'écailles lisses, rhomboïdales, non imbriquées. Le
devant des cuisses et la face supérieure des avant-bras en offrent
d'ovales, de rhomboïdales et d'hexagonales, mais qui sont également lisses et disposées en pavé. Des squames ovales, lisses et non
imbriquées garnissent les fesses.

Les régions inférieures des membres ont pour écaillure des
pièces ovales ou circulaires, légèrement convexes et imbriquées.
Des écailles carrées, lisses, serrées les unes contre les autres, for-

ment des bandes verticales sur les côtés de la première moitié de
la queue ; tandis que sur la seconde moitié on en voit d'un peu
oblongues, ayant un ou deux pans de plus et une légère carène.
Le dessous du prolongement caudal se trouve protégé par deux
séries longitudinales de scutelles quadrilatères, oblongues, carénées.

Coloration. La plupart des individus appartenant à cette espèce, que nous avons été dans le cas d'observer, ont le dessus du
tronc, les côtés du cou, la face supérieure des membres et les
parties latérales de la queue, d'un beau vert pré. Cette couleur
règne aussi sur l'occiput, sur les régions sus-oculaires, sur le
front, sur le bout du museau et sur les tempes. Les autres parties de la tête sont jaunâtres. La nuque est peinte en vert noir,
couleur qui forme une grande tache de chaque côté du tronc,
vers sa partie moyenne. Le fanon offre une teinte carnée. Parfois
la tempe est marquée d'une tache noire, mais il existe toujours
au-dessus de l'épaule une bande oblique de couleur claire, fort
souvent liserée de noir. Cette bande, qui se prolonge ordinairement jusqu'au milieu de la partie latérale du tronc, est tantôt
d'un vert moins foncé que celui qui colore le dessus du corps,
tantôt d'une teinte soit jaunâtre, soit blanchâtre ou bien orangée.
Chez certains Anolis à écharpe les parties, que nous avons dit
être vertes dans ceux dont nous venons de parler, présentent une
teinte bleuâtre tirant sur le vert de gris. Parmi ceux-là il y en a
qui ont le bout du museau roussâtre, le dessus et les côtés de la
tête noirâtres, et une tache ovalaire d'un brun foncé sur le milieu
de chaque flanc. Leurs régions supérieures sont souvent semées
d'un très grand nombre de petits points de couleur de chair.
D'autres Anolis à écharpe offrent une teinte brune, à reflets verts,
sur la presque totalité du dessus de leur corps. Leurs membres
et leur queue sont coupés transversalement par des bandes roussâtres.

Dans tous les sujets que nous avons examinés, nous avons vu
les régions inférieures colorées en blanc jaunâtre ou verdâtre,
et la paume de leurs mains ainsi que la plante de leurs pieds
lavées de roussâtre.

Dimensions. *Longueur totale*, 45" 1'''. *Tête*. Long. 5". *Cou*.
Long. 1" 5'''. *Corps*. Long. 9" 6''', *Memb. antér*. Long. 5" 7'''.
Memb. postér. Long. 10". *Queue*. Long. 29".

Patrie. L'Anolis à écharpe est originaire des grandes Antilles.

Les échantillons que renferme la collection du Muséum ont été recueillis dans l'île de Cuba par M. Poey et par M. Ramon de la Sagra. On sait qu'il se trouve aussi à la Jamaïque, car il est bien évident que la figure donnée par Hans Sloane, tom. 2, planche 273, n° 2 de son ouvrage sur l'histoire naturelle de cette île, représente un Anolis à écharpe.

Observations. M. Thomas Bell a fait représenter cette espèce sous le nom d'*Anolis rhodolæmus* dans le troisième volume du Journal zoologique.

22. L'ANOLIS D'EDWARDS. *Anolis Edwardsii.* Merrem.

Caractères. Tête alongée, déprimée, dont le contour tient de l'ovale et du triangle, à surface supérieure plane, couverte de petites plaques presque égales, légèrement carénées et à plusieurs pans. Celles des bords orbitaires supérieurs à peine un peu plus dilatées que les autres. Sur chaque région sus-oculaire, un disque de cinq ou six petites plaques hexagonales, carénées. Écailles du dessus et des côtés du tronc non imbriquées, petites, serrées, granuloso-coniques. Squames ventrales lisses, imbriquées. Queue comprimée, tranchante, surmontée dans toute sa longueur, ainsi que le cou et le dos, d'une petite crête dentelée en scie. Parties supérieures bleuâtres; des bandes brunes obliques sur les flancs.

Synonymie. *Le Lézard bleu.* Edw. Glan. d'Hist. natur. tom. 1, pag. 74, tab. 245, fig. 2.

Anolis Edwardsii. Merr. Syst. amph. pag. 45.

Anolis Edwardsii. Pidg. and Griff. anim. Kingd. Cuv. tom. 9, pag. 228, tab. sans n°.

Anolis Edwardsii. Gray, Synops. Rept. in Griffith's anim. Kingd. tom. 9, pag. 46.

DESCRIPTION.

Formes. La tête de l'Anolis d'Edwards offre une longueur totale double de sa largeur en arrière. Elle est un peu déprimée. Sa face supérieure, à partir du front jusqu'au bout du nez, présente un plan incliné en avant. On observe que la région antéro-frontale forme un très léger enfoncement oblong; que le bout du museau est un peu renflé, et qu'il existe sur la région moyenne de ce dernier un angle aigu produit par deux très faibles carènes arrondies. La partie postérieure du dessus de la tête

REPTILES, IV.   11

est horizontale, légèrement concave au milieu ; mais l'espace inter-orbitaire est faiblement arqué d'arrière en avant.

La plaque occipitale, petite et subovale, se trouve entourée d'écailles ovalo - polygones, relevées en petits cônes ; chaque région sus-oculaire supporte un disque de huit ou neuf squames subhexagonales, carénées, qui semblent former trois séries longitudinales. La surface de la partie antérieure de la tête est couverte d'un pavé de petites plaques presque égales, hexagones et légèrement carénées. Il y en a deux séries absolument semblables sur le vertex ; là elles séparent les deux demi-cercles de squames des bords orbitaires supérieurs. Ces squames, au nombre de neuf ou dix pour chaque demi-cercle, sont subhexagones, un peu en dos d'âne, et toutes à peu près de même grandeur. Les narines sont deux petites ouvertures circulaires, dirigées en arrière, situées de chaque côté de l'extrémité du museau, sous une espèce de petite voûte recouverte par deux paires de plaques oblongues, étroites, carénées et arquées d'avant en arrière. Les angles latéraux de la partie antérieure de la tête sont tranchans et garnis de squamelles en dos d'âne, hexagonales et imbriquées. L'écaille rostrale ressemble à un quadrilatère oblong ; c'est aussi la figure des plaques labiales, qui sont au nombre de quatorze ou seize, autour de chaque mâchoire. Les scutelles mentonnières ont chacune cinq côtés, dont deux très grands, deux très petits, et un cinquième qui est aussi assez grand, mais qui diffère des quatre autres, en ce qu'il est arqué en dedans, au lieu d'être rectiligne.

La mâchoire supérieure, de même que l'inférieure, a son bord interne garni de cinquante ou cinquante-deux dents, parmi lesquelles les quatorze ou quinze dernières de chaque côté, sont tricuspides et comprimées.

L'oreille est peu ouverte, et ovalo-circulaire ; la membrane du tympan se trouve un peu enfoncée dans son intérieur.

Il règne, depuis la gorge jusque sur la poitrine, un grand fanon complétement dépourvu de dentelures ; le cou est légèrement comprimé, et le tronc un peu plus large que haut. Le dos penche légèrement à droite et à gauche de son sommet ; la queue, assez fortement aplatie latéralement, a la première moitié de son étendue surmontée d'une crête, qui n'est qu'un prolongement de celle du cou et du dos. Cette crête, à peu près de même hauteur depuis un bout jusqu'à l'autre , se compose d'écailles en dents de scie, ayant leurs pointes un peu arrondies.

La longueur des pattes de devant est la même que celle qui existe entre l'aine et l'épaule ; les membres postérieurs ont une étendue égale à celle que présente le corps, mesuré depuis l'œil jusqu'à la racine de la cuisse. La queue fait plus des deux tiers de la longueur totale de l'animal.

Les tempes , les faces supérieure et latérales du cou , le dos et les flancs , sont revêtus de petits grains squameux coniques, non imbriqués. Le dessous de la tête est garni d'écailles ovales , en dos d'âne , disposées en pavé. Des squames lisses, imbriquées, et réellement hexagones , bien qu'elles semblent être carrées, revêtent la poitrine et les régions abdominales. La face supérieure des quatre pattes offre une écaillure composée de pièces rhomboïdales, carénées et imbriquées ; tandis que leur face inférieure présente des grains ovales ou rhomboïdaux , les uns simplement convexes et non imbriqués, les autres en dos d'âne , et un peu entuilés.

A la peau des fesses adhèrent des granulations squameuses, semblables à celles du dos. Les parties latérales de la queue sont revêtues d'écailles subhexagonales carénées, et faiblement imbriquées, parmi lesquelles on en remarque, de distance en distance, quelques-unes plus développées que les autres , disposées par séries verticales. Sous la queue, il y a trois rangs de scutelles carénées, quadrilatères , oblongues , rétrécies en arrière.

COLORATION. Une teinte bleuâtre est répandue sur le dessus du corps de l'Anolis d'Edwards. La surface de la tête est verte , présentant deux grandes taches ovales , de couleur bleue, sur sa région frontale antérieure. Sur le tronc, on observe une suite de six ou sept grands chevrons d'un noir-bleu, ayant leur sommet tourné du côté de la tête. La crête qui surmonte la partie médiane et longitudinale du corps offre , ainsi que toutes les régions inférieures de l'animal , une couleur qui approche de celle du vert de gris.

DIMENSIONS. *Longueur totale*, 26" 3'". *Tête*. Long. 2" 7'". *Cou*. Long. 9". *Corps*. Long. 4" 7'". *Memb. antér*. Long. 3" 5'". *Memb. postér*. Long. 6". *Queue*. Long. 18".

PATRIE. Cette espèce d'Anolis se trouve à Cayenne. C'est du moins de ce pays que M. Bell nous a assuré avoir reçu l'individu , ie seul que nous ayons encore observé, qu'il a bien voulu nous donner pour le Muséum d'histoire naturelle.

Observations. On trouve, dans les Glanures d'Edwards, une figure très reconnaissable de l'Anolis que nous venons de décrire. C'est Merrem qui a su le premier reconnaître qu'elle représentait une espèce différente de celles que l'on avait jusque-là décrites dans les ouvrages d'erpétologie. Depuis elle a été représentée dans une des planches qui accompagnent la traduction anglaise du Règne animal de Cuvier, par Pidgeon et Griffith.

23. LE GRAND ANOLIS A CRÈTE. *Anolis velifer.* Cuvier.

CARACTÈRES. Tête de forme pyramidale à quatre pans égaux, à face supérieure triangulaire, revêtue en avant de plaques hexagones non renflées, mais hérissées d'aspérités. Celles des bords orbitaires supérieurs, de même grandeur que les autres; sur chaque région sus oculaire, un rang longitudinal de grains squameux, et deux de plaques hexagones, carénées. Entre l'occiput et le vertex, un grand enfoncement rhomboïde un peu rugueux, précédé d'une autre cavité oblongue également rugueuse, qui se prolonge jusqu'au niveau des narines en un sillon lisse, de chaque côté duquel il existe une gouttière raboteuse. Bords surciliaires, relevés en petites crètes; sur le museau, derrière la rostrale, deux rangs chacun de six ou sept petites plaques égales, renflées, à peu près carrées. Un très grand fanon. Dos tranchant, surmonté, ainsi que le cou, d'une arête dentelée. Queue très comprimée, offrant sur sa moitié antérieure une crète élevée, soutenue dans son épaisseur par des rayons osseux. Écailles du dessus et des côtés du tronc, ovales, carénées, non imbriquées. Squames ventrales, de même diamètre que celles du dos, entuilées, à surface lisse, un peu bombée. Dessus du corps bleuâtre; une tache noire de chaque côté.

SYNONYMIE. *Le grand Anolis à crète.* Cuv. Règ. anim. tom. 2, 1re édit. pag. 42, tab. 5, fig. 1; et 2e édit. pag. 49, tab. 5, fig. 1.

Anolis Cuvieri. Merr. Syst. amph. pag. 45.

Xiphosurus Cuvieri. Fitzing. Verzeich. zoologisch. Mus. Wien. pag. 48.

Anolis velifer. Guer. Icon. Règn. anim. Cuv. tab. 12, fig. 1.

Dactyloa Cuvieri. Wagl. Syst. amph. pag. 148.

Anolis velifer. Pidg. and Griff. anim. kingd. Cuv. tom. 9 , pag. 138 , tab. sans n° fig. 1.

Anolis velifer. Gray, Synops. Rept. in Griffith's , anim. kingd. tom. 9, pag. 46.

DESCRIPTION.

FORMES. La tête du grand Anolis à crête n'est pas tout-à-fait une fois plus longue qu'elle n'est large en arrière ; elle ressemble à une pyramide à quatre côtés à peu près égaux. Son extrémité libre est obtuse et arrondie ; on y remarque de chaque côté les ouvertures nasales, qui sont circulaires, dirigées latéralement et pratiquées dans une plaque qu'une écaille subhexagonale empêche de s'articuler avec la scutelle rostrale.

Les angles latéro-supérieurs de la partie antérieure de la tête sont tranchans ; les bords surciliaires s'élèvent en une petite crête arquée , composée de sept ou huit écailles hexagonales , fort alongées et en dos d'âne. La portion de la surface de la tête , comprise entre la pointe de l'occiput et le front , présente un léger enfoncement , ayant la figure d'un grand rhombe ouvert en avant ; cet enfoncement est précédé d'une cavité subrhomboïdale , qui se prolonge sur le museau , jusqu'au niveau des narines, en un sillon étroit , de chaque côté duquel il existe une gouttière. Le bout du museau est garni de quatre ou cinq rangées transversales de petites plaques anguleuses, bombées : celles de ces plaques qui composent la première rangée sont carrées et au nombre de sept ou huit ; mais celles des suivantes sont hexagonales, faiblement carénées, et de quatre ou cinq pour chacune. La forme hexagonale est, au reste, celle que présentent toutes les autres plaques céphaliques, qui pour la plupart sont rugueuses, et fortement adhérentes aux os du crâne. On voit, sur les régions sus-oculaires, deux ou trois séries longitudinales de petits tubercules squameux, et deux rangs d'écailles hexagonales, surmontés de carènes. La squame rostrale est quadrilatère et très étendue en travers ; les scutelles du menton ont un de leurs cinq côtés arqué en dedans. Les plaques labiales, proprement dites, sont pentagones, oblongues, et au nombre d'une vingtaine, autour de chaque mâchoire. La partie des côtés de la tête, qui est comprise entre le bout du nez et l'œil, offre cinq rangées longitudinales de squames subhexagonales, faiblement carénées.

La membrane tympanale est tendue en dedans des trous auriculaires, dont l'ouverture est assez grande et vertico-ovale.

Le fanon est bien développé et de forme triangulaire, avec son angle inférieur arrondi ; il s'étend depuis la gorge jusqu'à la partie antérieure de la région abdominale. Le cou et le tronc ont plus de hauteur que de largeur ; tous deux sont surmontés d'une petite crête molle, découpée en dents de scie. Le dos est fortement abaissé de chaque côté de son sommet.

Les pattes de devant, lorsqu'on les place le long du corps, s'étendent jusqu'à l'aine ; et celles de derrière jusqu'à l'angle de la bouche.

La queue fait environ les deux tiers de la longueur totale de l'animal ; elle est fortement aplatie de droite à gauche. Les apophyses supérieures des treize ou quatorze premières vertèbres, s'élèvent de manière à donner à la partie antérieure de son étendue une hauteur double de celle qu'elle offrirait. Ces longues apophyses ne sont recouvertes que d'une peau mince, au travers de laquelle on les voit comme les rayons dans l'épaisseur des nageoires des poissons. Le dessus du reste du prolongement caudal est arrondi et complétement dépourvu de crête.

Les tempes sont revêtues d'un pavé d'écailles disco-polygones, légèrement carénées. Des tubercules coniques, dont la base est environnée de granulations, garnissent les parties supérieure et latérales du cou. Le dessus et les côtés du tronc offrent des squames ovalo-hexagones, non imbriquées, surmontées d'une faible carène, et entourées d'un cercle d'écailles granuleuses, fort petites. On voit sur la face inférieure de la tête des séries longitudinales de petits tubercules subhexagonaux, en dos d'âne. Le fanon est presque nu, car il ne présente de chaque côté que quelques lignes de petites écailles ovalo-rhomboïdales, faiblement carénées. L'épaisseur de son bord libre est garni de tubercules semblables à ceux du dessous de la tête. Des squames carrées, lisses, ayant leurs angles arrondis, forment des bandes transversales sous le ventre. Les membres ont leur face supérieure couverte d'écailles en losange, un peu imbriquées, et relevées de carènes. Le dessous des bras laisse voir des squamelles subovales, à surface bombée ; il y en a de subhexagonales, aplaties et lisses sur la région inférieure des avant-bras ; de disco-hexagonales, petites et convexes sous les cuisses ; et de rhomboïdales, carénées sur les mollets. Les régions latérales de la queue présentent des écailles hexagonales fort minces, faiblement carénées et disposées en pavé; le dessous de cette partie terminale du corps est garni de deux rangs de scutelles hexagonales, oblongues, fortement carénées.

COLORATION. Le seul individu du grand Anolis à crête que nous ayons encore observé, a le dessus du corps d'un bleu ardoisé, les flancs noirâtres, et une suite de taches brunes sur l'épine dorsale. Les paupières offrent des marbrures d'un brun foncé et d'un blanc bleuâtre. Cette dernière couleur est celle de toutes les régions inférieures, à l'exception du fanon qui présente une teinte blanche.

DIMENSIONS. *Longueur totale*, 38" 7'". *Tête*. Long. 4" 5'". *Cou.* Long. 1" 7'". *Corps*. Long. 8". *Memb. antér*. Long. 6". *Memb. postér*. Long. 10" 5'". *Queue*. Long. 24" 5'".

PATRIE. Cette espèce habite probablement les Antilles, mais nous n'en avons pas la certitude; attendu que nous ignorons d'où provient le seul exemplaire qui existe dans notre musée.

24. L'ANOLIS DE RICORD. *Anolis Ricordii*. Nobis.

CARACTÈRES. Tête à quatre pans égaux, à pourtour ovalo-triangulaire; de grandes plaques hexagones, bombées, sur le dessus de sa partie antérieure. Une grande cavité en losange entre le vertex et l'occiput; un léger enfoncement subrhomboïdal au devant du front. Une faible cavité longitudinale de chaque côté du dessus du museau; le bout de celui-ci revêtu de plaques anguleuses, inégales. Dos tectiforme, surmonté, ainsi que le cou, d'une petite carène dentelée; queue comprimée, offrant une crête élevée, soutenue par des rayons osseux.

DESCRIPTION.

FORMES. L'Anolis de Ricord est extrêmement voisin du grand Anolis à crête; toutefois il s'en distingue par les différences suivantes: les saillies et les enfoncemens qui existent sur la face supérieure de la tête sont moins prononcés, et les plaques qui en revêtent la partie antérieure, moins nombreuses, plus grandes, bombées et rugueuses. Par exemple, au lieu de compter, immédiatement derrière la scutelle rostrale, sept ou huit petites squames égales sur une seule rangée transversale, on n'en voit que quatre, dont les deux médianes sont plus petites et placées l'une devant l'autre. Derrière ces quatre squames, il en existe quatre autres subhexagonales, oblongues, formant un carré, au centre duquel est une cinquième écaille d'un fort petit diamètre.

Les crêtes surciliaires de l'Anolis de Ricord sont bien moins élevées que celles de l'espèce précédente, chez laquelle aussi les dentelures du dessus du cou et du dos sont plus profondes.

Coloration. L'Anolis de Ricord diffère encore du grand Anolis à crête par son mode de coloration; en dessus, il est d'un blanc bleuâtre. Il offre de chaque côté du dos un large ruban noir, qui s'étend depuis le devant de l'épaule jusqu'à la hanche ; ses flancs sont aussi parcourus, dans toute leur longueur, par une bande noirâtre. La région cervicale et le sommet du dos sont comme marbrés de brun foncé. On remarque un gros point noir de l'un et de l'autre côté du cou, les genoux et les coudes portent chacun une tache brune. Les lèvres sont brunâtres, et les parties inférieures du corps d'un blanc lavé de bleuâtre, à l'exception du fanon qui présente plutôt une teinte grise.

Dimensions. *Longueur totale*, 3o" 9'". *Tête*. Long. 4". *Cou*. Long. 1" 4'". *Corps*. Long. 7" 5'". *Memb. antér*. Long. 6". *Memb. postér*. Long. 8". *Queue*. Long. 18".

Patrie. Cette nouvelle espèce d'Anolis est originaire de Saint-Domingue. Le seul échantillon que renferme notre musée a été envoyé par M. Alexandre Ricord.

b. *Espèces à écailles ventrales granuleuses.*

25. L'ANOLIS CAMÉLÉONIDE. *Anolis chamœleonides.* Nobis.

Caractères. Pourtour de la tête ovalo-triangulaire. Cou et dos présentant un pli de la peau, dentelé en scie; une double dentelure écailleuse sous le menton. Dessus et côtés du tronc revêtus de très grandes squames circulaires, aplaties, lisses, entremêlées de petites écailles de même forme. Ventre couvert de grains extrêmement fins.

Synonymie. *Chamœleolis Fernandina*. Th. Coct. Hist. nat. de l'île de Cub. part. erpét. tab. 12.

DESCRIPTION.

FORMES. Au premier aspect, on serait tenté de considérer cet Anolis comme une espèce appartenant au genre des Caméléons, tant l'habitude de son corps a de ressemblance avec celle de ces Sauriens chélopodes. Comme eux effectivement, il a le dos tranchant et la partie antérieure du tronc plus élevée que la postérieure. Sa tête a exactement la même forme que celle du Caméléon de Parson, si ce n'est qu'elle manque des deux éminences qui surmontent le bout du museau de celui-ci. En arrière, elle est environ d'un quart plus haute que large; enfin sa longueur totale est une fois environ plus considérable que son diamètre transversal, pris au niveau des oreilles. Vue de profil, cette tête représenterait la figure d'un triangle scalène; tandis que son pourtour offrirait celle d'un ovale fort alongé, dont une des extrémités aurait été resserrée de manière à former un angle aigu à sommet arrondi. La totalité du plateau crânien est inclinée en avant. Sa région occipitale, ou mieux toute la surface située en arrière du vertex, forme un bassin peu profond, dont les bords sont larges et renversés en dehors, et l'intérieur hérissé de petites éminences osseuses, comprimées ou pointues.

La portion interne de chaque cercle orbitaire fait une saillie rugueuse. Le front est plan. Sur le dessus du museau, derrière l'entre-deux des narines, est une petite gouttière, à droite et à gauche de laquelle on en remarque une autre un peu plus profonde, mais qui ne s'avance pas autant en avant. La ligne anguleuse qui règne de chaque côté de la tête, depuis la narine jusqu'au bord surciliaire, s'élève en une carène couverte d'aspérités. Le bout du museau est la seule partie de la surface céphalique où les petites pièces hexagonales qui la revêtent soient squameuses; car partout ailleurs, même sur les régions sus-oculaires, elles adhèrent si intimement aux os, qu'elles en font pour ainsi dire partie. Celles du bout du museau, au nombre de quinze ou seize, sont parfaitement lisses; tandis que toutes les autres présentent des saillies plus ou moins fortes, plus ou moins élevées. Les orifices externes des narines sont percés sur les côtés du museau, chacun dans une plaque que quelques petites écailles empêchent de s'articuler avec la seconde squame labiale supérieure. L'oreille est une sorte de fente verticale, au haut de laquelle il existe un petit lambeau de peau. La plaque rostrale est heptagone et très étendue en travers. Les écailles mentonnières sont trapézoïdes, et les labiales proprement dites quadrilatères. On compte vingt-six de ces dernières, autour de chaque mâchoire. Le maxillaire supérieur est armé de soixante ou soixante-deux dents, et l'inférieur de cinquante-six ou cinquante-huit. Aucune de ces dents n'est tricuspide ; les treize ou quatorze premières, de chaque côté, sont arrondies, pointues, et toutes les autres tuberculeuses. Le cou est fort court, et la queue aussi longue à elle seule que le reste de l'animal. Elle est fortement comprimée dans toute son étendue, mais sa première moitié seulement a le dessus tranchant et surmonté d'une espèce de carène, composée d'écailles subovales, en dos d'âne. On voit régner tout le long du cou et du dos un pli cutané fort mince et dentelé en scie, qui présente une certaine hauteur à sa naissance, mais dont l'extrémité postérieure est fort basse.

Portés en arrière, les membres antérieurs n'arrivent pas tout-à-fait jusqu'à l'aine ; placés le long du tronc, les postérieurs ne s'étendent que jusqu'à l'épaule. Le fanon pend assez bas ; il commence sous le milieu du dessous de la tête et se termine sur la poitrine ; son bord libre est curviligne et complétement dépourvu de dentelures.

Sous le menton, on remarque une double série d'écailles ressemblant, les premières à des dents de scie, les dernières à de petits tubercules coniques. Les tempes présentent des aspérités osseuses et les joues des squamelles aplaties, les unes ovales, les autres rhomboïdales ou hexagones. De petites plaques osseuses, hérissées d'aspérités, sont appliquées contre les parties de la mâchoire inférieure, situées sous les joues. A la peau du dessus du cou et du tronc adhèrent des écailles fort minces, lisses, assez dilatées, circulaires ou ovales, laissant entre elles de grands intervalles remplis par d'autres écailles semblables, mais beaucoup plus petites. La face supérieure des membres est protégée par des squames en losanges, à angles arrondis ; ces squames sont plates, lisses et non imbriquées. Des bandes verticales d'écailles quadrilatères, lisses et juxta-posées garnissent les parties latérales de la queue, qui, en dessous, offre trois séries longitudinales de scutelles quadrilatères, oblongues, fortement carénées. Toutes les régions inférieures du corps, excepté le dessous des

mains et des pieds, sont revêtues de granulations squameuses extrêmement fines.

COLORATION. Un brun fauve sale, nuancé de jaunâtre, est répandu sur le cou, ainsi que sur les faces supérieure et latérales
de la tête, où se montre çà et là une teinte noire. Les parties supérieures des membres et de la queue présentent des bandes
transversales de couleur ponceau, sur un fond brun fauve. Le
fanon est violet, et tout le reste des régions inférieures, coloré en
fauve jaunâtre.

DIMENSIONS. *Longueur totale*, 32". *Tête*. Long. 6" 2'". *Cou*.
Long. 9'". *Corps*. Long. 8" 5'". *Memb. antér*. Long. 6" 5'". *Memb.
postér*. Long. 7" 8'". *Queue*. Long. 16".

PATRIE. Cette singulière espèce d'Anolis est une de celles que
produit l'île de Cuba. On en doit la découverte à M. Ramon de
la Sagra qui en a donné un fort bel exemplaire au Muséum d'histoire naturelle.

Observations. Notre Anolis caméléonide est pour M. Th. Cocteau le type d'un genre particulier auquel il assigne pour principal caractère d'avoir l'écaillure ventrale granuleuse. Le nom
par lequel il le désigne est celui de *Chamæleolis*.

VIe GENRE. CORYTHOPHANE. *CORYTHO-PHANES* (1). Boié.

(*Corythophanes*, Wiegmann, Gravenhorst; *Chamœleopsis*, Wiegmann, Gravenhorst, Gray.)

CARACTÈRES. Doigts non dilatés en travers, ni frangés sur leur bord externe. Partie postérieure du crâne plus ou moins relevée en une sorte de casque. Des dents palatines. Queue longue, subarrondie ou très faiblement comprimée, dépourvue de crête. Le dos et quelquefois aussi la nuque crêtés. Sous le cou un pli transversal, en avant duquel est un rudiment de fanon parfois denticulé. Point de pores fémoraux.

Le genre *Chamœleopsis* de Wiegmann, déjà reconnu par cet auteur, comme ayant les plus grands rapports avec le genre *Corythophanes* de Boié, nous a décidément paru devoir y être réuni à cause du peu d'importance que présentent les différences dont on se servait pour l'en distinguer. La place que nous avons assignée aux Corythophanes, dans l'ordre naturel de la sous-famille des Iguaniens Pleurodontes, nous paraît convenablement choisie, en ce que d'une part ils se trouvent liés aux Anolis par la première espèce, le *Corythophanes cristatus*, auquel l'Anolis caméléonide ressemble déjà un peu par l'ensemble de ses formes, et le degré de développement de son occiput; et que, d'un autre côté, on ne peut pas refuser au Corythophane caméléopside une grande analogie de formes avec le *Basiliscus mitratus*, type du genre qui suit immédiatement.

Les Corythophanes ont quelque chose de remarquable et

_____

(1) De Κορυς-υθος, casque orné; φανος, remarquable. *Splendidus, Clarus galeâ ornatâ. Cristâ clarus.*

de distinctif dans la manière, pour ainsi dire insolite, dont se développe en une sorte de casque anguleux la partie postérieure de leur crâne. Ces Iguaniens ont des dents palatines, mais ils manquent de pores fémoraux. Leurs dents n'ont rien de particulier pour les formes, les antérieures étant simples, et les latérales comprimées et trilobées à leur sommet. L'œil est médiocre ; la membrane tympanale assez grande, tendue à l'entrée même du trou auditif. Les narines s'ouvrent chacune au milieu d'une petite écaille située sur le côté du museau, près de son extrémité. La peau du cou, ou mieux de la gorge, forme un petit pli longitudinal, sorte de fanon quelquefois dentelé, derrière lequel on remarque un second pli, mais fait dans le sens transversal. Les membres sont longs, et les doigts sont minces, sans élargissement ou dilatation sous aucune phalange, ni frange dentelée le long de leur bord externe, comme cela se voit chez les Basilics. Le troisième et le quatrième doigt de la main ont la même longueur ; les quatre premiers doigts des pattes postérieures sont étagés, et le petit doigt égale à peine en longueur le second doigt. Dans une espèce, les ongles de devant et ceux de derrière ont à peu près le même développement ; mais, dans une autre, les antérieurs sont du double plus longs que les postérieurs. Tantôt une crête d'écailles règne sur le dos seulement, tantôt elle s'étend depuis la nuque jusqu'à la base de la queue, qui n'en porte pas ; et qui est faiblement comprimée, garnie d'écailles imbriquées. Parmi les écailles des autres parties du corps, il y en a de lisses et de juxtaposées. Les plaques céphaliques sont polygones et d'un petit diamètre.

Les deux seules espèces qui appartiennent au genre Corythophane sont les suivantes :

TABLEAU SYNOPTIQUE DES ESPÈCES DU GENRE CORYTHOPHANE.		
Crête nuchale	distincte : fanon dentelé. . .	1. C. A CRÊTE.
	nulle : fanon sans dentelures.	2. C. CAMÉLÉOPSIDE

1. LE CORYTHOPHANE A CRÈTE. *Corythophanes cristatus.* Boié.

CARACTÈRES. Dessus du cou et du dos surmonté d'une crête non interrompue. Écailles du dos égales. Pas de plis au-dessus des cuisses.

SYNONYMIE. *Lacerta Ceilonica, cristata et pectinata.* Seba, t. 1, pag. 147, tab. 94, fig. 4.

Le Sourcilleux. Bonnat. Encyclop. méth. Pl. 4, fig. 1.

Agama cristata. Mer. Syst. amph. pag. 5o.

Corythophanes cristatus. Gray, Synops. Rept. in Griffith's, anim. Kingd. tom. 9, pag. 55.

Corythophanes cristatus. Gravenh. Act. Acad. Cæsar. Leop. Carol. Nat. Curios. tom. 16, part. 2, pag. 938, tab. 65, fig. 6-10.

Corythophanes cristatus. Wiegm. Herpetol. Mexican. pars 1, pag. 15.

DESCRIPTION.

FORMES. Une des quatre faces de la tête, la supérieure, offre un plan fort incliné en avant, dont le contour donne à peu près la figure d'un rhomboïde oblong. L'angle de ce rhombe, qui correspond au museau, est obtus, et son sommet comme tronqué ; tandis que celui qui lui est opposé, ou l'occipital, est très-aigu. Cette partie postérieure de la tête est à la fois assez élevée et comprimée, comme cela s'observe chez certains Caméléons. L'espace inter-orbitaire est presque plan, mais derrière lui il existe une profonde cavité triangulaire, et en avant du front, il se trouve un enfoncement oblong. Les bords surciliaires, qui sont un peu saillans en dehors, sont continués en avant par une espèce d'arête qui va jusqu'au bout du nez, et en arrière par une autre qui aboutit au sommet de l'occiput. Les plaques qui garnissent la face supérieure de la tête sont polygones, irrégulières et presque lisses. Les parties latérales de l'occiput en offrent d'à peu près semblables qui sont entremêlées de squames plus dilatées et surmontées de carènes. Les narines sont circulaires et dirigées latéralement en dehors et un peu en arrière du bout du museau. La membrane du tympan est tendue à fleur du trou auriculaire, dont le contour est grand, ovale, et dépourvu de

tubercules. Des trente-huit dents qui arment la mâchoire supérieure, les huit antérieures sont coniques ; tandis que toutes les
autres offrent un aplatissement latéral et une couronne trilobée ;
à la mâchoire inférieure, il y en a dix-huit qui ressemblent à
celles-ci, et quatre qui ressemblent à celles-là. La plaque rostrale est hexagone et plus dilatée dans le sens transversal que
dans le sens vertical. Les squames labiales ont la figure quadrangulaire oblongue. On en compte neuf ou dix paires en haut
et sept ou huit en bas. Sous le cou est suspendu un petit fanon
dentelé, qui commence en arrière du menton et qui finit sur la
région pectorale. Au-dessus du cou s'élève un pli de la peau, qui
est lui-même surmonté d'une crête dentelée ; il paraît ne se
terminer qu'à l'origine de la queue. Cette élévation, que présente le cou du Corythophane à crête, lui donne l'encolure du
Lophyre tigré ou bien du Lyriocéphale perlé. Les membres postérieurs, et surtout les doigts qui les terminent, sont plus développés que les antérieurs. La queue, qui a une forme légèrement
comprimée, est presque du double plus longue que le tronc. Les
squames qui revêtent le dessus et les côtés de celui-ci sont petites, irrégulières, serrées et lisses. Celles d'entre elles qui avoisinent la crête dorsale, ainsi que quelques-unes qui sont éparses
sur les flancs, ont un plus grand diamètre et une surface souvent
carénée. Les squames gulaires ne sont pas semblables entre
elles, car il y en a de petites, à surface unie, et de grandes, oblongues qui sont tronquées et carénées. Ces écailles forment des
séries longitudinales dichotomiques. Le fanon est protégé par
de grandes scutelles ovales, carénées et raboteuses. Les écailles
pectorales et les ventrales sont subquadrangulaires et d'un diamètre double de celui que présentent les petites pièces squameuses des côtés du tronc. La surface des membres offre des
lames écailleuses imbriquées, rhomboïdales et carénées. Le dessous des mains et des pieds est très âpre. Les scutelles caudales
sont carénées et pour la plupart rhomboïdales.

COLORATION. Les individus que les erpétologistes ont été à même
d'observer jusqu'à présent, n'étaient pas assez bien conservés
pour qu'on ait pu se faire une idée de leur mode de coloration.
M. Wiegmann fait même remarquer que la couleur noire, que
M. Gray a dit être celle de l'échantillon du corythophane à crête
déposé dans le musée de Berlin, n'est certainement dû qu'à son
mauvais état de conservation. Séba a donné de ce même Cory-

thophane une figure qui le représente d'un brun clair en dessus,
tacheté de brun foncé sur le tronc ; sa tête est nuancée de jaune,
et sa crête dorsale est entièrement de cette couleur. Mais il n'y a
rien de moins exact que les couleurs attribuées par Séba à la plupart des Reptiles qu'il a fait graver dans son ouvrage.

DIMENSIONS. *Longueur totale*, 11". *Du museau à l'anus*. Long.
4". *Du museau au bord du tympan*. Long. 11'''. *Du tympan à la
pointe postérieure de la tête* 1". *Queue*. Long. 7".

PATRIE. On présume que cette espèce est, comme la suivante,
originaire du Mexique.

Observations. Ce Saurien ne nous est connu que par les descriptions qu'en ont publiées, chacun de son côté, MM. Gravenhorst
et Wiegmann. Séba en a possédé un individu, dont on trouve le
portrait dans la 94ᵉ planche du 1ᵉʳ volume de son Trésor de la
nature. Cette figure, que Linné a mal interprétée, par suite l'a
été également mal par Gmelin, Lacépède, Latreille et Daudin,
qui tous l'ont pris pour celle d'un Ophryesse commun. Shaw l'a
cité comme représentant un Lyriocéphale perlé, et M. Cuvier
une espèce de Galéote. C'est Merrem le premier qui l'a signalé
comme appartenant à une espèce d'Agame, sous le nom d'*Agama
Cristata*, dans son *Tentamen systematis amphibiorum*.

2. LE CORYTHOPHANE CAMÉLÉOPSIDE. *Corythophanes chamæleopsis*. Nobis.

CARACTÈRES. Une crête sur le dos, mais pas sur le cou. Écailles
du dos serrées, inégales ; les unes lisses, les autres carénées, disposées par bandes transversales. Un petit pli longitudinal au-dessus
de la cuisse.

SYNONYMIE. *Quatapalcalt, seu Chamæleo mexicanus*. Franc. Hern.
Hist. plant. anim. Mexic. tom. 2, cap. 13, p. 61.

Cuapapalcalt, seu Chamæleo mexicanus. Job. Fab. Lynceus. *Ibid*.
t. 2, p. 721.

Chamæleopsis Hernandesii. Gray, Synops. rept. in Griffitth's.
anim. kingd. t. 9, p. 45.

Chamæleo mexicanus. Wiegm. Isis (1832), p. 296.

Chamæleopsis Hernandesii. Gravenh. act. acad. Cæs. Leop. Carol.
Nat. Cur. t. 16, part. 2, pag. 944, tab. 65, fig. 1-5.

Chamæleopsis Hernandesii. Wiegm. Herpetol. Mexic. part. 1,
pag. 15, 37, 39, tab. 6.

DESCRIPTION.

FORMES. La tête de ce Corythophane a beaucoup de ressemblance avec celle d'un Caméléon par son casque relevé. Vue de
profil, elle présente un contour ayant la figure d'un triangle scalène, dont le plus petit côté se trouve correspondre à la face inférieure de la tête, le plus grand à la face supérieure, et le troisième à la face postérieure, ou celle qui donne attache au cou,
au-dessus duquel l'occiput s'élève considérablement. Cet occiput
est tellement comprimé, qu'il forme une crête tranchante, arquée
d'avant en arrière, au sommet de laquelle vient aboutir l'extrémité postérieure du plateau crânien, dont la circonférence
représente un rhombe offrant un angle très aigu en arrière, un
obtus arrondi en avant, et deux latéraux très ouverts et à sommet presque tronqué. Les parties latérales de la tête sont perpendiculaires, le front est concave. Une forte arête garnie de
grandes squames, monte du bord supérieur de l'oreille, où il
existe un gros tubercule épineux, jusqu'au sommet de l'angle
postérieur de la surface crânienne.

Toutes les plaques du dessus de la tête sont cyclo-polygones,
irrégulières et granuloso-rugueuses. Les narines s'ouvrent sur les
côtés du museau, un peu en arrière de son extrémité; leur forme
est circulaire. La scutelle rostrale est à cinq côtés, et à diamètre
transversal plus étendu que le vertical. L'écaille mentonnière est
subtriangulaire; les plaques labiales représentent des quadrilatères rectangles; on en compte de neuf à dix paires autour de
chaque mâchoire; l'oreille est grande, vertico-ovale, ayant la
membrane du tympan tendue presqu'à fleur de son ouverture.
Nous avons compté sur le devant de la mâchoire supérieure, onze
dents droites, coniques, pointues; et de chaque côté, treize autres
comprimées, et à sommet tricuspide. Le même nombre de dents
comprimées et trilobées existe à la mâchoire inférieure; mais il
n'y en a que huit qui soient coniques, pointues. Huit petites dents
fortes et arrondies, et à pointe obtuse, sont enfoncées dans le palais, quatre à gauche, quatre à droite. Le dos est tranchant et surmonté d'une crête dentelée en scie qui ne s'avance pas sur le cou. Les
membres sont très grêles, et ceux de derrière beaucoup plus longs
que ceux de devant. Le quatrième doigt des mains n'est qu'un peu
lus long que le troisième; mais les quatre premiers doigts des

pieds sont très étagés ; le cinquième de ceux-ci est un peu plus court que le second. La queue, qui a une forme grêle et légèrement comprimée, est deux fois plus étendue que le reste du corps ; elle ne paraît pas être surmontée d'une crête. Sous le cou, pend un petit fanon dentelé ; la nuque est garnie d'écailles serrées, inégales, la plupart carénées ; celles du dos sont moins petites, polygones et lisses, au moins presque toutes ; car on en voit aussi de grandes, rhomboïdales et à carènes, former des bandes transversales. Il existe au-dessus de la hanche une espèce de crête longitudinale, composée de grandes squames carénées. Les scutelles ventrales sont plus grandes que les petites écailles des côtés du tronc ; elles sont fortement carénées, et obtusément rhomboïdales. Les squames des membres leur ressemblent, si ce n'est qu'elles sont inégales. Le dessous des mains et des pieds offre des tubercules carénés ; les doigts sont garnis d'écailles surmontées de carènes finissant en pointes. La peau de la gorge est couverte de scutelles étroites, carénées, quadrilatères. Derrière le tympan, il naît un pli qui va se perdre entre les épaules, et dont le dessous est semé de fort petites écailles.

COLORATION. Les parties supérieures de ce Saurien sont d'un gris jaunâtre. Certains individus ont le tronc uniformément de cette couleur ; tandis que chez d'autres cette partie du corps offre des bandes ou des raies brunes. Il y en a qui laissent voir une grande tache de la même couleur que ces raies, près du tympan, soit sur le côté de la nuque, soit au-dessus de l'angle de la bouche. Souvent, en travers du front, sont imprimés deux ou trois rubans bruns ; quelquefois la gorge est tout entière d'un blanc pur, d'autres fois elle est parcourue par des raies noires. Il arrive à certains sujets d'avoir une tache de cette dernière couleur sur le pli axillaire. Presque tous ont la queue annelée de noir ; le dessous de l'animal est généralement d'un blanc fauve.

DIMENSIONS. Les mesures suivantes ont été prises sur un individu qui fait partie de la collection erpétologique du musée britannique ; car la nôtre ne renferme encore aucun échantillon du Corythophane caméléopside. *Longueur totale*, 21" 3'''. *Tête.* Long. 2" 5'''. *Cou.* Long. 5''. *Corps.* Long. 4" 3'''. *Memb. antér.* Long. 2" 9'''. *Memb. postér.* Long. 6" 3'''. *Queue.* Long. 14".

PATRIE. Cette curieuse espèce d'Iguaniens habite le Mexique. On dit qu'elle se tient habituellement sur les arbres.

Observations. Elle n'était ue très imparfaitement connue avant que M. Wiegmann en eût publié une excellente figure, et une description détaillée, dans la première partie de son bel ouvrage sur l'Erpétologie du Mexique.

VII°. GENRE. BASILIC. *BASILISCUS* (1). Laurenti.

(*Basiliscus*, Wiegmann. *Corythæolus* (2), Kaup, *OEdicoryphus* (3), Wagler).

CARACTÈRES. Un lambeau de peau triangulaire s'élevant verticalement au-dessus de l'occiput. Bord externe des doigts postérieurs garni d'une frange écailleuse dentelée. Dos et queue surmontés parfois (chez les mâles) d'une crête élevée, soutenue dans son épaisseur par les apophyses épineuses ou supérieures des vertèbres. Sous le cou, un rudiment de fanon, suivi d'un pli transversal bien marqué. Des dents palatines; pas de pores fémoraux.

Les Basilics n'ont pas la partie postérieure du crâne prolongée et relevée en une sorte de casque comme les Corythophanes. La forme de leur tête est celle de la plupart des Iguaniens, c'est-à-dire qu'elle représente une pyramide à quatre faces. Toutefois cette tête se fait remarquer par la production cutanée assez mince, et de figure triangulaire, qui s'élève verticalement au-dessus de la ligne moyenne et longitudinale de la nuque, production bizarre qui donne à l'animal l'air d'être coiffé d'un bonnet pointu. On distingue

---

(1) De Βασιλισκος, petit roi, *Regulus*.
(2) De Κορυθαιολος, qui a un casque orné, *ornatam habens galeam.*
(3) De Οἰδεῶ, j'enfle, *Tumeo*; et de Κορυφη, le sommet de la tête, *vertex.*

12.

d'ailleurs les Basilics des Corythophanes, en ce qu'ils portent, le long du bord externe de leurs doigts postérieurs, une frange dentelée composée d'écailles, et en ce qu'il règne depuis l'occiput jusqu'à l'extrémité de la queue, qui de plus est comprimée, une arête écailleuse, dentelée en scie.

Chez les individus mâles de l'une des deux espèces que l'on connaît, cette arête se transforme sur une certaine étendue du dos et de la queue en une crête fort élevée ayant l'apparence d'une nageoire ; attendu que la peau dont elle est formée est soutenue dans son épaisseur par les apophyses supérieures des vertèbres.

De même que les genres précédens, les Basilics ont la tête couverte de petites plaques polygones et carénées. Celles de ces plaques qui se trouvent placées sur les régions sus-oculaires sont petites et toutes à peu près de même diamètre. Les ouvertures des narines sont ovales, pratiquées dans une écaille placée sur le côté du museau, fort près de la plaque rostrale. L'écaille mentonnière est simple, la membrane tympanale est assez grande, ovale, tendue à fleur du trou auriculaire. On compte cinq ou six dents coniques, enfoncées dans chaque os palatin. Les mâchoires présentent en avant des petites dents simples, arrondies, pointues et un peu courbées ; tandis que celles qui se se trouvent sur les côtés sont un peu plus fortes, comprimées et à couronne trilobée. Le dessus du tronc est garni d'écailles rhomboïdales, carénées, disposées par bandes transversales, de même que les squames ventrales, qui sont lisses ou carénées. Les membres, particulièrement ceux de derrière, sont très alongés ; les doigts ne le sont pas moins et de plus assez grêles. Le quatrième et le troisième de chaque main ont la même longueur ; les quatre premiers des pattes postérieures sont étagés. Il n'existe pas d'écailles crypteuses sous les cuisses. Ceci est en particulier un des caractères propres à faire distinguer les Basilics des Iguanes, ainsi que des cinq genres d'Iguaniens Pleurodontes qui se rapprochent le plus de ceux-ci.

Le genre Basilic fut établi par Laurenti d'abord et adopté par Daudin, pour y placer deux espèces qui semblaient se convenir à tous égards, mais qui, en réalité, n'offraient de véritable ressemblance que dans la crête ou la nageoire qui surmonte la queue de chacune d'elles. L'une de ces deux espèces est le Saurien que Séba a appelé Basilic, lequel est demeuré le type du genre auquel il a donné son nom; l'autre, que Daudin nommait Basilic porte-crête, est l'Istiure d'Amboine, qui, outre qu'il appartient à la sous-famille des Iguaniens Acrodontes, présente plusieurs caractères, tels que l'absence de dents palatines, l'existence de pores fémoraux, etc., qui servent à le faire distinguer de suite des vrais Basilics. Mais il faut réunir au genre Basilic le genre *Corythæolus* de Kaup et de Wiegmann, établi par le premier de ces auteurs d'après une espèce qui ne diffère principalement du Basilic à capuchon qu'en ce que les individus mâles ne semblent pas, plus que les femelles, avoir une haute crête à rayons osseux, ni sur le dos, ni sur une partie de la queue. Or, on ne peut réellement pas ériger en caractère générique une différence qui n'existe que chez l'un des deux sexes. Ce genre *Corythæolus* n'est pas différent de celui qui a été nommé *OEdicoryphus* par Wagler.

TABLEAU SYNOPTIQUE DES ESPÈCES DU GENRE BASILIC.

Écailles ventrales
lisses. . . . . 1. B. A CAPUCHON

carénées. . . . . 2. B. A BANDES.

1. LE BASILIC A CAPUCHON. *Basiliscus mitratus.* Daudin.

CARACTÈRES. Crêtes dorsale et caudale des individus mâles, soutenues par des apophyses osseuses. Écailles du ventre lisses; point de bandes noires en travers du dos.

SYNONYMIE. *Draco arboreus volans americanus amphibius sive Basiliscus.* Séb. tom. 1, pag. 156, tab. 100, fig. 1.

Lacerta Basiliscus. Linn. Syst. nat. édit. 10, pag. 206; et édit. 12, pag. 366.

Basiliscus americanus. Laur. Synops. rept. pag. 50.

Lacerta Basiliscus. Gmel. Syst. nat. Linn. pag. 1062.

Le Lézard lion. Catesb. Hist. Carol. tom. 2, pag. 68, tab. 68.

Le Basilic. Daub. Dict. Rept. pag. 592.

Le Basilic. Lacép. Hist. Rept. tom. 1, pag. 284.

Le Lion. Lacep. Quad. ovip. t. 2, pag. 333.

Le Basilic. Bonnat. Encycl. méth. Pl. 5, fig. 1.

Lacerta Basiliscus. Shaw, Gener. zool. tom. 3, p. 206.

Iguana Basiliscus. Latr. Hist. Rept. tom. pag. 258.

Basiliscus mitratus. Daud. Hist. Rept. tom. 3, pag. 310, tab. 42.

Basiliscus mitratus. Merr. Syst. amph. pag. 46.

Le Basilic à capuchon. Bory de Saint-Vincent, Résum. erpét. p. 112.

Basiliscus (*Lacerta Basiliscus.* Linn.). Guér. Iconog. Règn. anim, Cuv. tab. 11, fig. 2.

Mitred Basilisc. Gray, Synops. Rept. in Griffith's, anim. kingd. tom. 9, pag. 45.

Basiliscus (*Lacerta Basiliscus.* Linn.). Wagl. Syst. amph. pag. 148.

Basiliscus mitratus. Wiegm. Herpetol. Mexic. pars 1, pag. 15.

DESCRIPTION.

Formes. Le Basilic à capuchon a une tête de forme pyramido-quadrangulaire assez alongée, un corps à peu près aussi haut que large, et une queue comprimée, dont l'étendue est trois fois plus considérable que celle du tronc. Les membres, lorsqu'on les place le long des flancs s'étendent, ceux de devant jusqu'à la racine de la cuisse, et ceux de derrière jusqu'au bout du museau, chez les jeunes sujets, et seulement jusqu'à l'œil, chez les individus adultes. Les mâchoires sont chacune armées d'une cinquantaine de dents, dont les seize ou dix-huit premières sont subconiques, pointues et légèrement arquées ; tandis que toutes les autres ont une forme comprimée et un sommet divisé en trois pointes.

Il existe sur chaque os palatin une rangée d'une dizaine de dents courtes, mais assez fortes et bien distinctes les unes des autres. La plaque rostrale et l'écaille mentonnière sont l'une et l'autre pentagonales ; mais celle-ci n'a guère plus de largeur que de hauteur, tandis que celle-là est une fois plus large que haute.

Les plaques labiales sont quadrilatères, rectangulaires, et au nombre de sept paires sur chaque lèvre. L'ouverture de la narine est petite, circulaire, pratiquée en dedans du bord supérieur d'une squame à cinq ou six pans, qui est située près du bout du nez, positivement sur l'angle que forment le dessus et le côté du museau. En arrière des yeux, la région médio-longitudinale du crâne est surmontée d'une arête rectiligne ; deux autres arêtes également rectilignes s'étendent dans la direction des narines, depuis le milieu du bord orbitaire supérieur jusqu'au niveau de l'angle antérieur de l'œil. Le front fait légèrement le creux. Le dessus du museau est couvert, ainsi que l'espace inter-orbitaire, de plaques pentagones ou hexagones, faiblement relevées en tubercules taillés à facettes, dont le nombre est le même que celui des côtés qu'elles présentent. Les écailles qui garnissent le bord orbitaire supérieur ne diffèrent de celles-ci que parce que leur diamètre est un peu plus grand.

Sur chaque région sus-oculaire, est un pavé d'écailles hexagones et carénées, qui semblent être disposées par séries circulaires, au nombre de dix à douze. Les tempes offrent des squames ayant également six côtés ; mais elles sont un peu imbriquées et leur surface est plane et lisse.

Il s'élève verticalement, au-dessus de l'occiput, un morceau de peau fort mince, qui est soutenu dans son épaisseur basilaire par une lame cartilagineo-osseuse. Ce développement cutané représente une sorte de crête, dont la racine s'étend, sur la ligne médio-longitudinale de la tête, depuis le niveau des yeux jusqu'à l'extrémité de la nuque ; là elle fait un pli transversal arqué en arrière, dont les deux bords libres, l'antérieur et le postérieur, sont cintrés en avant ; en sorte que cette crête, qui a son sommet arrondi, se trouve réellement un peu penchée sur le cou. On l'a comparée à une sorte de bonnet phrygien.

Chez les très jeunes sujets, cette crête n'est représentée que par un simple pli longitudinal, qui se développe et s'élève de plus en plus avec l'âge ; mais celui que nous avons dit exister en travers de la nuque, s'y montre déjà développé à un degré proportionnellement aussi grand que dans les individus adultes. Le dessous de chaque branche du maxillaire inférieur est garni, près du menton, d'une rangée de cinq ou six grandes plaques, au moins aussi grandes que les labiales inférieures, avec lesquelles elles sont articulées. La surface des paupières est couverte de grains squameux excessivement fins; leur bord offre un double rang d'écailles épaisses, ayant une forme à peu près carrée. L'oreille est grande, circulaire, située un peu en arrière et immédiatement au-dessus du niveau de l'angle de la bouche. La membrane tympanale, qui en ferme l'entrée, est fort mince. Lorsque la gorge n'est pas gonflée, la peau forme un petit fanon qui règne sous toute la longueur du cou, à l'extrémité duquel on aperçoit un pli transversal qui, de chaque côté, se prolonge jusqu'au-dessus de l'épaule. Quelques autres plis obliques et anguleux se font remarquer sur les parties latérales du cou, et il nous a semblé en apercevoir un rectiligne le long des flancs. Immédiatement derrière la nuque, naît une petite dentelure écailleuse qui se prolonge jusqu'au-dessus des épaules, où commence une crête très élevée, soutenue dans son épaisseur par les apophyses vertébrales. Cette crête, après avoir parcouru toute la longueur du dos, s'interrompt un moment au-dessus des reins, pour se continuer jusque vers le milieu de la queue; en sorte que sa portion dorsale est bien distincte de la portion caudale. L'une et l'autre ont leur bord libre, dentelé, et leur surface couverte d'écailles minces, pentagones ou hexagones, disposées par séries verticales, parallèles aux apophyses vertébrales que la transparence de la peau permet d'apercevoir. La crête dorsale a une hauteur égale à la moitié de celle du corps. Elle décrit une ligne courbe, et se trouve beaucoup plus basse à son extrémité antérieure qu'à son extrémité postérieure, qui est tout-à-fait arrondie; en un mot, elle a tout-à-fait la forme de la nageoire du dos du Mérou à haute voile (*Serranus altivelis*, Cuvier). Les rayons osseux qui la soutiennent sont au nombre de dix-sept ou dix-huit; ils sont un peu penchés en arrière. On en compte vingt-trois dans l'épaisseur de sa crête caudale qui, d'abord fort basse, s'élève peu à peu en s'arrondissant jusque vers la moitié de son étendue; après quoi elle diminue de hauteur, de manière à n'être pas plus élevée à son extrémité postérieure qu'à son extrémité antérieure. De petites écailles en losanges, arrangées les unes à côté des autres par séries parallèles, garnissent le dessus du cou, le dos et les flancs. On voit sous la gorge des squamelles subcirculaires et bombées; le ventre est protégé par des squames carrées, subimbriquées, dont la surface est unie. Ceci, en particulier, est un moyen de distinguer cette espèce de la suivante, ou du Basilic à bandes, qui a ses écailles ventrales rhomboïdales et carénées. La face supérieure des membres est revêtue de squames rhomboïdales imbriquées, dont le milieu de la surface présente une carène, et des stries plus ou moins marquées. Le dessus des doigts antérieurs ne porte qu'une seule rangée d'écailles hexagones, dilatées en travers et striées longitudinalement. Leurs côtés présentent chacun une série de squames en losange et carénées : série qui est simple sur la première moitié du doigt, et double sur la seconde. La face inférieure de ces mêmes doigts est garnie d'une bande de scutelles quadrilatères, à surface lisse; une très courte palmure réunit à leur base le quatrième et le cinquième doigt des pieds. Celui-ci offre une frange dentelée le long de ses deux bords, tandis que les quatre autres doigts n'en offrent que le long de leur côté externe; les articulations de tous les doigts postérieurs sont légèrement renflées. En dessus, l'écaillure des doigts postérieurs est la même que celle des doigts antérieurs; mais en dessous elle se compose d'un double rang de scutelles, interrompu sous les articulations par trois séries de petites écailles convexes. La paume et la plante des pieds sont revêtues d'un pavé de squames circulaires et bombées; les ongles sont médiocrement forts, courbés et aigus. La queue, qui est très comprimée, si ce n'est à sa pointe, où elle semble être un peu arrondie, offre en arrière de sa grande crête, absolument comme chez l'Istiure d'Amboine, deux arêtes vives, séparées l'une de l'autre par un sillon peu profond. Dans le premier huitième de sa longueur, elle est garnie d'écailles carrées, carénées, et disposées par verticilles; plus loin ces écailles deviennent hexagones, sans cesser d'être carénées et verticillées; mais plus en arrière, elles s'imbriquent davantage et perdent complétement leur disposition circulaire. Celles de ces écailles qui occupent la face inférieure de la queue ont une carène beaucoup plus forte que les autres.

Nous avons tout lieu de supposer que, de même que chez les Istiures, ni la crête dorsale, ni la crête caudale des femelles, n'offre le développement considérable que présentent celles des mâles; car deux de nos individus absolument de même taille, et dont le mode de préparation nous a malheureusement empêché de vérifier le sexe, nous montrent, l'un une crête fort basse sur toute l'étendue du corps; tandis que chez l'autre la portion dorsale et la portion caudale antérieure sont fort élevées et soutenues par les apophyses vertébrales. Celui de ces deux individus, que nous croyons être une femelle, a servi de modèle pour la figure qui représente cette espèce dans l'Iconographie du règne animal de Cuvier, publiée par M. Guérin.

Coloration. Notre collection renferme un sujet, qu'à sa grande taille on doit croire adulte. Il a les parties supérieures d'un brun fauve, et les régions inférieures blanchâtres. Sa gorge est longitudinalement parcourue par des bandes d'un brun plombé, couleur qui règne sur les côtés du cou. Il y a, le long de la partie supérieure de ceux-ci, une raie blanchâtre, liserée de noir, qui part du coin postérieur de l'œil, et va se perdre sur les côtés du dos. Cette raie est beaucoup mieux marquée chez l'individu femelle dont nous avons parlé plus haut : individu qui, à la teinte fauve du précédent sur les parties supérieures du corps, joint des indices de raies blanchâtres en travers des membres et de la queue. Il offre de plus une bande blanche, bordée de noir qui prend naissance sur la paupière inférieure, passe sous l'œil et se termine au devant de l'épaule.

Nous possédons aussi deux très jeunes sujets, dont la teinte brun fauve du dessus du corps est plus foncée que celle de nos individus plus âgés. Tous les deux ont une raie blanche, liserée de noir, imprimée en long sur le milieu du crâne ; et les deux raies blanches qui, chez notre individu femelle, finissent, l'une à l'épaule, l'autre sur le côté du dos, se trouvent continuées tout le long de celui-ci par deux bandes qui vont aboutir, la supérieure à la base de la queue, l'inférieure à la racine de la cuisse.

Les parties inférieures de ces jeunes Basilics à capuchon présentent une couleur blanchâtre, nuancée de brun noirâtre sous les cuisses, sur la poitrine et la gorge.

Dimensions. *Longueur totale*, 66" 8'". *Téte*. Long. 5" 3'". *Cou-*Long. 3". *Corps*. Long. 12" 5'". *Memb. antér*. Long. 8" 5'". *Memb. postér*. Long. 19". *Queue*. Long. 46".

La longueur totale de nos jeunes sujets n'est que de vingt centimètres.

Patrie. Cette espèce nous a été envoyée de la Guyane par MM. Leschenault et Doumerc ; nous en avons un échantillon qui a été recueilli à la Martinique par M. Plée, et deux autres qui l'ont été à la Véra-Cruz par madame Salé. Notre exemplaire adulte provient du cabinet de Séba ; c'est celui qui a servi de modèle à la figure que cet auteur a fait graver dans son ouvrage, sous le nom de *Draco arboreus volans Americanus.*

Observations. Nous pensons que la figure du Lézard lion de Catesby représente le jeune âge du Basilic à capuchon.

2. LE BASILIC A BANDES. *Basiliscus vittatus.* Weigmann.

CARACTÈRES. Une simple crête dentelée en scie sur le dos et la queue. Écailles ventrales carénées ; des bandes noires en travers du dos.

SYNONYMIE. *Basiliscus vittatus.* Wiegm. Isis, 1828, pag. 373.

Corythæolus vittatus. Kaup, Isis, 1829, pag. 1147.

Basiliscus vittatus. Wagl. Syst. amph. pag. 148.

Œdicoryphus vittatus. Wagl. Loc. cit. pag. 148.

Basiliscus vittatus. Gray, Synops. rept. in Griffith's anim. kingd. tom. 9, pag. 45.

Corythæolus vittatus. Wiegm. Herpetol. Mexic. part. 1, pag. 15 et 40, tab. 5.

DESCRIPTION.

FORMES. L'ensemble des formes de cette espèce est absolument le même que celui du Basilic à capuchon ; on remarque seulement que le lobe de peau qui s'élève verticalement au-dessus de l'occiput, est plus penché en arrière. Il paraît aussi que la crête dorsale et une portion de la caudale des individus mâles, ne prennent pas le développement qu'elles présentent dans l'espèce précédente. Le cou, le dos et la première moitié de la queue restent surmontés d'une simple carène dentelée en scie. C'est au moins ce qu'assure M. Wiegmann ; car nous ne nous sommes pas encore trouvé dans le cas de vérifier cette observation, n'ayant eu jusqu'ici, pour sujets d'études, que de jeunes individus et un seul de moyenne taille que la personne, à laquelle il appartient, ne nous a pas permis d'ouvrir, afin d'en constater le sexe. Au reste, la crête ressemble à celle des échantillons que M. Wiegmann a examinés. Le Basilic à bandes ne nous a pas non plus offert, dans son écaillure, comparée avec celle du Basilic à capuchon, d'autres différences que celles que présentent les petites squames ventrales qui, au lieu d'être carrées et lisses, sont rhomboïdales et carénées.

COLORATION. Les individus que nous avons eus à notre disposition étaient en dessus d'un brun fauve, et en dessous d'une teinte blanchâtre, marbrés de brun foncé sous la tête, sur la poitrine et sous les membres. Ils portaient en travers du dos une suite de six ou sept bandes noires qui, chez quelques-uns, descendaient jusqu'au ventre. Ils avaient deux bandes longitudinales, blanches, liserées de noir qui partaient, l'une du dessus de l'œil pour venir aboutir à la racine de la cuisse, l'autre de la narine pour aller se terminer à l'aine, après avoir toutefois fourni une branche qui s'étendait le long de la mâchoire, depuis le dessous de l'œil jusqu'au menton.

La collection renferme un individu de vingt-huit centimètres de longueur, dont le dessus du corps est brun, dont les bandes transversales du dos sont d'un noir profond, dont les bandes longitudinales sont d'un blanc pur, et leur bordure du noir le plus prononcé. La face externe de ses pattes est coupée de bandes transversales d'un gris blanchâtre; le dessous de son cou, sa poitrine et ses membres sont marbrés de noir.

M. Wiegmann dit que les individus mâles qu'il possède, conservés dans la liqueur, ont le fond de leur couleur d'un bleu cendré; tandis que chez les femelles il tire sur le jaune cendré. Ce savant parle d'une raie blanche qui coupe longitudinalement le dessus de la tête en deux portions égales. Cette raie, nous sommes certains qu'elle existe chez nos jeunes sujets du Basilic à capuchon; mais nous ne l'avons remarqué dans aucun des exemplaires du Basilic à bandes, qui nous ont passé sous les yeux.

DIMENSIONS. Les dimensions suivantes sont celles des principales parties d'un jeune individu qui nous a été donné en échange par le musée britannique, sous le nom d'*Ophryoessa bilineata. Longueur totale*. 28" 1'''. *Tête*. Long. 2" 2'''. *Cou*. Long. 1. *Corps*. Long. 4" 3'''. *Memb. antér*. Long. 3" 5'''. *Memb. post*. Long. 8". *Queue*. Long. 20" 6'''.

PATRIE. Le Basilic à bandes est originaire du Mexique.

Observations. Il a d'abord été décrit dans l'Isis par M. Wiegmann, comme une seconde espèce du genre Basilic et considéré ensuite par Kaup, comme devant former un genre particulier qu'il a proposé de nommer *Corythæolus*, que Wagler a inscrit en double emploi dans son Système de classification des Amphibies, sous les noms d'*OEdicoryphus* et de *Basiliscus*.

VIIIe GENRE. ALOPONOTE. *ALOPONO-TUS* (1). Nobis.

CARACTÈRES. Peau des parties supérieures du tronc dépourvue d'écailles. Un petit fanon sans dentelures. Queue comprimée, garnie de grandes écailles carénées, verticillées. Deux rangées de pores fémoraux. Des dents palatines. Dents maxillaires à sommet trilobé. Une crête dorsale et caudale fort basse. Plaques céphaliques petites, égales, plates, polygones.

Le Saurien, d'après lequel nous établissons ce genre, est le seul que nous connaissions qui ait la presque totalité des parties supérieures du corps dépourvues d'écailles : on n'en voit effectivement aucune, ni sur le dos ni sur le dessus et les côtés du cou. La peau de ces régions ressemble à celle de quelques squales ou de certaines espèces d'Alutères, poissons voisins des Balistes. Examinée à la loupe, sa surface paraît couverte de très petits grains extrêmement serrés les uns contre les autres.

Les plaques céphaliques sont fort petites, égales et polygones. Les narines, grandes et ovales, s'ouvrent près du museau dans une plaque d'un petit diamètre.

Il pend sous la gorge des Aloponotes un fanon mince comme celui des Iguanes, mais qui est sans la moindre dentelure, et très peu développé en hauteur. Les Aloponotes ont, comme les Amblyrhinques, les formes un peu ramassées. Leurs doigts sont proportionnellement moins longs que ceux des Iguanes, des Cyclures et des autres genres voisins. Chacune de leurs cuisses est percée de deux rangées de

---

(1) Αλοτος, privé d'écailles, *sine squamis;* Νωτον, dos, *dorsum.*

pores, ce qui a lieu aussi chez les Métopocéros ; mais ce que n'offrent pas les Iguanes, les Amblyrhinques, les Cyclures ni les Brachylophes.

Le palais des Aloponotes est armé de deux petites rangées de dents coniques, et celles des côtés des mâchoires ne portent point de dentelures sur leurs bords, comme on l'observe dans les Iguanes : elles sont seulement trilobées à leur sommet, ainsi que cela arrive chez la plupart des Iguaniens Pleurodontes. Les Aloponotes ont la queue comprimée et revêtue d'écailles verticillées, non inégales en grandeur, comme celles des Cyclures. Une crête fort basse règne le long du dos et sur le dessus de la queue. L'Aloponote de Ricord est encore la seule espèce qu'on puisse rapporter à ce genre. En voici la description détaillée.

1. L'ALOPONOTE DE RICORD. *Aloponotus Ricordii.* Nobis.
(*Voyez* planche 3*j.*)

CARACTÈRES. Dessus du corps offrant, sur un fond noirâtre, un grand nombre de taches carrées de couleur fauve.

SYNONYMIE ?

DESCRIPTION.

FORMES. La tête a la forme d'une pyramide ayant quatre côtés à peu près de même largeur ; ses faces supérieure et latérales sont couvertes de petites plaques polygones presque arrondies, égales et à surface unie. La squame occipitale est petite et de figure ovale ; l'écaille rostrale est, au contraire, assez grande et plus dilatée dans le sens de sa largeur que dans celui de sa hauteur. Elle ressemble à un triangle. Les narines sont de grandes ouvertures ovales, pratiquées chacune d'une manière oblique au milieu d'une grande plaque située sur le côté et fort près de l'extrémité du museau. Bien que réellement hexagone, la plaque mentonnière affecte une forme triangulaire ; il y a vingt-six ou vingt-huit pièces écailleuses autour de chaque lèvre ; celles qui constituent les trois ou quatre premières paires sont carrées et toutes les autres, quadrilatères oblongues. Le long de l'une, comme de l'autre branche du maxillaire inférieur, il existe deux rangées de plaques rhomboïdales, dont les plus rapprochées de l'angle de la bouche sont carénées. La membrane du tympan, de forme ovalaire et d'un grand diamètre, se trouve tendue à fleur du trou de l'oreille. On compte une soixantaine de dents à la mâchoire supérieure, ainsi qu'à l'inférieure. Il y en a onze ou douze petites et coniques enfoncées les unes à la suite des autres dans chaque os palatin. La peau de la gorge, lorsqu'elle est dilatée, forme un énorme goître, sous lequel pend un fort petit fanon non dentelé, qui s'étend du niveau du milieu de la mâchoire inférieure jusqu'à la moitié du cou. Les membres sont forts et terminés par des doigts robustes, à proportion plus courts que ceux des Iguanes. Le plus long des doigts des pieds ou le quatrième ne fait pas tout-à-fait le quart de la longueur totale de la patte. Les ongles sont gros, solides et peu crochus. La queue, presque arrondie à sa naissance, est légèrement comprimée dans le reste de son étendue. Il règne sur le dessus du corps, une crête dentelée en scie qui commence derrière la nuque et s'interrompt un moment au-dessus des épaules pour se continuer ensuite tout le long du dos jusque sur les reins, où elle s'arrête de nouveau, après quoi elle reprend sans interruption jusqu'à l'extrémité de la queue, en s'abaissant toujours de plus en plus. C'est sur le milieu du dos que cette crête a le plus de hauteur ; sa portion cervicale est fort basse, et composée d'écailles moins comprimées que celles du reste de son étendue. Les parties latérales du cou, ainsi que le dessus et les côtés du tronc, sont complétement dépourvus d'écailles. La peau de ces régions ressemble à celle de certains Squales. La gorge et le dessous du cou offrent des petites écailles ovales enchâssées dans la peau, et entourées de granulations, absolument comme chez les Varans. De grandes squames rhomboïdales carénées, et également enchâssées dans la peau, revêtent la face supérieure des membres, qui en dessous présentent des écailles en losanges, lisses, et légèrement imbriquées. La poitrine et le ventre ont pour écaillure de petites pièces à peu près carrées, à surface unie. Une rangée de scutelles hexagonales, très élargies, ayant leur surface lisse et leur bord antérieur arrondi, recouvre le dessus des doigts ; deux autres rangées d'écailles de même forme, mais plus petites et moins élargies, sont appliquées le long de chacun de leurs côtés ; en dessous ils offrent une série imbriquée de grandes squames tricarénées, très dilatées transversalement. La paume des mains et la plante des pieds paraissent hérissées d'épines ; attendu que les pièces squameuses qui les garnissent sont relevées d'une carène, qui se prolonge en pointe aiguë en arrière. Les écailles qui revêtent le premier tiers de la face inférieure de la queue sont semblables à celles du ventre ; mais ses parties latérales, dans la même étendue, en offrent qui sont enchâssées dans la peau, et dont la figure est quadrangulaire et la surface surmontée d'une carène. Le reste du prolongement caudal se trouve protégé par des squames quadrilatères oblongues, très faiblement carénées. Nous ferons remarquer que toutes les écailles caudales indistinctement sont disposées en verticilles, et que, de distance en distance, il y en a dont le bord postérieur est armé d'une épine, comme cela se voit chez les Cyclures. Le dessous de chaque cuisse présente deux rangées longitudinales de pores, au nombre de dix-huit pour l'une, et de treize ou quatorze pour l'autre. Chacun de ces pores se trouve placé au milieu d'une rosace composée de plusieurs petites écailles.

COLORATION. Le seul individu appartenant à cette espèce, que renferme notre collection erpétologique, a le dessus du corps presque couvert de petites taches quadrilatères fauves, entre lesquelles cependant on distingue très bien la teinte noirâtre qui forme le fond de couleur des parties supérieures de l'animal. Les flancs et le dessous du tronc offrent une teinte d'un brun clair, uniforme sous celui-ci, vermiculé de noir sur ceux-là.

DIMENSIONS. *Longueur totale*, 1' 10" 5'". *Tête*. Long. 10". *Cou*. Long. 6" 5'". *Corps*. Long. 36". *Memb. antér*. Long. 19". *Memb. postér*. Long. 27". *Queue*. Long. 58".

PATRIE. L'échantillon qui a servi à notre description et à la figure que nous en donnons, a été envoyé de Saint-Domingue au Muséum d'histoire naturelle par M. Alexandre Ricord.

IXᵉ. GENRE AMBLYRHINQUE. *AMBLYRHIN-CUS* (1) , Bell.

(*Amblyrhincus*, Gray, Wiegmann, non Wagler).

CARACTÈRES. Corps couvert d'écailles relevées en tubercules. Gorge dilatable, mais sans fanon. Queue comprimée vers son extrémité et garnie de grandes écailles verticillées. Une rangée de pores sous chaque cuisse. Des dents palatines? Dents maxillaires latérales, à sommet trilobé. Une crête paléacée assez haute sur le dos et sur la queue. Tête couverte de tubercules iné-gaux à base polygone. Doigts gros et courts.

Les Amblyrhinques, ayant leurs parties supérieures cou-vertes d'écailles, ne peuvent être rangés dans le genre précédent. D'un autre côté, comme ces mêmes écailles sont élevées et souvent même assez aiguës pour rendre la peau sem-blable à une carde ; que leurs doigts sont extrêmement courts et presque égaux, ils se trouvent déjà, jusqu'à un certain point, isolés des quatre genres qui vont suivre. Si en effet on les compare, ils offrent chacun un caractère différentiel qu'on pourrait opposer. Ainsi l'absence de fanon les dis-tingue des Iguanes, comme la disposition verticillée des écail-les caudales des Brachylophes, leur seul rang de pores fémoraux des Métopocéros, et leur queue non épineuse des Cyclures.

Au nombre des signes caractéristiques des Amblyrhin-ques, on peut encore ajouter celui d'avoir la surface du crâne couverte de tubercules pour la plupart assez gros.

---

(1) De Αμϭλυς, large, obtus, *latus*, *obtusus ;* et de Ρύγχος, mu-seau, groin, *nasus.*

REPTILES , IV. 13

Ces Iguaniens ont la tête fort courte, le museau obtus, arrondi, les narines latérales, la membrane tympanale tendue à fleur du trou auriculaire et les dents maxillaires tricuspides, au moins les latérales. Le mauvais état des individus appartenant à ce genre, qu'on possède dans les collections, n'a pas permis de constater d'une manière positive s'il existe des dents dans l'intérieur de la bouche. Les doigts des Amblyrhinques sont à proportion plus forts et plus courts que ceux des genres voisins. Les ongles sont d'une force remarquable. La crête, qui orne la partie supérieure du corps, a chez deux espèces beaucoup de ressemblance avec celle des Iguanes, mais la queue n'a pas la même longueur que chez ces derniers. Cette partie du corps des Amblyrhinques est forte et arrondie dans sa plus grande étendue ; ce n'est que vers son extrémité qu'elle se trouve aplatie de droite à gauche.

Le genre que Wagler nomme *Amblyrhincus*, n'a de commun que le nom avec celui dont nous venons d'exposer les caractères ; car le savant erpétologiste allemand, croyant à tort reconnaître dans l'*Amblyrhincus cristatus* de M. Bell l'espèce d'Iguanien appelée à cou nu par Cuvier, c'est d'après elle qu'il a établi les caractères de son genre Amblyrhinque.

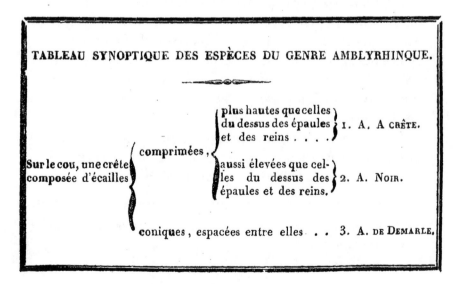

TABLEAU SYNOPTIQUE DES ESPÈCES DU GENRE AMBLYRHINQUE.

Sur le cou, une crête composée d'écailles

comprimées,

plus hautes que celles du dessus des épaules et des reins . . . . 1. A. A CRÊTE.

aussi élevées que celles du dessus des épaules et des reins. 2. A. NOIR.

coniques, espacées entre elles . . 3. A. DE DEMARLE.

1. L'AMBLYRHINQUE A CRÊTE. *Amblyrhincus cristatus.* Bell.

CARACTÈRES. Crête plus basse au-dessus des épaules et des reins que dans aucune autre partie de son étendue.

SYNONYMIE. *Amblyrhincus cristatus.* Thom. Bell. Zool. Journ. 1825, pag. 204, tab. 12, Supplém[t].

Amblyrhincus cristatus. Gray. Synops. Rept. in Griffith's anim. Kingd. tom. 9, pag. 37.

Amblyrhincus cristatus. Wiegm. Herpetol. Mexican. pars 1, pag. 16.

DESCRIPTION.

FORMES. La tête est courte, le museau large et tout-à-fait arrondi, à tel point que la ligne qu'il décrit horizontalement d'un angle de la bouche à l'autre formerait presque un demi-cercle. Ses trois dimensions, verticale, transversale et longitudinale, sont à peu près les mêmes. Les sourcils font une légère saillie en dehors. Le trou de l'oreille, à fleur duquel se trouve tendue la membrane du tympan, est assez petit. La surface entière de la tête est hérissée de tubercules coniques, aigus, dont les plus élevés sont situés en avant du vertex. Néanmoins la plaque occipitale est plate, et l'emplacement qu'elle occupe est entouré d'un cercle d'écailles tuberculeuses. Les dents sont nombreuses et distinctement trilobées. Il règne, depuis l'occiput jusqu'à la pointe de la queue, une crête assez semblable à celle des Iguanes. Elle s'abaisse brusquement au-dessus des épaules pour reprendre immédiatement après la même hauteur qu'elle présente sur le cou; mais, arrivée à l'extrémité postérieure du tronc, elle diminue encore une fois de hauteur, après quoi elle va toujours en augmentant légèrement jusqu'au milieu de la queue, qu'elle continue de surmonter jusqu'au bout, en perdant graduellement de son étendue verticale. Celles des écailles de cette crête, qui occupent la région cervicale et la dorsale, sont presque droites et un peu comprimées; tandis que celles qu'on peut appeler caudales offrent une certaine épaisseur et sont penchées en arrière. Les écailles qui garnissent les flancs sont plus petites que celles du dos; mais les unes et les autres ont une forme conique et un sommet assez aigu pour rendre la surface du tronc fort rude au toucher. Les membres

13.

sont proportionnellement plus forts et plus courts que ceux des Iguanes. Les doigts aussi sont bien loin d'offrir la gracilité de ceux de ces derniers. Ils ne sont pas positivement d'égale longueur entre eux, mais ils forment l'éventail. Les ongles sont robustes et crochus. On compte vingt-quatre pores fémoraux de chaque côté. La presque totalité de la queue présente une forme conique; mais vers son extrémité elle est légèrement aplatie de gauche à droite, et entourée dans toute sa longueur d'anneaux formés par de grandes écailles quadrilatères carénées.

COLORATION. L'individu d'après lequel cette description est faite se trouve être dans un si mauvais état de conservation, qu'il est difficile de reconnaître quelles étaient les couleurs qu'il présentait dans son état de vie. Les parties supérieures en sont noirâtres, nuancées de teintes plus claires sur les régions latérales du tronc.

DIMENSIONS. *Longueur totale*, 84" 3'". *Tête*. Long. 4" 8'". *Corps*. Long. 32" 6'". *Memb. antér.* Long. 14". *Memb. postér.* Long. 20" 3'". *Queue*. Long. 46" 8'".

PATRIE. Cet exemplaire de l'Amblyrhinque à crête, que nous avons vu dans la collection de M. Thomas Bell, lui a été envoyé du Mexique par M. Bullock jeune. C'est le seul que nous ayons encore été dans le cas d'observer.

Observations. Wagler a fort mal à propos considéré cette espèce comme n'étant pas différente de l'Iguane à cou nu de Cuvier (*Iguana delicatissima*, Laur.) dont il a formé un genre particulier qu'il désigne sous le nom d'Amblyrhinque. Il n'y a donc que la dénomination, comme il est aisé de s'en apercevoir, qui lui soit commune avec le genre établi par M. Bell.

2. L'AMBLYRHINQUE NOIR. *Amblyrhincus ater*. Gray.

CARACTÈRES. Crête aussi élevée au-dessus des épaules et des reins que dans les autres parties de ses régions cervicale et dorsale.

SYNONYMIE. *Amblyrhincus ater*. Gray. Synops. Rept. in Griffith's. anim. Kingd. tom. 9, pag. 37.

DESCRIPTION.

FORMES. Cette espèce ne nous paraît différer de la précédente qu'en ce que sa crête serait d'égale hauteur depuis la nuque jusqu'à la racine de la queue, sur laquelle elle s'étend en s'abaissant graduellement jusqu'à son extrémité. Les tubercules qu'on remarque sur la surface du crâne sont au nombre de treize ou quatorze, et plus solides que chez l'Amblyrhinque à crête ; attendu qu'ils sont le résultat des élévations que présentent les os du crâne eux-mêmes. On voit des lambeaux de peau libres sur l'occiput.

COLORATION. Un gris brun , nuancé de noir foncé, est répandu sur les parties supérieures de l'animal , dont les régions inférieures offrent une teinte plus claire.

DIMENSIONS. *Longueur totale* , 1' 8". *Queue.* Long. 92".

PATRIE. L'Amblyrhinque noir est originaire des îles Galapagos.

Observations. C'est encore une espèce qui n'est connue des naturalistes que par un seul sujet qui fait partie des richesses erpétologiques que renferme le musée britannique.

3. L'AMBLYRHINQUE DE DEMARLE. *Amblyrhincus Demarlii.* Nobis.

CARACTÈRES. Crête cervicale beaucoup plus élevée que la dorsale. La première composée de tubercules coniques, alongés, éloignés les uns des autres ; la seconde formée d'écailles en dents de scie , auxquelles se mêlent de distance en distance des tubercules coniques.

SYNONYMIE ?

DESCRIPTION.

FORMES. Parmi les tubercules trièdres et tédraèdres qui garnissent le dessus de la tête, ceux qui occupent la région occipitale sont les plus gros et les plus pointus. Les narines sont grandes , ovalaires et pratiquées de chaque côté du bout du museau dans une plaque qui n'est séparée de la squame rostrale que par quelques petites écailles subrhomboïdales non tuberculeuses. Les scutelles mentonnières sont médiocres et pentagones. La plaque rostrale, qui est très-dilatée en travers, présente aussi cinq côtés; sur les parties latérales des branches sous-maxillaires existent des écailles subrhomboïdales , oblongues et renflées. Les tempes sont protégées par des tubercules ayant six côtés. La squame occipitale est si petite qu'elle se trouve perdue au milieu des tubercules qui revêtent la région qui lui donne son nom.

La membrane tympanale est assez grande et tendue à fleur du

trou externe de l'oreille. On remarque une série de petits tuber·
cules sur la longueur de la nuque; mais, à partir de celle-ci jusqu'entre les deux épaules, on en compte une dizaine de fort
gros, dont la forme est conique ; l'intervalle qu'ils laissent entre
eux est assez grand. Le dos et la queue sont l'un et l'autre surmontés d'une carène plutôt que d'une crête dentelée en scie ; car
elle est fort basse, mais elle offre cela de remarquable, que de
distance en distance il existe un tubercule conique d'une plus
grande hauteur que les écailles en dents de scie qui composent
cette carène.

L'écaillure du dessus et des côtés du tronc ne diffère de celle
des Iguanes qu'en ce que les pièces qui la composent sont plus
épaisses. La face inférieure de chaque cuisse offre une ligne de
dix-huit pores, percés chacun au milieu d'une petite rosace d'é-
cailles. Les doigts sont courts, robustes et garnis de scutelles
semblables à celles de l'Aloponote de Ricord. Le bord interne du
second et du troisième présente une dentelure.

Il n'y a pas la moindre trace de fanon sous la face inférieure
du cou. Les squames qui revêtent les parties supérieure et latérales de celui-ci ressemblent à de petits tubercules pointus ayant
plusieurs côtés. Le dessus des bras est recouvert d'écailles rhomboïdales, à surface lisse. Autour de la queue se montrent des
anneaux de scutelles rhomboïdales distinctement carénées.

COLORATION. Une teinte roussâtre est la seule que nous ayons
aperçue sur la surface entière de l'individu que nous avons été à
même d'observer.

DIMENSIONS. Sa longueur totale est d'environ 70 centimètres.

PATRIE. Nous ignorons quelle est la patrie de cette espèce d'Amblyrhinque; mais il est à supposer que, de même que les deux
précédentes, elle habite le nouveau monde.

Observations. L'exemplaire d'après lequel nous avons rédigé
cette courte description se trouve déposé dans le musée de Boulogne-sur-Mer. Il nous a été obligeamment communiqué par un
des directeurs de ce même musée, M. Demarle, pharmacien distingué, auquel nous nous sommes plu à dédier cette nouvelle
espèce d'Amblyrhinque.

Xᵉ GENRE. IGUANE. *IGUANA* (1). Laurenti.
(*Hypsilophus*, *Amblyrhincus*, Wagler.)

CARACTÈRES. Un très grand fanon mince sous le cou. Plaques céphaliques polygones, inégales en diamètre, plates ou carénées. Un double rang de petites dents palatines. Dents maxillaires à bords finement dentelés. Une crête sur le dos et la queue. Doigts longs, inégaux. Un seul rang de pores fémoraux. Queue très longue, grêle, comprimée, revêtue de petites écailles égales, imbriquées, carénées.

Les espèces composant ce groupe générique sont principalement remarquables par le prolongement cutané qui constitue, sur toute l'étendue du dessous de la tête et du cou, un très haut fanon fort mince, dont le bord libre décrit une ligne courbe, et présente des dentelures à sa partie la plus voisine du menton. La peau fait quelques plis irréguliers sur les côtés de ce fanon, derrière lequel il existe un autre pli transversal qui se prolonge obliquement sur chaque épaule. Du reste, ces parties du corps ne sont pas les seules sur lesquelles on observe des plissemens de la peau : il y en a aussi sur les régions latérales du cou et du tronc, où elles semblent former des dessins dichotomiques. La tête des Iguanes est médiocrement longue. Elle a la forme d'une pyramide à quatre faces. Le cou est légèrement comprimé. Le dessus du corps est convexe, arrondi, le dessous aplati.

---

(1) Ce nom se rencontre dans les plus anciens auteurs, comme employé par les Portugais du Brésil, ainsi que nous l'indiquerons en traitant de ces espèces. Les habitans de Saint-Domingue, d'après Hernandez, le nommaient *Igoana*, *Hyuana*, *Higoana*, *Leguana*.

Les membres sont longs, et les doigts inégaux, quelquefois denticulés sur leurs bords. Les cinq doigts des pattes postérieures sont étagés ; le troisième et le quatrième de la main, égaux en longueur. La queue, qui est très longue et très grêle, s'aplatit légèrement de droite à gauche dès son origine. Le dessus et les côtés de la tête sont protégés par des plaques polygones de grandeur variable, parmi lesquelles on en remarque de bombées, de plates, de carénées, et même de fortement tuberculeuses. Pourtant les régions sus-oculaires n'offrent que de petites écailles anguleuses, subarrondies, et à surface légèrement convexe. Il est à remarquer que la partie du crâne, située entre les orbites, est protégée par deux séries longitudinales de grandes plaques anguleuses, tandis que chez les Métopocéros et les Cyclures cette même partie du crâne offre un pavé de petites écailles polygones. Au bord inférieur du cercle orbitaire adhère une rangée de fortes écailles anguleuses, oblongues, souvent carénées.

Les lèvres sont garnies de grandes lames écailleuses ordinairement quadrangulaires. Le long, ou mieux sur chaque branche du maxillaire inférieur, il existe aussi une série de grandes plaques, la dernière desquelles est énorme dans quelques cas, présentant un diamètre quadruple de celui des autres. Les écailles qui revêtent le dessus du cou et du corps ne sont que très faiblement imbriquées. Elles sont petites, carrées ou en losanges, surmontées d'une carène qui ne les coupe pas dans leur milieu, mais qui s'étend de leur angle inféro-postérieur à leur angle supéro-postérieur. Il arrive aux individus empaillés, dont la peau a été très distendue, d'offrir autour de ces écailles du dessus du corps un cercle de petits grains, qui rappelle jusqu'à un certain point le mode d'écaillure des Varaniens. Le dessous du cou est garni d'un pavé d'écailles lisses à plusieurs pans. On en voit de rhomboïdales et imbriquées sur le fanon. Sur les autres parties du corps, existent des écailles rhomboïdales entuilées ; et celles qui, parmi elles, ne sont point carénées, se trouvent sous les cuisses, la paume et la plante des pieds, et sur le dessus des doigts. La région inférieure de ceux-ci est protégée par une bande de scutelles élargies, imbriquées et surmontées de trois carènes, dont la médiane est faible et les latérales au contraire très saillantes. Le dessus de chaque doigt est couvert par une seule rangée d'écailles ; mais chacun des côtés en offre deux pour ceux de devant, tandis qu'aux doigts postérieurs le côté externe en présente trois, ce qui fait six séries d'écailles à chaque doigt antérieur et sept à chaque doigt de derrière. Bien qu'entuilées, les écailles de la queue forment des verticilles ou des anneaux complets, qui ne se laissent plus bien distinguer lorsqu'ils arrivent vers l'extrémité.

Tous les Iguanes ont des pores fémoraux, dont le nombre varie suivant les sexes, à ce que nous supposons ; il serait alors moindre chez les femelles que chez les mâles. Ces pores, qui sont placés sur une seule et même rangée, se trouvent entourés de petites écailles disposées comme les pétales ou les languettes d'une fleur à fleurons radiés le sont autour de leur disque.

Les Iguanes ont les parties supérieures du corps surmontées d'une crête paléacée, assez haute, qui règne depuis la nuque jusqu'à l'extrémité de la queue. Cette crête se compose d'écailles fortement comprimées, pointues, quelquefois recourbées en arrière et dont la hauteur diminue graduellement en se rapprochant du bout de la queue. Les narines sont situées sur les côtés du museau, tout près de son extrémité ; leur ouverture est large, et pratiquée au milieu d'une grande écaille, qui forme autour de chacune d'elles un cercle bombé, ce qui les fait paraître tubuleuses. La membrane tympanale, tendue à fleur du trou de l'oreille, est très grande et circulaire.

Les dents des Iguanes varient en nombre suivant l'âge des individus ; nous nous sommes assurés qu'il en existe moins chez les jeunes sujets que chez les individus adultes. Les douze ou quatorze premières dents maxillaires, en haut de même qu'en bas, sont presque arrondies, pointues et un peu arquées ; toutes les autres sont étroites, comprimées, à sommet anguleux et très finement dentelé sur leurs bords.

On remarque un double rang de petites dents en velours de chaque côté de la voûte du palais.

Les Iguanes sont herbivores. Jamais nous n'avons trouvé que des feuilles et des fleurs dans l'estomac des individus que nous avons ouverts. Le genre Iguane, c'est-à-dire tel qu'il fut proposé dans l'origine par Laurenti, réunissait des Sauriens qui n'avaient pas entre eux les moindres rapports génériques ; puisqu'on y voit rangés, comme de vrais Iguanes, l'*Agama colonorum*, le *Stellio vulgaris*, le *Lophyrus scutatus*, l'*Ophryoessa superciliosa*, le *Calotes ophiomachus*, etc. Néanmoins on continua encore longtemps de considérer comme des Iguanes ces espèces et quelques autres non moins dissemblables, dans le nombre desquelles se trouvent, par exemple, des Anolis, le *Lacerta marmorata* de Linné, ou Polychre, etc.

Ce fut Daudin qui reconnut le premier le peu d'analogie qui existait entre ces différens Sauriens. Alors il établit aux dépens du genre Iguane, qu'il laissa à très peu de chose près tel que nous le présentons dans ce livre, les genres Agame, Dragon, Basilic, Anolis, et fit pressentir la nécessité qu'il y aurait aussi d'isoler l'Iguane marbré, qu'il plaça cependant parmi les Agames, et dont Cuvier, quelques années après, fit le type de son genre Polychre. Jusqu'à l'époque où parut le système des Amphibies de Wagler, aucun naturaliste n'eut l'idée de rayer le nom d'Iguane du dictionnaire erpétologique, c'est ce que Wagler fit cependant en partageant en trois genres les Iguanes de Daudin : il appela l'un *Hypsilophus*, un second *Metopoceros*, et le troisième *Amblyrhincus*. Comme nous n'avons adopté que la seconde de ces trois divisions, les deux autres, ou les Hypsilophes et les Amblyrhinques, se trouvent correspondre à notre genre Iguane, dans lequel nous avons reconnu exister trois espèces, dont voici les caractères exprimés dans le tableau synoptique suivant.

TABLEAU SYNOPTIQUE DES ESPÈCES DU GENRE IGUANE.

Sous le tympan { une grande écaille circulaire : sur le bout du museau des plaques { aplaties ou convexes.	1. I. Tuberculeux.	
	relevées en pointe.	2. I. Rhinolophe.
pas de grande plaque.	3. I. A cou nu.	

I. L'IGUANE TUBERCULEUX. *Iguana tuberculata*. Laurenti.

Caractères. Côtés du cou semés de tubercules; une grande écaille circulaire sous le tympan.

Synonymie. *Lacertus Americanus pectinatus et strumosus seu leguana*. Séba. tom. 1, pag. 149, tab. 95, fig. 1.

Lacerta seu leguana Surinamensis, pectinata et strumosa, cœrulea, fœmina. Id. loc. cit. tom. 1, pag. 149, tab. 95, fig. 2.

Liguana pectinata et strumosa asiatica. Id. ibid. tom. 1, p. 151, tab. 96, fig. 4.

Liguana Senembi, in Novâ-Hispaniâ Tamacolin dicta, pectinata et strumosa. Id. tom. 1, pag. 151, tab. 97, fig. 3.

Lacertus Amboinensis pectinatus et strumosus maximus, Senembi, et Iguana dictus amphibius. Id. tom. 1, pag. 153, tab. 98, fig. 1.

Le Lézard à crête ou à peigne. Knorr. Delic. nat. tom. 1, p. 129, tom. 1, Pl. L, 3.

Iguana tuberculata. Laur. Synops. Rept. pag. 49.

L'Iguane. Lacép. Quad. ovip. tom. 1, pag. 267.

Le Lézard Iguane. Bonnat. Encycl. Méthod. Pl. 4, fig. 3.

Lacerta Iguana. Shaw. Gener. zool. tom. 3, pag. 199.

Iguana delicatissima. Latreil. Hist. rept. tom. pag. 255, et tom. 4, pag. 255.

L'Iguane crête jaune. Id. loc. cit. tom. 4, pag. 267.

L'Iguane à points bruns. Id. loc. cit. tom. 4, p. 268. Exclus. synonym. fig. 5, tab. 96. Séb. (*Iguana nudicollis.*)

Iguana delicatissima. Daudin. Hist. rept. tom. 3, pag. 263, tab. 40.

L'Iguane ordinaire d'Amérique à points noirs. Id. loc. cit. tom. 3, pag. 277.

L'Iguane ordinaire à traits irréguliers noirs. Id. loc. cit. tom. 3, pag. 280.

Iguana cœrulea. Id. loc. cit. tom. 3, p. 286. Exclus. synonym. fig. 5, tab. 96, tom. 1, Séb. (Iguana nudicollis.)

Iguana sapidissima. Merr. tent. Syst. amph. pag. 49. Exclus. synonym. fig. 5, tab. 96, tom. 1, Séba. (Iguana nudicollis.)

Iguana tuberculata. Voigt. Syst. der naturg. pag. 427.

Iguana squamosa. Spix. Spec. nov. Lacert. bras. pag. 5, tab. 5.

Iguana viridis. Id. loc. cit. pag. 6, tab. 6.

Iguana cœrulea. Id. loc. cit. pag. 7, tab. 7.

Iguana emarginata. Id loc. cit. pag. 7, tab. 8.

Iguana lophyroides. Id. loc. cit. pag. 8, tab. 9.

Iguana tuberculosa. Bory de Saint-Vincent. Résumé d'erpétol. pag. 12, tab. 21.

L'Iguane ordinaire. Cuv. Règn. anim. tom. 2, pag. 44.

L'Iguane ardoisé. Id. loc. cit. pag. 44.

Hypsilophus Iguana. Wagl. Syst. amph. pag. 147.

Iguana tuberculata. Gray. Synops. Rept. in Griffith's anim. Kingd. tom. 9, pag. 36.

Iguana tuberculata. Eichw. Zool. special. Ross. et Polon. t. 3, pag. 183.

Iguana tuberculata. Wiegm. Herpet. mexican. pars 1, pag. 16.

DESCRIPTION.

FORMES. La tête a, en longueur totale, le double de sa largeur en arrière; sa plus grande hauteur est d'un quart moindre que cette dernière. C'est tout-à-fait à l'extrémité du museau, qui est obtus, que se trouvent situées, l'une à droite, l'autre à gauche, les ouvertures nasales. Elles sont grandes, ovalaires et circonscrites par un anneau écailleux à bord relevé et légèrement tranchant. En avant des yeux, le dessus et les côtés de la tête sont garnis de plaques polygones, un peu bombées. Il y en a de complétement planes sur la région inter-orbitaire et de relevées en bosses ou tuberculeuses sur l'occiput. Ici, de même que sur le bout du nez, elles offrent un petit diamètre; mais sur le milieu du crâne et en arrière des narines, elles sont assez grandes. Une écaille très développée, affectant une forme triangulaire, mais réellement heptagone, protége le bout du museau. A l'extrémité de la mâchoire inférieure, il en existe une autre qui offre le même nombre de côtés, mais dont le diamètre est moins grand. Les bords latéraux de cette plaque mentonnière sont arqués en dedans. Les plaques nasales sont séparées l'une de l'autre par les deux ou trois rangées de petites squames qui recouvrent le bout du museau. Les plaques qui viennent après celles-ci augmentent en nombre et de grandeur, en avançant sur le front jusqu'à l'entrée de l'intervalle inter-orbitaire, où elles ne forment plus que deux rangées longitudinales. Arrivées sur l'occiput, celles-ci s'écartent pour former une espèce de fourche entre les branches de laquelle se trouve reçue la scutelle occipitale, qui est aplatie et subovale.

Nous avons compté quarante-sept à quarante-neuf dents à chaque mâchoire. Celles en carde qui arment les os palatins, sont disposées sur deux séries très serrées l'une contre l'autre de chaque côté. Le fanon de l'Iguane tuberculeux a presque autant de hauteur que la tête. Il a une forme à peu près triangulaire, et son bord antérieur offre onze ou douze grandes dentelures. Le dessus du cou présente de chaque côté de la crête qui le surmonte un nombre plus ou moins considérable de tubercules squameux, ressemblant à de petits cônes, dont le sommet aurait été légèrement comprimé et un peu penché en arrière. Tantôt ces tubercules sont très irrégulièrement disposés, tantôt au contraire ils constituent des lignes longitudinales et parallèles, au nombre de cinq ou six.

La crête qui orne le dessus du cou et du dos, est un peu plus élevée chez cette espèce qu'elle ne l'est chez l'Iguane appelé à cou nu ; car la hauteur des écailles qui la composent n'est guère moindre que celle de la partie postérieure de la tête, lorsque les sujets ont acquis leur entier développement. Ces écailles sont assez minces, pointues et légèrement arquées ; cette crête, ainsi conformée, se prolonge en s'abaissant par degrés jusqu'au huitième environ de la longueur de la queue, où elle se transforme en une simple carène dentelée en scie, qui ne finit qu'avec le prolongement caudal.

L'Iguane tuberculeux a les doigts fort alongés, particulièrement les postérieurs, dont le quatrième fait à lui seul le tiers de la longueur totale de la patte.

Il règne sous chaque cuisse une rangée longitudinale de quatorze ou quinze pores qui présentent une différence, suivant qu'on les examine chez des individus mâles, ou bien chez des sujets de l'autre sexe. Dans les premiers ils sont larges, et percés chacun dans une seule et même écaille; tandis que dans les seconds ils présentent une très petite ouverture que circonscrivent quatre écailles, une grande en avant, une petite en arrière, et une autre petite de chaque côté.

COLORATION. Le fond de la couleur de l'Iguane tuberculeux est en dessous d'un jaune verdâtre, et en dessus d'un vert plu sou moins foncé, devenant quelquefois bleuâtre, d'autres fois ardoisé. En général, les côtés du corps offrent, dans le sens de leur hauteur, des bandes ou des raies en zigzags brunes, bordées de jaune. Il est rare qu'il n'existe pas une ligne de cette dernière couleur tracée obliquement sur le devant de l'épaule. Certains individus sont piquetés de brun, d'autres ont les membres tachetés de jaune sur un fond noir. La queue est entourée de grands anneaux bruns, qui alternent avec d'autres de couleur verte ou jaunâtre.

DIMENSIONS. *Longueur totale*, 1' 77". *Tête.* Long. 11". *Cou.* Long. 9". *Corps.* Long. 30". *Memb. antér.* Long. 26". *Memb. post.* Long. 35". *Queue.* Long. 27".

PATRIE. L'Iguane tuberculeux habite une grande partie de l'Amérique méridionale; on le trouve aussi aux Antilles. Nous l'avons reçu du Brésil par les soins de Delalande, et de Cayenne par ceux de MM. Poiteau et Leschenault. M. Plée l'a envoyé de la Martinique, et il en a été recueilli plusieurs beaux échantillons à Saint-Domingue par le docteur Alexandre Ricord.

Observations. Nous n'avons pas, à l'exemple de la plupart des auteurs, indiqué cette espèce comme étant le *Lacerta Iguana* de Linné; attendu que dans sa phrase caractéristique rien n'indique que ce fût celle-là qu'il entendait particulièrement désigner. Il nous semble plus probable que ce *Lacerta Iguana* est la réunion de deux espèces d'Iguanes aussi communes l'une que l'autre en Amérique et dans les collections d'Europe, c'est-à-dire ceux appelés Tuberculeux et A cou nu. Au reste, les figures qu'on en trouve dans les ouvrages de Séba, et d'autres auteurs antérieurs à Linné, ont été citées par celui-ci comme appartenant à une même espèce, à laquelle il a également rapporté une figure de Catesby, qui représente bien évidemment un Cyclure. Laurenti, au contraire, a parfaitement saisi et indiqué les caractères différentiels de ces deux espèces, qu'il a désignées, l'une par le nom d'*Iguana tuberculata*, l'autre par celui d'*Iguana delicatissima*. Mais il se trouve qu'il rapporte à la fois à cette dernière espèce, et la seule figure qu'en ait donnée Séba, et toutes celles de l'ouvrage de cet auteur, qui représentent la première ou l'*Iguana tuberculata*, à l'article duquel Laurenti ne fait aucune citation synonymique.

Il est évident que les descriptions et les figures de Sauriens, publiées sous les noms de Lézard Iguane par Lacépède, de *Lacerta Iguana* par Shaw, et d'Iguane ordinaire par Daudin, ont été faites d'après des individus de l'Iguane tuberculeux, à l'histoire duquel ils ont mêlé celles de plusieurs autres espèces appartenant, soit au genre Iguane proprement dit, soit à des genres ou même à des familles différentes. On doit également considérer comme synonymes de l'Iguane tuberculeux, l'Iguane ordinaire et l'Iguane à crête jaune de Latreille, les Iguanes Ardoisé, A points bruns et A traits irréguliers noirs de Daudin, prétendues espèces établies pour la plupart sur des gravures de l'ouvrage de Séba.

Dans son ouvrage sur les Reptiles nouveaux du Brésil, Spix, sous les noms d'*Iguana Squamosa*, *Viridis*, *Cœrulea*, *Emarginata* et *Lophyroides*, a représenté l'Iguane tuberculeux à cinq époques différentes de sa vie. Ce même Iguane tuberculeux est le Saurien dont Wagler a fait le type de son genre *Hypsilophus*, principalement caractérisé par la grande plaque squameuse circulaire qui existe sous l'oreille.

2. L'IGUANE RHINOLOPHE. *Iguana rhinolopha*. Wiegmann.

CARACTÈRES. Museau surmonté de trois ou quatre écailles, élevées en forme de cornes comprimées, placées les unes à la suite des autres. Une grande plaque circulaire sous le tympan.

SYNONYMIE. . . . . . Plumier. Manusc. vol. tétrapodes (très bonne figure au trait).

Iguana tuberculata. Variet. Wiegm. Isis, 1828, p. 364.

Iguana (Hypsilophus) rhinolopha. Wiegm. Herpetol. Mexican. pars 1, pag. 44.

DESCRIPTION.

FORMES. Cette espèce ne se distingue de la précédente que par deux seuls caractères qui sont, il est vrai, bien faciles à saisir. Le premier consiste en ce que les plaques du dessus du museau, au lieu d'être légèrement convexes, ressemblent à des tubercules subconiques, dont trois ou quatre de ceux qui occupent la ligne médio-longitudinale s'élèvent chacun en une sorte de pointe comprimée, légèrement courbée en arrière, et dont la hauteur augmente avec l'âge. Le second caractère se trouve dans le nombre des écailles qui composent la crête dorsale, à partir de la nuque jusqu'à la racine de la queue. En effet, ce nombre, qui est toujours de cinquante-cinq à soixante chez l'Iguane tuberculeux, n'est que de quarante-et-un à cinquante-deux chez l'Iguane rhinolophe. Ces écailles sont d'ailleurs proportionnellement plus élevées que chez les Iguanes Tuberculeux et A cou nu.

COLORATION. Le mode de coloration est le même que celui de l'espèce précédente.

DIMENSION. L'Iguane rhinolophe devient aussi grand que celui appelé Tuberculeux.

PATRIE. Il habite le Mexique, et à ce qu'il paraît aussi Saint-Domingue; car nous en avons trouvé un excellent dessin au trait et de grandeur naturelle, dans les manuscrits du père Plumier.

Observations. Le musée de Boulogne-sur-Mer renferme trois individus appartenant à cette espèce. Deux sont, sinon jeunes, au moins d'âge moyen; le troisième paraît être adulte.

3. L'IGUANE ·A COU NU. *Iguana nudicollis.* Cuvier.

CARACTÈRES. Point de tubercules sur le cou; point de grandes plaques circulaires sous le tympan; une rangée de grandes et fortes écailles le long de chaque branche du maxillaire inférieur.

SYNONYMIE. *Liguana strumosa et dentata minor ex insulâ Formosâ.* Séba, tom. 1, pag. 151, tab. 96, fig. 5.

Iguana delicatissima. Laur. Synops. Rept. pag. 48. Exclus. synonym. fig. 1 et 2, tab. 95; fig. 4. tab. 96; fig. 3, tab. 97; et fig. 1, tab, 98, tom. 1, Seb. (Iguana tuberculata).

Iguana nudicollis. Cuv. Règn. anim. 1re. édit. t. 2, pag. 40, et 2°. édit. t. 2, pag. 45.

Iguana nudicollis. Merr. Syst. amph. pag. 48.

Iguana nudicollis. Guér. Iconog. Règn. anim. Cuv. tab. 11, fig. 1.

Amblyrhincus delicatissimus. Wagl. Syst. amph. pag. 148.

Iguana nudicollis. Gray, Synops. Rept. in Griffith's anim.
Kingd. tom. 9, p. 37.

Iguana delicatissima. Eichw. Zool. special. Ross. et Polon. t. 3,
pag. 183.

Iguana nudicollis. Wiegm. Herpetol. Mexicau. pars 1, pag. 16.

DESCRIPTION.

Formes. Les seules différences qui existent entre l'Iguane à cou
nu et le tuberculeux sont les suivantes : la crête dorsale est proportionnellement moins élevée ; les plaques qui revêtent la partie
postérieure du crâne sont beaucoup plus tuberculeuses, et grou-
pées de telle manière qu'elles se trouvent former deux protubé-
rances placées l'une à droite, l'autre à gauche ; sous l'oreille,
il n'existe pas de grande squame circulaire ; les côtés des
branches sous-maxillaires, au lieu d'offrir un pavé d'é-
cailles hexagonales, présentent chacune une seule rangée longitudinale de huit ou neuf grandes scutelles épaisses, convexes qui,
bien qu'ayant réellement plusieurs pans, affectent une forme
circulaire ; cette rangée est parallèle à celle des plaques labiales
dont elle n'est séparée que par une ou deux séries de petites
écailles ; la partie inférieure du fanon est arrondie, et son bord
antérieur ne présente au plus que huit ou neuf dentelures.

Coloration. Quant au mode de coloration, il paraît plus simple que celui de l'Iguane tuberculeux ; car tous les sujets que nous
nous sommes trouvés dans le cas d'examiner, nous ont offert
une teinte uniforme vert bleuâtre ou bleu verdâtre sur toutes
les parties supérieures du corps ; tandis que les inférieures n'en
différaient que par une couleur plus claire. Un seul individu
nous a montré son épaule marquée d'une raie jaune, comme chez
l'Iguane tuberculeux.

Dimensions. *Longueur totale*, 1' 24". *Tête*. Long. 7". *Cou*. Long.
7". *Corps*. Long. 25". *Memb. antér.* Long. 16". *Memb. postér.*
Long. 22". *Queue*. Long. 85".

Patrie. La plupart des échantillons qui sont déposés dans la
collection du Muséum d'histoire naturelle, ont été recueillis à la
Martinique et à la Guadeloupe par M. Plée. Nous en avons aussi
deux ou trois qui viennent du Brésil : on les doit à la générosité
de M. Freycinet.

Observations. Il existe dans l'ouvrage de Séba une figure repré-

REPTILES, IV. **14**

sentant cette espèce d'Iguane, qui a été citée par tous les auteurs comme appartenant à l'Iguane tuberculeux : c'est celle de la planche 96 du tome 1er., qui porte le n° 5. L'Iguane à cou nu, ainsi nommé par Cuvier, est celui que Laurenti a appelé *Iguana delicatissima*, qu'il a fort bien su distinguer de l'*Iguana tuberculata*, dans la phrase par laquelle il le caractérise et auquel cependant il a rapporté toutes les figures de Séba, qu'avec un peu d'attention il aurait dû reconnaître pour appartenir à l'Iguane tuberculeux. L'Iguane à cou nu forme pour Wagler un genre particulier, qu'il a appelé Amblyrhinque, parce qu'il a faussement cru que le Saurien décrit par M. Bell, sous le nom d'*Amblyrhincus cristatus*, n'en était pas différent.

XIe GENRE. MÉTOPOCÉROS. *METOPOCEROS* (1). Wagler.

(*Iguana.* Cuvier.)

CARACTÈRES. Gorge dilatable, mais dépourvue de fanon. Quelques plaques tuberculeuses sur le museau. Des dents palatines. Dents maxillaires à sommet tricuspide. Dos et queue crêtés. Un double rang de pores fémoraux. Queue longue, comprimée, revêtue d'écailles égales, imbriquées, carénées, mais non épineuses.

Les Métopocéros sont, pour ainsi dire, des Iguanes sans fanon, à dents de Cyclures. De même que les Aloponotes, ils ont le dessous de leurs cuisses percé de deux rangées de pores : caractère qui, joint à celui de n'avoir point la queue épineuse, les distingue nettement des Cyclures.

Comme ces derniers, les Métopocéros ont le dessus de la tête, vers son milieu, ou entre les orbites, garni d'un pavé

---

(1) De Μετωπον, le front, *frons*, et de Κερας, corne, *cornu.*

d'écailles polygones, et non de grandes plaques disposées sur deux lignes longitudinales, ainsi que cela s'observe dans les Iguanes.

Ce genre est établi sur une espèce encore unique, connue depuis long-temps sous le nom d'Iguane cornu, dont voici la description.

1. LE MÉTOPOCÉROS CORNU. *Metopoceros cornutus.* Wagler.

CARACTÈRES. Front surmonté d'un gros tubercule en forme de corne. Entre celle-ci et les narines, deux paires de grandes plaques bombées ou carénées, bornant, l'une à droite l'autre à gauche, une région médiane garnie de petites écailles polygones un peu arrondies. Crête dorsale à peine apparente au-dessus des épaules, interrompue sur les reins ; verticilles de la queue peu développés.

SYNONYMIE. *Le Lézard cornu.* Lacép. Quad. ovip. tom. 2, pag. 493.

Le Lézard cornu. Bonnat. Encyclop. méth. Pl. 4, fig. 2.

Horned guana. Shaw, Gener. zool. tom. 3, pag. 199.

Iguana cornuta. Latr. Hist. rept. tom. 2, pag. 267, et tom. 4, pag. 274.

Iguana cornuta. Daud. Hist. rept. tom. 3, pag. 282.

Iguana cornuta. Merr. Syst. amph. pag. 48.

L'Iguane cornu de Saint-Domingue. Cuv. Règ. anim. 1re édit. tom. 2, pag. 40 ; et 2e édit. pag. 45.

Metopoceros cornutus. Wagl. Syst. amph. p. 148.

Iguana (Metopoceros) cornuta. Wiegm. Herpetol. Mexican. pars 1, pag. 16.

Iguana tuberculata var. Gray, Synops. rept. in Griffith's anim. Kingd. tom. 9, p. 36.

DESCRIPTION.

FORMES. La tête du Métopocéros cornu est assez alongée ; le dessus en est parfaitement plan, à partir du bord orbitaire antérieur jusqu'à l'occiput ; tandis qu'en avant des yeux il est légèrement arqué en travers, et un peu incliné du côté du nez. Sur le front, à peu près au niveau du bord antérieur des orbites, on

14.

remarque un tubercule conique, à base fort élargie, ressemblant
en quelque sorte à une corne. En arrière de ce tubercule, la
surface du crâne est garnie de petites squames polygones, égales
entre elles ; le dessus du museau en offre de semblables, mais il
présente en outre six plaques, partagées en deux séries longitudinales de trois chacune.

La troisième plaque de l'une comme de l'autre de ces deux
séries, que sépare un certain intervalle, touche à la protubérance
frontale ; elle est peu développée, présente plusieurs côtés, et se
relève au milieu en une espèce de petite pointe. La seconde est
ovale, oblongue, très grande, élevée en carène en dos d'âne,
un peu penchée en dehors. La première, moitié moins dilatée
que celle qui la suit immédiatement, est pentagone, bombée, et
articulée par un de ses pans avec une des deux plaques nasales.
Celles-ci, qui sont fort grandes et placées sur les côtés du museau,
ressemblent à des triangles isocèles, ayant le sommet de leur angle le plus aigu dirigé vers l'œil. Loin de toucher à la scutelle rostrale, elles en sont séparées chacune par une série de plaques polygones, un peu plus dilatées que celles du dessus du museau. Les
narines sont très ouvertes, et de forme ovalaire.

L'écaille occipitale, un peu arrondie, se trouve située sur
la ligne qui conduit directement d'un bord postérieur orbitaire à
l'autre. Très dilatée transversalement, la plaque rostrale présente
trois côtés. Le bord inférieur de l'orbite est garni de gros tubercules squameux, carénés ou relevés en pointe anguleuse, formant
une série qui se prolonge jusqu'au-dessus du tympan.

On distingue sur la marge antérieure de celui-ci, deux ou trois
autres tubercules semblables à ceux dont nous venons de parler.
Nous avons compté onze ou douze plaques labiales supérieures
de chaque côté ; les quatre ou cinq dernières d'entre elles sont
fortement carénées. Le nombre des écailles labiales inférieures
n'est pas différent ; mais aucune d'elles ne se trouve relevée en
carène. Il existe, le long de chaque branche du maxillaire inférieur, de gros tubercules plus longs que larges, qui d'abord, disposés sur une seule rangée, en forment ensuite deux, unies l'une
à l'autre. Les trois d'entre eux qui sont le plus voisins du menton
sont presque plats ; mais les deux qui les suivent immédiatement
offrent une surface bombée, et tous ceux qui viennent ensuite se
compriment de manière à former une haute carène tranchante.
La plaque mentonnière est petite et triangulaire. Les mâchoires

sont chacune armées d'environ cinquante-six dents, dont les quatorze premières sont coniques, un peu grêles et légèrement courbées en dedans. Les douze suivantes joignent, à un peu plus de
force, un sommet obtus et une forme légèrement comprimée ;
puis toutes les autres sont triangulaires, dentelées de chaque côté,
et distinctement aplaties de dedans en dehors. On voit une ligne
de petites dents enfoncées dans chaque os palatin. Le seul individu
de cette espèce que nous ayons encore observé, ne nous a pas
offert de fanon sous la région inférieure du cou ; mais comme c'est
un sujet empaillé et en assez mauvais état, il se pourrait que,
par suite de la préparation qu'on lui a fait subir, il eût perdu ce
lambeau de goître. Cependant, nous l'avons examiné avec assez
de soin pour croire qu'il n'en a jamais eu.

La crête dorsale ne prend pas naissance immédiatement derrière l'occiput ; elle ne commence qu'un peu après l'extrémité antérieure du cou qu'elle parcourt, ainsi que le dos et la queue,
après s'être toutefois interrompue presque tout-à-fait entre les
épaules et complétement sur les reins. Sa portion cervicale est fort
basse, et la dorsale n'est pas très élevée.

La queue, quoique fort alongée, ne l'est cependant pas à proportion autant que celle des Iguanes. Comme la leur, elle est
comprimée et garnie d'écailles quadrilatères carénées et imbriquées, qui semblent disposées en cercles autour d'elle.

L'écaillure des parties supérieures du tronc se compose de pièces
plus petites que chez les Iguanes Tuberculeux et A cou nu. Ces
petites pièces squameuses, autant que nous pouvons en juger sur
notre individu desséché, sont rhomboïdales et légèrement carénées ; mais elles ne sont point imbriquées, ce qui, au reste,
n'est peut-être dû qu'à l'élargissement que la peau a subi. De
même que les écailles des Varans, elles sont entourées chacune
d'un cercle, soit simple, soit double, de très petites squames granuleuses.

Les membres n'ont rien, ni dans leur forme ni dans leurs proportions, qui les distingue de ceux des Iguanes. Sous chaque
cuisse il existe deux rangées de petits pores, percés chacun au
centre d'une rosace, composée d'une dizaine d'écailles subovales
fort petites. Ces pores sont disposés sur deux rangées longitudinales, et de telle sorte, que ceux d'une rangée correspondent
aux intervalles de ceux de l'autre.

COLORATION. L'état de dessiccation dans lequel se trouve notre exemplaire du Métopocéros cornu , ne permet pas de prendre une idée précise du mode de coloration que présente l'animal vivant. Le dessus de son corps est d'un gris fauve , offrant sur les flancs des espèces de grandes taches ou des marbrures d'une teinte plus claire.

DIMENSIONS. *Longueur totale*, 1' 4". *Tête* Long. 10". *Cou*. Long. 8". *Corps*. Long. 27". *Memb. antér*. Long. 21". *Memb. postér*. Long. 26". *Queue*. Long. 59".

PATRIE. Suivant Lacépède, ou plutôt suivant la personne qui lui a donné l'individu qui vient de servir à notre description , le Métopocéros cornu serait fort commun à Saint-Domingue ; mais nous avons tout lieu d'en douter, car jamais il ne s'en est trouvé un seul échantillon dans aucun des nombreux envois zoològiques qui ont été adressés de cette île à notre établissement.

Observations. Plusieurs auteurs ont regardé cette espèce comme une simple variété , soit de l'Iguane tuberculeux , soit de l'Iguane cornu ; mais nous espérons avoir indiqué d'une manière assez précise les différences qui la distinguent de ces deux Iguanes, pour qu'il ne reste plus de doute à cet égard.

XIIe GENRE CYCLURE. *CYCLURA*. Harlan (1).

(*Iguana*. Cuvier et Merrem, en partie. *Ctenosaura*. Wiegmann et Gray, en partie. *Cyclura*. Wagler, Wiegmann, Gray.)

CARACTÈRES. Peau de la gorge lâche , plissée en travers, mais dépourvue du véritable fanon des Iguanes. Plaques céphaliques anguleuses, plates ou bombées. Des dents palatines ; les maxillaires à sommet trilobé. Un seul rang de pores fémoraux. Dos et queue crêtés. Cette dernière, plus ou moins comprimée , garnie de verticilles d'écailles , alternant avec des anneaux d'épines.

(1) De Κυκλος, un cercle, rotunda, et de Ουρα , queue, *cauda*.

On distingue aisément les Cyclures des Iguanes par l'absence du fanon, par la forme tricuspide des dents, et surtout par la disposition verticillée des écailles épineuses de la queue. Ce dernier caractère s'oppose particulièrement à ce qu'on les confonde avec les Brachylophes ou avec les Métopocéros, qui d'ailleurs ont une double rangée de pores sous chaque cuisse.

La peau de la gorge fait un ou deux larges plis transversaux ; d'autres petites plissures plus ou moins prononcées se remarquent sur les parties latérales du cou et du corps.

Les narines sont semblables à celles des Iguanes. Le tympan ne diffère pas non plus de celui de ces derniers.

Il est certain que le nombre des dents des Cyclures augmente avec l'âge. Ces dents ne sont pas crénelées sur leurs bords comme celles des Iguanes ; elles n'ont que deux ou trois lobes à leur sommet.

Les dents palatines des Cyclures sont petites et placées sur un seul et même rang, à l'extrémité de chaque os palatin. Certaines espèces ont de grandes plaques polygones sur le dessus et sur les côtés du museau, telles que celles des Iguanes et des Métopocéros. On voit aussi sur l'occiput, sur le bas des joues et sous les yeux, des écailles fortement tuberculeuses ou carénées.

Chez d'autres, les écailles du dessus et des côtés du museau ne sont pas plus grandes que celles qui recouvrent la région moyenne du crâne et les parties latérales de la tête. Ces écailles sont arrondies et légèrement polygones.

L'écaillure des parties supérieures du tronc des Cyclures est à peu près la même que celles des Iguanes.

La crête dorsale est un peu moins haute que celle de ces derniers ; elle se trouve interrompue quelquefois au-dessus des épaules et des reins.

Les membres sont semblables à ceux des deux genres précédens.

La queue offre, proportionnellement peut-être, un peu moins de longueur que celle des Iguanes. Dans quelques espèces elle est comprimée dès sa naissance ; d'autres fois elle ne l'est que dans la seconde moitié ou le dernier tiers de son étendue.

Les épines de la queue sont de grandes et fortes écailles carrées, oblongues, surmontées d'une haute carène qui se termine en pointe ; elles constituent des demi-verticilles qui alternent avec des demi-anneaux d'autres écailles de mêmes formes, mais beaucoup moins grandes.

Le nombre, la longueur et la force des épines dont cette queue est armée, varient suivant les espèces ; elle offre soit deux, soit trois ou même quatre demi-anneaux de petites écailles, entre deux demi-verticilles d'épines. Le dessous de la queue n'est pas épineux.

Chaque cuisse est percée d'une série de pores ou de petits trous, entourés de petites écailles qui, par leur forme et leur disposition, font ressembler ces cryptes à de petites rosaces.

Les Cyclures, de même que les Iguanes, se nourrissent de feuilles et de fleurs ; les débris que nous avons trouvés dans l'estomac des individus que nous avons ouverts nous en ont fourni la preuve.

Il est singulier que M. Harlan, auquel on doit l'établissement du genre Cyclure, ne leur ait pas reconnu des dents palatines ; car ils en sont certainement pourvus. Tous ceux que nous avons pu examiner nous ont offert un palais distinctement denté. C'est, du reste, un fait que M. Wiegmann a aussi constaté dans ces derniers temps.

Il faut donc croire que c'est à une circonstance tout-à-fait accidentelle que les deux seuls Cyclures que M. Harlan a examinés ne lui ont pas offert de dents palatines.

Il en est résulté que M. Wiegmann, dans l'Isis de 1828, page 371, n'a fait que reproduire ces espèces de Cyclures comme un genre particulier sous le nom de *Ctenosaura* (1), qu'il a dû caractériser par la présence de dents palatines. De-

_____

(1) Des mots Κτεὶς-ἐνος, peigne, *pecten*, et de Σαυρος, Lézard, *Lacerta*.

puis, ce savant erpétologiste allemand, ayant reconnu l'erreur qu'il avait commise, a rendu au genre qui nous occupe son premier nom, celui de Cyclure ; car c'est ainsi qu'il l'a inscrit dans son Erpétologie du Mexique.

M. Gray, dans son *Synopsis reptilium*, dont la publication est antérieure à l'ouvrage de M. Wiegmann, admet un genre Cténosaure et un genre Cyclure, caractérisés, l'un par la présence des dents palatines, l'autre par l'absence de ces mêmes dents. Mais pour prouver le peu de fondement sur lequel reposent ces deux divisions, nous aurons seulement besoin de faire remarquer que deux des trois espèces composant le genre Cyclure, le *Cyclura teres* et le *Cyclura armata*, ne sont connues de l'auteur que d'après M. Harlan, et que le troisième n'est tout simplement qu'un très jeune individu de la seconde espèce, ou de notre Cyclure de Harlan. Nous en avons la certitude, parce que, possédant un des deux individus dont M. Gray s'est servi pour établir l'espèce de son *Cyclura nubila*, nous avons pu soigneusement le comparer avec nos exemplaires du Cyclure de Harlan, dont il est certainement le jeune âge.

Le nombre des espèces de Cyclures indiquées par les auteurs, est de neuf ou dix ; mais la moitié environ, et peut-être plus, sont purement nominales, ou n'ont été admises que sur des relations et non à la suite d'une comparaison exacte, telle que celle à laquelle nous procédons constamment dans nos études.

TABLEAU SYNOPTIQUE DES ESPÈCES DU GENRE CYCLURE.

Queue	comprimée : pores fémoraux au nombre de.	vingt à vingt-quatre.	1. C. DE HARLAN.
		cinq.	2. C. PECTINÉ.
	à peu près ronde.		3. C. ACANTHURE.

1. LE CYCLURE DE HARLAN. *Cyclura Harlani.* Nobis.

Caractères. Plaques du dessus du museau polygones, dilatées en travers, renflées ou carénées, disposées par paires ; une scutelle ovale, carénée, sur le milieu du front. Crête dorsale interrompue entre les épaules et sur les reins, chez les sujets non adultes. Queue comprimée ; vingt ou vingt-un pores sous chaque cuisse.

Synonymie. *Le grand Lézard* ou *Guanas.* Catesb. Hist. Carol. tom. 2, pag. 64, tab. 64?

Cyclura carinata. Harl. Journ. acad. nat. sc. of Philad. tom. 4, pag. 242 et 250, tab. 15.

Iguana Cyclura. Cuv. Règn. anim. tom. 2, p. 45.

Iguana (Cyclura) carinata. Gray, Synops. in Griffith's anim. kingd. tom. 9, p. 39.

Cyclura nubila. Idem. Loc. cit. tab. sans n°.

Cyclura carinata. Wiegm. Herpet. Mexic. pag. 42.

Cyclura carinata, Wagl. Amph. pag. 147.

Cyclura Harlani. Th. Coct. Hist. de l'île de Cuba, par Ramon de la Sagra, part. erpét. tab. 6.

DESCRIPTION.

Formes. Il existe une certaine ressemblance entre l'écaillure céphalique du Métopocéros cornu et celle de l'espèce que nous nous proposons de faire connaître ici.

Le Cyclure de Harlan a sur le milieu du front une grande plaque carénée, dont la forme est ovale, malgré les sept pans qu'elle présente. Cette plaque est entourée de squamelles polygones, pour la plupart carénées, faisant partie d'un pavé qui s'étend en arrière jusqu'à l'extrémité du crâne, en avant jusqu'aux grandes scutelles du museau, et qui latéralement est limité par les bords orbitaires supérieurs. Les squames qui revêtent ceux-ci sont petites et imbriquées. L'écaille occipitale est ovale et médiocre, et les côtés de la surface, dont elle prend le nom, sont garnis de plaques polygones qui deviennent tuberculeuses avec l'âge. La scutelle rostrale, qui est triangulaire, couvre à elle seule tout le bout du nez. Immédiatement derrière elle, se trouvent placées, les deux grandes plaques dans lesquelles sont percées les narines, l'une à droite l'autre à gauche, elles sont soudées par le haut. Après ces squames nasales, sur le dessus du museau, viennent disposées par paires, huit autres grandes écailles plus larges que longues, soit bombées, soit bosselées, ou bien très légèrement carénées dans leur sens transversal. Les deux premières de ces huit plaques sont les plus petites et distinctement triangulaires ; tandis que les troisièmes, qui sont les plus grandes, n'ont pas plus que les secondes et les quatrièmes une forme déterminée. On remarque presque toujours deux petites écailles rhomboïdales, l'une devant, l'autre derrière la dernière paire des huit plaques dont nous venons de parler. Les squames qui occupent les parties de la tête comprises entre le bout du nez et les yeux sont au nombre de trois à cinq de chaque côté ; elles sont polygones et de forme variable, suivant les individus. Les lèvres sont garnies chacune de sept à huit plaques quadrilatères ou pentagones. Il y a, le long de l'une et de l'autre branche sous-maxillaires, une série de grandes et fortes scutelles, ou plutôt de gros tubercules tranchans. Cette série se bifurque sous l'œil, et se continue ainsi jusque sous le tympan, aux environs duquel sont d'autres tubercules semblables à ceux dont nous venons de parler. Toutefois nous ferons remarquer qu'il est certains sujets chez lesquels les plaques des côtés des branches sous-maxillaires ne sont point tuberculeuses, mais simplement bombées. C'est le cas, en particulier, d'un individu de notre collection, celui même d'après lequel Cuvier a établi son Iguane à queue armée de la Caroline. Les jeunes Cyclures de Harlan n'ont pas d'écailles tuberculeuses le long des mâchoires.

Nous avons compté trente-six dents autour de la mâchoire supérieure, et trente seulement autour de la mâchoire inférieure d'un sujet adulte. Un individu d'âge moyen nous en a offert vingt-six à l'une comme à l'autre mâchoire ; et un très jeune sujet, vingt en haut et seize ou dix-huit en bas. Les dents palatines, au nombre de neuf ou dix de chaque côté, sont petites, grêles, arrondies. Il paraît qu'elles peuvent ne pas exister quelquefois ; car nous possédons un individu, fort jeune il est vrai, dont le palais est complétement lisse.

La membrane tympanale est grande et de figure ovale.

Les membres sont forts, mais médiocrement alongés. Les doigts ne présentent pas non plus une grande longueur ; car aux pieds, le quatrième n'entre que pour un peu plus du quart dans l'étendue totale de la patte. En dessus ils sont protégés par une rangée d'écailles hexagones, très larges et très imbriquées ; leur côté externe offre quatre séries de squames rhomboïdales, et leur côté interne trois seulement. En dessous ils sont garnis de scutelles quadrilatères, tricarénées, et on remarque une forte dentelure le long du bord interne du second et du troisième des pattes de derrière.

La crête dentelée en scie, qu'on voit régner sur le dessus du corps du Cyclure de Harlan, commence un peu en arrière de l'occiput, s'interrompt un moment entre les épaules, puis se continue jusqu'à la fin du premier tiers de la queue, après s'être considérablement abaissée en passant sur les reins. Plus l'animal est jeune, moins elle est apparente en cet endroit : cette crête, qui est beaucoup plus basse que celle des Iguanes tuberculeux et à cou nu, conserve, sur le premier tiers de la longueur de la queue, la hauteur qu'elle a sur le dos ; mais ensuite elle s'abaisse graduellement, sans cependant que les écailles qui la composent perdent de leur épaisseur.

La queue est très distinctement comprimée, et une fois plus longue que le reste du corps. Elle est garnie de verticilles d'écailles quadrangulaires, offrant une carène placée obliquement dans le sens de leur longueur. Parmi ces écailles, il y en a de plus grandes que les autres, et dont l'extrémité postérieure de la carène se prolonge en épine. C'est sur la première moitié de la queue qu'elles existent, constituant des demi-anneaux séparés les uns des autres par quatre cercles d'écailles, petites et non épineuses.

La face inférieure de chaque cuisse offre une série de vingt-un ou vingt-deux petits pores, percés chacun au milieu d'une rosace composée de six petites écailles.

Coloration. Les échantillons du Cyclure de Harlan, que nous possédons, soit empaillés, soit conservés dans l'alcool, ont les parties supérieures du corps d'un gris-brun, à l'exception d'un jeune sujet, qui est d'un gris bleuâtre ; mais tous offrent de chaque côté du tronc des bandes obliques de couleur brune, formant des chevrons au nombre de huit à dix. Ces bandes, qui ont leurs bords irrégulièrement festonnés, sont le plus souvent piquetées ou nuagées de brun clair.

Dimensions. *Longueur totale,* 1" 50'". *Tête.* Long. 14". *Cou.* Long. 11". *Corps.* Long. 41". *Memb. antér.* Long. 26". *Memb. postér.* Long. 30". *Queue.* Long. 84".

Patrie. Le Cyclure de Harlan se trouve dans la Caroline, d'où il en a été envoyé un individu au Muséum par M. l'Herminier.

Il habite aussi Cuba et l'île Turque, l'une des Caïques dans le golfe du Mexique ; car M. Ramon de la Sagra l'a recueilli lui-même dans la première de ces deux îles ; et M. Harlan a le premier décrit et fait représenter l'espèce d'après un individu provenant de la seconde.

Observations. Nous sommes certains que le *Cyclura nubila* de Gray est le jeune âge de notre Cyclure de Harlan, qui n'est pas différent non plus de l'Iguane à queue armée de Cuvier.

2. LE CYCLURE PECTINÉ. *Cyclura pectinata*. Wiegmann.

Caractères. Plaques du dessus du museau disco-polygones, non disposées par paires. Crête dorsale interrompue avant la base de la queue, celle-ci comprimée. Cinq pores sous chaque cuisse.

Synonymie. *Cyclura pectinata*. Wiegm. Herpet. Mexic. pars 1, pag. 42; tab. 2.

DESCRIPTION.

Formes. Le Cyclure pectiné est une espèce fort voisine de la précédente, mais qui s'en distingue néanmoins au premier aspect, en ce qu'elle n'a que cinq pores sous chaque cuisse, en ce que sa crête n'est point interrompue au-dessus des épaules, en ce qu'elle manque de grande plaque sur le milieu du front, et que les scutelles du dessus de son museau ne sont guère plus dilatées que celles des autres parties de la surface de la tête.

Coloration. Le Cyclure pectiné est diversement peint de jaune et de brun. Cette dernière couleur domine sur la tête, le cou et les membres ; tandis que la première est plus abondamment répandue, soit par taches, soit par marbrures, sur le tronc et la queue. Telle est du moins le mode de coloration sous lequel M. Wiegmann a fait représenter cette espèce dans la première partie de son bel ouvrage sur l'Erpétologie mexicaine.

Patrie. Le Cyclure pectiné se trouve au Mexique.

Observations. C'est une espèce dont nous ne possédons encore aucun échantillon.

3. LE CYCLURE ACANTHURE. *Cyclura acanthura.* Gray.

CARACTÈRES. Plaques du dessus du museau semblables à celles du reste de la surface de la tête, c'est-à-dire petites, plates, égales, disco-polygones. Crête dorsale continue chez les individus adultes, interrompue sur les reins dans les jeunes sujets. Queue un peu arrondie. Six à huit pores sous chaque cuisse.

SYNONYMIE. *Lacerta acanthura.* Shaw. Gener. zool. tom. 3, pars 1, pag. 216.

Uromastix acanthurus. Merr. Syst. amph. pag. 56.

Ctenosaura cycluroides. Wiegm. Isis, pag. 371, 1828.

Cyclura acanthura. Gray. Ann. philosoph. tom. 2, pag. 57.

Cyclura teres. Harl. Journ. of acad. natur. sc. of Philad. t. 4, pag. 246 et 250, tab. 16.

Iguana (Ctenosaura) cycluroides. Gray. Synops. in Griffith's anim. Kingd. tom. 9, pag. 37.

Iguana (Ctenosaura) acanthura. Gray. Synops. in Griffith's anim. Kingd. tom. 9, pag. 37.

Iguana (Ctenosaura) armata. Id. loc. cit.

Cyclura teres. Wiegm. Herpet. Mexic. pars 1, pag. 42 et 43.

Cyclura articulata. Id. loc. cit.

Cyclura denticulata. Id. loc. cit. tab. 3.

Cyclura acanthura. Blainv. Nouv. Ann. du Mus. d'hist. nat. tom. 4, descript. des Rept. Calif. 1835, pag. 288, Pl. 24, fig. 1.

DESCRIPTION.

FORMES. La tête du Cyclure acanthure a la forme d'une pyramide quadrangulaire à pans égaux. La face supérieure et les latérales sont revêtues de petites plaques égales, polygones, un peu arrondies. Les narines s'ouvrent de chaque côté du museau, fort près de son extrémité. Les plaques dans lesquelles elles sont percées, loin d'être soudées ensemble, comme chez le Cyclure de Harlan, sont au contraire séparées l'une de l'autre par plusieurs écailles. Elles sont, du reste, fort peu développées. La squame rostrale, dont la hauteur est une fois moindre que la largeur, présente cinq angles, dont le supérieur est arrondi. La scutelle mentonnière ne diffère de celle-ci qu'en ce qu'elle est plus petite, et que son angle supérieur est aigu. Les lèvres portent chacune vingt-quatre ou vingt-six autres écailles, ayant une figure quadrilatère oblongue. Il existe le long de chaque branche sous-maxillaire trois ou quatre séries de squamelles à six pans, plus dilatées que celles qui garnissent la gorge et qui sont distinctement hexagones.

Nous avons compté autour de chaque mâchoire cinquante à cinquante-six dents, dont les dix premières de chaque côté sont arrondies, tandis que les autres sont tricuspides et comprimées. Le palais est armé de dix-huit ou vingt petites dents pointues, partagées également en deux séries longitudinales un peu cintrées. Les plis que forme la peau du cou et des parties latérales du corps sont fortement indiqués, et parmi eux on remarque particulièrement celui qui se trouve situé transversalement au devant de la poitrine.

Le quatrième doigt des pieds entre pour beaucoup plus du tiers dans la longueur totale de la patte. Une rangée de grandes squames lisses et imbriquées couvre le dessus des doigts, dont chacun des côtés offre deux ou trois séries de squamelles parfois carénées. Les scutelles sous-digitales sont quadrilatères et tricarénées. L'écaillure du dessus et des côtés du tronc se compose de petites pièces carrées, lisses, non imbriquées. La poitrine et le ventre présentent des écailles unies, rhomboïdales, très faiblement entuilées. Les membres sont garnis de squames rhomboïdales : celles de leur face inférieure sont lisses, et celles de leur face supérieure très distinctement carénées. La crête qui surmonte la ligne médiane et longitudinale du corps règne sans interruption depuis la nuque jusqu'à l'extrémité postérieure du tronc, après s'être toutefois fortement abaissée en passant sur les reins. Cette crête se compose d'écailles roides, pointues. Quand les individus sont encore jeunes, elle n'est réellement manifeste que sur la première moitié du dos.

A la première vue, la queue paraît arrondie, mais, en l'examinant avec plus d'attention, on s'aperçoit qu'elle est légèrement déprimée à sa base, et au contraire un peu comprimée vers le milieu de son étendue. La crête qui la surmonte, au lieu de reem bler à celle du dos, ainsi qu'on l'observe chez les espèces précédentes, se compose d'écailles épineuses, comme on en voit disposées en demi-anneaux autour de cette partie du corps. Ces demi-anneaux d'épines, dans les deux derniers tiers de la longueur de la queue, se succèdent immédiatement ; mais dans le premier tiers ils se trouvent séparés les uns des autres par deux demi-cercles de petites écailles, simplement carénées ou terminées par une pointe très faible.

Le dessous de l'une et de l'autre cuisse est percé de six à huit pores, formant une série longitudinale plus rapprochée du cloaque que du jarret. Ces pores sont fort petits, et placés chacun au milieu d'une rosace de huit ou neuf écailles.

COLORATION. L'un des deux seuls individus appartenant à cette espèce, que nous ayons encore été dans le cas d'observer, est en dessus d'une jolie teinte verte, et l'autre d'un gris ardoisé assez clair. Tous deux ont la région interscapulaire marquée de deux taches noires arrondies, placées l'une derrière l'autre. Ils offrent en travers du dos six larges bandes noires, qui chez l'un entourent tout le tronc ; tandis que chez l'autre elles ne descendent pas plus bas que les flancs. Sur ces bandes se montrent des piquetures de la couleur du fond sur lequel elles sont appliquées : fond qui est lui-même irrégulièrement et faiblement tacheté ou nuancé de brun.

Des rubans noirs coupent transversalement le dessus des membres et de la queue. Ceux de cette dernière alternent avec des bandes jaunâtres.

DIMENSIONS. *Longueur totale*, 68". *Tête*. Long. 6". *Cou*. Long. 5". *Corps*. Long. 18". *Memb. antér*. Long. 12". *Memb. postér*. Long. 17". *Queue*. Long. 39".

PATRIE. L'origine de l'un des deux individus dont il vient d'être question ne nous est pas connue ; mais l'autre a été rapporté de Californie par M. Botta. L'espèce se trouve aussi au Mexique ; car le Cyclure denticulé que M. Wiegmann a décrit et représenté dans l'Histoire des Reptiles de ce pays, est le même que notre Cyclure acanthure. Il faut également lui rapporter le *Cyclura articulata* du même auteur, et l'espèce appelée à queue arrondie, par M. Harlan.

XIIIᵉ GENRE BRACHYLOPHE.
BRACHYLOPHUS (1). Cuvier.

CARACTÈRES. Peau de la gorge lâche, un peu pendante longitudinalement. Plaques céphaliques très
petites, polygones, égales, aplaties. Écailles de la
partie supérieure du tronc granuleuses. Des dents palatines ; dents maxillaires dentelées sur les côtés. Une
seule série de pores sous chaque cuisse ; une crête très
basse tout le long du dos. Queue très longue, très
grêle, comprimée à sa base, arrondie dans le reste de
son étendue, garnie de petites écailles égales, carénées,
imbriquées et sans crête.

On ne voit pas sous le cou des Brachylophes, comme sous
celui des Iguanes, un véritable fanon ; c'est-à-dire une
grande lame de peau mince et pendante, qui est toujours
apparente, que la gorge soit ou non gonflée. Dans ce genre,
la peau du cou est lâche, et par cela même elle forme des
plis principaux, l'un en longueur, l'autre en travers : celui-
ci se prolonge obliquement sur chaque épaule. On ne remarque pas qu'il y ait sur les côtés du cou et du corps des Brachylophes des plissures ramifiées, comme on en voit chez
les Iguanes et les Cyclures.

La tête des Brachylophes a la forme d'une pyramide à
quatre pans, semblable à celle des genres précédens, mais
elle est beaucoup plus courte. Les plaques qui la recouvrent
sont toutes fort petites, à peu près égales entre elles, polygones et plates. Les narines sont ovales, grandement ouver-

---

(1) Ce nom est composé de deux mots grecs, Βραχὸς, courte, *bre-*
vis, et de Λοφία, crête, *juba*, courte crête.

tes dans une plaque située sur le côté du museau, tout près de son extrémité.

La membrane tympanale est grande, ovalaire, très légèrement enfoncée dans le trou externe de l'oreille. C'est à tort que M. Cuvier a cru que les Brachylophes manquaient de dents palatines ; ils en ont bien certainement six ou huit petites de chaque côté. Les dents maxillaires se ressemblent toutes, elles sont fortement comprimées et divisées à leur sommet en trois pointes mousses.

Il règne, sur la partie supérieure du corps des Brachylophn se q̧,ue crête fort basse qui ne se prolonge pas au delà du premier huitième de la longueur de la queue ; cette crête est formée d'écailles fort courtes, peu consistantes. La queue, excessivement longue et très effilée, est légèrement comprimée dans la première moitié de son étendue, et arrondie dans la seconde ; son écaillure est la même que celle des Iguanes. Les squames qui protègent les parties supérieures du corps ne sont point imbriquées ; elles ressemblent à des petits cônes à base ovalo-rhomboïdale. Le sommet de toutes ces écailles est percé d'un petit pore.

Les membres sont longs et les doigts fort grêles ; le second et le troisième, des pattes postérieures, sont garnis sur leur bord externe d'une dentelure écailleuse. Le dessous des cuisses offre une rangée de pores très distincts.

On ne connaît encore qu'une espèce de Brachylophe, c'est celle que M. Brongniart a indiquée, comme nous le dirons dans la synonymie.

1. LE BRACHYLOPHE A BANDES. *Brachylophus fasciatus.* Cuvier.

Caractères. Dessus du corps offrant des bandes transversales d'un bleu clair, sur un fond brun bleuâtre.

Synonymie. *Iguana fasciata.* Brong. Bullet. soc. philom. n° 36, tab. 6, fig. 1 ; et Essai classific. rept. pag. 34, Pl. 1, fig. 5.

Iguana fasciata. Latr. Hist. rept. tom. 1, pag. 275.

Iguana fasciata. Daud. Hist. rept. tom. 3, pag. 352.

Iguana fasciata. Merr. Syst. amph. pag. 48.

Le Brachylophe à bandes. Cuv. Règ. anim. 2ᵉ édit. pag. 41.

Brachylophus fasciatus. Guér. Iconog. règ. anim. Cuv. Rept. tab. 9, fig. 1.

Brachylophus fasciatus. Wagler. Syst. amph. pag. 151.

Brachylophus fasciatus. Gray, Synops Rept. in Griffith's anim. kingd. tom. 9, pag. 37.

The banded Iguana. Pidg. and Griff. Reg. anim. Cuv. tom. 9, pag. 129.

Iguana (Brachylophus) *fasciata.* Wiegm. Herpetol. Mexican. pars 1, pag. 16.

DESCRIPTION.

Formes. La tête du Brachylophe à bandes est proportionnellement plus courte et plus épaisse que celle des Iguanes. Sa hauteur et sa largeur en arrière, qui sont à peu près les mêmes, ont chacune une étendue égale aux deux tiers de sa longueur totale. La face supérieure et les latérales de cette tête sont revêtues de fort petites plaques polygones, subcirculaires, toutes de même diamètre, si ce n'est celles du museau, qui sont un peu plus dilatées que les autres. La scutelle occipitale présente une figure ovalaire de fort peu d'étendue ; de petites écailles granuleuses garnissent les paupières, dont le bord porte un double rang de petites plaques carrées, percées de pores, de même que toutes les autres squames céphaliques. On remarque autour de chaque lèvre quatorze plaques quadrilatères, sans compter la rostrale, de forme triangulo-pentagonale, dilatée transversalement, ni la mentonnière, qui serait régulièrement triangulaire, si le sommet de son angle inférieur n'offrait une échancrure dans laquelle est reçue une petite squame pentagono-rhomboïdale.

Les parties latérales des branches sous-maxillaires sont recouvertes d'écailles plates, en losanges, non imbriquées. Des squamelles granuleuses, ressemblant à de petits cônes, dont le sommet de chacun est percé d'un pore, revêtent la surface entière de la gorge et du dessous du cou. La membrane tympanale est grande, ovale, fort mince et tendue à fleur du trou auriculaire. Les narines sont deux ouvertures ovales pratiquées dans une plaque ovalo-hexagone, derrière laquelle se trouve une écaille plus haute que large, dont le bord antérieur est échancré

15.

en croissant. Parfois cette écaille postéro-nasale est partagée transversalement en deux.

La mâchoire supérieure, de même que l'inférieure, offre de
trente-stsx à quarante dents, toutes à peu près de même hauteur; ces dents sont comprimées et tricuspides. D'autres dents,
plus courtes et pointues, sont enfoncées dans chaque os palatin,
où elles forment une ligne légèrement arquée.

La peau qui enveloppe le cou est extrêmement lâche; toutefois, lorsqu'elle n'est pas gonflée, elle ne forme qu'un fort petit
fanon, ou plutôt un simple pli longitudinal. Un pincement de la
peau se fait remarquer le long de chaque côté du cou. On en voit
un autre en travers près de la poitrine; celui-ci se prolonge
à droite et à gauche au-dessus de l'épaule. Les écailles de la face
supérieure et des parties latérales du cou, celles des régions scapulaires, sont des grains coniques, non imbriqués, percés chacun
d'un ou même de plusieurs petits pores. Les squames du dessus et
des côtés du tronc ressemblent à des petits cônes ayant leur base
ovalo-rhomboïdale. Le dessous du tronc est protégé par des squames carrées, offrant une carène placée obliquement et en long.
Les faces supérieure et inférieure de membres sont revêtues de
squames rhomboïdes, ovales, imbriquées, surmontées chacune
d'une petite carène.

La crête fort peu élevée qui surmonte la partie supérieure du
corps, règne sans interruption depuis la nuque jusque vers le
second huitième de la longueur du prolongement caudal; elle se
compose de petites écailles molles, en dents de scie un peu obtuses,
et ridées de haut en bas. La queue, excessivement longue et très
effilée, présente une forme conique, bien que la première moitié
de son étendue soit légèrement comprimée. Quant à son écaillure,
elle ne diffère en rien de celle qui revêt la même partie du corps
chez les Iguanes,

Les doigts sont fort alongés, ceux de derrière particulièrement,
dont le quatrième fait à lui seul beaucoup plus du tiers de la longueur totale de la patte; ces doigts postérieurs ont leurs régions
articulaires très renflées. En dessous ils sont protégés par une
bande de scutelles quadrilatères imbriquées, très dilatées en
travers, et relevées de plusieurs carènes placées dans le sens longitudinal des doigts. Leur face supérieure supporte une série
de larges squames hexagonales, entuilées et lisses; et sur chacun
de leurs côtés en sont appliquées, sur un ou deux rangs,

de semblables , mais plus petits, et parmi lesquelles il s'en trouve qui forment une dentelure sur le bord externe de la base du second et du troisième doigt. Aux mains , les scutelles sous-digitales sont moins nombreuses , moins carénées , et ne constituent point de dentelures latérales , comme cela se voit aux pieds. Le dessous de la partie basilaire de la cuisse des individus mâles est percé de huit ou neuf pores tubuleux ; mais chez les femelles on voit un nombre égal d'écailles plates subovales, offrant une petite fente près de leur bord postérieur.

COLORATION. Cette espèce a les parties supérieures d'un brun bleuâtre , mais on voit en travers du corps , de la queue et des membres , des bandes souvent fort élargies, de couleur bleu-ciel. Ces bandes sont fort nombreuses sur la queue ; sur le corps on en compte trois ou quatre , une derrière les épaules , une seconde à peu près au milieu du dos , une troisième sur les reins , et une quatrième , lorsqu'elle existe , sur la partie terminale du tronc.

De gros points de la même couleur que les bandes dont nous venons de parler, sont répandus sur le cou et les épaules. Le dessous de l'animal est d'un vert qui tire sur le bleu ; parfois sa gorge est marbrée de brun bleuâtre et il est certains individus qui offrent des lignes jaunes , le long des flancs. La paume des mains et la plante des pieds sont de cette dernière couleur.

DIMENSIONS. *Longueur totale* , 74". *Tête*. Long. 4". *Corps*. Long. 12". *Memb. antér.* Long. 8". *Memb. postér.* Long. 12". *Queue*. Long. 54".

PATRIE. C'est à tort que quelques erpétologistes ont signalé le Brachylophe à bandes comme étant originaire du nouveau monde. Il se trouve aux Indes orientales , et dans quelques îles de la Nouvelle-Guinée. MM. Quoy et Gaimard , en particulier, en ont recueilli à Tongatabou plusieurs beaux échantillons qui figurent aujourd'hui dans notre musée.

Observations. Nous nous sommes assurés que le Brachylophe à bandes n'est pas dépourvu de dents palatines, ainsi que l'a cru M. Cuvier, qui , à cause de cela , l'a éloigné des Iguanes pour le placer entre les Lyriocéphales et les Physignathes , dans la sousfamille des Agamiens. C'est aussi le rang que lui a assigné Wagler, et cela pour un autre motif, qui se trouve être également faux. Car le savant erpétologiste allemand pensait que le Brachylophe à bandes était une espèce de Saurien acrodonte ; tandis qu'il a bien évidemment les dents appliquées sur le bord interne de la rainure des os maxillaires, comme cela a lieu chez les Iguanes.

XIVᵉ GENRE. ENYALE. *ENYALIUS* (1).
Wagler.

(*Ophryoessa* , en partie Gray, Wiegmann.)

CARACTÈRES Tête courte, couverte de petites plaques polygones, égales entre elles : une crête dorsale : des dents palatines : pas de pores fémoraux. Queue arrondie, dépourvue de crête.

Les Enyales ont beaucoup de rapport avec les Brachylophes. Ils ont comme eux des formes élancées, une crête dorsale fort basse, la tête courte, garnie d'écailles qui ont toutes à peu près le même diamètre. Mais ils manquent de pores fémoraux ; et leur queue, complétement dépourvue de crête, est arrondie dans toute son étendue.

La peau du cou est peu dilatable. Elle ne forme qu'un seul pli transversal près de la poitrine. Les Enyales ont d'ailleurs des dents palatines, des maxillaires antérieures simples et des maxillaires latérales comprimées, à sommet tricuspide. Leurs doigts sont grêles et ne portent point de dentelures sur les bords. Les narines sont petites, ouvertes chacune dans une plaque située sur le côté, tout près du bout du museau. La membrane du tympan ressemble à celle des Brachylophes. Ce genre ne renferme que deux espèces, dont on pourrait même faire deux petites subdivisions, attendu que l'une a les écailles du tronc lisses et toutes à peu près égales, tandis que l'autre a les écailles du dos et du ventre fortement carénées, et du double plus grandes que celles des flancs.

---

(1) Ce nom a été tiré du mot grec Ενυαλιος, qui signifie belliqueux, *bellicosus*, épithète que l'on donnait au dieu Mars.

MM. Gray et Wiegmann n'ont pas adopté le genre Enyale, qui a été, comme nous l'avons dit, fondé par Wagler. L'un et l'autre en font une subdivision du genre Ophryesse.

TABLEAU SYNOPTIQUE DES ESPÈCES DU GENRE ENYALE.

Écailles ventrales
- lisses : dos marqué de rhombes bruns sur un fond fauve. . . } 1. E. RHOMBIFÈRE
- carénées : une raie blanche de chaque côté du dos. . . } 2. E. A DEUX RAIES

---

1. L'ENYALE RHOMBIFÈRE. *Enyalus rhombifer.* Wagler.

CARACTÈRES. Écailles des régions sus-oculaires fort petites, formant plus de douze séries longitudinales. Un ou deux rangs d'écailles carénées le long de la crête dorsale. Une suite de rhombes bruns, liserés ou bordés de blanc sur le dos.

SYNONYMIE. *Lophyrus rhombifer.* Spix. Spec. nov Lacert. bras. pag. 9, tab. 11.

Lophyrus margaritaceus. Id.? loc. cit. pag. 10, tab. 12, fig. 1.

Lophyrus albomaxillaris. Id. loc. cit. pag. 11, tab. 13, fig. 3 (*pullus.*).

Lophyrus Brasiliensis. Less. et Garnot.? Voy. de la Coquille. Rept. tab. 1, fig. 3.

Enyalus rhombifer. Wagler, Syst. amph. pag. 150.

Xiphosura Margaritacea. Gray? Synops. Rept. in Griffith's anim. Kingd. tom. 9, pag.

Xiphosura rhombifer. Id. loc. cit. pag.

Plica Brasiliensis. Id.? loc. cit. pag. 40.

Agama catenata. Princ. Neuw.? Rec. Pl. col. Anim. Brés. tab. sans n°, et Voy. Brés. tom. 2, pag. 247.

Ophryessa catenata. Schinz? Naturgesch. und Abbild. der Rept. pag. 85, tab. 25, fig. 1.

Ophryessa catenata. Wiegm.? Herpetol. Mexican. pars 1, pag. 15.

DESCRIPTION.

FORMES. Les formes de l'Enyale rhombifère sont assez élancées.
Sa tête, mesurée du bout du museau à l'occiput, n'est que d'un
tiers plus longue qu'elle n'est large en arrière. Elle présente
quatre faces presque égales, dont les deux latérales sont perpendiculaires ; la supérieure a sa région occipitale légèrement bombée,
et son étendue, comprise entre le front et l'extrémité du nez,
un peu inclinée en avant. Les narines ont une apparence tubuleuse ; elles sont subovales et situées latéralement, un peu plus
près de l'extrémité du museau que du bord antérieur de l'œil,
positivement sous la ligne anguleuse, formée de chaque côté par
la face supérieure et l'une des faces latérales de la partie antérieure de la tête. Cette même partie antérieure de la tête est protégée par un pavé de très petites plaques polygones affectant
une figure circulaire. Il en existe de semblables, mais un peu plus
dilatées, sur le bord orbitaire supérieur, décrivant comme lui une
ligne courbe, en dedans de laquelle se trouve la région sus-oculaire, que protégent d'autres petites squames légèrement carénées
et disposées aussi en séries curvilignes, au nombre d'une douzaine au moins. La surface postérieure de la tête est garnie
sur les côtés de granulations squameuses, au milieu de plaques
anguleuses, bombées, d'un plus petit diamètre que celles du
dessus du museau, et parmi lesquelles on distingue la scutelle occipitale, quoiqu'elle soit fort petite. L'ouverture de l'oreille, qui est
grande et ovalaire, se trouve placée au niveau de la bouche, tout
près du bord postérieur de la tête. Neuf ou dix squames pentagones oblongues garnissent les lèvres de chaque côté. La plaque
rostrale est hexagone, et la mentonnière triangulaire. Il existe
un groupe de cinq ou six dents de chaque côté du palais. La peau
de la gorge ne paraît pas susceptible de se dilater beaucoup ; celle
du cou forme en travers de la région inférieure et tout près de la
poitrine, un pli assez distinctement marqué. Bien qu'arrondi, le
dessus du tronc a sa ligne médio-longitudinale qui fait un peu le
dos d'âne. De la nuque à la base de la queue, on voit régner une
arête composée d'écailles subovales, tectiformes, qui, loin d'être
placées en recouvrement les unes sur les autres, laissent entre
elles un léger intervalle. Couchées le long du corps, les pattes de
devant s'étendraient jusqu'à l'aine, et celles de derrière touche-

raient à l'angle de la bouche. Les doigts sont grêles, dépourvus de dentelures. La queue entre pour les deux tiers dans la longueur totale de l'animal ; elle est conique et assez mince dans la plus grande partie de son étendue. Des écailles granuleuses revêtent le dessous de la tête, le dessus et les côtés du cou. Le long de l'arête dorsale, à droite comme à gauche, on voit deux rangs d'écailles subrhomboïdales, relevées d'une carène et faiblement imbriquées. Ce sont de très petites squames coniques, juxta-posées qui garnissent les parties latérales du corps. Les côtés de la poitrine offrent des écailles rhomboïdales carénées ; tandis que celles qui revêtent sa région médiane sont de forme carrée, et semblables à celles qui protégent l'abdomen. Les membres présentent aussi des écailles carénées, mais en dessus elles sont hexagones, au lieu qu'en dessous elles n'ont que quatre côtés. Des squames rhomboïdales, relevées de carènes défendent les faces supérieures et latérales des doigts, dont la face inférieure est garnie d'un rang de petites écailles hexagones, bicarénées. La queue est recouverte de petites pièces imbriquées, présentant quatre côtés et une carène placée d'une manière un peu oblique ; nous n'avons pas aperçu la moindre trace de pores fémoraux.

COLORATION. Des trois individus, malheureusement en grande partie dépouillés d'épiderme, qui existent dans notre musée, l'un est entièrement d'un brun noirâtre en dessus ; tandis qu'en dessous, à l'exception de sa gorge qui est noire, il offre une teinte blanchâtre, salie de brun. Les deux autres ont leurs parties supérieures colorées en brun marron clair ; puis on leur voit une raie blanche de chaque côté du haut du cou. Un seul laisse entrevoir des traces de figures rhomboïdales brunes, liserées de blanc. Les membres de ces deux sujets, à dessus du tronc de couleur marron, sont coupés en travers par des espèces de taches ou de bandes brunâtres. L'un a toutes les parties inférieures uniformément blanches, l'autre les offre réticulées de brun.

DIMENSIONS. Cette espèce ne devient pas plus grande que le Polychre marbré.

Longueur totale, 3o" 6'". *Tête*. Long. 2" 6'". *Cou*. Long. 1". *Corps*. Long. 7". *Memb. antér*. Long. 4" 8'". *Memb. postér*. Long. 9" 3'". *Queue*. Long. 2o".

PATRIE. L'Enyale rhombifère habite la Guyane et le Brésil ; nous sommes redevables d'un échantillon à M. Leprieur, qui l'a rapporté de Cayenne, et d'un second à M. Gaudichaud, qui l'a recueilli à Rio-Janéiro.

Observations. Autant que l'on peut en juger par une figure aussi médiocre que le sont en général celles de Spix, notre Enyale rhombifère doit être considéré comme spécifiquement semblable au *Lophyrus rhombifer* de cet auteur, qui dans une autre planche de son ouvrage a représenté le jeune âge du même Saurien sous le nom de *Lophyrus albomaxillaris.* Nous n'assurons pas, mais nous présumons fortement que son *Lophyrus margaritaceus* n'appartient pas davantage à une autre espèce. Il faudrait également rapporter à l'Enyale qui fait le sujet de cet article, l'*Agama catenata* du prince de Neuwied, s'il était vrai, comme l'annonce Wagler, qu'il ne fût réellement pas différent du *Lophyrus rhombifer* de Spix. C'est ce que l'on doit croire effectivement, sans toutefois oser l'affirmer d'une manière positive, lorsque, comme nous, on ne peut juger que d'après des figures qui laissent autant à désirer que celle de l'*Agama catenata*, par exemple, qui semblerait avoir eu pour modèle un Saurien complétement dépourvu d'écailles sur les parties supérieures du corps. Nous supposons également que le *Lophyrus Brasiliensis* de Lesson et Garnot appartient à l'espèce Enyale rhombifère, duquel est aussi sans doute synonyme le *Plica Brasiliensis* de Gray.

2. L'ENYALE A DEUX RAIES. *Enyalus bilineatus.* Nobis.

Caractères. Squames des régions sus-oculaires disposées sur six ou sept rangées longitudinales. Cinq ou six séries d'écailles hexagones plus grandes que celles des flancs, de chaque côté de la crête dorsale. Une raie continue, blanchâtre, de l'un et de l'autre côté du corps.

Synonymie ?

DESCRIPTION.

Formes. L'ensemble des formes de cette espèce est le même que celui de l'Enyale rhombifère. Les narines s'ouvrent sur les côtés du museau, dans une plaque entre laquelle et la rostrale il ne se trouve que deux petites squames. Cette plaque rostrale, qui est assez dilatée en travers, présente quatre côtés, dont le supérieur est arqué. La scutelle du menton est rhomboïdale, et plus étendue en travers qu'elle ne l'est dans le sens longitudinal. Les plaques qui revêtent le dessus de la tête sont plus grandes que chez l'espèce précédente, mais elles sont de même cyclo-polygones et lisses. Celles du front sont plus dilatées que celles du dessus du museau. Les régions sus-oculaires, au lieu d'une douzaine de rangs d'écailles, n'en offrent que six ou sept, c'est-à-dire cinq ou six de moins que chez l'Enyale rhombifère. Ces écailles, qui sont par conséquent plus développées, ont une figure hexagonale et leur surface relevée d'une carène. La membrane tympanale se trouve tendue un peu en dedans du trou auriculaire, dont le diamètre est assez grand. On compte huit paires de scutelles à la lèvre supérieure et un égal nombre à l'inférieure. Il n'y a pas la moindre apparence de fanon sous la gorge, mais la peau de la région inférieure du cou fait un pli transversal en avant de la poitrine. Le dos est légèrement en toit. La ligne médio-longitudinale du dessus du corps est parcourue, depuis l'occiput jusque sur la base de la queue, par une arête dentelée, que composent des écailles subhexagonales, relevées chacune d'une forte carène. Les faces supérieure et latérales du cou sont toutes garnies d'écailles ressemblant à de petits tubercules trièdres; et le dessous de cette partie du corps est revêtu de squames subhexagonales, oblongues, carénées.

Les écailles des côtés du tronc sont beaucoup plus petites que celles du dessus et du dessous. Sur le dos on en compte, de chaque côté de la petite crête qui le surmonte, cinq ou six séries qui sont rhomboïdales, aplaties, carénées et subimbriquées; au lieu que les flancs en offrent de fort épaisses, très serrées les unes contre les autres, mais ayant également une figure rhomboïdale et une carène assez prononcée. Les squames pectorales et les ventrales, qui sont très développées, ressemblent à des losanges; elles offrent une forte arête longitudinale et une disposition entuilée. Lorsqu'on étend les membres le long du corps, les antérieurs touchent par leur extrémité à la racine de la cuisse; et les postérieurs, au bord antérieur de l'œil. Les uns et les autres sont recouverts d'écailles rhomboïdales, imbriquées et carénées. D'autres écailles semblables revêtent le prolongement caudal, sous la surface inférieure duquel les carènes font une plus forte saillie sur sa face supérieure. Les scutelles sous-digitales sont fort élargies, imbriquées et carénées. La queue qui est presque conique et extrêmement grêle, offre une fois et demie plus de longueur que le reste de l'étendue de l'animal.

Coloration. Un brun clair est répandu sur le dos et la tête. On voit régner de chaque côté du cou et du dos, depuis la nuque jusqu'à la naissance de la queue, une raie blanche, en dehors de laquelle se montrent, comme si elles y étaient suspendues, cinq taches d'un brun noirâtre, liserées de blanc. Celle de ces taches qui commence la série est subrhomboïdale, et les deux dernières sont triangulaires; la seconde et la troisième présentent presque assez de hauteur pour devoir être considérées comme des bandes verticales. Une sixième tache noirâtre, ayant la forme d'un triangle isocèle, se trouve imprimée de chaque côté du cou. Le dessous de l'animal présente un blanc jaunâtre, duquel se détachent trois rubans d'une teinte plombée, qui parcourent toute l'étendue du corps depuis la gorge jusque sur le bord de la région du cloaque. Les lèvres et les régions susoculaires sont blanches. La queue est marquée en travers de taches noirâtres sur un fond brun clair.

Tel est le mode de coloration que nous a offert le seul exemplaire de cette espèce d'Enyale que nous ayons été à même d'observer : cet exemplaire fait partie de la collection du Muséum d'histoire naturelle.

Dimensions. *Longueur totale*, 26" 4'''. *Tête*. Long. 2" 1'''. *Cou*. Long. 7'''. *Corps*. Long. 4" 6'''. *Memb. antér*. Long. 3" 7'''. *Memb. postér*. Long. 6" 3'''. *Queue*. Long. 19".

Patrie. L'Enyale à deux raies vit au Brésil, d'où notre échantillon a été rapporté par M. Vautier.

XVᵉ GENRE. OPHRYESSE. *OPHRYOESSA* (1).
Boié.

CARACTÈRES. Tête courte, couverte en dessus de petites plaques polygones assez semblables entre elles
pour la figure et le diamètre. Narines latérales. Plaque sincipitale petite. Des dents palatines. Pas de
pores fémoraux. Queue comprimée dans toute sa longueur et surmontée, ainsi que le dos, d'une crête
dentelée. Peau de la gorge formant un pli longitudinal peu sensible, derrière lequel il y en a un transversal très marqué.

Les Ophryesses tiennent de près aux Enyales ; cependant
ils s'en distinguent de suite par leur queue fortement comprimée dans toute sa longueur, et surmontée d'une crête dentelée, qui n'est que la continuation de celle du dos et du cou.
Les Ophryesses sont couverts de petites écailles imbriquées
et à carène très prononcée. Les plaques qui protégent la
surface et les côtés de leur tête sont toutes à peu près de
même diamètre; c'est-à-dire que l'on ne voit pas sur la région sus-oculaire de grandes scutelles, comme dans la plupart des genres qui vont suivre. Ils manquent de pores
fémoraux, et leur palais est armé de dents. Celles qui garnissent le devant des mâchoires sont simples, et celles des
côtés ont leur sommet à trois lobes.

Les membres sont bien développés ; les doigts sont simples et finement dentelés sur leurs bords. Les quatre premiers, aux deux paires de pattes, sont étagés, c'est-à-

---

(1) Ὀφρυοείς, qui lève les sourcils, *supercilia tollens, superciliosus.*

dire que le quatrième est le plus long de tous, et le premier le plus court.

M. Wiegmann a réuni les Enyales de Wagler au genre Ophryesse, en les indiquant toutefois comme devant former un petit groupe à part.

La seule espèce d'Ophryesse connue est *Lacerta superciliosa* de Linné, dont la description va suivre.

1. L'OPHRYESSE SOURCILLEUX. *Ophryoessa superciliosa*. Boié

CARACTÈRES. Dos fauve, nuagé de brun ; une large bande jaunâtre à bords anguleux, le long de chaque flanc.

SYNONYMIE. *Lacerta Arabica versicolor, galeotes dicta*. Séb.? tom. 1, pag. 145, tab. 93, fig. 1.

Lacerta saxatilis, capite crasso et brevi, terrestris salamandræ æmulo, lingua crassa. Idem. Loc. cit. tom. 1, pag. 151, tab. 96, fig. 6.

Salamandra scutata, altera Amboinensis. Idem. Loc. cit. tom. 1, pag. 173, tab. 109, fig. 4.

Lacerta Ceilonica. Idem. Loc. cit. tom. 2, pag. 17, tab. 14, fig. 4.

Lacerta superciliosa. Linn. Mus. Adolph. Frédér. pag. 41.

Lacerta superciliosa. Gmel. Syst. nat. Linn. pag. 1063. Exclus. Synon. fig. 4, tab. 94, tom. 1, Séb. (Corythophanes cristatus).

Le Sourcilleux. Daub. Dict. Rept. pag. 681 exclus. Synon. fig. 4, tab. 94, tom. 1, Séb. (Corythophanes cristatus).

Agama superciliosa. Daud. Hist. Rept. tom. 3, pag. 336 exclus. Synon. tom. 1, fig. 4, tab. 95. Séb. (Corythophanes cristatus).

Le Lézard d'Arabie, de diverses couleurs (variété de l'Agame des colons). Daud. Hist. Rept. tom. 3, pag. 365.

Agama superciliosa. Merr. Syst. amph. pag. 50.

*Agama superciliosa.*Kuhl Beitr. zur Zool. und Vergleich. anat. pag. 105.

Ophryoessa superciliosa. Boié.

Lophyrus xiphosurus. Spix, Spec. nov. Lacert. Bras. tab. 10.

Lophyrus auronitens. Idem. Loc. cit. pag. 12, tab. 13, A. (Pull.).

L'Ophryesse sourcilleux. Cuv. Règ. anim. 2e édit. tom. 2, pag. 46.

Ophryoessa superciliosa. Wagl. Syst. amph. p. 149.

Ophryoessa superciliosa. Guér. Icon. Règn. anim. Cuv. Pl. 8 , fig. 1.

Ophryoessa superciliosa. Pigd. and Griff. anim. kingd. Cuv. tom. 9 , pag. 134.

Xiphosura superciliosa. Gray, Synops. Rept. in Griffith's anim. kingd. tom. 9, pag. 40.

Ophryoessa superciliosa. Wiegmann , Herpetol. Mexic. pars 1, pag. 15.

DESCRIPTION.

FORMES. L'Ophryesse sourcilleux a des formes très élancées, pourtant la tête est courte et épaisse. Le museau est plan et incliné en avant ; l'espace interorbitaire légèrement concave, et l'occiput un peu convexe et penché en arrière. Les régions sus-oculaires sont bombées ; leur bord externe se relève en une crête écailleuse simulant une sorte de sourcil.

Les plaques qui revêtent le dessus de la tête sont petites, égales, polygones, carénées et rugueuses. La squame rostrale est quadrilatère, et deux fois plus large que haute ; l'écaille mentonnière ressemble à un triangle équilatéral. Les lèvres offrent chacune cinq ou six paires de scutelles oblongues , triangulaires.

L'oreille, à l'entrée de laquelle se trouve tendue la membrane du tympan, est très grande et circulaire.

La peau du cou fait , au devant de la poitrine , un pli transversal qui , de chaque côté, se prolonge jusqu'au-dessus de l'épaule. La gorge offre un rudiment de fanon.

Couchées le long du tronc, les pattes antérieures s'étendent jusqu'à l'aine ; et celles de derrière, placées de la même manière, touchent par leur extrémité à l'angle de la bouche.

La queue, qui est fortement comprimée, a sa partie supérieure tranchante et surmontée , ainsi que le cou et le dos, d'une crête fort peu élevée , composée d'écailles en dents de scie , ayant leur pointe légèrement courbée en arrière.

Des écailles rhomboïdales , faiblement imbriquées et à carène prolongée en pointe en arrière, garnissent presque toutes les parties du corps ; car il n'y a guère que celles des fesses et du dessous du cou qui ne se terminent pas par une petite épine.

Les doigts offrent des dentelures, qui sont surtout très marquées le long du bord externe de ceux des pattes de derrière.

Les scutelles sous-digitales sont distinctement carénées.

COLORATION. Nous possédons un exemplaire, dont le dessus du corps est tout brun ; mais nous en avons trois autres qui ont le dos d'un brun fauve, piqueté de blanchâtre, et les flancs marqués chacun d'une large bande d'une teinte très claire, tirant sur le fauve. Cette bande a ses bords supérieur et inférieur découpés en festons. La queue est annelée de brun sur un fond fauve, et toutes les parties inférieures sont blanchâtres.

DIMENSIONS. *Longueur totale*, 41". *Tête*. Long. 2" 7'". *Cou*. Long. 2" 3'". *Corps*. Long. 7". *Memb. antér*. Long. 5" 5'". *Memb. postér*. Long. 9". *Queue*. Long. 30".

PATRIE. L'Ophryesse sourcilleux habite l'Amérique méridionale; nos échantillons viennent du Brésil et de Cayenne.

Observations. Plusieurs auteurs, et notamment Gmelin et Daudin, ont faussement cité, comme se rapportant à l'Ophryesse sourcilleux, une figure de l'ouvrage de Séba, qui représente bien évidemment le Corythophane à crête.

Wagler a reconnu que Spix, parmi ses Reptiles nouveaux du Brésil, avait décrit et fait figurer sous deux noms différens, et inscrit dans le genre Lophyre, un individu adulte et un jeune sujet de ce même Ophryesse sourcilleux, dont M. Gray a fait le type de son genre *Xyphosura*.

XVIᵉ GENRE. LÉIOSAURE. *LEIOSAURUS* (1). Nobis.

CARACTÈRES. Tête courte et déprimée, revêtue de très petites écailles plates ou convexes. Point de crête sur la partie supérieure du corps. Des dents palatines. Pas de pores fémoraux. Queue courte, arrondie. Doigts antérieurs courts, gros, subcylindriques, garnis en dessous d'une rangée d'écailles lisses ou carénées.

Nous plaçons dans ce genre deux petits Sauriens à tête large et un peu aplatie, à corps déprimé, à queue courte et arrondie, que l'absence de toute espèce de crête, sur la région supérieure du corps, distinguera particulièrement des Enyales. De très petites plaques protégent le dessus et les côtés de leur tête ; ces plaques sont égales entre elles, plates ou bombées. Les écailles des autres parties du corps ne sont pas non plus carénées. Leur plaque sincipitale est petite. Ils n'ont point des pores sous les cuisses, ni de fanon sous le cou. La peau cependant y forme un seul pli transversal en avant de la poitrine. Les membres sont courts, les doigts des mains assez gros, peu alongés, presque cylindriques, armés d'ongles effilés, et protégés en dessous par une série d'écailles élargies, imbriquées lisses ou carénées. Les doigts des pattes de derrière sont plus longs que les antérieurs. La queue, courte, et forte à sa base, devient brusquement grêle. Elle est arrondie et revêtue de squamelles formant des bandes circulaires.

TABLEAU SYNOPTIQUE DES ESPÈCES DU GENRE LÉIOSAURE.

Dos	blanchâtre, traversé par des bandes noires.	2. L. A BANDES.
	grisâtre, avec une série de taches noires anguleuses.	1. L. DE BELL.

(1) De λεῖος, lisse, uni, *lævis, non scaber*; et de Σαυρος, Lézard, *Lacerta*.

1. LE LÉIOSAURE DE BELL. *Leiosaurus Bellii.* Nobis.

CARACTÈRES. Une suite de taches ou de figures anguleuses noires le long du dos.

DESCRIPTION.

FORMES. La tête de cette espèce est courte et déprimée. Les angles des côtés du museau sont, sinon arrondis, du moins fort peu tranchans. Les narines, dont l'ouverture est circulaire et dirigée latéralement, sont situées l'une à droite, l'autre à gauche du museau, un peu en arrière de son extrémité, sur une ligne qui conduit directement au bord surciliaire. On compte trois écailles placées à la suite l'une de l'autre, entre le bord d'une plaque nasale et l'angle latéral de la squame rostrale. Des petits grains squameux, bien distincts les uns des autres, couvrent les régions sus-oculaires et les côtés de la surface occipitale. Le dessus du bout du museau, immédiatement derrière la rostrale, offre deux rangées de petites écailles plates, disco-hexagonales. La région céphalique, comprise entre le front et les narines, est garnie, ainsi que le milieu de l'occiput, de petites squames coniques, dont la base, bien que circulaire, présente cinq côtés. Deux séries longitudinales de petites plaques hexagonales à surface convexe séparent les deux demi-cercles de scutelles supra-orbitaires, qui elles-mêmes sont hexagonales et bombées, mais oblongues au lieu d'être circulaires. L'écaille occipitale est ovalo-polygone et assez bien dilatée. La plaque rostrale, dont un des quatre côtés, le supérieur, est comme dentelé en scie, a trois fois plus de largeur que de hauteur. La squame mentonnière serait régulièrement triangulaire, si deux de ses bords n'étaient pas un peu arqués en dedans. Des squamelles égales, pour la plupart disco-hexagonales et un peu convexes, garnissent les parties latérales de la tête.

L'oreille, à l'entrée de laquelle se trouve tendue la membrane du tympan, est petite et ovalaire.

Le cou est plus étroit que la partie postérieure de la tête ; en dessous, près de la poitrine, sa peau fait un pli transversal bien marqué.

Le tronc a moins de hauteur que de largeur ; le dos est arrondi et complétement dépourvu de crête, de même que le cou et la queue. Celle-ci entre pour la moitié dans la longueur totale du corps. Bien qu'au premier aspect elle paraisse arrondie, elle ne l'est réellement pas, car ses côtés sont faiblement comprimés.

Il s'en faut de la longueur du pouce que les pattes de devant, lorsqu'on les étend le long des flancs, atteignent à l'aine ; mises de la même manière, les pattes de derrière ne dépassent pas le devant de l'épaule. Les doigts, sans être courts, ne sont pas non plus très alongés. Les ongles sont faibles, effilés, pointus et presque droits.

Le cou et le tronc, en dessus et de chaque côté, sont revêtus de petites plaques non imbriquées, à surface un peu convexe, et dont la circonférence, en apparence circulaire, est qu drangulaire ou pentagonale. La région inférieure du cou et la poitrine offrent des écailles rhomboïdales et légèrement entuilées. On voit sous le ventre des bandes transversales d'écailles carrées, lisses, faiblement imbriquées. Sur les membres se montrent des squamelles rhomboïdales unies, disposées comme les tuiles d'un toit. Le dessous de ces mêmes parties du corps est garni de granulations squameuses. Les doigts des pieds n'offrent pas de dentelures, et toutes les scutelles sous-digitales sont étroites et dépourvues de carènes.

La queue est entourée de verticilles composées de petites écailles lisses, à peu près carrées.

COLORATION. Le fond de couleur des parties supérieures est d'un gris cendré. Une sorte de M majuscule est imprimée en noir sur le bout du museau ; tandis qu'un Y de couleur grise se détache du fond noir de la région occipitale. La longueur du sommet du cou présente une bande noire, à bordure blanche, qui est rétrécie aux deux bouts. On voit régner tout le long du dos une suite de six grandes taches noires, liserées de blanc, représentant des triangles isocèles, dont l'angle aigu est dirigé en arrière, et sur chaque côté de leur base il existe une tache ovale de la même couleur. D'autres taches noires, liserées de blanc, mais rhomboïdales, sont placées sur la racine de la queue les unes à la suite des autres. Le reste du dessus de la queue offre, ainsi que les membres, des bandes transversales noires. Le dos est bordé de chaque côté par une raie blanche. Une bande onduleuse de la même couleur existe sous l'œil. Les tempes sont noires. Les régions inférieures offrent des linéoles noires, sur un fond gris blanchâtre. Depuis la gorge jusqu'à l'anus, on voit se dérouler, entre deux lignes noires, un large ruban d'un blanc pur.

DIMENSIONS. *Longueur totale*, 13″ 3‴. *Tête*. Long. 2″. *Cou*.

16.

Long. 5'''. *Corps.* Long. 4''. *Memb. antér.* Long. 2'' 5'''. *Memb. postér.* Long. 3'' 6'''. *Queue.* Long. 6'' 8'''.

Patrie. M. Bell, de qui nous tenons le seul exemplaire de cette espèce qui existe dans notre Musée, nous a assuré l'avoir reçu du Mexique. Ce savant erpétologiste possède un individu une fois plus grand que le nôtre.

2. LE LÉIOSAURE A BANDES. *Leiosaurus fasciatus.* D'Orbigny.

Caractères. De larges bandes noires en travers du dos.

Synonymie. *Leiosaurus fasciatus.* D'Orbigny. Voy. Amér. mérid. part. erpétol. tab. 3, fig. 2.

DESCRIPTION.

Formes. La tête du Léiosaure à bandes est assez courte. Le museau, qui est incliné en avant, a son extrémité libre peu élargie et obtuse ; la surface du crâne est légèrement convexe. Les narines sont deux assez grandes ouvertures ovalo-circulaires, dirigées en arrière et situées de chaque côté du bout du nez, positivement au-dessus de l'angle arrondi que forme le dessus et l'un des côtés de la partie antérieure de la tête. La plaque, dans laquelle chacune de ces narines se trouve percée ; est séparée de la première squame labiale supérieure par deux ou trois paires de petites écailles disco-hexagonales, lisses et un peu bombées. C'est au reste la forme que présentent toutes les plaques du dessus de la tête, excepté celles de la région interorbitaire, qui sont oblongues, étroites et disposées en deux séries longitudinales. Parmi ces écailles céphaliques, on remarque l'occipitale comme étant la plus grande, et celles des régions sus-oculaires comme étant les plus petites et par conséquent très nombreuses. Les côtés de la tête offrent des rangées longitudinales de petites squames hexagones oblongues, plates et lisses. La scutelle rostrale, qui a cinq pans, est très dilatée en travers ; l'écaille mentonnière n'en a que trois, et son angle postérieur est arrondi. Les lèvres portent chacune onze paires de squames pentagones moins longues que les autres. La mâchoire supérieure, de même que l'inférieure, offre environ trente-quatre dents, dont les dix dernières de chaque côté sont tricuspides et comprimées. La membrane tympanale est tendue en dedans du trou auriculaire, dont l'ouverture est ovale et médiocrement grande.

Le cou présente un léger étranglement, quelques plis longitudinaux sur ses parties latérales, et deux transversaux sur sa région inférieure.

Le tronc a plus de largeur que de hauteur; le dos est légèrement arrondi, et, de même que le cou et la queue, il est complétement dépourvu de crête ou de carène.

Les pattes de devant, lorsqu'on les couche le long des flancs,
s'étendent jusqu'à l'aine, et celle de derrière jusqu'à l'oreille. Les
doigts des mains sont gros et courts; ceux des pieds au contraire
sont grêles et alongés. Les ongles des uns et des autres sont effilés,
pointus et médiocrement longs.

La queue a une longueur à peu près double de celle du corps:
le dessus et le dessous en sont arrondis; mais les côtés paraissent
légèrement comprimés.

De fort petites granulations squameuses garnissent la nuque.
La région supérieure et les côtés du cou, la gorge, le dos et les
flancs ont pour écaillure un pavé de petites pièces égales, un peu
bombées, qui paraissent circulaires, mais qui offrent réellement
quatre ou cinq petits côtés lorsqu'on les examine à la loupe. La
face inférieure du cou et la région pectorale sont protégées par
des écailles rhomboïdales plates et imbriquées, moins grandes sur
la première que sur la seconde. Le ventre présente des séries
transversales de squamelles lisses, presque carrées et excessivement peu imbriquées.

Le dessus des membres est revêtu d'écailles rhomboïdales imbriquées et le dessous, de petites squames granuleuses. On voit
sur chaque doigt des mains un rang de petites plaques lisses, imbriquées, dilatées transversalement; de chaque côté ils offrent
une ou deux séries d'écailles granuliformes, et en dessous des
scutelles fort élargies, à deux et même à trois carènes. Le bord
interne des doigts des pattes de derrière est garni d'une petite
dentelure. Les écailles de la queue, dont le diamètre est un peu
moins petit sur sa face inférieure que sur les trois autres, sont
unies, pentagones ou carrées, et disposées par séries circulaires.

COLORATION. Le seul échantillon du Léiosaure à bandes que
nous possédons présente en dessus de larges bandes transversales
d'un brun foncé, imprimées sur un fond grisâtre. On en compte
une sur l'occiput, cinq sur le tronc et six ou sept sur chaque
patte. Mais nous ne pouvons pas savoir combien il en existe sur
la queue; attendu que celle de notre individu est mutilée. La

nuque est marquée en travers d'une raie brunâtre qui se prolonge de chaque côté sur la tempe. L'une et l'autre épaule sont ornées d'une grande tache d'un noir profond. Les régions inférieures sont blanches ; la poitrine et le ventre offrent en travers des traces de raies brunes.

Dimensions. Les proportions suivantes sont celles des principales parties d'un sujet, que nous avons tout lieu de croire encore assez jeune. *Longueur totale?* *Tête.* Long. 1" 3'". *Cou.* Long. 6'". *Corps.* Long. 2" 5'". *Memb. antér.* Long. 2". *Memb. postér.* Long. 2" 5'". *Queue* (mutilée). Long. 2".

Patrie. Cette espèce est originaire de l'Amérique méridionale. L'individu qui a servi à notre description a été envoyé de Buénos-Ayres par M. d'Orbigny.

Observations. Ce même individu a tant de ressemblance par l'ensemble de ses formes, et surtout par son mode de coloration avec la figure de l'*Agama picta* de Neuwied, que nous l'avions d'abord considéré comme le jeune âge de cette espèce ; mais, en l'examinant avec plus de soin, nous nous sommes bientôt aperçu que cela ne pouvait pas être ; attendu qu'il n'offrait pas la moindre trace de la crête en dents de scie qui surmonte le dos de l'*Agama picta*. D'un autre côté, notre Léiosaure à bandes n'a qu'une plaque occipitale fort peu développée, et des écailles sus-oculaires excessivement petites. Tandis que l'*Agama picta* aurait, d'après Wagler (car cela n'est pas indiqué dans la figure publiée par le prince Maximilien), une plaque occipitale très dilatée, et de grandes scutelles sus-oculaires.

Il existe encore une autre figure à laquelle on serait tenté de rapporter notre Léiosaure à bandes, c'est celle du Lophyre panthère de Spix ; mais on en est empêché par les mêmes motifs que ceux que nous venons de faire valoir à propos de l'*Agama picta*, dont ce Lophyre panthère semble être le jeune âge : il a effectivement le même mode de coloration, la crête dorsale, la grande plaque occipitale et les scutelles sus-oculaires.

Aussi, d'après cela, avons-nous cru devoir regarder notre Saurien comme différent, non-seulement par l'espèce, mais encore par le genre, du Lophyre panthère et de l'Agama peint, que nous rangeons tous deux sous un même nom parmi les Upéranodontes.

XVIIᵉ GENRE. UPÉRANODONTE.
UPERANODON (1). Nobis.

(*Plica* de Gray, en partie. *Hypsibatus* de Wagler,
en partie.)

CARACTÈRES. Tête courte, arrondie en avant, couverte de plaques inégales en diamètre; une grande
écaille occipitale; de grandes scutelles sus-oculaires.
Narines latérales. Pas de dents palatines. Un pli transversal bien marqué, précédé d'un autre longitudinal,
peu sensible. Tronc subtriangulaire, non plissé latéralement, surmonté d'une petite crête, et revêtu d'é-
cailles imbriquées, carénées. Queue médiocrement
longue, arrondie, dépourvue de crête. Pas de pores
fémoraux.

Les Upéranodontes n'ont ni les écailles lisses ni le corps
raccourci et déprimé des Léiosaures, dont ils se distinguent
aussi par l'absence de dents palatines et l'écaillure de la tête,
qui offre une plaque occipitale circulaire très dilatée, et de
grandes scutelles sus-oculaires carrées. Par l'ensemble
de leurs formes, les Upéranodontes tiennent un peu des
Ophryesses ; mais ceux-ci ont des dents palatines, des petites plaques égales sur la tête ; la queue comprimée est surmontée d'une simple crête dentelée, de même que le dos. Les
Upéranodontes ont les narines latérales et la membrane du
tympan tendue à fleur du conduit auditif, dont les bords
sont simples.

La peau forme sous la gorge un faible pli longitudinal,

---

(1) Τωπόα, palais, *palatum* ; *buccæ pars superior* ; et de Άνοδον, sans
dents, *edentula.*

derrière lequel on en voit un transversal très marqué. Une
petite crête dentelée règne sur le cou et le tronc, dont la
coupe transversale serait triangulaire, attendu que le ventre est plat et le dos légèrement en toit.

Les membres sont bien développés, avec des doigts grêles
et simples. Il n'existe pas d'écailles crypteuses sous les cuisses.
La queue, complétement dépourvue de crête, est alongée,
arrondie, grosse à sa base, et grêle dans le reste de son
étendue.

Ce genre Upéranodonte a été principalement établi sur le
Lophyrus ochrocollaris de Spix. Ensuite Gray et Wagler,
chacun de son côté et à peu près en même temps, l'avaient
placé avec l'*Agama umbra* de Daudin dans un groupe
particulier nommé *Plica* par le premier et *Hypsibatus* par
le second. Mais ces deux espèces présentent entre elles des
différences telles, que nous n'avons pas cru devoir les laisser
confondues. Nous saisirons facilement ces différences en comparant les notes caractéristiques du genre Upéranodonte avec
celles du genre Hypsibate qui va suivre.

TABLEAU SYNOPTIQUE DES ESPÈCES DU GENRE UPÉRANODONTE.

Écaillure { carénée.		1. U. A COLLIER.
{ lisse.		2. U. PEINT.

1. L'UPÉRANODONTE A COLLIER. *Uperanodon ochrocollare.*
Nobis.

CARACTÈRES. Écailles du corps carénées. Sept bandes brunâtres
en travers du dos.

SYNONYMIE. *Lacerta umbra.* Linn. Édit. 12, pag. 367.

Lophyrus ochrocollaris. Spix. Spec. nov. Lacert. Bras. pag. 10,
tab. 12, fig. 2.

Hypsibatus (*Lophyrus ochrocollaris*). Wagl. Syst. amph.
pag. 150.

DESCRIPTION.

FORMES. La longueur totale de la tête est d'un tiers moindre que l'étendue transversale qu'elle présente au niveau des oreilles. Le museau est fort court; l'extrémité en est large et arrondie; toute la portion du dessus de la tête, comprise entre le bout du nez et le bord postérieur des orbites, offre un plan incliné en avant. La surface occipitale est horizontale et plane; mais les régions sus-oculaires sont fortement bombées. La plaque rostrale, qui est très dilatée en travers, a un de ses cinq angles plus grand que les autres, et replié sur le bout du museau. L'écaille mentonnière ressemble à un triangle isocèle, dont un des sommets aurait été tronqué. Chaque lèvre est garnie de douze squames quadrilatères oblongues. Les narines sont circulaires, percées de haut en bas, l'une à droite, l'autre à gauche, dans une plaque bombée qui s'articulerait avec une portion de la scutelle rostrale et la première écaille labiale tout entière, s'il ne se trouvait devant elle, placées l'une à côté de l'autre, deux et quelquefois trois petites plaques hexagonales en dos d'âne. Les squames supraorbitaires sont assez grandes et réellement pentagones, bien qu'au premier examen elles paraissent carrées. Les deux demi-cercles qu'elles composent représentent une figure en X, dont l'angle postérieur est occupé par la plaque occipitale, et l'angle antérieur rempli par six ou sept scutelles plus petites, mais de même forme que celles des bords orbitaires eux-mêmes. Le dessus du museau ou l'entre-deux des narines offre un pavé de petites plaques en dos d'âne, ayant une figure rhomboïdale. Immédiatement derrière la narine commence une petite crête arquée, qui ne se termine qu'à l'extrémité postérieure du bord surciliaire. Cette crête est formée d'une série d'écailles imbriquées, placées de champ et non à plat. On remarque cinq séries longitudinales de scutelles hexagonales sur chaque région sus-oculaire. Celles de la série médiane, au nombre de cinq ou six, sont fort grandes et plus larges que longues; tandis que celles des quatre autres sont petites et moins larges que longues. Les côtés de l'occiput sont, ainsi que les tempes, protégés par des tubercules squameux dont la base présente cinq ou six côtés. La membrane tympanale est tendue à l'entrée des trous auriculaires, qui sont grands et circulaires, et dont le bord antérieur offre une petite dentelure.

Bien que la peau de la gorge soit lâche, elle ne pend pas positivement en fanon. Le dessous du cou, au devant de la poit.ine, laisse voir deux plis transversaux, dont un se prolonge de chaque côté jusqu'au-dessus de l'épaule.

Le cou est un peu plus étroit que la partie postérieure de la tête, et, de même que le dos, un peu en toit. Comme ce dernier également, il se trouve surmonté d'une petite crête d'écailles en dents de scie, qui va se perdre sur la base de la queue.

Celle-ci entre pour plus des deux tiers dans la longueur totale de l'animal. Elle serait parfaitement conique si ses côtés n'étaient très légèrement comprimés. Elle n'offre de crête que sur sa racine.

Les pattes de devant, mises le long du tronc, atteignent à l'aine, et celles de derrière, placées de la même manière, s'étendent jusqu'à l'angle de la bouche. Les doigts sont longs et grêles; les quatre premiers, aux mains comme aux pieds, sont étagés. Tous ont leur face inférieure garnie de scutelles, dont le bord libre est armé de trois petites pointes.

La gorge est revêtue de squamelles lisses, rhomboïdales; et toutes les autres parties du corps, excepté la tête, sont protégées en dessus et en dessous par des écailles en losanges, surmontées d'une carène finissant en pointe.

COLORATION. Un brun marron plus ou moins clair est répandu sur les parties supérieures du corps, en travers desquelles sont imprimées des bandes brunâtres. On en compte sept depuis la nuque jusqu'à l'extrémité du tronc, huit ou neuf sur chaque patte, et plus de douze sur la queue. Le dessus de la tête est uniformément brun. La partie antérieure de l'épaule offre une bande oblique assez large, d'un noir profond.

Parmi nos échantillons, il s'en trouve un dont les régions inférieures présentent une couleur de rouille; tous les autres les ont colorées en fauve brun.

DIMENSIONS. *Longueur totale*, 29" 6'". *Tête*. Long. 2" 6'". *Cou*. Long. 1". *Corps*. Long. 6". *Memb. antér.* Long. 5". *Memb. postér.* Long. 5". *Queue*. Long. 20".

PATRIE. Cette espèce d'Iguanien se trouve probablement dans toute l'Amérique méridionale. On sait positivement qu'elle habite le Brésil, où elle a été observée par Spix. Jusqu'ici nous ne l'avons encore reçue que de la Guyane. Les exemplaires qui font partie de notre collection sont dus à M. Banon, à M. Poiteau et à MM. Leschenault et Doumerc.

Observations. Nous pensons que c'est à cette espèce que doit être rapporté le *Lacerta umbra* de Linné, et non, comme l'a cru Daudin, au Saurien qu'il a, à cause de cela, appelé Agame umbre, qui est notre Hypsibate agamoïde.

Spix s'est singulièrement trompé en considérant l'Upéranodonte à collier, dont il a donné une figure passable, comme appartenant au genre des Lophyres, qui sont des Sauriens bien différens. Wagler avait réuni l'Upéranodonte à collier aux Hypsibates; mais nous avons cru devoir les séparer, attendu qu'il n'a pas, comme ceux-ci, des dents au palais ni des plis sur les côtés du corps.

2. L'UPÉRANODONTE PEINT. *Uperanodon pictum.* Nobis.

CARACTÈRES. Écailles du corps lisses. Cinq bandes noirâtres en travers du dos.

SYNONYMIE. *Agama picta.* Neuw. rec. Pl. col. anim. Brés. page et Pl. sans n°.

Lophyrus panthera. Spix. Spec. nov. Lacert. Bras. pag. 11, tab. 13, fig.

Hypsibatus (Agama picta Neuw.). Wagl. Syst. amph. pag. 150.

Plica picta. Gray. Synops. rept. in Griffith's anim. Kingd, t. 9, pag. 40.

Calotes pictus. Schinz Naturgesch. und abbild. der Rept. p. 86, tab. 25, fig. 2.

DESCRIPTION.

FORMES. Cette espèce, qui ne nous est connue que par deux figures, l'une du prince de Neuwied, l'autre de Spix, semblerait se distinguer de la précédente par un caractère principal bien facile à saisir, celui d'avoir les écailles du corps et de la queue complétement dépourvues de carènes.

COLORATION. Son mode de coloration n'est pas non plus le même, car, bien que le fond de couleur des parties supérieures ne soit pour ainsi dire pas différent, on remarque que les bandes transversales noirâtres qu'elles présentent sont plus larges et en moindre nombre. Ainsi, au lieu de sept qui existent depuis la nuque jusqu'à la racine de la queue chez l'Upéranodonte à collier, on n'en compte que cinq chez l'Upéranodonte peint. L'individu qui a servi de modèle à la figure du prince Maximilien avait la gorge de couleur orangé, la tête uniformément brune, quelques taches noires sur le cou, la première bande transversale du dos et toutes celles de la queue d'un noir profond. D'après la figure publiée par Spix, cette espèce serait jaunâtre, avec toutes ses bandes transversales parfaitement noires. Le dessus de la tête présenterait des espèces de marbrures de cette dernière couleur.

DIMENSIONS. La taille de l'Upéranodonte peint n'est pas au-dessous de celle de l'Upéranodonte à collier.

PATRIE. Sa patrie est aussi la même que celle de l'espèce précédente.

Observations. Nous devons dire que c'est avec doute que nous avons placé cette espèce dans le genre Upéranodonte ; car, n'ayant pas eu l'avantage d'en observer un seul échantillon, nous ignorons si elle manque réellement de dents palatines Nous l'aurions volontiers rangée avec les Léiosaures, puisque, comme eux, elle a ses écailles dépourvues de carènes ; mais son cou et son dos sont surmontés d'une crête. Dans le doute où nous sommes sur l'existence de dents au fond de sa bouche, nous n'avions pas plus de raison de la faire entrer dans le genre des Hypsibates que dans celui des Upéranodontes.

XVIIIᵉ GENRE. HYPSIBATE. *HYPSIBATUS*(1).
Wagler. (*Plica*. Gray.)

CARACTÈRES. Tête déprimée, arrondie en avant, couverte de plaques inégales entre elles ; une grande écaille occipitale ; de grandes plaques sus-oculaires. Narines latérales. Des dents palatines. Un pli longitudinal sous la gorge ; un autre transversal en avant de la poitrine. Tronc un peu déprimé, avec deux plis longitudinaux de chaque côté du dos. Des bouquets d'épines sur la nuque et autour des oreilles. Une crête dorsale. Écailles du corps carénées, imbriquées. Queue arrondie ou comprimée. Pas de pores fémoraux.

L'écaillure de la tête des Hypsibates est à peu près la même que celles des Upéranodontes ; mais leur palais est armé de dents ; et parmi celles des mâchoires on remarque quelques laniaires, comme cela se voit dans beaucoup d'Iguaniens acrodontes. Une autre différence entre les Upéranodontes et les Hypsibates, c'est que la peau de la partie supérieure du corps de ces derniers est plissée de manière à former deux carènes longitudinales, et parallèles de chaque côté du dos. En outre, la nuque et les régions voisines des oreilles sont hérissées de petits groupes d'épines, comme en offrent certaines espèces d'Agames, et particulièrement celle appelée *Agama colonorum*. Une petite crête dentelée parcourt la ligne moyenne du cou et du dos. Celui-ci est garni de petites écailles imbriquées, dont la carène se termine en

---

(1) Υψίβατος, haut monté sur jambes, *altigradus, altè prominens, incedens. Plica*, nom donné par Linné à une espèce de Lézard, le Plissé de Daubenton.

pointe. La tête est plate et élargie en arrière ; le cou est au contraire un peu étranglé.

Sous la gorge on voit la peau pendre en une sorte de petit fanon ; elle forme un ou deux larges plis transversaux au-devant de la poitrine.

Les membres, et particulièrement ceux de derrière, sont très longs et fort maigres. Les cuisses n'offrent pas la moindre trace de pores. La queue des Hypsibates est longue, et revêtue de petites écailles imbriquées. La forme comprimée qu'elle offre chez une espèce, tandis qu'elle est arrondie chez une autre, pourrait motiver l'établissement de deux subdivisions dans ce groupe générique. Jusqu'ici cette séparation n'est pas nécessaire.

TABLEAU SYNOPTIQUE DES ESPÈCES DU GENRE HYPSIBATE.

Queue	arrondie. Dos fauve, avec des bandes brunes transversales. . .	1. H. AGAMOÏDE.
	comprimée. Dos ardoisé, parsemé de taches blanchâtres arrondies. .	2. H. A GOUTTELETTES.

---

1. L'HYPSIBATE AGAMOIDE. *Hypsibatus agamoides.* Wiegmann.

CARACTÈRES. Queue arrondie. Parties supérieures offrant, sur un fond brun fauve, des marbrures noirâtres, disposées par bandes transversales.

SYNONYMIE. *Lacerta fusca nigris maculis ex Gallœcid.* Séb. t. 2, pag. 76, fig. 5 ?

Iguana chalcidica. Laur. Synops. rept. pag. 48 ?

Iguana umbra. Latr. Hist. rept. tom. 1, pag. 263.

Agama umbra. Daud. Hist. Rept. tom. 3, pag. 375.

Iguana plica. Merr. Syst. amph. pag. 55.

Lophyrus agamoides. Gray, Philosoph. magaz. tom. 2, p. 208.

L'Agame umbre. Cuv. Règn. anim. tom. 2, pag. 37.

Hypsibatus (Agama umbra. Daud.). Wagl. Syst. amph. p. 150.

Plica umbra. Gray, Synops. rept. in Griffith's anim. Kingd.
tom. 9, pag. 41, et

Lophyrus agamoides. Loc. cit. tab. sin. n°.

Hypsibatus (*Lophyrus agamoides.* Gray). Wiegm. Herpetolog.
Mexic. pars 1, pag. 15.

DESCRIPTION.

FORMES. L'Hypsibate agamoïde a la tête courte, déprimée, et
très élargie en arrière. Ses côtés forment un angle dont le sommet
est fort arrondi. La portion de la surface, qui est située en arrière des yeux, est plane et horizontale ; mais celle qui se trouve
comprise entre le bord de la plaque occipitale et le bout du nez
offre un plan incliné en avant. Les régions sus-oculaires sont bombées ; le front présente un léger enfoncement de figure à peu près
triangulaire, et le bord supérieur de l'orbite fait une saillie en
dos d'âne. On remarque une petite crête surciliaire arquée, composée de trois rangs d'écailles fortement comprimées, dont le bord
libre est hérissé de petites dents. Les narines sont ovales, et percées
chacune dans une plaque bombée qui se trouve placée positivement au milieu de l'espace qui existe entre le bout du museau et
l'extrémité antérieure de la crête surciliaire.

On compte dix plaques quadrilatères oblongues sur chaque
lèvre, non compris l'écaille rostrale, qui est aussi quadrangulaire
oblongue, ni la squame mentonnière, qui offre cinq côtés. Au-
dessus de la rangée de plaques labiales supérieures sont trois séries de squamelles hexagonales, légèrement imbriquées. La partie
antérieure du dessus de la tête est protégée par des écailles en dos
d'âne, irrégulièrement hexagonales, et imbriquées de telle sorte
que leur bord libre est tourné en avant au lieu de l'être en arrière, ainsi que cela arrive le plus souvent. Il entre de douze à
quatorze petites plaques en dos d'âne dans la composition de chacune des rangées qui couvrent les bords supra-orbitaires, lesquelles, sur le vertex, sont séparées l'une de l'autre par une série
de petites écailles. Parmi ces plaques supra-orbitaires on en
distingue de carrées et d'hexagonales. La scutelle occipitale est un
grand disque rugueux qui remplit à lui seul l'angle que forment
les deux bords orbitaires supérieurs. Le reste de la surface de la
partie postérieure du crâne est garni d'écailles ovalo-hexagonales,
imbriquées de la même manière que les plaques du dessus du

museau, et d'autant plus fortement carénées, qu'elles sont plus rapprochées de la nuque. Chaque région sus-oculaire offre une bande longitudinale de cinq ou six grandes scutelles hexagonales, très dilatées en travers. En dedans de cette bande il y a trois et en dehors quatre séries de petites écailles rhomboïdales carénées. Les tempes présentent des squamelles ovalo-rhomboïdales carénées et imbriquées, ayant leur bord libre dirigé en avant. Les plaques labiales et en général toutes les plaques céphaliques ont leur surface semée de petites granulations.

La membrane du tympan est mince et tendue à fleur du trou auriculaire, dont le contour est ovale et assez grand.

Le cou est fort étranglé. La peau qui l'enveloppe forme sur ses parties latérales des plis irréguliers; mais en dessous elle en fait deux transversaux bien marqués, dont un s'élève de chaque côté jusqu'à l'épaule, au-dessus de laquelle il passe en se cintrant un peu; puis en s'infléchissant dans le sens contraire, il parcourt tout le côté du dos pour aller aboutir à la hanche. Un autre pli longitudinal se fait remarquer sur toute l'étendue de chaque flanc. La peau de la gorge est très lâche, aussi pend-elle en fanon lorsqu'elle n'est pas gonflée.

Le corps étant très déprimé, le dos est presque plat; mais les parties latérales du tronc sont cintrées en dehors.

Placées le long du corps, les pattes de devant s'étendent jusqu'à la racine de la queue, et celles de derrière presque jusqu'au bout du nez. Les doigts sont très longs, très grêles et très comprimés; les quatre premiers des deux paires de pattes sont ét gés. La queue, qui est très forte à sa naissance, est au contraire très grêle à son extrémi é. Elle n'a pas une forme parfaitement arrondie; attendu qu'elle offre un léger aplatissement latéral qui n'est bien sensible que vers le milieu de son étendue. On voit s'élever au-dessus du cou et du dos, et peut-être aussi au-dessus de la base de la queue, une petite crête à dents de scie, qui diminue graduellement de hauteur à mesure qu'elle s'éloigne de la tête. De chaque côté de la nuque il y a un gros faisceau de petites épines, qui est suivi d'un second plus petit, placé positivement au-dessus du devant de l'épaule. Il en existe encore deux autres au bas de l'oreille; mais il arrive quelquefois à ceux-là de se réunir en un seul groupe. Le bord antérieur de l'oreille est distinctement dentelé. Les écailles qui garnissent la gorge sont rhomboïdales, lisses et imbriquées d'arrière en avant. Le dessous du cou offre de fort petites squames rhomboïdales, relevées en pointes aiguës. Le dessus et les côtés du corps sont couverts de petites écailles rhomboïdales, imbriquées, offrant chacune une carène prolongée en pointe. La face externe des membres en présente de semblables, si ce n'est qu'elles sont un peu plus développées. Les scutelles sous-digitales sont très larges et en dos d'âne. L'écaillure de la poitrine, du ventre et de la région inférieure des pattes se compose de petites pièces lisses, en losanges et imbriquées. Sous la queue, sont des scutelles oblongues, carénées, de forme à peu près rhomboïdale.

COLORATION. L'Hypsibate agamoïde a ses parties supérieures colorées en brun fauve ; il offre en travers du dos des espèces de bandes composées de marbrures noirâtres, auxquelles se mêlent parfois des petits anneaux de la même couleur. Les côtés du cou sont largement marbrés de noir sur un fond blanc. Le dessous du cou et une partie de la gorge sont peints en noir bleuâtre. Le dessus des membres et de la queue présente des bandes transversales brunes, alternant avec des bandes fauves. Une teinte jaunâtre règne sur les régions inférieures.

DIMENSIONS. *Longueur totale*, 34" *Tête*. Long. 4". *Cou*. Long. 1". *Corps*. Long. 8". *Membr. antér.* Long. 7" 8'''. *Memb. postér.* Long. 11" 2'''. *Queue*. Long. 21".

PATRIE. Cette espèce se trouve à la Guyane. Nous en avons plusieurs échantillons, et un entre autres qui a été recueilli à Surinam par Levaillant. C'est sans doute celui d'après lequel Daudin a fait la description de son Agame umbre, qui n'est pas, comme il l'a cru, le *Lacerta umbra* de Linné.

Observations. Nous croirions plutôt cet Agame umbre de Daudin ou notre Hypsibate agamoïde, synonyme du *Lacerta plica*, de l'auteur du *Systema naturæ*, s'il ne le décrivait pas couvert d'écailles coniques, donnant à sa peau l'apparence du chagrin. Or, l'Hypsibate agamoïde est loin d'offrir une écaillure semblable, puisque les petites pièces qui la composent se terminent toutes par une épine.

Nous avons préféré désigner cette espèce par le nom d'Agamoïde, qu'elle a reçu de M. Gray, plutôt que par celui d'Umbre, que lui avait antérieurement appliqué Daudin, parce que, dans son opinion, elle se rapportait au *Lacerta umbra* de Linné, mais ce *Lacerta umbra* appartient à un Saurien différent, qui est notre Upéranodonte à collier, ou le *Lophyrus ochrocollaris* de Spix.

REPTILES, IV.   17

2. L'HYPSIBATE PONCTUÉ. *Hypsibatus punctatus*. Nobis.

CARACTÈRES. Queue comprimée. Parties supérieures ponctuées de blanchâtre sur un fond ardoisé.

DESCRIPTION.

FORMES. Cette espèce se distingue de la précédente par un plus grand nombre de plaques sur le dessus du museau, par son dos en toit et par sa queue fortement comprimée, dont le dessus est tranchant et surmonté, dans toute sa longueur, d'une crête en dents de scie.

COLORATION. De même que l'Hypsibate agamoïde, celui-ci a la gorge et la face inférieure du cou colorées en noir; mais ses parties supérieures présentent une teinte ardoisée, parsemée d'un très grand nombre de petites taches d'un blanc bleuâtre, qui rappellent le mode de coloration de certaines espèces de poissons du genre des Serrans. Quelques bandes obliques, de la même couleur que les petites taches dont nous venons de parler, se montrent en travers des membres et de la queue. Le dessous du corps est blanchâtre.

DIMENSIONS. *Longueur totale*, 42" 3"'. *Cou*. Long. 1" 2"'. *Corps*. Long. 8" 91"'. *Memb. antér*. Long. 8" 5"'. *Memb. postér*. Long. 11" 5"'. *Queue*. Long. 28".

PATRIE. Cette espèce est très probablement du même pays que la précédente. Nous ne possédons qu'un seul exemplaire, dont l'origine ne nous est pas connue.

XIXe GENRE HOLOTROPIDE.
HOLOTROPIS (1). Nobis.

(*Tropidurus* de Fitzinzer en partie. *Leiocephalus*
de Gray.)

CARACTÈRES. Tête en pyramide quadrangulaire. Plaques céphaliques médiocres, anguleuses, presque
égales ; une occipitale très petite ; des scutelles sus-
oculaires dilatées en travers ; les autres plaques oblongues. Des dents palatines. Cou lisse en dessous, plissé
irrégulièrement sur les côtés. Un repli oblique de la
peau devant chaque épaule. Bord antérieur de l'oreille
dentelé. Tronc subtrièdre, revêtu d'écailles imbriquées de moyenne grandeur, surmontées de carènes,
finissant en pointe aiguë, et formant des lignes obliques convergentes vers la région moyenne du dos.
Une crête dentelée, étendue de la nuque à l'extrémité
de la queue ; celle-ci longue, comprimée. Bord externe
des deux ou trois premiers doigts postérieurs dentelé.
Pas de pores au cloaque, ni aux cuisses.

Les Holotropides n'ont pas le corps déprimé, le cou
étranglé comme les Hypsibates, les grandes plaques occipitales, ainsi que les plis transversaux sous la gorge ; ils n'offrent pas non plus de plis longitudinaux sur les côtés du
tronc. Ils ont avec les Scinques une certaine ressemblance
que nous allons trouver complète dans les premières espèces
du genre suivant, celles qui forment le groupe des Procto-

---

(1) De ὅλως, complétement, *omninò*, Τροπὶς, crête, **carène**,
carina, carènes partout, tout-carènes.

17.

trètes Léiodères. La tête des Holotropides a la forme d'une pyramide à quatre faces, peu alongée ; elle est couverte de plaques anguleuses assez nombreuses, dont le diamètre est peu étendu. La plupart de ces plaques sont oblongues, car il n'y a réellement que les écailles sus-oculaires qui soient dilatées transversalement ; celles-ci sont disposées de manière à former une rangée longitudinale, légèrement arquée. Le bord externe de la région sus-oculaire constitue une sorte de sourcil garni de scutelles alongées, étroites, obliquement imbriquées. La plaque occipitale, petite et anguleuse, se trouve confondue au milieu des autres plaques.

Le dessus de la partie postérieure de la tête offre une série transversale de grandes squames, plus longues que larges. Les ouvertures nasales sont pratiquées chacune dans une plaque qui touche à la rostrale ; elles sont latérales, arrondies ou ovales, et dirigées en arrière. La langue est papilleuse. Les dents palatines sont petites ; celles des mâchoires sont égales : elles sont simples sur le devant de la bouche et à sommet tricuspide sur les parois latérales. La plaque mentonnière est simple, et on remarque, sous le bout du maxillaire inférieur et le long de ses branches, des écailles plus grandes que celles des régions voisines. La membrane du tympan est un peu enfoncée dans l'oreille, dont le bord antérieur offre une forte dentelure.

La peau des parties latérales du cou présente des plis irréguliers en saillies ; et devant chaque épaule elle forme un repli oblique qui descend jusque sur la poitrine. Le cou n'offre pas le moindre étranglement ; de sorte que la région inférieure est lisse ou parfaitement unie. Le tronc aurait une coupe triangulaire, attendu que le ventre est plat, et que le dos est légèrement en toit. Les écailles qui le revêtent sont de moyenne grandeur, entuilées et surmontées de fortes carènes qui constituent des arêtes obliques, convergeant vers la ligne moyenne du dos. Les écailles ventrales sont tantôt lisses, tantôt carénées. Il règne, de l'occiput à la pointe de la queue, qui est comprimée, une crête dentelée en scie.

Les membres, sans être courts, ne sont pas très développés.

Les premiers doigts des pattes postérieures sont dentelés sur leur bord externe. On ne remarque pas d'écailles crypteuses sous les cuisses, ni sur le bord antérieur du cloaque.

Ce genre Holotropide est le même que celui nommé Léiocéphale par M. Gray. Nous n'avons jusqu'ici observé que deux espèces qui s'y rapportent.

TABLEAU SYNOPTIQUE DES ESPÈCES DU GENRE HOLOTROPIDE.

Écailles ventrales	carénées	1. H. DE L'HERMINIER.
	lisses.	2. H. MICROLOPHE.

---

1. L'HOLOTROPIDE DE L'HERMINIER. *Holotropis Herminieri.*
Nobis.
(Voyez planche 44.)

CARACTÈRES. Crête dorsale bien développée. Écailles ventrales carénées. Queue fortement comprimée.

SYNONYMIE. *Leiocephalus carinatus.* Gray, Philosoph. magaz. tom. 2, pag. 208.

Leiocephalus carinatus. Gray, Synops. in Griffith's anim. kingd. t. 9, pag. 42.

DESCRIPTION.

FORMES. La tête de l'Holotropide de l'Herminier ressemble à une pyramide à quatre côtés égaux. Elle est assez courte, un peu arquée transversalement en avant du front, et au contraire légèrement concave en arrière des yeux. Ses régions sus-oculaires sont bombées. Les narines s'ouvrent de chaque côté du museau, dans une plaque qui s'articule en avant, partie avec la squame rostrale, partie avec une écaille rhomboïdale, qui est la première d'une série située au-dessus de la rangée des scutelles labiales supérieures. La surface antérieure de la tête, c'est-à-dire depuis le front jusqu'au bout du nez, offre un pavé d'une trentaine de petites

plaques rhomboïdales, épaisses, striées ou multicarénées chez les
jeunes sujets, en dos d'âne chez les individus adultes. Dans certains individus, ces plaques sont distinctement imbriquées. On en
voit qui leur ressemblent, mais qui sont néanmoins plus petites,
disposées sur le vertex en une série qui sépare les deux rangées se-
micirculaires de squames supra-orbitaires. Celles-ci, au nombre
de douze environ pour chaque rangée, présentent un diamètre peu
différent de celles du front, et une forme irrégulièrement rhomboïdale ou hexagonale. Il existe, en travers de la région occipitale, une rangée de sept à neuf grandes plaques relevées en dos
d'âne, beaucoup plus longues que larges, et distinctement marquées de stries longitudinales. Chaque région sus-oculaire porte
six ou sept grandes scutelles imbriquées, de forme hexagonale,
très dilatées transversalement et multicarénées dans le sens de la
longueur de la tête.

Les tempes sont garnies d'écailles en losanges, imbriquées, à
peu près égales entre elles, et fortement carénées. La plaque rostrale, qui est très développée, ressemble à un triangle. La squame
du menton est également fort grande, mais elle présente cinq
côtés à peu près égaux. Les squames labiales sont très petites,
comparativement à l'écaille mentonnière et à la rostrale. Leur
forme est quadrangulaire oblongue, et leur nombre de seize ou
dix-huit sur chaque lèvre.

L'ouverture de l'oreille, à l'entrée de laquelle se trouve
tendue la membrane du tympan, est ovale et assez haute. Elle
semble pouvoir être fermée à l'aide de deux plis que fait la peau
de son bord postérieur et de son bord antérieur, qui est garni de
cinq ou six longues dents squameuses, couchées en arrière.

Le cou a absolument la même largeur que la partie postérieure de la tête ; il est, de même que le dos, un peu en toit, et
ses côtés offrent des plissures ramifiées. La peau fait devant chaque épaule un pli oblique, sous lequel on voit souvent attachés
des Insectes parasites.

Une crête d'écailles en dents de scie, très serrées les unes contre
les autres, et dont la hauteur est égale à la largeur de la fente des
paupières, règne, en conservant toujours la même élévation,
depuis la nuque jusque vers le milieu de la queue, qu'elle continue de parcourir, mais en s'atténuant peu à peu.

Les pattes de devant ne sont pas assez longues pour atteindre au delà de l'aine, lorsqu'on les couche le long du corps ; celles de derrière peuvent s'étendre jusqu'à l'angle de la bouche,

La queue n'a guère qu'une demi-fois plus d'étendue que le reste du corps ; elle est fortement comprimée dans toute sa longueur.

L'Holotropide de l'Herminier a le dessus et le dessous du corps, la face interne et la face externe des membres, et la totalité de la queue, revêtus d'écailles rhomboïdales imbriquées, surmontées de fortes carènes, terminées en pointe. Celles de ces écailles qui garnissent le ventre sont de moitié moins grandes, et celles des flancs, deux fois plus petites que celles du dos.

Les scutelles sous-digitales sont tricarénées et très dilatées en travers ; les ongles sont courts et peu arqués.

Coloration. Un brun glacé de vert règne sur les parties supérieures de cet Iguanien, dont la tête est jaunâtre, avec les côtés coupés de haut en bas par quatre ou cinq bandes noires. Le dos de certains individus semble offrir en travers quelques bandes irrégulières d'une teinte jaunâtre.

Les côtés du cou sont ondulés de blanc et de noir. Des raies transversales ou obliques, de cette dernière couleur, sont imprimées sur la gorge, qui est jaunâtre, de même que toutes les régions inférieures de l'animal. Quelquefois le dessus des membres est ponctué de brun.

Dimensions. *Longueur totale*, 31" 9'". *Tête*. Long. 3" 7'". *Cou*. Long. 1" 7'". *Corps*. Long. 8" 5'". *Memb. antér*. Long. 5" 6'". *Memb. postér*. Long. 10" 4'". *Queue* (reproduite). Long. 18.

Patrie. Ce Saurien se trouve dans les îles de la Trinité et de la Martinique ; il nous a été envoyé, du premier de ces deux pays, par M. l'Herminier ; et du second, par MM. Plée et Guyon.

Observations. Cette espèce est certainement la même que le Léiocéphale caréné de M. Gray. Malheureusement nous ne nous sommes aperçu de cette identité qu'après avoir vu les échantillons du musée britannique, et lorsque la figure de notre Holotropide de l'Herminier avait déjà été publiée sous ce nom dans la précédente livraison de notre ouvrage. Autrement nous aurions conservé à cet Iguanien les noms de genre et d'espèce par lesquels M. Gray l'avait désigné avant nous.

2. L'HOLOTROPIDE A PETITE CRÊTE. *Holotropis microlophus.* Cocteau.

CARACTÈRES. Crête dorsale fort petite. Écailles ventrales non carénées. Queue très peu comprimée.

SYNONYMIE. *Le Lézard Lion.* Catesb. Hist. Carol. tom. 2, Pl. 68.

Tropidurus Schreibersii. Fitzing. verz. Mus. wien. 49.

Holotropis microlophus. Th. Coct. Hist. de l'île de Cuba, par Ramon de la Sagra. Zool. Rept. Pl. 5 (non encore publiée).

DESCRIPTION.

FORMES. Cette espèce se distingue de la précédente par plusieurs caractères faciles à saisir. Ainsi la crête qui surmonte son cou, son dos et sa queue, est beaucoup plus basse ; c'est-à-dire qu'elle pourrait n'être considérée que comme une simple carène. Sa queue est si peu comprimée, qu'au premier aspect on la croirait conique. L'écaillure de ses parties inférieures est lisse au lieu d'ê-tre carénée. Ses écailles ventrales sont aussi grandes que celles du dos, et les flancs en offrent qui ne sont pas beaucoup plus pe-tites, ce qui est absolument le contraire chez l'Holotropide de l'Herminier. Ses plaques céphaliques sont plus dilatées, et par conséquent moins nombreuses. On n'en compte effectivement que quatorze ou quinze sur la partie antérieure de la tête, sept ou huit sur chaque bord supra-orbitaire, et six au plus sur l'une ou sur l'autre région sus-oculaire. Ces plaques sont disposées avec plus de symétrie que dans l'espèce précédente ; et, bien qu'elles soient carénées dans le premier âge, elles ne prennent jamais plus tard une forme en dos d'âne ; mais elles restent planes, ou bien deviennent très légèrement convexes.

COLORATION. Les individus adultes ont tout le dessus du corps d'un brun tirant plus ou moins sur le fauve ; et leurs parties in-férieures ne diffèrent que par une teinte plus claire. Mais les jeunes sujets, et même ceux d'un âge moyen, ont leur petite crête de couleur jaunâtre, et quatre raies également jaunâtres, imprimées, deux de chaque côté du dos, sur un fond d'un brun clair. Deux de ces raies commencent au-dessus des sourcils, et vont aboutir en droite ligne à la racine de la queue. Les deux autres prennent naissance sous les yeux, et se terminent près des cuisses.

Les trois intervalles qui existent entre ces quatre raies offrent chacun une série de taches noirâtres ; l'une de ces séries, la médiane, se prolonge sur la queue.

La surface de la tête est souvent colorée en brun marron, et la face externe des membres présente des linéoles de points bruns et de points blanchâtres. Une teinte jaunâtre règne sur les régions inférieures ; la gorge seule offre des raies brunes formant des chevrons emboîtés les uns dans les autres, dont le sommet est dirigé du côté du menton.

DIMENSIONS. *Longueur totale*, 29" 7'". *Tête*. Long. 2" 9'". *Cou*. Long. 3" 4'". *Corps*. Long. 6" 4'". *Memb. antér*. Long. 4" 5'". *Memb. postér*. Long. 8". *Queue*. Long. 17".

PATRIE. L'Holotropide microlophe habite Saint-Domingue et Cuba. Les échantillons que renferme notre musée ont été reueillis, les uns dans la première de ces deux îles, par M. Ricord ; les autres, dans la seconde, par M. Ramon de la Sagra.

Observations. Nous avons reçu du musée de Leyde, sous le nom de *Tropidurus Schreibersii*, un Saurien qui appartient bien certainement à notre genre Holotropide, et qui offre un si grand nombre de ressemblances avec l'*Holotropis microlophus* en particulier, que nous n'avons pas osé le considérer comme en différant spécifiquement. Toutefois nous devons dire que les écailles de sa gorge sont plus petites et plus nombreuses, et ses doigts et ses ongles plus longs et plus grêles que chez aucun des individus de l'Holotropide microlophe que nous possédons. Peut-être même ne devons-nous qu'au mauvais état de conservation dans lequel se trouve notre unique exemplaire du Tropidure de Schreibers, de n'avoir point découvert d'autres différences qui nous auraient décidé à ajouter une troisième espèce aux deux qui composent déjà le genre Holotropide. On assure que cette espèce, lorsqu'elle court, porte la queue relevée et roulée à la manière des chiens.

XXe GENRE. PROCTOTRÈTE.
PROCTOTRETUS (1). Nobis.

(*Tropidurus* (*Leiolœmus*), Wiegmann.)

CARACTÈRES. Tête subpyramido-quadrangulaire, plus ou moins déprimée. Plaques céphaliques médiocres, polygones; occipitale, en général peu distincte. Des dents palatines. Cou plissé sur les côtés, ou tout-à-fait uni. Membrane du tympan un peu enfoncée. Corps arrondi ou légèrement déprimé, couvert d'écailles imbriquées; les supérieures carénées, les inférieures lisses. Pas de crête caudale ni de dorsale. Doigts simples. Queue longue et conique, ou médiocre et légèrement déprimée. Point de pores fémoraux; des pores anaux chez les individus mâles.

Les principaux caractères qui distinguent ce genre du précédent résident dans l'absence de toute espèce de crête sur la partie supérieure du corps, dans la non compression de la queue, et dans l'existence de pores (chez les individus mâles), sur le bord libre de l'espèce de lèvre qui ferme le cloaque. Les Sauriens qui nous occupent en ce moment n'ont pas toujours, comme les Holotropides, devant chaque épaule, une sorte d'incision oblique, produite par le repli que forme la peau en cet endroit. Le cou est tout-à-fait arrondi et uni, ou bien il offre seulement quelques plissures irrégulières sur les côtés. Tous ont le palais garni de dents; celles que portent les mâchoires sont courtes, égales, comprimées et

---

(1) De Πρωκτὸς, anus, *podex;* et de Τρητὸς, troué, percé, *perforatus*, des pores rangés au devant du cloaque.

trilobées pour la plupart, puisqu'il n'y a guère que les dix ou douze premières qui soient arrondies et pointues. Tous également manquent de pores fémoraux. La grandeur des écailles varie suivant les espèces ; mais chez toutes elles sont surmontées d'une carène, se terminant le plus souvent en pointe aiguë.

Nous n'en connaissons pas dont les écailles du ventre soient carénées. Dans certaines espèces la forme de la tête est celle d'une pyramide à quatre faces, peu alongée ; chez d'autres cette partie du corps est un peu déprimée, et son pourtour horizontal a la figure d'un triangle obtus en avant. Les plaques céphaliques sont très variables sous le rapport du diamètre et de la forme ; cependant elles sont toujours auguleuses. On en remarque généralement sur chaque régions sus-oculaire une série curviligne qui sont plus grandes que les autres, et dont la largeur l'emporte sur la longueur.

L'écaille occipitale est si petite, que quelquefois elle se trouve perdue au milieu des autres. La membrane du tympan est légèrement enfoncée ; tantôt le bord antérieur de l'oreille est fortement dentelé, tantôt il ne l'est que faiblement ou bien pas du tout. Les espèces à corps élancé l'ont arrondi, et portent une queue longue et conique ; celles dont le tronc est court l'ont un peu déprimé, et alors aussi leur queue est médiocre et légèrement aplatie à la base. La longueur des membres n'est pas considérable ; les doigts sont simples.

Nous partageons les Proctotrètes en deux groupes, selon que le cou est lisse ou uni (*Léiodères*), ou qu'il offre des plis sur les parties latérales (*Ptygodères*).

Les espèces du premier groupe ont des formes élancées ; celles qui sont placées à la tête du second sont encore sveltes, mais les suivantes prennent peu à peu une forme raccourcie et déprimée qui conduit naturellement aux Tropidolépides.

Ce genre correspond à la division nommée *Leiolœmus*, établie par M. Weigmann dans son genre *Tropidurus*.

TABLEAU SYNOPTIQUE DES ESPÈCES DU GENRE PROCTOTRÈTE.

Cou

sans aucune espèce de plis . . . . 1. P. DU CHILI.

présentant

ordinaires: oreille

un ou deux petits tubercules : dos offrant en

- long deux bandes jaunâtres. . . . . } 3. P. PEINT.
- travers des raies noires ondulées. . } 4 P. SVELTE.
- comme des figures ou lettres arabes. . . . . } 8. P. SIGNIFÈRE.

une dentelure en scie . . . . 5. P. A TACHES NOIRES.

plissé latéralement : flancs

simple ,

grande : ventre

- blanc ou noir . . . . 7. P. DE FITZINGER.
- bleu. . . . . 2. P. VENTRE-BLEU.

petite : dos gris,

- couvert de petites taches noires. . . . 9. P. A TACHES NOMBREUSES
- avec deux bandes fauves, chacune entre deux séries de taches noires. . } 6. P. DE WIEGMANN.

offrant de chaque côté une crête pectinée . . . . 10. P. PECTINÉ.

A. Léiodères. *Espèces à peau du cou unie ou parfaitement tendue.*

1. LE PROCTOTRÈTE DU CHILI. *Proctotretus Chilensis.* Nobis.

Caractères. Bord antérieur de l'oreille dentelé en scie. Sur le des us et les côtés du cou et du tronc de grandes écailles rhomboïdales, surmontées d'une forte carène finissant en pointe.

Var. A. De couleur de bronze uniformément, ou ondulé de brun en travers, ou bien comme jaspé de jaune.

Var. B. D'un fauve jaunâtre avec deux bandes longitudinales brunâtres, une raie de la même couleur sur chaque tempe, et une autre fourchue sur la nuque.

Synonymie. *Calotes Chilensis.* Less. et Garn. Voy. de *la Coquille* Zool. Rept., tab. 1, fig. 2.

Tropidurus Chilensis. Wiegm. Act. Acad. Cæs. Leop. Carol. nat. Cur. tom. 17, pag. 233 et 268.

Tropidurus nitidus. Id. Loc. cit. pag. 234, tab. 17, fig. 2, (très jeune âge).

Var. B. (*Tropidurus olivaceus.*) *Id.* Loc. cit. pag. 268.

DESCRIPTION.

Formes. La tête du Proctotrète du Chili est courte et ressemble à une pyramide à quatre côtés égaux. Son extrémité libre, ou le museau est obtus et arrondi. Les régions sus-oculaires ne sont presque pas bombées. Les plaques qui recouvrent la surface de cette tête sont un peu renflées, assez grandes et peu nombreuses. Sur les régions frontale, préfrontale et internasale, on en compte de quatorze à dix-huit dont la figure varie considérablement, au point qu'il devient pour ainsi dire impossible d'indiquer les rapports qui existent entre elles, ou mieux la manière dont elles sont articulées ensemble; car nous l'avons trouvée différente chez plus de vingt individus. Cependant nous pouvons dire qu'en général ces plaques sont ainsi disposées : deux petites immédiatement derrière la plaque rostrale, puis une plus petite; ensuite une rangée de quatre, dont les deux latérales sont très peu dilatées, et touchent, l'une à droite l'autre à gauche, le bord interne de la plaque nasale; enfin dix ou onze ayant l'air de former un cercle, au centre duquel en est une onzième ou une douzième.

Parfois, entre les orbites ou sur le vertex, il y en a quatre placées deux à deux ; d'autrefois on n'en voit que trois, une d'a-
bord, et deux ensuite, et cela chez les deux variétés que nous re-
connaissons exister dans l'espèce du Proctotrète du Chili. Ceci,
en particulier, vient détruire l'opinion émise par M. Wiegmann,
que ces deux variétés pourraient fort bien être deux espèces, distinguées, l'une par trois, l'autre par quatre plaques interorbitai-
res. Parmi les plaques qui garnissent la surface postérieure de la
tête, et positivement derrière celle qu'on nomme occipitale, on
en remarque quatre ou cinq grandes oblongues, formant un rang
transversal. Chaque région sus-oculaire porte trois séries curvilignes de scutelles hexagonales, dilatées en travers. Le plus souvent
ces trois séries de scutelles ont la même longueur, mais il arrive
quelquefois aux latérales d'être beaucoup plus étroites que la médiane. Ces scutelles sus-oculaires sont les moins dilatées de toutes
celles du dessus de la tête. Tantôt elles sont lisses, tantôt elles offrent des rides longitudinales ; nous avons même vu un individu
en présenter de ces deux sortes. Les narines sont tout-à-fait latérales et à peu près circulaires. La plaque dans laquelle chacune
d'elles est percée s'articule avec la scutelle rostrale, qui offre une
très grande largeur, et cinq côtés, dont le supérieur est arqué.
L'écaille mentonnière est également pentagonale et très dilatée en
travers ; mais elle a néanmoins plus de hauteur que la plaque du
bout du nez. Chaque lèvre est garnie de cinq petites scutelles
quadrilatères oblongues. Cinq ou six écailles alongées, étroites,
imbriquées obliquement, et placées presque de champ, forment
une sorte de crête surciliaire. Les paupières sont granuleuses. Les
tempes présentent cinq ou six rangées longitudinales d'écailles
égales, rhomboïdales, imbriquées et carénées. L'oreille est un assez grand trou ovale, en dedans duquel on aperçoit la membrane
du tympan. Son bord antérieur est garni d'écailles à peu près
aussi grandes que celles des tempes, écailles qui constituent une
espèce de petit opercule dentelé.

Le cou est gros, parfaitement cylindrique, et sans le moindre
pli ; le tronc, s'il n'était aplati en dessous, serait fusiforme ; car il
est arrondi en dessus et de chaque côté, et ses deux extrémités
sont rétrécies.

La queue est généralement une fois plus longue que le reste du
corps, mais quelquefois elle est beaucoup plus courte. Sa forme

est conique, si ce n'est à sa base, où elle semble offrir quatre côtés unis par quatre angles arrondis.

La longueur des pattes de devant est à peine un peu plus considérable que celle qui existe entre le devant de l'épaule et le milieu du flanc. Couchées le long du corps, les pattes de derrière s'étendent jusqu'aux aisselles.

L'écaillure de cette espèce se compose en grande partie de pièces rhomboïdales parfaitement imbriquées. Celles de toutes les parties supérieures, et du dos en particulier, sont fort grandes, un peu cintrées de chaque côté, et surmontées d'une forte carène finissant en pointe. En dessous il n'y a d'écailles carénées que celles de la queue, de la paume des mains et de la plante des pieds. Celles de la gorge, du cou, de la poitrine, du ventre et de la face inférieure des membres sont complétement lisses. Les scutelles sous-digitales ont leur bord libre armé de trois petites pointes. La peau des aisselles et des fesses est couverte de granulations squameuses extrêmement fines. Les rangées longitudinales d'écailles carénées qui garnissent le dos et les flancs sont au nombre de seize ou dix-huit. Le bord de l'espèce de lèvre qui ferme l'ouverture cloacale est percé de trois ou quatre pores remplis d'une substance graisseuse.

COLORATION. Cette espèce produit deux variétés bien tranchées par leur mode de coloration.

VAR. A. (*Tropidurus olivaceus.* Wiegmann.)

Les écailles des parties supérieures des individus appartenant à cette première variété offrent une teinte bronzée, relevée d'une petite bordure jaune de chaque côté. Tantôt cette bordure est extrêmement étroite; tantôt, au contraire, elle envahit presque toute l'écaille; en sorte que, dans le premier cas, c'est la teinte bronzée qui domine sur le corps, tandis que dans le second c'est la couleur jaune. Il arrive quelquefois que la teinte bronzée, qui peut être plus ou moins claire, plus ou moins foncée, est remplacée par une belle couleur verte métallique. Nous avons même des individus dont les écailles des flancs, au lieu d'être bordées de jaune, le sont d'un rouge de sang. Quelques autres ont le dos parcouru transversalement par des raies ou des bandes onduleuses de couleur brune. Les aisselles et les fesses sont marbrées de jaune et de noir; une teinte jaunâtre, plus ou moins nuancée de brun, règne sur les parties inférieures. Cependant la gorge est toujours marquée de lignes obliques noirâtres, formant des chevrons, dont le sommet est tourné du côté du menton.

Les jeunes sujets se font remarquer par une série de taches brunâtres, placées de chaque côté du dos, entre deux lignes jaunâtres. Ces taches sont elles-mêmes quelquefois marquées d'un point bleu. Parmi ceux que nous possédons il en est qui ont les flancs et les côtés de la queue uniformément rouges, et d'autres dont le dessus du corps est coupé transversalement par des bandes noires offrant des espèces de festons bordés de jaune. Le *Tropidurus nitidus*, de M. Wiegmann, a été établi d'après un individu semblable ceux-ci.

Var. B. (*Tropidurus Chilensis*. Wiegmann.)

Les parties supérieures de cette seconde variété offrent, soit une teinte olivâtre à reflets dorés, soit une teinte fauve plus ou moins jaunâtre. Mais on voit toujours régner le long du corps quatre bandes brunâtres, une sur le haut de chaque flanc, et les deux autres, qui souvent n'en forment qu'une seule, sur toute l'étendue du dos. Ces bandes ont l'air d'être le résultat d'une suite de grandes taches anguleuses confondues entre elles.

Les tempes sont marquées chacune d'une raie noire, qui s'étend depuis l'angle postérieur de l'œil jusqu'à l'oreille. Il en existe une autre sur la ligne moyenne et longitudinale de l'occiput, en arrière duquel elle se divise en deux branches qui se prolongent sur le cou pour aller rejoindre les deux bandes dorsales. Le dessus de la queue est parcouru par un étroit ruban noir. Jamais nous n'avons vu d'individus, appartenant à cette variété, avoir la gorge et le dessous du menton marqués de lignes obliques de couleur brune, comme il en existe chez ceux de la variété A.

DIMENSIONS. *Longueur totale*, 30". *Tête*. Long. 2". *Cou*. Long. 1" 4'''. *Corps*. Long. 7". *Memb. antér*. Long. 3" 5'''. *Memb. postér*. Long. 5" 6'''. *Queue*. Long. 20".

PATRIE. Cette espèce est originaire du Chili, où elle doit être fort commune, si nous en jugeons par le grand nombre d'échantillons qui nous ont été envoyés de ce pays. Nous en possédons effectivement plus de quarante, que nous devons pour la plupart à M. Gay, les autres ont été recueillis par M. d'Orbigny.

Observations. Nous avions d'abord cru, comme M. Wiegmann, que ces deux variétés A et B du Proctotrète du Chili formaient deux espèces bien distinctes; mais, en les comparant avec plus de soin, nous nous sommes bientôt aperçu qu'il ne pouvait point en être ainsi, puisque leurs caractères différentiels ne portent réellement que sur leur mode de coloration, lequel, comme on l'a pu voir, est lui-même fort variable dans la première variété. Nous avons également reconnu que le *Tropidurus nitidus*, représenté par M. Wiegmann dans un mémoire inséré dans les Actes des curieux de la nature, de Berlin, est évidemment établi d'après un très jeune sujet appartenant à l'espèce que nous venons de faire connaître en détail.

B. PTYGODÈRES. *Espèces à cou plissé de chaque côté.*

2. LE PROCTOTRÈTE VENTRE-BLEU. *Proctotretus cyanogaster*. Nobis.

CARACTÈRES. Tête pyramido-quadrangulaire, à plaques non imbriquées, dépourvues de carènes. Oreilles grandes, sans tubercules, ni dentelures. Une seule rangée de plaques au-dessus des labiales supérieures. Côtés du cou garnis de petites écailles rhomboïdales, imbriquées, carénées. Squames du dos et des flancs grandes, en losanges, surmontées de carènes finissant en pointe. Toutes les écailles du dessous du cou et du ventre entières. Fesses complétement granuleuses. D'un brun-vert ou cuivreux, avec une bande jaunâtre de chaque côté du dos. Parties inférieures de couleur bleue.

DESCRIPTION.

FORMES. De prime abord on prendrait ce Proctotrète pour une espèce de Lacertiens du genre des Algires, tant il offre de ressemblance avec ceux-ci par sa taille, l'ensemble de ses formes, et son mode d'écaillure. Le Proctotrète ventre-bleu a la tête assez alongée, quadrangulaire et rétrécie en avant. Sa face supérieure est couverte de plaques lisses, ou bien très légèrement ridées. Les narines sont latérales, circulaires, et percées chacune dans une petite plaque à peu près pyriforme, dont l'extrémité la plus étroite s'articule avec la scutelle rostrale. Celle-ci, qui est très dilatée en travers, offre quatre côtés, dont le supérieur est un peu arqué. Immédiatement derrière elle, sont deux petites plaques trapézoïdales ; puis il en vient trois autres, dont les deux

latérales tiennent, chacune de son côté, à deux fort petites scutelles situées au-dessus de la plaque nasale; après cela on en
compte encore trois, deux petites et une grande au milieu, formant une rangée transversale, qui est suivie de quatre autres
plaques, assez grandes pour couvrir toute la région frontale.

Entre les orbites, tantôt il y a trois plaques placées l'une devant les deux autres, tantôt il y en a quatre formant un carré.
Les plaques qui garnissent le dessus de la partie postérieure de la
tête sont au nombre de six ou sept, parmi lesquelles se trouve
comprise celle que l'on nomme occipitale.

Chaque région sus-oculaire est protégée par des scutelles hexagonales formant quatre séries; celles des deux premières, ou les
plus rapprochées du bord surciliaire, sont fort petites, de même
que celles de la quatrième; mais celles de la troisième sont assez
grandes et dilatées en travers. Le bord surciliaire se compose de
cinq ou six écailles fort étroites, imbriquées obliquement, et
placées presque de champ. Les paupières offrent de petites plaques quadrilatères disposées, en haut comme en bas, sur quatre
ou cinq rangs longitudinaux. Neuf plaques au plus revêtent
l'espace fronto-rostral : deux fort petites sont placées l'une au-
dessus de l'autre derrière la narine ; elles sont suivies de deux
plus grandes, rhomboïdales, et situées de la même manière ;
mais la supérieure debout sur l'inférieure, qui est placée en long.
Parmi les cinq dernières, on en remarque une excessivement petite, et une autre fort étroite qui occupe le dessous de l'œil.

Les plaques labiales sont quadrilatères oblongues; il y en a
deux rangées de huit ou dix chacune sur la lèvre supérieure, et
une seule de quatorze ou seize sur la lèvre inférieure.

Le trou de l'oreille, à l'entrée duquel est tendue la membrane
du tympan, est grand et sans tubercules ni dentelures sur son
pourtour, qui ressemble à un carré à angles arrondis.

La peau des côtés du cou fait un pli qui s'étend jusqu'à l'aisselle, et dont l'extrémité antérieure forme une bifurcation qui
embrasse le bord postérieur de l'oreille. La longueur d'une patte
de devant est à peu près des deux tiers de l'espace qui existe entre l'épaule et la racine de la cuisse.

L'étendue des pattes de derrière est un peu plus considérable ;
car, placées le long du corps, elles touchent le bras par leurs extrémités.

La queue, dans les individus qui l'ont fort prolongée, entre pour les deux tiers dans la totalité de la longueur de l'animal. Forte, un peu déprimée et comme tétraèdre à sa base, elle est au contraire conique et assez grêle dans le reste de son étendue.

Le dessus du cou, le dos, les flancs et la face supérieure de la queue sont revêtus d'assez grandes écailles rhomboïdales, imbriquées, surmontées de carènes fortement marquées et finissant en pointe. Ces carènes forment des lignes longitudinales, dont on compte une trentaine du bas d'un flanc à l'autre. La région post-auriculaire, limitée par le pli furculaire que la peau forme en cet endroit, est garnie de granulations squameuses, comme on en voit aussi autour de la racine du bras et sur les fesses. Mais le reste des parties latérales du cou offre de petites écailles rhomboïdales, imbriquées et si épaisses, qu'elles paraissent tuberculeuses.

La face supérieure des membres est couverte de squames qui ne diffèrent de celles du dos que par un diamètre moins grand. La gorge, le dessous du cou, la poitrine et le ventre ont aussi une écaillure composée de pièces rhomboïdales, imbriquées, mais elles sont parfaitement lisses. La face inférieure des membres et celle de la base de la patte en présentent qui leur ressemblent complétement. Mais le reste du dessous du prolongement caudal se trouve garni d'écailles carénées et imbriquées, ressemblant à des triangles isocèles.

Un rang de scutelles lisses, à bord libre arrondi, garnit le dessus des doigts, dont chacun des côtés porte une série d'écailles surmontées d'une carène finissant en pointe. Leur face inférieure est protégée par une bande de lames écailleuses tricarénées et tricuspides. Les mâles ont le bord antérieur de l'ouverture anale percé de deux ou trois petits pores.

COLORATION. Cette espèce de Proctotrète se fait remarquer par les deux raies blanchâtres ou jaunâtres qu'elle porte de chaque côté du corps, depuis l'angle postérieur de l'œil jusqu'à la racine de la queue. Ces deux raies sont imprimées sur un fond brun-olive, cuivreux ou vert, à reflets métalliques. Parfois il existe près de leur bord interne une série de petites taches anguleuses noires. Le dessus de la queue est de la couleur du cuivre rouge ; le dessous offre le même mode de coloration quand il n'est pas blanchâtre.

Toutes les autres régions inférieures du corps sont d'un bleu tirant quelquefois sur le vert.

18.

DIMENSIONS. *Longueur totale*, 14″ 7‴. *Tête*. Long. 1″ 5‴. *Cou*. Long. 7‴. *Corps*. Long. 4″ 2‴, *Memb. antér*. Long. 2″ 6‴. *Memb. postér*. Long. 4″. *Queue*. Long. 8″ 3‴.

Ces dimensions sont celles d'un sujet certainement adulte, mais dont la queue est proportionnellement moins longue que celles d'individus plus jeunes que nous possédons.

PATRIE. Le Chili est aussi le pays qui produit cette espèce, dont M. Gay nous a envoyé plusieurs beaux échantillons.

3. LE PROCTOTRÈTE PEINT. *Proctotretus pictus*. Nobis.

CARACTÈRES. Tête pyramido-quadrangulaire couverte de plaques non imbriquées et sans carènes. Museau étroit. Oreilles assez grandes, portant chacune un petit tubercule sur son bord antérieur. Une seule rangée d'écailles au-dessus de la série des plaques labiales supérieures. Parties latérales du cou granuleuses. Squames du dos médiocres, rhomboïdales, à carènes peu prononcées, et non prolongées en arrière. Écailles des flancs presque lisses. Toutes celles du dessous du cou et du ventre entières. Cuisses complétement granuleuses. Var. A. Bronze en dessus, avec deux bandes vertes, bordées en dedans d'une série de points noirs. Var. B. Dos brun, offrant de chaque côté deux rangs de grandes taches anguleuses noires, séparées par une bande jaunâtre. Var. C. D'un brun foncé piqueté de jaune, avec des taches anguleuses noires, mais sans bandes jaunâtres.

DESCRIPTION.

FORMES. Cette espèce a, comme la précédente, les formes élancées de certains Lacertiens; et, sous ce rapport, elle ressemble plus particulièrement à celui qu'on appelle le Lézard des murailles. Ses plaques céphaliques sont plus nombreuses que celles du Proctotrète ventre-bleu. Elles sont petites, égales entre elles, et de figure extrêmement variable.

Le Proctotrète peint se distingue principalement du Proctotrète ventre-bleu, en ce que ses écailles du dessus et des côtés du tronc sont plus petites, plus régulièrement rhomboïdales, et surmontées d'une carène moins forte et sans pointe en arrière; en ce que ses squames des flancs, en particulier, sont plus petites que celles du dos, et souvent à peu près lisses ou à carènes excessivement peu marquées. Le nombre de rangées longitudinales que forment ces écailles est de quinze ou seize sur la région dorsale, et d'une douzaine environ de chaque côté du corps. Les tempes sont revêtues de squamelles hexagonales, non imbriquées et dépourvues de carènes. L'oreille est assez grande et sans la moindre dentelure sur son bord antérieur, qui présente des écailles granuleuses, parmi lesquelles on en remarque une plus forte que les autres, située vers le tiers de la hauteur. La peau des côtés du cou est plissée de la même manière que chez l'espèce précédente, c'est-à-dire que la saillie qu'elle forme représente une sorte d'Y, dont les deux branches embrassent le derrière de l'oreille, et dont la queue s'étend jusqu'à l'aisselle.

La surface entière des parties latérales du cou, toute la région scapulaire, le dessous du bras et un certain espace de chaque côté du thorax, sont revêtus de grains squameux extrêmement fins.

La gorge, le dessous du cou, la poitrine et le ventre offrent une écaillure composée de pièces rhomboïdales, lisses et imbriquées ; celles de ces pièces qui garnissent les côtés de la région abdominale ont l'air d'être arrondies en arrière.

Le dessus des membres est revêtu d'écailles rhomboïdales, plus petites, mais semblables d'ailleurs à celles du dos. La face inférieure des avant-bras en est pareillement couverte ; les mollets et le dessous des cuisses en montrent de lisses, et la région interne des bras ainsi que les fesses, sont garnies de granulations squameuses.

La queue est entourée de verticilles d'écailles quadrilatères, surmontées d'une carène longitudinale oblique.

L'écaillure des doigts ressemble à celle du Proctotète ventre bleu. Le bord du cloaque des individus mâles présente de deux à quatre pores crypteux.

COLORATION. Le mode de coloration du Proctotrète peint est loin d'être constamment le même chez tous les individus. Cependant les différences qu'il présente peuvent être rapportées à trois types principaux, qui seront nos variétés A, B et C.

Variété A. Le dos, qui offre une teinte cuivreuse et bronzée, porte de chaque côté une large bande verte, en dedans de laquelle il existe une série de points noirs très distincts les uns des autres. Les régions latérales du cou et la partie supérieure des flancs sont marquées de taches noires confondues entre elles, sur un fond cuivreux comme celui du dos ; une teinte bleue, semée de points noirs , orne le bas des flancs ; tandis que le dessus des membres présente aussi des points noirs , mais jetés sur un fond bronzé. La gorge est noirâtre , et toutes les autres parties inférieures du corps sont peintes d'un blanc lavé de bleu verdâtre. Nous possédons un seul individu dont le bas-ventre est teint d'une couleur orangé.

Variété B. Cette variété se fait remarquer par la teinte brune , plus ou moins piquetée de jaune , qui est répandue sur les parties supérieures, ainsi que par les deux bandes jaunâtres qui s'étendent, l'une à gauche, l'autre à droite du dessus du corps, depuis l'angle postérieur de l'œil jusqu'à la base de la queue ; bande de chaque côté de laquelle on voit une suite de taches noires anguleuses. Celles de ces taches, qui occupent toute la région supérieure des flancs, se dilatent de manière à former sur ceux-ci des espèces de bandes verticales onduleuses, entremêlées de bordures jaunes. Le dessus du cou est parcouru par quelques linéoles noires ; le sommet de la tête est tacheté de noirâtre sur un fond brun. La face supérieure des membres et le dessus de la queue sont de cette dernière couleur, offrant en travers des bandes de taches anguleuses noires. Une teinte blanchâtre, quelquefois marbrée de noir, règne sur toutes les régions inférieures de l'animal , dont le bas-ventre et la région préanale présentent dans certains cas une belle couleur orangé.

Variété C. Un brun très foncé règne sur le dessus du corps, où sont à peine apparentes les deux bandes latérales vertes ou jaunâtres qui distinguent les deux premières variétés. Ici les taches noires anguleuses se réunissent pour former de larges bandes transversales, à bords irrégulièrement découpés.

Le nombre de points jaunes, qui sont semés sur ces parties supérieures du corps , est plus considérable que chez la seconde variété ; et toutes les régions inférieures sont blanchâtres, quand un orangé vif ne colore ni le ventre ni le dessous des cuisses. On voit aussi fort souvent les lèvres marquées de petites taches de cette dernière couleur, et le dessous du menton rayé longitudinalement de noir foncé.

DIMENSIONS. *Longueur totale* , 17" 3'''. *Tête.* Long. 1" 8'''. *Cou.* Long. 9'''. *Corps.* Long. 3" 7'''. *Memb. antér.* Long. 2" 5'''. *Memb. postér.* Long. 4". *Queue.* Long. 10" 7'''.

PATRIE. C'est aussi du Chili que provient cette espèce de Proctotrète, dont nous devons de nombreux et beaux échantillons au
savant botaniste M. Gay.

4. LE PROCTOTRÈTE SVELTE. *Proctotretus tenuis*. Nobis.

CARACTÈRES. Tête pyramido-quadrandulaire à plaques sans carènes et non imbriquées. Oreilles assez grandes, ayant un petit
tubercule sur leur bord antérieur. Une seule série de plaques au-
dessus de la rangée des labiales supérieures. Côtés du cou granuleux. Écailles du dos médiocres, rhomboïdales, obtuses, faiblement carénées. Squames des flancs plus petites et lisses. Pas d'écailles
échancrées sur les flancs ni sur les parties latérales du cou. Derrière
des cuisses entièrement granuleux. *Mâle.* Vermiculé de noir sur
un fond brun tacheté, soit de bleuâtre, soit de verdâtre, ou bien
de jaunâtre. *Femelle.* D'un gris-brun fauve, avec deux séries de
demi-cercles noirs, bordés de blanc.

FORMES. L'habitude du corps de cette espèce est absolument
semblable à celle du Proctotrète peint, dont elle ne se distingue
que par la disposition de ses plaques céphaliques, et par son mode
de coloration.

Immédiatement derrière la plaque rostrale, qui est heptagonale
et très élargie, il existe un carré de quatre plaques trapézoïdales
(deux petites et deux grandes), de chaque côté duquel se trouve
une très petite écaille triangulaire. Après cela viennent deux plaques de même forme que cette petite écaille, et entre lesquelles
en est soudée une troisième, ayant une figure rhomboïdale, qui
font partie d'une rosace, composée de cinq grandes écailles, avec
une sixième fort petite au milieu. Cette rosace couvre les régions
frontale et préfrontale. On remarque trois plaques inter-orbitaires;
une première pentagone oblongue, et deux autres placées côte à
côte, présentant une figure quadrilatère plus longue que large
et rétrécie en avant. Elles sont suivies de trois autres, deux latérales et une médiane, qui est la plaque occipitale, offrant en
arrière un angle aigu, enclavé entre deux grandes scutelles oblongues.

Il n'y a guère, sur chaque région sus-oculaire que trois ou
quatre plaques hexagones transverses, formant une série un peu
arquée, bordée en dedans d'un rang de petites écailles, en dehors
de deux, et précédée de cinq au six squamelles. Toutes ces pla

ques céphaliques ont une surface unie. La petite squame, dans laquelle chaque narine est percée, s'articule en avant avec la plaque rostrale, et en arrière avec deux petites écailles placées l'une au-dessus de l'autre. La lèvre supérieure est garnie de deux rangées de plaques quadrilatères oblongues. L'inférieure n'en offre qu'une seule. L'écaille mentonnière est grande et triangulaire.

Il existe un petit tubercule squameux vers le tiers antérieur de la hauteur de l'oreille. Les plis des côtés du cou ressemblent à ceux du Proctotrète peint. L'écaillure de toutes les autres parties du corps n'est pas non plus différente de celle de cette dernière espèce, si ce n'est cependant que les pièces qui la composent, sur le dos et le long des flancs, n'ont pas une forme rhomboïdale aussi régulière : elle tient un peu de l'ovale.

COLORATION. Les deux sexes du Proctotrète svelte n'ont pas le même mode de coloration. Ni l'un ni l'autre ne portent, de cha-que côté du dos, une bande longitudinale verte ou jaunâtre, comme cela s'observe dans l'espèce précédente.

Le mâle a le dessus de la tête nuancé de brun et de fauve, ou bien ponctué de jaune et de noirâtre. La région cervicale est, ainsi que le dos, vermiculée de noir sur un fond brun, qui est lui-même semé de taches, soit bleuâtres, soit verdâtres ou ardoi-sées ; quelquefois même on en remarque de jaunâtres. Presque tous les individus ont les côtés du cou marqués chacun d'une raie noire qui s'étend depuis le haut de l'oreille jusqu'à l'épaule. Les membres et la queue sont coupés en travers par des bandes on-duleuses noirâtres, dont les intervalles se trouvent remplis par des taches, les unes bleuâtres, les autres de la couleur du cuivre rouge. La gorge tantôt est jaune, tantôt d'un beau vert métalli-que. Souvent elle est, de même que les autres régions inférieures de l'animal, vermiculée de gris-brun pâle sur un fond blanchâtre, glacé de violet.

La femelle a toutes ses parties supérieures peintes d'un gris-brun fauve. Son cou et son dos portent deux séries parallèles de demi-cercles noirs, ayant leur bord convexe tourné du coté de la tête, et leur bord concave, liseré de blanchâtre ou bien d'une teinte plus claire que celle du fond de la couleur du dos. La ré-gion moyenne de celui-ci est quelquefois ponctuée de noir ou tachetée de blanchâtre. Des lignes noires onduleuses traversent le dessus de la queue, dont le dessous est souvent cuivreux. Les régions inférieures sont blanchâtres , ou bien colorées de la même manière que celles des individus mâles.

Dimensions. *Longueur totale*, 17". *Tête*. Long. 1" 7'". *Cou*. Long. 8'". *Corps*. Long. 3" 5'". *Memb. antér.* Long. 1" 9'". *Memb. post.* Long. 3'". *Queue*. Long. 11".

Patrie. Nous possédons plus de quarante exemplaires du Proctotrète svelte. A l'exception de deux ou trois qui ont été recueillis au Chili par M. d'Orbigny, tous nous ont été envoyés du même pays par M. Gay.

5. LE PROCTOTRÈTE A TACHES NOIRES. *Proctotretus nigro-maculatus*. Nobis.

Caractères. Tête courte, à plaques non imbriquées, non carénées. Museau obtus, arrondi. Oreilles grandes, dentelées en scie en avant. Une seule rangée d'écailles au-dessus de la série de plaques labiales supérieures. Côtés du cou garnis d'écailles rhomboïdales fort épaisses. Squames du dos et des flancs assez grandes, rhomboïdales , surmontées de carènes finissant en pointe. Écailles des rangées latérales du dessous du cou et du ventre échancrées. Surface entière des fesses granuleuse. De chaque côté du dos, deux séries de taches anguleuses noires, imprimées sur un fond gris fauve. Une autre grande tache noire sur chaque région scapulaire. Derrière des cuisses ponctué de noir.

Synonymie. *Tropidurus (Liolæmus) Nigromaculatus.* Wiegm. Act. acad. cæs. Leop. Carol. nat. cur. tom. 17, pag. 229.

DESCRIPTION.

Formes. La tête de cette espèce est courte; l'extrémité libre en est rétrécie, épaisse, obtuse et arrondie. La partie située en avant du front s'abaisse un peu brusquement. La région occipitale est plane, tandis que les surfaces sus-oculaires sont au contraire assez bombées. La plaque rostrale, qui est très dilatée en travers, offre sept angles, parmi lesquels il en est un ouvert et fort grand, et deux autres aigus et très petits. Celui-là est situé en haut, ceux-ci le sont de chaque côté. La lèvre supérieure est garnie de deux rangées de plaques quadrilatères oblongues; mais il n'en existe qu'une sur la lèvre inférieure L'écaille mentonnière est grande et pentagonale. La région internasale ou le bout du museau supporte six plaques, disposées sur deux rangs, le premier de deux, le second de quatre. Les deux plaques du premier rang sont hexagonales, plus larges que longues, s'articulant en avant avec la squame rostrale, et par leur côté externe avec la scutelle pyriforme, à sommet tronqué, dans laquelle est percée la narine. Des quatre du deuxième rang, deux sont grandes, ce sont les médianes, et deux au contraire assez petites, ce sont les latérales qui se trouvent aussi soudées avec la scutelle nasale, l'une à gauche, l'autre à droite. Deux autres rangées de chacune trois plaques hexagonales, couvrent le front et la région préfrontale. Entre ces deux rangées de plaques, il existe cette différence que la plaque médiane de la première rangée est la plus petite des trois, tandis que c'est le contraire dans la seconde rangée.

Sur le vertex ou entre les orbites, tantôt il y a quatre plaques, tantôt il n'y en a que trois. La scutelle occipitale se trouve environnée de six grandes squames anguleuses avec lesquelles elle est en rapport. Chaque région sus-oculaire porte une bande de cinq ou six grandes plaques hexagonales, dilatées en travers, le long du bord interne de laquelle il existe une série de petites écailles ; au lieu qu'il y en a deux le long de son bord externe. On remarque trois petites squamelles derrière et un peu en haut de chaque plaque nasale. Le devant du museau est garni de cinq ou six grandes écailles. Toutes les plaques céphaliques sont lisses.

Des écailles imbriquées garnissent les tempes ; celles qui occupent la région supérieure sont rhomboïdales et faiblement carénées ; celles de la partie inférieure sont hexagonales et parfaitement lisses.

La membrane du tympan est tendue en dedans du conduit auditif, dont l'ouverture est assez grande, et le bord antérieur garni d'une dentelure composée d'une écaille à bord arrondi, et deux ou trois autres à sommet pointu. Ces trois ou ces quatre écailles s'avancent sur l'ouverture de l'oreille en manière de petit opercule.

Le pli que fait la peau de chaque côté du cou est bien marqué, fourchu en avant, et ondulé ou comme en zigzag dans le reste de son étendue. Il existe un petit enfoncement ou repli verticooblique devant chaque épaule.

Le tronc a moins de hauteur que de largeur ; le dessous en est plat, et le dessus légèrement arqué.

La queue varie considérablement de longueur. Forte et déprimée à sa racine, elle est au contraire assez grêle et conique dans le reste de son étendue.

Couchées le long du corps, les pattes de devant n'arrivent pas jusqu'à l'aine ; mais les membres postérieurs placés de la même manière, s'étendent jusqu'à l'épaule.

Les écailles qui garnissent l'aisselle et la région du tronc, au-dessus de la racine des bras, sont granuleuses et très fines. Celles qui revêtent les côtés du cou, ou plutôt les plis qu'on y remarque, sont rhomboïdales et si épaisses qu'on les prendrait pour des tubercules. Le dessus du cou, de même que le dos et les flancs, est protégé par des squames rhomboïdales, bien imbriquées, et relevées d'une forte carène prolongée en pointe en arrière. Celles de ces écailles qui garnissent les parties latérales du tronc sont moins grandes que celles qui couvrent sa face supérieure. Les rangées longitudinales que forment ces écailles du dos et des flancs sont au nombre de vingt-quatre. Le dessous du cou et toute la région inférieure du tronc ont pour écaillure des pièces en losanges, lisses et imbriquées. Celles d'entre elles qui constituent les rangées latérales sont échancrées à leur bord postérieur.

La face externe des membres est revêtue d'écailles semblables à celles du dos, la face interne des mêmes parties en offre qui ne sont pas différentes de celles qui occupent le milieu du ventre.

La peau du derrière des cuisses est complétement granuleuse. Le dessus des doigts porte un rang de scutelles lisses élargies ; chacun de leur côtés en offre une rangée de rhomboïdales carénées, et leur face inférieure une série de tricarénées et tricuspides.

Les individus mâles ont le bord antérieur du cloaque percé de deux ou trois petits pores.

Coloration. Sur le dos de ce Proctotrète, qui est d'un gris fauve, sont imprimées, deux à droite, deux à gauche, quatre séries de grandes taches anguleuses noires, qui tantôt sont bien circonscrites, tantôt, au contraire, dilatées, dans le sens de leur largeur, de manière à produire des bandes transversales à bords irrégulièrement découpés.

Les deux médianes de ces quatre séries se prolongent jusque sur la queue. La région antérieure de l'épaule présente une grande tache noire. Le dessus de la tête est brun, et celui des bras marqué en travers d'espèces de bandes brunes, sur un fond grisâtre.

Chez certains individus, les taches dorsales, dont nous venons de parler, sont brunes au lieu d'être noires. La gorge et le dessous du cou offrent seuls des marbrures ou des veinures d'un gris plombé; toutes les autres parties inférieures du corps sont blanches.

Les jeunes sujets ont les deux séries de taches qu'ils offrent de chaque côté du dos séparées par une raie blanchâtre. Une autre raie également blanchâtre s'étend de l'angle postérieur de l'œil à l'aisselle. Le dessus de la tête est piqueté de brun, tandis que ses côtés sont rayés verticalement de brunâtre. Les raies onduleuses ou les veinures, qui parcourent la gorge et le dessous du menton, sont d'une teinte beaucoup plus foncée que chez les individus adultes. Quelques-uns de nos jeunes sujets ont l'abdomen tacheté de brun.

Dimensions. *Longueur totale*, 14" 3"'. *Tête*. Long. 1" 6"'. *Cou.* Long. 8"'. *Corps*. Long. 3" 2"'. *Memb. antér.* Long. 2". *Memb. postér.* Long. 4" 5"'. *Queue*. Long. 8" 7"'.

Patrie. Le Proctotrète à taches noires est, comme toutes les autres espèces du même genre, originaire du Chili. Les exemplaires que renferme notre musée ont été rapportés de Coquimbo par M. Gaudichaud.

Observations. Cette espèce a déjà été décrite par M. Wiegmann, qui l'a rangée dans la première division de son genre Tropidure, celle qu'il distingue par le nom de *Leiolœmus*.

6. LE PROCTOTRÈTE DE WIEGMANN. *Proctotretus Wiegman-nii*. Nobis.

Caractères. Tête courte, à plaques non carénées, ni imbriquées. Museau obtus, arrondi. Oreilles médiocres, à bord antérieur granuleux. Deux rangées d'écailles au-dessus de la série des plaques labiales supérieures. Parties latérales du cou granuleuses. Écailles du dos médiocres, rhomboïdales, à carènes bien distinctes, et prolongées en pointe. Pas de squames échancrées parmi celles du dessous du cou et du ventre. Derrière des cuisses granuleux, mais ayant de chaque côté de la queue une partie de sa surface couverte par des écailles semblables à celles des faces fémorales inférieures. Dos grisâtre, offrant de chaque côté une bande fauve, placée entre deux séries de taches anguleuses noires. Une linéole noire bordée de blanc le long de la fesse.

DESCRIPTION.

Formes. Bien que fort voisine de l'espèce précédente, celle-ci s'en distingue par plusieurs caractères faciles à saisir.

L'oreille, outre qu'elle est moins ouverte, n'a pas de dentelures sur son bord antérieur, mais de petites squames granuleuses. Les plaques qui recouvrent la surface de sa tête ne sont pas autant dilatées, et par conséquent plus nombreuses. Il faut cependant en excepter celles des régions sus-oculaires, dont le diamètre, au contraire, est un peu plus grand que chez le Proctotrète à taches noires.

Celui-ci n'offre qu'un seul rang de plaques au-dessus de la série de ses squames labiales supérieures, le Proctotrète de Wiegmann en présente deux, composées de pièces plus petites que celles qui se trouvent au-dessous d'elles. Ici les écailles des côtés du cou et celles des régions scapulaires sont granuleuses. Les squames du dessus et des côtés du tronc ont la même forme, mais sont un peu moins dilatées que chez l'espèce précédente. Toutes celles du dessous du cou et de la région abdominale sont entières, c'est-à-dire sans échancrure à leur extrémité postérieure. Les faces postérieures des cuisses du Proctotrète de Wiegmann ne sont pas complétement granuleuses, comme celles du Proctotrète à taches noires; car elles offrent, de chaque côté de la queue, une certaine surface couverte de squamelles semblables à celles de leurs régions inférieures.

Coloration. Le Proctotrète de Wiegmann n'a pas le devant de l'épaule marqué d'une grande tache noire. Il offre de chaque côté du dos, qui est gris, une bande fauve séparant deux séries de taches noirâtres. Ses cuisses, en arrière, portent chacune une linéole longitudinale noire, bordée de blanc.

Dimensions. *Longueur totale*, 12" 1'''. *Tête*. Long. 1" 4'''. *Cou*. Long. 6'''. *Corps*. Long. 3" 3'''. *Memb. antér*. Long. 2" 8'''. *Queue*. Long. 6" 8'''.

Patrie. Les exemplaires du Proctotrète de Wiegmann qui font partie de nos collections ont été recueillis au Chili, les uns par M. Gay, les autres par M. d'Orbigny.

LE PROCTOTRETE DE FITZINGER. *Proctotretus Fitzingerii.* Nobis.

CARACTÈRES. Tête courte, museau étroit, arrondi. Oreilles grandes ; à bord antérieur garni de tubercules granuleux, dont deux ou trois plus forts que les autres. Un seul rang d'écailles au-dessus de la série des plaques labiales supérieures. Parties latérales du cou granuleuses. Écailles du dos médiocres, rhomboïdales, obtuses, excessivement peu carénées, et sans pointe au bout. Squames des flancs lisses ; pas d'écailles échancrées parmi celles du dessous du cou et du ventre. Fesses granuleuses, mais ayant de chaque côté de la queue un petit espace garni de squames semblables à celles du dessous des cuisses. Dos d'un brun-gris ou marron, ou bien d'un fauve jaunâtre, avec quatre séries de taches noires bordées de blanc en arrière.

DESCRIPTION.

FORMES. Le Proctotrète de Fitzinger n'a plus les formes sveltes des espèces précédentes. Il est au contraire presque aussi trapu que certains Agames. Quoique courte, sa tête ressemble à une pyramide à quatre côtés égaux ; son museau rétréci est arrondi à l'extrémité. La surface de la partie antérieure de la tête est légèrement arquée dans le sens de sa longueur.

La plaque rostrale est très élargie et présente sept angles, dont deux latéraux, aigus, fort petits, enclavés chacun de son côté, entre la première de l'une et la première de l'autre rangées de plaques labiales supérieures, qui sont quadrilatères ou pentagones oblongues. Le dessus du museau, entre les plaques nasales, qui sont pyriformes, est garni d'abord, près de la rostrale, de deux petites squames subtrapézoïdales, ensuite d'une rangée transversale de quatre grandes scutelles hexagonales deux fois plus longues que larges. Les plaques qui recouvrent les régions préfrontale et frontale sont au nombre de sept à neuf, disposées en rosace.

L'oreille est grande, ovale, ayant son bord antérieur garni d'un rang simple ou double de petits tubercules coniques, dont les deux ou trois d'en haut sont plus forts que les autres.

Les tempes sont revêtues d'écailles hexagonales, lisses et imbriquées. La peau du dessous du cou est bien tendue, mais celle de ses parties latérales, et même des épaules, forment quelques plis dichotomiques. Il en existe un autre vertico-oblique devant chaque bras. Celui-là a une partie de son bord garnie d'écailles semblables à celles du dessous du cou, c'est-à-dire lisses et rhomboïdales, tandis que le reste de son étendue est, de même que la surface entière des côtés du cou et des épaules, revêtu de granulations squameuses.

Le tronc est gros, plat en dessous et arrondi en dessus. Les membres sont forts; ceux de devant n'ont guéres en longueur, que la moitié de celle qui existe entre l'aisselle et l'aine; et ceux de derrière, placés le long du corps, ne s'étendent pas au delà de la racine des bras.

L'écaillure du dos se compose de petites pièces imbriquées, rhomboïdales, obtuses en arrière, et surmontées chacune d'une carène peu prononcée qui ne se termine pas en pointe. Ces écailles dorsales forment vingt ou vingt-deux rangées longitudinales. Les flancs en offrent qui leur ressemblent pour la figure, mais qui sont lisses, et quelquefois convexes, particulièrement vers les régions inguinales. Les membres présentent en dessus des squamelles en losanges, imbriquées, faiblement carénées, parmi lesquelles on en remarque quelques-unes dont l'extrémité est échancrée. La queue est entourée d'écailles rhomboïdales, imbriquées et carénées; pourtant celles qui garnissent le dessous de sa racine sont parfaitement lisses. Les squames pectorales ressemblent à des losanges, et les ventrales sont presque carrées. Des granulations assez fines garnissent le dessous des bras et les fesses qui, de chaque côté de la queue, offrent une petite place couverte d'écailles semblables à celles de la face inférieure des cuisses, on peut même dire plus épaisses et comme tuberculeuses chez certains individus seulement. Les scutelles du dessus et des côtés des doigts sont lisses; celles de leurs faces inférieures portent deux et même trois carènes.

Chez les individus mâles, le bord antérieur de l'orifice opposé à la bouche, est percé de neuf à onze pores crypteux.

COLORATION. *Variété* A. Les parties supérieures sont grises, ou bien d'un brun marron plus ou moins clair. Il règne le long du cou et du dos quatre séries de taches noires, bordées de blanc en arrière. La queue et les membres offrent des bandes transversales anguleuses, d'une teinte marron noirâtre, alternant avec d'autres bandes semblables, mais de couleur blanche. Les régions inférieures aussi sont blanches, excepté la gorge, qui est parcourue par des raies confluentes brunes. D'autres raies d'un brun marron sont imprimées verticalement sur les lèvres.

Variété B. Cette variété se distingue de la précédente, en ce que le dessus de ses membres est ponctué de noirâtre, et que les quatre séries de taches qui ornent le dos de la première variété sont appliquées ici sur un fond fauve jaunâtre. Puis la gorge est verdâtre et le ventre noir, marbré de blanc.

Variété C. Le dessus du corps est uniformément peint d'un vert olive. Le dessous du cou, le milieu de la poitrine et celui du ventre sont d'un noir profond.

Dimensions. *Longueur totale*, 18″ 8‴. *Tête*. Long. 2″ 4‴. *Cou.* Long. 9‴. *Corps*. Long. 5″ 8‴. *Memb. antér.* Long. 3″ 2‴. *Memb. postér.* Long. 5″ 2‴. *Queue.* Long. 9″ 7‴.

Patrie. Cette espèce de Proctotrète se trouve au Chili. Nous avons des échantillons qui ont été donnés au Muséum par M. Bell, et d'autres par M. d'Orbigny.

8. LE PROCTOTRÈTE SIGNIFÈRE. *Proctotretus Signifer*. Nobis.

Caractères. Tête courte, déprimée, à plaques non imbriquées ni carénées. Oreilles assez petites, ayant chacune deux petits tubercules au bas de son bord antérieur. Deux rangées d'écailles au-dessus de la série des plaques labiales supérieures. Écailles du dos petites, nombreuses, rhomboïdales, arrondies en arrière, faiblement carénées et sans pointe. Squames des flancs lisses et même un peu convexes; pas d'écailles échancrées parmi celles du dessous du cou et du ventre. Faces postérieures des cuisses entièrement granuleuses. Quatre séries de figures noires, imitant des caractères arabes, imprimées sur un fond gris fauve.

DESCRIPTION.

Formes. Cette espèce a la tête courte et déprimée, la surface du crâne convexe, et la région préfrontale brusquement abaissée, en même temps qu'un peu arquée d'avant en arrière. De même que chez le Proctotrète de Fitzinger, la plaque rostrale est très élargie et de forme heptagonale. La lèvre supérieure est aussi garnie de chaque côté de deux rangs de plaques au-dessus desquels en est un troisième, mais de moitié moins long que les deux autres.

Le dessus du bout du museau offre également une rangée transversale de quatre scutelles plus longues que larges; mais elles sont précédées de quatre petites écailles quadrangulai.es, au lieu de l'être de deux seulement, comme chez le Proctotrète de Fitzinger. Les squames des tempes semblent carrées, quoiqu'elles aient réellement six côtés; elles sont lisses, un peu convexes et très faiblement imbriquées. L'oreille, sans être positivement petite, n'est pas aussi grande que celle de l'espèce précédente. On voit tendue dans son intérieur la membrane tympanale, qui est un peu moins enfoncée du côté du bord postérieur que du côté antérieur. Celui-ci offre deux petits tubercules squameux à sa partie inférieure.

Les plissures que fait la peau des parties latérales du cou ne sont pas différentes de celles qu'on remarque chez le Proctotrète de Fitzinger. Le corps est assez déprimé, et le dos par suite fort peu arqué en travers. La queue entre pour la moitié dans la longueur totale du corps. Elle est forte et conique, si ce n'est à sa racine, où elle affecte une forme tétraèdre.

Les membres sont dans les mêmes proportions que ceux de l'espèce précédente.

Les régions collaires latérales sont couvertes, ainsi que les épaules, de granulations squameuses. Le dessus du cou, le dos et la face supérieure de la base de la queue sont revêtus d'écailles petites, nombreuses, rhomboïdales, arrondies en arrière, fort imbriquées, et au contraire très faiblement carénées. Ces écailles, qui forment environ vingt-deux séries longitudinales, sont plus petites que celles des flancs, dont la surface est lisse et même un peu convexe. La gorge, le dessous du cou, la poitrine et le ventre offrent des écailles en losanges, lisses et très imbriquées. On en voit de semblables sur la face externe des bras, ainsi que sous les cuisses. Les régions brachiales inférieures et la partie postérieure des cuisses sont garnies de grains très fins. Sur les membres se montrent de petites écailles rhomboïdales, lisses, à angles obtus. La queue tout entière est revêtue de squamelles rhomboïdales, imbri uées, très distinctement carénées. Les scutelles du dessus des doigts sont lisses, celles de leurs côtés sont unicarénées, et celles de leur face inférieure tricarénées et très élargies.

COLORATION. Un gris fauve est répandu sur toutes les parties su-

REPTILES, IV.　　　　　　　　　　19

périeures, qui offrent des taches ou plutôt des figures noires, qu'on serait tenté de prendre pour des caractères ou des lettres arabes. Celles de ces figures qui se trouvent sur le cou et le dos y sont disposées sur quatre séries longitudinales. Des linéoles noires parcourent le dessus des bras et des fesses. La queue est coupée transversalement par des bandes anguleuses de la même couleur. La gorge offre des marbrures, et le ventre des petites taches brunes, sur un fond blanc.

DIMENSIONS. *Longueur totale*, 12" 8"'. *Tête*. Long. 1" 4"'. *Cou*. Long. 7"'. *Corps*. Long. 2" 7"'. *Memb. antér*. Long. 2' 1"'. *Memb. postér*. Long. 3" 1"'. *Queue*. Long. 7" 2"'.

PATRIE. Cette nouvelle espèce de Saurien faisait partie des collections zoologiques recueillies au Chili, pour le Muséum d'histoire naturelle, par M. d'Orbigny.

9. LE PROCTOTRÈTE A TACHES NOMBREUSES. *Proctotretus multimaculatus*. Nobis.

CARACTÈRES. Tête courte, déprimée; museau tronqué, arrondi. Oreilles fort petites, sans granulations ni dentelures. Quatre séries d'écailles au-dessus de la rangée des plaques labiales supérieures. Parties latérales du cou granuleuses; squames du dos petites, nombreuses, en losanges réguliers, distinctement carénées, mais sans pointe au bout. Écailles des flancs lisses; pas de squamelles échancrées parmi celles du dessous du cou et du ventre. Les parties postérieures des cuisses complétement granuleuses. Dessus du corps gris, marqué de petites taches noires fort rapprochées les unes des autres.

DESCRIPTION.

FORMES. Ce Proctotrète est aussi déprimé et aussi trapu que l'Agame épineux, auquel il ressemblerait complétement par l'ensemble des formes si le bout de son museau était plus tronqué et plus arrondi.

La plaque rostrale est très élargie et de figure triangulaire, malgré les cinq côtés qui composent sa circonférence. Les scutelles labiales supérieures sont fort petites. Au-dessus de la série qu'elles forment, on en compte quatre autres, composées d'écailles semblables, qui se trouvent garnir la surface entière de l'espace fronto-rostral et le dessous de l'œil.

Les narines sont percées d'arrière en avant, chacune dans une grande plaque, située, l'une à droite l'autre à gauche, presque sur le dessus du museau, où la région internasale offre un carré de quatre petites squames, suivies de quatre autres formant une espèce de croissant. Le reste de la surface de la tête est couvert de petites plaques égales, unies, à plusieurs angles. On en compte six ou sept rangs longitudinaux un peu arqués sur chaque région sus-oculaire. La nuque est garnie de petits grains rhomboïdaux.

L'oreille se fait remarquer à cause du petit diamètre de son ouverture, dont les bords sont complétement dépourvus de dentelures. La peau des côtés du cou fait, ainsi que celle des épaules, des plis nombreux ressemblant à ceux d'une étoffe chiffonnée.

Couchées le long du tronc, les pattes de devant ne s'étendent pas au delà des deux tiers de la longueur de celui-ci; placées de la même manière, les pattes de derrière arrivent jusqu'à l'épaule. La queue, qui est déprimée dans toute son étendue, est légèrement arrondie en dessus, et tout-à-fait plate en dessous. Elle entre pour la moitié dans la longueur totale du corps.

Les tempes sont garnies de grandes écailles lisses, en losanges et imbriquées. Les épaules et les parties latérales du cou sont revêtues de très petites granulations squameuses. Les écailles du dessus du cou et du dos sont petites, nombreuses, en losanges réguliers, très distinctement carénées, mais sans pointe au bout. Celles qui protégent les flancs leur ressembleraient, si ce n'était leur surface lisse et leur plus petit diamètre.

A l'exception du dessous des avant-bras, qui est garni, de même que les fesses, de grains squameux assez fins, toutes les régions inférieures offrent des squamelles en losanges, imbriquées et lisses. La face supérieure de la queue présente des écailles presque carrées, et surmontées chacune d'une arête qui les partage obliquement par la moitié; le dessous de cette même partie du corps est protégé par des scutelles rhomboïdales très rétrécies en arrière. L'écaillure du dessus des membres ressemble à celle du dos. Les squames digitales supérieures sont lisses, les latérales carénées, et les inférieures bicarénées.

Coloration. Toutes les parties supérieures du corps offrent, sur un fond gris, un très grand nombre de petites taches noirâtres fort rapprochées les unes des autres. Celles de ces taches qui se trouvent sur la queue semblent y former des bandes transversales. Les lèvres présentent une suite de quatre ou cinq taches

19

noires quadrangulaires. Les bords des paupières sont d'un blanc pur, de même que toutes les régions inférieures de l'animal. Les ongles eux-mêmes sont blancs.

Dimensions. *Longueur totale*, 9" 4"'. *Tête*. Long. 1" 4"'. *Cou*. Long. 7"'. *Corps*. Long. 2" 6"'. *Memb. antér*. Long. 1" 9"'. *Memb. postér*. Long. 3". *Queue*. Long. 4" 7"'.

Patrie. Ce Proctotrète habite le même pays que les espèces précédentes, c'est-à-dire le Chili, d'où il a été envoyé au Muséum d'histoire naturelle par M. Gay et par M. d'Orbigny.

10. LE PROCTOTRÈTE PECTINÉ. *Proctotretus pectinatus.* Nobis.

Caractères. Tête un peu déprimée, couverte de plaques égales, rhomboïdales, carénées, imbriquées. Oreilles médiocres, à bord antérieur dentelé. Plaques labiales fort étroites. Écailles des côtés du cou rhomboïdales, carénées, imbriquées, de même que celles du dos et des flancs. Une crête pectinée tout le long du côté du corps. Trois lignes jaunâtres ou blanchâtres en travers du dessus de la tête. Dos d'un gris fauve, offrant trois séries de grandes taches ovales, noirâtres, entourées d'un liseré blanchâtre.

DESCRIPTION.

Formes. Le Proctotrète pectiné est beaucoup moins ramassé dans ses formes que celui appelé A taches nombreuses. On le distingue de suite de tous ses congénères, en ce qu'il est le seul qui offre des plaques rhomboïdales, imbriquées et carénées sur la tête, et une sorte de crête pectinée tout le long de chaque côté du corps, c'est-à-dire depuis le dessous de l'œil jusque sur la partie latérale de la base de la queue. Les écailles qui composent cette crête sont rhomboïdales, étroites, effilées, pointues et très serrées.

Les plaques dans lesquelles sont percées les narines toucheraient chacune de son côté à la plaque rostrale si elles n'étaient précédées d'une petite écaille. Les squames labiales sont alongées et excessivement étroites ; les supérieures sont disposées sur deux rangs, les inférieures sur un seul. La scutelle rostrale a trois côtés, et la mentonnière cinq, dont deux, l'un à droite l'autre à gauche, sont fortement arqués en dedans.

L'ouverture de l'oreille est médiocre ; elle offre deux ou trois grandes écailles en dents de scies sur son bord antérieur. Il existe un pli longitudinal de chaque côté du cou, et un autre en croissant devant chaque épaule. Le corps est assez déprimé. Il s'en faut de la longueur de la main pour que la patte de devant touche à la racine de la cuisse, lorsqu'on l'étend le long du tronc ; une patte de derrière, placée de la même manière, arrive jusqu'à l'épaule. Les doigts sont un peu effilés. La queue est fort déprimée au commencement, elle prend aussitôt après une forme grêle et un peu comprimée, qu'elle conserve jusqu'à son extrémité. Elle est une demi-fois plus longue que le reste du corps. Les écailles des parties supérieure et latéra'es du cou et du tronc, celles du dessus des membres et de la totalité de la queue sont rhomboïdales, assez grandes, imbriquées et carénées. Toutes les squames des régions inférieures de l'animal sont également rhomboïdales et imbriquées, mais leur surface est lisse, excepté toutefois celle des squamelles de la paume des mains et de la plante des pieds, qui est carénée. Les scutelles sous-digitales sont relevées de trois carènes.

COLORATION. En dessus, le Proctotrète pectiné est d'un gris fauve ; il a trois lignes jaunâtres en travers du crâne, et un même nombre de séries de grandes taches ovales, noires, liserées de jaune, qui s'étendent sur le cou, sur le dos et jusque sur la base de la queue. La crête pectinée qu'il porte de chaque côté du corps est blanche, une raie de cette dernière couleur, placée entre deux lignes noires, parcourt tout le derrière de la cuisse. Une autre raie noire est imprimée tout le long de chaque côté de la queue, dont le dessous est blanc, comme celui de toutes les autres parties de l'animal. Mais le dessus de cette queue est marqué de taches noirâtres, qui sont réunies de manière à former des sortes de petites bandes transversales. Les épaules offrent une marbrure noire et blanche. Les bords surciliaires sont de cette dernière couleur, ainsi qu'une petite tache qui se trouve derrière chaque narine.

DIMENSIONS. *Longueur totale*, 11" 9'''. *Tête*. Long. 1" 4''', *Cou*. Long. 5'''. *Corps*. Long. 3". *Memb. antér*. Long. 1" 9'''. *Memb. postér*. Long. 3". *Queue*. Long. 7".

PATRIE. Le Proctotrète pectiné nous a été aussi rapporté du Chili par M. Gay et par M. d'Orbigny.

XXIᵉ GENRE TROPIDOLÉPIDE.
TROPIDOLEPIS (1). Cuvier.

(*Sceloporus* , Wiegmann. *Tropidurus* , en partie
Wagler.)

CARACTÈRES. Tête courte, aplatie, arrondie en avant.
Une grande écaille occipitale ; de grandes plaques sus-
oculaires. Pas de dents palatines. Dessous du cou uni ;
de chaque côté une espèce de fente oblique. Tronc
court, déprimé, à écaillure imbriquée, carénée sur le
dos, lisse sous le ventre. Pas de crête dorsale ni caudale.
Queue grosse, peu alongée, déprimée à sa base, arrondie ensuite. Des pores fémoraux ; pas de pores
anaux.

Les Tropidolépides constituent un genre bien naturel, et
par cela même très facile à distinguer d'avec les Proctotrètes, par l'absence de dents palatines et de pores anaux,
par la présence d'écailles crypteuses sous les cuisses, et par
l'espèce d'incision oblique produite par un repli de la peau
qu'on remarque de chaque côté du cou. Chez les Proctotrètes, cette partie du corps est tantôt tout-à-fait unie ; tantôt elle offre sur ses parties latérales plusieurs plis irréguliers faisant saillies.

La tête des Tropidolépides est courte, un peu aplatie,
subtriangulaire dans son contour, et obtusément arrondie
en avant. Parmi les plaques céphaliques, l'occipitale et les
sus-oculaires se font remarquer à cause de leur grandeur.
La première est circulaire, et les autres sont quadrilatères
ou polygones.

---

(1) De Τροπὶς, ιδος , carène, *carina* ; et de λεπὶς , écaille, *squama*.
Sceloporus de Σκελος, *crus*, fémur, cuisse ; et de Πορος , *meatus*, trou,
canal.

La langue a sa pointe obtuse et à peine échancrée ; sa surface est couverte de papilles villeuses. Les lèvres sont garnies d'une double série de plaques oblongues.

Les narines s'ouvrent de chaque côté dans une plaque placée près du bout du museau, et entourée de trois ou quatre petites squames. Les dents sont courtes et à peu près égales ; comme c'est l'ordinaire chez les Iguaniens, les antérieures sont simples, et les latérales à sommet tricuspide. Le cou est légèrement étranglé ; l'intérieur de cette espèce de fente, que déjà nous avons dit exister de chaque côté, est revêtue de petites écailles granuleuses.

La membrane du tympan est légèrement enfoncée dans le trou de l'oreille, dont le bord antérieur présente une dentelure plus ou moins marquée.

Le tronc et la queue sont courts ; celui-ci est déprimé dans toute sa longueur, celle-là l'est à sa base seulement, le reste de son étendue étant arrondi, ou mieux conique. Les écailles qui revêtent les parties supérieures sont en général fort grandes, toujours imbriquées, et relevées de fortes carènes. Très souvent le bord libre de ces écailles est denticulé. Il n'existe pas de crête sur la ligne médio-longitudinale au dessus du corps. Les écailles ventrales sont lisses et un peu moins dilatées que celles du dos.

La longueur des membres est proportionnée à celle des autres parties du corps ; leur écaillure est imbriquée et carénée. Sous les cuisses on voit une série de pores généralement assez larges ; mais nous ne nous sommes point aperçu qu'il en existe sur le bord antérieur du cloaque, comme cela a lieu chez les individus mâles des espèces appartenant au genre précédent.

Les individus mâles ont deux grandes écailles concaves, situées sous la base de la queue, immédiatement derrière le cloaque. Presque toujours leurs plis collaires sont garnis d'épines plus longues que dans les femelles. Les deux sexes se distinguent aussi par leur mode de coloration, qui est toujours plus brillant chez les mâles. Ceux-ci ont en général leurs parties inférieures colorées en bleu souvent très vif.

Le genre *Tropidolepis* qui , lorsque Cuvier l'établit , ne comprenait qu'une seule espèce fort commune dans l'Amérique du nord , l'*Agama undulata* de Daudin, en réunit aujourd'hui neuf autres , qui sont originaires du Mexique. Malheureusement nous ne les possédons pas toutes. Parmi les excellentes descriptions qu'en a données M. Wiegmann , nous choisirons, pour les reproduire ici, celles dont les sujets nous ont manqué pour les tracer nous-même d'après nature. Le savant erpétologiste que nous venons de nommer avait désigné sous le nom de Scélopores nos Tropidolépides avant Cuvier ; nous l'ignorions d'abord , et nous devons le déclarer ici.

Nous aurions de suite procédé à cette rectification , si précédemment, en présentant des considératious générales sur la famille des Iguaniens, nous n'avions été dans le cas, en plusieurs circonstances, d'employer le nom de Tropidolépis pour désigner le genre dont nous allons faire connaître les espèces.

Le tableau synoptique qui va suivre donnera quelques facilités pour la détermination des espèces, au nombre de dix, qui maintenant se trouveront rapportées à ce genre.

TABLEAU SYNOPTIQUE DES ESPÈCES DU GENRE TROPIDOLÉPIDE.

Tête à plaques

lisses : écailles dorsales

- dentelées : un collier noir
  - distinct : région inter orbitaire
    - à peine excavée . . . . 2. T. A COLLIER.
    - creusée triangulairement . . . 3. T. (LE BEAU).
  - nul : dos offrant
    - quadruple série de taches brunes . 4. T. ÉPINEUX.
    - une
      - bande jaune effacée . . . . . 6. T. LINÉOLÉ.
      - des chevrons noirs . . . . . . 5. T. HÉRISSÉ.
- non dentelées,
  - assez grandes . . . . 1. T. ONDULÉ.
  - fort petites . . . . 7. T. MICROLÉPIDOTE.

rugueuses : écailles dorsales

- dentelées . . . . 8. T. VARIABLE.
- non dentelées : dos
  - d'une couleur cuivreuse brillante . . . . . . 9. T. CUIVREUX.
  - à bandes transversales brunâtres bordées de blanc. 10 T. A ÉCHELONS.

1. LE TROPIDOLÉPIDE ONDULÉ. *Tropidolepis undulatus.* Cuvier.

CARACTÈRES. Parties supérieures du corps marquées en travers de bandes onduleuses noirâtres, sur un fond cuivreux ou bronzé.

SYNONYMIE. *Lacerta undulata.* Bosc. Manuscript.

Stellio undulatus. Latr. Hist. Rept. tom. 2, pag. 40.

Agama undulata. Daud. Hist. Rept. tom. 3, pag. 384.

Uromastix undulatus. Merr. Syst. Amph. pag. 57.

Lacerta Hyacinthina. Green. Journ. of the Acad. natur. sc. of Philad. tom. 1. pag. 349.

Lacerta fasciata. Id. loc. cit.

Agama undulata. Harl. Journ. of the Acad. natur. sc. of Philad. tom. 6, pag. 13.

Tropidolepis undulatus. Cuvier. Règn. anim. 2e édit. tom. 2, pag. 38.

Tropidolepis undulatus. Gray. Synops. Rept. in Griffith's anim. Kingd. tom. 9, pag. 43.

DESCRIPTION.

FORMES. Le Tropidolépide ondulé a la tête déprimée, le museau très obtus, et les régions sus-oculaires fort peu bombées. Depuis le front jusqu'au bout du nez, la surface de la tête offre un plan légèrement incliné en avant. La plaque rostrale, bien que pentagone, ressemble à un triangle considérablement dilaté en travers. Les narines sont circulaires, et ouvertes chacune de son côté dans une plaque qui toucherait à la scutelle rostrale, sans une squame qui se trouve devant elle. Le nombre de plaques qui couvrent le bout du museau, ou mieux la région inter-nasale, varie de six à dix et peut-être plus encore. On compte dix ou onze plaques frontales formant une sorte de cercle au centre duquel il en existe toujours une d'un diamètre plus grand que les autres. Tantôt la première plaque inter-orbitaire est double, tantôt elle est simple; mais nous n'avons jamais vu que la seconde fût divisée. La scutelle occipitale, qui est fort grande, arrondie en arrière et anguleuse en avant, se trouve enclavée dans un angle formé par deux rangées composées chacune de trois ou quatre assez grandes scutelles. Il y a de six à huit scutelles hexagonales dilatées en travers sur chaque région sus-oculaire, où elles consti- tuent une rangée longitudinale, en dedans de laquelle est une série et en dehors deux suites de très petites écailles.

Les plaques qui garnissent les lèvres sont quadrilatères ou pen- tagones, alongées, fort étroites, et au nombre de dix ou douze, sur l'une comme sur l'autre. Au-dessus de la rangée des plaques labiales supérieures, on remarque deux autres séries de scu- telles, ayant à peu près la même forme et la même grandeur.

L'ouverture de l'oreille, qui est grande et ovale oblique, a son bord antérieur garni d'une dentelure composée d'écailles sembla- bles à celles des tempes. Ces écailles des tempes sont assez dilatées, losangiques, imbriquées, et surmontées chacune d'une carène finissant en pointe. Le repli de la peau, ou plutôt l'espèce de fente oblique qui existe de chaque côté du cou est plus profonde chez les mâles que chez les femelles. On remarque aussi que la partie saillante de ce repli est armée d'épines chez celles-ci, tandis qu'elle ne l'est que de petites pointes chez ceux-là.

Le cou et le tronc sont fort déprimés. Toutefois le dos présente une légère convexité, mais le ventre est tout plat.

L'étendue de la queue varie suivant les individus. La longueur la plus grande qu'elle nous ait offerte était double de celle du reste de l'animal. Cette queue, grosse, large et déprimée à sa base, est au contraire grêle et conique dans la partie postérieure de son étendue.

Lorsqu'on place les pattes de devant le long du corps, elles n'at- teignent pas jusqu'à l'aine ; mais les pattes de derrière, mises dans la même position, s'étendent jusqu'aux oreilles.

En général, les pièces de l'écaillure du Tropidolépide ondulé sont assez grandes ; celles des flancs le sont moins que celles du dos. Toutes, sur le cou comme sur le tronc et sur les membres, ressemblent à des losanges ; elles sont imbriquées, et leur partie moyenne est relevée d'une carène qui se prolonge en épine en arrière. Celles d'entre elles qui appartiennent à la région dorsale sont entières et disposées sur une dizaine de séries longitudinales, légèrement obliques par rapport à l'épine du dos ; mais celles qui garnissent les flancs ont leurs bords plus ou moins dentelés : on peut même dire que leur extrémité libre est toujours armée de trois pointes. Les squames caudales supérieures ressemblent à des quadrilatères oblongs, surmontés, dans le sens de leur longueur, d'une carène oblique finissant en pointe assez forte; les squames caudales inférieures, qui sont également carénées et épineuses, ont la figure de triangles isocèles.

La gorge est garnie de grandes écailles rhomboïdales, très plates, lisses, imbriquées, et échancrées au bout; la poitrine et l'abdomen en offrent de semblables, si ce n'est qu'elles sont pour la plupart tricuspides. Les squames rhomboïdales du dessous des membres sont carénées, mais rarement échancrées en arrière; celles de la face inférieure des cuisses sont lisses, et armées de deux ou trois pointes. A la première vue, les écailles postérieures des cuisses paraissent granuleuses, mais, en les examinant de plus près, on reconnaît qu'elles sont rhomboïdales, carénées et très épaisses. Le dessus et les côtés des doigts sont garnis de squamelles rhomboïdales très faiblement carénées. Les scutelles sous-digitales sont très élargies, quadrilatérales et tricarénées.

Les pores fémoraux, au nombre de douze à seize de chaque côté, sont assez grands, et percés chacun dans une écaille carrée.

COLORATION. Tels de ces Tropidolépides ont le dessus du corps d'un gris verdâtre, tels autres sont de la couleur du bronze ou du cuivre rouge, avec ou sans bandes onduleuses noirâtres, en travers. Ces bandes peuvent être entières ou interrompues au milieu, et offrir ou ne pas offrir en arrière une bordure soit fauve, soit jaunâtre ou même blanchâtre. Le dessus de la tête est généralement marqué de trois ou quatre raies transversales noires, et le dessus des pattes, jusqu'au bout des doigts, de bandes de la même couleur. On voit souvent la tempe partagée longitudinalement en deux portions par un trait noir qui se prolonge le long du cou jusqu'à l'épaule. Les aisselles sont linéolées ou ponctuées de noir.

Les parties inférieures sont différemment colorées, suivant le sexe des individus qu'on observe.

Les mâles ont une tache bleue de chaque côté de la gorge, qui est noire; tantôt le menton lui-même est noir, tantôt il est blanchâtre. La poitrine et la région du cou, à laquelle elle tient, sont blanches, ainsi que la région abdominale, mais celle-ci au milieu seulement; car ses côtés sont bleus, bordés de noir. Cette dernière couleur est aussi celle qui règne sur les côtés du cou et sur le devant des bras. La face inférieure des membres est de la même couleur que le milieu de l'abdomen, c'est-à-dire ou d'un blanc pur ou d'une teinte blanchâtre nuancée de noir.

Les femelles n'ont qu'une petite tache bleue, bordée de noirâtre de chaque côté de la gorge; toutes leurs parties inférieures étant blanches, soit uniformément, soit tachetées ou linéolées de noir. Le dessous du corps des jeunes sujets est entièrement blanc.

DIMENSIONS. *Longueur totale*, 14" 1'". *Téte*. Long. 2" 8'". *Cou*. Long. 6'". *Corps*. Long. 4". *Memb. antér.* Long. 3" 4'". *Memb. post.* Long. 4" 7'". *Queue*. Long. 7" 7'".

PATRIE. Cette espèce est très répandue dans toute l'Amérique septentrionale, si ce n'est cependant tout-à-fait dans le nord. Elle se trouve aussi à la Martinique, car il nous en a été envoyé de cette île par M. Plée Nous possédons de plus un assez grand nombre d'exemplaires, qui ont été adressés des États-Unis par M. l'Herminier, M. Milbert et M. Barabino.

2. LE TROPIDOLÉPIDE A COLLIER. *Tropidolepis torquatus*. Wiegmann.

CARACTÈRES. D'un olive cuivreux en dessus. Collier scapulaire tout-à-fait noir, bordé de blanchâtre ou d'orangé pâle. Écailles du dos ressemblant à des rhombes obtus, dentelés sur les bords, et surmontés d'une carène, dont l'extrémité forme une pointe courte et droite.

SYNONYMIE. *Tecoixin* seu *Lacerta saxorum*. Hernand. Hist. mex. cap. 36, pag. 65.

Agama torquata. Green et Peale. Journ. of the Acad. tom. 2, pag. 231.

Sceloporus torquatus. Wiegm. Isis (1828), p. 369.

Tropidurus (Sceloporus torquatus. Wiegm.). Wagl. Syst. amph. pag. 146.

Sceloporus torquatus. Wiegm. Herpet. Mexic. pars 1, pag. 49, tab. 7, fig. 1.

Tropidolepis torquatus. Gray, Synops. in Griffith's anim. kingd. tom. 9, pag. 43.

DESCRIPTION.

FORMES. Les plaques inter-nasales de cette espèce sont petites, et le plus souvent au nombre de quatre. Huit scutelles polygones couvrent le front, qui est presque plan et peu convexe; quelquefois il n'y en a que sept, parce que celles de la paire postérieure sont soudées ensemble. La partie moyenne du front est à peine excavée.

Il y a deux scutelles dressées entre ces orbites. Les écailles du dos sont larges, rhomboïdales, à pointe de la carène courte, droite, égalant à peine la quatrième partie de toute l'écaille, portant des dentelures au nombre de huit à dix.

Les écailles de la gorge, ovalo-rhomboïdales, ont leur pointe tronquée; celles du cou sont très larges, de forme triangulo-rhomboïdale, à pointe tronquée, mais remplacée par trois ou cinq dentelures. Les écailles du ventre sont rhomboïdales, lisses, garnies sur les côtés de trois ou d'un plus grand nombre de dentelures; les intermédiaires ont deux dents presque effacées, ou la pointe obtuse et presque entière.

On voit de douze à quinze pores fémoraux de chaque côté. Chez les individus de grande taille on observe que les écailles du dos sont plus arrondies à la pointe, et à carène effacée, terminée par une épine si courte, qu'elle semble ne pas exister.

COLORATION. Le dos est d'une teinte olive cuivreuse, uniforme. Le collier, qui passe sur les épaules, est très-noir, bordé de chaque côté d'une bande fauve orangé. La gorge ainsi que tout le ventre du mâle, lorsqu'il est adulte, brillent d'une vive couleur bleue foncée.

Les jeunes mâles ont les flancs et les côtés du ventre de couleur bleue, et portent sur la région moyenne de l'abdomen une bandelette longitudinale blanc de lait.

Dans les jeunes femelles, tout le ventre est d'une couleur blanche nacrée.

Variété A. Elle est d'une couleur olivâtre cuivreuse, uniforme, avec la bande qui borde le collier blanchâtre, ou d'un blanc jaunâtre. Le mâle adulte a tout le dessous du ventre orné d'une très belle couleur bleue foncée, qu'on n'observe seulement que sur les flancs des plus jeunes. Chez ceux-ci le dos porte des taches nombreuses d'un jaune pâle, dont on ne retrouve chez les adultes que quelques traces sur la base de la queue. On n'a pas encore vu de femelle appartenant à cette variété : mais les jeunes sujets qu'on a observés avaient la gorge et le menton de couleur blanche, marqués de stries obliques cendrées, presque effacées. L'abdomen était blanchâtre, avec une petite teinte d'un bleu pâle.

C'est à cette variété qu'il faut rapporter le *Tecoixin* ou Lézard des roches, *Lacerta saxorum* de Hernandez, ainsi que l'*Agama torquata* de Peale et de Green.

Cette variété paraît se rapprocher du mode de coloration décrit précédemment de la même manière que dans la variété de la Couleuvre à collier (*Coluber natrix*), qui est ornée d'un collier de couleur jaune et blanchâtre, suivant que les individus habitent des lieux plus chauds ou plus froids, d'après les observations de Pallas. Cette circonstance peut en effet avoir agi sur cette espèce, attendu que le Mexique présente des différences de température d'une manière bien marquée, suivant la hauteur des lieux.

Variété B. Celle-ci est olive en dessus, variée de grandes taches brunes, à collier très noir, entouré en dedans et en dehors de bandes blanches. Ces taches du milieu du dos forment deux séries ; mais celles des flancs sont distribuées irrégulièrement. La queue est annelée de cendré brun ; les écailles en rhombes plus aigus sont terminées en arrière par une pointe plus longue. Il y a huit scutelles au milieu du front ; elles sont à peu près disposées comme on l'a dit plus haut. Cette variété conduit directement à l'espèce nommée épineuse, quoique distincte par des caractères spécifiques. Serait-ce une espèce ou bien un individu hybride provenant d'un accouplement adultérin entre la femelle du Scélopore à collier et le mâle du Scélopore épineux?

DIMENSIONS. *Longueur totale*, 5" 3/8.

PATRIE. Le Tropidolépide à collier est originaire du Mexique, de même que tous ceux qui vont suivre.

3. LE BEAU TROPIDOLÉPIDE. *Tropidolepis formosus.* Nobis.

CARACTÈRES. Dessus du corps d'un jaune-vert brillant, ou reflétant une belle couleur de cuivre. Collier scapulaire noir, interrompu chez le mâle ; non bordé, quelquefois nul chez la femelle. Écailles du dos rhomboïdales, denticulées, se terminant par une longue épine très pointue.

SYNONYMIE. *Sceloporus formosus.* Wiegm. Herpetol. Mexican. pars 1, pag. 5o, tab. 7, fig. 2 (*mas à ventre visus*).

DESCRIPTION.

Formes. Cette espèce est plus petite et plus grêle que celle nommée à collier. La partie moyenne du front offre une fosse profonde
triangulaire. La première plaque du vertex est fortement canali-
culée ; mais la disposition des scutelles céphaliques est la même
que chez le Scélopore à collier. Les écailles du dos sont rhomboïdales, peu dentelées, surmontées d'une carène qui se termine en
pointe solide.

Le nombre des pores fémoraux est de douze à seize de chaque
côté.

Coloration. Les mâles sont en dessus d'une belle couleur jaune,
tirant sur le vert d'herbe. Ils ont un grand collier scapulaire noir,
qui est interrompu entre les épaules. Le menton est d'un jaune
magnifique, et la gorge d'un beau bleu. Un blanc de perle règne
sur la poitrine, sur le devant et le milieu du ventre, où il est
bordé par le noir qui est répandu sur les côtés de ce dernier.

La couleur des femelles est tout-à-fait verte ; elles n'ont pas de
bande noire sous le cou. Leur menton, leur poitrine et leur ventre
offrent une couleur de bronze brillante.

Les jeunes femelles ont le dos et la queue d'un cendré vert
pâle, semé de taches brunes. Dans les deux sexes, le dessus de
la tête présente une teinte olive.

Dimensions. (*Mâle.*) *Corps.* Long. 3" 1'''. *Queue.* Long. 4" 3 4.
(*Femelle.*) *Corps.* Long. 2" 3/4. *Queue.* Long. 3" 7'''.

Patrie. Mexique.

4. LE TROPIDOLÉPIDE ÉPINEUX. *Tropidolepis spinosus.* Gray.

Caractères. Dessus du corps d'un gris olive, offrant une quadruple série de taches brunes. Écailles du dos rhomboïdales, peu
dentelées, surmontées d'une carène formant une forte pointe en
arrière. Huit ou neuf scutelles frontales.

Synonymie. *Sceloporus spinosus.* Wiegm. Isis; 1828, pag. 369.
Tropidurus spinosus. Wagl. Syst. amph. pag. 146.
Sceloporus spinosus. Wiegm. Herpet. mexic. pars. 1, pag. 5o,
tab. 7, fig. 3.
Tropidolepis spinosus. Gray. Synops. rept. in Griffith's anim.
Kingd. t. 9, pag. 43.

DESCRIPTION.

FORMES. Le disque frontal se compose de huit ou neuf plaques. Il y en a deux entre les orbites, et quatre sur chaque région susoculaire. Ces quatre dernières plaques sont environnées de tous côtés par de petites écailles.

Les squames du dos ressemblent à des rhombes, elles sont un peu rugueuses et surmontées d'une carène qui se prolonge en une longue épine aiguë, laquelle fait à elle seule le quart de la longueur de l'écaille. Celle-ci offre deux et même quelquefois quatre dents sur ses bords. Les squames de la gorge sont ovalo-triangulaires. Celles d'entre elles qui sont le plus rapprochées du menton ont leur sommet échancré, tandis que celles qui avoisinent le cou sont tridentées. Le ventre est garni d'écailles ressemblant à des rhombes qui affecteraient une forme ovale. Elles offrent une ou deux échancrures à leur sommet, qui est obtus. Les côtés du cou sont hérissés d'écailles; celles d'entre elles qui bordent le pli collaire se font remarquer par leur grand diamètre et la longueur de l'épine qui les termine.

Le dessous de chaque cuisse n'est percé que de huit ou dix pores crypteux.

COLORATION. Les individus mâles ont le dessus du corps d'une teinte mêlée de cendré et de vert olive. Le dessus de la queue est d'un brun olive. Les parties supérieures des individus femelles sont d'un jaune cendré, tirant sur le brun olive. Le dos, chez les deux sexes, offre une quadruple série de grandes taches brunes, dont les deux séries médianes s'avancent sur la base de la queue. Le reste de l'étendue de celle-ci offre des demi-anneaux bruns. Les membres sont marqués de lignes brunes. Le ventre est tout blanc, et le menton orné de raies de couleur bleu-indigo chez les mâles, bleu pâle chez les femelles. La gorge et les flancs des mâles sont colorés en bleu foncé.

DIMENSIONS. (*Mâle*) *Tête et tronc*. Long. 3" 3/4. (*Femelle*) *Tête et tronc*. Long. 3" 2''. *Queue*. Long. 3" 3/8.

PATRIE. Mexique.

5. LE TROPIDOLÉPIDE HÉRISSÉ. *Tropidolepis horridus.* Nobis.

Caractères. Olivâtre en dessus, de chaque côté une bande jaune effacée, bordée de gris inférieurement. Jaunâtre en dessous; écailles très grandes, rhomboïdales, à extrémité pointue amincie. Sept plaques au disque frontal.

Synonymie. *Sceloporus horridus.* Wiegmann. Herpetolog. mexic. pars. 1, pag. 50.

DESCRIPTION.

Formes. Voici les détails que donne M. Wiegmann sur cette espèce. Elle est, dit-il, plus grosse que l'épineuse, dont elle diffère par la forme du corps, qui est plus trapue, et surtout par l'apparence des écailles du dos et du cou, qui étant rugueuses, épineuses et sèches à l'extrémité, rendent horrible l'aspect de l'animal à la première vue. On compte sept plaques au disque du front, dont deux sont obliquement placées vers l'intermédiaire. Le front est plan. On voit entre les orbites une plaque unique, large et très courte. Les sourcils sont couverts dans la partie moyenne par trois écailles transverses. Les écailles dorsales, qui sont les plus grandes et garnies même à leur extrémité de quelques petites dentelures, ont la forme rhomboïdale aiguë, parce qu'elles sont terminées par une pointe solide. Il y a de chaque côté quatre ou cinq pores glanduleux sous les cuisses.

Coloration. Le menton et le ventre étaient d'un jaune blanchâtre, et les côtés du ventre d'un vert cuivreux; quelques lignes obliques d'un noir-brun se voient sous le menton.

Dimensions. Wiegmann n'en a vu qu'un seul individu, lequel avait la queue tronquée, et dont le corps avait près de trois pouces de longueur.

Patrie. Le Tropidolépide hérissé vient du Mexique.

6. LE TROPIDOLÉPIDE LINÉOLÉ. *Tropidolepis grammicus.* Gray.

Caractères. D'un vert olive cuivreux en dessus; bandes dorsales d'un noir-brun en chevrons. Écailles dorsales grandes, rhomboïdales, épineuses, dentelées sur les bords.

SYNONYMIE. *Sceloporus grammicus.* Wiegm. Isis, 1828, pag 369.
Exclusa varietate microlepidota (Tropidolepis microlepidotus).
Sceloporus pleurostictus. Idem. Loc. cit.
Sceloporus grammicus. Idem. Herpetol. mexic. pars. 1, pag. 51.
Tropidolepis grammicus. Gray. Synops. rept. in Griffith's anim.
Kingd. t. 9, pag. 43.

DESCRIPTION.

FORMES. Les écussons du crâne sont granuleux, disposés de la même manière que dans l'espèce dite à collier (*Trop. Torquatus*). Mais dans la série postérieure des écussons frontaux on n'en voit que deux, parce que l'intermédiaire manque ou est très petit. Les sourcils sont garnis en dessus d'écussons oblongs à six pans, recouverts en dehors de petites écailles arrondies, mais hexagones aussi. Les écailles dorsales sont rhomboïdales, aiguës, à carènes prolongées et comme épineuses. Elles forment de 36 à 40 bandes obliques, depuis la base de la queue jusqu'à l'intervalle des épaules ou vers la fin du pli subgulaire. Il y a sous chaque cuisse quatorze à seize pores.

COLORATION. La couleur générale du corps est, comme nous l'avons dit, d'un vert olive cuivreux en dessus, avec des bandes obliques d'un brun noirâtre. Il y en a cinq de chaque côté, formant un angle aigu dirigé en arrière, mais dont le chevron se réunit sur le sommet du dos. En dessous le corps est gris, mais avec un reflet cuivreux brillant. La queue est le plus souvent annelée de brun.

Le mâle que Wiegmann reconnaît avoir nommé à tort *Pleurosticte*, offre sur les parties latérales du tronc de nombreuses taches variées de noir, de brun et de jaune. Il porte, sur la partie moyenne du ventre, deux bandes noires bordées de bleu en dehors. Chez quelques individus, la gorge est teinte de bleu, et alors elle se distingue de la poitrine par un collier noir.

DIMENSIONS. Le mâle de ce Saurien atteint en longueur, pour le tronc 2" 5"', pour la queue 3" 1"'. La femelle est plus grande. Le tronc de l'une de celles examinées par M. Wiegmann avait 2" 2"' et sa queue 2" 4½"'. Le tronc d'une autre, sans la queue, qui était cassée, avait 2" 7"'.

PATRIE. Mexique.

20.

7. LE TROPIDOLÉPIDE A PETITES ÉCAILLES. *Tropidolepis microlepidotus.* Nobis.

CARACTÈRES. D'un vert cendré en dessus, avec des bandes et des taches d'un noir-brun presque effacées ; le corps couvert de petites écailles à pointes courtes, entières sur les bords.

SYNONYMIE. *Sceloporus microlepidotus.* Wiegmann. Herpet. mexic. pag. 51 , var. du Grammicus. Isis , 1828.

DESCRIPTION.

FORMES. Cette espèce a les mêmes apparences qne la précédente, à laquelle elle ressemble beaucoup ; mais elle en diffère par la petitesse des écailles dorsales, qui, à compter du pli du cou, forment environ sept bandes obliques , et surtout par les carènes de ces écailles , qui forment à peine la pointe , et dont les bords sont tout-à-fait lisses.

COLORATION. Chez les femelles, le dos est d'un vert d'herbe cendré ; chez les mâles, cette teinte tire davantage sur l'olivâtre. D'ailleurs les taches par leur disposition sont tout-à-fait semblables, excepté qu'elles sont plus pâles. Chez les mâles , les flancs sont quelquefois variés de taches jaunes et noires, le ventre offre une teinte bleuâtre , entre les bandes noires qui occupent la partie moyenne.

PATRIE. C'est aussi du Mexique que provient cette espèce.

8. LE TROPIDOLÉPIDE CHANGEANT. *Tropidolepis variabilis.* Nobis.

CARACTÈRES. Dessus du corps tantôt, chez les mâles, d'une teinte uniforme de cendré olivâtre, avec une bande latérale blanchâtre ; tantôt, chez les femelles, avec des taches brunes transversales disposées en double série au milieu du dos. Tête d'une même couleur ; les sourcils à écussons transversaux bordés de petites écailles. Squames dorsales intermédiaires rhomboïdales, pointues, deux fois plus grandes que les latérales.

SYNONYMIE, *Sceloporus variabilis.* Wiegm. Herpet. mexic. p. 51,

DESCRIPTION.

FORMES. Les plaques de la tête, qui sont rugueuses et carénées, varient pour la disposition et le nombre ; huit ou neuf occupent le disque frontal. Elles sont polygones, la première du vertex est double, de sorte qu'il y en a trois en avant. Parmi les surciliaires, les trois intermédiaires sont également plus grandes ; les écailles de la partie moyenne du dos sont prolongées en pointes, avec quelques petites dentelures ; leurs carènes forment quatorze lignes longitudinales sur le dos ; les latérales deviennent tout à coup deux fois plus petites, leur forme est ovalo-rhomboïdale, à trois pointes. Leurs carènes forment des lignes continues qui remontent vers le haut. Il y a sept à huit carènes dorsales se prolongeant sur la base de la queue, qui est déprimée.

COLORATION. La couleur des femelles est différente de celle des mâles, comme l'indiquent les caractères précédemment énoncés. Cependant, chez les deux sexes, la tête est olivâtre, sans bandes ni lignes.

DIMENSIONS. La longueur totale du *corps* chez le mâle est de $2\frac{1}{2}$", et la *queue* de 4". Chez les femelles, cette longueur totale est de $2\frac{1}{4}$", et celle de la *queue* de $3\frac{1}{2}$" seulement.

PATRIE. Le Tropidolépide variable est originaire du Mexique.

9. LE TROPIDOLÉPIDE CUIVREUX. *Tropidolepis œneus.* Nobis.

CARACTÈRES. Dessus du corps d'un vert olive roussâtre, mais cuivré et brillant ; sourcils couverts de plaques écailleuses ; écailles du dos d'une forme rhomboïdale et ovale, fortement carénées, un peu pointues ; celles des côtés un peu plus petites.

SYNONYMIE. *Sceloporus œneus.* Wiegm. Herpet. Mexic. p. 52.

DESCRIPTION.

FORMES. On pourrait confondre cette espèce avec le mâle de celle dite Changeante, auquel elle est très ressemblante ; mais elle est beaucoup plus grêle. Les plaques frontales sont petites, rugueuses, carénées et subrhomboïdales, mais moins régulièrement disposées. Cependant leur situation se rapporte à celle de presque toutes les espèces du même genre. Le premier écusson du vertex est simple et profondément cannelé comme le second. Les sourcils sont couverts d'écussons écailleux presque hexagones, légèrement carénés. Les écailles du dos, de forme rhomboïdo-ovales, sont entières, avec une carène élevée, se terminant en pointe courte. Les écailles des côtés sont sensiblement plus petites; les lignes longitudinales de leurs carènes sont droites et presque parallèles à celles du dos. La queue est plus longue que le reste du corps.

COLORATION. Le dos est de couleur verte, mêlée d'un roux olivâtre avec reflet cuivré; la queue est en dessus de la même couleur que le dos; mais en dessous elle est blanchâtre.

DIMENSIONS. M. Wiegmann n'a possédé qu'un seul individu, dont le *tronc* avait 1 $\frac{1}{4}$", et la *queue* 2 $\frac{1}{4}$".

PATRIE. Ce Tropidolépide se trouve au Mexique.

10. LE TROPIDOLÉPIDE A ÉCHELONS. *Tropidolepis scalaris.* Gray.

CARACTÈRES. D'un brun cendré en dessus, avec des taches transverses d'un noir brunâtre, bordées de blanc, et disposées de manière à représenter des barreaux entre deux lignes; une tache d'un bleu d'indigo sur l'épaule; les écailles du dos et des flancs ovalo-rhomboïdales, et à peu près égales entre elles.

SYNONYMIE. *Sceloporus scalaris.* Wiegm. Herpet. Mexic. p. 52, tab. 8, n° 2.

DESCRIPTION.

FORMES. On confondrait cette espèce avec la femelle du Scélopore changeant, si les taches que nous venons d'indiquer ne la distinguaient; elle est en outre plus petite, et les taches, qui sont plus élégantes, se remarquent dans les deux sexes. La première plaque du vertex est simple, à six pans. Les sourcils, qui sont revêtus de plaques polygones oblongues, sont d'ailleurs couverts de petites écailles. Le dos est revêtu d'écailles pointues, rhomboïdales et un peu ovales, qui toutes sont entières. Les latérales sont à peu près égales à celles du milieu. Leurs carènes forment des lignes longitudinales, droites, presque parallèles aux moyennes du dos. La queue est de la longueur du tronc. On remarque des lignes régulières sur la tête ; elles ont une teinte brune ; une tache de couleur indigo, brillante comme l'acier broyé, se voit sous les aisselles.

Coloration. Chez les femelles, le dessous de l'abdomen est blanchâtre ; chez les mâles il y a une double ligne ou bande d'un beau bleu. Le menton et la gorge dans les deux sexes présentent de petites lignes obliques, cendrées.

Dimensions. Dans un mâle, dont la queue s'était reproduite, la *longueur totale* était de 2 ,", et cette *queue* de 1 $\frac{7}{8}$". Chez la femelle, dont le *tronc* était de même longueur, la *queue*, qui était entière et primitive, avait 2 $\frac{1}{4}$".

XXII$_e$ GENRE PHRYNOSOME.
PHRYNOSOMA (1). Wiegmann.

(*Agames orbiculaires* de Daudin en partie ; *Tapayes* de Cuvier, de Fitzinger.)

Caractères. Tête courte, arrondie en avant, bordée postérieurement et latéralement de grands et forts piquans. Plaques céphaliques polygones, égales ; une petite occipitale subcirculaire. Pas de dents palatines ; dessous du cou plissé en travers ; bord de l'oreille simple. Tronc court, ovale, très déprimé, offrant de chaque côté une arête squameuse, dentelée. Parties supérieures hérissées de tubercules trièdres, naissant au milieu de petites écailles imbriquées. Pas de crête dorsale ni de caudale. Membres très courts, doigts peu développés, dentelés sur leurs bords. Queue à peine de la longueur du tronc, aplatie, très large à sa racine. Une ligne de pores sous chaque cuisse.

---

(1) De Φρῦνος, Crapaud, *Rubeta* ; et e Σῶμα, corps, *corpus*; Apparence de Crapaud.

Les Phrynosomes sont encore plus courts et plus déprimés que les Tropidolépides. Comme eux ils manquent de dents palatines, et sont pourvus de pores fémoraux ; mais les côtés du cou, dont le dessous est plissé en travers, n'offrent pas toujours cette espèce de fente qu'on remarque chez les Iguaniens du genre précédent.

L'écaillure des Phrynosomes diffère aussi de celle des Tropidolépides. Sur le dessus de la tête elle se compose de petites plaques polygones à peu près égales entre elles ; sur les parties supérieures du corps, de tubercules trièdres mêlés à de petites écailles imbriquées ; en dessous, de squames homogènes également imbriquées, dont la surface est tantôt lisse, tantôt surmontée d'une carène. Le long de chaque flanc il existe une suite d'écailles qui forment une sorte de crête dentelée, simple ou double.

Le derrière de la tête des Phrynosomes est bordé, d'une oreille à l'autre, d'un rang de grandes écailles redressées, ou même de longs et gros piquans simulant une espèce de couronne. La tête, dont le diamètre longitudinal excède peu le transversal, forme presque le demi-cercle en avant. La brièveté du cou est telle, que cette partie du corps paraît attachée aux épaules.

La région collaire inférieure offre plusieurs plis transversaux qui remontent un tant soit peu sur les parties latérales ; mais il n'y a pas de fanon sous la gorge, et il existe rarement un repli de la peau devant les épaules. Les narines sont latérales, petites, ouvertes au milieu d'une écaille placée près de l'extrémité du museau. La membrane du tympan se trouve légèrement enfoncée dans le trou auditif, sur le bord duquel on ne voit pas de dentelures. Le corps, fort aplati et de figure ovale, se termine par une queue dont la longueur est à peine égale à la sienne. Cette queue offre aussi une certaine dépression, particulièrement à sa racine, où elle est assez large, tandis qu'elle est fort étroite dans le reste de son étendue.

Les membres sont extrêmement courts, et les doigts qui

les terminent faiblement dentelés sur leurs bords. Le dessous de chaque cuisse présente une ligne de pores en général assez petits.

En résumé, les Phrynosomes sont des Iguaniens d'une physionomie extrêmement bizarre, en tant qu'elle semble s'éloigner du type des Sauriens pour se rapprocher de celui des Batraciens anoures, et plus particulièrement des Crapauds.

C'est à ce genre Phrynosome qu'appartient le Saurien indiqué par Linné, sous le nom de *Lacerta orbicularis*, d'après la figure et la description d'Hernandez. Il avait été placé par Daudin dans sa section des Agames orbiculaires ou Tapayes. Mais là il se trouvait réuni à des espèces qui n'ont entre elles que des rapports éloignés.

Fitzinger n'a pas fait un rapprochement plus naturel en réunissant ce même *Lacerta orbicularis* de Linné, l'*Agama gemmata* de Daudin, et l'*Agama deserti* de Lichteinstein, dans le genre Tapaye que Cuvier avait déjà indiqué dans la première édition du Règne animal, et où il ne rangeait avec juste raison que le Tapaye d'Hernandez ; attendu qu'à cette époque aucune autre espèce ne pouvait y être génériquement réunie. Toutefois le genre Tapaye, nommé depuis Phrynosome par Wiegmann, ne se trouvait encore, ni défini d'une manière satisfaisante, ni placé dans la série erpétologique, suivant ses rapports naturels, voisin qu'il était, dans la méthode de Cuvier, des Leiolépides et des Agames proprement dits. Mais M. Wiegmann a parfaitement rempli cette tâche lorsque, en indiquant les vrais caractères des Phrynosomes, il a rapproché ceux-ci des Tropidolépides.

On trouve cinq espèces de Phrynosomes indiquées dans les auteurs, mais nous soupçonnons que deux sont purement nominales ; c'est, d'une part, le *Phrynosoma Bufonium* de Wiegmann, qui se rapporterait alors à l'*Agama cornuta* de Harlan (*Phrynosoma Harlanii*) ; et de l'autre l'*Agama*

Douglasii, qui ne serait que le jeune âge du Phrynosome orbiculaire.

Toutefois avant de se prononcer d'une manière positive à cet égard, il faudrait qu'on eût comparé, avec des individus appartenant réellement au Phrynosome de·Harlan, le seul exemplaire d'après lequel M. Wiegmann a établi son *Phrynosoma Buffonium*, et que l'unique échantillon de l'*Agama Douglasii* de Bell eût été de même examiné comparativement avec des Phrynosomes orbiculaires. Quant aux trois autres espèces, elles sont parfaitement distinctes, ainsi qu'on peut aisément s'en convaincre en lisant les descriptions comparatives que nous avons faites, et que nous avons eu le soin de faire précéder d'un tableau synoptique, dans lequel se trouvent mis en opposition les principaux caractères qui sont propres à chacun de ces trois Phrynosomes.

TABLEAU SYNOPTIQUE DES ESPÈCES DU GENRE PHRYNOSOME.

Écailles ventrales	carénées.		1. P. DE HARLAN.
	lisses : écailles sous-maxillaires	huit séries plus grandes	2. P. COURONNÉ.
		petites, égales. . .	3. P. ORBICULAIRE.

A. *Espèces à écailles ventrales carénées et à narines percées en dedans de l'extrémité antérieure de la crête surciliaire.*

1. LE PHRYNOSOME DE HARLAN. *Phrynosoma Harlanii.* Wiegmann.

CARACTÈRES. Un rang d'épines osseuses de chaque côté de la mâchoire inférieure. Sous la tête et le long de chaque branche sous-maxillaire, une série d'écailles rhomboïdales, pointues, plus grandes que les autres. Quelques pores fémoraux peu distincts.

SYNONYMIE. *Agama cornuta.* Harl. Journ. of the Acad. natur.

sc. of Philadelph. tom. 4, pag. 299, tab. 20, et tom. 6, pag. 14.

Tapayaxin. Barton. Medic. and Physic. Journ. tom. 3.

Tapaya (*Agama cornuta.* Harl.). Cuv. Règn. anim. 2e édit. tom. 2, pag. 37.

Phrynosoma cornuta. Gray. Synops. rept. in Grifflth's anim. Kingd. tom. 9, pag. 45, tab. sans n°.

Phrynosoma Harlanii. Wiegm. Herpet. Mexic. pars 1, pag. 54.

DESCRIPTION.

FORMES. La circonférence de la tête du Phrynosome de Harlan a la figure d'un triangle équilatéral, dont le sommet anté-rieur, ou celui qui correspond au museau, est arrondi. Ce museau est si court que c'est à peine s'il dépasse la ligne perpendiculaire au front. Aussi la surface que présente la région fronto-rostrale est-elle fort limitée, et le nombre des écailles qui la recouvrent excessivement petit. Les narines sont percées presque verticale-ment en dedans de l'extrémité antérieure de la crête surciliaire, qui, au lieu d'être arquée, forme un angle aigu, dont le sommet s'élève positivement au niveau du bord postérieur de l'orbite, de même que chez le Lyriocéphale perlé, le Lophyre tigré et quelques autres Iguaniens acrodontes. Les épines qui entou-rent sa tête sont au nombre de neuf : deux aussi hautes que le front est large, six de moitié plus petites et une est fort courte. Cette dernière est située entre les deux grandes qui sont implan-tées de chaque côté de l'occiput, et les six autres le long de la partie inférieure des tempes, trois à gauche, trois à droite. Ces épines, qui sont légèrement penchées en arrière, auraient une forme conique si elles n'étaient pas un peu aplaties. La face laté-rale externe de l'une et de l'autre branche sous-maxillaires présente une série de six pointes osseuses, en dents de scie, peu distinctes les unes des autres, placées horizontalement et dont la longueur augmente graduellement, à partir de la pre-mière, qui est très petite, jusqu'à la dernière, qui est trois fois plus grande. De petits tubercules coniques, pointus, quelque-fois cannelés de haut en bas, s'élèvent du milieu de la région occipitale. Le reste de la surface crânienne est couvert de petites plaques à plusieurs pans, inégales en hauteur et en diamètre. Parmi elles on remarque quelques granulations squameuses.

La plaque rostrale est pentagonale ou hexagonale, et l'écaille mentonnière triangulaire. Les squames labiales sont petites, égales, quadrilatères ou pentagones oblongues, au nombre de douze environ, de chaque côté de l'une et de l'autre lèvre. Les quatre ou cinq dernières, c'est-à-dire les plus rapprochées de l'angle de la bouche, sont peut-être un peu plus petites que les autres, et comme comprimées ou en d'os d'âne. Le long de chaque branche sous-maxillaire, entre le rang d'épines qui borde le bas de cet os et la série des plaques labiales, il y a deux rangées de très petites écailles. L'oreille est ovale et médiocre. Son bord postérieur, qui est granuleux, n'offre point de saillie, mais son bord antérieur en fait une, le long de laquelle sont cinq ou six écailles un peu tuberculées, comme il en existe sur les tempes. Cependant celles du bord de l'oreille sont un peu plus fortes, oblongues et légèrement comprimées.

Le tronc a une largeur double de sa hauteur; les flancs sont assez arqués en dehors, et le dos l'est fort peu en travers. La queue, très large et très aplatie à sa racine, se rétrécit brusquement pour prendre une forme conique. Elle est fort courte, puisqu'elle n'entre guère que pour le quart dans la longueur totale de l'animal.

Les pattes de derrière sont d'un tiers plus longues que celles de devant, dont l'étendue est égale aux deux tiers de l'intervalle qui existe entre la naissance du bras et la racine de la cuisse.

La peau sous le cou fait deux faibles plis transversaux; mais sur les parties latérales on remarque des enfoncemens irréguliers et très chiffonnés, dont le sommet est garni de petites épines coniques, pointues, légèrement cannelées de haut en bas. Parmi ces plis des côtés du cou, on en voit un de forme oblique et plus prononcé que les autres; il est situé devant chaque épaule. L'espace, compris entre le bord antérieur du dessous du cou, qui est granuleux, et les deux branches sous-maxillaires, offre le long de chaque ligne de celles-ci une série d'écailles rhomboïdales, pointues, plus grandes que celles qui revêtent les autres parties de cette même surface. La région cervicale et les épaules sont couvertes de petites granulations squameuses, au milieu desquelles on voit des épines coniques, cannelées de haut en bas et dont la base est entourée d'autres petites épines à peu près semblables.

La plupart des écailles qui revêtent la face supérieure du tronc, c'est-à-dire le dos et les flancs, puisque ces trois parties ne forment qu'un seul et même plan, sont petites, épaisses, rhomboïdales, imbriquées et carénées. On remarque qu'il y en a trois ou quatre rangées moins grandes que les autres de chaque côté de l'épine dorsale. Puis en dehors de ces trois ou quatre rangées d'écailles sont quatre séries de hautes épines trièdres, au nombre de cinq à sept seulement pour chacune, ce qui fait qu'elles sont fort éloignées les unes des autres. Ces épines ont leur base entourée d'autres épines moins élevées, mais à peu près de même forme. D'autres tubercules épineux et également à trois côtés, se trouvent irrégulièrement répandus sur les reins, de chaque côté de la base de la queue, sur le dessus des cuisses et des jambes, ainsi que sur les flancs. Le bord de ceux-ci est garni dans toute sa longueur de deux rangées d'écailles en dents de scie assez effilées, qui s'avancent jusqu'au-dessus de l'épaule. Ces deux rangées offrent entre elles un sillon plus ou moins profond, dont l'intérieur est revêtu de grains assez fins. La face externe des bras, aussi bien que la partie antérieure de la poitrine, sont protégées par de grandes écailles rhomboïdales, imbriquées, fortement carénées, et terminées par une petite pointe. Les squamelles ventrales, qui sont de même rhomboïdales et imbriquées, ont une carène moins forte et un diamètre moins étendu. La queue elle-même est entourée d'écailles égales, rhomboïdales, imbriquées, et fortement carénées. Le Phrynosome de Harlan se distingue de ses congénères par le petit nombre de ses pores fémoraux. Il n'en a affectivement que quatre ou cinq de chaque côté, et souvent si peu apparens, qu'il faut absolument savoir qu'ils existent pour pouvoir les découvrir.

Coloration. Le fond de couleur des parties supérieures du Phrynosome de Harlan est d'un brun fauve plus ou moins clair. Tout le long de la partie moyenne du corps, depuis la nuque jusque sur la base de la queue, règne une bande blanchâtre, à droite et à gauche de laquelle sont quatre grandes taches noires, liserées de blanc en arrière. La première, qui est oblongue et rétrécie en arrière, couvre tout le côté du cou; les trois autres sont au contraire dilatées transversalement, et ont l'air d'avoir leur bord postérieur découpé en festons. Des barres noires, alternant avec des bandes blanchâtres, se montrent en travers de la face supérieure des membres, ainsi que sur le dessus de la queue. La tête est fauve ou noirâtre, coupée transversalement par deux ou trois bandes noirâtres qui se rabattent de chaque côté. Une teinte blanchâtre règne sur toutes les régions inférieures, dont quelques-unes, le cou, la poitrine et le ventre, sont semées de taches noires peu foncées.

Dimensions. *Longueur totale*, 10" 8'". *Tête.* Long. 1" 7'". *Cou.* Long. 7'". *Corps.* Long. 6". *Memb. antér.* Long. 3" 8'". *Memb. postér.* Long. 4" 5'". *Queue.* Long. 2" 4'".

Patrie. Cette espèce de Phrynosome paraît être particulière à l'Amérique septentrionale ; nous en possédons un individu provenant du Missouri, qui nous a été donné par M. Harlan. La collection en renferme deux autres exemplaires, dont l'origine ne nous est pas bien connue.

Observations. Ainsi que nous l'avons déjà dit en traitant du genre Phrynosome en particulier, nous supposons que le *Phrynosoma Bufonium* de Wiegmann est un double emploi de l'espèce dont on vient de lire la description. S'il en était ainsi, il faudrait ajouter la synonymie suivante à celle qui se trouve en tête de cet article.

Phrynosoma Bufonium. Wiegm. Isis, 1828, pag. 367, et Herpet. mexic. pars 1, pag. 54.

Wagl. Syst. amph. pag. 146.

Gray. Synops. rept. in Griffith's anim. Kingd. tom. 9, pag. 45, exclus. synon. fig. 1 et 2, tab. 83, tom. 1, Séb. (*Agama spinosa*).

B.   *Espèces à écailles ventrales lisses, et à narines ouvertes à l'extrémité antérieure de la crête surciliaire.*

2. LE PHRYNOSOME COURONNÉ. *Phrynosoma coronatum.*
Blainville.

Caractères. Un rang d'épines molles de chaque côté de la mâchoire inférieure. Sous la tête et le long de chaque branche sous-maxillaire, quatre séries d'écailles pointues, plus grandes que les autres. Dix-huit ou vingt pores très distincts sur la face interne de chaque cuisse.

Synonymie. *Agama* (*Phrynosoma*) *coronata.* Blainv. Nouv. Annal. Mus. d'hist. natur., tom. 4, pag. 284, Pl. 25, fig. 1. *a, b, c.*

DESCRIPTION.

Formes. Le museau de cette espèce est encore plus court et plus arrondi que celui du Phrynosome de Harlan. Au lieu de neuf épines, elle en a onze, et quelquefois treize, qui lui forment comme une sorte de couronne encadrant le derrière et les côtés de la tête, depuis le dessous d'un œil jusqu'à l'autre. Sur la région occipitale même, et positivement derrière la plaque à laquelle elle donne son nom, il y a une rangée transversale de quatre épines coniques, droites et pointues. Les scutelles qui garnissent la lèvre supérieure sont petites, hexagonales, ayant un de leurs angles situé à peu près au milieu de leur bord libre, ce qui fait que la lèvre paraît comme dentelée ou festonnée. Celles de la lèvre inférieure sont quadrilatères ou pentagones et un peu en dos d'âne, et leur bord libre est droit. On observe que l'extrémité de la lèvre supérieure qui touche à l'angle de la bouche est granuleuse ; tandis que chez le Phrynosome de Harlan toute l'étendue de cette lèvre supérieure est garnie de plaques. La face externe de chaque branche sous-maxillaire présente une suite de cinq ou six gros tubercules mous, en dents de scie, bien distincts les uns des autres, et placés horizontalement : le dernier de ces tubercules se trouve situé positivement au-dessous de l'angle de la bouche. Quatre séries de grandes squames rhomboïdales, carénées, existent de chaque côté sous la tête, ou mieux sur la région comprise entre les deux branches de la mâchoire inférieure, latéralement à la ligne médiane et longitudinale, qui est garnie de deux ou trois rangs de petites écailles. Ces huit séries de squames, dont les plus grandes sont celles qui appartiennent aux séries externes, et les plus petites aux séries internes, couvrent une grande partie de la région gulaire, dont le reste de l'écaillure se compose de petites pièces rhomboïdales, lisses et un peu convexes. La face supérieure du tronc, c'est-à-dire le dos et les flancs, qui ne forment qu'un seul et même plan, faiblement arqué en travers, présentent huit rangées de gros tubercules trièdres, quatre de chaque côté de l'épine dorsale. Tous ces tubercules se ressemblent par leur grosseur, excepté ceux des deux rangées externes, qui sont un peu plus petits. Il y en a de semblables à ceux du dos, qui sont répandus sur le dessus des cuisses, des jambes, des bras et de la queue. Cette dernière, dont la longueur fait plus des deux tiers de celle du corps tout entier, est fort large à sa racine et déprimée dans toute son étendue. Chaque côté du tronc porte deux rangs d'écailles en dents de scie, que sépare l'un de l'autre un sillon granuleux. Les écailles de l'un de ces deux rangs sont longues, effilées, et appartiennent au flanc ; tandis que celles du second sont très courtes, et dépendent de la région abdominale. Le devant des bras offre de grandes écailles rhomboïdales imbriquées et carénées ; mais la poitrine, le ventre et la face inférieure de la queue sont revêtus de squamelles rhomboïdales, imbriquées et lisses.

Le dessous de chaque cuisse est percé de douze à vingt pores, formant une série qui s'étend depuis le jarret jusqu'au devant de la région préanale. Ces pores sont percés chacun près de l'angle postérieur d'une écaille rhomboïdale. Les individus mâles ont quelques grandes plaques lisses sous la queue, immédiatement derrière la fente du cloaque.

COLORATION. La seule différence qui existe entre le mode de coloration de cette espèce et celui de la précédente, c'est que le fond de couleur du dessus du corps en est d'une teinte plus claire, et que les faces supérieure et latérales de la tête sont dépourvues de bandes transversales noirâtres. Ce n'est qu'accidentellement que le ventre est unicolore ; car sur trois individus que nous avons été dans le cas d'observer, un seul avait les parties inférieures uniformément blanchâtres, tandis que celles des deux autres espèces étaient parsemées de taches noires. Nous avons dû faire cette remarque, parce que M. Blainville, dans l'exposé comparatif qu'il a donné des caractères de cette espèce et de ceux du Phrynosome orbiculaire, la signale comme ayant le ventre non tacheté de noir.

DIMENSIONS. *Longueur totale*, 13″. *Tête.* Long. 2″. *Cou.* Long. 1″. *Corps.* Long. 5″ 5‴. *Membr. antér.* Long. 3″ 2‴. *Memb. postér.* Long. 4″ 8‴. *Queue.* Long. 4″ 5‴.

PATRIE. Le Phrynosome couronné est originaire de la Californie. On en doit la découverte à M. Botta, qui en a rapporté trois beaux échantillons, qui sont aujourd'hui déposés à la Sorbonne, dans la collection d'histoire naturelle de la faculté des sciences de Paris.

3. LE PHRYNOSOME ORBICULAIRE. *Phrynosoma orbiculare.* Wiegmann.

CARACTÈRES. Des scutelles au lieu d'épines le long de chaque branche sous-maxillaire. Les trois dernières plaques labiales inférieures de chaque côté, grandes, élevées en dos d'âne, ou même trièdres. Un tubercule conique, pointu, au devant du bas de l'oreille. Écailles du dessous de la tête très-petites, toutes égales entre elles ; quinze ou seize pores fémoraux bien distincts de chaque côté.

SYNONYMIE. *Tapayaxin.* Hernand. Nov. Plant. anim. min. Mexic. Hist. cap. 44, pag. 67 ; et Recchius, *ibid.* pag. 327 et 328.

Phrynosoma orbiculare. Wiegm. Isis (1828), pag. 367.

Tapaya orbicularis. Cuv. Règ. anim. 2e édit. tom. 2, pag. 37.

Agama orbicularis. Voigt, Vebersetzung des Thierreichs, Von Cuvier, tom. 2, pag. 54.

Phrynosoma orbiculare. Wagl. Icon. et Descript. amph. tab. 23, fig. 1 et 2 ; et Syst. amph. pag. 146.

Phrynosoma orbiculare. Schinz, Naturgesch. und Abbild. der Rept. pag. 88, tab. 27, fig. 2, pag. 124. The Tapayaxin of Mexico. Pidg. and Griff. anim. kingd. tom. 10.

Phrynosoma orbicularis. Gravenh, Act. Acad. Cæs. Leop. Carol. Nat. Cur. tom. 16, part. 2, pag. 912, tab. 63.

Phrynosoma orbiculare. Wiegm. Herpetol. Mexic. pars 1, pag. 53, tab. 8, fig. 1.

DESCRIPTION.

FORMES. Le Phrynosome orbiculaire a le museau moins court et moins arrondi que celui des deux espèces précédentes, ce qui fait que la circonférence de sa tête ressemble davantage à un triangle équilatéral. L'espace fronto-rostral est aussi en proportion plus grand et garni de beaucoup plus d'écailles que chez les Phrynosomes de Harlan et Couronné. Quant aux épines qui entourent une partie de la tête, nous ne les avons pas trouvées différentes de celles du *Phrynosoma Harlanii*, sous le rapport du nombre et de la manière dont elles sont disposées.

Les plaques labiales sont petites et fort étroites, particulièrement les supérieures, qui, étant un peu arrondies, sont cause que le bord libre de la lèvre paraît être faiblement festonné.

Ces mêmes plaques labiales supérieures ne s'étendent pas tout-à-fait jusqu'à l'angle de la bouche ; car, près de celui-ci, la lèvre est granuleuse. Les trois ou quatre dernières plaques labiales inférieures sont un peu plus grandes que celles qui les précèdent, et font un peu le dos d'âne, au lieu d'être aplaties.

Elles sont immédiatement suivies d'un tubercule conique qui se trouve placé positivement en bas du bord antérieur de l'oreille. Les côtés des branches sous-maxillaires n'offrent ni dentelures osseuses ni épines ; mais à leur place il y a un rangée de sept ou huit squames quadrilatères oblongues un peu en dos d'âne. Cette rangée va, comme celle des labiales inférieures, aboutir non pas tout-à-fait, mais un peu au-dessous du tubercule conique, qui est situé au bas de l'oreille.

Toutes les écailles qui garnissent l'intervalle existant entre les deux branches sous-maxillaires, sont petites, égales entre elles ; elles ressemblent à des rhombes lisses et imbriqués.

Le Phrynosome orbiculaire n'a pas plusieurs plis de chaque côté du cou, comme ses deux congénères ; il n'en offre qu'un seul, grand, fort épais, couvrant un enfoncement oblique à peu près semblable à celui qu'on remarque chez les espèces du genre Tropidolépide.

La partie saillante ou le bord de ce pli est garni de tubercules.

L'écaillure des parties supérieures du corps nous semble en tout point semblable à celle du Phrynosome de Harlan ; mais le long de chaque flanc, au lieu de deux rangées d'écailles en dents de scie, il n'y en a qu'une seule assez bien développée.

Les squamelles pectorales et les abdominales sont rhomboïdales et parfaitement lisses, non comme chez le Phrynosome de Harlan, mais bien comme dans le Couronné. On compte une série de quatorze à seize pores le long de la face inférieure de chaque cuisse, pores qui se trouvent percés au milieu d'une écaille hexagonale. La forme et la proportion de la queue sont les mêmes que celles du Phrynosome couronné, c'est-à-dire qu'elle est déprimée dans toute son étendue, que la base en est fort large, et que sa longueur entre pour plus des deux tiers dans la totalité de celle de l'animal.

COLORATION. Le mode de coloration est complétement sembl abl à celui du Phrynosome de Harlan, à cette seule exception près que les taches noires répandues sur les parties inférieures sont plus dilatées et plus nombreuses, puisqu'on en voit aussi sous la gorge où elles semblent former des dessins vermiculaires.

DIMENSIONS. *Longueur totale*, 10". *Tête.* Long. 1" 6'". *Cou* Long. 6". *Corps.* Long. 4". *Memb. antér.* Long. 2" 8'". *Memb. postér.* Long. 3" 7'". *Queue.* Long. 3" 8'".

PATRIE. Le Phrynosome orbiculaire habite le Mexique. Les deux individus que nous possédons ont été rapportés de la Vera-Cruz par madame Salé.

Observations. Cette espèce est très probablement celle qui se trouve représentée et décrite sous le nom de *Tapayaxin*, ou Lézard orbiculaire, dans l'ouvrage d'Hernandez sur le Mexique ; mais c'est à tort que la plupart des auteurs lui ont rapporté deux des figures de l'ouvrage de Séba. Nous voulons parler de celles qui sont gravées sous les n°s 1 et 2, dans la planche 83 du 1er volume du Trésor de la Nature; car ces figures représentent une espèce d'Iguanien acrodonte, notre Agame épineux.

Daudin entre autres, dont l'article de l'Agame orbiculaire est tiré des descriptions et des figures des Lézards orbiculaires d'Hernandez et de Séba, a joint à cet article la figure d'un troisième Saurien différent des deux autres; c'est-à-dire celle de l'Agame variable ou changeant d'Égypte.

Il est bien clair maintenant que l'Agame cornu de Harlan (*Phrynosoma Harlanii*), et le Tapayaxin d'Hernandez (*Phrynosoma orbiculare*), n'appartiennent point à la même espèce, ainsi que le croyait M. Cuvier.

Mais nous avons tout lieu de penser que l'*Agama Douglassii* de Bell a été établi d'après un jeune sujet du Phrynosome orbiculaire. C'est pour cela que nous n'avons pas fait mention de cette espèce dans un article particulier. Nous allons toutefois en donner la synonymie :

Agama Douglassii, Thom. Bell, Transact. Linn. societ. tom. 16, pag. 105, tab. 10.

Phrynosoma Douglassii, Wagl. Syst. amph. pag. 146

Gray, Synops. Rept. in Griffith's anim. kingd. tom. 9, pag. 44.

Wiegm. Herpetol. Mexic. pars 1, pag. 54.

21.

XXIIIᵉ GENRE. CALLISAURE.
CALLISAURUS (1). De Blainville.

Caractères. Tête courte, déprimée, arrondie en avant, couverte de plaques inégales ; une écaille occipitale très dilatée ; de grandes scutelles sus-oculaires presque carrées. Narines situées sur le museau. Pas de dents palatines ; toutes les maxillaires simples, coniques. Un pli longitudinal sous la gorge, suivi d'un autre transversal. Des plissures sur les côtés du cou. Bords des trous auditifs simples. Tronc peu alongé, comprimé, élargi de chaque côté par un développement de la peau. Écailles du corps petites, nombreuses, serrées, imbriquées, unies. Pas de crête sur le dos ni sur la queue. Celle-ci, longue, aplatie, large à sa naissance, rétrécie dans le reste de son étendue. Membres bien développés ; doigts très longs, fort grêles ; ongles très effilés. Une longue série de pores sous chaque cuisse.

Voici un genre qui, en apparence fort différent du précédent, s'en rapproche cependant par plusieurs points importans de son organisation.

Les Callisaures ont, comme les Phrynosomes, la tête courte, arrondie en avant et légèrement aplatie ; le corps et la queue déprimés ; plusieurs plis transversaux sous le cou ; des pores fémoraux ; le palais dépourvu de dents ; mais au lieu d'avoir le corps large et raccourci, ils l'ont au contraire

_____

(1) De Καλος, beau, *lepidus, pulcher*; et de Σαυρις, **Lézard**, *Lacerta*; Καλλιῶᾶ, je me fais beau, *venusto*.

grêle et alongé. Leur cou est très distinct, leur queue fort
développée, et leurs membres longs et grêles.

Outre les plis transversaux qu'on remarque sous le cou,
il en existe un longitudinal qui pend comme une sorte de
petit fanon ; ils ont la tête couverte de petites plaques polygones, subcirculaires, unies et presque égales, et non de
grandes écailles ou de longs piquans sur l'occiput, qui est
recouvert par une grande plaque. L'écaillure des parties supérieures du corps, de même que celles des parties inférieures, est homogène, c'est-à-dire qu'elle se compose de
petites pièces squameuses, égales entre elles, lisses, plus ou
moins imbriquées. La peau forme, le long de chaque flanc,
un pli mince qui produit une légère saillie horizontale. Un
dernier caractère, propre à faire distinguer les Callisaures
des Phrynosomes, c'est l'extrême gracilité de leurs doigts et
de leurs ongles.

Nous ajouterons que toutes les dents des Callisaures sont
coniques, simples, presque égales ; que leurs narines s'ouvrent à peu de distance l'une de l'autre, sur le dessus même
et près du bout du museau, chacune dans une plaque dont
elle occupe presque toute la surface ; que les côtés du cou
offrent des plissures irrégulières ; que le dessus du dos et de la
queue sont convexes, et complétement dépourvus de crête
enfin que les bords des oreilles sont simples, et les membranes tympanales un peu enfoncées.

M. de Blainville, auquel on doit l'établissement du
genre Callisaure, ainsi que la connaissance de la seule espèce qui lui sert de type, le considère comme très voisin
des Dragons. dans la famille desquels, suivant sa classification, il le range avec les Sitanes et les Chlamydosaures.
Mais nous ne partageons pas l'opinion de ce savant, parce
que le genre Callisaure, en même temps qu'il est P.euro-
donte, a un système d'écaillure céphalique, qui, joint à la
manière dont la peau est plissée sous le cou et même le long
des flancs, se rapproche naturellement des genres *Tropidolépide*, *Phrynosome*, *Tropidogastre*, etc., qui, comme

lui, sont originaires du nouveau monde ; tandis qu'il n'a réellement de commun avec les Dragons que la brièveté de sa tête, la gracilité de ses membres et la dépression de son corps.

1. LE CALLISAURE DRAGONOIDE. *Callisaurus draconoïdes.* Blainville.

CARACTÈRES. Dos gris, offrant en travers des bandes festonnées brunâtres. Trois grandes taches d'un noir bleuâtre sur chaque flanc, et quatre ou cinq autres de même couleur sous la queue.

SYNONYMIE. *Callisaurus draconoïdes.* Blainv. Nouv. Ann. Mus. d'hist. nat., tom. 4, Planch. 24, fig. 2 et *a*.

DESCRIPTION.

Le Callisaure dragonoïde a la tête courte, déprimée et très arrondie à son extrémité, qui est fort amincie. Le front et le museau forment un même plan incliné en avant. Les régions sus-oculaires sont très légèrement bombées. Les narines sont circulaires et percées chacune dans une plaque qui ne forme qu'un cercle étroit autour de leur ouverture. Cette plaque est située sur le dessus du museau en dedans de l'extrémité antérieure d'une arête qui monte jusqu'au bord surciliaire, arête qui est couverte par trois plaques en dos d'âne ; les deux premières sont hexagonales, et plus larges que longues, et la troisième est très alongée et excessivement étroite. La lèvre supérieure au lieu d'être, comme l'inférieure, tout-à-fait appliquée contre la gencive, fait en dehors une petite saillie horizontale, garnie de plaques rhomboïdales oblongues, en dos d'âne ou un peu convexes, et réellement imbriquées. On en compte huit de chaque côté de la squame rostrale qui offre trois côtés, dont deux forment un angle aigu replié sur le bout du nez. Au-dessus, et le long des plaques labiales supérieures, existe une double ou une triple série de petites écailles granuleuses, dont les plus rapprochées de la squame rostrale sont un peu plus grandes que les autres. La lèvre inférieure est garnie de vingt-une plaques subrhomboïdales, aplaties, y comprise la mentonnière qui est plus petite que toutes les autres. Sur les côtés de chaque branche sous-maxillaire sont appliquées des scutelles hexagonales, lisses, plus grandes que les labiales inférieures qui forment avec les premières, deux séries soudées entre elles. Le dessous du menton est revêtu de cinq plaques d·nt deux sont placées sur les côtés d'un petit sillon longitudinal, et la cinquième, qui est fort petite et triangulaire, est située en avant. Les plaques céphaliques sont lisses et irrégulièrement polygones. Sur le bout du museau, entre les narines, on en remarque cinq petites placées de manière à former un triangle isocèle, bordé de chaque côté par trois autres plus grandes, dont les deux premières touchent à l'ouverture nasale. Les régions frontale et préfrontale sont couvertes par huit plaques formant un cercle qui entoure la neuvième plus grande que les autres. De chaque côté de ce cercle sont quelques autres plaques plus ou moins petites et disposées sans ordre. La région interorbitaire offre une série de trois plaques, laquelle est suivie d'une double rangée de douze ou quatorze autres formant une fourche entre les branches de laquelle se trouve enclavée la scutelle occipitale, dont le diamètre est fort grand. Les régions su⅃-oculaires sont couvertes chacune par trois rangées longitudinales de plaques hexagonales dilatées en travers. Puis en dedans de ces trois rangées, il existe une série de très petites écailles, et en dehors deux autres rangées de squamelles plus ou moins dilatées. Les paupières sont granuleuses, et offrent sur leurs bords une dentelure beaucoup plus prononcée sur l'inférieure que sur la supérieure. La membrane tympanale est tendue à l'entrée de l'oreille, qui est grande, ovale et complétement dépourvue de dentelures.

La peau de la gorge forme un petit fanon, et celle de la face inférieure du cou deux plis transversaux.

Le cou, dont la longueur est presque égale à celle de la tête, n'est point étranglé. Le corps et la queue sont déprimés. Cette dernière, qui est convexe en dessus et plate en dessous, fait environ la moitié de la longueur totale de l'animal.

Le dos et les côtés du tronc, considérés dans leur sens transv·si, décrivent une courbe assez prononcée. L'étendue de chaque flanc offre un pli qui semble produit par le pincement qu'on aurait fait subir à la peau de cette partie du corps.

Placées le long du tronc, les pattes de devant s'étendent jusqu'au milieu de la racine de la cuisse, et celles de derrière à peu près jusqu'au bout du nez. Les doigts et les ongles sont longs, grêles et comprimés.

Le Callisaure dragonoïde est généralement revêtu de fort petites écailles. Celles du dessus du cou sont lisses, en losanges et un peu imbriquées ; celles du dos n'en diffèrent que parce que la plupart d'entre elles ont six côtés ; mais celles des flancs et des côtés, dont la peau est chiffonnée, sont granuleuses.

La queue offre des verticilles de squamelles lisses, carrées et très faiblement imbriquées.

Le devant des bras et celui des cuisses sont garnis de grandes écailles en losange, imbriquées, dont la ligne médiane et longitudinale paraît légèrement renflée. Le dessus des bras et des jambes est garni d'autres écailles en losange ; mais, outre qu'elles sont plus petites, leur surface est parfaitement plane. De fort petites squamelles convexes, circulaires ou ovales, revêtent le dessous des bras et la surface postérieure des cuisses. Sous la gorge il existe des rangées longitudinales de petites écailles quadrilatères, oblongues, à surface un peu bombée. Les squames pectorales sont imbriquées, lisses et en losanges ; les abdominales sont carrées et disposées par bandes transversales Il y a, le long de la face interne de l'une comme de l'autre cuisse, une série de quinze ou seize écailles disco-polygones, percées chacune d'un très petit pore près de leur bord postérieur.

COLORATION. Un gris cendré, semé de gouttelettes blanchâtres, règne sur toutes les parties supérieures de l'animal, dont le cou, le dos et la queue sont marqués en travers de bandes festonnées, brunâtres. D'autres bandes, mais à bords entiers et de couleur noire, coupent de distance en distance la face supérieure des membres. Le dessous de l'animal est blanc, et les côtés de son ventre sont marqués chacun de deux grandes taches d'un noir-bleu. Une troisième un peu plus petite, mais de même couleur, est située près de l'aine, et quatre ou cinq autres aussi grandes que les deux premières, sont placées à la suite l'une de l'autre sur la face inférieure de la queue.

DIMENSIONS. *Longueur totale*, 12" 4"'. *Tête*. Long. 1" 9"'. *Cou*. Long. 1". *Corps*. Long. 4" 3"'. *Memb. antér*. Long. 3" 5"'. *Memb. postér*. Long. 4" 9"'. *Queue*. Long. 5" 5"'.

PATRIE. Le Callisaure dragonoïde est originaire de la Californie. Nous n'en avons encore observé qu'un seul individu, rapporté de ce pays par M. Botta. C'est le même qui a servi de modèle à la description et à la figure que M. Blainville a publiées dans les nouvelles Annales du Muséum d'histoire naturelle.

Observations. M. Wiegmann, dans le compte rendu qu'il a

publié dans ses Archives d'Histoire naturelle, du mémoire de
M. Blainville, sur les Reptiles de la Californie, semble croire que
le Callisaure dragonoïde ne devrait pas former un genre particulier, mais appartenir à celui des Hypsibates. Nous pouvons assurer
que notre espèce diffère génériquement de ces derniers, qui ont
des dents palatines, une crête dorsale, et qui manquent de pores
fémoraux ; trois caractères qui sont complétement opposés à ceux
des Callisaures.

XXIVe GENRE. TROPIDOGASTRE.
TROPIDOGASTER (1). Nobis.

CARACTÈRES. Tête courte, triangulaire, obtuse en
avant. Régions sus-oculaires revêtues d'un grand
nombre de plaques polygones, beaucoup plus petites
que les autres écailles céphaliques et carénées comme
elles. Une scutelle occipitale médiocre. Narines latérales, tubuleuses. Pas de dents palatines. Gorge offrant deux ou trois plis transversaux entiers. Un ou
deux plis en long sur les côtés du cou. Membrane du
tympan un peu enfoncée. Bord antérieur de l'oreille
subdenticulé. Tronc très légèrement déprimé ; un pli
de la peau le long de chaque flanc. Écailles du dos petites, unicarénées et à bords renflés ; celles du ventre à
trois carènes. Une petite crête dentelée, depuis l'occiput
jusqu'au bout de la queue, qui est longue, subconique,
très faiblement déprimée à sa base, et entourée de verticilles d'écailles carénées. Doigts et ongles grêles, très
effilés. Pas de pores fémoraux.

Trois caractères principaux établissent les différences avec
les Callisaures. Ce sont : l'absence des pores fémoraux, le

---

(1) De Τρωπις, ιδος, carène, *carena*; Γαστηρ, ventre, *venter*; ventre
à carène.

manque de pli longitudinal sous la gorge, et l'existence d'une petite crête dentelée depuis la nuque jusqu'à l'extrémité caudale.

On remarque en outre que les régions sus-oculaires sont garnies d'un grand nombre d'écailles, moitié plus petites que les plaques des autres parties de la tête ; que les squamelles de la région supérieure du tronc sont unicarénées, et celles de la région inférieure tricarénées ; que le bord de l'oreille est subdenticulé ; enfin, que le pli cutané qui règne le long du corps, depuis l'aisselle ju qu'à l'aine, est moins développé que chez les Callisaures.

Du reste, les Tropidogastres ressemblent à ces derniers, à cela près cependant qu'ils ont le tronc et la queue un peu moins déprimés, et les narines plus distinctement tubuleuses.

L'espèce dont la description va suivre est encore la seule que nous ayons observée.

1. LE TROPIDOGASTRE DE BLAINVILLE. *Tropidogaster Blainvillii.* Nobis.

CARACTÈRES. Une bande grisâtre de chaque côté du dos ; celui-ci ondulé de noir sur un fond fauve.

DESCRIPTION.

FORMES. La largeur de la tête, prise au niveau des oreilles, est d'un tiers moindre que la longueur qu'elle offre depuis le bout du nez jusqu'à l'occiput. Sa circonférence donne la figure d'un triangle, dont le sommet antérieur est légèrement arrondi.

Les régions sus-oculaires s nt assez bombées ; l'espace inter-orbitaire fait un peu la gouttière ; et le museau n'est que faiblement incliné en avant, aussi offre-t-il assez d'épaisseur.

Les narines, qui sont grandes et un peu tubuleuses, se trouvent situées de chaque côté du museau, à l'extrémité antérieure d'une petite arête, dont l'autre extrémité est perdue dans le bord surciliaire. Ces narines ont devant elles une petite plaque ovalo-rhomboïdale qui les sépare de la scutelle rostrale. Celle-ci est triangulaire, et très-dilatée en travers. La lèvre supérieure est garnie à droite et à gauche de trois séries, composées chacune de sept ou huit plaques oblongues, offrant deux ou trois petites lignes saillantes dans le sens de leur longueur : celles de la première série sont pentagones, et celles des deux autres irrégulièrement hexagonales. L'écaille mentonnière est grande, et bien qu'à cinq ans, elle affecte une forme triangulaire.

Un petit sillon longitudinal semble la partager en deux. Il n'y a qu'un rang de fort petites plaques pentagones oblongues le long de l'un comme de l'autre côté de la lèvre inférieure. Les faces latérales des branches sous-maxillaires sont garnies de squames rhomboïdales ou hexagonales, plus grandes que les plaques labiales inférieures.

Ces squames, qui offrent une petite saillie tout autour, et une autre sur leur ligne médiane et longitudinale, sont disposées sur cinq ou six rangées parallèles à celles des plaques labiales. Sur le bout du museau, entre les narines, est une série transversale de six plaques subhexagonales oblongues, qu'une crête arrondie partage longitudinalement par le milieu. Celles des six plaques, l'une à droite, l'autre à gauche, qui touchent aux narines, sont extrêmement petites ; les deux médianes sont au contraire comparativement très grandes, et les deux autres d'un médiocre diamètre.

Le reste de la surface antérieure de la tête, c'est-à dire l'espace compris entre les narines et le haut du front, est couvert de plaques à peu près semblables aux deux médianes des six dont nous venons de parler. Elles sont disposées de manière à former deux rangées transversales de chacune quatre ou cinq pièces, et une ros.ce de huit ou neuf pièces. La région interorbitaire présente, l'une derrière l'autre, deux plaques quadrilatères qui sont immédiatement suivies de la scutelle occipitale. Celle-ci est assez développée, en disque anguleux, et environnée de squames plus petites, mais de même forme. Les régions sus-oculaires sont protégées par un pavé composé d'un nombre considérable de plaques discohexagonales, égales entre elles, trois ou quatre fois moins grandes que les autres plaques céphaliques. Ces plaques sus-oculaires, de même que la plupart des petites pièces squameuses qui revêtent le corps du Tropidogastre de Blainville, offrent une légère saillie tout autour, et une autre plus marquée sur leur ligne médiolongitudinale.

Les paupières sont granuleuses, excepté sur leurs bords, où l'on remarque une suite de petites p aques carrées et lisses.

L'oreille est ovale et médiocrement grande ; la membrane tympanale est tendue en dedans de son ouverture, et son bord antérieur garni de petits tubercules comprimés, simulant une sorte de faible dentelure.

La peau du cou fait de chaque côté un pli longitudinal chiffonné, dont l'extrémité antérieure se divise en deux petites branches qui aboutissent, l'une au bord supérieur, l'autre au bord inférieur du trou auriculaire. En dessous, cette même peau du cou forme deux autres plis, tous deux transversaux ; mais l'un est rectiligne, et l'autre, le plus rapproché de la poitrine, est arqué en arrière. On ne remarque pas de fanon sous la gorge ; mais le long des flancs et des côtés de la base de la queue on voit la peau faire une légère saillie, comme si elle avait été pincée. Dans l'angle même que forme la base de la queue avec la racine de la cuisse, il existe un petit enfoncement semi-circulaire produit par un repli de la peau.

Le cou offre un très léger rétrécissement, et le tronc n'est guère plus large que haut. Le dos s'abaisse un peu de chaque côté de son sommet, comme le toit d'une maison.

Les pattes de devant, étendues le long du corps, arrivent jusqu'à l'aine, et celles de derrière jusqu'au bout du nez. Les doigts et les ongles sont longs, effilés et comprimés, mais pas tout-à-fait autant que ceux du Callisaure dragonoïde, avec lesquels, du reste, ils présentent une grande ressemblance.

La queue est légèrement déprimée à sa base, et paraît être conique, quoiqu'un peu comprimée dans le reste de son étendue. Elle est surmontée, dans la première moitié de sa longueur, d'une petite crête d'écailles, qui est le prolongement de celle qu'on voit régner sur le cou et la région dorsale.

Les faces collaires latérales, les aisselles et la partie postérieure des cuisses sont revêtues d'écailles granuleuses extrêmement fines. La région cervicale et le dessus du tronc présentent des bandes transversales de très petites écailles égales, à peine imbriquées, dont la forme tient de l'hexagone et du carré, dont le contour fait une légère saillie, et dont la ligne médiane et longitudinale est relevée d'une petite arête arrondie. La gorge est revêtue de squamelles hexagonales, plus ou moins courtes, fort peu imbriquées, offrant trois petites saillies dans le sens de leur longueur. Le cou et le haut de la poitrine présentent des écailles losangiques, carénées, et très distinctement entuilées. Le ventre offre des rangées transversales de squames réellement hexagones, mais qui, examinées sans le secours de la loupe, ressemblent à des carrés oblongs. Leur surface est surmontée de trois petites arêtes longitudinales et arrondies. Les faces externes et internes des membres ont pour écaillure de petites pièces losangiques, carénées et imbriquées. Les scutelles supérieures et les latérales des doigts sont rhomboïdales et tricarénées, de même que celles de leur face inférieure, dont la largeur est plus grande que la longueur.

COLORATION. Le dos du Tropidogastre de Blainville offre une teinte fauve parcourue par des petites lignes confluentes brunâtres; puis, à sa droite et à sa gauche, on voit s'étendre, depuis le derrière de l'oreille jusqu'au-dessus de la hanche, une bandelette grisâtre. Les flancs sont d'un gris cendré, diversement nuancé de brun et comme piqueté de fauve. Des bandes brunes, bien peu marquées, coupent le dessus des membres en travers. La gorge est brunâtre, la poitrine d'un blanc sali de grisâtre, et le ventre jaunâtre. La face postérieure des cuisses offre une série longitudinale de taches d'un blanc safrané, entouré d'un cercle noir. Au-dessus de ces taches est une ligne de la même couleur, placée entre deux autres raies d'un noir foncé.

DIMENSIONS. *Longueur totale Tête.* Long. 1" 5'". *Cou.* Long 8'". *Corps.* Long. 3". *Memb. antér.* Long. 2" 6'". *Memb. postér.* Long. 4" 5'". *Queue* (mutilée). Long. 2".

PATRIE. Nous ignorons quelle est la patrie de cette espèce, dont la collection renferme depuis long-temps un individu que nous avons trouvé faussement étiqueté : *Agama undulata* de Daudin.

XXVe GENRE. MICROLOPHE.
MICROLOPHUS (1). Nobis.
(*Tropidurus*, de Wiegmann en partie.)

CARACTÈRES. Tête subpyramido-quadrangulaire dé‑
primée, à plaques inégales en diamètre; une écaille
occipitale très dilatée; de grandes scutelles sus-oculai‑
res. Narines latérales et un peu tubulées. Des dents pa‑
latines, plusieurs plis en travers sous le cou. Au devant de
chaque épaule, un pli arqué descendant sur la poitrine,
sans se réunir à celui qui lui est opposé. Bord antérieur
de l'oreille dentelé. Tronc alongé, légèrement arrondi,
à écailles subimbriquées, faiblement carénées ou unies
sur le dos, entuilées et lisses sous le ventre. Peau des
côtés du corps formant deux plis longitudinaux. Une
crête dentelée ou tuberculeuse fort basse, s'étendant
depuis la nuque jusqu'à l'extrémité de la queue. Cette
dernière, longue, subconique, à écaillure carénée,
subverticillée. Pas de pores fémoraux.

Les principaux caractères distinctifs des Microlophes,
comparés aux Tropidogastres, sont : des dents palatines;
de grandes plaques sus-oculaires placées sur un seul rang,
et dilatées en travers ; un pli curviligne de la peau devant
chaque épaule, et deux autres longitudinaux de chaque côté
du corps.

La tête des Microlophes a un peu plus de longueur que
celle des Tropidogastres. Leur oreille est plus fortement
dentelée, et leurs écailles ventrales ne sont point relevées de
carènes. Les doigts ni les ongles n'ont pas non plus cette
gracilité qu'ils offrent dans le genre précédent.

---

(1) De Μικρὸς, petite, *parva*, et de λοφος, crête, *crista*.

Les dents qui arment le palais des Microlophes sont courtes et fortes : elles sont disposées sur un petit rang de chaque
côté. Celles qui garnissent les mâchoires sont un peu moins
longues en avant qu'en arrière. Les douze ou quatorze premières, à droite et à gauche, sont coniques, un peu cannelées et tacites ; les autres aplaties du dedans en dehors,
et très distinctement tricuspides à leur sommet.

On ne voit pas sous la tête des Microlophes de pli longitudinal simulant un fanon, mais la peau de la région inférieure de leur cou fait plusieurs plis transversaux qui vont
s'y perdre en se ramifiant sur les côtés. Du milieu de la poitrine naît un repli cutané qui passe en se courbant devant l'épaule au-dessus de laquelle il se termine. Deux
autres plis étroits et rectilignes se font remarquer sur
les côtés du corps : l'un part de l'oreille, et aboutit à la
racine de la queue ; l'autre ne s'étend que de l'aisselle à
l'aine. Les narines ne sont ni complétement latérales, ni
tout-à-fait supérieures ; leur ouverture, grande et subcirculaire, est pratiquée dans une écaille située fort près du bout
du museau. Les plaques qui garnissent la surface de la partie antérieure de la tête et du vertex, ou de l'espace inter-
orbitaire, sont de moyenne grandeur, anguleuses, très légèrement convexes et lisses Les scutelles sus-oculaires ont un
diamètre transversal double du longitudinal, et la plaque
occipitale est circulaire, entourée de petits grains squameux.
La queue, longue et forte, offre une légère dépression à sa
base, et une forme subconique dans le reste de son étendue.
Les écailles qui la revêtent sont un peu moins petites que
celles du corps, disposées par verticilles, et surmontées
d'une carène finissant en pointe aiguë. Le dessous des cuisses des Microlophes n'est pas percé de pores. Ce genre, qui
est un démembrement de celui des Tropidures de Wiegmann,
ne comprend qu'une seule espèce.

1. LE MICROLOPHE DE LESSON. *Microlophus Lessonii.* Nobis.

CARACTÈRES. Bord antérieur de l'oreille dentelé ; des raies noires en chevrons sous la gorge. *Var.* A. Dessus du corps d'un brun foncé, avec une bande noire de chaque côté du dos. *Var.* B. Dos d'un cendré olivâtre, offrant des traces de bandes transversales d'une teinte plus foncee. *Var.* C. Tronc d'un gris olivâtre, ponctué de blanc, et ayant de chaque côté des lignes verticales onduleuses, noires. *Var.* D. Uniformément olivâtre, ayant le long de chaque flanc une bandelette de couleur noire dans les trois premiers quarts de son étendue, et de couleur blanche dans l'autre quart.

SYNONYMIE. *Stellio Peruvianus.* Less. Voy. de la Coquille, Zoolog. Rept. tab. 2, fig. 1.

Lophyrus araucanus. Id. Loc. cit. fig. 1.

Tropidurus microlophus. Wiegm. Act. acad. cæs. Léop. Carol. nat. Cur. tom. 17, pag. 223, tab. 16.

Tropidurus heterolepis. Id. Loc. cit. pag. 225. tab. 17, fig. 1.

DESCRIPTION.

FORMES. Le Microlophe de Lesson se fait remarquer en ce qu'il est sujet à varier, non-seulement sous le rapport de la coloration, comme la plupart des Proctotrètes et des Tropidolépides, mais encore quant à la forme et à la disposition des petites pièces qui composent l'écaillure de ses régions cervicale et dorsale. Ainsi ces petites pièces sont tantôt ovales, convexes, lisses et non imbriquées ; tantôt faiblement carénées, et un peu entuilées. Parfois aussi la petite crête dentelée en scie, qui règne depuis la nuque jusque sur la première moitié de la queue du plus grand nombre des sujets que nous avons été dans le cas d'examiner, se trouve presque complétement atténuée sur le dos, en tant qu'elle n'y est plus représentée que par des écailles convexes plus grandes, mais de même hauteur que les autres squames dorsales. Ces deux modes d'écaillure, nous les avons observés chez deux individus complétement semblables d'ailleurs ; c'est à-dire par la forme de toutes les autres parties du corps et par la manière dont ils étaient colorés.

La tête du Microlophe de Lesson est déprimée et plus alongée que chez le commun des Tropidolépides ; son pourtour a la figure d'un triangle isocèle dont le sommet correspondant au museau est légèrement arrondi. La région occipitale est plane ; le dessus des yeux fort peu bombé et la surface de la tête, à partir du front jusqu'au bout du nez, n'offre qu'une faible déclivité en avant. Cette partie antérieure de la tête est un peu arquée en travers. Les narines sont assez grandes, latérales, circulaires et comme tubuleuses, ce qui tient à ce que leurs bords sont un peu élevés.

La plaque dans laquelle chacune d'elles se trouve percée est située au bas d'une petite arête qui descend du bord surciliaire ; elle a devant elle une paire de squames qui l'empêchent de toucher à la scutelle rostrale. Celle-ci, qui est très dilatée en travers, ressemble à un triangle, bien qu'elle ait réellement cinq côtés. La lèvre supérieure est garnie de deux rangées de plaques quadrilatères, ou pentagones oblongues. La première plaque de la rangée inférieure s'articule avec un des deux petits côtés de la scutelle rostrale, et les deux premières plaques de la rangée supérieure s'avancent sous la narine : ce sont justement celles que nous venons d'indiquer tout à l'heure comme empêchant la plaque nasale de se trouver en rapport avec la scutelle rostrale. Il n'y a qu'une seule série de plaques labiales inférieures, qui sont pentagones oblongues. Les côtés des branches sous-maxillaires sont garnis de deux ou trois rangées longitudinales de squames rhomboïdales ou hexagonales, lisses et peut-être un peu convexes. Quelques-unes des plaques appartenant à ces deux ou trois rangées, ont un diamètre un peu plus grand que les autres : ce sont celles qui se trouvent au-dessous du menton. L'écaille qui garnit le bout de celui-ci est très développée ; quelquefois elle a trois côtés, d'autrefois elle en offre cinq, mais affecte malgré cela une forme triangulaire. Sur l'extrémité du museau, entre les narines, on compte huit plaques formant deux rangées transversales, chacune de quatre plaques ; mais les deux latérales de la seconde rangée sont toujours beaucoup plus petites que les autres. Immédiatement derrière ces huit plaques, c'est-à-dire sur les régions préfrontale et frontale se montrent de neuf à onze lames écailleuses composant une sorte de rosace plus ou moins régulièrement dessinée. L'espace interorbitaire se trouve protégé par une suite de deux ou trois paires de petites plaques. La squame occipitale, qui est très grande et en disque anguleux, occupe à elle seule presque toute la surface de la région de la tête, qui lui donne son nom. Elle a devant elle et sur ses côtés un certain nombre de pe-tites plaques à plusieurs pans; tandis que derrière, et on peut dire sur tout le reste de la surface crânienne postérieure, il existe de petits tubercules coniques, obtus. Chaque région sus-oculaire est couverte par cinq ou six grandes scutelles hexagonales, lisses, très dilatées en travers, placées en long et un peu obliquement; de telle sorte que l'espace qui reste entre elle et le bord surciliaire, offre une figure en triangle isocèle; espace qui est garni de petites plaques hexagonales, lisses, quelquefois un peu convexes. Les tempes sont complétement revêtues de granulations squameuses. Les paupières sont granuleuses; elles ont leurs bords garnis d'un double rang de petites plaques quadrilatères, épaisses, ayant leur côté externe rétréci. L'ouverture de l'oreille est grande et semi-circulaire; son bord antérieur, qui est droit ou presque droit, porte une dentelure de cinq à huit petits tubercules coniques.

Le cou n'offre pas le moindre étranglement; le ventre est plat, et le dos un peu en toit, quoique le tronc soit peut-être un peu moins haut que large.

Les membres des jeunes sujets sont proportionnellement plus longs que ceux des individus adultes. Chez ceux-ci, les pattes de devant étendues le long du corps, ne vont pas jusqu'à l'aine, et celles de derrière au delà de l'oreille; chez ceux-là, au contraire, les membres antérieurs peuvent atteindre l'aine, et les postérieurs l'extrémité du museau.

Les doigts sont grêles et les ongles courts, mais les uns et les autres sont un peu comprimés.

La queue entre quelquefois pour les deux tiers dans la longueur totale du corps.

Elle est généralement forte, particulièrement à sa base, où elle offre une légère dépression; au lieu que dans le reste de son éten-due elle est, sinon parfaitement conique, au moins excessivement peu comprimée.

La peau de la gorge est lâche, mais ne tombe point en fanon. Celle du cou fait de chaque côté des plis irréguliers chiffonnés; mais en dessous elle en forme deux ou trois transversaux entiers, en arrière desquels est un large repli garni d'écailles en dents de scie comme chez certains Lézards. Ce repli, qui est interrompu au milieu, a la figure d'un V à branches arquées, lesquelles con-tournent, chacune de son côté, le devant de l'épaule, au-dessus de laquelle elles vont aboutir. Derrière l'oreille, il existe un pli ou plutôt un pincement de la peau qui longe le cou et le haut du flanc, en suivant une direction parfaitement droite jusque sur le côté de la queue.

Un autre pli se fait voir, entre les deux membres, sur toute l'étendue du milieu du flanc.

Ainsi que nous l'avons dit plus haut, la partie supérieure du corps porte, sur la ligne médiane et longitudinale, une petite crête qui commence derrière l'occiput, et ne se termine que vers le milieu de la longueur de la queue. En général cette crête, quoique fort peu élevée dans toute son étendue, est toujours plus basse sur la région dorsale que sur le cou, et surtout que sur la queue. En commençant elle se compose de petits tubercules coniques un peu comprimés ; puis viennent des tubercules trièdes, très couchés en arrière, qui, à partir de la région uropygiale, se trouvent suivis d'autres tubercules trièdres, plus relevés et moins serrés, en un mot ressemblant davantage à des dents de scie. Ceci est le cas le plus ordinaire ; mais on rencontre parfois des individus chez lesquels cette crête semble ne pas exister du tout sur le dos, où elle est représentée par des tubercules convexes plus grands, mais aussi bas que les autres pièces écailleuses de la région dorsale. Alors encore, sa partie cervicale ne se compose que de tubercules coniques excessivement courts.

Nous avons déjà dit que le dos et le dessus du cou sont revêtus en entier, tantôt d'écailles ovales, convexes et non imbriquées, tantôt d'écailles rhomboïdales, carénées et un peu entuilées ; nous ajouterons que ces écailles forment des bandes transversales, et que celles d'entre elles qui avoisinent l'épine dorsale sont plus grandes que les autres.

Les squames des flancs sont granuleuses et sensiblement plus petites que celles du dessus du tronc. La gorge est garnie de squamelles subovales, lisses et convexes ; la face inférieure du cou de très petites écailles losangiques, encore un peu épaisses ; mais sur le pli en V, il y en a de même forme, plus grandes, tout-à-fait plates, lisses, et très distinctement imbriquées. Le dessous de ce pli est granuleux.

Les squames pectorales, qui ressemblent à des losanges, sont plates, lisses et imbriquées.

La surface abdominale tout entière offre des bandes transversales d'écailles rhomboïdales, lisses, entuilées, à angles obtus ou

22.

arrondis. En dessus, les bras, les cuisses et les jambes présentent des squamelles losangiques assez fortement carénées et bien imbriquées.

La face externe des avant-bras est aussi couverte de petites squames qui ressembleraient aux précédentes, si leur angle postérieur n'était pas un peu arrondi. Le dessous des pattes est garni d'écailles en losanges, lisses et entuilées.

Les aisselles et les faces postérieures des cuisses sont granuleuses.

Le dessus et les côtés des doigts sont protégés par de petites scutelles losangiques, dépourvues de carènes; le dessous, au contraire, se trouve revêtu d'écussons qui offrent deux, trois et même quatre carènes.

La queue est entourée, d'un bout jusqu'à l'autre, de verticilles d'écailles quadrilatères, relevées d'une carène qui les partage obliquement par la moitié. Cette carène se termine par une pointe ou plutôt par une petite épine triangulaire.

Il n'existe d'écailles crypteuses ni sous les cuisses, ni sur les régions qui entourent le cloaque.

COLORATION. Elle diffère dans les individus comme nous allons le dire. *Variété* A. Le mode de coloration de cette variété est extrêmement sombre. Toutes ses parties supérieures sont d'un brun olivâtre tellement foncé, que c'est à peine si l'on peut distinguer deux larges bandes noires festonnées qui existent le long du corps, l'une à droite, l'autre à gauche. Pourtant le dessus de la tête offre une teinte plus claire qui permet d'apercevoir quelques bandes brunâtres qui la coupent transversalement. La tempe offre une raie noire qui naît à l'extrémité postérieure du bord surciliaire, et qui finit sur le haut de l'épaule. On en remarque une autre semblable qui, en passant sur l'oreille, va du dessous de l'œil au milieu de l'épaule. Des piquetures grises ou blanchâtres sont semées sur la région postérieure des flancs, et des petites taches de la même couleur sont répandues sur les cuisses. Les pattes sont marquées en travers de bandes noires plus ou moins apparentes. Un noir profond règne sur toutes les parties inférieures du corps, si ce n'est cependant sur le milieu du ventre et le dessous des extrémités des pattes, où l'on remarque une teinte grisâtre.

Variété B. Les individus qui appartiennent à cette variété sont en dessus d'une teinte cendrée olivâtre, et portent ou ne portent pas les deux bandes latérales noires que nous avons dit exister chez la variété A. Ils n'ont pas de rubans transversaux brunâtres sur la tête, mais paraissent en offrir sur le dos. Leurs flancs, leurs cuisses, et même quelquefois leur dos et leur queue, sont ponctués de blanchâtre. Toutes leurs parties inférieures sont uniformément blanches, excepté la gorge et parfois la poitrine, qui présentent des raies le plus souvent disposées en chevrons.

Variété C. Cette variété a le dessus du corps d'un gris verdâtre ou olivâtre. De même que la première, elle offre deux raies noires prenant naissance, l'une au bord supérieur, l'autre au bord inférieur de l'œil, pour aller se terminer, la première en haut, la seconde en bas de l'épaule. Des lignes noires, ondulées, et quelquefois divisées en petits rameaux, mais néanmoins bien séparées les unes des autres, descendent sur les côtés du tronc, du sommet du dos jusqu'au bas des flancs. Le fond gris olivâtre, sur lequel ces lignes ou ces raies noires sont tracées, est semé d'un plus ou moins grand nombre de petits points blanchâtres qui se répandent aussi sur les reins, sur les cuisses et sur la queue. Les pattes sont rayées de noir en travers. A l'exception du dessous des pattes et de celui de la queue, qui offrent une teinte grise lavée de noir, toutes les parties inférieures sont d'un noir profond. Néanmoins la gorge laisse voir des raies en chevrons, dont la couleur noire est encore plus foncée. Les extrémités des branches de ces chevrons se replient sur les lèvres. La paume des mains et la plante des pieds sont blanches.

Variété D. Une teinte uniforme, ardoisée ou olivâtre, règne sur la surface entière du corps de cette quatrième variété, qui se distingue de suite des trois autres par la bande d'abord de couleur noire, mais ensuite d'un blanc pur qui règne le long de chacun de ses flancs. Des chevrons d'un gris plombé sont manifestes sur la gorge, qui est blanche, aussi bien que la poitrine, le ventre et la face inférieure des membres et de la queue.

Dimensions. *Longueur totale*, 26" 9'". *Tête*. Long. 3". *Cou*. Long. 1" 4'". *Corps*. Long. 7" 5'". *Memb. antér*. Long. 5". *Memb. postér*. Long. 7" 2'". *Queue*. Long. 15".

Patrie. Le Microlophe de Lesson habite le Pérou. Les exemplaires que la collection renferme ont été rapportés de Lima par MM. Lesson et Garnot; de Callao, par M. Gaudichaud; et de Cobija, par M. d'Orbigny.

Observations. On doit la découverte de cette espèce à MM. Lesson et Garnot, qui en ont publié deux figures sous deux noms difrens dans la partie zoologique du Voyage de la Coquille. L'une, ou leur *Lophyrus araucanus*, appartient à la variété B ; l'autre, ou leur *Stellio Peruvianus*, à la variété C de notre Microlophe de Lesson. M. Wiegmann, pour qui ce même Microlophe de Lesson est un Tropidure, en a également fait deux espèces, qu'il désigne par les noms de *Tropidurus microlophus* et de *Tropidurus heterolepis*.

La première se rapporte à notre variété A, et la seconde a été établie d'après un jeune sujet appartenant à notre variété B.

XXVIᵉ GENRE. ECPHYMOTE.
ECPHYMOTES (1). Cuvier.

(Non de Fitzinger. *Tropidurus* du prince de Wied, de Wiegmann et de Wagler, en partie; *Oplurus* de Gray, en partie.)

CARACTÈRES. Tête triangulaire, déprimée, revêtue de plaques inégales ; une écaille occipitale assez dilatée ; des scutelles sus-oculaires médiocres. Narines un peu latérales, légèrement tubulées, et dirigées en arrière. Un seul pli transversal sous le cou, et deux très prononcés de chaque côté. Des dents palatines. Tronc peu alongé, déprimé, à écailles petites, imbriquées ; celles du dessous lisses ; celles du dessus surmontées de carènes formant des lignes convergentes vers la région médio-longitudinale du corps. Pas de crête dorsale, ni de caudales. Membres de moyenne longueur. Queue assez longue, forte, conique, à écailles subverticillées, imbriquées, carénées. Point de pores fémoraux.

---

(1) De Εκφυμα, qui a engendré, qui est flétri, *quod gignivit, quod effloruit.*

Les Ecphymotes, n'ayant ni crête sur le dos ni plis sur les côtés du corps, ne peuvent être confondus avec les Microlophes, dont ils se distinguent encore par la manière dont se trouve plissée la peau de leur cou. Effectivement, le dessous de la gorge, chez les Microlophes, offre plusieurs plis transversaux dont les extrémités semblent se ramifier pour se répandre sur ses parties latérales ; puis, à la naissance de la poitrine, on en voit encore une autre ayant la figure d'un V, à branches arquées, lesquelles contournent les épaules. Au lieu de cela, dans le genre qui nous occupe, il y a sur la région inférieure du cou un seul pli transversal simple, et de chaque côté deux enfoncemens profonds simulant des fentes branchiales, comme chez les Tropidolépides. Outre cela, les écailles de la région préanale et du dessous des cuisses des Ecphymotes présentent une certaine épaisseur et une apparence crypteuse que n'offrent point ces mêmes écailles chez les Microlophes.

Les Ecphymotes ont des formes moins élancées que ces derniers ; leur tête a un tant soit peu plus de largeur, et leur corps est plutôt déprimé qu'arrondi.

L'écaillure de la tête est la même dans ces deux genres. Quant à celle du dos, elle ne paraît différer que par une saillie plus prononcée des carènes chez les Ecphymotes ; carènes qui forment des lignes obliques ou convergentes vers la région médiane du dos.

Les Ecphymotes sont insectivores.

Les différences que nous venons de signaler entre les Microlophes et les Ecphymotes nous ont paru suffisantes pour devoir former deux groupes particuliers de ces Sauriens qui, réunis à nos Proctotrètes constituent pour M. Wiegmann un seul genre qu'il appelle Tropidure, du nom de Tropidure à collier, donné à l'espèce type par le prince Maximilien de Wied.

C'est ce même Tropidure à collier qui se trouve aussi être le type et encore aujourd'hui l'unique espèce de notre genre Ecphymote, désigné ainsi par Cuvier, et à l'égard duquel ce s avant a commis deux erreurs que nous devons relever ici. La première c'est d'avoir donné à son Ecphymote à collier des po res fémoraux qu'il n'a certainement pas, comme nous avons pu nous en assurer sur les exemplaires conservés dans notre collection, observés par Cuvier et ainsi étiquetés de sa main : « *Ecphymotes torquatus.* » La seconde c'est d'avoir cru que son genre Ecphymote était le même que celui de Fitzinger, qui rangeait au contraire sous ce nom des espèces tout-à-fait différentes, tel qu'un Laimancte (*Polychrus acutirostris*, Spix), par exemple, tandis que l'Ecphymote à collier était appelé par lui, à l'exemple du prince de Wied, Tropidure à collier. D'après cela, il est évident que le genre Ecphymote de Cuvier, qui est aussi le nôtre, n'a de commun avec celui de Fitzinger que le nom proposé cependant primitivement par ce dernier.

Nos Ecphymotes sont des Tropidures pour Wagler, et M. Gray les a réunis au genre Oplure de Cuvier.

1. L'ECPHYMOTE A COLLIER. *Ecphymotes torquatus.* Nobis.

Caractères. Une bande verticale noire de chaque côté du cou , tout près de l'épaule.

Synonymie. *Stellio torquatus.* Prinz. Maxim. Reise nach Bras. tom. 1, pag. 139, et Beitr. zur naturg Bras. tom. 1, pag. 39.

Tropidurus torquatus. Id. Rec. Pl. color. anim. Brés. pag. et Pl. sans n[os].

Agama tuberculata. Spix, Spec. nov. Lacert. Bras. pag. 12 , tab. 15, fig. 1.

Agama hispida. Id. loc. cit. pag. 12, tab. 15, fig. 2.

Agama nigrocollaris. Id. loc. cit. pag 13, tab. 16, fig. 2.

Agama cyclurus. Id. loc. cit. pag. 14 , tab. 17, fig. 1.

Tropidurus torquatus. Fitz. Verzeich. der Mus. Wien, pag. 49.

Ecphymotes (*Agama tuberculata.* Spix, ou *Tropidurus torquatus.* Pr. Max.). Cuv. Règn. anim. 2e édit. tom. 2, pag. 47.

Agama taraguira. Licht. Berl. Dubl. verz. pag. 101 (suivant Wagler).

Ecphymotes tuberculata. Guer. Iconogr. Règn. anim. Cuvier, b. 12, fig. 2.

Tropidurus torquatus. Wagl. Syst. amph. pag. 147.

Tropidurus torquatus. Gray. Synops. Rept. in Griffith's anim. King. tom. 9, pag. 41.

Tropidurus tuberculatus. Id. loc. cit. pag. 42.

Oplurus torquatus. Schinz, Naturg. und Abbild. pag. 89, tab. 29, fig. 1. (Cop. Pr. Max.)

Tropidurus torquatus. Wiegm. Herpet. mexic. pars 1, pag. 18.

DESCRIPTION.

FORMES. La tête de l'Ecphymote à collier est déprimée; bien qu'assez élargie en arrière, son contour représente la figure d'un triangle isocèle, dont le sommet correspondant au museau serait fort obtus. Le milieu de la partie postérieure du crâne fait un peu le creux; les régions sus-oculaires sont faiblement renflées, et la surface qui se trouve devant elles offre une légère courbure transversale, en même temps qu'elle est un peu inclinée en avant. La lèvre supérieure est garnie de deux rangées de plaques de chaque côté; celles de la première rangée, au nombre de cinq ou six, ressemblent à des quadrilatères oblongs réguliers; celles de la seconde, au nombre de sept ou huit, sont moins grandes et d'une forme quadrilatère peu régulière. Les plaques labiales inférieures sont rhomboïdales oblongues; on n'en compte que six de chaque côté de la scutelle mentonnière qui offre trois ou cinq angles. La squame rostrale, qui est très dilatée en travers, affecte une forme triangulaire, malgré ses cinq pans. Les narines sont latérales, ovalaires et percées chacune dans une plaque entre laquelle et la squame rostrale, il existe deux petites scutelles anguleuses qui appartiennent à la seconde rangée des labiales supérieures. La surface entière de la partie antérieure de la tête, c'est-à-dire les régions internasales, préfrontale et frontale, sont garnies de petites plaques à plusieurs angles, égales entre elles, bombées et lisses. D'autres plaques semblables à celles-ci et disposées sur deux rangs couvrent l'espace interorbitaire, derrière lequel se trouve immédiatement située la scutelle occipitale, qui est ovale, lisse, un peu concave, et entourée de petites plaques peu différentes de celles du front. Les régions sus-oculaires offrent une série longitudinale de scutelles à six pans, dilatées transversalement, de chaque côté de laquelle sont d'autres scutelles hexagonales, plus petites, et à peu près de même étendue en long qu'en large. Les tempes sont garnies d'écailles losangiques, égales, faiblement carénées et imbriquées. Les côtés postérieurs des branches sous-maxillaires offrent aussi des écailles losangiques; mais elles sont lisses et imbriquées, de telle sorte que leur bord libre, qui est légèrement arrondi, se trouve dirigé en haut, au lieu de l'être en arrière. Trois ou quatre paires de grandes plaques lisses sont appliquées sous le menton, derrière la scutelle qui protége l'extrémité de celui-ci.

L'oreille est grande, ovale, et garnie en avant d'une dentelure de cinq à huit écailles plates, assez effilées et couchées en arrière.

En général, la peau de la gorge fait un pli longitudinal le long de chaque branche sous-maxillaire. Il en existe toujours un transversal et légèrement arqué sur la face inférieure du cou. Immédiatement derrière l'extrémité de ces mêmes branches maxillaires, on en remarque deux autres si fortement prononcées sur chacune des parties latérales du cou, qu'on croirait y voir deux fentes longitudinales obliques.

Le tronc est un peu déprimé et le dos faiblement arqué en travers. La queue est forte et légèrement aplatie à sa racine; mais dans le reste de son étendue elle présente une forme conique, quoique réellement un tant soit peu comprimée.

Couchées le long du corps, les pattes de devant s'étendent jusqu'à l'aine; celles de derrière, placées de la même manière, touchent à l'oreille par leur extrémité. Les doigts sont longs et les ongles courts, mais les uns et les autres présentent un léger aplatissement de droite à gauche.

De très petits grains squameux, pointus, garnissent les régions latérales du cou, dont le dessus est revêtu, ainsi que le dos et les flancs, de squamelles losangiques non imbriquées, un peu plus larges que longues, et surmontées de carènes formant une petite épine aiguë en arrière. Ces carènes constituent, particulièrement de chaque côté de l'épine dorsale, des lignes saillantes dirigées obliquement par rapport à la région moyenne du dos. Les écailles qui garnissent les flancs sont plus petites que celles qui couvrent la partie supérieure du tronc.

Des squames losangiques, imbriquées et lisses, revêtent la gorge et le dessous du cou; mais sur celui-ci leur angle postérieur est aigu, tandis que sur celle-là il est arrondi. La poitrine et le ventre présentent aussi des écailles en losanges réguliers, lisses et imbriquées, mais elles sont plus dilatées que celles de la région collaire inférieure. En dessus, les membres sont garnis d'écailles losangiques bien imbriquées et distinctement carénées. L'écaillure de la face inférieure des pattes est semblable à celle de l'abdomen. Beaucoup d'individus ont les écailles de la région préanale et du dessous des cuisses fort épaisses et comme crypteuses. Les scutelles du dessus et des côtés des doigts sont losangiques et unicarénées, celles de leur face inférieure sont dilatées en travers et tricuspides. Les écailles de la queue sont une fois plus développées que les squames du dos. Elles ressemblent à celles de certains Tropidolépides, c'est-à-dire qu'elles sont rhomboïdales, légèrement cintrées à droite et à gauche, et surmontées d'une forte carène, de chaque côté de laquelle on observe souvent une ou deux pointes très petites. Ces écailles sont disposées circulairement autour de la queue, sur le dessus de laquelle les carènes forment des lignes obliques ; tandis qu'en dessous elles constituent des séries rectilignes.

Coloration. Cette espèce d'Ecphymote doit son nom à ce qu'elle porte devant chaque épaule une bande noire liserée de fauve ou de blanchâtre, ce qui lui forme une sorte de collier interrompu autour de la partie postérieure du cou.

Les paupières sont marquées de trois ou quatre raies noires disposées en rayons.

Le dessus du corps est brun, semé de taches plus ou moins dilatées, les unes de couleur noire, les autres d'une teinte grise olivâtre. Fort souvent une bande festonnée noirâtre règne tout le long des côtés du corps. De grandes taches noirâtres, parfois réunies en bandes transversales, se remarquent sur le dessus des pattes et de la queue, parties qui offrent dans quelques cas des gouttelettes blanchâtres. La face inférieure du cou est colorée en noir. Une teinte brune règne sur la région préanale et sous les cuisses ; tandis que toutes les autres parties inférieures du corps sont uniformément blanchâtres, à l'exception cependant de la poitrine, qui présente quelquefois de légères marbrures d'un brun plus ou moins clair.

Les jeunes sujets montrent sur la longueur de leur région dorsale une double série de taches irrégulières noires, bordées de blanc en arrière ; d'autres taches, mais entièrement blanchâtres, sont répandues sur le dessus de leurs pattes.

Dimensions. *Longueur totale*, 23" 3"'. *Tête*. Long. 3". *Cou*. Long. 1". *Corps*. Long. 6". *Memb. antér*. Long. 4" 5"'. *Memb. post*. Long. 7"'. *Queue*. Long. 13" 3"'.

Patrie. L'Ecphymote à collier est une des espèces de Sauriens les plus communes dans l'Amérique méridionale. Nous l'avons reçue très-souvent du Brésil et de Cayenne. Les voyageurs par lesquels elle nous a été adressée sont : MM. Delalande, Freycinet, Quoy, Gaimard, Gallot, Gay et Leprieur.

Observations. La connaissance de cette espèce est due à deux savans voyageurs, Spix et le prince de Wied, qui, chacun de son côté et à peu près à la même époque, en ont publié des descriptions et des figures dans les ouvrages où se trouvent consignés les résultats de leurs recherches zoologiques dans plusieurs provinces de l'empire du Brésil. Le premier a même donné de notre Saurien quatre figures qui le représentent à deux ou trois différentes époques de sa vie, et ces figures portent chacune un nom particulier, comme si elles appartenaient à autant d'espèces distinctes. Ainsi les noms d'*Agama hispida*, *tuberculata*, *nigro-collaris* et *cyclurus*, de Spix, doivent être rapportés à notre *Ecphy-motes torquatus*. Le prince de Wied a d'abord fait mention de celui-ci dans la relation de son voyage, sous le nom de *Stellio torquatus*, qu'il a changé ensuite, dans ses *Beitraege*, où il est très bien représenté dans son jeune âge et dans son état adulte, en l'appelant *Tropidurus torquatus*, le considérant alors comme type d'un genre nouveau, et comme étant de la même espèce que le Quetz-Paleo de Séba. Ceci est une erreur que le prince Maximilien a lui-même reconnue plus tard, non toutefois sans en commettre une autre ; car le Saurien décrit et représenté par lui, dans les *Nova acta physico-medica naturæ curiosorúm*, sous le nom d'*Uromastix cyclurus*, n'appartient pas davantage que son *Tropidurus torquatus*, à l'espèce que Séba a nommée Quetz-Paleo. Elle en est, il est vrai, fort voisine, mais néanmoins différente, ainsi qu'on peut s'en assurer en consultant nos articles relatifs à l'Oplure de Séba et à l'Oplure de Maximilien.

XXVIIe GENRE. STÉNOCERQUE.
STENOCERCUS (1). Nobis.

CARACTÈRES. Tête déprimée, triangulaire, alongée, couverte de petites plaques égales ; écaille occipitale à peine distincte ; scutelles sus-oculaires formant plusieurs rangées longitudinales. Des dents palatines. Narines sublatérales, tubuleuses, dirigées en arrière. Un pli cutané curviligne devant chaque épaule. Pas de plis transversaux sous le cou ; côtés de celui-ci plissés en longueur. Une très petite crête dentelée, s'étendant de la nuque jusque sur la queue. Tronc un peu alongé, subtrièdre, à écaillure imbriquée, lisse en dessous, offrant en dessus des carènes disposées par lignes obliques ; queue assez longue, comprimée, entourée de verticilles formés par de grandes écailles épineuses. Pas de pores fémoraux.

Ce genre diffère complétement de celui des Ecphymotes par la petitesse et l'égalité des plaques céphaliques ; par la forme comprimée de la queue, que revêtent d'ailleurs de grandes écailles épineuses ; par la présence d'une crête sur le dessus du corps, et le manque de pli transversal sous le cou, dont les côtés n'offrent aucune espèce de fentes ou d'enfoncemens. Les Sténocerques ont un repli de la peau placé devant chaque épaule, et des écailles dorsales imbriquées, à carènes disposées par lignes obliques. Leurs squames ventrales sont lisses, et celles de la queue relevées seulement sur la dernière moitié de leur longueur d'une ca-

(1) De Στενος, étroite, resserrée, rétrécie, *arcta*, *angustata*, et de Κερκος, queue, *cauda*.

rène qui se termine en une forte pointe. Les écailles de la queue, de figure quadrangulaire, forment des verticilles complets.

Les dents sont presque égales entre elles, coniques en avant, et à sommet faiblement trilobé sur les côtés des mâchoires.

Les Sténocerques, non-seulement à cause de leurs formes élancées, mais aussi par plusieurs de leurs caractères, se rapprochent des Microlophes, à la suite desquels nous les aurions immédiatement placés, si nous n'avions préféré réunir les quatre genres à queue fortement épineuses, par lesquels nous allons terminer la série de nos Iguaniens Pleurodontes. Le genre *Stenocercus* ne comprend encore qu'une seule espèce.

1. LE STENOCERQUE A VENTRE ROSE.
Stenocercus rosei-ventris. D'Orbigny.

CARACTÈRES. Bord de l'oreille non dentelé. Dessus du corps d'un brun foncé. Ventre rose.

SYNONYMIE. *Stenocercus rosei - ventris.* D'Orbigny. Voy. Amér. mér. Zoolog. Rept. tab. 4, fig. 1. (Non encore publié.)

DESCRIPTION.

FORMES. Le contour de la tête du Sténocerque à ventre rose représente un triangle isocèle, dont le sommet, correspondant au museau, est légèrement arrondi. Cette tête est assez déprimée, et sa face supérieure offre dans la plus grande partie de son étendue un seul et même plan horizontal ; car ce n'est que bien en avant du front, c'est-à-dire à peu près au niveau des narines, qu'on lui voit subir un léger abaissement. L'espace interoculaire est légèrement canaliculé, et la région frontale offre un enfoncement rhomboïdal oblong.

Les narines sont ovales et ouvertes chacune dans une plaque, entre laquelle et la scutelle rostrale, il existe deux squames rhomboïdales. Le dessus de la partie antérieure de la tête est, comme chez l'Ecphymote à collier, protégé par un pavé de petites plaques anguleuses, égales et bombées, qui se prolonge sur deux rangées seulement entre les orbites. La région occipitale est couverte par la plaque à laquelle elle donne son nom, qui est petite et ovalo-anguleuse, et par d'autres plaques qui sont à peine plus petites que cette même plaque occipitale. Les régions sus-oculaires sont garnies chacune de cinq ou six rangées de petites scutelles hexagonales, presque égales, parmi lesquelles il n'y a guère que celles des deux rangées médianes qui soient un peu plus larges que longues. La lèvre supérieure porte deux séries de plaques de chaque côté. Celles de la première série sont au nombre de quatre seulement, quadrilatères, oblongues et fort étroites; mais dans la seconde série on en compte neuf ou dix qui sont irrégulièrement quadrangulaires.

La scutelle rostrale a cinq côtés, et un diamètre transversal deux fois plus considérable que son diamètre vertical.

Cinq plaques quadrilatères oblongues garnissent la lèvre inférieure, à la droite et à la gauche de l'écaille mentonnière, qui a deux de ses cinq pans arqués en dedans. Ces deux pans arqués sont ceux par lesquels elle se trouve en rapport de chaque côté avec la première labiale. On remarque une suite de cinq ou six plaques quadrilatères oblongues sur la face inférieure de l'une et de l'autre branche sous-maxillaires. Ces plaques, dont la première de chaque rangée touche à l'écaille mentonnière, ont leur bord antérieur convexe, et le postérieur concave; tandis que leurs bords latéraux sont droits.

Les paupières sont granuleuses, et bordées tout autour de petites plaques carrées, lisses.

Des écailles égales, lisses, irrégulièrement quadrangulaires, un peu imbriquées, et dont la surface semble carénée, garnissent l'une et l'autre régions temporales.

L'ouverture de l'oreille est ovale et dépourvue de dentelures sur son bord antérieur.

Le dos présente une forme légèrement en toit.

Couchées le long du corps, les pattes de devant ne peuvent pas atteindre l'aine; les pattes de derrière s'étendent jusqu'à l'oreille. Les doigts sont grêles et comprimés: les trois premiers des mains sont étagés, mais le quatrième est plus court que le troisième. Aux pieds, les doigts vont toujours en augmentant graduellement de longueur, depuis le premier jusqu'au quatrième; mais le dernier n'est guère plus long que le second.

La queue entre pour un peu plus de la moitié dans la longueur totale du corps. Elle est grosse, forte, et très comprimée : aussi le dessous en est-il fort étroit, et le dessus complétement tranchant.

Il règne, tout le long du cou et du dos, une fort petite crête dentelée en scie, dont la hauteur est à peu près la même dans toute son étendue.

L'écaillure des régions cervicale et dorsale se compose de pièces losangiques imbriquées, un peu plus larges que longues, et surmontées chacune d'une carène longitudinale. Les écailles des flancs sont de même forme que celles du dos, mais plus petites et à surface lisse.

La peau des parties latérales du cou est granuleuse.

Le dessus des pattes de devant est garni d'écailles losangiques, imbriquées et carénées, dont l'angle postérieur est arrondi. La face supérieure des membres postérieurs présente aussi des écailles en losanges imbriquées ; mais, outre qu'elles ne sont point arrondies en arrière, la carène qui les surmonte est plus forte, et se termine par une épine. Les squamelles gulaires sont subrhomboïdales et lisses.

Le dessous du cou et la région pectorale sont couverts d'écailles losangiques, lisses, imbriquées, plus larges que longues ; le ventre en offre de semblables, mais elles sont disposées par bandes transversales. D'autres écailles losangiques, imbriquées, et de plus carénées, garnissent le dessous des bras ; au lieu qu'on en remarque de lisses sur les mollets et sur la face inférieure des cuisses.

La queue est entourée de verticilles de grandes squames, l'un d'eux alternant avec un autre verticille de squames plus petites. Ces squames sont quadrangulaires sur les côtés, et en triangles isocèles en dessous. Les grandes seules portent à leur angle supéropostérieur une assez forte épine redressée, qui est la prolongation d'une carène bien marquée, mais très courte. Le nombre total de ces verticilles de squames, grandes et petites, est de quarante-deux à quarante-cinq.

COLORATION. Le seul exemplaire, malheureusement tout dépouillé d'épiderme, que nous possédons, a toutes ses parties supérieures d'un gris-brun très foncé. Sa gorge est comme marbrée de gris et de blanc. Sa poitrine, le dessous de sa queue et les régions voisines du cloaque offrent une teinte blanchâtre, tandis que le ventre présente une très jolie couleur rose.

DIMENSIONS. *Longueur totale.* 18" 2"'. *Tête.* Long. 2" 4"'. *Cou.* Long. 4" 2"'. *Corps.* Long. 5". *Memb. antér.* Long. 3" 4"'. *Memb. postér.* Long. 5" 7"'. *Queue.* Long. 9" 6"'.

PATRIE. Le Sténocerque à ventre rose est une nouvelle espèce de Saurien fort intéressante, qui a été recueillie en Bolivie par M. d'Orbigny.

XXVIIIe GENRE. STROBILURE.
STROBILURUS (1). Wiegmann.

CARACTÈRES. Tête déprimée, couverte d'une grande plaque occipitale, entourée d'un grand nombre de petites scutelles. Pas de dents palatines. Membrane du tympan un peu enfoncée ; bord antérieur de l'oreille dentelé. Un pli oblique de la peau au-devant de chaque épaule ; des plissures comme ramifiées sur les parties latérales du cou. Tronc subtrièdre, à écailles médiocres, imbriquées, carénées sur le dos, lisses sous le ventre. Les arêtes des écailles supérieures formant des lignes obliques convergentes vers la région rachidienne. Une carène dentelée s'étendant du cou à la base de la queue, qui est médiocre, un peu comprimée, revêtue de grandes squames spinifères. Pas de pores fémoraux.

Ce genre a été établi par M. Wiegmann dans son Erpétologie du Mexique, d'après une espèce encore unique dont il donne la description dans le même ouvrage. C'est la seule connaissance que nous en ayons. Le genre Strobilure a les

---

(1) De Στρόβιλος, toupie, cône de pin, *turbo,* et de Ουρα, queue, *cauda,* c'est-à-dire queue en toupie.

REPTILES, IV. 23

plus grands rapports avec celui que nous venons de faire connaître sous le nom de Sténocerque. Pourtant on doit nécessairement l'en distinguer, puisqu'il manque de dents palatines. C'est réellement la seule différence importante qu'il présente, car on ne doit considérer que comme un caractère bien secondaire celui d'avoir quelques plaques céphaliques d'un plus grand diamètre.

1. LE STROBILURE A COLLIER. *Strobilurus torquatus.* Wiegmann.

CARACTÈRES. Parties supérieures d'un gris olivâtre. Cou orné d'un collier noir.

SYNONYMIE. *Strobilurus torquatus.* Wiegm. Herpetol. Mexic. pars 1, pag. 18.

DESCRIPTION.

FORMES. La tête du Strobilure à collier est déprimée. Elle offre une scutelle occipitale très développée, entourée d'un grand nombre de petites plaques. La membrane tympanale se trouve un peu enfoncée dans le trou de l'oreille, dont le bord antérieur est garni de squames aiguës. La peau de la gorge est plissée en travers, et on remarque un pli jugulaire interrompu au milieu.

Les côtés du cou présentent d'autres plis qui sont ramifiés et garnis d'écailles, surmontées de carènes prolongées en pointes en arrière. Le dos a un peu la forme d'un toit; il est revêtu de squames rhomboïdales, fortement carénées, dont le bord postérieur est armé d'une épine aiguë. Ces squames sont disposées par bandes transversales et les carènes qui les surmontent constituent des lignes obliques ou convergentes vers la région médiane et longitudinale du dos, sur toute l'étendue de laquelle il règne, ainsi que sur le cou, une fort petite crête dentelée en scie. Les écailles abdominales sont plus petites que les dorsales; elles sont inégales, lisses et de forme à peu près rhomboïdale. Des épines squameuses, très pointues hérissent le dessus des jambes et des cuisses.

La queue, dont la longueur fait environ la moitié de celle de l'animal, est comprimée et garnie de grandes écailles rhomboïdales, à carènes fortement épineuses en arrière. Ces écailles sont de plus imbriquées et dentelées sur les bords.

DIMENSIONS. *Tronc.* Long. 3 3/4". *Queue.* Long. 3 1/4".

PATRIE. Cette espèce est originaire du Brésil, d'où M. Wiegmann, auquel nous avons emprunté ces détails descriptifs, en a reçu des exemplaires. Notre musée n'en renferme encore aucun échantillon.

XXIXe GENRE. TRACHYCYCLE.
TRACHYCYCLUS (1). Nobis.

CARACTÈRES. Tête en pyramide quadrangulaire, aplatie, couverte de plaques presque égales; écaille occipitale fort petite. Narines un peu latérales. Pas de dents au palais. Un pli arqué devant chaque épaule. Peau du dessous du cou tendue, celle des côtés plissée en longueur; régions cervicale, dorsale et caudale dépourvues de crête. Tronc à peu près rond, à écaillure assez grande, imbriquée, carénée en dessus, lisse en dessous. Doigts dentelés latéralement. Queue de longueur moyenne, subconique, très faiblement déprimée à sa base, entourée de verticilles d'épines. Pas de pores fémoraux.

Les Trachycycles ont, avec la forme élancée des deux genres précédens, la queue armée d'écailles épineuses, verticillées; mais cette queue, au lieu d'être comprimée, offre une legère dépression à sa base, et devient conique dans le reste de son étendue. D'ailleurs les Trachycycles manquent de crête sur la région médio-longitudinale et supérieure du corps, et les bords des doigts postérieurs sont dentelés. Ils se distin-

---

(1) De Τραχὺς, rude, *asper*; et de Κυκλὸς, cercle, c'est-à-dire à anneaux ou verticilles d'épines.

23.

guent particulièrement des Sténocerques par l'absence de dents palatines, et des Strobilures par la forme arrondie de la queue et l'égalité des plaques céphaliques, parmi lesquelles on distingue à peine l'occipitale. Comme ces derniers, ils ont le dessus des cuisses hérissé d'épines, et comme les uns et les autres, des écailles rhomboïdales, imbriquées, surmontées de carènes formant des lignes obliques ou convergentes vers l'épine du dos. Nous n'en avons jusqu'ici observé qu'une espèce, dont la description va suivre.

1. LE TRACHYCYCLE MARBRÉ. *Trachycyclus marmoratus.* D'Orbigny.

Caractères. Dos largement marbré de brun, sur un fond fauve. Deux tubercules sur le bord antérieur de l'oreille. Dessus des cuisses hérissé d'épines.

Synonymie. *Trachycyclus marmoratus.* D'Orbigny. Voy. Amér. mér. Zool. Rept. tab. 4, fig. 2 (non encore publié).

DESCRIPTION.

Formes. Le pourtour de la circonférence de la tête du Trachycycle marbré représente un triangle isocèle dont un des sommets serait arrondi. La scutelle rostrale, qui a cinq angles, est quatre ou cinq fois moins haute qu'elle n'est large. Deux séries, l'une de quatre, l'autre de sept plaques, garnissent la lèvre supérieure de chaque côté. La lèvre inférieure n'offre que sept squames, à la droite comme à la gauche de l'écaille mentonnière, qui a la forme d'un losange dont le plus grand diamètre est en travers.

Les narines sont grandes, circulaires, latérales, percées chacune dans une plaque pyriforme, dont l'extrémité rétrécie n'est séparée de la scutelle rostrale que par une des deux écailles qui garnissent le dessus du bout du museau. Entre les narines, sont deux rangées transversales, la première de trois grandes, la seconde de quatre petites plaques anguleuses, derrière lesquelles se trouvent encore deux autres séries transversales, de chacune cinq ou six plaques. Puis en viennent huit ou neuf autres formant une sorte de rosace.

L'espace interorbitaire est couvert par deux séries, offrant chacune trois plaques de même grandeur et à peu près de même forme que celles qu'on remarque sur la région occipitale, au milieu de laquelle est placée la scutelle qui en porte le nom ; scutelle dont le diamètre en particulier est fort petit. Le dessus des yeux est garni de dix-sept à vingt petites plaques anguleuses, ayant l'air de former trois ou quatre séries curvilignes. Toutes les plaques céphaliques sont lisses.

Les paupières sont granuleuses jusque sur leurs bords. Les ouvertures auriculaires sont grandes, ovalo-triangulaires, portant sur leur marge antérieure quatre ou cinq squames épaisses, dont deux sont un peu plus fortes que les autres. Un pavé d'écailles rhomboïdales, égales, épaisses, couvre l'une et l'autre régions temporales.

Le cou est légèrement étranglé ; la peau qui l'enveloppe est parfaitement tendue en dessous ; mais de chaque côté elle fait un pli ramifié et chiffonné, qui s'étend du dessous de l'œil jusqu'au-devant de l'épaule. Là on en remarque un autre de forme semi-circulaire, qui ne descend pas, comme cela arrive quelquefois, jusque sur la poitrine. Il en existe aussi un le long de la partie supérieure et latérale du cou ; c'est-à-dire qu'il commence en haut de l'oreille et va se perdre, en suivant une direction droite, sur le côté du dos. Le sommet de ces différens plis est hérissé de petits tubercules polyèdres. Le tronc offre à peu près autant de largeur que de hauteur ; le dos est légèrement cintré en travers.

Les pattes de devant, lorsqu'on les couche le long du corps, n'atteignent pas tout-à-fait la région inguinale ; celles de derrière, placées de la même manière, s'étendent à peine jusqu'à l'oreille.

Les doigts et les ongles sont comprimés ; les trois premiers des mains sont distinctement et régulièrement étagés ; mais le quatrième n'est qu'un peu plus long que le troisième.

Les quatre premiers doigts des pieds augmentent graduellement de longueur.

La queue n'a qu'un quart de fois plus d'étendue que le reste du corps ; elle est assez grosse et conique, mais cependant pas parfaitement dans toute sa longueur, car elle présente une légère dépression à sa base.

Les côtés du cou, ou plutôt les intervalles existant entre les plis que la peau y forme, sont garnis de grains squameux rhomboïdaux.

La région cervicale et la surface entière du dos sont revêtues d'écailles transverso-losangiques, un peu arrondies en arrière et surmontés de carènes bien prononcées, mais qui ne se prolongent pas en épines. Ces carènes constituent, par rapport à la région médiane du corps, des lignes obliques, dont on compte quinze ou seize d'un côté du dos à l'autre. Les écailles des flancs sont semblables à celles du dos, si ce n'est qu'elles portent une petite épine à leur extrémité.

La région gulaire offre des écailles losangiques, imbriquées, lisses, un peu arrondies en arrière. On en voit sur la face inférieure du cou, qui sont de même imbriquées et lisses, mais qui ressemblent à des losanges réguliers. Celles du ventre ne diffèrent de ces dernières qu'en ce qu'elles sont un peu plus dilatées transversalement que longitudinalement.

Le dessus des pattes de devant est revêtu de squames losangiques, imbriquées, carénées, de grandeur médiocre; celui des pattes de derrière en offre de très grandes, ayant la même forme et disposées de la même manière; mais elles sont surmontées d'une très forte carène prolongée en une longue épine redressée. Les squamelles du dessous des bras ressemblent à celles de la poitrine; les écailles des mollets sont losangiques et très faiblement carénées.

Les scutelles supérieures et latérales des doigts des mains sont rhomboïdales, lisses, et à bord libre arrondi. Celles des doigts des pieds sont losangiques, carénées et armées d'une épine en avant. En dessous, les doigts des quatre pattes offrent de petites plaques à trois carènes.

La queue est entourée d'une cinquantaine de verticilles de grandes écailles, qui, pour la plupart, sont quadrilatères, et armées à leur angle postéro-supérieur d'une forte épine recourbée. Celles d'entre elles qui occupent la ligne médiane et longitudinale du dessus de la queue, sont rétrécies en arrière; et l'épine qu'elles portent se trouve placée au milieu de leur bord postérieur. Celles de la face inférieure ressemblent à des triangles isocèles dont le sommet forme une pointe très aiguë.

COLORATION. Le cou et le dos de ce Saurien sont peints en **fauve** jaunâtre, sur lequel se trouvent dessinées de larges marbrures brunes. Cette même teinte fauve jaunâtre est répandue sur le dessus des pattes et de la queue, qui offrent des raies transversales de la même couleur que les marbrures de la région dorsale. Tout le dessous du corps est blanc.

DIMENSIONS. *Longueur totale*, 11" 6"'. *Tête*. Long. 6". *Corps*. Long. 3" 1"'. *Memb. antér*. Long. 2" 2"'. *Memb. postér*. Long. 3" 3"'. *Queue*. Long. 6" 5"'.

PATRIE. Le Trachycycle marbré est originaire de l'Amérique méridionale. Le seul exemplaire que nous possédons a été recueilli par M. d'Orbigny dans la province de Rio-Grande.

XXX⁰ GENRE. OPLURE. *OPLURUS*. Cuvier (1).

(*Tropidurus* de Wiegmann, de Fitzinger, de Gray en partie.)

CARACTÈRES. Tête triangulaire, peu alongée, épaisse, garnie de plaques de moyenne grandeur ; l'occipitale médiocre ; les sus-oculaires, plus petites que les autres et disposées sur plusieurs rangs. Narines un peu latérales et tubuleuses. Des dents au palais. Membrane du tympan enfoncée dans l'oreille. Bord antérieur de celle-ci dentelé. Un pli transversal à la naissance de la poitrine remontant sur chaque épaule, et quelquefois précédé de deux autres. Cou surmonté d'une très-petite crête. Tronc court, large, un peu en toit, à écaillure lisse ou carénée. Queue grosse, de longueur moyenne, légèrement en cône, entourée de verticilles formés par de grandes et fortes écailles épineuses. Pas de pores aux cuisses.

Les Oplures ont la queue armée d'écailles épineuses encore plus grandes, mais moins nombreuses que dans le genre précédent. Cette queue est aussi plus forte à propor-

---

(1) De Οπλον, armure, *armatura ad resistendum*, et de Ουρα, queue, *cauda*; c'est-à-dire queue armée pour la défense.

tion ; ce ne sont pas au reste les seules différences que les Oplures présentent avec les Trachycycles. On remarque encore que leur palais est armé de dents, et que le dessous de leur cou se trouve coupé en travers par un ou plusieurs plis cutanés ; tandis que chez ces derniers la peau n'en forme qu'un seul, de peu d'étendue, au devant de chaque épaule et un ou deux longitudinaux derrière l'oreille. Les Oplures n'ont pas non plus toute la ligne médio-longitudinale et supérieure du corps dépourvue de crête. Leur région cervicale en offre une, à la vérité fort basse, mais néanmoins distincte.

Le dessus du museau et le front des Oplures est protégé par de petites plaques anguleuses, oblongues, et très-faiblement carénées. On voit sur leurs régions sus-oculaires un pavé d'écailles polygones, mais arrondies ; écailles qui sont égales entre elles, d'un petit diamètre et par conséquent assez nombreuses. La plaque occipitale est polygone et plus longue que large. Les narines, quoique réellement latérales, paraissent situées sur le haut du museau, attendu que celui-ci est assez déprimé. Elles sont bien ouvertes, tubuleuses, circulaires, et dirigées en arrière. Il n'y a guère que quatre ou cinq dents de chaque côté du palais ; celles qui garnissent les mâchoires sont assez nombreuses. En haut, on compte environ six incisives petites, droites, coniques, qui de chaque côté sont suivies de six autres plus longues, légèrement arquées, et, comme elles, un peu espacées ; toutes les autres sont serrées, courtes, comprimées et à sommet trilobé. A la mâchoire inférieure, il n'y a que les sept ou huit premières de chaque côté, qui soient simples. La membrane du tympan est un peu enfoncée dans l'oreille, dont le bord antérieur est plus ou moins denticulé. Ainsi que nous l'avons dit plus haut, il n'y a pas de crête sur le dos ni sur la queue ; le cou seul en porte une qui est formée, tantôt par des écailles pointues, tantôt par de simples tubercules.

Un large repli de la peau, parfois unique, d'autres fois précédé de deux autres, traverse le dessous du cou en avant de la poitrine, et se prolonge de chaque côté jusqu'au dessus de l'épaule.

Les Oplures sont plutôt trapus qu'élancés. Leur dos est légèrement incliné en toit, leur queue fort grosse, et à peu près aussi longue que le reste du corps. Les écailles dont elle est garnie sont verticillées, très-grandes, fort épaisses, quadrilatères, et armées, à l'un de leurs angles postérieurs, d'une longue épine, prolongement de la carène qui les surmonte obliquement dans le sens de leur longueur. Bien que les membres soient courts et robustes, les doigts sont assez grêles.

Les cuisses n'offrent pas la moindre trace d'écailles crypteuses.

Prenant en considération la différence d'écaillure des parties supérieures du corps, qui chez les uns est carénée et très-distinctement entuilée ; tandis qu'elle est lisse et à peine imbriquée chez les autres, nous partageons les Oplures en deux groupes, ayant pour type, le premier, le *Quetz-Paleo* de Séba, le second l'*Uromastix cyclurus* de Wied.

A. *Oplures à écailles carénées.*

Ceux-ci ont le dos et les flancs revêtus d'écailles en losanges, fortement carénées, mais les écailles dorsales sont une fois plus grandes que les autres. La crête du cou est formée par des squames relevées en pointes. On ne voit qu'un pli en travers du cou ; il est situé en avant de la poitrine, et se prolonge de chaque côté jusqu'au-dessus des épaules. Le bord antérieur du conduit auditif offre une dentelure en scie très prononcée.

1. L'OPLURE DE SÉBA. *Oplurus Sebæ.* Nobis.

CARACTÈRES. Écailles dorsales carénées. Bord antérieur de l'oreille dentelé. Une bande noire en travers des épaules.

SYNONYMIE. *Lacerta Brasiliensis*, Quetz-Paleo, *caudâ annulatâ et spinosâ*. Séb. tom. 1, pag. 152, tab. 97, fig. 4.

Cordylus Brasiliensis. Var. B. Laur. Synops. Rept. pag. 52.

Azure Lézard. Shaw, Gener. zool. tom. 3, pag. 227, tab. 69.
(Cop. Séb.)

Le Fouette-Queue à collier. Cuv. Règn. anim. 1re édit. tom. 2,
pag. 33.

Uromastyx cyclurus. Merr. Syst. amph. pag. 56.

Oplurus torquatus. Cuv. Règn. anim. 2e édit. tom. 2, pag. 46

Oplurus torquatus. Guér. Icon. Règn. anim. tab. 12, fig. 3.

Tropidurus (Oplurus torquatas. Cuv.). Wagl. Syst. amph.
pag. 147.

Tropidurus Cuvieri. Gray, Synops. in Griffith's, anim. kingd.
tom. 9, pag. 41.

Tropidurus Cuvieri. Wiegm. Herpet. mexican. pars 1, pag. 18.

DESCRIPTION.

FORMES. La tête de l'Oplure de Séba est moins haute que large.
Son contour donne la figure d'un triangle isocèle, dont le sommet
correspondant au bout du museau est assez obtus. Sa surface est
à peu près horizontale depuis l'occiput jusqu'au devant du front ;
mais de ce point à son extrémité libre elle offre un plan légèrement incliné.

La plaque rostrale, qui est fortement élargie, a quatre pans,
dont le supérieur est comme festonné. De chaque côté de cette
plaque, la lèvre supérieure est bordée de cinq ou six scutelles quadrilatères ou pentagones oblongues, composant une rangée au-
dessus de laquelle s'en trouvent deux et même trois autres formées
de petites squames subhexagonales.

Les deux bords labiaux de la mâchoire inférieure sont garnis
de six plaques, dont la première est trapézoïdale et les cinq
autres quadrilatères oblongues.

Deux des cinq pans de l'écaille mentionnière sont arqués en dedans. On remarque sur le bout du museau, immédiatement derrière la scutelle rostrale, une rangée transversale de quatre petites plaques quadrangulaires, laquelle est suivie d'une seconde
rangée de cinq autres plaques. Celle de ces cinq plaques qui se
trouve au milieu de la rangée est quadrangulaire, tandis que
les quatre autres, dont les externes touchent aux narines, sont
triangulaires.

La ligne transversale qui conduit d'une scutelle nasale à l'au-tre est couverte par quatre plaques hexagonales oblongues, un peu en dos d'âne, entre les deux médianes desquelles se trouve enclavée l'extrémité antérieure d'une autre plaque hexagonale.

D'autres plaques semblables à celles-ci garnissent les régions préfrontale et frontale, où elles semblent former deux demi-cer-cles emboîtés l'un dans l'autre. Le reste du dessus de la tête, sans en excepter les régions sus-oculaires, est garni de petites scu-telles hexagonales arrondies, parmi lesquelles on distingue cepen-dant la plaque occipitale, qui est un peu plus grande, ovalo-anguleuse et lisse, au lieu d'être, comme toutes les autres, mar-quée de petits enfoncemens semblables à ceux que présente la surface d'un dé à coudre.

Les tempes sont revêtues de squames épaisses, carénées, affec-tant une forme circulaire, bien que réellement hexagonales. L'o-reille est grande, plus haute que large, ayant son bord anté-rieur droit et garni de quatre ou cinq grandes écailles en dents de scie.

On ne voit sous le cou qu'un seul pli transversal entier, allant en droite ligne du devant d'une épaule à l'autre.

Couchées le long du tronc, les pattes de devant s'étendraient jusqu'à l'aine; celles de derrière, placées de la même manière, arriveraient jusqu'à l'ouverture auriculaire. Les doigts sont com-primés; les trois premiers des mains augmentent graduellement d'étendue, mais le quatrième n'est pas plus long que celui qui le précède, et le cinquième est un peu plus court que le second.

Les quatre premiers doigts des pieds sont régulièrement étagés, le dernier est de la même longueur que le second. Le dos offre une légère pente inclinée à gauche et à droite de son sommet, qui est néanmoins arrondi.

La queue est longue, conique, et cependant légèrement dépri-mée à sa racine.

Le cou est la seule partie du corps qui soit surmontée d'une crête. Cette crête ne se compose que de cinq ou six petits tuber-cules trièdres, bien distincts les uns des autres.

Les côtés du cou sont garnis de petites écailles losangiques, épaisses, carénées, imbriquées. Les régions cervicale et dorsale portent des squames en losanges, imbriquées et surmontées cha-cune d'une carène arrondie en avant, mais fortement comprimée en arrière, où elle se termine par une petite épine. Ces carènes forment des lignes longitudinales, au nombre de seize ou dix-sept d'un côté du milieu du dos à l'autre. Les écailles des flancs sont losangiques comme celles du dos, mais plus petites et peu distinctement carénées.

Sous la gorge et la région collaire inférieure se montrent, de même que sur la poitrine et sur le ventre, où elles sont disposées par bandes transversales, des squamelles lisses, en losanges et distinctement entuilées. L'écaillure du dessus des membres ressemble à celle du dos; celle de leur face inférieure est la même que celle des régions abdominales.

Des verticilles de grandes écailles entourent la queue; la plupart sont quadrilatères et coupées obliquement par une carène qui se termine en épine à leur angle supéro-postérieur. D'autres, et ce sont celles qui occupent la ligne médiane et longitudinale du dessus de la queue, ont également quatre côtés; mais elles sont rétrécies en arrière, et leur carène les partage longitudinalement par la moitié, ce qui fait que l'extrémité épineuse de cette carène se trouve placée au milieu du bord postérieur de l'écaille. Les écailles caudales inférieures ressemblent à des triangles isocèles; elles sont surmontées d'une faible arête rectiligne qui fait une pointe aiguë à leur sommet postérieur.

COLORATION. Le seul exemplaire de l'Oplure de Séba, malheureusement assez mal conservé, que nous possédons, offre une teinte brune sur toutes ses parties supérieures. Il se fait principalement remarquer par la belle et large bande noire, un peu arquée, qui se trouve imprimée sur la partie postérieure de son cou, du haut d'une épaule à l'autre. Ses régions inférieures sont colorées en brun fauve, extrêmement clair.

DIMENSIONS. *Longueur totale?* *Tête.* Long. 3" 5'''. *Cou.* Long. 1" 6'''. *Corps.* Long. 7" 1'''. *Memb. antér.* Long. 5" 5'''. *Memb. postér.* Long. 8". *Queue* (mutilée).

PATRIE. L'individu dont nous venons de donner la description, fait depuis long-temps partie de notre musée. Nous l'avons trouvé étiqueté comme provenant du Brésil.

Observations. En appelant cette espèce Oplure de Séba, nous voulons indiquer que c'est réellement le Saurien représenté sous le nom de *Quetz-Paleo* par l'auteur du Trésor de la Nature. Ce n'est donc ni le *Quetz-Paleo* de Lacépède, dont la description a été faite d'après un individu du Fouette-Queue spinipède, ni l'*Uromastix cyclurus* du prince de Wied, qui sous ce nom a décrit, comme le *Quetz-Paleo* de Séba, une espèce du même genre; mais qui s'en distingue de suite, en ce que ses écailles dorsales sont subovales et lisses, au lieu d'être losangiques et carénées.

B. *Oplures à écailles lisses.*

Dans ce groupe, les écailles du côté du corps sont à peine plus petites que celles du dos, et les unes et les autres sont lisses, transversalement rhomboïdales et non pas imbriquées. De petits tubercules coniques composent la crête cervicale. Outre le pli situé à la naissance de la poitrine, le cou en a deux autres en avant de celui-ci. Le bord antérieur de l'oreille est plutôt tuberculeux que dentelé.

2. L'OPLURE DE MAXIMILIEN. *Oplurus Maximiliani.* Nobis.

CARACTÈRES. Écailles dorsales convexes, lisses. Bord antérieur de l'oreille non dentelé. Une bande noire formant un peu l'angle en travers des épaules.

SYNONYMIE. *Uromastix cyclurus.* Pr. Maxim. de Wied, Nov. act. Physico-medica. Natur. curios. tom. 14, pag. 127, tab. 15, exclus. synonym. Quetz-Paleo Séb. (*Oplurus Sebœ*).

Tropidurus torquatus. Schinz, Naturg. und Abbild. der Rept. pag. 90, tab. 29, fig. 1. (Cop. Pr. Maxim.)

DESCRIPTION.

FORMES. La tête de l'Oplure de Maximilien, vue en dessus, se présente, de même que celle de l'espèce précédente, sous la figure d'un triangle isocèle; mais elle est proportionnellement plus courte, et son extrémité libre est plus obtuse. Les narines sont latérales, circulaires et distinctement tubuleuses. Les lèvres sont bordées, à droite et à gauche, de six ou sept plaques quadrilatères ou pentagones. Au-dessus de la rangée des plaques labiales supérieures, il existe deux séries de petites écailles subhexagonales.

La scutelle rostrale a cinq côtés et est très élargie; l'écaille mentonnière, bien qu'à plusieurs pans, offre une figure triangulaire. Le nombre et la disposition des plaques qui couvrent la tête, depuis le bout du museau jusqu'en haut du front, varient suivant les individus.

On peut cependant dire qu'en général elles sont subhexagonales, oblongues et en dos d'âne : car il n'y a que celles disposées sur deux rangées transversales, immédiatement derrière la scutelle rostrale, qui présentent une forme quadrangulaire. Ces plaques quadrangulaires sont aussi plus petites que les autres.

On remarque entre les orbites, tantôt deux ou trois plaques placées à la file l'une de l'autre, tantôt quatre ou six disposées sur deux rangs, séparant les deux demi-cercles de squames qui couvrent les bords orbitaires supérieurs.

Chaque région sus-oculaire est garnie de petites plaques subdisco-hexagonales, à peu près égales entre elles, et qui semblent former cinq ou six séries curvilignes. La scutelle occipitale est médiocrement dilatée, ovale, oblongue, lisse, et entourée de petites plaques anguleuses et de figures diverses. La plupart des plaques céphaliques offrent de petits enfoncemens qui ont l'air d'être faits avec la pointe d'une aiguille.

L'oreille est petite, vertico-ovale, et garnie en avant d'écailles un peu plus fortes que celles des autres parties de son contour, mais qui néanmoins ne forment pas de dentelure.

Les tempes sont protégées par un pavé de squames ovalo-hexagonales, convexes, ponctuées tout autour.

Le cou n'est que très légèrement étranglé.

La peau fait un et quelquefois deux plis transversaux à l'extrémité postérieure de la gorge, et un autre plus marqué à la naissance de la poitrine.

Ce dernier se prolonge de chaque côté jusqu'au dessus de l'épaule, où il en aboutit un autre qui vient directement du haut de l'oreille, après avoir fourni, du milieu de son étendue, deux branches qui s'avancent, l'une sous l'oreille, l'autre dans la direction de l'épaule, sur le bord du pli antéro-pectoral.

Les deux ou trois plis sous-collaires sont entiers.

Quelquefois on voit encore un pli curviligne derrière l'omoplate, le long de la partie latérale antérieure du tronc.

Le dos s'abaisse un peu de chaque côté de son sommet, qui est arrondi.

Lorsqu'on les couche le long du corps, les pattes de devant ne s'étendent pas jusqu'à l'aine; les pattes de derrière n'arrivent pas jusqu'au milieu du cou. Les ongles sont courts et comprimés comme les doigts. Les trois premiers doigts de chaque main sont étagés, le quatrième a la même longeur que le troisième, et le cinquième est plus court que le second.

Le premier, le second, le troisième et le quatrième doigt des pieds augmentent graduellement de longueur ; le dernier est aussi long que le second.

La queue est conique, mais néanmoins un peu déprimée à sa racine. Son étendue entre pour un peu plus de la moitié dans la totalité de celle de l'animal.

Le cou est surmonté d'une crête peu élevée, composée d'une douzaine de fort petits tubercules coniques, comprimés. Il est revêtu, de même que le dos, d'écailles ovalo-losangiques, convexes et lisses ; mais sur l'un ces écailles sont un peu imbriquées, sur l'autre elles ne le sont pas du tout. Les squames des flancs sont ovales, convexes, lisses, non imbriquées, et un peu plus petites que celles de la région dorsale.

Les écailles gulaires antérieures sont quadrilatères ou sub-hexagonales, oblongues et convexes. Celles du dessous du cou et de la poitrine sont lisses aussi, mais non convexes, et ressemblent à des losanges réguliers. Le ventre a pour écaillure des petites pièces à peu près carrées, disposées par bandes transversales. La surface de celles du bas-ventre a une apparence crypteuse. Nous croyons devoir rappeler qu'on trouve des écailles semblables sur la région abdominale du Fouette-Queue orné.

Le dessus des membres est garni d'écailles losangiques, carénées et imbriquées ; le dessous en offre qui ont la même forme, mais qui sont dépourvues de carènes.

La queue est entourée de vingt-sept ou vingt-huit anneaux d'écailles qui diminuent de grandeur à mesure qu'elles s'éloignent du tronc. Celles de ces écailles qui se trouvent placées sur les côtés de la queue, sont quadrilatères et coupées obliquement dans le sens de leur longueur par une carène finissant en une longue et forte épine qui occupe leur angle postéro-supérieur.

En dessus, sur la ligne médiane et longitudinale, il y en a qui ont également quatre côtés, mais qui sont rétrécies en arrière et dont la carène suit une direction droite, ce qui fait que l'épine qui la termine se trouve placée sur le milieu du bord postérieur de l'écaille. Les écailles caudales infrieures ressemblent à des triangles isocèles. Leur sommet est épineux et leur surface coupée longitudinalement par une faible carène. La plupart de ces écailles de la queue ont leurs bords libres finement dentelés.

COLORATION. Une teinte olivâtre, plus ou moins nuancée de brun clair, règne sur toutes les parties supérieures du corps de l'Oplure de Maximilien, dont les régions inférieures sont uniformément d'un blanc olivâtre, à l'exception de la gorge que parcourent longitudinalement des veinules ou des raies onduleuses de couleur brune. On compte, depuis les épaules jusqu'à l'origine de la queue, huit ou neuf raies transversales noires, bordées en arrière d'une série de taches blanches qui quelquefois se confondent entre elles. Alors ces taches blanches forment une seconde raie derrière la première. La plupart de ces raies s'effacent presque complétement avec l'âge, mais les deux premières demeurent toujours très marquées.

Nous avons vu des individus dont le fond brun olivâtre du dessus du corps était semé de gouttelettes grises ou blanchâtres.

DIMENSIONS. *Longueur totale*, 18" 1'''. *Tête*. Long. 2" 5'''. *Cou*. Long. 9'''. *Corps*. Long. 5" 7'''. *Memb. antér*. Long. 4". *Memb. post*. Long. 5" 6'''. *Queue*. Long. 9".

PATRIE. L'Oplure de Maximilien est originaire du Brésil.

Observations. Le prince Maximilien de Wied, auquel nous dédions cette espèce, en a publié une bonne figure dans les *Nova acta Physico-Medica naturæ curiosorum*. Il la considère à tort comme étant le Quetz-Paleo de Séba, qui est une espèce dont les écailles du dos sont carénées; au lieu que l'*Uromastix cyclurus* du prince les a convexes et parfaitement lisses. Le vrai Quetz-Paleo de Séba se trouve décrit dans l'article précédent, sous le nom d'*Oplurus Sebæ*

XXXIᵉ GENRE. DORYPHORE.
DORYPHORUS (1). Cuvier.
(*Urocentron* (2), Kaup, Wagler, Wiegmann.)

CARACTÈRES. Tête courte, triangulaire, aplatie en avant. Une grande plaque occipitale ; des écailles polygones, petites, presque égales sur le reste du crâne. Pas de dents au palais. Sous le cou un double pli transversal entier. Oreilles non dentelées. Plaques nasales presque latérales et bombées. Point de crête sur le dessus du corps. Tronc court, déprimé, convexe en dessus, plissé longitudinalement sur les flancs, à écaillure, petite, imbriquée, lisse. Queue peu alongée, grosse, aplatie, entourée de fortes écailles épineuses, verticillées. Pas de pores fémoraux.

Les Doryphores ressemblent beaucoup aux Oplures, et particulièrement à ceux du second groupe, mais ils manquent de dents palatines et de crête cervicale : en outre la peau de leurs flancs forme un pli longitudinal depuis l'origine du bras jusqu'à celle de la cuisse. Ces trois différences sont les plus caractéristiques entre ce genre et le précédent. A l'exception de la plaque occipitale, qui est légèrement arrondie et d'un assez grand diamètre, les autres écailles de la tête sont polygones, petites et peu près égales. Les scutelles susoculaires sont les seules dont la largeur l'emporte sur la longueur.

Les ouvertures des narines, arrondies et comme dirigées en arrière, sont pratiquées chacune dans le haut d'une pla-

---

(1) Δορύ, lance, pique, *hasta*, et de Φόρος, porteur, *ferens.*
(2) De Ουρα, queue, *cauda*, et de Κεντρον, aiguillon, *stimulus*, *aculeus.*

REPTILES, IV. 24

que polygone légèrement convexe, située sur l'angle obtus du museau et un peu en arrière de son extrémité.

Le palais est lisse et sans dents. A la mâchoire supérieure, on compte huit incisives et trois laniaires en avant, et environ quatorze molaires de chaque côté. Les canines, un peu plus longues que les autres, arrondies et faiblement arquées, sont légèrement espacées, de même que les incisives, dont la forme est conique. Quant aux molaires, elles sont comprimées, droites, à sommet divisé en trois dents, dont la moyenne excède de beaucoup les latérales. Les dents d'en bas ne nous ont pas semblé différer de celles d'en haut par le nombre ni par la forme.

La membrane du tympan n'est pas tout-à-fait à fleur du trou de l'oreille, dont le contour, assez grand et ovalaire, est dépourvu de dentelures.

On voit sous le milieu du cou deux larges plis qui vont étaler derrière les oreilles, leurs extrémités divisées en plusieurs branches. Un troisième pli curviligne s'étend du milieu de l'épaule jusque vers la partie moyenne des flancs, où il se réunit à un quatrième, qui les parcourt dans toute leur longueur. Le tronc est court, plat en dessous, convexe en dessus. Le dos présente cette particularité que les écailles qui revêtent sa première moitié sont granuleuses et juxta-posées; tandis que celles qui protégent l'autre partie sont imbriquées, très-faiblement il est vrai, rhomboïdales et en dos d'âne, sinon carénées. Les membres sont robustes, à peu près égaux en longueur, et terminés par des doigts alongés, grêles, garnis en dessous de squamelles imbriquées à surface lisse.

La région inférieure des cuisses ne présente pas de grains poreux.

La queue, qui souvent n'a que la moitié de la longueur totale de l'animal, est fort aplatie, assez large à sa naissance, et va toujours en se rétrécissant à mesure qu'elle s'éloigne du tronc. Les écailles qui la protégent sont grandes, et forment des anneaux autour d'elle; parmi ces écailles,

les supérieures sont quadrilatères, ayant un de leurs angles postérieurs armé d'une épine fort aiguë. Les inférieures sont plates, et elles ont à peu près la forme d'un triangle isocèle, dont les côtés du sommet sont garnis de fines dentelures.

Les Doryphores se nourrissent d'insectes ; nous avons trouvé des débris de Coléoptères dans leur estomac.

1. LE DORYPHORE AZURÉ. *Doryphorus azureus.* Cuvier.
(Voyez Planche 42, fig. 2.)

CARACTÈRES. D'un beau bleu d'azur, avec de larges bandes noires en travers du cou et du dos, et des dessins réticulaires de la même couleur sur le dessus des membres.

SYNONYMIE. *Lacerta Africana elegantissima.* Séb. tom. 11, p. 62, tab. 62, fig. 6.

Lacerta azurea. Linn. Mus. Adolph. Fréd. pag. 42.

Lacerta azurea. Id. Syst. nat. édit. 10, pag. 202.

Le Lézard à queue d'épy. Ferm. Hist. natur. Holl. Equinox. pag. 19.

Lacerta azurea. Linn. édit. 12, pag. 362. Exclus. synonym. Quetz-Paleo Séb. (*Oplurus Sebæ*).

Lacerta azurea. Gmel. Syst. nat. pag. 1061. Exclus. synonym. var. B. *Cordylus Brasiliensis.* Laur. (*Oplurus Sebæ*), et var. γ *Stellio fascia ad humeros saturate spadicea.* Séb. tom. 1, tab. 91, fig. 4 (Tejus...).

Le Lézard azuré. Daub. Dict. Rept. pag. 590. Exclus. synonym. Quetz-Paleo Seb. (*Oplurus Sebæ*).

L'Azuré. Lacép. Quad. ovip. tom. 1, pag. 362.

Le Lézard azuré. Bonnat. Encyclop. méth. pag. 50, Pl. 8, fig. 1 (cop. de Seb.).

Stellio brevicauda. Latr. Hist. Rept. tom. 2, pag. 29, tab. sans n°, fig. 1.

Stellio azureus. Id. loc. cit. pag. 34.

Stellio azureus. Daud. Hist. Rept. tom. 4, pag. 36.

Stellio brevicaudatus. Id. loc. cit. tom 4, pag. 40, tab. 47.

Le Fouette-Queue azuré et le Fouette-Queue à queue courte. **Cuv.** Règn. anim. 1re. édit. tom. 2, pag. 33.

Uromastyx cæruleus. Merr. Syst. amph. pag. 56.

Uromastyx azureus. Id. loc. cit. pag. 57.

Urocentron (Lacerta azurea Linn.) Kaup. Isis, 1827, pag. 612.

24.

Stellio brevicaudatus. Fitzing. Verzeich. der mus. Wien, p. 49.

Doryphorus brevicaudatus et *azureus.* Cuv. Règn. anim. 2e édit. tom. 2, pag. 34.

Doryphorus brevicaudatus. Guer. Icon. Rég. anim. Cuv. tab. 6, fig. 3.

Urocentron (Lacerta azurea Linn). Wagl. Syst. amph. p. 145.

Doryphorus azureus. Gray. Synops. Rept. in Griffith's anim. Kingd. tom. 9, pag. 42.

Doryphorus brevicaudatus. Id. loc. cit. pag. 42.

Doryphorus azureus. Schinz. Naturg. und Abbild der Rept. pag. 92, tab. 31, fig. 2.

Urocentron brevicaudatum. Wiegm. Herpet. Mexic. pars 1, pag. 18.

DESCRIPTION.

FORMES. La tête du Doryphore azuré est courte et déprimée. Son extrémité libre est peu rétrécie et arrondie. Les régions sus-oculaires sont bombées. La région occipitale est plane et horizontale, mais la surface antérieure de la tête est légèrement arquée en travers et inclinée en avant. La lèvre supérieure porte de chaque côté cinq ou six plaques qui sont à peu près carrées, à l'exception de la dernière, dont la figure est celle d'un quadrilatère oblong, de même que la scutelle rostrale. L'écaille mentonnière, qui est plus longue que large, a deux de ses cinq pans un peu arqués en dedans. On compte de chaque côté cinq ou six plaques labiales inférieures qui diminuent de grandeur à mesure qu'elles s'éloignent du bout du menton. Les deux premières ont une forme un peu carrée, mais les autres ont leur bord postérieur plus étroit que l'antérieur. Les narines sont ovales et percées, l'une à droite l'autre à gauche du museau, dans une plaque à plusieurs angles dont la surface est convexe. Le dessus de la tête, depuis le bout du nez jusqu'en haut du front, est pavé de petites plaques polygones, à peu près de même grandeur; cependant il en existe toujours deux un peu plus développées que les autres entre les narines. L'espace interoculaire est garni de deux séries de plaques semblables à celles du dessus de la partie antérieure de la tête. La scutelle occipitale est très-grande et subtriangulaire. Chaque région sus-oculaire porte une série médiane de grandes squames hexagonales, dilatées en travers, et trois latérales, deux en dedans et une en dehors, composées d'autres plaques hexagonales, petites et à peu près aussi longues que larges. Le bord surciliaire fait une petite crête tranchante formée d'un double rang de squamelles étroites, placées de champ. Toutes les plaques céphaliques sont plus ou moins marquées de petits enfoncements. Des écailles non imbriquées, hexagonales, convexes ou en dos d'âne, percées chacune d'un petit pore, garnissent les régions temporales.

L'ouverture de l'oreille est ovale, médiocre, et sans aucune espèce de dentelure sur ses bords.

La peau de la région gulaire fait deux larges plis transversaux entiers. Les extrémités du premier, divisées en plusieurs petites branches, se répandent sur les côtés du cou ; les extrémités du second se prolongent et se cintrent pour contourner l'épaule et s'étendre en arrière de celle-ci, le long de chaque côté de la partie antérieure du tronc. La peau des flancs forme aussi fort souvent un pli longitudinal.

Le tronc est déprimé, élargi ; le ventre plat et le dos un peu arqué en travers.

Placées le long du corps, les pattes de devant toucheraient à l'aine ; celles de derrière, étendues dans le sens contraire, iraient jusqu'au devant de l'épaule. Les ongles sont courts et comprimés comme les doigts, dont les trois premiers des mains sont également étagés, tandis que le quatrième n'est qu'un peu plus long que le troisième. Le cinquième est plus court que le second. Les quatre premiers doigts des pattes postérieures sont très étagés ; le dernier est à peu près de la même longueur que le second.

La queue est courte, c'est-à-dire qu'elle n'est jamais plus étendue que le tronc et le cou réunis. Elle est forte, très élargie, aplatie en dessous, et cintrée transversalement en dessus.

Les parties supérieure et latérales du cou sont garnies de petites écailles complétement granuleuses.

La première moitié du dos et celle des côtés du tronc offrent des petites squamelles non imbriquées, circulaires ou ovales, très convexes ; au lieu que sur la seconde moitié du dos et les régions postérieures des flancs, l'écaillure se compose de petites pièces transverso-losangiques, un peu imbriquées et légèrement renflées dans leur partie moyenne et longitudinale.

Le milieu de la gorge est revêtu d'écailles disco-hexagonales, et les côtés de squamelles oblongues, un peu dilatées.

Le premier pli sous-collaire est garni de grains squameux extrêmement fins ; et le second de petites écailles losangiques, plates,
lisses et imbriquées, complétement semblables à celles qui couvrent la région pectorale.

Le ventre offre des squames rhomboïdales ou carrées, lisses,
un peu imbriquées et carénées, dont l'angle postérieur est légèrement obtus et arrondi. Leur face inférieure en offre de semblables, si ce n'est qu'elles manquent de carènes, et que leur extrémité postérieure n'est point arrondie.

Les écailles caudales sont disposées par verticilles, au nombre
d'une vingtaine pour toute l'étendue de la queue. La plupart d'entre elles sont quadrilatères, et portent en arrière une forte épine
à leur angle supérieur ; celles des côtés, quoique plus petites,
sont armée d'une épine plus longue que les autres. Celles qui, en
dessus, occupent la ligne médiane et longitudinale, sont quadrangulaires, rétrécies en arrière, et coupées également en deux
par une carène, dont la pointe se trouve placée au milieu de leur
bord postérieur. Celles des écailles caudales inférieures, qui composent la série médiane, ressemblent à des triangles isocèles ; leur
sommet est armé d'une épine, et leur surface relevée d'une faible
carène.

COLORATION. Ce Doryphore est en dessus d'un beau bleu-d'azur.
Il a une tache noire en croissant sur le bout du museau, ainsi
que sur chaque région sus-oculaire ; il offre une bande noire en
travers de l'occiput, une seconde sur le cou, et six autres sur le
dos. Les membres sont réticulés de bleu sur un fond noir.
La queue présente des demi-anneaux de cette dernière couleur.

Un blanc lavé de bleuâtre règne sur toutes les parties inférieures.

DIMENSIONS. *Longueur totale*, 12" 7'''. *Tête*. Long. 2" 2'''. *Cou.*
Long. 7'''. *Corps*. Long. 4" 8'''. *Memb. antér*. Long. 3" 7".
Memb. postér. Long. 4" 3'''. *Queue*. Long. 5".

PATRIE. On trouve cette espèce de Saurien au Brésil, à Cayenne
et à Surinam.

Observations. Daudin l'a décrite sous deux noms différents dans
son Histoire des Reptiles ; car son Stellion azuré et son Stellion
à queue courte appartiennent à la même espèce.

DEUXIÈME SOUS - FAMILLE DES SAURIENS EUNOTES.

LES IGUANIENS ACRODONTES.

(Cette tribu correspond à celle que Wagler a désignée sous le nom de *Pachyglossæ Patycormæ* et *Stenocormæ Acrodontes*, que M. Wiegmann appelle
Pachyglossæ dendrobatæ et *Humivagæ Emphyodontes*.)

Les Iguaniens de cette division ont les dents implantées dans la substance même des os des mâchoires ;
elles y adhèrent intimement par la base de leurs
racines. Ces dents peuvent être, jusqu'à un certain
point, distinguées en molaires, qui sont comprimées, triangulaires, offrant souvent une échancrure
de chaque côté, et en dents antérieures, parmi lesquelles on remarque les moyennes ou médianes, qui,
au lieu d'être tranchantes ou incisives, c'est-à-dire
propres à couper, sont au contraire coniques ou de
véritables laniaires arrondies, pointues et légèrement courbées en forme de coins. Aucun Iguanien
Acrodonte n'a la voûte du palais armée de dents ; mais
il y en a plusieurs dont l'oreille n'est pas apparente en
dehors. Un seul genre entre tous se distingue par
l'absence de l'un des doigts aux pattes postérieures ;
c'est celui du Sitane, qui n'a que quatre doigts en
arrière au lieu de cinq. Jusqu'à ce jour on n'a pas
trouvé en Amérique un seul Iguanien Acrodonte, tandis
que tous ceux qu'on connaît sont originaires d'Europe,
de l'Asie, de l'Afrique et de l'Australasie. Ajoutons,

d'ailleurs, que le seul genre des Stellions nous offre une espèce qui s'est rencontrée en même temps en Asie et dans les régions les plus élevées, et même dans les parties les plus chaudes de notre Europe.

XXXIIe GENRE. ISTIURE. *ISTIURUS* (1). Cuvier.

(*Lophura*, Gray, Wagler et Wiegmann (2), pour quelques espèces.)

(*Physignathus*, Cuvier, Wagler, Wiegmann (3), pour d'autres espèces.)

CARACTÈRES. Tête pyramido-quadrangulaire, couverte de plaques petites, polygones, égales, carénées. Bord surciliaire continu avec l'angle latéral du museau. Narines latérales. Membrane du tympan, grande, tendue à fleur du trou auriculaire. Quatre dents incisives et six laniaires à la mâchoire supérieure. Langue fongueuse, légèrement rétrécie et échancrée à son extrémité. Un fanon peu développé; un pli en V devant la poitrine. Cou, tronc et queue comprimés, les deux premiers surmontés d'une crête dans toute leur longueur, la troisième dans sa moitié basilaire seulement. Écaillure du tronc égale ou inégale. Des pores fémoraux.

La tête des Istiures ressemble à une pyramide à quatre

---

(1) De Ιστιον, éventail, voile, *velamen*, et de Ουρα, queue, *cauda*.

(2) De Λοφος, crête, sommet, *apex*, *crista*, et de Ουρα.

(3) De Φυσιγναθος, qui enfle ses joues, *buccas inflans*; de Φυσιγξ, vésicule, et de γναθος, mâchoires, joues *genæ*.

faces, tantôt assez alongée, tantôt un peu obtuse en avant. Les plaques qui en garnissent la face supérieure sont fort petites, égales, anguleuses, carénées, ou bien même relevées en tubercules polyèdres. Les narines sont deux trous ovalo-circulaires percés, l'un à droite, l'autre à gauche du museau, dans une plaque située immédiatement sous l'angle et fort près de l'extrémité de celui-ci. La langue est large, épaisse, fongueuse, faiblement échancrée au bout.

Chaque mâchoire est armée de dix dents antérieures et de treize molaires de chaque côté : celles-ci, comprimées, triangulaires, tranchantes, entières, assez hautes en arrière, diminuent graduellement en venant en avant, au point de ne faire qu'une légère saillie au-dessus de l'os. Celles-là, un peu arrondies, se partagent en incisives, au nombre de six, petites, coniques; et en canines ou laniaires, au nombre de quatre, un peu plus longues, pointues, et légèrement arquées.

Chez certaines espèces, les individus adultes ont les muscles destinés à mouvoir la mâchoire inférieure tellement développés, qu'ils produisent un renflement considérable de chaque côté au bas de la partie postérieure de la tête.

Le cou est comprimé et à peu près également dans toute sa hauteur; mais le tronc et la queue se rétrécissent tellement à mesure qu'ils s'éloignent de leur surface inférieure, laquelle est aplatie, que la région supérieure est réellement tranchante; d'où il résulte que la coupe transversale du tronc et de la queue donnerait la figure d'un triangle. L'un et l'autre sont surmontés d'une crête parfois assez basse et en dents de scie, d'autres fois aussi élevée que celle des Iguanes, et composée comme elle d'écailles pointues; mais toujours cette crête, arrivée vers le milieu de la queue, se transforme en une double carène dentelée. Chez les individus mâles et adultes, la moitié de la queue, vers la base, prend une hauteur considérable, c'est-à-dire qu'elle est alors plus élevée que le tronc lui-même. Ceci est dû au grand développement que prennent les apophyses supérieures des vertèbres, apophyses qui tantôt sont encore séparées de la peau par une légère couche de muscles; tantôt, au contraire, sont simplement recouvertes par celles-là. Nous citerons l'Istiure iguanoïde comme exemple du premier cas, et l'Istiure d'Amboine comme exemple du second. Au reste, cet excès de développement vertical de la queue dans une certaine portion de son étendue se présente chez d'autres Sauriens que les Istiures : on l'observe aussi dans quelques espèces d'Anolis, ainsi que chez le Basilic à capuchon. La peau de la gorge se prolonge plus ou moins en fanon; celle du cou forme un pli en V devant la poitrine, et plusieurs autres diversement ramifiés en arrière des oreilles. Les pattes des Istiures, sans être courtes, ne sont pas non plus démesurément alongées. Les doigts longs, mais néanmoins assez forts, offrent de chaque côté une rangée d'écailles placées horizontalement, laquelle, aux pieds de derrière en particulier, s'avance de manière à former une véritable membrane écailleuse. De cette disposition il résulte, chez les doigts postérieurs, un élargissement qui, chez les Istiures, doit avoir le même usage que les membranes cutanées, libres, qui garnissent les bords des doigts de certains oiseaux nageurs, tels que les Foulques, les Harles, les Grèbes, etc. On sait effectivement que les Istiures passent dans les eaux une grande partie de leur existence.

La longueur de la queue fait environ les deux tiers de celle de l'animal.

De même que chez les Iguanes, il y a une rangée de grandes écailles le long de chaque branche de l'os maxillaire inférieur; parfois on voit des écailles pointues ou des tubercules coniques hérisser les régions voisines des oreilles. L'écaillure du tronc se compose de petites pièces carrées, ou à peu près, à peine imbriquées, et disposées par bandes transversales; chez certaines espèces, ces écailles du tronc sont toutes de même diamètre; chez d'autres on en voit de plus grandes qui sont éparses au milieu de petites. Le dessus

des membres est protégé par des squames rhomboïdales imbriquées et carénées. La queue en offre qui sont subverticillées et relevées aussi en carène. Le dessous des cuisses est
percé d'une ligne de très petits pores.

Le genre Istiure a pour type un Saurien que Valentyn a
fait connaître par une assez mauvaise figure vers le commencement du siècle dernier, et dont Schlosser, une quarantaine d'années plus tard, a publié un excellent dessin
fort bien gravé, sous le nom de Lézard d'Amboine.

Daudin, plus frappé de la ressemblance qui existe réellement entre la queue de ce Lézard d'Amboine et celle du *Lacerta basiliscus* de Séba, que des différences que présentent
ces sauriens dans quelques autres points plus importans de
leur organisation, les avait réunis dans un même genre qu'il
appela Basilic, du nom de l'un d'eux. Ce qui doit étonner,
c'est que son exemple fut suivi par plusieurs erpétologistes
distingués. Cuvier lui-même, dans la première édition du
Règne animal, inscrivit cet Istiure dans le genre Basilic tel
que Daudin l'avait établi.

Le premier auteur qui s'aperçut du peu de motifs qu'on
avait eu de rapprocher ces deux espèces, dont le système
dentaire est si différent, est M. Gray, qui proposa alors de
former, sous le nom de *Lophura*, pour le Basilic d'Amboine, un genre particulier auquel, avec juste raison, il
réunit celui appelé par Cuvier *Physignathus*. Et, en effet,
ce dernier ne pourrait être rigoureusement distingué du
premier que parce que les écailles des parties latérales du
corps sont égales entre elles.

De ce que nous venons de dire, il résulte que notre
genre Istiure diffère tout simplement du genre Lophure
de Gray par le nom, que nous n'avons pas cru devoir conserver à cause de sa trop grande analogie avec celui de
Lophyre que porte le genre suivant et qui avait été plus
anciennement établi et ainsi désigné.

Nous présentons de suite le tableau d'analyse à l'aide
duquel on pourra distinguer facilement les trois espèces de
ce genre.

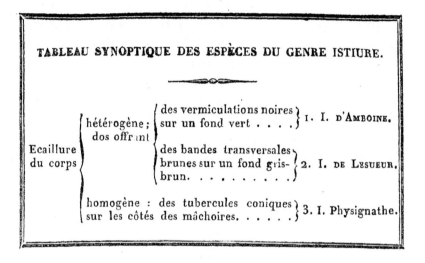

1. L'ISTIURE D'AMBOINE ou PORTE-CRÊTE. *Istiurus Amboinensis.* Cuvier.

CARACTÈRES. Écailles des côtés du corps hétérogènes ou dissemblables ; plaques céphaliques petites, non imbriquées, rhomboïdales, carénées ou relevées en dos d'âne. Écailles du ventre lisses. Sur le bout du museau, des écailles plus grandes que celles qui se trouvent derrière, et assez élevées pour former une espèce de petite crête. Dos fort tranchant, verdâtre, vermiculé de noir.

SYNONYMIE. *Lacerta fluviatilis, soa-soa ajer dicta.* Valent. Descript. Ind. orient. tom. 3, pars 1, lib. 5, cap. 1, pag. 281.

Lacerta Amboinensis. Schlosser de Lacert. Amboin. Epist. fig.

Lacerta Javanica. Hornst. Nov. act. Stockh. tom. 6, tab. 5, fig. 1 et 2.

Lacerta Amboinensis. Gmel. Syst. nat. pag. 1064.

Le Porte-Crête. Daub. Dict. Rept. pag. 663.

Le Porte-Crête. Lacép. Hist. quad. ovip. tom. 1, pag. 287.

Le Porte-Crête. Bonnat. Encyclop. méth. Pl. 5, fig. 1.

Lacerta Amboinensis. Shaw. Gener. zool. tom. 3, pars 1, pag 203, tab. 62.

Iguana Amboinensis. Latr. Hist. Rept. tom. 1, pag. 271.

Basiliscus Amboinensis. Daud. Hist. Rept. tom. 3, pag. 322.

Basiliscus Amboinensis. Merr. Syst. amph. pag. 46.

Le Basilic porte-crête. Bory de Saint-Vincent, Résum. erpétol. pag. 113 , tab. 22.

Hydrosaurus Amboinensis. Kaup. Isis, 1828, tom. 21, pag. 1147.

Lophura Amboinensis. Gray, Philos. magaz. or Ann. of Philos. tom. 2 , pag. 54.

Istiurus Amboinensis. Cuv. Régn. anim. 2ᵉ édit. tom. 2 , pag. 41.

Lophura Amboinensis. Wagler. Syst. amph. pag. 151.

Lophura Amboinensis. Id. Icon. et descript. tab. 28.

Lophura Amboinensis. Gray, Rept. in Griffith's anim. kingd. tom. 9, pag. 60.

DESCRIPTION.

FORMES. L'Istiure d'Amboine a la tête alongée, le bout du museau aigu, épais et comprimé. Le dessus de celui-ci est garni d'écailles du double plus grandes que celles des autres parties de la surface de la tête, et parmi lesquelles il en est quelques-unes d'assez élevées pour constituer une espèce de crête sus-nasale. La longueur totale de la tête est une fois plus considérable que sa largeur postérieure, et sa plus grande hauteur un peu moindre que celle-ci. Les régions sus-oculaires ne sont preque pas bombées. Les écailles qui les revêtent sont les plus petites de la surface du crâne ; mais leur forme n'est pas différente de celle des autres, c'est-à-dire qu'elles sont rhomboïdales, ou hexagonales et en toit. La plaque occipitale est assez grande, ovale, bombée et lisse , elle est située sur le milieu de la ligne transversale qui conduit d'un bord orbitaire postérieur à l'autre.

Derrière l'orbite et immédiatement au-dessus de la tempe, sont quatre ou cinq rangs obliques, composés d'écailles relevées en pointes comprimées. Les régions temporales offrent au contraire des squames, sinon aplaties, au moins fort basses et de figure disco-polygonale.

La membrane du tympan est très grande, mince, ovale et tendue à fleur du trou auriculaire, dont le pourtour ne présente aucune espèce d'écailles plus élevées que celles des régions voisines. Nous avons compté vingt-deux dents molaires, triangulaires et fort tranchantes à la mâchoire supérieure, et vingt-six à la mâchoire inférieure.

Les ouvertures des narines sont ovales, et dirigées tout-à-fait

latéralement ; elles envahissent preque toute la surface de la pla‑
que squameuse, dans laquelle chacune d'elles se trouve pr.ti‑
quée.

L'une et l'autre lèvre sont garnies de seize à dix-huit grandes
écailles pentagones ou hexagonales oblongues. La plaque rostrale,
très dilatée transversalement , offre deux côtés, l'un rectiligne,
l'autre très arqué. L'écaille mentonnière n'est pas moins grande
que celle-ci, mais sa figure est celle d'un triangle équilatéral.
Sous chaque branche du maxillaire inférieur sont deux séries
d'écailles oblongues , à surface bombée. La peau des côtés du cou
fait des plis qui se ramifient diversement ; celle de la face infé‑
rieure pend plus ou moins en un fanon généralement assez mince.
Le pli cutané qui existe devant chaque épaule se prolonge sur
le côté du thorax , après avoir formé un angle un peu ouvert,
dont le sommet se trouve placé en arrière de la région sca‑
pulaire.

Le cou est assez long, et un peu plus étroit que la partie posté‑
rieure de la tête. Il est loin d'être aussi anguleux que le dos. La
queue entre pour plus des deux tiers dans la longueur totale de
l'animal. A la racine elle est triangulaire , mais elle se comprime
de plus en plus en s'en éloignant. Chez les individus mâles, le
premier tiers de son étendue paraît être surmonté d'une haute
nageoire, à bord libre curviligne. Ceci vient de ce qu'en cet en‑
droit ses apophyses supérieures prennent un développement con‑
sidérable , et que , n'étant recouvertes que par la peau au travers
de laquelle on les aperçoit , elles ressemblent en effet aux rayons
osseux qui soutiennent les nageoires des poissons. Ce qui nous pa‑
raît certain , c'est que les femelles ne présentent pas la même par‑
ticularité.

Les pattes , couchées le long du corps, s'étendent ; celles de de‑
vant jusqu'à l'aine, et celles de derrière jusqu'à l'œil. Le troisième
doigt de chaque main et le quatrième ont à peu près la même
longueur. Les quatre premiers doigts des pieds , qui sont très éta‑
gés , offrent en saillie , de leurs deux côtés, une rangée de grandes
écailles , lisses et carrées. On en voit une semblable aux mains ,
si ce n'est qu'elle est dentelée et moins développée , sur l'un et
l'autre bord des doigts.

La face inférieure des doigts est protégée par quatre rangées
longitudinales d'écailles hexagonales carénées ; les ongles sont forts
et crochus.

Le dessus du corps est surmonté, depuis la nuque jusqu'en arrière de la partie élevée de la queue, d'une petite crête que composent des écailles comprimées, anguleuses et à sommet obtusément pointu. En arrivant sur la queue, les écailles de cette crête
deviennent plus courtes ; et, au lieu d'être droites elles se penchent légèrement en arrière. Le dessus des deux tiers postérieurs de
l'étendue de la queue offre un sillon ou une espèce de cannelure
que borde une arête vive de chaque côté. Les parties inféro-laté-
rales du cou, la face inférieure et le dessous de la tête sont revêtus
de petites écailles ovalo-circulaires, convexes, non imbriquées, au
milieu desquelles il y en a de semées d'autres plus grandes, mais
de même forme. Sur le haut des côtés du cou, ainsi que sur les
épaules, se montrent des squames épaisses, hexagonales, dont le
centre se relève en une petite pointe. Deux tubercules squameux assez forts sont implantés à la droite et à la gauche du milieu de la région cervicale. Les écailles qui garnissent les côtés du
tronc sont petites, rhomboïdales et carénées ; la plupart d'entre
elles ont leur bord libre tourné vers le dos. Au milieu d'elles il y en
a d'éparses, dont le diamètre et l'épaisseur sont un peu plus consi-
dérables que les leurs. L'écaillure du ventre se compose de pièces
lisses, quadrilatérales, oblongues, du double plus grandes que les
petites écailles des côtés du tronc. Sur la poitrine, ou mieux sur
les côtés de la poitrine, car celles de sa région médiane sont petites, se montrent de très-grandes écailles rhomboïdales, les unes
à surface légèrement convexes, les autres à surface en dos d'âne.
On en voit d'à peu près semblables former sur les bras cinq ou
six rangées longitudinales, bien séparées les unes des autres. Les
avant-bras et la face antérieure des cuisses offrent aussi des écailles
rhomboïdales, carénées ; mais elles sont un peu moins dilatées que
celles des bras. Au reste, ce sont des écailles rhomboïdales qu'on
retrouve sur toutes les autres parties des membres ; en général
elles sont petites, mais particulièrement sur le dessus des cuisses,
que l'on voit clair-semé de grandes squames triangulaires, carénées et redressées en pointes ; celles du dessous des cuisses et des
bras sont lisses, et partout ailleurs il y en a de carénées. Sur la
face interne de la cuisse, près de sa racine, est une rangée de douze
à quatorze écailles subquadrilatérales, percées chacune, près de
leur bord postérieur, d'un très petit pore arrondi. Parmi les
écailles des parties latérales de la queue, il y en a de quadrilatères, de pentagones, et même d'hexagonales ; mais toutes sont

carénées et disposées par bandes transversales, légèrement imbriquées. Celles du dessous sont à la fois plus grandes, plus fortement carénées et disposées de la même manière que celles des
côtés, c'est-à-dire par bandes transversales ; en sorte que la queue
semble être entourée d'anneaux squameux.

COLORATION. La surface entière du cou, la gorge, les côtés de
la tête, et les parties latérales du tronc, sont vermiculés de noir,
sur un vert olive. Cette couleur se répand également sur la queue,
dont les côtés semblent offrir de grandes taches quadrilatérales
brunâtres.

La nageoire qui surmonte cette partie du corps, chez les individus mâles, est tachetée de noir ; le dessus de la tête présente une
teinte roussâtre que parcourent des raies onduleuses d'un brun
foncé. Ce même brun foncé règne sur les membres, qui sont très
irrégulièrement tachetés de jaunâtre. Quant aux parties inférieures de l'animal, un jaune olive les colore, tantôt d'une
manière uniforme, tantôt semé de quelques taches d'un noir
profond.

DIMENSIONS. *Longueur totale*, 84" 8'". *Tête*. Long. 7" 2'". *Cou*.
Long. 3" 2'". *Corps*. Long. 18" 4'". *Memb. antér*. Long. 14". *Memb.
post*. Long. 21" 5'". *Queue*. Long. 56".

PATRIE. Ce Saurien vit à Amboine. On prétend qu'il se nourrit
de fruits, et qu'il nage avec beaucoup de facilité.

2. L'ISTIURE DE LESUEUR. *Istiurus Lesueurii*. Nobis.
(Voyez Planche 40, n°s 1 et 1 a).

CARACTÈRES. Écailles des côtés du corps hétérogènes ; plaques
céphaliques, petites, rhomboïdales, carénées en dos d'âne. Squames ventrales, carénées. Écailles du bout du museau absolument
semblables à celles qui se trouvent derrière elles. Dos tectiforme,
d'un gris-brun, marqué de grandes taches noires.

SYNONYMIE. *Lophura Lesueurii*. Gray, Synops. Rept in Griffith's
anim. kingd. tom. 9, pag. 60.

DESCRIPTION.

FORMES. L'Istiure de Lesueur a la tête plus courte, et le dos
beaucoup moins abaissé de chaque côté que l'Istiure d'Amboine.
Le dessus de son museau, au lieu d'offrir un plan presque hori-

zontal et très incliné, est peut-être même un peu relevé; il est recouvert de petites écailles hautement carénées, hexagonales et toutes semblables entre elles, excepté près du front, où il en existe quelques-unes un peu plus développées que les autres. Les régions sus-oculaires sont également garnies d'écailles hexagonales, carénées; mais elles sont excessivement petites, et par conséquent très nombreuses. Chacune de ces deux régions sus-oculaires est limitée, à son bord interne, par une rangée curviligne d'écailles de même forme, mais plus grandes que celles des autres parties du crâne. La région occipitale est tout hérissée de petits tubercules coniques, polyèdres, très pointus, au milieu desquels on distingue la plaque occipitale par sa forme ovale et aplatie.

Les parties latérales de la nuque offrent des tubercules qui, s'ils n'étaient plus forts et plus oblongs, ressembleraient à ceux de l'occiput. La membrane du tympan est grande, mince, et tendue à fleur du trou de l'oreille. Les narines sont circulaires et dirigées latéralement. Le nombre des dents molaires est de treize ou quatorze de chaque côté. La plaque rostrale a une figure hexagonale et une plus grande étendue en largeur qu'en hauteur.

L'écaille mentonnière, bien que réellement à cinq pans, affecte une forme triangulaire. Sur chaque lèvre, sont appliquées douze paires de squames pentagones oblongues. Une rangée de grandes écailles, plus longues que larges, garnit le dessous des branches de l'os maxillaire inférieur. Les premières écailles de cette rangée offrent une surface convexe, les autres sont en dos d'âne. Le cou est plutôt long que court. Les membres ont absolument les mêmes proportions que ceux de l'Istiure d'Amboine; mais les écailles qui bordent les côté des doigts non-seulement sont moins développées que dans cette dernière espèce, mais elles sont disposées de manière à former une petite dentelure. La queue entre pour plus des deux tiers dans la longueur totale de l'animal; forte et subquadrilatère à sa base, elle devient grêle et comprimée peu à peu en s'éloignant du corps.

Il règne, sur la première moitié de son étendue, une crête squameuse assez basse, dentelée en scie, qui commence sur la nuque et se prolonge sans interruption sur le cou et le dos; mais, de même que chez l'espèce précédente, le dessus du reste du prolongement caudal offre une cannelure bordée de chaque côté par une vive arête.

Sous le menton, il existe des écailles rhomboïdales, à surface lisse et convexe ; sous la gorge, d'autres squames en dos d'âne, et sous le cou de petites pièces écailleuses, ayant aussi une figure rhomboïdale, mais qui présentent des carènes très prononcées.

Les scutelles ventrales sont quadrilatères, rectangulaires et carénées. Sur le dessus du cou, se montrent des espèces de petits tubercules coniques, non imbriqués, à sommet comprimé.

Les squamelles des parties latérales du cou sont rhomboïdales, et pourvues chacune d'une carène terminée en une pointe redressée ; toutes celles des côtés du corps et du dessus de la racine de la queue ressemblent à de petits tubercules tétraèdres, non imbriqués et disposés par bandes verticales. Sur ces mêmes côtés du corps, ainsi que sur la face supérieure de la base du prolongement caudal, existent des séries transverses de tubercules trièdres, à base élargie et circulaire. Les membres sont revêtus d'écailles rhomboïdales, très grandes sur le devant des cuisses, fort petites sur les fesses et de grandeur médiocre sur toutes les autres parties. Toutes ces écailles des membres sont plus ou moins carénées, excepté celles du dessous des cuisses et des jambes, dont la surface est parfaitement lisse. Les régions fémorales supérieures présentent, au milieu de leurs écailles, d'autres squames ayant aussi une forme rhomboïdale, mais dont le diamètre est plus grand et la carène beaucoup plus prononcée. On compte de chaque côté dix-huit ou dix-neuf petits pores fémoraux semblables à ceux de l'Istiure d'Amboine.

L'écaillure de la queue ressemble aussi à celle de cette dernière espèce.

COLORATION. Un gris cendré règne sur le dessus du cou et du tronc. La région dorsale est noire, coupée transversalement de distance en distance par des raies blanchâtres. Des taches, de la même teinte que ces raies, sont semées sur le fond noir de la face supérieure des membres. Un blanc légèrement lavé de gris colore les côtés et le dessous de la tête, aussi bien que les parties latérales et inférieure du cou ; car on voit sur les supérieures une bande noire qui commence derrière l'œil et qui va se terminer à l'épaule, où elle se dilate en une espèce de grande tache. Le dessus de la tête offre une teinte grise mêlée d'olivâtre. La queue est entourée de larges anneaux noirs, séparés les uns des

autres par un autre anneau plus étroit et de couleur cendrée.
Les parties inférieures sont jaunâtres, piquetées de noir.

DIMENSIONS. *Longueur totale*, 60". *Tête*. Long. 4" 5"'. *Cou*.
Long. 2"5"'. *Corps*. Long. 11". *Memb. antér*. Long. 7" 5"'. *Memb.
postér*. Long. 14". *Queue*. Long. 42".

PATRIE. Cette espèce d'Istiure est originaire de la Nouvelle-
Hollande. Le seul échantillon que renferme la collection provient du voyage de Péron et Lesueur.

3. L'ISTIURE PHYSIGNATHE. *Istiurus physignathus*. Nobis.

CARACTÈRES. Écailles des côtés du corps fort petites, homogènes.
Plaques céphaliques très petites, ressemblant à des tubercules
profondément cannelés de haut en bas. Écailles ventrales lisses.
Trois ou quatre gros tubercules coniques, en arrière de chaque
joue. Dos très tranchant.

SYNONYMIE. *Physignathus cocincinus*. Cuv. Régn. anim. 2ᵉ édit.
tom. 2, pag. 41, tab. 6, fig. 1.

Istiurus Cochinchinensis. Guér. Icon. Régn. anim. Cuv. tab. 9,
fig. 2.

Lophura cocincina. Gray, Synops, Rept. in Griffith's, anim.
kingd. tom. 9, pag. 61.

Lophura Cuvieri. Idem, loc. cit. pag. 60.

DESCRIPTION.

FORMES. Lorsqu'il est adulte, l'Istiure de la Cochinchine a une
physionomie tout à fait différente de celle qu'il présente dans son
jeune âge, ou bien même dans son état intermédiaire entre ces
deux. Cela vient de ce qu'en grandissant les côtés postérieurs
de sa mâchoire inférieure se renflent considérablement ; que son
dos devient plus tranchant ; que la première moitié de sa queue
prend un très grand développement vertical ; et que les écailles
composant la crête qui règne depuis la nuque jusque vers le milieu du prolongement caudal, au lieu de demeurer basses, triangulaires, et éloignées les unes des autres, s'alongent et se rétrécissent, se courbent et se penchent en arrière, en ne laissant plus
entre elles qu'un très faible intervalle.

Dans cet état, la crête, qui s'abaisse légèrement au-dessus du
garrot et qui s'interrompt presque complétement au-dessus des

25.

reins, ressemble beaucoup à celle des Iguanes ; cependant les écailles en sont plus grêles et plus arquées. La tête de l'Istiure de la Cochinchine est tout aussi alongée que celle de l'Istiure d'Amboine ; mais son museau est moins aigu, c'est-à-dire que le bout en est plus large et coupé presque carrément.

De même que chez l'espèce que nous venons de nommer, le bord postérieur du crâne fait une légère saillie verticale, ce qui fait paraître concave la surface de l'occiput. Le dessus de la tête, situé en avant des yeux, est plan et presque horizontal, ou fort peu incliné du côté du nez. Les narines sont ovales, et regardent complétement de côté. La plaque occipitale est plate et subcirculaire. Les régions sus-oculaires sont presque planes et couvertes, ainsi que le reste de la surface de la tête, de petites écailles égales, non imbriquées, ressemblant à de légers tubercules coniques, fortement cannelés de haut en bas. Pourtant, sur l'extrémité même du museau, immédiatement derrière la plaque occipitale, qui est hexagone et plus large que haute, il y a un ou deux rangs transversaux d'écailles aplaties, dont la forme est presque quadrilatère. La squame mentonnière est aussi très développée : sa figure approche de celle d'un triangle. Proportionnellement à cette rostrale et à cette mentonnière, les plaques labiales sont assez petites ; on en compte de vingt-deux à vingt-quatre autour de chaque lèvre. Il y a trente-six dents molaires à l'une comme à l'autre mâchoire ; avec l'âge les trois dents qui existent de chaque côté du bout de l'os maxillaire inférieur finissent par se souder presque entièrement entre elles.

La membrane du tympan, qui n'est pas fort mince, mais néanmoins assez grande, se trouve tendue tout à fait à fleur du trou auriculaire. On ne remarque aucune épine, aucun tubercule, ni sur l'occiput, ni sur les côtés de la nuque, ni sur les régions voisines des oreilles ; mais un certain nombre de cônes squameux se montrent sur les côtés postérieurs de la mâchoire d'en bas, à l'angle postéro-inférieur de laquelle il en existe en particulier deux ou trois d'une grosseur remarquable.

Une rangée de six ou sept écailles très dilatées est appliquée le long de chaque branche du maxillaire inférieur. Ces écailles sont lisses ; les trois ou quatre premières d'entre elles ont une forme presque carrée, et les suivantes une figure rhomboïdale.

La peau du cou pend en un faible fanon. Couchés le long du corps, les membres s'étendraient : ceux de devant jusqu'à l'aine, ceux de derrière jusqu'à l'angle de la bouche ; mais cela seulement chez les sujets adultes, car on remarque que les pattes sont d'autant plus longues que l'animal est plus jeune. Ainsi celles de derrière, d'un sujet de moyenne taille, arrivent jusqu'à la narine, tandis que chez un très jeune individu elles atteignent au bout du museau.

Nous n'avons pas trouvé qu'il existe de différence entre les doigts de cette espèce et ceux de l'Istiure de Lesueur. La queue fait plus des deux tiers de la longueur totale de l'animal. Il y a, sous la racine de chaque cuisse, une rangée de petits pores semblables à ceux des deux espèces précédentes.

Le dessous du menton est protégé par un pavé de grains squameux oblongs. La gorge est semée de tubercules subconiques, de diverses grosseurs ; d'autres petits tubercules oblongs sont répandus sous le cou. Les écailles de la poitrine et celles de la région abdominale ont une forme rhomboïdale, une surface lisse, et deux petites pointes qui les terminent en arrière ; mais les unes sont un peu plus dilatées que les autres. Ce sont de fort petites écailles carrées, épaisses, non imbriquées, relevées d'une carène oblique ressemblant à une petite pointe, qui revêtent les parties latérales du corps. Sur les membres, se montrent des écailles rhomboïdales ; celles du dessous sont lisses et celles du dessus un peu courbées en toit.

L'écaillure des côtés du premier tiers de l'étendue de la queue ressemble à celle des flancs ; quant aux deux derniers tiers, ils offrent une couverture squameuse qui n'est pas différente de celle du prolongement caudal des Istiures d'Amboine et de Lesueur.

COLORATION. Nous avons un individu adulte, dont le dessus du corps est d'un vert olive uniforme. La queue semble offrir des bandes transversales brunes, sur un fond également vert olive. Le dessous des parties inférieures est blanchâtre. Les grandes écailles qui garnissent les branches du maxillaire inférieur, et les tubercules coniques qui sont semés sur la partie postérieure de celui-ci offrent une couleur blanche.

La peau qui couvre la face inférieure de la tête est noirâtre, et les écailles qui y adhèrent sont grises. Un sujet, n'ayant tout au plus que la moitié de la taille à laquelle il serait parvenu, offre en travers du dos des vermiculures brunes sur un fond vert mélangé de grisâtre.

Le très jeune Istiure de la Cochinchine, qui fait partie de notre collection, est blanc en dessous, tandis qu'en dessus il présente une couleur d'ardoise mouillée.

DIMENSIONS. *Longueur totale*, 63" 9'". *Tête.* Long. 8" 5'". *Cou.* Long. 1" 8'". *Corps.* Long. 14" 6'". *Memb. antér.* Long. 10" 6'". *Memb. postér.* Long. 19" 5'". *Queue* (mutilée). Long. 39".

PATRIE. Cet Istiure nous a été envoyé de la Cochinchine par M. Diard.

Observations. Le plus grand de nos trois sujets est le type du genre Physignathe de Cuvier ; genre, qu'à l'exemple de M. Gray, nous avons cru devoir réunir avec nos Istiures où les Lophures de cet auteur. Ce même savant a observé, dans notre musée, les trois Istiures dont nous parlons. Comme celui de moyenne taille lui avait paru spécifiquement différent du grand, il en a fait son *Lophura Cuvieri.* Il a cru devoir l'inscrire comme tel dans le *Synopsis*, qu'il a publié à la fin de la partie erpétologique de la traduction anglaise du Règne animal de Cuvier. C'est aussi ce même individu qui a servi de modèle à l'*Istiurus Cochinchinensis*, représenté par Guérin dans l'Iconographie du Règne animal de Cuvier.

XXXIIIe GENRE. GALÉOTE. *CALOTES* (1).
Cuvier.

CARACTÈRES. Tête en pyramide quadrangulaire plus ou moins alongée, couverte de petites plaques anguleuses, toutes à peu près de même diamètre. Écaille occipitale fort petite. Langue épaisse, fongueuse, arrondie et très faiblement échancrée au bout. Cinq incisives et deux laniaires à la mâchoire supérieure. Narines latérales, percées chacune dans une plaque située tout près de l'extrémité du museau. Point de pli transversal sous le cou. Peau de la gorge pendant plus ou moins en fanon; parfois un large pli longitudinal de chaque côté du cou; une crête depuis la nuque jusque sur la queue. Écailles des côtés du tronc homogènes, imbriquées, disposées par bandes obliques. Pas de pores fémoraux.

Il est trois caractères faciles à saisir qui distinguent les Galéotes des Istiures; c'est l'absence complète de pores aux cuisses, le manque de pli transversal sous la région inférieure du cou, et la disposition, non transversale, mais oblique des bandes d'écailles des côtés du tronc. Du reste, le dos des Galéotes est aussi tranchant que celui des Istiures. Ils ont de même que ceux-ci une crête qui s'étend de la nuque à la queue, des jambes grêles et des doigts alongés. Mais leur queue demeure toujours fort

---

(1) De Γαλεωτης, nom donné par Aristophane à un Stellion, et de Κολοτης ou Καλωτης d'Aristote, sorte de Lézard qui mange les scorpions.

basse, lors même qu'elle est comprimée, car elle peut avoir cette forme ou bien être triangulaire ou conique. En général elle est fort longue.

L'écaillure des Galéotes est homogène, c'est-à-dire qu'on ne voit ni tubercules ni grandes squames éparses au milieu des pièces qui la composent. Ces pièces sont ordinairement assez grandes, bien imbriquées, rhomboïdales et carénées. Telles espèces ont de longues épines implantées sur les côtés de la nuque, telles autres ont ces parties semées de tubercules; tandis qu'il y en a qui n'offrent rien de cela.

Le genre Galéote est de la création de Cuvier. Il a pour type le *Lacerta calotes* de Linné ou l'*Agama ophiomachus* de Merrem, espèce établie d'après les figures assez reconnaissables qu'on en trouve dans l'ouvrage de Séba. Autour de cette espèce viennent s'en grouper plusieurs autres; mais leur réunion n'offre pas une telle homogénéité, qu'on ait dû se dispenser de faire subir au genre Galéote de Cuvier une modification qu'autorise particulièrement la différence existant entre le mode d'écaillure de certaines espèces et celui de certaines autres. Plusieurs espèces en effet ont la série de leurs écailles dirigées vers le ventre; tandis que chez les autres, ces lamelles entuilées semblent toutes se porter vers le dos. C'est ce qui a déterminé M. Kaup à partager le groupe des Galéotes de Cuvier en deux divisions sous-génériques, dont l'une porte le nom de Bronchocèle (1) et l'autre celui de Galéote proprement dit. Nous allons successivement exposer les caractères de ces deux sous-genres, et faire connaître, selon l'ordre indiqué dans le tableau suivant, les noms des espèces qui se trouvent ainsi comprises parmi les Bronchocèles et les Galéotes.

------

(1) Ce nom de BRONCHOCÈLE est tout-à-fait grec, Βρογχοκηλη, et signifie hernie, tumeur de la gorge ou de la trachée; Βρογχος, le gosier; et de Κηλη, tumeur, grosseur. C'est un terme de médecine.

TABLEAU SYNOPTIQUE DES ESPÈCES DU GENRE GALÉOTE DIVISÉ EN DEUX SOUS-GENRES.

SOUS-GENRES.　　　　　　　　　　　　　　　　　　　　　　　Espèces.

1. BRONCHOCÈLE. (*Bronchocela.*)

Bords libres des écailles du tronc tournés presque vers le

ventre : à l'extrémité posté-rieure du bord surciliaire

{ deux écailles plates en saillie : { brusquement . . . . **1. B.** CRISTATELLE.

graduellement . . . . **2. B. A** CRINIÈRE.

un tubercule. . . . . **3. B. A** TYMPAN RAYÉ.

2. GALÉOTE. (*Calotes.*)

dos : sur chaque côté de la nuque,

une rangée d'épines. . . . . **4. G.** OPHIOMAQUE.

deux épines isolées : devant l'épaule

{ pas de pli du tout. . . . . **5. G.** VERSICOLORE.

un pli : dessus de { subanguleux, garni de très-grandes écailles. . . . . . . } **6. G.** DE ROUX.

la base de la queue { anguleux, garni d'écailles de grandeur médiocre. . . . } **7. G. A** MOUSTACHES.

1er SOUS-GENRE. BRONCHOCÈLE.
Bronchocela. Kaup.

CARACTÈRES. Écailles du tronc formant des bandes obliques dont l'inclinaison est dirigée en arrière, de sorte que leur bord libre se trouve incliné vers le ventre. Côtés postérieurs de la tête non renflés.

Les espèces de ce sous-genre se distinguent de suite de celles du suivant, en ce que les écailles des parties latérales de leur corps sont disposées de manière que, dans la direction oblique offerte par les bandes qu'elles composent, leur bord libre se trouve tourné du côté du ventre, ce qui est tout le contraire chez les Galéotes proprement dits. Lorsque les plaques céphaliques de ces Bronchocèles sont imbriquées, car cela n'arrive pas toujours, elles le sont de derrière en avant, ou mieux, c'est leur marge postérieure qui demeure découverte et l'antérieure qui est cachée par elle.

Au reste c'est ce qui a lieu chez le plus grand nombre des Sauriens qui ont les plaques du crâne entuilées ; mais ici cela devient un caractère distinctif, en ce qu'on remarque tout-à-fait l'opposé chez les Galéotes proprement dits. Les Bronchocèles ont en proportion la tête moins épaisse et plus effilée que celle de ces derniers. En arrière, les bords inférieurs n'en sont pas non plus renflés, mais complétement plats. La peau du cou est assez lâche pour pendre en un fanon d'une certaine hauteur, lequel s'étend depuis le menton jusqu'au milieu de la poitrine, fanon dont le bord libre est curviligne et parfois légèrement dentelé en avant. Deux des trois espèces qui composent ce sous-genre offrent sur le côté du cou un large pli alongé horizontal, commençant par l'une de ses extrémités, un peu au-dessus de l'épaule, et par l'autre à l'angle condylien du maxillaire inférieur. Enfin les Bronchocèles ont la queue triangulaire ou bien complétement comprimée.

LE BRONCHOCÈLE CRISTATELLE. *Bronchocela cristatella.*
Kaup.

CARACTÈRES. Crête de la partie supérieure du corps assez élevée au-dessus du cou, mais s'abaissant brusquement sur le garrot pour se continuer ainsi jusque sur la queue. Écailles des côtés du tronc carénées, et moitié plus petites que celles du ventre. Derrière l'extrémité postérieure du bord surciliaire, deux ou trois petites écailles plates, fixées horizontalement par un de leurs bords. Pas de tubercules coniques sur la nuque ; pas d'écailles tuberculeuses au-dessus de l'oreille. Bleu ou vert uniformément.

SYNONYMIE. *Lacerta mexicana strumosa, posticâ capitis parte parvum pectinem gerens.* Séb. tom. 1, pag. 140, tab. 89, fig. 1.

Agama cristatella. Kuhl. Beïtr. zur Zool. und vergleich. anat., pag. 108.

Agama gutturosa. Merr. Syst. amph., pag. 51.

Agama Moluccana. Less. Garn. Voy. de la Coquille, Rept., tab. 1, fig. 2.

Calotes gutturosa. Guér. Iconog. Régn. anim. Cuv., tab. 7, fig. 3.

Blue calotes. Gray. Synops, Rept. in Griffith's anim. kingd. tom. 9, pag. 55.

Calotes cristatellus. Schinz. Naturgesch. und Abbild. Rept. pag. 86, tab. 26, fig. 1.

Agama Moluccana. Loc. cit., pag. 90, tab. 30.

Calotes gutturosus. Wiegm. Herpet. mexic. pars 1, pag. 14.

DESCRIPTION.

FORMES. Le contour horizontal de la tête de cette espèce de Galéote se présente sous la figure d'un triangle isocèle à sommet arrondi. Le dessus de sa partie antérieure est parfaitement plan, si ce n'est sur ses bords qui semblent faire une légère saillie. Les régions sus-oculaires sont très peu bombées, et l'espace qui les sépare l'une de l'autre se trouve former la gouttière.

Les plaques céphaliques sont petites, à peu près égales, oblongues, rhomboïdales, excessivement peu imbriquées lorsqu'elles ne sont pas disposées en pavé, et plutôt en forme de toit que réellement carénées. La squame occipitale est d'un très petit diamètre et située un peu en avant de la crête cervicale. Les vingt-six ou vingt-huit dents molaires qui arment chaque mâchoire sont distinctement tricuspides. Des cinq dents incisives assez écartées que l'on compte au devant de la mâchoire supérieure, la médiane est la plus longue; les deux qui en sont le plus près, au lieu d'être droites, s'inclinent et se portent en dehors. Les deux laniaires qui accompagnent ces dents incisives supérieures sont longues. A la mâchoire inférieure, il y a deux fort petites incisives et quatre canines assez courtes. La plaque rostrale est moins dilatée que l'écaille mentonnière; celle-ci est pentagone subtriangulaire, celle-là heptagone et plus large que haute. Seize à vingt scutelles quadrilatères très oblongues sont appliquées sur chacune des deux lèvres; chez les individus d'une certaine taille elles sont surmontées d'une carène dans le sens de leur longueur.

Il n'existe ni tubercules ni épines au-dessus des oreilles et sur les côtés de la nuque; mais en arrière du bord surciliaire on voit de deux à cinq petites écailles plates formant une crête qui fait saillie en dehors. Les tempes sont garnies d'écailles rhomboïdales en dos d'âne. La membrane du tympan est circulaire, mince, assez grande, et tendue presque à fleur du trou de l'oreille, dont les bords sont complétement dépourvus de tubercules. Le Bronchocèle cristatelle est une des espèces de ce sous-genre qui offrent un large pli horizontal de chaque côté du cou. Au-dessus de la région cervicale s'élève presque perpendiculairement une crête d'écailles lancéolées qui, au niveau du garrot, se transforme brusquement en une simple arête dentelée en scie, au lieu de se prolonger jusqu'à la queue, en diminuant graduellement de hauteur, comme cela a lieu chez l'espèce suivante. La queue est excessivement étendue, c'est-à-dire qu'elle fait à elle seule plus des quatre cinquièmes de la longueur totale de l'animal. A sa racine, elle est assez forte et de forme triangulaire; mais bientôt après elle devient conique et de plus en plus grêle. Couchés le long du corps, les membres s'étendraient: ceux de devant jusqu'à l'aine, ceux de derrière jusqu'à l'œil. Les doigts sont très grêles, mais les ongles courts et crochus. Les écailles qui recouvrent les faces latérales du cou et du tronc sont une fois plus petites que celles du ventre, et comme elles rhomboïdales et carénées; c'est, du reste, la forme des squames des membres et de la queue. Les écailles des parties latérales du corps étant plus petites à proportion que dans l'espèce suivante, elles sont aussi plus nombreuses : ainsi, sur une ligne droite, tirée d'un des côtés de la base de la crête dorsale au point qui sépare les flancs de la région ventrale, on en compte de trente à trente-quatre, tandis qu'il n'y en a guère que de dix-huit à vingt dans le Bronchocèle à crinière. Le bord libre du fanon, dont les écailles sont aussi dilatées que les ventrales, offre une espèce de dentelure en scie, plus prononcée sous le menton que dans le reste de son étendue. Les scutelles sous-digitales sont quadrilatères et bica-renées.

Coloration. La collection renferme une dizaine d'individus appartenant à cette espèce, qui sont, en dessus, les uns uniformément bleus, les autres complétement verdâtres. Quant à la coloration de leurs parties inférieures, elle ne diffère de celle des supérieures qu'en ce qu'elle tire sur le blanchâtre.

Dimensions. *Longueur totale*, 51' 2'''. *Tête*. Long. 4''. *Cou*. Long. 1'' 2'''. *Corps*. Long. 9''. *Memb. antér*. Long. 7'' 5'''. *Membr. postér*. 11'' 8'''. *Queue*. Long. 36''.

Patrie. Les îles de Java, de Bourou, de Sumatra et d'Amboine nourrissent cette espèce de Galéote, dont nous devons une belle suite d'échantillons à MM. Quoy et Gaimard, à M. Diard et à M. Bourdas.

Observations. Cette espèce, que Kuhl et Merrem ont chacun de son côté et à peu près à la même époque, inscrit l'un dans ses Beïtrage, sous le nom d'*Agama cristatella*, l'autre dans son *Tentamen systematis amphibiorum*, sous celui d'*Agama gutturosa*, ne se trouvait alors figurée, et d'une manière fort imparfaite, que dans l'ouvrage de Séba, tom. 1, pl. 89, n° 1. Mais depuis MM. Lesson et Garnot, dans la partie zoologique du Voyage de la Coquille, l'ont fait représenter comme une espèce inédite, qu'en conséquence ils ont désignée par un nouveau nom, celui d'*Agama Moluccana*. Dans l'Iconographie du règne animal de Cuvier, où il en existe un portrait passable, elle porte le nom de *Calotes gutturosus*.

2. LE BRONCHOCÉLE A CRINIÈRE. *Bronchocela jubata*. Nobis.

Caractères. Crête cervicale élevée, couchée en arrière, se continuant sur le dos, en diminuant graduellement de hauteur jusqu'à la racine de la queue, où elle se transforme en une arête dentelée en scie. Écailles des côtés du corps carénées, de médiocre grandeur, ou seulement un peu plus petites que celles du ventre.

Trois à cinq écailles aplaties faisant saillie en dehors, derrière l'extrémité postérieure de l'arête surciliaire. Pas de tubercules ni sur la nuque ni autour des oreilles. D'une teinte bleu roussâtre; une bande jaune sous l'oreille.

Synonymie. *Calotes gutturosus*. Schleg. Mus. Leyde.

DESCRIPTION.

Formes. Cette espèce, bien que très voisine de la précédente, s'en distingue cependant par les écailles des parties latérales du corps; moins nombreuses et proportionnellement plus grandes; par sa crête cervicale plus haute, plus fournie, penchée en arrière, et qui, en se prolongeant sur le dos, au lieu de diminuer brusquement de hauteur au-dessus du garrot, ne s'abaisse que par degré jusqu'à la queue. Nous l'avons appelée Bronchocèle à crinière pour faire allusion à l'épaisseur de sa crête cervicale, qui se compose de sept ou neuf rangées d'écailles lancéolées, très aplaties latéralement, légèrement arquées, et dont la hauteur est d'autant plus grande qu'elles sont plus près de la région moyenne et longitudinale du cou. Cette crête se fait encore remarquer par la courbure que décrit son bord libre. Dans le Bronchocèle cristatelle, les écailles des côtés du corps sont moitié moins grandes que celles du ventre; ici elles ne sont qu'un peu plus petites, et au lieu de trente à trente-quatre sur une ligne tirée perpendiculairement de la base du milieu de la crête dorsale au bas du flanc, on n'en peut compter que dix-huit ou vingt. Du reste, le Bronchocèle à crinière ne diffère pas du Bronchocèle cristatelle, si ce n'est cependant par son mode de coloration.

Coloration. En dessus il offre une teinte tantôt bleue, tantôt verte, qui devient plus ou moins roussâtre en s'avançant de la tête vers la queue. Les lèvres sont brunes. Chez certains individus, on voit sous l'oreille une bande d'un jaune-orangé qui se prolonge un peu sur la lèvre inférieure. Une autre bande de la même couleur que celle-ci se prolonge obliquement de chaque côté du cou. Quelquefois les omoplates sont marquées de quelques taches semblables pour la teinte aux bandes dont nous venons de parler. Pour ce qui est des parties inférieures, elles sont peintes ou plutôt lavées d'un blanc verdâtre ou bleuâtre.

Dimensions. *Longueur totale*. 56″. *Tête*. Long. 4″. *Cou*. Long. 1.

Corps. Long. 8" 1'". *Membr. antér*. Long. 7" 5'". *Memb. postér*. Long. 12". *Queue*. Long. 43".

PATRIE. Il existe dans la collection des échantillons du Bronchocèle à crinière qui viennent les uns de Pondichéry, d'où ils ont été adressés par M. Leschenault, les autres de l'île de Java, où ils ont été recueillis par MM. Quoy et Gaimard. Le musée de Leyde nous en a aussi envoyé deux individus originaires de ce dernier pays.

Observations. Sur l'étiquette qu'ils portaient était inscrit ce nom de *Calotes gutturosus*, nom que nous n'avons pas dû conserver à leur espèce, par la raison que ce Galéote, que Merrem a nommé *Agama gutturosa*, est le même que l'*Agama cristatella* de Kuhl, ou notre *Bronchocela cristatella*, et que reporter ce nom à une autre espèce, ce serait vouloir augmenter la difficulté déjà trop grande qu'il y a pour bien établir la synonymie de ces différents Galéotes.

3. LE BRONCHOCÈLE TYMPAN STRIÉ. *Bronchocela tympanistriga*. Gray.

CARACTÈRES. Cou surmonté d'une crête dentelée en scie, diminuant graduellement de hauteur jusqu'à la queue, qui est comprimée. Écailles des flancs lisses, de même grandeur que celles du ventre. Un tubercule subconique derrière l'extrémité postérieure du bord surciliaire. Deux autres tubercules à peu près semblables, de chaque côté de la nuque. Une ou deux écailles tuberculeuses immédiatement au-dessus et un peu en arrière de l'oreille. Une grande tache brunâtre sur le museau; une bande de la même couleur sur le sommet du cou. Un grand disque également brunâtre de chaque côté du thorax.

SYNONYMIE. *Calotes tympanistriga*. Kuhl.

Bronchocela tympanistriga. Gray. Synops. Rept. in Griffith's anim. kingd. tom. 9, pag. 56.

DESCRIPTION.

FORMES. La forme et les proportions relatives de la tête de cette espèce sont les mêmes que chez les deux précédentes. Mais elle s'en distingue tout d'abord par l'absence de pli le long des côtés du cou, par sa queue comprimée et par les écailles lisses de ses flancs. Le Bronchocèle tympan rayé a neuf paires d'assez grandes plaques quadrilatères oblongues et unies sur chaque lèvre, sans compter

l'écaille rostrale carrée, mais presque à six pans, qui garnit le bout
du museau, ni la mentonnière, de figure triangulaire, qui fait
partie de la rangée des labiales inférieures. Les squames qui revêtent le dessus de la tête sont hexagonales et excessivement peu
imbriquées. La plupart d'entre elles sont lisses; pourtant on en
voit de carénées sur les régions sus-oculaires, et de relevées en
arête sur la ligne médio-longitudinale du museau. L'occiput en
offre plusieurs dont la surface est tuberculeuse. Le bord supérieur
de l'orbite supporte une rangée de plaques plus grandes que celles
des autres parties de la surface du tronc. La dernière plaque de
cette rangée, c'est-à-dire celle qui se trouve située justement à
l'extrémité postérieure du sourcil, est tuberculeuse. Sur chaque
tempe, sont deux ou trois écailles plus dilatées que celles des régions voisines. Il y a deux petits tubercules squameux, situés l'un
immédiatement au-dessus de l'oreille, l'autre un peu en arrière
de celui-ci. On en voit deux ou trois autres un peu plus forts
occuper une ligne longitudinale, de chaque côté de la nuque. La
membrane tympanale est ovalo-circulaire, d'un assez grand diamètre et tendue à fleur du trou auriculaire. Le point le plus élevé de la petite crête écailleuse dentelée en scie, qui surmonte le
dessus du corps, se trouve placé, comme chez les deux espèces précédentes, au-dessus du cou, en arrière duquel elle s'abaisse graduellement jusque vers la moitié de la queue, où cette crête s'efface complétement. Les écailles qui la composent sont penchées
en arrière et disposées sur un seul rang. Le diamètre des écailles
du dos, des flancs et du ventre est à peu près le même; celles du
dos sont légèrement carénées, sur les côtés elles ne le sont pas
du tout; mais celles du ventre le sont au contraire beaucoup.
Le dessus de la queue, que nous avons dit être comprimée, est
tranchant dans le premier tiers de sa longueur et arrondi dans
les deux autres. Les membres de cette espèce sont plus courts que
ceux des Bronchocèles Cristatelle et à Crinière. Si on les cou-
chait, ceux de devant le long du cou, ceux de derrière le long du
corps, les premiers ne s'étendraient qu'un peu au-delà du museau,
et les seconds jusqu'à l'extrémité postérieure de l'os maxillaire
inférieur.

COLORATION. Une teinte bleue, coupée transversalement de bandes
d'un blanc bleuâtre, règne sur le dessus du corps, des membres
et de la queue dont les régions inférieures sont blanches, lavées
de bleu. La tempe est marquée d'une tache oblongue de cou-

leur brune, qui s'étale aussi sur le sommet du cou, forme un grand disque de chaque côté du thorax, une tache élargie sur le museau et des raies alternant avec d'autres, d'une teinte fauve, sur le dessus des doigts, dont l'extrémité est bleuâtre. Cette même couleur brune est répandue sur les lèvres. On voit une raie blanche en travers de l'omoplate, une seconde en avant du tympan et deux autres le long des côtés du cou.

DIMENSIONS. *Longueur totale*, 24". *Tête*. Long. 2" 4'". *Cou*. Long. 6'". *Memb. antér*. Long. 3" 3'". *Memb. post*. Long. 5". *Queue*. Long. 16" 5'".

PATRIE. Ce Bronchocèle habite l'île de Java.

Observations. La description que nous venons d'en donner a été faite sur un seul exemplaire que nous considérons comme n'ayant pas encore acquis son entier développement. Il nous a été envoyé du musée de Leyde.

2e SOUS-GENRE. GALÉOTE (proprement dit).
CALOTES. Kaup.

CARACTÈRES. Écailles du tronc formant des bandes obliques dont l'inclinaison est dirigée en avant, et par suite le bord libre des écailles tourné vers le dos.

Les Galéotes proprement dits ont cela de particulier que le bord libre de leurs écailles, au lieu d'être dirigé du côté du ventre, comme chez les espèces du sous-genre précédent, est tourné du côté du dos. Leurs plaques céphaliques sont pour ainsi dire imbriquées à l'envers, car c'est leur marge découverte qui regarde le museau. Chez ces espèces, la tête est proportionnellement plus courte, plus épaisse, et les régions sus-oculaires sont plus convexes que dans celles qui appartiennent au groupe ou au sous-genre des Bronchocèles. Les côtés postérieurs de cette tête sont très renflés, comme chez certains Agames, chez les Stellions, ou bien chez l'Istiure Physignathe. Ce renflement provient du grand développement que présentent les muscles qui servent à mouvoir la mâchoire inférieure. Celle-ci est beaucoup plus prolongée en arrière que l'occiput, d'où il résulte

REPTILES, IV.   26

que la partie postérieure de la tête semble offrir une grande échancrure triangulaire dans laquelle le haut du cou paraît être emboîté. La peau du cou de ces Galéotes proprement dits est très peu dilatable. Elle ne fait aucun pli longitudinal sur les côtés, si ce n'est un très faible, au devant de l'épaule, dans les deux dernières espèces, et c'est à peine si elle pend en fanon sous la gorge. Enfin leur queue n'est ni réellement comprimée ni parfaitement triangulaire ; chez deux espèces elle est même tout-à-fait conique.

4. LE GALÉOTE OPHIOMAQUE. *Calotes ophiomachus.* Merrem.

CARACTÈRES. Une petite crête de longues épines de chaque côté de la nuque, au-dessus de l'oreille ; queue conique. Bleu ou vert, marqué de bandes blanches en travers.

SYNONYMIE. *Lacerta Mexicana strumosa, altera saxicola Tecoixin dicta.* Séb. tom. 1, pag. 141, tab. 89, fig. 2.

Lacerta Ceilonica, lemniscata et pectinata, cœrulea Kolotes et Askalabotes Græcis dicta, aliis ophiomachus seu pugnatrix cœrulea. Séb. tom. 1, pag. 146, tab. 93, fig. 2.

Lacertus Ceilonicus amphibius seu Leguana soa aer *dicta mas.* Id. Loc. cit. pag. 149, tab. 95, fig. 3.

Lacerta Ceilonica cœrulea, fœmina prioris. Séb. tom. 1, pag. 150, tab. 95, fig. 4.

Lacerta cauda longa, pedibus pentadactylis, dorso antice dentato, capite ponè, denticulato. Linn. Amœn. Acad. tom. 1, pag. 289.

Lacerta calotes. Linn. Mus. Adolph. Fred. tom. 1, pag. 44.

Iguana cauda longissima tereti conica, dorso tantum cristato. Gronov. Mus. Ichth. tom. 2, pag. 85 et Zooph. tom. 1, pag. 13.

Lacerta calotes. Linn. Syst. nat. édit. 10, pag. 207, et édit. 12, pag. 367.

Iguana calotes. Laur. Synops. Rept., pag. 49.

Lacerta calotes. Gmel. Syst. nat. Linn., pag. 1063.

Le Galéote. Daub. Dict. Rept., pag. 627.

Le Galéote. Lacép. Hist. Quad. ovip. tom. 1, pag. 292, pl. 19.

Le Galéote. Bonnat. Encyclop. méth., pl. 6, fig. 1.

Galeote lizard. Shaw Gener. zool. tom. 3, pag. 288, tab. 64.

Iguana calotes. Latr. Hist. Rept. tom. 1, pag. 260.

Agama calotes. Daud. Hist. Rept. tom. 3, pag. 361, tab. 43.

Agama ophiomachus. Merr. Syst. amph., pag. 5r.

Agama calotes. Kuhl. Beïtr. zur Zool. und Vergleich. anat., pag. 108.

Agama lineata. Id. loc. cit.

Le *Galéote commun.* Cuv. Regn. anim. 2ᵉ édit. tom. 2, pag. 38.

Calotes ophiomachus. Gray. Synops. Rept. in Griffith's anim. kingd. tom. 9, pag. 55.

Calotes ophiomachus. Wiegm. Herpetol. mexic. pars 1, pag. 14.

DESCRIPTION.

FORMES. La tête de cette espèce est d'un tiers môins haute, et d'un tiers plus longue qu'elle n'est large postérieurement. Sa face supérieure, en avant du niveau des yeux, est parfaitement plane et fortement inclinée du côté du museau. Les régions sus-oculaires sont au contraire très-convexes; les écailles qui les revêtent sont hexagonales et lisses, de même que les autres plaques céphaliques, mais leur diamètre est un peu plus grand. Toutes ces écailles sont très-distinctement imbriquées et percées de petits pores tout autour. Celles d'entre elles qui couvrent le milieu de la surface du museau ont leur marge libre tournée en avant, tandis que celles qui garnissent les côtés de cette même surface sont dirigées latéralement et en dehors, de même que les écailles sus-oculaires. La plaque rostrale est petite, hexagonale et très dilatée en travers; mais l'écaille mentonnière est grande et triangulo-pentagonale. Il y a en outre, autour de chaque lèvre, dix-huit ou vingt squames quadrangulaires oblongues. L'oreille n'est pas très grande; la membrane tympanale se trouve tendue presqu'à fleur de son pourtour, qui n'offre aucune espèce d'écailles tuberculeuses. Il existe une rangée longitudinale de huit ou neuf épines effilées de chaque côté de la nuque, au-dessus de l'oreille. On remarque au devant de chaque épaule une sorte de petit enfoncement coloré en noir, où des écailles petites, subgranuleuses semblent être disposées circulairement. La crête qui règne sur le dessus du corps commence à la nuque et se termine à la racine de la queue. Elle se compose d'écailles lancéolées, très comprimées, un peu penchées en arrière et disposées sur un seul rang, excepté sur le cou, où l'on en voit un second à gauche et un troisième à droite, l'un et l'autre plus bas que le médian. Cette crête déjà assez haute à sa naissance, augmente encore de hauteur jusqu'au-dessus des épaules, après

26.

quoi elle diminue graduellement jusqu'à ne plus être qu'une simple arête dentelée en scie. La queue fait près des quatre cinquièmes de la longueur totale de l'animal. Elle est conique, forte à sa base, mais très-grêle dans le reste de son étendue. Couchés le long du tronc, les membres s'étendraient, ceux de devant jusqu'au-delà de l'aine, ceux de derrière jusqu'au bout du museau. Les écailles du corps, des membres et de la queue sont toutes fort grandes, rhomboïdales et surmontées chacune d'une carène qui se termine en pointe aiguë. On compte tout au plus une douzaine de squames sur une ligne tirée perpendiculairement vers le milieu d'un des cotés du tronc, depuis la base de la crête dorsale jusqu'à l'endroit où commence la région abdominale. Les écailles qui revêtent cette partie inférieure du corps sont les plus fortement carénées de toutes. Il existe quelques petits pores crypteux sur les écailles qui bordent l'orifice du cloaque.

COLORATION. Une teinte olivâtre règne sur la tête, pendant qu'une couleur, tantôt bleue, tantôt verte, est répandue sans exception sur toutes les autres parties supérieures du corps. Le dessus du tronc est coupé transversalement par six ou sept bandes blanches. La queue est annelée de blanc.

Toutes les régions inférieures offrent une teinte blanchâtre tirant sur le vert ou le bleu, suivant que c'est l'une ou l'autre de ces deux couleurs qui se montre sur les parties supérieures.

DIMENSIONS. *Longueur totale*, 56" 3'''. *Tête*. Long. 3" 8'''. *Cou*. Long. 9". *Corps*. Long. 7" 8'''. *Memb. antér*. Long. 6" 4'''. *Memb. post*. Long. 9" 6'''. *Queue*. Long. 43" 8'''.

PATRIE. On trouve le Galéote ophiomaque aux îles Philippines, à Ceylan et sur le continent de l'Inde. Nous en avons reçu des échantillons de ces différens pays, par les soins de M. Leschenault, de M. Dussumier et de M. Raynaud.

Observations. La figure n° 2 de la planche 89 du tome 1er de Séba, citée par Merrem comme se rapportant à son *Agama gutturosa*, ou notre *Bronchocela cristatella*, est bien évidemment celle du *Calotes ophiomachus*, laquelle est aussi citée à tort par Gray comme synonyme d'*Agama vultuosa* de Harlan. Cet *Agama vultuosa* n'est autre qu'un *Calotes versicolor*.

5. LE GALÉOTE VERSICOLORE. *Calotes versicolor*. Nobis.

CARACTÈRES. Deux épines isolées, placées l'une devant l'autre, de chaque côté de la nuque, à peu près au-dessus de l'oreille; pas la moindre trace de pli sur les côtés du cou. Queue conique. D'un fauve roussâtre, avec des bandes brunes en travers; une raie blanche à la droite et à la gauche du dos, chez les jeunes sujets.

SYNONYMIE. *Lacertus ophiomachus pectinatus, et aculeatus, species Draconis Brasiliensis.* Séb. tom. 1, pag. 146, tab. 93, fig. 4.

Lacerta Brasiliensis tejuguacu dicta, elegantissimè picta. Séb. tom. 1, pag. 144, tab. 92, fig. 1.

Lacerta Virginiana lepida. Séb. tom. 1, pag. 116, tab. 72, fig. 5.

Agama versicolor. Daud. Hist. Rept. tom. 3, pag. 395, tab. 44.

Agama versicolor. Merr. Syst. amph., pag. 51.

Agama Tiedmanni. Kuhl. Beïtr. zur Zool. und Vergleich. anat., pag. 109.

Agama versicolor. Id. loc. cit., pag. 114.

Calotes Tiedmanni. Kaup. Isis. 1827, tom. 20, pag. 619, tab. 8.

Agama vultuosa. Harl. Journ. of the Acad. nat. sc. Phil. tom. 4, pag. 296, tab. 19.

Calotes Tiedmanni. Gray. Synops. Rept. in Griffith's anim. kingd. tom. 9, pag. 55.

Calotes Tiedmanni. Wiegm. Herpet. mexic. pars 1, pag. 14.

DESCRIPTION.

FORMES. Si ce n'est un peu moins de gracilité dans les formes, le Galéote versicolore a le même port que l'espèce précédente. En effet, son corps a proportionnellement un peu plus de longueur et sa queue une étendue moins considérable. Mais entre l'écaillure de ces deux espèces, il n'y a de différence que dans le nombre des épines effilées qui existent de chaque côté de la nuque. Le Galéote ophiomaque en offre une dizaine, disposées sur une rangée formant en quelque sorte une petite crête; tandis que le Galéote versicolore n'en présente que deux, placées l'une derrière l'autre, à une distance au moins égale à la longueur de chacune d'elles. On remarque aussi que ce dernier n'a pas au devant de l'épaule, comme le premier, une espèce de léger enfoncement où les écailles sont moins dilatées que celles des régions voisines.

COLORATION. Dans son état adulte, le Galéote versicolore a ses parties supérieures peintes en fauve roussâtre, soit uniformément, soit coupées en travers sur le tronc; les membres et la queue présentent des bandes brunes plus ou moins foncées. Chez certains individus, le côté du cou, au dessus de l'épaule, est marqué d'une tache noire. Le dessus de l'animal offre une teinte plus claire que celle du fond de ses régions supérieures. Les jeunes sujets portent de chaque côté du dos une bande blanche qui s'étend depuis l'œil jusqu'à la base de la queue. Parfois cette bande est interrompue de distance en distance, de telle sorte qu'elle ne semble plus être qu'une série de taches quadrilatères oblongues. Le plus souvent quelques taches blanches sont semées sur les bandes transversales brunes du dos, lesquelles ne couvrent jamais la bande blanche. Les parties latérales de la tête offrent chacune de quatre à six lignes brunes disposées en rayons partant d'un centre commun, qui est l'œil. Des raies noires, au nombre de deux à quatre, se montrent sur le dessus du crâne qu'elles coupent dans son sens transversal. Quelquefois il y a sur la plaque occipitale deux taches de la même couleur que ces raies. Il existe sous la tête des lignes noires qui forment des chevrons dont le sommet est dirigé en avant. M. Dussumier, qui a vu ce Galéote vivant, nous a assuré qu'il change de couleur aussi promptement que le Caméléon. Tantôt il prend une belle couleur rose; tantôt au contraire il devient tout noir.

DIMENSIONS. *Longueur totale*, 42" 2'". *Tête*. Long. 3" 7'". *Cou*. Long. 1". *Corps*.Long. 7"5'". *Memb. antér*. Long. 6". *Memb. postér*. Long. 9". *Queue*. Long. 3o".

PATRIE. Cette espèce de Galéote est très-commune sur le continent de l'Inde. Nous l'avons particulièrement reçue en grand nombre du Bengale et de Pondichéry. MM. Dussumier, Leschenault, Bellanger et Raynaud sont les voyageurs auxquels le Muséum est redevable de la plupart des échantillons qu'il possède.

Observations. Nous avons conservé à cette espèce le nom de *versicolor*, qui est celui sous lequel elle a été décrite la première fois par Daudin, d'après un individu ayant encore la livrée du jeune âge. C'est à elle qu'il faut rapporter le *Calotes Tiedmanni* de Kaup, et l'*Agama vultuosa* de Harlan, qui n'est pas, ainsi que paraît le croire M. Gray, le même que le *Calotes gutturosa* de Guérin, ni semblable à la figure n° 2 de la planche 89 du tome 1ᵉʳ de l'ouvrage de Séba. Cette figure de Séba représente évidemment un *Calotes ophiomachus*, et celle du *Calotes gutturosa* de l'Iconographie du règne animal, un *Bronchocela cristatella*. Quant à l'*Agama flavigularis* de Daudin, quelques auteurs le citent comme synonyme de son *Agama versicolor;* nous pensons qu'il n'appartient pas même au genre Galéote; attendu que d'après sa description il n'aurait point les écailles du ventre carénées, et qu'aucune des espèces que nous connaissons ne les a lisses.

6. LE GALÉOTE DE ROUX. *Calotes Rouxii.* Nobis.

CARACTÈRES. Deux petites épines placées l'une après l'autre de chaque côté de la nuque. Un pli oblique en long devant l'épaule. Écailles des côtés du tronc petites, à peine un peu moins dilatées que celles du ventre. Dessus de la base de la queue anguleux, garni de très-grandes et de très-fortes écailles. D'un brun fauve uniforme, ou semé de quelques taches noires.

SYNONYMIE ?

DESCRIPTION.

FORMES. A la première vue, on prendrait cette espèce pour un Galéote versicolore; mais pour peu qu'on l'examine avec soin, on s'aperçoit de suite qu'elle s'en distingue d'abord par un pli alongé oblique que forme la peau du cou devant chaque épaule; ensuite par une queue dont le dessus, à sa racine, est tout-à-fait anguleux et garni d'une rangée de très grandes et très fortes squames pentagones et en toit; enfin par les écailles du tronc, proportionnellement plus petites. Aussi en compte-t-on quelques-unes de plus sur une ligne droite, à partir du bas du flanc jusqu'à la base de la crête dorsale. On peut ajouter que le bord libre des écailles des côtés du tronc est un peu moins tourné vers le dos que chez le Galéote versicolore. La mâchoire supérieure est armée de vingt-six dents molaires et l'inférieure de trente. La peau du dessous du cou est plus lâche que dans l'espèce précédente; elle pend un peu en fanon. Les deux écailles effilées qui s'élèvent au-dessus de l'un et de l'autre côté de la nuque ont leur base entourée de trois ou quatre squames épaisses qui se redressent contre elles.

Les membres ont les mêmes proportions que ceux du Galéote versicolore ; mais la queue est plus courte, puisqu'elle n'entre guère que pour les deux tiers dans la longueur totale de l'animal. Elle est très forte et de forme triangulaire à sa racine, en arrière de laquelle elle devient assez brusquement grêle, et se comprime tout en s'arrondissant en dessus et en dessous. La face inférieure de la queue est aussi garnie de grandes écailles ; car l'on n'en compte que quatre rangées longitudinales. Ces écailles sont rhomboïdales, fortement carénées et armées d'une pointe en arrière.

CoLORATION. Le dessus des parties supérieures présente une teinte d'un fauve brun tirant sur le bronze. On voit une paire de points noirs sur le devant du poitrail et une seconde sur l'occiput. L'un des deux individus que nous possédons offre quelques taches noires irrégulièrement distribuées sur le dessus du tronc et la base de la queue. Le dessous de l'animal est fauve. Ces deux échantillons ne sont pas dans un très bel état de conservation.

DIMENSIONS. *Longueur totale*, 23". *Tête*. Long. 2" 4'". *Cou*. Long. 5'". *Corps*. Long. 4" 5'". *Memb. antér*. Long. 3" 8'". *Memb. post*. Long. 6" 2'". *Queue*. Long. 15".

PATRIE. Les deux individus dont nous venons de donner la description faisaient partie des collections recueillies aux Indes orientales par M. Polydore Roux , de Marseille.

7. LE GALÉOTE A MOUSTACHES. *Calotes mystaceus*. Nobis.

CARACTÈRES. Deux petites épines placées l'une après l'autre de chaque côté de la nuque. Un pli oblique en longueur devant l'épaule. Écailles des côtés du tronc grandes ; celles du ventre moitié plus petites. Dessus de la base de la queue subanguleux, garni d'écailles seulement un peu plus grandes que celles qui les avoisinent. Fauve en dessus ; sous l'œil une bande jaune qui se prolonge jusque sur l'épaule.

DESCRIPTION.

FORMES. Cette espèce a, comme la précédente, un pli alongé oblique de chaque côté du cou en avant de l'épaule, ce qui, joint à la forme légèrement comprimée de la queue, sert à la distinguer de suite des Galéotes ophiomaque et versicolore. Elle a de grandes écailles sur les côtés du tronc, comme ces deux-là ; mais celles qui recouvrent son ventre ont un diamètre moitié plus petit.

Bien que triangulaire à sa racine, la queue du Galéote à moustaches ne l'est cependant pas d'une manière aussi prononcée que celle du Galéote de Roux. Elle n'est pas non plus surmontée d'une carène de grandes et fortes écailles : celles qu'on y remarque sont d'une grandeur ordinaire ; mais les squamelles qui revêtent la face inférieure de la tête et le dessous de son cou sont plus dilatées et pourvues de carènes moins apparentes que chez l'espèce précédente. Le Galéote à moustaches diffère encore du Galéote de Roux par des pattes postérieures un peu plus courtes ; car, étendues le long du tronc, au lieu d'atteindre l'œil, à peine arrivent-elles jusqu'à l'oreille. C'est là, à part le mode de coloration, toutes les différences qu'on remarque entre ces deux espèces qui forment le passage des Galéotes aux Lophyres, auxquels elles ressemblent déjà par le commencement de pli qu'elles offrent de chaque côté du cou.

COLORATION. Le dessus et le dessous du tronc, des membres et de la queue, sont colorés en fauve. Une teinte olivâtre règne sur la tête, tandis que les écailles qui revêtent sa face inférieure, ainsi que celles du cou, sont brunes, bordées de jaunâtre. La lèvre inférieure offre de chaque côté une large bande jaune orangé, qui, après avoir passé sur l'oreille, va se perdre derrière l'épaule.

DIMENSIONS. *Longueur totale,* 24" 2'". *Tête.* Long. 2" 4'". *Cou.* Long. 6'". *Corps.* Long. 5" 4'". *Memb. antér.* Long. 4". *Memb. post.* Long. 5" 7'". *Queue.* Long. 15" 8'".

PATRIE. Cette espèce de Galéote est, comme les précédentes, originaire des Indes orientales. Le seul individu que renferme la collection vient du pays des Birmans. Il a été donné par M. Tennant.

XXXIVe GENRE. LOPHYRE. *LOPHYRUS* (1).
Duméril.

(*Gonyocephalus* (2), Kaup, Gray, Wagler, Wiegmann ;
Agama de Merrem en partie.)

CARACTÈRES. Tête triangulaire , plus ou moins alongée , à surface offrant une pente rapide en avant. Bords
surciliaires, arqués ou anguleux. Narines latérales,
ovalo-circulaires. Langue papilleuse, arrondie et fort
peu échancrée en avant. Cinq incisives et deux laniaires à la mâchoire supérieure. Membrane du tympan à fleur du trou auriculaire. Peau du cou lâche ,
pendant en fanon quelquefois à peine apparent , d'autres fois extrêmement développé : un pli en V en avant de
la poitrine. Cou, tronc et queue comprimés, surmontés
d'une crête généralement plus élevée au-dessus de la
nuque que dans le reste de son étendue. Écaillure du
corps rhomboïdale, subimbriquée, inégale. Pas de
pores fémoraux.

Les Lophyres diffèrent principalement des Galéotes, en ce
que la peau du dessous de leur cou fait un grand pli en V,
dont les branches montent devant chaque épaule.
    La tête des Lophyres n'est pas exactement de la même forme
chez toutes les espèces : tantôt assez étendue en longueur et

---

(1) Λοφουρα, qui a une queue et une crinière, *qui caudam et ju-*
bam habet ; Λοφυρος, remarquable par la queue, *insignis caudá.*
    (2) Γωνιος, anguleux, *angulosus*, et de Κεφαλη, sommet de la tête,
vertex.

pointue en avant, elle ressemble à une pyramide à quatre faces ; tantôt au contraire assez courte et obtuse antérieurement, son contour horizontal offre une figure triangulaire, à côtés à peu près égaux. Dans ce dernier cas, elle se fait remarquer par l'élévation en angle obtus du bord supérieur de l'orbite.

Les ouvertures nasales sont grandes, circulaires ou ovales, légèrement dirigées en bas et situées un peu en arrière du bout du museau, sous son angle latéral.

Large et épaisse, arrondie et entière en avant, la langue offre une surface, dont les papilles parfois sont assez longues et soyeuses, d'autres fois fort courtes et à sommet convexe, ce qui lui donne une certaine apparence squameuse. Triangulaires, comprimées et fort serrées les unes contre les autres, les dents molaires sont au nombre de treize à vingt de chaque côté. A la mâchoire d'en haut, on compte sept dents antérieures, parmi lesquelles trois incisives et quatre canines ; en bas il y a une incisive de moins.

La membrane tympanale est ovalaire, d'un certain diamètre et tendue à fleur du trou auditif, dont les bords sont simples. Il pend sous la gorge des Lophyres, comme sous celle des Iguanes, un fanon soutenu dans son épaisseur par un long stylet provenant de l'os hyoïde. Ce fanon, qui quelquefois prend un développement considérable, est en général de moyenne hauteur, laquelle dépend aussi de l'âge des individus. Il diffère de celui des Iguanes, parce qu'il est susceptible de se gonfler, ou de se plisser irrégulièrement.

La peau du cou fait un pli en V devant la poitrine. Le cou et le tronc sont toujours très comprimés. Il n'en est pas de même de la queue qui, dans quelques cas, est arrondie en dessus et en dessous. Une crête d'écailles pointues, plus ou moins alongées règne sur le dessus de l'animal, depuis l'occiput jusque vers le milieu ou l'extrémité de la queue. Quelquefois la peau de la région cervicale forme un pli vertical assez élevé.

Les membres de la plupart des Lophyres se font remarquer par leur maigreur, particulièrement ceux de derrière. Les doigts sont aussi fort grêles ; ils offrent une dentelure de chaque côté, et des carènes sur leur face inférieure. Ainsi que nous l'avons déjà fait remarquer plus haut, on ne voit pas d'écailles crypteuses sous les régions fémorales.

Les plaques qui protégent le dessus de la tête étant fort petites, sont par conséquent très nombreuses. Elles sont anguleuses, souvent toutes de même diamètre et carénées. Aux petites écailles imbriquées, disposées par bandes transversales qui revêtent les côtés du tronc, s'en mêlent de deux fois plus grandes, mais quadrilatères et carénées comme elles. Les squames ventrales sont surmontées de carènes qui, chez quelques espèces, disparaissent avec l'âge. La queue présente une écaillure rhomboïdale, entuilée et carénée, mais plus fortement en dessous qu'en dessus.

L'établissement du genre Lophyre date de l'époque de la publication de la Zoologie analytique. L'espèce alors unique qui y donna lieu est un Saurien fort remarquable, dont Séba a publié la figure sous le nom de *Lacerta tigrina*, d'après un individu qui, par suite de la conquête de la Hollande par nos armées, a passé de la collection du Stathouder dans le musée de Paris.

Aujourd'hui ce genre renferme quatre espèces qui pourraient être partagées en deux groupes, suivant que leur tête est alongée, et à crêtes surciliaires faiblement arquées, comme dans les Istiures, ou au contraire fort courtes et à bords orbitaires anguleux, de même que chez les Lyriocéphales.

Le genre *Gonyocephalus* de Kaup, adopté par Gray, Wagler et Wiegmann, est un double emploi de notre genre Lophyre, avec lequel n'ont rien de commun les prétendus Lophyres décrits et représentés par Spix, lesquels sont des espèces d'Iguaniens pleurodontes appartenant aux genres Ophryesse, Enyale, etc.

TABLEAU SYNOPTIQUE DES ESPÈCES DU GENRE LOPHYRE.

———

Bords orbitaires

curvilignes : queue comprimée

fortement, tranchante, crêtée en dessus. . . . . } 3. **L.** Dilophe.

très-faiblement, arrondie en dessus et en dessous : nuque

sans épines . . . 2. **L.** de Bell.

hérissée d'épines. 1. **L.** Armé.

anguleux. . . . . 4. **L.** Tigré.

---

1. LE LOPHYRE ARMÉ. *Lophyrus armatus.* Nobis.

Caractères. Bord surciliaire faiblement anguleux, offrant une longue épine en arrière de son extrémité postérieure. Point de tubercules épineux sur l'occiput; un faisceau d'épines de chaque côté de la nuque. Membrane du tympan épaisse, mais néanmoins distincte. Sur le cou, une crête d'épines droites, se changeant sur le dos en une carène dentelée. Peau du cou pendant en un petit fanon sans dentelures, et garnie d'écailles semblables entre elles. Base de la queue subtriangulaire, surmontée d'une carène dentelée.

Synonymie. *Agama armata.* Gray. Zoolog. journ. 1827, tom. 3, pag. 216.

Calotes tropidogaster. Cuv. Règn. anim., 2ᵉ édit. tom. 2, pag. 39.

Acanthosaura armata. Gray. Synops. Rept. in Griffith's anim. kingd. tom. 9, pag. 56.

DESCRIPTION.

Formes. La tête du Lophyre armé est courte et épaisse. Sa plus grande hauteur est un peu moindre que sa largeur en arrière, laquelle équivaut aux deux tiers de sa longueur totale. Les côtés de cette tête, qui sont perpendiculaires, forment, en se rapprochant l'un de l'autre, un angle aigu dont le museau se trouve être le sommet, qui est arrondi. Toute la partie antérieure de la tête est plane et inclinée en avant, tandis que la postérieure est légèrement convexe et abaissée en arrière. Les bords surciliaires font un peu de saillie en dehors et forment un petit angle près de leur extrémité postérieure, en arrière de laquelle est implantée une longue épine droite, à deux tranchans. Les régions susoculaires sont légèrement bombées. Chaque mâchoire est armée de trente dents molaires obtusément tricuspides. La plaque rostrale, qui est plus large que haute, offre quatre côtés cintrés, le supérieur en dehors, l'inférieur et les deux latéraux en dedans. L'écaille mentonnière, bien que réellement hexagonale, paraît triangulaire. Autour de l'une comme de l'autre mâchoire, on compte vingt-quatre squames labiales à quatre ou cinq pans et oblongues. La membrane du tympan se trouve tendue tout-à-fait à fleur du trou auriculaire. Elle a une certaine épaisseur. Les squames qui revêtent le dessus de la tête sont à six angles arrondis et placées les unes à côté des autres, excepté sur les régions susoculaires, où elles semblent être un peu plus longues que larges et légèrement imbriquées. Mais toutes ont leur région médio-longitudinale et leurs côtés relevés en carènes. Il y en a quelques-unes en travers du front qui ont quelque chose de plus que les autres en largeur et en hauteur. La plaque occipitale est polygone et assez dilatée. On voit sur chaque tempe une rangée longitudinale de trois à quatre grandes squames à pans arrondis, ayant leur surface légèrement bombée, en même temps qu'elle offre une petite carène à peu près au milieu. De chaque côté de la nuque, positivement au-dessus de l'oreille, est une longue épine droite, arrondie et très-pointue, autour de laquelle on en voit cinq ou six autres qui sont trièdres et beaucoup plus courtes. Une suite d'épines au moins aussi longues que celles dont nous venons de parler, également droites, mais très-comprimées, surmontent le dessus du cou, où elles constituent une crête qui, chez les sujets adultes, se prolonge jusqu'au milieu du dos. Arrivée là, elle se transforme en une carène dentelée en scie qui va se terminer sur la queue, à peu de distance en arrière de sa racine. Les membres de devant n'ont pas une étendue plus considérable que celle qui existe entre l'épaule et l'articulation fémorale. Les pattes de derrière, lorsqu'on les couche le long du tronc, s'étendent jusqu'à l'angle de la bouche. Les doigts sont médiocrement grêles ; les ongles assez longs , courbés et aigus. La queue a une demi-fois plus de longueur que le reste du corps. Immédiatement en arrière du tronc, elle est forte et subtriangulaire, mais presqu'aussitôt après elle diminue et se comprime, sans pour cela cesser d'être arrondie en dessus et en dessous. La peau de la région inférieure du cou y forme un petit fanon qui n'est pas dentelé. On remarque devant l'épaule un pli qui prend naissance sur le milieu de la poitrine et qui va se terminer derrière l'omoplate après avoir décrit une ligne courbe. Il y a sur les côtés du corps , comme cela a lieu chez tous les Lophyres , de grandes écailles éparses au milieu d'autres moitié plus petites. Celles-ci, en très-grand nombre imbriquées et irrégulièrement rhomboïdales, sont lisses pour la plupart ; celles-là, dont la forme approche de la circulaire, sont relevées d'une forte pointe triangulaire. Les squames pectorales et les ventrales sont très grandes comparativement aux petites écailles des côtés du tronc. Elles ressemblent à des rhombes, et portent de très-fortes carènes, se prolongeant en pointes en arrière. Ces carènes sont disposées de manière à produire des lignes longitudinales non interrompues. Le dessous de la tête et celui du cou offrent des écailles de même forme, mais d'un moindre diamètre que les squames ventrales. Si l'on en excepte les coudes, les genoux et les jarrets , les membres sont garnis d'écailles encore plus grandes que celles du ventre. Nous devons cependant dire que sur les cuisses , ces grandes écailles sont semées au milieu d'autres un peu moins développées. Les doigts eux-mêmes en sont pourvus d'assez grandes, et dont les carènes sont si fortes et les pointes si prononcées, qu'ils semblent hérissés d'épines. Leurs bords en particulier sont dentelés. Ce sont également des écailles rhomboïdales, entuilées et carénées qui revêtent la queue ; mais on remarque que celles de la face inférieure sont plus étroites et pourvues d'arêtes plus fortes que celles des parties latérales, arêtes qui forment quatre lignes saillantes sous presque toute l'étendue du prolongement caudal. Les scutelles sous-digitales sont bicarénées.

Coloration. La couleur des deux seuls sujets, encore jeunes, appartenant à cette espèce que renferme notre collection, est en dessus d'un brun fauve , nuancé de marron. Cette dernière couleur devient noirâtre sur la tête et le cou, où elle paraît former une figure rhomboïdale , bordée de blanchâtre. La queue présente

des bandes transversales d'un brun marron sur un fond plus
clair. La face externe des membres paraît veinée de noirâtre. Une
teinte brune assez foncée règne sur les régions inférieures de la
tête et du cou; toutes les autres parties du dessous de l'animal
offrent une couleur jaunâtre. Il y a dans le musée britannique, où
nous les avons vus nous-mêmes, des individus plus âgés que ceux-
ci, dont le dessus du corps, sur un fond également fauve, offre de
larges marbrures de couleur marron. Sur la nuque et sur le dos,
on voit plusieurs des taches qui composent ces marbrures offrir une forme semi-lunaire. La queue est alternativement annelée de fauve et de marron.

Dimensions. Le sujet sur lequel les mesures suivantes ont été
prises est moitié moins grand que celui qui fait partie de la collection du musée britanique.

Longueur totale, 22" 7'''. Tête. Long. 2" 7'''. Cou. Long. 1. Corps.
Long. 6". Memb. antér. Long. 4" 5'''. Memb. post. Long. 7". Queue.
Long. 13".

Patrie. Le Lophyre armé se trouve à la Cochinchine. Les deux
exemplaires que nous possédons ont été envoyés de ce pays par
M. Diard.

Observations. Ces espèce est celle qui est mentionnée dans la
seconde édition du Règne animal, sous le nom de Calotes lepidogaster, mais par suite sans doute d'une faute d'impression; car
nous avons trouvé l'un des deux individus, dont il a été question
tout à l'heure, étiqueté de la main même de Cuvier, Calotes tropidogaster. Il y avait effectivement lieu d'appliquer cette dernière
épithète au Lophyre armé, à cause des fortes carènes que présente
son écaillure ventrale; tandis que le nom de lepidogaster, qui signifie tout simplement ventre écailleux, n'indiquait rien qui lui
fût particulier, même parmi toutes les espèces de sa famille.

2. LE LOPHYRE DE BELL. Lophyrus Bellii. Nobis.

Caractères. Bord surciliaire faiblement anguleux, sans épine
en arrière de son extrémité postérieure. Deux tubercules conico-
polyèdres sur l'occiput; point de faisceaux d'épines sur les côtés
de la nuque. Membrane du tympan assez épaisse, et par cela
même peu distincte. Sur le cou une crête touffue composée d'é-
cailles lancéolées fort minces, se continuant tout le long du dos.

Peau de la gorge formant un petit fanon non dentelé, à écaillure homogène. Base de la queue triangulaire, surmontée d'une carène dentelée en scie.

Synonymie ?

DESCRIPTION.

Formes. Le Lophyre de Bell est plus élancé que le Lophyre armé. Sa queue constitue plus des deux tiers de la longueur totale du corps ; et ses membres, lorsqu'on les étend le long du tronc, arrivent, ceux de devant en arrière de la cuisse, et ceux de derrière presqu'à l'extrémité du museau. Ces membres et cette queue, pour ce qui est de leur forme, ressemblent tout à fait à ceux du Lophyre armé. La tête du Lophyre de Bell n'est pas non plus différente de celle de ce dernier, si ce n'est que le sommet de l'angle excessivement ouvert que présente le bord surciliaire, se trouve placé au niveau du milieu de l'œil, au lieu de l'être au-dessus du bord postérieur de celui-ci. Chez cette espèce, la membrane du tympan est encore plus épaisse que dans la précédente. Aussi ne la distingue-t-on, pour ainsi dire, qu'au faible enfoncement qu'elle présente ; sa surface est presque entièrement couverte d'écailles, beaucoup plus petites et moins serrées, il est vrai, que celles des régions voisines. La petite crête écailleuse qui garnit le bord surcilère se prolonge d'un côté jusqu'au bout du museau, de l'autre jusques en arrière du bord orbitaire. La tête est couverte de petites plaques, toutes à peu près de même grandeur. Celles qui garnissent le dessus du museau sont plates, rhomboïdales, carénées et imbriquées, ayant leur bord libre tourné, celles du bord, en avant, celles des côtés latéralement et en dehors. Sur la ligne médio-longitudinale de ce même museau, il y a quelques grandes squames en dos d'âne. Le front offre deux tubercules en cônes trièdres, un peu moins élevés que deux autres qui sont implantés sur l'occiput. Les écailles, ou plutôt les petits tubercules rhomboïdaux élevés en dos d'âne et comme multicannelés de haut en bas, qui garnissent les régions sus-oculaires, sont légèrement imbriqués, et leur marge libre est tournée vers le bord surciliaire. Ni les côtés de la nuque, ni les régions voisines des oreilles, ne donnent naissance à des écailles épineuses. Chaque mâchoire est armée de trente dents molaires. La plaque rostrale est subquadrilatère, et beaucoup plus étendue dans le

sens de sa largeur que dans celui de sa longueur. L'écaille mentonnière offre cinq côtés, dont les deux postérieurs forment un angle
très-aigu. Il règne sans interruption, depuis l'occiput jusqu'à la racine de la queue, une crête qui se compose de cinq et même de sept
rangs d'écailles, à son origine. Les écailles du rang médian, qui
est le plus haut, sont très-minces, assez étroites, lisses et pointues.
Les autres sont carénées, en fer de lance, et d'autant moins
hautes qu'elles appartiennent à une rangée plus éloignée de la
ligne médio-longitudinale du cou. Le dessus de la base de la
queue offre une carène dentelée en scie. Comme chez toutes les
espèces de Lophyres, le tronc présente de grandes écailles éparses
au milieu de fort petites. Celles-ci sont rhomboïdales, carénées,
imbriquées et à bord libre tourné obliquement du côté du dos;
celles-là ont une forme subcirculaire, et leur surface est relevée,
près de leur marge postérieure, d'une petite carène terminée en
pointe obtuse. Les squames qui revêtent les faces supérieure et
latérales du cou sont de même grandeur que les petites écailles
des côtés du tronc. Elles ressemblent à des rhombes, sont imbriquées, fortement carénées, et leur bord libre, qui est armé d'une
petite pointe, est tourné du côté de la tête. Les écailles qui protégent le dessous de celle-ci ont la même figure que celles des côtés et du dessus du cou; mais elles sont plus grandes et imbriquées dans le sens contraire. Le fanon en offre qui sont encore
un peu plus dilatées, et dont la surface est lisse. Quant à l'écaillure
de la poitrine, du ventre, des membres et de la queue, elle est
en tous points semblable à celle des mêmes parties chez le Lophyre armé. Les doigts sont aussi, comme ceux de ce dernier,
hérissés de petites pointes et dentelés sur leurs bords.

COLORATION. Une teinte rousse règne sur le dessus de la tête. Les
côtés du corps offrent un gris-brun, semé de gouttelettes blanchâtres. La crête est colorée en gris verdâtre, et une couleur jaunâtre est répandue sur toutes les parties inférieures. La queue est
alternativement annelée de gris et de brun.

DIMENSIONS. *Longueur totale*, 48" 7'''. *Tête*. Long. 4" 5'''. *Cou*.
Long. 1" 5'''. *Corps*. Long. 9" 2'''. *Memb. antér*. Long. 9". *Memb.
postér*. Long. 13" 5'''. *Queue*. Long. 33" 5'''.

PATRIE. Le Lophyre de Bell habite le Bengale. La collection en
renferme un échantillon qui nous a été généreusement donné par
l'habile erpétologiste auquel nous avons dédié cette espèce d'I-
guanien.

3. LE LOPHYRE DILOPHE. *Lophyrus dilophus.* Nobis.
(Voyez Planche 46, *Tiaris.*)

CARACTÈRES. Bord surciliaire presque droit ou très-faiblement curviligne, sans épine à son extrémité postérieure. Pas de tubercules épineux sur l'occiput, ni de faisceaux d'épines sur les côtés de la nuque. Membrane du tympan mince, très-grande. Sur le cou, le dos et la première moitié de la queue, une très-haute crête de grandes écailles comprimées, arquées et couchées en arrière : cette crête interrompue au-dessus du garrot. Un très-long fanon dentelé en avant, et à écaillure hétérogène. Queue très-aplatie de droite à gauche.

SYNONYMIE. *Calotes megapogon.* Mus. de Leyde.

DESCRIPTION.

FORMES. Cette espèce se fait particulièrement remarquer par le grand fanon semblable à celui des Iguanes, qui pend sous la partie inférieure de la tête et du cou. Ce fanon, qui est soutenu dans son épaisseur par un long stylet osseux, a plus de hauteur que la tête. Sa forme est triangulaire, et son bord antérieur offre une dentelure composée de sept ou huit grandes squames comprimées. Ses deux faces sont garnies de très-petites écailles rhomboïdales carénées, parmi lesquelles en sont semées de grandes, également surmontées de carènes, mais ovalaires dans leur forme. La peau de la face supérieure du cou s'élève au-dessus de lui en formant une haute crête sur le sommet de laquelle s'en montre une autre composée de très-grandes et de très-fortes écailles comprimées, arquées et penchées en arrière. Cette crête d'écailles, après s'être un moment interrompue au-dessus des épaules, recommence sur le dos, qu'elle parcourt dans toute sa longueur, puis se prolonge jusque vers le milieu de la queue, où elle est remplacée par une crête dentelée en scie, qui ne se termine qu'à l'extrémité de celle-ci. La tête, dont la forme est celle d'une pyramide à quatre faces, a une fois plus d'étendue en longueur qu'elle n'a de largeur en arrière ; sa plus grande hauteur est égale aux deux tiers de sa longueur totale. Le bord postérieur du crâne est arqué en dehors ; il fait une saillie qui rend la surface de l'occiput légèrement concave. Les régions sus-oculaires sont si peu bombées que le reste du dessus de la tête est pour ainsi dire tout-à-fait plan, mais

27.

un peu incliné en avant. Les bords surciliers font à peine une légère courbure en dehors, ils ne se prolongent point en arrière de l'orbite. On voit un petit tubercule à leur extrémité postérieure. La surface entière de chaque tempe est couverte de grandes écailles disco-polygonales, relevées au milieu d'une légère carène. Excepté la plaque occipitale, qui est assez dilatée et dont la forme est ovale et la surface lisse, toutes les squames du dessus de la tête sont fort petites, à peu près égales, rhomboïdales ou hexagonales, carénées ou en dos d'âne, et non imbriquées. La membrane tympanale est fort grande, mince et tendue à fleur du trou de l'oreille. Au-dessus de celle-ci, est une grande écaille circulaire, à surface légèrement conique. Les côtés postérieurs des mâchoires sont très-renflés et garnis de petites écailles, au milieu desquelles en sont semées de plus grandes. Le nombre des dents molaires est de dix-huit ou dix-neuf à chaque mâchoire. Les laniaires qui arment le bout de la supérieure, sont à peine plus longues que les cinq incisives qui sont placées entre elles deux. La plaque rostrale, qui est hexagonale, a deux fois plus de largeur que de hauteur. La lèvre supérieure offre de chaque côté onze écailles pentagones oblongues. On en compte un même nombre à la lèvre inférieure. La squame mentonnière est à peu près triangulaire. Les narines sont ovales et dirigées obliquement en arrière. Les membres sont d'une extrême gracilité : couchés le long du tronc, ils iraient toucher par leur extrémité, ceux de devant le milieu de la racine de la cuisse, ceux de derrière la narine ; les ongles sont courts, mais fort crochus. Le dos forme une crête tranchante, et la queue est fortement aplatie de droite à gauche. Cette dernière est trois quarts de fois plus longue que le reste du corps. Sur les flancs sont de fort petites écailles carénées, rhomboïdales, imbriquées, dont le bord libre est tourné du coté du dos. Au milieu d'elles, on en voit d'éparses qui sont plus grandes, rhomboïdo-circulaires, mais carénées de même, et qui semblent disposées par bandes verticales. Les squames du dos ne diffèrent de celles des flancs que parce qu'elles sont un peu moins petites. Les écailles du ventre sont une fois plus développées que celles-ci. Leur forme est carrée, et leur surface relevée d'une carène qui la partage obliquement par la moitié, dans le sens longitudinal du corps. L'écaillure des membres se compose de pièces rhomboïdales imbriquées, carénées, excessivement petites sous les jarrets, sur les coudes et les genoux, et au contraire très-grandes partout ailleurs que sous les cuisses, où elles sont de grandeur médiocre. Les carènes des squames qui revêtent les doigts sont si saillantes et les pointes qui les terminent si prononcées, que ceux-ci paraissent hérissés de petites épines. Ils offrent une dentelure de chaque côté. Les faces latérales de la queue présentent des écailles rhomboïdales, plates, très-imbriquées, mais légèrement carénées. En dessous, il en existe dont les carènes sont au contraire très-prononcées, dont la forme est fort alongée, fort étroite, et le bord postérieur armé de deux petites pointes. Ces écailles du dessous de la queue sont disposées par bandes transversales.

COLORATION. Les parties supérieures du corps présentent une teinte d'un brun-roussâtre auquel semblent se mêler des taches d'un brun foncé. La crête d'écailles qui s'élève au-dessus du cou et du dos est olivâtre. Le fanon est gris-brun, piqueté de noir, excepté sur son bord antérieur, qui est coloré en jaune, ainsi que toutes les autres régions inférieures de l'animal.

DIMENSIONS. *Longueur totale*, 55". *Tête*. Long. 7" 5"'. *Cou*. Long. 1" 8"'. *Corps*. Long. 12" 7"'. *Memb. antér*. Long. 10" 5"'. *Memb. postér*. Long. 19" 3"'. *Queue*. Long. 33".

PATRIE. La Nouvelle-Guinée est le pays qui produit le Lophyre dilophe. Le Muséum d'histoire naturelle est redevable à MM. Quoy et Gaimard du seul exemplaire qu'il possède.

Observations. Cette espèce se trouve représentée, sur la planche 46 du présent ouvrage, sous le nom de Tiare dilophe, parce que nous l'avions d'abord considérée comme devant former le type d'un genre particulier. Mais depuis, ayant reconnu qu'elle ne différait réellement des Lophyres déjà connus, que par un développement, beaucoup plus considérable, il est vrai, de la peau des parties inférieures du cou, nous avons dû la réunir à ces Sauriens, dont elle offre d'ailleurs tous les autres caractères génériques. Dans le musée de Leyde elle porte le nom de *Calotes megapogon*.

4. LE LOPHYRE TIGRÉ. *Lophyrus tigrinus*. Nobis.
(*Voyez* Planche 41.)

CARACTÈRES. Bord surcilier fort élevé et très anguleux, sans épine derrière son extrémité postérieure. Pas de tubercules épineux sur l'occiput, ni de faisceaux d'épines sur les côtés de la nuque. Membrane du tympan grande, mince. Sur le cou, une crête de grandes écailles triangulaires , élevée sur un haut pli de la peau. Dos surmonté d'une carène dentelée en scie. Un assez grand fanon dentelé en avant et à écaillure homogène ; queue comprimée, offrant sur la première moitié de son étendue une carène semblable à celle du dos.

SYNONYMIE. *Lacerta tigrina pectinata , americana ascalabotes dicta.* Séb. tom. 1, pag. 157, tab. 100 , fig. 2.

Iguana chamæleontina. Laur. Synops. Rept., pag. 47.

Lacerta superciliosa. Shaw. Gener. zool. tom. 3 , pag. 220 , tab. 68.

Agama gigantea. Kuhl. Beït. Zur Zoolog. und Vergleich. anat. pag. 106.

Gonyocephalus tigrinus. Kaup. Isis., 1825 , pag. 590.

Gonyocephalus tigrinus. Wagl . Syst. amph., pag. 151.

Le Lophyre à casque fourchu. Cuv. Règn. anim., 2e édit. tom. 2, pag. 39.

Gonyocephalus tigrinus. Gray. Synops. Rept. in Griffith's anim. kingd. tom. 9, pag. 58.

Gonyocephalus tigrinus. Wiegm. Herpet. mexic. pars 1 , pag. 14.

DESCRIPTION.

FORMES. Le Lophyre tigré se reconnaît de suite à la forme bizarre de sa tête , qui est réellement fourchue en arrière. Cela est dû à ce que les bords surciliers, qui sont fort élevés et très saillans en dehors, forment un grand angle obtus, dont le sommet se trouve placé positivement au-dessus de la commissure postérieure des paupières. Le contour horizontal de la tête n'en a pas moins la forme d'un triangle isocèle, dont le museau correspond à l'un des sommets. Le bout de celui-ci est arrondi et un peu renflé. La surface de la tête, en avant du front, fait un peu le creux. Les ouvertures nasales sont circulaires, dirigées de côté et un peu en bas. On compte treize dents molaires autour de chaque mâchoire. Les plaques labiales, au nombre de vingt-quatre en haut comme en bas, sont petites, oblongues, les unes pentagonales , les autres hexagonales. L'écaille rostrale est d'un fort petit diamètre ; c'est-à-dire qu'elle n'est pas plus dilatée que l'une ou l'autre des plaques qui la touchent à droite et à gauche. La squame mentonnière a la figure d'un triangle : les plaques céphaliques sont lisses et imbriquées, sur les régions sus-oculaires seulement. Il y en a de rhomboïdales, de pentagones et d'hexagonales ; mais toutes offrent à peu près le même diamètre. Sur la ligne médio-longitudinale du museau, on en voit trois ou quatre plus grandes que les autres, dont la forme est subcirculaire et la surface convexe. Elles sont suivies de deux ou trois autres qui leur ressemblent ; mais qui sont placées sur une ligne transversale. Trois tubercules coniques sont implantés au-dessus et un peu en arrière de l'oreille ; puis de chaque côté de la nuque se montrent encore deux ou trois de ces grandes écailles circulaires, comme nous venons de dire qu'il en existe sur quelques parties du dessus de la tête. La région sous-auriculaire donne aussi naissance à quelques petits tubercules coniques, lesquels sont surtout bien distincts chez les jeunes sujets. La peau de la région inférieure du cou forme un assez long fanon, dont l'angle postérieur est arrondi, et le bord antérieur légèrement dentelé. Les écailles qui le garnissent sont toutes rhomboïdales, lisses et imbriquées. La membrane du tympan a une forme ovalaire ; elle est grande, mince, et tendue à fleur du trou auriculaire.

Ce qui contribue, avec la forme de la tête, à donner une physionomie singulière au Lophyre tigré, c'est la hauteur considérable que présente son cou, surmonté qu'il est d'un pli de la peau vertical et très épais, au-dessus duquel règne une grande crête dentelée en scie. Cette crête, qui s'étend en décrivant une courbe depuis l'occiput jusqu'au garrot, se compose d'écailles, dont le nombre varie de dix à quinze. Elles sont triangulaires, comprimées et lisses. Sur chacun des côtés de ce grand pli sus-cervical dont nous venons de parler, sont appliquées trois rangées longitudinales de squames rhomboïdales, très-dilatées, dont la surface est parfaitement lisse. A l'endroit où finit la crête cervicale, commence une carène dentelée en scie qui se prolonge jusque sur la première moitié de la queue.

Le Lophyre tigré n'a pas les formes élancées de ses trois congénères. Ses membres sont moins maigres et moins longs. Couchés le long du tronc, ceux de devant s'étendent jusqu'à l'aine et ceux de derrière jusqu'à l'oreille. La queue, qui est très-comprimée, n'a qu'une demi-fois plus de longueur que le reste du corps. Aux petites écailles lisses, imbriquées et rhomboïdales des côtés du corps, s'en mêlent de plus grandes, offrant une légère carène et une forme rhomboïdo-ovale. Mais cela ne se voit que chez les sujets non encore adultes; car ces grandes écailles finissent par disparaître presque complétement avec l'âge. Les squames qui garnissent la poitrine et le ventre ont un diamètre double de celui des petites écailles des parties latérales du corps. Elles ressemblent à des losanges, sont imbriquées et relevées d'une carène qui s'efface aussi à mesure que l'animal grandit. On fait la même remarque à l'égard des écailles des membres, qui, dans le jeune âge, en sont semées de plus grandes, mais qui offrent toutes la même dimension chez les individus arrivés au degré de développement qu'ils devaient avoir.

Le dessus des doigts est revêtu d'écailles en losanges, dilatées en travers, et dont la surface est courbée en toit. Les doigts ne sont ni hérissés de petites pointes, ni dentelés sur leurs bords, comme ceux des espèces précédentes.

Les scutelles sous-digitales sont bicarénées. Les côtés de la queue sont, comme la plupart des autres parties du corps, revêtus de squames rhomboïdales imbriquées qui, chez les jeunes sujets, offrent une carène, et dont la surface est lisse chez les individus adultes. Sur la face inférieure de la queue, sont des scutelles subquadrilatères, longues et étroites, relevées d'une haute carène, et dont le bord postérieur, échancré semi-circulairement, est armé d'une petite pointe au milieu. Ces scutelles sont placées deux par deux sous le prolongement caudal.

COLORATION. Les parties supérieures du corps des individus adultes offrent un dessin réticulaire brun, sur un fond fauve ; mais les jeunes sujets sont teints d'olivâtre, et portent en travers du dos de larges chevrons noirs, bordés de jaune en avant. Le dessus des membres est coupé en travers par des bandes également de couleur noire, avec une bordure jaune. On voit des anneaux de chacune de ces deux couleurs autour de la queue. Les côtés de la tête présentent, sur un fond jaune, des bandes noires plus ou moins étroites, disposées en rayons autour de l'œil. Chez certains individus, toutes les parties inférieures, sans exception, sont uniformément jaunâtres; tandis que chez d'autres on voit le ventre, la face interne des membres et le dessous de la queue diversement tachetés de noir. La région inférieure de la tête et la gorge, y compris le fanon, offrent des raies obliques jaunes, séparées par des raies olivâtres, liserées de noir. En général la région scapulaire antérieure présente une espèce de grande tache noire, sur les bords de laquelle empiète de différentes manières la teinte jaunâtre qui est répandue sur les côtés du cou. Parfois il existe des bandes olivâtres, liserées de noir, en travers de la surface crânienne.

DIMENSIONS. *Longueur totale*, 36" 8'". *Tête.* Long. 4". *Cou.* Long. 1" 3'". *Corps.* Long. 9" 3'". *Memb. antér.* Long. 8". *Memb. postér.* Long. 11". *Queue.* Long. 22".

PATRIE. Le Lophyre tigré habite Amboine et Java.

XXXVe GENRE. LYRIOCÉPHALE.
LYRIOCEPHALUS (1). Merrem.

CARACTÈRES. Tête courte, triangulaire, à crêtes sur-cilières prolongées en pointes en arrière. Bout du museau surmonté d'une protubérance arrondie. Cinq incisives et deux canines à la mâchoire supérieure. Langue épaisse, large, arrondie, entière, à surface en apparence écailleuse. Tympan caché. Un fanon peu développé; un pli en V devant la poitrine. Cou, tronc et queue comprimés, surmontés d'une petite crête dentelée. Côtés du trou offrant de grandes scutelles éparses au milieu de petites écailles lisses, subimbriquées. Pas de pores fémoraux.

L'absence de toute trace d'oreille au dehors et la présence sur le bout du nez, d'une protubérance arrondie et molle, sont deux caractères à l'aide desquels on peut aisément distinguer les Lyriocéphales des Lophyres. L'ensemble des formes des Lyriocéphales est le même que celui de ces derniers. Il n'y a que la tête seule à laquelle son renflement nasal et ses angles orbitaires fort aigus et tout-à-fait rejetés en arrière donnent une physionomie particulière. L'ouverture de l'oreille est complétement recouverte par la peau;

(1) De Λύριον, une petite lyre, *lyrula*, et de Κεφαλη, *vertex*, sommet de la tête.

en sorte qu'il n'y en a pas la moindre apparence extérieurement. Les narines sont situées sur les côtés et assez près de l'extrémité du museau. La protubérance qui termine celui-ci est convexe, d'une substance molle, et garnie sur la surface d'écailles lisses et anguleuses. La langue ne diffère pas de celle de la plupart des Lophyres; c'est-à-dire qu'elle est large, épaisse, arrondie, entière, recouverte de petites papilles circulaires et convexes. Les dents molaires sont triangulaires, échancrées de chaque côté. Il y a deux dents antérieures seulement à la mâchoire inférieure, et sept, dont deux canines et cinq incisives, à la mâchoire supérieure.

De même que les Lophyres, les Lyriocéphales ont sous le cou un fanon soutenu par un stylet osseux et un pli en V, dont les branches montent devant les épaules.

Une crête fort basse, dentelée en scie, règne sur toute la longueur de la partie supérieure du corps, qui est tout-à-fait tranchante. La peau du cou est comprimée, et s'élève de manière à former une sorte de crête curviligne qui excède le tronc en hauteur. Les parties latérales du corps sont revêtues de petites écailles rhomboïdales, lisses, subimbriquées, parmi lesquelles on en remarque de grandes jetées çà et là, qui sont carénées et de forme circulaire. Des squames subrhomboïdales se montrent sous le cou, où leur surface est lisse, et sur la région ventrale, où elles sont surmontées de carènes. Des pièces rhomboïdales, faiblement carénées et irrégulièrement imbriquées, composent en dessus l'écaillure des côtés de la queue; le dessous offre des scutelles quadrangulaires, étroites, coupées longitudinalement par une forte arête se terminant en pointe.

M. Fitzinger avait rangé le genre Lyriocéphale dans une famille de Sauriens, qu'il nommait Pneustoïdes, il y plaçait le genre Phrynocéphale et le genre Pneustes de Merrem. Ce dernier était établi sur une espèce trop mal décrite par d'Azzara pour qu'il ait pu s'en faire une véritable idée.

En réalité cette famille de Pneustoïdes était principalement caractérisée par l'absence complète du conduit auditif ou de l'oreille externe.

On ne connaît encore qu'une espèce appartenant au genre Lyriocéphale, dont Merrem est le fondateur.

1. LE LYRIOCÉPHALE PERLÉ. *Lyriocephalus margaritaceus.* Merrem.

CARACTÈRES. Dessus du corps d'un blanc bleuâtre. Tête d'un gris jaunâtre.

SYNONYMIE. *Salamandra prodigiosa amboinensis scutata.* Séb. tom. 1, pag. 173, tab. 109, fig. 3.

Lacerta scutata. Linn. Syst. nat. édit. 10, pag. 201, édit. 12, pag. 360.

Lacerta scutata. Gmel. Syst. nat. pag. 360.

L'occiput fourchu. Daub. Dict. Rept. pag. 659.

La tête fourchue. Lacép. Quad. ovip. tom. 2, pag. 261.

La tête fourchue. Bonnat. Encycl. méth. Pl. 4, fig. 2.

Lacerta scutata. Shaw. Gener. zool. tom. 3, pag. 221, tab. 68.

Iguana scutata. Latr. Hist. Rept. tom. 1, pag. 267.

Iguana scutata. Daud. Hist. Rept. tom. 3, pag. 365.

Lyriocephalus margaritaceus. Merr. Syst. amph. pag. 49.

Agama scutata. Kuhl. Beïtr. zur Zool. und Vergleich. anat. pag. 10.6

Lyriocephalus scutatus. Wagl. Syst. amph. pag. 150.

Lyrioeephalus margaritaceus. Guér. Icon. Règn. anim. Cuv. tab. 8, fig. 2.

Lyriocephalus scutatus. Gray. Synops. rept. in Griffith's anim. kingd. tom. 9, p. 54.

Lyriocephalus Macgregorii. Gray. Illust. Ind. Zoolog. Gener. Hardw.

Lyriocephalus margaritaceus. Schinz. Naturgech. und Abbild. Rept. pag. 87, tab. 26, fig. 2.

DESCRIPTION.

FORMES. L'une des quatre faces que présente la tête du Lyriocéphale perlé, l'inférieure, est à peu près plane et horizontale. Les deux latérales sont perpendiculaires et se rapprochent l'une de l'autre en s'avançant vers le museau, de manière à rendre le bout de celui-ci, le sommet arrondi d'un angle aigu. Quant à la face supérieure, elle représente une espèce de disque incliné, rétréci et arrondi en avant ; tandis qu'en arrière il offre deux grandes pointes anguleuses, aplaties de droite à gauche. Ses bords latéraux sont assez tranchants et font saillie en dehors de la tête, particulièrement au-dessus des yeux, où ils sont légèrement curvilignes. Une protubérance molle, hémisphérique, enveloppée d'écailles anguleuses, soudées les unes aux autres, surmonte l'extrémité du nez. Les régions sus-oculaires sont un peu convexes, au lieu que l'occiput fait un léger creux. L'ouverture des narines est ovale et dirigée en arrière ; elle se trouve située postérieurement vers la fin du premier tiers de l'étendue qui existe entre le bout du museau et l'angle antérieur des paupières.

La plaque rostrale, qui fait pour ainsi dire partie de celles qui recouvrent la protubérance nasale, a une forme hexagonale. Douze paires d'écailles assez dilatées, sont appliquées sur l'une comme sur l'autre lèvre. Les plus rapprochées du nez sont pentagonales, tandis que celles qui en sont le plus éloignées ont une forme carrée. L'individu que nous décrivons a quatre dents incisives supérieures fort petites, à droite et à gauche desquelles il existe une très longue et très forte laniaire. L'extrémité de la mâchoire inférieure n'est armée que de deux dents, à la vérité fort longues.

On ne compte que vingt-six dents molaires à la mâchoire d'en bas, au lieu de trente que présente celle d'en haut. Parmi les plaques qui revêtent le dessus de la tête, il y en a de fort petites qui sont anguleuses, et de très grandes qui sont circulaires ou ovales, convexes, ou bien du centre desquelles il s'élève comme une espèce de petite pointe. Ces dernières sont distribuées de la manière suivante : d'abord deux placées l'une devant l'autre, immédiatement derrière la protubérance nasale ; puis cinq ou six sur une rangée transversale, en avant du front ; enfin dix à douze placées autour du bord interne de cette même région sus-oculaire. Deux petites pointes osseuses s'élèvent au-dessus de la région occipitale. La tempe offre deux ou trois écailles semblables aux grandes du dessus de la tête.

Le cou est très comprimé et d'une hauteur presque double de celle de la tête ; attendu que la peau de la région inférieure pend en un grand fanon, et que celle de sa face supérieure s'élève en une sorte de carène, qui est elle-même surmontée d'une crête d'écailles. Le fanon s'étend depuis le menton jusque sur la poitrine, en décrivant une courbe assez prononcée. La crête cervicale se compose d'écailles pointues comprimées, assez basses et rapprochées les unes des autres. Sur le dos, il en existe une semblable, si ce n'est que les squames qui la constituent sont plus hautes et un peu éloignées les unes des autres.

La queue, qui est comprimée et aussi longue que le reste du corps, est surmontée à sa base d'une carène dentelée en scie. La coupe transversale du tronc donnerait la figure d'un triangle isocèle, tant le dos est tranchant. Lorsqu'on couche les pattes le long du corps, celles de devant atteignent l'aine, et celles de derrière s'étendent jusqu'à l'épaule.

Les côtés du cou et ceux du tronc sont garnis d'un très grand nombre de petites écailles lisses, les unes rhomboïdales, les autres carrées, mais toutes imbriquées, et ayant leur bord libre tourné vers le dos. Parmi celles des parties latérales du corps, il y en a qui sont semées çà et là, dont le diamètre est très grand et la forme subcirculaire.

Le long des flancs, se voient trois rangées longitudinales de grandes squames carrées, à surface lisse. Sous le bord inférieur de la mâchoire d'en bas, il existe une série d'écailles du double plus grandes que celles qui en garnissent la face latérale externe. Il y en a une autre non moins dilatée, immédiatement au-dessous de l'endroit où devrait exister la membrane du tympan. On en remarque encore une semblable à l'extrémité postérieure de chacune des branches du maxillaire inférieur. De grandes squames rhomboïdales, à surface lisse, revêtent le dessous de la tête et la peau du fanon.

Ces écailles sont disposées par bandes formant des chevrons, dont le sommet est dirigé en devant. Les squamelles pectorales sont moitié moins grandes que les écailles du dessous de la tête ; elles sont également rhomboïdales, mais elles offrent des carènes qui constituent des arêtes rectilignes.

Les écailles du ventre ne diffèrent de ces dernières que parce qu'elles sont plus dilatées. Ce sont aussi des écailles rhomboïdales qui protégent la peau des membres; mais on remarque qu'en dessous, en même temps qu'elles sont moins grandes qu'en dessus, elles sont dépourvues de carènes, de même que celles des coudes et des genoux, lesquelles sont les plus petites de toutes,

Les scutelles sous - digitales sont quadrilatères et bicarénées.

On remarque sous la queue, des rangées d'écailles à quatre pans, fort longues et fort étroites, ayant leur surface en toit, et leur bord postérieur armé de trois petites pointes. Les faces latérales de la queue présentent des squames rhomboïdales, parmi lesquelles il en existe de plus grandes et de plus carénées que les autres, disposées par verticilles de distance en distance.

Coloration. Le seul individu de cette espèce que nous ayons encore observé est déposé dans la collection du Muséum. Sa tête est d'un blanc bleuâtre pâle. Sur son tronc et ses membres règne une teinte grise-jaune, lavée de bleu. Cette même teinte grise-jaune se trouve aussi répandue sur la queue, dont le dessous, aussi bien que celui des pattes, la poitrine et le ventre, offrent une couleur jaunâtre.

Dimensions. *Longueur totale*, 32" 2'". *Tête*. Long. 4" 5'". *Cou.* Long. 1" 7'". *Corps.* Long. 10" 4'". *Memb. antér.* Long. 8". *Memb. postér.* Long. 10". *Queue.* Long. 16" 6'".

Patrie. Cette espèce est originaire des Indes orientales; on prétend qu'elle se nourrit de graines.

XXXVIᵉ GENRE. OTOCRYPTE.
OTOCRYPTIS (1). Wiegmann.

Caractères. Tête courte, en pyramide à quatre faces, dont les côtés sont verticaux. Museau plan, obtus, non renflé, mais concave entre les orbites et sur le derrière, puis aplati horizontalement vers l'occiput; saillies surcilières se terminant en angles obtus, couvertes d'écailles entuilées, mais non soutenues sur des portions osseuses.

Les trois premières dents sont séparées entre elles, droites, en cône; celle du milieu insérée seule dans l'os incisif.

---

(1) De Ους, ὦτος, oreille, *auris*, et de Κρυπτος, caché, *occultus.* Wiegmann, Isis, 1831, page 291.

Les deux autres latérales sont implantées dans le maxillaire ;
vient ensuite de chaque côté une très grande laniaire conique, dont la pointe est un peu recourbée ; puis douze molaires comprimées, dont les plus antérieures sont petites, et
les postérieures augmentent successivement en grosseur, et
ont trois tubercules ; à la mâchoire inférieure il y a également une laniaire et douze molaires comprimées, dont les
antérieures et les postérieures sont simples, tandis que les
intermédiaires ont trois lobes, et sont bien plus apparentes
que les autres. La langue est charnue, épaisse, lancéolée ;
son extrémité est un peu amincie et non échancrée ; les deux
pointes postérieures de la flèche de la langue bordent et embrassent la glotte des deux côtés. Les narines sont arrondies,
latérales et situées à la pointe du museau. Les oreilles ne sont
pas apparentes, cachées qu'elles sont sous la peau, où elles se
trouvent à peine indiquées par un rang de petites écailles en
cercle concentrique. Les yeux ont deux paupières à fente
transversale médiocre ; elles sont couvertes de petites écailles ;
leur pupille est arrondie. La gorge porte un goître alongé,
descendant au delà de la poitrine : c'est un fanon très dilatable. Le tronc est comprimé, caréné le long du dos, mais sans
crête ; il est couvert d'écailles entuilées, mais distribuées par
lignes transversales. Les membres sont grêles et ceux de derrière du double plus longs que les antérieurs ; tous quatre
ont cinq doigts, dont le quatrième est le plus long. Il n'y
pas de pores fémoraux ; les ongles sont courts et crochus.

La queue est ronde, grêle, alongée, un peu comprimée
et comme renflée à la base.

C'est à tort, suivant M. Wiegmann, que Wagler aurait
placé ce genre parmi les Pleurodontes ; il a indiqué cette
erreur dans la note nº 12 de la page 14 de son Erpétologie
Mexicaine.

1. L'OTOCRYPTE A DEUX BANDES. *Otocryptis bivittata.* Wiegmann.

CARACTÈRES. Écailles surcilières carénées, ovales; squames du milieu du vertex petites, tuberculeuses, celles du milieu de l'occiput grandes et en ovales transverses.

SYNONYMIE. *Otocryptis bivittata.* Wiegm. Isis (1831), pag. 291 ; et Herpet. Mexic. pars 1, pag. 14.
Otocryptis Wiegmanni. Wagl. Syst. amph. pag. 150.

DESCRIPTION.

FORMES. La tête est courte et couverte en dessus d'écailles entuilées. L'extrémité libre du museau, qui est obtus et plan, est garnie d'un écusson ou plaque à cinq pans.

Une autre série d'écailles imbriquées monte du museau au-dessus des orbites, et il s'y voit un bouclier en forme de cœur, bordé en dehors. Les écailles du front varient pour la forme; elles sont carénées, entuilées. L'intermédiaire est plus grande que les autres; celles du vertex sont petites, convexes. Les squames des sourcils sont beaucoup plus grandes, de forme ovale et carénées. Les plaques qui protégent le sommet de la tête ressemblent à des écussons, et elles sont disposées de manière à imiter un fer à cheval, dont la partie cintrée est en avant. Les orifices des narines sont ovalo-circulaires, et percés dans une seule plaque à cinq angles. Les squames des lèvres sont au nombre de dix en haut et de neuf en bas. Les écailles du dos sontr homboïdales, et celles de l'occiput et des tempes inégales, petites ; toutes ont une carène. Celles du milieu de l'occiput sont beaucoup plus grandes que les autres.

Les pattes de devant et de derrière portent aussi des écailles rhomboïdales; leurs carènes sont saillantes, et terminées en pointe.

COLORATION. L'individu unique qui a servi à cette description, et qui est déposé dans le cabinet du roi à Berlin, provient de la collection de Bloch. Il a perdu ses couleurs par l'effet du temps ; cependant on aperçoit encore de chaque côté une raie pâle près de la carène dorsale.

Dimensions. La longueur de la tête est de 3/4". Il y a dans le tronc une longueur de 1 5/8". La queue, qui est un peu tronquée, a cependant encore 5".

Patrie. On ignore l'origine de ce Saurien.

Observations. Wiegmann l'a décrit dans le numéro de l'Isis, indiqué en tête de cet article. C'est de cette notice que nous avons emprunté les détails qu'on vient de lire.

XXXVII° GENRE. CÉRATOPHORE.
CERATOPHORA (1). Gray.

Caractères. Museau prolongé en une sorte de corne molle, écailleuse. Tympan caché. Peau du cou lâche, pendante en fanon ; une petite crête sur le cou et sur les épaules. Sur le corps, de grandes écailles rhomboïdales, disposées par bandes obliques.

C'est par une espèce de corne cylindrique et non par une protubérance arrondie que se termine le museau des Cératophores qui se distinguent d'ailleurs des Lyriocéphales, en ce qu'ils n'ont ni leurs bords orbitaires anguleux ni leur queue comprimée. Ils offrent une petite crête dentelée sur le cou et sur les épaules. Les écailles qui les revêtent sont généralement grandes. Celles de la gorge sont carrées et lisses ; celles des côtés du corps rhomboïdales, surmontées de carènes et disposées par bandes obliques. L'oreille des Cératophores n'est pas plus manifeste au dehors que celle des Lyriocéphales. Comme eux ils manquent de pores fémoraux.

Ce genre, assez nouvellement établi par M. Gray, ne comprend qu'une seule espèce.

(1) Κερατοφορος, qui porte corne, *corniger ; cornua gerens, ferens*

REPTILES, IV.   28

1. LE CÉRATOPHORE DE STODART. *Ceratophora Stodartii.* Gray.

CARACTÈRES. Tête d'un brun olive; dessus du corps nuancé de brun et de fauve; queue annelée de brun.

SYNONYMIE. *Ceratophora Stodartii.* Gray. Illust. ind. zool. Gener. Hardw. tom. 2, fig. sans n°.

DESCRIPTION.

FORMES. L'habitude du corps de cette espèce est la même que celle du Lyriocéphale perlé. La tête a la forme d'une pyramide à quatre faces peu alongées; le corps est légèrement comprimé, ainsi que la queue, qui est de moitié plus longue. Une petite crête écailleuse s'étend depuis la nuque jusqu'en arrière des épaules. La peau de la gorge est assez lâche pour pendre en une espèce de fanon. Les écailles qui revêtent les membres sont aussi grandes que celles du corps; les unes et les autres sont rhomboïdales, faiblement carénées et disposées par bandes obliques; mais ce qui caractérise plus particulièrement le Cératophore de Stodart, c'est la production charnue de forme cylindrique et recouverte de petites écailles qu'on remarque à l'extrémité de son museau. Cette sorte de corne, dont la grosseur est à peu près double de celle d'un des doigts de l'animal, n'a guère plus de longueur que la tête n'offre de largeur au niveau des yeux.

COLORATION. Le brun et le fauve se nuancent diversement sur le dessus du corps du Cératophore de Stodart. Cette dernière couleur règne seule sur ses parties inférieures. La première se montre sur la queue, autour de laquelle elle paraît former des anneaux qui alternent avec d'autres de couleur violette. La tête est lavée de brun olive.

PATRIE. Cet Iguanien est, dit-on, originaire de l'île de Ceylan.

Observations. Ces détails descriptifs sont les seuls que nous soyons dans le cas de donner sur cette espèce, qui ne nous est connue que par la figure qu'en a fait représenter le général Hardwick dans l'ouvrage portant pour titre : Illustrations of the Indian zoology.

XXXVIIIe GENRE. SITANE.
SITANA (1). Cuvier.
(*Semiophorus* (2) de Wagler et de Wiegmann.)

CARACTÈRES. Tête pyramido-quadrangulaire courte,
couverte de petites plaques presque égales, carénées.
Membrane tympanale petite, arrondie, à fleur du trou
auriculaire. Sept dents en devant à la mâchoire supérieure. Langue épaisse, fongueuse, entière. Pas de
plis de la peau ni en travers ni sur les côtés du cou
(excepté seulement chez les individus mâles, qui ont
un très grand fanon). Un rudiment de crête sur le cou.
Tronc subquadrangulaire, à écaillure égale, imbriquée, carénée. Dos arrondi; queue longue, conique,
sans aucune crête. Quatre doigts aux pattes postérieures. Pas de pores fémoraux.

Les Sitanes offrent un caractère qui leur est particulier
parmi tous les Iguaniens aujourd'hui connus, c'est de n'a-
voir que quatre doigts à chacun des pieds de derrière. Ces
Sauriens sont très voisins des Chlamydosaures et des Dragons, avec lesquels pourtant il est impossible de les confondre, puisqu'ils n'ont ni la collerette des uns, ni les ailes des
autres. Ils se distinguent encore des premiers par l'absence
de pores sous les cuisses, et des seconds par le manque de
plis cutanés sur les parties latérales du cou; une autre particularité fort remarquable que présentent les Sitanes, c'est
que les seuls individus mâles sont pourvus d'un fanon sou-

---

(1) Cuvier dit que c'est le nom qu'on donne à ce Saurien sur la
côte de Coromandel, à Pondichéry.

(2) *Semiophorus* est un mot grec, Σημαιοφορος, qui signifie porte-
étendard, *vexillarius*.

28.

tenu dans son épaisseur, comme c'est le cas le plus ordinaire, par un stylet osseux provenant de l'hyoïde.

Ce fanon a un développement considérable, attendu qu'il est très haut et qu'il s'étend depuis la gorge jusqu'au milieu du ventre. Néanmoins l'animal peut à sa volonté le faire, pour ainsi dire, disparaître en le retirant sous la partie inférieure de son corps, où il se trouve plié tout-à-fait à la manière d'un éventail.

La tête des Sitanes a une forme conique quadrangulaire ; elle est couverte de petites squames subégales, carénées, parmi lesquelles on remarque une fort petite occipitale. Les narines sont peu ouvertes, percées latéralement et assez près du museau, chacune dans une petite plaque. La membrane du tympan, de forme circulaire et d'un petit diamètre, est tendue à fleur du trou auriculaire. La langue, d'une certaine épaisseur et à surface fongueuse, est arrondie et entière en avant.

Il y a trois incisives et quatre lanières à la mâchoire supérieure, et deux seulement de chacune de ces sortes de dents à la mâchoire inférieure. Les dents molaires sont tricuspides. On ne remarque aucune espèce de plis sous le cou ni sur ses côtés ; mais sa région supérieure laisse voir un rudiment de crête dentelée ou tuberculeuse. Le tronc, bien que convexe en dessus, est quadrilatère. Les écailles sont imbriquées, carénées et plus grandes sur le dos que sur les flancs. Les membres sont bien développés, et ceux de derrière auxquels il manque le premier doigt externe, le sont proportionnellement beaucoup plus que ceux de devant. On n'observe point de pores fémoraux. La queue, longue et de forme conique, offre une écaillure rhomboïdale, imbriquée et carénée.

Le nom de Sitane, donné à ce genre par Cuvier, est celui sous lequel, à la côte de Coromandel, est connue l'espèce qui en est le type.

Wagler lui a substitué sans motif celui de Sémiophore, tout en citant le nom de Cuvier, et M. Wiegmann a fait de même.

1. LE SITANE DE PONDICHÉRY. *Sitana Ponticeriana*. Cuvier.

CARACTÈRES. Dos fauve, orné d'une série de taches rhomboïdales noires. Les individus mâles ayant un long fanon tricolore.

SYNONYMIE. *Sitana Ponticeriana*. Cuv. Regn. anim., 2e édit. tom. 2, pag. 43, tab. 6, fig. 2.

Semiophorus Ponticerianus. Wagl. Syst. amp., pag. 152.

Sitana Ponticeriana. Guér. Icon. Règn. anim. Cuv. tab. 10, fig. 2.

Sitana Pondiceriana. Gray. Synops. Rept. in Griffith's anim. kingd. tom. 9, pag. 57.

Semiophorus Pondicerianus. Wiegm. Rept. mexic. pars 1, pag. 14, genre 5.

DESCRIPTION.

FORMES. L'ensemble des formes du Sitane de Pondichéry est à peu près le même que celui de notre Lézard des souches. La tête a en longueur totale le double de sa plus grande hauteur, laquelle est d'un quart moindre que la largeur en arrière. La face inférieure de la tête offre un plan à peu près horizontal ; tandis que la supérieure, à commencer du vertex, s'incline en avant, en même temps que les latérales se rapprochent l'une de l'autre de manière à former un angle aigu dont le bout du museau, assez mince et un peu arrondi, se trouve être le sommet. La portion de la surface du crâne, située en arrière des yeux, est légèrement convexe. Le cou est assez long et à peine moins large que la tête. Le tronc a presque autant de hauteur que de largeur ; la face supérieure ou le dos, est un peu en toit. La queue est une fois et demie environ aussi longue que le reste du corps. Elle est conique, si ce n'est à sa racine, où elle semble prendre une forme quadrilatère. Couchées le long du cou, les pattes de devant dépasseraient le bout du nez de la longueur des doigts ; mis le long du corps, les membres postérieurs s'étendraient jusqu'au bord antérieur de l'orbite. Les pattes de devant et les jambes sont assez maigres, mais les cuisses offrent une certaine grosseur. Les trois doigts des mains qui précèdent le pouce, augmentent graduellement de longueur, en raison de leur éloignement de celui-ci, qui est le plus court des cinq. Le dernier est un peu moins long que le second. Aux pieds, les

quatre seuls doigts qu'on y remarque sont étagés comme les quatre premiers des mains. Avec les trois dents incisives qui arment
le bout de la mâchoire supérieure, il y a de plus quatre laniaires,
tandis qu'à la mâchoire inférieure il n'existe qu'une paire de chacune de ces deux sortes de dents; mais en haut comme en bas,
il y a douze dents molaires de chaque côté. C'est dans une assez
grande plaque subtriangulaire que se trouve percée la narine,
dont l'ouverture est circulaire et comme dirigée en arrière. L'é-
caille rostrale a moins de hauteur que de largeur ; elle offre six
côtés, c'est-à-dire un pan de plus que la plaque du menton. De
chaque côté de celle-ci sont appliquées sur la lèvre dix ou onze
squames pentagones, assez dilatées. Il en existe de semblables et
en pareil nombre autour de la lèvre supérieure.

Les écailles qui revêtent le dessus de la tête ne sont point imbriquées; les unes sont rhomboïdales, les autres hexagonales, mais
toutes sont fortement carénées et à peu près de même diamètre ;
la membrane du tympan est tendue presqu'à fleur du trou auriculaire, qui est médiocre et sans tubercules sur ses bords ; pourtant il y a deux écailles un peu moins petites que les autres, situées
sur la région marginale antérieure. On remarque un petit tubercule conique de chaque côté de la nuque; quelques autres sont
jetés çà et là aux environs des oreilles. Il pend sous le cou des individus mâles un grand fanon qui s'étend depuis la gorge jusqu'au milieu du ventre. Lorsqu'il est déployé il prend une figure
triangulaire et une hauteur égale à toute la longueur de la tête.
Ces deux faces latérales sont garnies de grandes squames rhomboïdales, relevées près d'un de leurs bords d'une faible et assez
courte carène. La peau de la ligne médio-longitudinale de la face
supérieure du cou forme un pli vertical simulant une espèce de
crête, dont le sommet supporte un double rang de petites écailles
légèrement relevées en pointes. Les deux rangées de squamelles
qui couvrent la région rachidienne sont moins dilatées que celles
des autres parties du dos. On peut faire la même remarque à l'égard
des écailles qui revêtent les côtés du cou et les parties latérales du
corps; mais ces différentes écailles, aussi bien que celles qui protégent les membres et la queue, sont rhomboïdales, carénées et
imbriquées. Quant aux squames ventrales, elles ne paraissent différer de celles des côtés du dos qu'en ce que leurs angles sont
moins aigus et arrondis.

COLORATION. Sur le dessus du corps, règne un brun fauve qui

prend une teinte plus claire vers la région dorsale. On compte,
depuis la nuque jusqu'à la racine de la queue, six ou sept grandes
taches rhomboïdales noires, placées les unes à la suite des autres.
Une autre tache semblable à celles-ci, mais plus petite, est imprimée sur le front. La surface crânienne postorbitaire offre aussi
quelques taches brunâtres, d'une figure mal déterminée. La face
supérieure des membres, et particulièrement celles des postérieurs,
présente des petites bandes obliques de couleur noire. Le dessus
de la queue est marqué de taches brunes qui se suivent à une
certaine distance les unes des autres. Les flancs sont ou uniformé-
mément brun fauve, ou entachés de brun noirâtre sur un fond
moins sombre. Chez les femelles, les parties inférieures sont entièrement fauves. Les mâles ont le dessous de la tête rayé longitudinalement de vert et de bleu. Le mode de coloration que présente
leur grand fanon le fait ressembler à un petit étendard; car, de
même que notre drapeau national, il est peint de trois couleurs,
qui sont ici le bleu; le noir et le rouge, occupant, de son bord
antérieur à son bord postérieur, l'une après l'autre une portion
verticale de ses deux surfaces, dans l'ordre où nous venons de les
nommer.

DIMENSIONS. *Longueur totale*, 18" 5'". *Tête*. Long. 2" 1'". *Cou*.
Long. 1". *Corps*. Long. 4". *Memb. antér*. Long. 3" 5'". *Memb. postér*.
Long. 6" 5'". *Queue*. Long. 11" 4'".

PATRIE. Le Sitane de Pondichéry, a été ainsi nommé par M. Cuvier, parce qu'en effet les premiers échantillons qu'en a possédés
le Muséum avaient été envoyés de ce pays par M. Leschenault;
mais il se trouve aussi dans quelques autres parties des Indes
orientales; feu Jacquemont en particulier, l'y a rencontré. Plusieurs des individus de notre Musée proviennent de son voyage.

XXXIXᵉ GENRE CHLAMYDOSAURE.
CHLAMYDOSAURUS (1). Gray.

CARACTÈRES. Tête pyramido-quadrangulaire, à petites plaques subégales, carénées. Membrane tympanale à fleur du trou de l'oreille. Trois incisives et quatre canines à la mâchoire supérieure. De chaque côté du cou, une grande membrane ou large lame de peau écailleuse, plissée et dentelée en forme de collerette. Un rudiment de crête sur le dessus du cou. Écailles du tronc imbriquées, carénées; celles du dos plus grandes que celles des flancs. Des pores fémoraux. Queue très longüe, conique, dépourvue de crête, ainsi que le dos.

Les Chlamydosaures ont, de plus que les Sitanes, des pores sous les cuisses, un cinquième doigt aux pieds de derrière et deux larges membranes, l'une à droite, l'autre à gauche du cou, qui, lorsqu'elles sont déployées, constituent autour de celui-ci une espèce de collerette, dont le bord supérieur est dentelé, et la surface garnie de grandes écailles rhomboïdales, carénées.

Du reste, les Chlamydosaures sont complétement semblables aux Sitanes; mais les mâles, ainsi que les femelles, ne portent pas de fanon sous le cou.

On n'en connaît également qu'une espèce, dont nous allons donner la description détaillée.

---

(1) De Χλαμυς, ιδος, un manteau, *pallium*, et de Σαυρος, Lézard, *Lacerta*.

1. LE CHLAMYDOSAURE DE KING. *Chlamydosaurus Kingii.* Gray.
(*Voyez* Planche 45.)

CARACTÈRES. Dessus du corps fauve, marqué de bandes trans-versales plus claires, liserées de brun. Face supérieure des pattes de derrière et de la base de la queue réticulée de brun.

SYNONYMIE. *Chlamydosaurus Kingii.* Gray. Ph. King. Voy. ap-pend., pag. 2.

Chlamydosaurus Kingii. Wagl. Syst. amph. pag. 151.

Chlamydosaurus Kingii. Gray. Synops. in Griffith's anim. kingd. tom. 9, pag. 90, tab. sans n°.

Chlamydosaurus Kingii. Wiegm. Herpet. mexic. pars 1, pag. 14, genre 8.

DESCRIPTION.

FORMES. Des quatre côtés, à peu près plans, que présente la tête du Chlamydosaure de King, l'inférieur est horizontal, le supérieur incliné en avant, et les deux latéraux forment un angle aigu dont le bout du museau se trouve être le sommet. Cependant nous devons dire que la portion de la surface crânienne, située en ar-rière des yeux, est déclive dans le sens opposé de la région anté-rieure.

Cette tête est d'un tiers plus haute et d'une demi-fois plus lon-gue qu'elle n'est large en arrière. L'énorme collerette de peau mince que nous savons déjà exister autour du cou du Chlamydo-saure de King, puisqu'elle constitue un de ses principaux carac-tères génériques, se compose de deux parties, ayant chacune la forme d'un grand disque, dans une portion du bord duquel on aurait pratiqué une échancrure à peu près semi-circulaire.

Cette échancrure emboîte un des côtés du cou, immédiatement en arrière de l'oreille, depuis la nuque jusque sous sa région moyenne. La largeur de chacune de ces membranes, mesurée dans le sens transversal du cou, est égale à la longueur totale de la tête. L'étendue de leur bord libre est plus grande que celle qui existe depuis le bout du nez jusqu'à la racine de la queue. Elles sont couvertes, sur l'une et sur l'autre face, d'écailles rhomboïdales carénées, offrant en général un très grand diamètre. Leur bord supérieur présente une vingtaine de dentelures en scie.

Le cou et le tronc ont la même forme que chez le Sitane de Pondichéry; c'est-à-dire que la coupe transversale de ces parties, dont la hauteur est à peine moindre que la largeur, donnerait une figure quadrilatère à angles arrondis. Couchés le long du corps, les membres de devant arriveraient jusqu'à la naissance de la cuisse et ceux de derrière jusqu'à l'oreille. Les doigts sont forts; les ongles robustes et crochus. La queue entre pour plus des deux tiers dans la longueur totale de l'animal : elle est conique et assez grêle. Les mâchoires sont chacune armées d'une trentaine de dents molaires, comprimées, triangulaires, faiblement tricuspides, diminuant de hauteur à mesure qu'elles avancent vers le museau. En haut, on compte quatre longues dents laniaires et trois incisives coniques, pointues ; en bas, il y a deux de celles-ci et deux de celles-là. Les trous nasaux sont circulaires et dirigés en arrière. La fente des paupières est légèrement oblique ; elles sont couvertes d'écailles granuleuses, très fines, excepté sur leurs bords, où se montrent de petits tubercules pointus. Les plaques labiales, de forme quadrilatère ou pentagone oblongue, sont au nombre de quatorze de chaque côté de la squame rostrale, qui est hexagonale, très dilatée transversalement, et au nombre de quinze à la droite comme à la gauche de l'écaille mentonnière, dont la figure est celle d'un losange. Toutes les plaques du dessus de la tête sont rhomboïdales, très carénées et légèrement imbriquées d'avant en arrière. Leur diamètre est généralement petit; pourtant on remarque que celles d'entre elles qui couvrent le bord supérieur de l'arc orbitaire sont assez dilatées. Le contraire a lieu pour celles que l'on voit garnir la surface marginale externe des régions sus-oculaires. De longues et étroites écailles rhomboïdales, courbées en toit, revêtent l'espace triangulaire compris entre les deux branches du maxillaire inférieur. Une petite crête écailleuse s'étend sur toute la région cervicale.

Les écailles du dessus du cou, quoique petites, ne le sont cependant pas autant que celles du dessous, qui elles-mêmes sont plus grandes que celles des côtés. Les supérieures sont rhomboïdales et carénées, les inférieures lisses et en losanges, ainsi que les latérales, mais plus épaisses qu'elles.

Le diamètre des squames carénées et rhomboïdales qui recouvrent le milieu du dos est double de celui que présentent les écailles qui en revêtent les côtés, ainsi que les flancs. Les unes et les autres sont imbriquées. Les écailles pectorales et les ventrales ne sont pas tout-à-fait aussi grandes que les dorsales, dont elles diffèrent par plus de longueur, plus d'épaisseur et par des carènes mieux prononcées. Ce sont aussi des squamelles rhomboïdales, carénées et imbriquées qui protègent les faces interne et externe des membres. Le dessus des doigts est recouvert par d'épaisses scutelles pentagones, lisses, imbriquées et un peu dilatées en travers; en dessous ils en offrent de grandes, quadrilatères, beaucoup plus larges que longues et surmontées de deux carènes se terminant en pointe relevée. Sous chaque cuisse, on compte de cinq à sept petits pores percés chacun au milieu d'une écaille, et à une assez grande distance les uns des autres.

COLORATION. Tout le dessus de l'animal présente une teinte fauve, traversée sur le dos par des bandes plus claires et liserées de brun. Des lignes ou des raies de cette dernière couleur forment une espèce de réseau sur la face supérieure des cuisses et celle de la racine de la queue, qui est annelée de brunâtre dans le reste de son étendue. Des nuances d'un brun roussâtre sont répandues sur la tête et sur la collerette qui de chaque côté est marquée d'une grande tache noire. Il règne sur les parties inférieures une teinte fauve plus claire que celle des parties supérieures. Les ongles sont bruns en dessus et jaunâtres sur les côtés.

DIMENSIONS. Le Chlamydosaure de King est une espèce dont la taille approche de celle des Iguanes. Voici les principales dimensions d'un individu empaillé qui fait partie de la collection du Muséum d'histoire naturelle.

Longueur totale, 97" 6'''. *Tête*. Long. 7" 2'''. *Cou*. Long. 3" 8'''. *Memb. antér*. Long. 12" 6'''. *Memb. postér*. Long. 21". *Queue*. Long. 53".

PATRIE. Cette espèce est originaire de la Nouvelle-Hollande.

XLe GENRE. DRAGON. *DRACO* (1). Linné.

CARACTÈRES. Tête triangulaire, obtuse en avant, un peu déprimée, couverte de petites plaques inégales en diamètre. Trois ou quatre incisives et deux laniaires à la mâchoire supérieure. Langue fongueuse, épaisse, arrondie, entière. Membrane du tympan parfois cachée, souvent visible et alors tendue à fleur du trou auriculaire. Sous le cou, un long fanon; de chaque côté, un pli cutané triangulaire, situé horizontalement. En général une petite crête cervicale. Tronc déprimé, élargi de chaque côté par une membrane aliforme, soutenue dans son épaisseur par les côtes asternales. Pas de pores fémoraux. Queue très longue, grêle, anguleuse, un peu déprimée à sa base.

On distingue, à l'instant même, les Dragons de tous les autres Reptiles du même ordre par un caractère des plus notables; c'est l'extension horizontale que prend la peau de leurs flancs pour former de chaque côté une espèce d'aile, soutenue dans son épaisseur par les six premières fausses côtes. Ces ailes, dont la figure est celle d'un hémicycle et la largeur à peine égale à la longueur des bras, sont complétement indépendantes de ceux-ci et n'adhèrent qu'au bord antérieur de la racine des cuisses. Dans l'état de repos, l'animal les tient pliées le long de son corps, à la manière d'un éventail, aux touches duquel les côtes, légèrement aplaties, sont jusqu'à un certain point comparables; et ce

---

(1) Δρακὼν, *draco-onis*, nom des auteurs grecs et latins, par lequel ils désignaient un Serpent ou un Lézard fabuleux à vue très perçante, qui gardait des trésors et qui dévorait les gens.

n'est qu'au moment où il veut s'élancer d'une branche ou d'un arbre sur un autre qu'il les ouvre pour s'en servir comme d'un parachute. La tête des Dragons est courte, offrant un contour horizontal, dont la figure est celle d'un triangle, obtusément arrondi en avant. De petites écailles inégales en diamètre, souvent carénées, en protégent la face supérieure. Les narines, petites, circulaires et tubuleuses, s'ouvrent de chaque côté du bout du museau, et sont tantôt dirigées en haut, tantôt inclinées latéralement. La surface de la langue est fongueuse, et son extrémité antérieure arrondie et entière. Parfois on ne compte que trois dents incisives entre les deux paires de laniaires de la mâchoire supérieure, d'autres fois il en existe quatre. En bas, il n'y a que quatre dents antérieures. Les dents molaires sont tricuspides. Le cou offre réellement trois fanons, un inférieur et deux latéraux, tous trois ayant chacun dans leur épaisseur un stylet osseux provenant de l'hyoïde.(1). Ces fanons, dont la figure est triangulaire, sont souvent très développés, et particulièrement celui qui pend sous la région inférieure du cou. Chez certaines espèces, il n'y a pas la moindre apparence d'oreille à l'extérieur; chez d'autres, cet organe y est indiqué par une membrane tympanale circulaire, d'un petit diamètre. Les Dragons ont le cou légèrement comprimé, arrondi en dessus et souvent surmonté d'une fort petite crête écailleuse. Le tronc offre au contraire une dépression très prononcée; sa face inférieure, de même que la supérieure, est garnie de petites écailles imbriquées, relevées de carènes.

Dans beaucoup d'espèces, on remarque de chaque côté du dos une série longitudinale de petits groupes de squames tuberculeuses.

Les deux surfaces des membranes alaires sont sémées de très petites écailles lisses, subovales, souvent fort étroites.

---

(1) *Voyez* page 55 de ce volume.

Les deux paires de pattes ont à peu de chose près la même longueur ; celles de derrière sont plus aplaties que celles de devant, et offrent une dentelure écailleuse le long de leur bord postérieur. Une ou deux carènes se voient à la surface des scutelles sous-digitales. Il n'y a pas de pores sous les régions fémorales. La queue, très longue, fort grêle et arrondie dans la presque totalité de son étendue, est cependant très aplatie, et assez large à sa base, dont les côtés sont dentelés. L'écaillure en est rhomboïdale, entuilée et plus fortement carénée en dessous qu'en dessus.

Les espèces de ce genre présentent quelques particularités curieuses à connaître : elles sont liées à l'existence de cette sorte de parachute que forme la peau des flancs, soutenue par les côtes de la région moyenne du thorax. Ce prolongement cutané, susceptible de se plisser et de se développer à la volonté de l'animal, pour rester étendu ou rapproché du tronc, a été désigné par les naturalistes dans ces derniers temps sous le nom de *Patagium*, ce qui signifie un riche manteau court. Ce sont les neuf côtes intermédiaires, depuis la septième jusque et compris la quinzième, qui sont ainsi prolongées. Libres et grêles dans les deux tiers de leur étendue, elles donnent attache, par l'autre tiers vertébral, la première à un muscle large, provenant de la portion convexe de la poitrine, qui la tire en avant, et alors les autres côtes suivent ce mouvement et étalent ainsi la membrane. En dedans on voit d'autres fibres charnues simulant un diaphragme, qui viennent du corps des vertèbres, se fixer à quelques-unes des côtes suivantes, pour les porter en arrière et faire alors replier les branches solides qui soutiennent le parachute en les ramenant le long des flancs.

Les Dragons se partagent en deux groupes : au premier appartiennent les espèces dont la membrane du tympan est bien distincte ; au second celles qui, en apparence, sont privées de l'organe de l'ouïe.

TABLEAU SYNOPTIQUE DES ESPÈCES DU GENRE DRAGON.

Tympan

visible : ouvertures nasales dirigées

latéralement : ailes offrant des { bandes noires en travers..... 4. D. A CINQ BANDES.
{ lignes blanches longitudinales.. 1. D. FRANGÉ.

une marbrure noire sur un fond gris.. 2. D. DE DAUDIN.

en haut : cou

crêté : museau { caréné longitudinalement.. 3. D. DE TIMOR.
{ non caréné.. 5. D. DE DUSSUMIER.

non crêté.. 6. D. A BARBE ROUGE.

caché : ailes { rouges, tachetées de noir.. 7. D. SPILOPTÈRE.
{ d'un gris-brun, rayées de blanchâtre.. 8. D. RAYÉ.

I. Espèces a membrane du tympan distincte ou les dragons proprement dits (*Draco*).

a. *Espèces à narines percées d'arrière en avant, et un peu penchées en dehors.*

1. LE DRAGON FRANGÉ. *Draco fimbriatus*. Kuhl.

CARACTÈRES. Écailles du dos petites, égales entre elles, lisses pour la plupart. Sous la gorge, plusieurs espaces circulaires garnis de grains squameux plus grands que les autres. Dessous de la tête blanc, réticulé de brun. Des linéoles longitudinales blanches sur les ailes.

SYNONYMIE. *Draco fimbriatus*. Kuhl, Beïtr. zur Zool. und Vergleich. anat. pag. 101.

Draco abbreviatus. Gray., Zool. journ. 1827, tom. 3, pag. 219.

Draco fimbriatus. Wagl. Syst. amph. pag. 152.

Draco fimbriatus. Guér. Icon. règ. anim. Cuv. tab. 10, fig. 1.

Draco abbreviatus. Gray. Illust. ind. zool Gener. Hardw. pars. 15-16, tab. 20.

Draco abbreviatus. Gray. Synops. rept. in Griffith's anim. kingd. tom. 9, pag. 59.

DESCRIPTION.

FORMES. La tête est moitié moins haute et moins large en arrière qu'elle n'a de longueur dans sa totalité. Ses côtés forment un angle aigu, dont le sommet est représenté par le bout du museau, lequel est coupé carrément. La portion antérieure de la surface de la tête est presque plane et légèrement inclinée en avant. Les régions sus-oculaires sont bombées. Les narines, qui ressemblent bien distinctement à deux petits tubes, sont situées tout près de l'extrémité antérieure du museau. Elles sont à la fois un peu penchées en arrière et de côté. On compte trente-six dents molaires, et deux longues laniaires à chaque mâchoire. La supérieure offre quatre incisives, c'est-à-dire deux de plus que l'inférieure. La plaque rostrale est hexagonale, très dilatée en travers. L'écaille mentonnière représente un triangle ayant un de ses sommets tronqués. Outre ces deux plaques, les lèvres portent chacune neuf ou dix paires de squames oblongues, soit quadrilatères, soit pentagones, ou même hexagonales, ce qui tient au nombre d'angles que présente leur bord supérieur. La membrane du tympan circulaire, très épaisse et tendue tout-à-fait à fleur du trou de l'oreille, offre un diamètre à peu près égal à la moitié de celui de l'orbite. La couverture squameuse de la tête se compose de pièces de différentes grandeurs. Il y en a de fort petites, épaisses, irrégulièrement polygones et lisses sur la moitié longitudinale externe des régions sus-oculaires, et au contraire de très grandes, aplaties, carénées, à quatre, à cinq et même à six pans sur le reste de la surface de ces mêmes régions sus-oculaires. D'autres squames, d'un diamètre intermédiaire entre ceux des écailles dont nous venons de parler, garnissent le sommet de la tête et une partie du dessus du museau : ces squames sont assez minces et de figure sub-rhomboïdale. Au milieu du front, se réunissent en formant un angle obtus, deux lignes parties du bord antérieur du dessus de l'œil, lesquelles se composent de grandes écailles disco-polygonales, dont le centre s'élève en un petit cône pointu. D'autres écailles semblables à celles-ci se montrent sur les régions voisines de l'angle antérieur de l'orbite. Puis on voit sur la ligne médio-longitudinale du museau une petite crête formée de quatre à six squames hexagonales, relevées en carènes comprimées. Deux forts tubercules squameux sont fixés l'un derrière l'autre vers l'extrémité postérieure de la courbure surcilière. Il existe quelques grandes squames carénées oblongues, sur les tempes ; quelques petits tubercules autour des oreilles, en arrière des joues et jusque sous le menton. Quatre autres tubercules plus élevés que ceux-ci sont placés, un de chaque côté de la nuque, un à la droite, l'autre à la gauche du milieu du cou dont les parties latérales offrent chacune un petit groupe d'écailles élevées en cônes.

La longueur des pattes de devant est à peu près égale à la moitié de celle du tronc. Couchés le long du corps, les membres postérieurs n'ont pas assez d'étendue pour arriver jusqu'à l'aisselle. La queue entre environ pour les deux tiers dans la longueur totale de l'animal. Elle est excessivement grêle, si ce n'est à sa racine, qui offre une certaine grosseur et dont la forme est triangulaire.

Les membranes alaires ont chacune, en largeur, le double de celle du dos. Leur bord libre décrit un demi-cercle lorsqu'elles sont étendues. La peau de la région inférieure de la tête est garnie d'écailles non imbriquées, élevées en tubercules coniques, quelquefois comprimées, présentant deux à quatre facettes. Parmi ces écailles, il y en a de petites et d'un peu plus grandes; celles-ci sont réunies de manière à couvrir cinq ou six espaces circulaires placés à certaine distance les uns des autres. De petites squames oblongues, ovales, non imbriquées, et à surface en dos d'âne, recouvrent le dessous du cou, aussi bien que le long fanon qui y est suspendu. La région cervicale présente de petits grains squameux; et sur la face supérieure des membranes cutanées, qui sont attachées le long des côtés du cou, se montrent de grandes écailles rhomboïdales ca énées. Les squames du dessus du tronc sont petites, c'est-à-dire à peine un peu plus dilatées que celle de la face supérieure du cou; elles sont plates, rhomboïdales, légèrement imbriquées et lisses pour la plupart; car ce n'est que çà et là qu'on en aperçoit quelques-unes de carénées. On compte le long du bord latéral du tronc, une suite de petits groupes de tubercules squameux au nombre de trois à cinq pour chacun. Le dessus et le dessous des pattes, moins la face supérieure des cuisses qui offre de très petites écailles lisses, sont revêtus de squames rhomboïdales carénées. La dentelure qui garnit toute l'étendue du bord postérieur des pattes de derrière se compose d'une trentaine d'écailles triangulaires, fort aplaties et dont la surface supérieure est souvent striée. Les scutelles sous-digitales sont quadrilatères, imbriquées et surmontées de plusieurs carènes. Les écailles de la queue ont toutes une forme rhomboïdale et leur surface carénée; mais l'angle postérieur de celles de la région inférieure est comme tronqué et armé de trois petites pointes. Les parties latérales de la racine de la queue offrent chacune une dentelure en scie. La poitrine et la région abdominale sont protégées par des écailles en losanges, fortement carénées.

COLORATION. Voici quel est le mode de coloration des échantillons du Dragon frangé que renferme notre collection. Les parties supérieures sont nuancées de brun sur un fond, soit de couleur marron, soit gris ardoisé, ou bien gris cendré ou gris olivâtre. Il est rare que l'on ne voie pas des bandes brunes ou noirâtres couper en travers le dessus du corps, qui fort souvent aussi est semé de points noirs, parmi lesquels il s'en trouve quelques-uns entourés d'un cercle blanc. Une douzaine de lignes blanches sont tirées sur les ailes dans le sens de leur longueur; des raies noires coupent transversalement le dessus des doigts et des autres parties des membres. Il règne une teinte blanchâtre sur les régions inférieures de l'animal, et sous la tête se trouve dessiné un réseau de couleur noire très foncée.

Certains individus offrent un point noir sur le vertex ; d'autres présentent, soit avec ce point, soit sans lui, une bande transversale brune sur le front.

DIMENSIONS. Cette espèce de Dragon est la plus grande de toutes celles que nous connaissons. *Longueur totale*, 28" 5'''. *Tête*. Long. 6" 6'''. *Memb. antér*. Long. 4" 6'''. *Memb. postér*. Long. 5" 5'''. *Queue*. Long. 16" 5'''.

PATRIE. Le Dragon frangé semblerait être particulier à l'île de Java ; car c'est de ce pays qu'ont été envoyés tous les individus que nous avons jusqu'ici été à même d'observer. Ceux qui appartiennent à notre musée sont dus aux soins de MM. Diard et Duvaucel.

2. LE DRAGON DE DAUDIN. *Draco Daudinii*. Nobis.

CARACTÈRES. Écailles du dos assez dilatées, lisses pour le plus grand nombre ; grains squameux du dessous de la gorge de même diamètre ; dessous de la tête piqueté de noir ; ailes d'un gris fauve ou brun plus ou moins foncé, tachetées et marbrées de noir, ou bien offrant près de leur bord quatre ou cinq bandes obliques de cette dernière couleur.

SYNONYMIE. *Lacertus volans*. Bont. Jav. pag. 49.

Lacerta americana volans, *seu Draco volans*. Séb. 1, pag. 160, tab. 102, fig. 2.

Lacerta africana volans, *seu Draco volans*. Id. loc. cit. tom. 2, pag. 92, tab. 86, fig. 3.

Lacerta cauda tereti pedibus pentadactylis; alis femore connexis; crista gulæ triplici. Linn. Amœn. acad. tom. 1, pag. 126.

Draco volans. Linn. Syst. nat. édit. 12, pag. 199 ; et édit. 12 pag. 358.

Draco præpos. Id. loc. cit. édit. 12, p. 358.

Draco major. Laur. Synops. rept. pag. 50.

Draco minor. Id. loc. cit. pag. 51.

Draco volans. Gmel. Syst. nat. pag. 1056.

Draco præpos. Id. loc. cit.

Le Dragon. Daub. Dict. rept. pag. 622.

29.

Le Dragon. Lacép. Hist. quad. ovip. tom. 1 , pag. 447.

Le Dragon. Bonnat. Encyclop. méth. pl. 12 , fig. 15.

Flying Draco. Shaw. Gener. zool. tom. 3 , pag. 177 , tab. 54.

Draco volans. Latr. Hist. rept. tom. 2 , pag. 3.

Draco viridis. Daud. Hist. rept. tom. 3, pag. 301.

Draco fuscus. Id. loc. cit. pag. 307.

Draco viridis. Merr. Syst. amph. pag. 47.

Draco fuscus. Id. loc. cit. pag. 46.

Draco viridis. Kuhl. Beïtr. zur Zool. und Vergleich. anat. pag.
102.

Draco fuscus. Id. loc. cit. pag. 102.

Draco bourouniensis. Less. Illustr. de zool. tab. 37 ?

Draco viridis. Wolf, Abbild. und Besch. tom. 1 , pag. 12 , tab.
3 , fig. 3.

Draco præpos. Wagl. Syst. amph. pag. 152.

Draco viridis. Id. loc. cit.

DESCRIPTION.

Formes. Ce qui distingue particulièrement le Dragon de Daudin
du Dragon frangé, c'est une taille plus petite, des ailes proportionnellement plus étendues, des écailles dorsales plus dilatées,
et un mode de coloration tout différent. On remarque encore
que la crête qui se borne à surmonter la nuque chez l'espèce précédente s'avance dans celle-ci un peu sur le dos, et que les grains
squameux à trois facettes qui garnissent le dessous de la tête sont
tous aussi petits les uns que les autres. Quant à l'écaillure des autres parties du corps, elle est la même que chez l'espèce précédente.

La largeur de chaque aile est deux fois plus grande que celle du
dos. Les membres de devant ne sont qu'un peu plus courts que
ceux de derrière, dont l'étendue n'est que d'un quart moins con
sidérable que celle qui existe de la racine de la cuisse à l'épaule.
La queue est une demi-fois plus longue que le reste du corps ; très
grêle, et légèrement comprimée dans la plus grande partie de son
étendue, elle se trouve être assez forte à sa base qui, au lieu d'offrir une forme triangulaire de même que chez le Dragon frangé,
se montre aplatie en dessous, et arrondie ou cintrée transversalement en dessus.

Coloration. Les Dragons de Daudin, à en juger par les individus que nous avons pu étudier, diffèrent beaucoup entre eux quant à la manière dont ils sont colorés. Presque tous ceux de la collection du Muséum ont une tache noire arrondie sur le milieu de la tête, et une autre de la même couleur, mais de forme ovale sur le milieu de la nuque. Quelques-uns offrent sur un fond clair une ou deux raies brunes qui le coupent en travers. D'autres ont toute la surface antérieure de la tête peinte de la couleur de ces raies. Chez tous, sans exception, on voit la gorge et le dessous du cou plus ou moins piquetés ou ponctués de noir sur un fond fauve blanchâtre, quelquefois lavé de verdâtre. Dans quelques cas ces taches se répandent sur la poitrine, mais celle-ci est ordinairement, ainsi que le ventre et en général toutes les parties inférieures du corps, uniformément d'un gris blanchâtre. Parfois le fanon est coloré en noir bleuâtre, semé de quelques points blancs. C'est le plus souvent une teinte grise qui règne sur les régions supérieures; mais tantôt elle est blanchâtre, tantôt fauve ou roussâtre, ou bien elle tire sur le brun plus ou moins foncé.

Plus la couleur du fond est sombre, plus les taches noires qui y existent sont étendues; plus au contraire le fond est clair, plus ces mêmes taches sont petites et distinctes les unes des autres, au moins sur la région de l'aile la plus voisine du corps; car vers son bord libre, et particulièrement vers le haut, elles se groupent ensemble de manière à former de grandes marbrures. Ordinairement la transparence des ailes laisse apercevoir ces taches du côté opposé à celui sur lequel elles sont imprimées, quand, ce qui arrive quelquefois, elles ne s'y trouvent pas reproduites. C'est en particulier, d'après un sujet offrant un de ces différens modes de coloration, que Daudin a établi son Dragon brun, tandis que son Dragon vert, qui n'en diffère pas spécifiquement, l'a été d'après un individu semblable, ou à peu près semblable à ceux dont le dessus du corps est verdâtre, quelquefois uniformément, d'autres fois tacheté de brun; mais offrant toujours sur la partie supérieure de la moitié longitudinale externe de chaque aile trois où quatre bandes noires qui ne sont placées ni en long ni en travers, mais d'une manière oblique.

DIMENSIONS. *Longueur totale*, 22" 3'". *Tête*. Long. 1" 5'". *Cou*. Long. 7'". *Corps*. Long. 8" 5'". *Memb. antér*. Long. 2" 8'". *Memb. postér*. Long. 3" 5'". *Queue*. Long. 11" 6'".

PATRIE. Nous ne possédons aucun individu qui ait été recueilli ailleurs que dans l'île de Java. Ceux du Muséum ont été envoyés à M. Diard, par M. Duvaucel, et MM. Kuhl et Van Hasselt.

Observations. Cette espèce résulte de la réunion du Dragon vert et du Dragon brun de Daudin, distingués, comme nous l'avons déjà dit plus haut, par de simples différences de coloration.

3. LE DRAGON DE TIMOR. *Draco Timoriensis.* Péron.

CARACTÈRES. Une rangée d'écailles carénées plus grandes que les autres, de chaque côté de la région médio-longitudinale du dos. Ailes tachetées de brun sur un fond roussâtre.

SYNONYMIE. *Draco Timoriensis.* Per. Manuscr.

Draco Timoriensis. Kuhl, Beïtr. zur Zool. und Vergleich. anat. pag. 103.

Draco Timoriensis. Gray. Synops. rept. in Griffith's anim. kingd. tom. 9, pag. 59.

DESCRIPTION.

FORMES. Les seules différences qui existent entre cette espèce et le Dragon de Daudin consistent tout simplement en ce qu'elle offre de chaque côté de la région moyenne et longitudinale du dos une rangée d'écailles distinctement carénées, et plus grandes que celles qui couvrent le reste de la face dorsale.

COLORATION. Toutes les parties supérieures présentent en outre, chez tous les individus que nous avons pu observer, une teinte rousse, nuancée de blanchâtre; mais, de même que chez l'espèce précédente, elles sont parsemées de taches brunes, qui généralement sont plus nombreuses et moins dilatées. Le dessous de la tête et du cou sont également piquetés de noir. Des points et des raies onduleuses de la même couleur se montrent, les premiers sur les épaules, les seconds le long des parties latérales du cou.

DIMENSIONS. *Longueur totale*, 20" 1'''. *Tête.* Long. 1" 6'''. *Cou.* Long. 1". *Corps.* Long. 6". *Memb. antér.* Long. 3" 1'''. *Memb. postér.* Long. 3" 6'''. *Queue.* Long. 11" 5'''.

Observations. Cette espèce a tant de rapports avec la précédente, qu'elle pourrait bien n'en être qu'une simple variété, particulière à l'île de Timor.

4. LE DRAGON A CINQ BANDES. *Draco quinquefasciatus.* Gray.

CARACTÈRES. Cinq bandes brunes traversant entièrement le dessus des ailes et du dos.

SYNONYMIE. *Draco quinquefasciatus.* Gray. Zool. journ. 1827, pag. 219.

Draco quinquefasciatus. Id. Synops. rept. in Griffith's anim. kingd. tom. 9, pag. 59.

DESCRIPTION.

FORMES. Cette espèce, quoique fort voisine du Dragon de Daudin, s'en distingue cependant par des écailles dorsales sensiblement carénées, et par un mode de coloration différent.

COLORATION. Les cinq bandes brunes qui sont imprimées sur le dessus de son corps, outre qu'elles sont plus larges qu'aucune de celles que l'on voit sur les ailes du Dragon de Daudin, sont continues du bord externe d'une aile à l'autre, et placées tout-à-fait transversalement.

DIMENSIONS. Le Dragon à cinq bandes acquiert aussi une plus grande taille que le Dragon de Daudin. Il en existe un très bel échantillon dans la collection du Musée britannique, qui est presque aussi grand qu'un individu adulte du Dragon frangé.

PATRIE. Cette espèce est originaire des Indes orientales. L'individu dont nous venons de parler a été recueilli à Penang.

Observations. M. Gray considère, à tort selon nous, les Dragons vert et brun de Daudin, ou notre *Draco Daudinii*, comme étant de la même espèce que son Dragon à cinq bandes. Nous croyons même que, si l'on comparait ces deux espèces avec plus de soin que nous n'avons pu le faire, on trouverait entre elles d'autres différences que celles que nous venons d'indiquer.

b. *Espèces à narines percées de haut en bas, d'une manière par-faitement verticale.*

5. LE DRAGON DE DUSSUMIER. *Draco Dussumieri.* Nobis.

CARACTÈRES. Angles antérieur et postérieur de chaque orbite sur-montés d'une petite pointe osseuse plus ou moins apparente, sui-vant l'âge des individus. Ailes tachetées de brun près du corps, largement marbrées de la même couleur vers le haut de leur bord libre. Une bande noire en travers sous le cou. Base du fanon peint de noir bleuâtre.

SYNONYMIE ?

DESCRIPTION,

FORMES. A la première vue, l'on prendrait cette espèce pour un Dragon de Daudin; mais en l'examinant avec quelque soin, on s'aperçoit bien vite qu'il en diffère par la manière dont se trou-vent percées les narines, qui sont tout-à-fait verticales. La tête du Dragon de Dussumier est proportionnellement plus courte, et les régions sus-oculaires plus convexes que celles du Dragon de Dau-din. Ces dernières sont garnies sur leur moitié longitudinale ex-terne de petits grains squameux rhomboïdaux, tous percés d'un petit pore à leur sommet. L'autre moitié longitudinale de leur surface, l'interne, offre des écailles assez dilatées, de forme rhomboïdale ou hexagonale, et carénées. Au devant du front, s'é-lève une légère éminence couverte de petits tubercules taillés à facettes, lesquels sont au nombre de cinq ou six, disposés en cer-cle autour d'un sixième ou d'un septième qui est plus haut qu'eux. De même que chez le Dragon de Daudin, la ligne médio-longitu-dinale du dessus du museau est surmontée d'une petite crête com-posée de deux ou trois écailles élevées en carène tranchante.

Des deux extrémités de la voûte orbitaire s'élève perpendicu-lairement une petite pointe osseuse, ce qui donne au Dragon de Dussumier l'air d'avoir quatre petites cornes droites, placées aux quatre coins de sa surface crânienne. On doit dire que celles de ces cornes qui sont placées en avant ne se voient point aussi dis-tinctement que les postérieures, à moins que le sujet que l'on exa-mine soit desséché.

Il existe sur chaque tempe deux écailles ovales tuberculeuses, placées l'une derrière l'autre ; la première est plus grande que la seconde.

On remarque de chaque côté du cou, positivement au-dessus de l'oreille, un assez fort tubercule conique. Quelques autres, beaucoup plus petits, forment deux groupes à droite et à gauche de la région cervicale. La membrane du tympan est assez grande et circulaire ; son bord postérieur se confond avec celui de l'oreille ; tandis que, en avant, le bord antérieur de celle-ci fait une légère saillie au-dessus du sien. Chaque lèvre est garnie de treize ou quatorze paires de plaques pentagones oblongues, non compris l'écaille rostrale, qui est quadrilatère, dilatée transversalement, ni la scutelle du menton, qui ressemble à un triangle, ayant un de ses sommets tronqués.

Trois et quelquefois quatre dents incisives, avec une grande laniaire de chaque côté, arment le bout de la mâchoire supérieure, qui est en outre garnie de vingt-huit ou trente molaires tricuspides. Le nombre des dents de la mâchoire inférieure est le même, si ce n'est qu'elle offre une ou deux dents incisives de moins.

Sous le rapport de leur forme, de leurs proportions, et même de leur écaillure, les pattes, la queue et les ailes ressemblent complétement à celles du Dragon de Daudin. Des squamelles imbriquées, granuleuses, oblongues, percées chacune d'un petit pore, adhèrent à la peau qui couvre le dessous de la tête. On voit de très petites écailles rhomboïdales, comprimées, étroites, sur la région inférieure du cou. Les squamelles du dessus du cou et les deux faces, supérieure et inférieure du tronc, ne diffèrent pas de celles qui protégent les mêmes parties chez le Dragon de Daudin.

Coloration. Il y a aussi une grande analogie entre le mode de coloration du Dragon de Dussumier, et celui du Dragon de Daudin. Le bout du museau et les lèvres de l'espèce qui fait le sujet de cet article, offrent un brun roussâtre foncé. La face supérieure de toutes les autres parties du corps présente un gris qui paraît violacé sur quelques régions, cendré sur quelques autres, et même lavé de vert pâle sur le cou. Sur le dos sont appliqués, à la suite l'un de l'autre, trois ou quatre anneaux bruns. Des raies de la même couleur que ces anneaux coupent en travers le dessus des bras et des doigts.

Les ailes, sur leur région la plus voisine du corps, sont semées de petites taches noirâtres ; tandis que vers leur bord libre elles se montrent couvertes de grandes marbrures noires, au milieu desquelles on aperçoit quelques gros points de la couleur du fond. Un gris blanc, lavé de vert, règne sur toutes les parties inférieures de l'animal, excepté sous la gorge, qui est peinte en noir bleuâtre, et sous le cou, près de la poitrine, où il existe une bande transversale de cette dernière couleur.

DIMENSIONS. *Longueur totale*, 21" 3'". *Tête*. Long. 1" 6'". *Cou*. Long. 1" 2'". *Corps*. Long. 5" 5'". *Memb. antér*. Long. 3" 5'". *Memb. postér*. Long. 4" 2'". *Queue*. Long. 13".

PATRIE. Cette espèce habite le continent de l'Inde. Nous l'avons reçue du Bengale et de la côte de Malabar par les soins de M. Dussumier.

6. LE DRAGON BARBE-ROUGE. *Draco hœmatopogon*. Boié.

CARACTÈRES. Une petite pointe osseuse au-dessus du bord antérieur et du bord postérieur de chaque orbite. Écailles du dos égales entre elles, lisses. Pas de crête sur le cou. Ailes tachetées de brun. Une grande tache noire arrondie de chaque côté de la racine du fanon.

SYNONYMIE. *Draco hœmatopogon*. Boïé. Manuscrip. *Draco hœmatopogon*. Gray. Synops. rept. in Griffith's anim. kingd. tom. 9, pag. 59.

DESCRIPTION.

FORMES. Cette espèce a, comme la précédente, les bords antérieur et postérieur des orbites relevés en pointes, mais d'une manière moins prononcée. Les narines ressemblent tout-à-fait à celles du Dragon de Dussumier. Quand on compare cependant la manière dont sont disposées les écailles de la tête, on voit que les tubercules frontaux sont moins élevés, et la petite crête sus-nasale plus basse. Les côtés du cou du *Draco hœmatopogon* ne donnent pas naissance à de petits groupes d'écailles tuberculeuses, et sa partie supérieure n'est pas surmontée d'une crête, comme cela se voit chez l'espèce précédente. Les écailles du dos sont toutes égales entre elles, et complétement dépourvues de carènes.

Pour ce qui est des ailes, des membres et de la queue, on retrouve ici les mêmes formes, les mêmes proportions et la même écaillure que dans le Dragon de Dussumier.

CoLORATION. Un gris brun uniforme est répandu sur les parties supérieures du corps; il est cependant plus clair sur les ailes, qui sont marbrées ou jaspées de noir. Le dessus des bras est marqué de bandes transversales de cette dernière couleur. Un gris moins sombre que celui du dessus du corps règne sur les régions infé-rieures, sans qu'il s'y mêle d'autres teintes ; le dessous du cou of-fre de chaque côté de l'endroit où est suspendu le fanon, qui est rouge, une énorme tache ovale d'un noir profond.

DIMENSIONS. *Longueur totale*, 23" 5"'. *Tête*. Long. 1" 5"'. *Cou*. Long. 1" 1"'. *Corps*. Long. 5" 5"'. *Memb. antér*. Long. 4". *Memb. postér*. Long. 4" 5"'. *Queue*. Long. 15" 4"'.

PATRIE. Cette espèce de Dragon vit dans l'île de Java. Nous n'en possédons que deux échantillons qui nous ont été envoyés du Musée de Leyde.

II. ESPÈCES A TYMPAN CACHÉ SOUS LA PEAU OU LES DRAGONEAUX
(*Dracunculus*. Wiegm.).

7. LE DRAGON RAYÉ. *Draco lineatus*. Daudin.

CARACTÈRES. Ailes linéolées de blanc dans le sens de leur lon-gueur. Côtés et dessous du cou marqués de gros points blancs sur un fond bleu noirâtre.

SYNONYMIE. *Draco lineatus*. Daud. Hist. rept. tom. 3, pag. 298. *Draco lineatus*. Merr. Syst. amph. pag. 47.

Draco lineatus. Kuhl. Beïtr., zur zool. und Vergleich. anat. pag. 102.

Draco Amboinensis. Less. Illust. de zool. tab. 38.

Draco lineatus. Wolf Abbild, und Besch. tom. 1, pag. 12, tab. 3, fig. 10.

Draco lineatus. Wagl. Syst. amph. pag. 152.

Draco lineatus. Gray. Synops. rept. in Griffith's anim. kind. tom. 9, pag. 59.

Dracunculus lineatus. Wiegm. Herpet. mexic. pars 1, pag. 14.

Dracunculus lineatus. Wiegm. Act. acad. Cœs. Leop. carol. nat. Cur. tom. 17,pag. 217.

DESCRIPTION.

FORMES. La tête du Dragon rayé a, en étendue totale, le double de sa largeur en arrière, laquelle est un peu plus considérable que sa hauteur. Le museau se trouve être le sommet d'un angle aigu, mais néanmoins tronqué, qui est formé par les deux côtés de la tête. Nous comptons quatorze dents molaires de chaque côté, à l'une comme à l'autre mâchoire, cinq incisives et deux laniaires à la supérieure et deux paires seulement de ces deux espèces de dents à l'inférieure. La plaque rostrale est fort grande : elle n'offre que deux côtés, l'un rectiligne, l'autre fort arqué. L'écaille mentonnière ressemble à un triangle dont le sommet d'un des angles serait tronqué. Les autres plaques qui garnissent les lèvres sont quadrilatères ou pentagones, très oblongues et au nombre de douze à dix-huit sur chacune. De même que chez les autres Dragons, on voit la moitié longitudinale externe des régions sus-oculaires revêtue de petites écailles unies ; tandis que la moitié interne est couverte de squamelles assez dilatées, les unes pentagonales, les autres hexagonales, mais toutes surmontées de carènes. La région médio-longitudinale de la surface crânienne supporte des petites squames rhomboïdales oblongues, en dos d'âne. Il y en a de semblables, mais plus courtes, sur le front, où elles forment une espèce de petite rosace. Devant celui-ci est une légère éminence couverte par quatre écailles rhomboïdales carénées, plus larges que longues ; puis on voit sur la ligne médiane du museau, comme chez presque toutes les autres espèces, une petite crête composée de trois grandes squames fortement relevées en carènes. Il règne sur la nuque et sur le commencement du cou, une petite crête dentelée en scie.

Couchées le long du cou, les pattes de devant excèdent le bout du museau de la longueur de la main. Mises le long du corps, celles de derrière atteignent à la racine du bras. La queue est forte, convexe en dessus et plate en dessous, mais cela seulement à sa naissance, car immédiatement après elle se comprime et devient très grêle. Sa longueur fait environ les deux tiers de toute l'étendue de l'animal ; son écaillure ressemble à celle du Dragon de Daudin. Le Dragon rayé ne laisse pas voir la moindre trace d'oreille à l'extérieur. Au-dessus de l'endroit où devrait exister le tympan on remarque un tubercule conique ; deux ou trois autres plus petits que celui-ci se montrent sur les côtés du cou. La face inférieure de cette partie du corps est revêtue de grains squameux rhomboïdaux, un peu aplatis subimbriqués et percés chacun d'un petit pore. Ceux qui garnissent la peau de la gorge leur ressembleraient si leur surface n'était pas en dos d'âne.

Les écailles cervicales et les dorsales ressemblent à des rhombes ; elles sont plates et légèrement imbriquées. Celles d'entre elles qui couvrent la région rachidienne, outre qu'elles sont carénées, présentent un diamètre un peu plus grand que les autres. Les ailes ont la même forme et la même étendue que celles du Dragon de Daudin. L'écaillure des membres et du dessous du tronc n'est pas non plus différente de celle que présentent les mêmes parties chez cette dernière espèce.

Coloration. Sur la couleur brun noirâtre du dessus du corps, on voit une teinte blanche former des espèces de bandes transversales à bords anguleux, bandes qui sont plus distinctes sur la face supérieure du cou et des membres que sur le dos. La pointe du fanon est d'un blanc pur ; de gros points de la même couleur sont répandus en grand nombre sur le fond bleu noirâtre du dessous et des côtés du cou. Pourtant il est vrai de dire que ce mode de coloration de la gorge n'est pas commun à tous les individus ; car nous en possédons un chez lequel elle est blanche, piquetée de noir.

Le dessus des ailes offre des marbrures d'une teinte plus foncée que le brun noirâtre qui forme le fond de leur couleur ; puis elles sont parcourues dans le sens de leur longueur, par une quinzaine de lignes blanches, qui quelquefois se bifurquent à leur extrémité postérieure.

Dimensions. *Longueur totale*, 4" 7'". *Tête*. Long. 1" 6'". *Cou*. Long. 1". *Corps*. Long. 5" 5'" *Memb. antér.* Long. 3" 5'". *Memb. postér.* Long. 4" 5'". *Queue*. Long. 16" 6'".

Patrie. Le Dragon rayé se trouve à Amboine et aux Célèbes, d'où il nous en a été rapporté plusieurs beaux échantillons par MM. Quoy et Gaimard.

3. LE DRAGON SPILOPTÈRE. *Draco spilopterus*. Wiegmann.

Caractères. Ailes couvertes de taches brunes sur un fond rouge près du corps, mais jaune vers leur bord externe. Gorge jaune, piquetée de noir.

SYNONYMIE. *Dracunculus spilopterus.* Wiegm. Act. acad. Cœs. Leop. Carol. nat. Cur. tom. 17, pag. 216, tab. 15.

Draco spilopterus. Gerv. rept. Voyage de la Favor. non publié.

DESCRIPTION.

FORMES. Le Dragon spiloptère a, comme le précédent, ou le Dragon rayé, le trou auditif externe complétement couvert par la peau. Il a, du reste, les mêmes formes, les mêmes proportions et la même écaillure que lui. Cependant sa plaque rostrale et sa plaque mentonière sont plus petites ; et, outre que sa crête cervicale est plus prononcée, elle est élevée au-dessus d'un repli de la peau.

COLORATION. C'est particulièrement par son mode de coloration que le Dragon spiloptère diffère du Dragon rayé.

Un rouge vif colore la pointe de son fanon, dont le reste de la surface est d'un très beau jaune, ainsi que le cou et le dessous de la tête, qui sont l'un et l'autre piquetés de noir. Ces deux couleurs, rouge et jaune, régnent aussi sur la face supérieure des ailes, la première sur leur partie la plus voisine du corps, la seconde sur celle qui se rapproche davantage du bord opposé. Toutes deux sont parsemées d'un grand nombre de taches noirâtres, qui, par leur forme et leur distribution, rappellent jusqu'à un certain point le mode de moucheture que présente la robe des Léopards et des Panthères. D'autres taches noires se montrent sur le fond gris brun du dos, de la face supérieure du cou et des membres postérieurs. Les bras, également d'un gris brun, sont coupés transversalement par des bandes brunâtres. Quant aux parties inférieures, excepté la gorge et le cou, elles offrent toutes une teinte grise plus ou moins blanchâtre.

DIMENSIONS. *Longueur totale,* 22". *Tête.* Long. 1" 6'". *Cou.* Long. 1". *Corps.* Long. 5" 4'". *Memb. antér.* Long. 3". *Memb. postér.* Long. 3" 5'". *Queue.* Long. 14".

PATRIE. Le Dragon spiloptère n'a jusqu'ici été rencontré que dans l'île de Manille. Le Muséum en a reçu plusieurs échantillons, les uns par les soins de M. Eydoux, les autres par ceux de M. Marc, négociant et naturaliste fort distingué, au Havre.

XLIᵉ GENRE. LÉIOLÉPIDE. *LEIOLEPIS* (1). Cuvier.

CARACTÈRES. Tête subpyramido - quadrangulaire, couverte de très petites plaques polygones. Membrane du tympan un peu enfoncée. Quatre incisives et deux canines à la mâchoire supérieure. Langue en fer de flè-che, à pointe très mince, échancrée triangulairement, écailleuse sur la moitié antérieure de sa surface, papilleuse sur la postérieure. Pas de fanon ; un pli transversal en avant de la poitrine.

Dessus du corps completement dépourvu de crête. Tronc subcylindrique, à écaillure granuleuse en dessus, imbriquée et lisse en dessous. Des pores fémoraux. Queue conique, très longue, un peu forte et déprimée à sa base, excessivement grêle en arrière.

Les Léiolépides sont des Iguaniens très élancés qui, ne possédant d'ailleurs aucune espèce de crête sur les parties latérales du corps, ont par cela même un peu de la physiono-mie des Lézards proprement dits. Leur tête quadrilatère, à peu près aussi haute que large en arrière, se trouve assez rétrécie en avant, pour donner à son contour la figure d'un triangle à sommet légèrement obtus. Le vertex est un peu convexe, et le front très arqué d'arrière en avant.

La langue des Léiolépides, sous le rapport de sa forme et de sa structure, diffère beaucoup de celle des autres Iguaniens.

La moitié antérieure environ de la surface de cet organe est écailleuse, tandis que la postérieure est papilleuse.

---

(1) De Λεῖος, lisse, *lœvis*, et de Λεπίς, écaille, *squama*,

C'est une particularité que nous retrouverons chez quelques espèces de Scincoïdiens, qui, à cause de cela, ont été nommés Diplogosses.

Cette langue a la figure d'un triangle isocèle, dont le sommet antérieur est divisé en deux pointes anguleuses, et les angles postérieurs prolongés chacun à peu près comme chez les oiseaux, en une espèce de corne. Elle est du reste assez mince, et susceptible d'une certaine extension hors de la bouche. Celle-ci est armée de fortes dents.

Chaque mâchoire offre quatre petites incisives, deux longues canines pointues, un peu comprimées et faiblement arquées ; puis environ onze molaires à droite et à gauche, lesquelles sont serrées les unes contre les autres, triangulaires, bien qu'offrant une échancrure de chaque côté. Les narines ressemblent à de petites fentes semi-lunaires, dont l'ouverture est dirigée en arrière, plutôt qu'à des trous ovales ou circulaires, comme on le remarque chez la plupart des Iguaniens. Elles sont situées sur les côtés du museau, entre le premier et le second tiers de la longueur qui existe depuis son extrémité jusqu'à l'angle antérieur des paupières.

La membrane du tympan est grande, ovalaire et tendue en dedans du bord auriculaire, lequel n'offre aucune espèce de dentelure.

Le cou est tout d'une venue avec le tronc et la tête, c'est-à-dire qu'il ne présente pas d'étranglement. La peau en est assez lâche, plissée longitudinalement sur les côtés, transversalement sur la nuque, en avant de la poitrine, et au milieu de la longueur de sa région inférieure.

Quelques autres plis de la peau se font remarquer sur les épaules et sur les parties latérales du tronc. Celui-ci, arrondi en dessus et en dessous, a ses diamètres vertical et transversal à peu près égaux.

Les membres, bien qu'alongés, sont néanmoins assez forts, et les doigts qui les terminent armés d'ongles longs, pointus et peu arqués.

Le dessous des cuisses est percé d'une série de très petits

pores qui en occupent toute la longueur. L'étendue de la queue est double de celle du reste de l'animal ; sa forme est conique, légèrement déprimée à la base.

Les Léiolépides ont de très petites plaques polygones, un peu carénées sur les régions crânienne et sus-nasale ; des écailles beaucoup plus petites, ovalo-polygones, sur les régions sus-oculaires, et des squames ovales, convexes, disposées par bandes transversales, sur le dessus et les côtés du tronc. Le ventre est protégé par des écailles lisses, imbriquées, et la queue entourée de verticilles de petites plaques quadrilatères carénées. Des scutelles unies recouvrent le dessous des doigts, dont les bords, au moins à ceux de derrière, sont dentelés.

Le genre Léiolépide, dont on doit l'établissement à Cuvier, a été placé avec juste raison par cet auteur près des Agames. Nous avions eu d'abord l'idée de commencer cette sous-famille des Iguaniens acrodontes par ce genre qui nous semblait assez bien faire à lui seul le pendant d'un groupe parmi les Pleurodontes, qu'on pourrait appeler celui des Polychriens, ou des genres Polychre, Laimancte, Urostrophe et Norops.

1. LE LÉIOLÉPIDE A GOUTTELETTES. *Leiolepis guttatus.*
Cuvier.
(*Voyez* Planche 43, fig. 1.)

CARACTÈRES. Dos, gorge et dessus des membres marqués de taches ou gouttelettes jaunes qui deviennent blanches dans l'alcool ; quatre ou cinq raies de la même couleur que ces taches sur le dessus du corps.

SYNONYMIE. *Leiolepis guttatus.* Cuv. Règ. anim. 2ᵉ édit. tom. 2, pag. 37.

Leiolepis guttatus. Guér. Icon. Règn. anim. Cuv., tab. 7, fig. 2.

Uromastix Bellii. Gray. Zool. journ. tom. 3, pag. 216.

Uromastix Belliana. Gray. Illust. ind. zool. Gener. Hardw. part. 15-16, tab. 18.

Uromastix Bellii. Gray. Synops. Rept. in Griffith's anim. kingd. tom. 9, pag. 62.

REPTILES, IV.   30

DESCRIPTION.

Formes. Le Léiolépide à gouttelettes est un des Iguaniens le plus svelte et le plus élancé. Sa tête, dont les côtés forment un angle aigu, est une fois plus longue et d'un quart moins haute qu'elle n'est large en arrière.

Le dessus du crâne est légèrement convexe, et le profil du museau, ou mieux de la partie antérieure de la tête, fortement arqué. Le cou n'offre pas le moindre rétrécissement; il est subcylindrique, de même que le tronc, dont la longueur est la même que celle des pattes de derrière. Les membres de devant sont une fois plus courts que celles-ci. Le troisième et le quatrième doigt des mains sont aussi alongés l'un que l'autre; tandis que les quatre premiers des pieds sont régulièrement étagés. Les ongles sont très longs, étroits, pointus et faiblement courbés. La queue entre pour plus des deux tiers dans l'étendue totale de l'animal; un peu déprimée à sa racine, elle est d'une forme conique dans tout le reste de sa longueur. Le trou de l'oreille, dont le diamètre est assez grand, présente une figure subovale; il laisse voir à son entrée la membrane tympanale, qui est fort mince. Chaque mâchoire est armée de dix-huit à vingt dents molaires tricuspides, de deux laniaires et de quatre incisives. L'écaille rostrale ressemble à la moitié d'un disque circulaire; la mentonnière offre cinq côtés, dont deux forment un angle aigu. La lèvre supérieure est garnie, ainsi que l'inférieure, de neuf paires de petites plaques quadrilatères. Les squames qui revêtent le dessus de la tête sont toutes fort petites, et par conséquent très nombreuses. Celles d'entre elles qui garnissent la surface du crâne, en arrière des yeux, sont granuleuses, les sus-oculaires sont rhomboïdales, carénées, et peut-être un peu plus petites que les autres. Il y en a aussi de rhomboïdales sur le museau, mais elles sont épaisses, moins petites, et plutôt en dos d'âne que réellement carénées. Ce sont de petits grains squameux qui défendent les parties latérales du cou et du tronc. Les écailles de la gorge sont petites, circulaires, lisses et légèrement convexes. Celles de la face inférieure du cou, de la poitrine et du ventre, sont unies et de figure rhomboïdale. Les membres en offrent en dessus et sur les mollets d'ovalo-rhomboïdales, et à surface en toit; sous les bras et sous les cuisses, il y en a de lisses qui ressemblent à des losanges. Les fesses sont granuleuses.

Des grains squameux, rhomboïdaux protégent la paume des mains et la plante des pieds. Les scutelles sous-digitales sont à quatre carènes. La queue est couverte, ou plutôt entourée de verticilles de petites écailles carrées, relevées d'une crête. On compte sous chaque cuisse vingt à vingt-quatre pores percés chacun, comme avec la pointe d'une aiguille, presque au centre, d'une écaille discopentagonale.

Coloration. Deux teintes seules, l'une bleuâtre, l'autre blanche, se laissent voir sur les trois Léiolépides à gouttelettes que renferme notre collection. La première est répandue sous la tête et sur presque toutes les parties supérieures; la seconde, outre qu'elle règne à peu près exclusivement sur les régions inférieures, se montre aussi en dessus, soit sous la forme de gros points, soit sous la figure de raies longitudinales. Ces raies, au nombre de dix, sont ainsi distribuées : une sur chaque fesse, deux le long de chaque flanc, deux sur le dos, deux sur la partie latérale gauche, et deux sur la partie latérale droite de la queue. Quant aux taches arrondies, elles sont semées sous la gorge, sur les cuisses et sur les régions dorsale et fémorale.

Il est certain que ces individus, par suite de leur séjour dans la liqueur préservatrice, ont perdu les couleurs qui les ornaient, lorsqu'ils étaient vivans.

Voici quel serait le mode de coloration de cette espèce d'Iguaniens dans l'état de vie, d'après un dessin qu'en a publié le général Hardwick, dans ses Illustrations de la zoologie indienne.

Une teinte roussâtre régnerait sur la tête, et une belle couleur verte sur le dos et le dessus de la queue. Celle-ci serait parcourue par des raies brunes qui formeraient une sorte de treillage ou de réseau. Des taches arrondies jaunâtres, entourées d'un cercle violet, jetées çà et là sur le dos, et d'autres taches jaunes se montreraient sur la couleur violette des cuisses.

Dimensions. *Longueur totale, 42" 2"'. Tête. Long. 3". Cou. Long. 1" 6"'. Corps. Long. 9". Memb. antér. Long. 5". Memb. postér. Long. 8" 6"'. Queue. Long. 28" 6"'.*

Patrie. Nos échantillons du Léiolépide à gouttelettes ont été envoyés au Muséum par M. Diard, comme ayant été recueillis en Cochinchine. Le général Hardwick nous apprend que l'espèce se trouve à Penang.

3o.

XLIIᵉ GENRE. GRAMMATOPHORE.
GRAMMATOPHORA (1). Kaup.

(*Agama* de Cuvier, de Fitzinger, de Merrem en partie. *Amphibolurus* de Wiegmann et de Wagler (2).
Note de la p. 145, genre 16.)

CARACTÈRES. Tête triangulaire, aplatie; museau sub-
aigu. Plaques céphaliques, petites, inégales, anguleuses, carénées. Narines latérales, situées sous l'angle
du museau et un peu en arrière de son extrémité.
Langue fongueuse, rétrécie et échancrée au bout.
Membrane tympanale grande, tendue en dedans du
bord auriculaire. Cinq dents incisives et deux laniaires
à la mâchoire supérieure. Pas de fanon, un pli transversal en avant de la poitrine. Écaillure dorsale imbriquée, carénée, parfois hérissée d'épines. Des pores
fémoraux. Queue longue, conique; mais néanmoins
déprimée à sa racine et garnie d'écailles entuilées.

Comme les Léiolépides, les Grammatophores ont des
pores aux cuisses et une longue queue conique légèrement
déprimée à sa racine. Ils s'en distinguent par une langue,
non seulement à surface entièrement fongueuse, mais à
extrémité libre moins étroite et moins échancrée, par une
écaillure caudale non verticillée, et par des squames imbriquées et carénées sur les parties supérieures du tronc.

Les Grammatophores, bien qu'assez élancés, ont le corps

---

(1) Nom hybride de *gemma*, perle, et de φορος, il fallait dire
gemmifer. Grammatophore, Γραμματοφορος, porte-ligne brillante,
ou *Lithophorus*, Λιθοφορος vel Διαλιθος.

(2) De Αμφιβολος, ambiguë, et de ουρα, *cauda*, queue.

un peu aplati. Le contour horizontal de leur tête donne la figure d'un triangle en général assez aigu en avant. Les côtés de leur museau, loin d'être arrondis, forment chacun une arête anguleuse qui est continue avec le sourcil. C'est immédiatement sous cette arête, un peu plus près du bout du nez que du bord orbitaire antérieur, que viennent aboutir, l'une à droite l'autre à gauche, au milieu d'une plaque, les narines, dont la direction est en arrière. On compte cinq dents incisives et deux paires de dents laniaires à la mâchoire supérieure. A la mâchoire d'en bas, les dents antérieures ne sont qu'au nombre de quatre. La membrane du tympan offre un assez grand diamètre ; elle est circulaire et tendue en dedans du rebord de l'oreille. On ne voit point la peau de la gorge faire de pli longitudinal ; mais celle du cou en forme quelques-uns, qui sont irréguliers, sur les côtés et un transversal en dessous, près de la poitrine. Le développement des membres est proportionné à celui du tronc. Les doigts qui les terminent, sous le rapport de leur longueur relative, ressemblent à ceux du commun des Iguaniens ; c'est-à-dire que les quatre premiers augmentent graduellement de longueur, et que le cinquième est un peu plus court que le second. Les scutelles sous-digitales sont fortement carénées.

Aux petites écailles imbriquées, et de même diamètre qui revêtent les parties supérieures du corps des Grammatophores, se mêlent chez quelques espèces des squames épineuses ou des tubercules trièdres formant des séries longitudinales sur le dos et de transversales sur la queue. Dans quelques cas, le cou et le tronc sont surmontés d'une petite crête dentelée.

On pourrait s'autoriser de la différence que présentent les Grammatophores dans leur écaillure, pour les partager en deux groupes ; et cela avec d'autant plus de raison, que les espèces à écailles homogènes se distinguent encore de celles à écailles dissemblables, par des pores plus grands, plus nombreux, et dont les séries ne se bornent pas à parcourir le dessous de chaque cuisse, mais montent jusqu'à la région préanale, où elles se réunissent. Le genre Grammatophore est une des divisions, ainsi transformée par Kaup (1), des Agames de Cuvier, celle qui était distinguée par la présence d'écailles crypteuses sous les cuisses des deux espèces qu'elle renfermait. A ces deux espèces connues depuis assez long-temps, nous en joignons deux autres, originaires comme elles de la Nouvelle-Hollande.

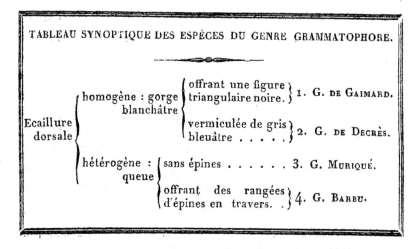

TABLEAU SYNOPTIQUE DES ESPÈCES DU GENRE GRAMMATOPHORE.

Écaillure dorsale
— homogène : gorge blanchâtre
— — offrant une figure triangulaire noire. } 1. G. DE GAIMARD.
— — vermiculée de gris bleuâtre . . . . . } 2. G. DE DECRÈS.
— hétérogène : queue
— — sans épines . . . . . . 3. G. MURIQUÉ.
— — offrant des rangées d'épines en travers. . } 4. G. BARBU.

1. LE GRAMMATOPHORE DE GAIMARD. *Grammatophora Gaimardii.* Nobis.

CARACTÈRES. Écailles du dessus et du dessous du tronc rhom-boïdales oblongues fortement carénées, distinctement imbriquées. Pores fémoraux non tubuleux. Doigts et ongles postérieurs très grêles, très effilés. Dos tacheté denoir. Deux raies de la même couleur le long de la queue. Une tache noire rhomboïdale, en travers de la poitrine. Un grand chevron également noir sous la gorge.

SYNONYMIE. *Uromastix maculatus.* Gray. Synops. in Griffith's anim. kingd. tom. 9, pag. 62.

_____

(1) *Voy.* Isis, 1827, page 161.

DESCRIPTION.

Formes. Le Grammatophore de Gaimard est pour le moins aussi svelte que le Léiolépide à gouttelettes. Sa tête est d'un quart moins haute et d'un tiers plus longue qu'elle n'est large en arrière. Le museau forme un angle aigu. La surface du crâne est légèrement arquée d'avant en arrière. Les plaques qui la revêtent offrent un petit diamètre et une carène assez prononcée. Celle d'entre elles, que l'on nomme occipitale, est excessivement peu dilatée et de même forme que les plaques voisines, c'est-à-dire disco-hexagonale. Les autres plaques crâniennes sont oblongues, rhomboïdales ou à six pans. Les narines sont beaucoup plus voisines de l'œil que du bout du museau, ou, en d'autres termes, elles touchent presque aux bords orbitaires antérieurs. Leur ouverture est subcirculaire et pratiquée dans une seule et même plaque. On compte vingt-deux paires de squames pentagones oblongues autour de chaque lèvre. L'écaille rostrale est subhexagonale, dilatée en travers; la mentonnière, bien qu'ayant réellement cinq côtés, paraît être triangulaire. L'extrémité de la mâchoire supérieure est armée de quatre dents incisives et de quatre laniaires; ses côtés offrent chacun treize molaires triangulaires, très aiguës. A la mâchoire d'en bas, on compte une paire de molaires de plus, deux incisives et deux laniaires de moins qu'à la mâchoire d'en haut. L'oreille est fort grande, arrondie, et sans le moindre tubercule sur son pourtour, en dedans duquel se trouve tendue la membrane tympanale. Le cou n'est pas beaucoup plus étroit que la partie postérieure de la tête. En dessous, il ne présente qu'un simple pli transversal situé en avant de la poitrine. Ce pli se prolonge de chaque côté jusqu'au-dessus de l'épaule.

Le tronc est bas, alongé, étroit, et en dessus légèrement courbé en toit. La queue a plus de quatre fois sa longueur. Forte et un peu déprimée à sa racine, elle devient conique et de plus en plus grêle à mesure qu'elle s'éloigne du corps. Couchées le long de celui-ci, les pattes de derrière dépasseraient le bout du museau de la longueur de l'un des ongles. L'étendue en longueur de celles de devant est à peu près la même que celle du tronc. Les doigts, et particulièrement ceux de derrière, sont très longs et très grêles. Les ongles sont aussi très effilés, très pointus et un peu courbés. Quarante-cinq ou quarante-six petits pores, percés chacun au centre d'un cercle formé par quatre écailles, constituent une ligne continue qui s'étend sous les cuisses d'un côté à l'autre, en traversant la région pubienne. Il semble qu'il existe sur le cou un rudiment de crête écailleuse. A l'exception du dessous des doigts, qui présente des scutelles quadrilatères carénées, toutes les autres parties du corps sont revêtues de petites écailles rhomboïdales ou en losanges, également munies de carènes et très distinctement entuilées.

COLORATION. Bien que l'unique individu que nous possédions de cette espèce ait en grande partie perdu son épiderme, il lui en reste encore assez pour que nous ayons pu reconnaître qu'un fauve brun régnait sur ses parties supérieures, tandis qu'une teinte plus claire était répandue sur ses régions inférieures. La seule autre couleur qui compose avec celle-ci le mode de coloration du Grammatophore de Gaimard, est un noir d'ébène. On le voit d'abord former une ligne longitudinale derrière chaque œil, un grand angle aigu sous la gorge, une large tache rhomboïdale en travers de la poitrine, et deux raies parallèles sur la face supérieure du cou; puis, après s'être montré de chaque côté de la ligne médio-dorsale sous la figure d'H majuscules, il va se dérouler en un double ruban sur l'une et l'autre région latérales de la queue; enfin on le retrouve sur le dessus des membres, représentant des chevrons ou des espèces de taches anguleuses.

DIMENSIONS. *Longueur totale*, 19" 1'". *Tête*. Long. 1" 4'". *Cou*. Long. 6'". *Corps*. Long. 3" 2'". *Memb. antér.* Long. 2" 4'". *Memb. postér.* Long. 4" 7'". *Queue*. Long. 13" 9'".

PATRIE. Cette charmante espèce de Grammatophore est une des récoltes faites par MM. Quoy et Gaimard aux environs de la baie des Chiens-Marins, à la Nouvelle-Hollande.

Observations. M. Gray la considère comme appartenant, ainsi que le *Leiolepis guttatus*, au genre Fouette-Queue, dans lequel il l'a inscrite sous le nom d'*Uromastix maculatus*.

2. LE GRAMMATOPHORE DE DECRÈS. *Grammatophora Decresii*. Nobis.

CARACTÈRES. Écailles du dessus du tronc rhomboïdales, en dos d'âne ou tectiformes, de même diamètre en long qu'en large. Squamelles ventrales de même forme, mais aplaties. Pores fémoraux tubuleux. Doigts et ongles postérieurs non effilés. Dos d'un brun olivâtre. Gorge avec des vermiculures dessinées sur un fond jaunâtre. Poitrine brunâtre.

Synonymie ?

DESCRIPTION.

Formes. Cette espèce n'a pas les formes élancées de la précédente. Sa tête est plus courte, mais a la même figure ; ses membres sont plus forts ; son corps est plus gros et sa queue moins grêle. Les narines du Grammatophore de Decrès s'ouvrent sur les côtés du museau, positivement au milieu de la ligne qui conduit directement du bout de celui-ci à l'angle antérieur des paupières. Elles sont ovales et dirigées en arrière. Quoique grand, le diamètre de l'oreille ne l'est pas tout à fait autant que dans le Grammatophore de Gaimard. La membrane du tympan est également bien découverte et tendue presqu'à fleur du trou auriculaire, sur la partie supérieure duquel on remarque quelques écailles tuberculeuses. Le nombre et la forme des dents sont les mêmes que dans l'espèce précédente. Outre la plaque rostrale, qui ne semble offrir que deux côtés, l'un rectiligne et l'autre arqué, la lèvre supérieure porte vingt-six petites écailles pentagones oblongues. La lèvre inférieure est garnie de vingt-huit ou trente squames un peu plus grandes et dont la figure se rapproche davantage de celle du carré. La scutelle mentonnière est hexagonale. Un pli transversal que fait la peau sous le cou, monte de chaque côté de celui-ci jusqu'au-dessus de l'épaule. On en remarque un autre, mais de figure semi-circulaire, sur chaque région collaire latérale, lequel limite en arrière un enfoncement subovalaire qui se trouve entre lui et le bord postérieur de la tête ; ce pli, qui fait saillie d'une manière assez prononcée, est hérissé de petits tubercules épineux. Deux petits groupes de tubercules semblables à ceux-ci se montrent l'un au bas de l'oreille, l'autre en arrière de la joue. Les plaques du dessus de la tête, de forme rhomboïdale ou hexagonale se ressemblent à peu de chose près pour le diamètre, car les sus-oculaires sont seules un peu plus grandes que les autres. Toutes offrent une surface plus ou moins en dos d'âne. L'écaille occipitale est extrêmement petite. Une faible crête dentelée surmonte le cou ; elle se prolonge même le long de l'épine dorsale, mais d'une manière peu prononcée. La queue fait environ les deux tiers de la longueur totale du corps.

Elle est conique, excepté à sa racine, où elle présente une forme quadrilatère à angles arrondis. Les pattes de devant sont aussi longues que le tronc, et celles de derrière, lorsqu'on les couche le long de ce dernier, s'étendent jusqu'à l'œil. Les écailles qui revêtent les parties supérieures du cou, du tronc, des membres et de la queue ressemblent à de petits rhombes carénés, aussi larges que longs. Les squamelles des flancs ont la même forme, mais, outre qu'elles sont plus petites, leur surface est lisse, de même que celle des écailles, également en losanges, qui garnissent toutes les régions inférieures. Toutefois, parmi celles-ci, il faut excepter la paume des mains, la plante des pieds et le dessous de la queue, dont l'écaillure est carénée. Les flancs sont clair-semés de fort petits tubercules. La face interne de chaque cuisse est percée de vingt-cinq ou vingt-six pores, disposés sur une rangée longitudinale qui commence au jarret et finit sur la région pubienne. Ces pores, qui sont légèrement tubuleux, se trouvent placés au centre d'une rosace composée de quatre ou cinq petites écailles.

Coloration. Un brun marron colore le dessus de la tête, dont le dessous est vermiculé de brun ardoisé, sur un blanc fauve. Chez certains individus la poitrine est noire; chez d'autres elle offre une teinte jaune blanchâtre, de même que toutes les autres parties inférieures de l'animal. En dessus, le cou, le dos, la queue et les membres, en un mot, la surface entière de l'animal, excepté la tête, offre une teinte brune olivâtre tirant sur le bronze. La plissure cutanée de forme semi-circulaire que nous avons dit exister de chaque côté du cou, est d'un blanc pur, couleur qui ressort d'autant mieux, que la surface qui se trouve comprise entre elle et le bord postérieur de la tête est d'un noir profond, aussi bien que les flancs. Ceux-ci sont tachetés ou rayés de fauve blanchâtre. Chez quelques sujets, le dessus du tronc est nuancé de brun pâle.

Dimensions. *Longueur totale*, 23". *Tête*. Long. 2" 6'''. *Cou*. Long. 7". *Corps*. Long. 4" 7'''. *Memb. antér*. Long. 3" 3'''. *Memb. postér*. Long. 6" 5'''. *Queue*. Long. 15".

Patrie. Ce Grammatophore a été trouvé par Péron et Lesueur, dans l'île de Decrès, en Australasie.

3. LE GRAMMATOPHORE MURIQUÉ. *Grammatophora muricata.*
Kaup.

CARACTÈRES. Bord postérieur du crâne non garni d'épines. Écailles de la gorge non pendantes. Une crête écailleuse sur la ligne moyenne du dos. Flancs hérissés de courtes écailles redressées. Pas de bandes d'épines en travers du dessus de la queue.

SYNONYMIE. *The Muricated lizard.* White. Journ. of a Voy. pag. 244, tab. 31, fig. 1.

Lacerta muricata. Shaw. Gener. Zool. tom. 3, part. 1, p. 211, tab. 65, fig. 2.

Agama muricata. Daud. Hist. Rept. tom. 3, pag. 391.

Agama Jacksoniensis. Kuhl. Beïtr. zur Zool. und Vergleich. anat. pag. 113.

Agama muricata. Merr. Syst. amph. pag. 53, n° 21.

Grammatophora muricata. Kaup. Isis, 1827, pag. 621.

L'Agame muriqué. Cuv. Règ. anim. 2ᵉ édit. tom. 2, pag. 36.

Agama Jacksoniensis. Guér. Icon. Règn. anim. Cuv. tab. 3, fig.

Grammatophora muricata. Gray. Synops. Rept. in Griffith's an. kingd. tom. 9, pag. 60.

Agama Jacksoniensis. Schinz. Naturgech. und Abbild. Rept. pag. 90, tom. 30.

Amphibolurus muricatus. Wiegmann. Herpetol. mexic. pars 1, pag. 17.

DESCRIPTION.

FORMES. Le Grammatophore muriqué est aussi svelte et aussi élancé que le Grammatophore de Gaimard. Vue en dessus, sa tête se présente sous la figure d'un triangle isocèle. Les plaques qui en revêtent la face supérieure sont oblongues, rhomboïdales ou hexagonales, carénées et placées en recouvrement les unes à la suite des autres. L'écaille occipitale est extrêmement petite. Les narines, peu ouvertes et presque ovalaires, se trouvent situées chacune de son côté, positivement au milieu de la ligne qui conduit directement du bout du museau à l'angle antérieur des paupières. L'oreille est grande et circulaire. Au dedans de son pourtour se laisse voir la membrane tympanale, qui est parfaitement à décou-

vert. Comme chez les deux espèces précédentes, les dents molaires sont au nombre de treize paires en haut et de quatorze en
bas. Il y a de même aussi deux incisives et deux laniaires à la mâchoire inférieure, et à la mâchoire supérieure quatre laniaires
et quatre incisives. La plaque rostrale est hexagonale et trois fois
plus large que haute. La mentonnière a cinq côtés à peu près
égaux. On compte vingt-cinq ou vingt-sept autres plaques sur
chaque lèvre. Ces plaques sont quadrilatérales ou pentagones,
très oblongues et relevées d'une carène dans le sens de leur longueur. Aux petites écailles rhomboïdales carénées qui revêtent
les tempes s'en mêlent quelques autres de même figure, mais
plus développées. Le cou a presque la même largeur que la partie
postérieure de la tête : il est donc à peine étranglé. Sa face inférieure offre près de la poitrine un pli transversal, dont chacune
des extrémités se prolonge jusqu'en avant de l'épaule. Le corps
n'est pas beaucoup plus large que haut. Le dos, penché qu'il est
à droite et à gauche de l'épine dorsale, présente une surface légèrement tectiforme. La queue est tout-à-fait conique, si ce n'est
à sa base, qui semble faiblement aplatie sur quatre faces formant entre elles des angles arrondis. Au reste, cette queue
est très effilée et une fois et demie plus longue que le reste de
l'animal. La longueur des pattes de devant est égale à la moitié
de celle des membres postérieurs, qui, couchés le long du tronc,
s'étendent jusqu'à l'œil. Les doigts sont assez grêles ; aux mains,
le quatrième n'est qu'un peu plus long que le troisième, tandis
qu'aux pieds il est d'un tiers plus alongé que celui qui le précède. Une écaillure composée de petites pièces carénées, rhomboïdales, oblongues, protége toute la face inférieure de l'animal,
moins la paume et la plante des pieds, qui offrent des écailles
rhomboïdales, il est vrai, mais tricarénées, de même que les scutelles sous-digitales, qui sont à quatre pans. La longueur des
ongles est médiocre. Ce sont également des écailles rhomboïdales,
carénées qui revêtent les régions supérieures de ce Saurien ;
mais elles sont entremêlées d'autres pièces écailleuses plus grandes
et redressées en épines. C'est ainsi que l'on en voit sur les jambes
et les cuisses, sur les côtés postérieurs de la tête, sur le dos, le
cou, le haut des flancs et la région supérieure de la base de la queue.
Parmi celles de ces écailles épineuses qui hérissent les parties supérieures du tronc, il en est qui constituent une crête dentelée
en scie, s'étendant depuis la nuque jusqu'aux reins. D'autres for-

ment de chaque côté de cette crête dorsale trois ou quatre rangées longitudinales qui vont se perdre, les internes sur le milieu du dos, les externes sur la base de la queue. Quant aux écailles épineuses qui existent sur les côtés du cou, ainsi que sur le haut des flancs, elles y sont distribuées sans ordre. Six ou sept pores, extrêmement petits, sont percés sous chaque cuisse à de grands intervalles les uns des autres.

COLORATION. Une série de cinq ou six taches anguleuses de couleur noire se montre sur la région moyenne et longitudinale du dos, de chaque côté de laquelle est imprimée une bande fauve. La queue est elle-même d'une teinte fauve, coupée en travers, de distance en distance, par des bandes anguleuses d'un brun noirâtre. Sur la face supérieure des membres règne encore du brun fauve, nuancé de brun foncé, couleur qui se reproduit, mais en s'éclaircissant, sur les parties latérales du tronc. Le dessous de l'animal est lavé de brun clair. Tel est le mode de coloration que présentent les sujets de moyenne taille. Ceux qui ont acquis tout leur développement sont uniformément d'un brun foncé; tandis que chez les jeunes sujets le fond de la couleur du dessus du corps est d'un fauve très clair, et les taches noires du dos font irruption sur les bandes fauves qui leur sont latérales. Dans cet état, le front est marqué en travers de deux raies, l'une de couleur fauve, l'autre de couleur brune.

Comme les jeunes Grammatophores hérissés ressemblent beaucoup aux jeunes Grammatophores barbus, nous ferons remarquer qu'il est cependant facile de les en distinguer par la présence de leur crête dorsale.

DIMENSIONS. *Longueur totale*, 38" 5'". *Tête*. Long. 4". *Cou*. Long. 1". *Corps*. Long. 6". *Memb. antér*. Long. 4" 5'". *Memb. postér*. Long. 8" 8'". *Queue*. Long. 27" 5'".

PATRIE. Le Grammatophore muriqué paraît être répandu dans une grande partie de la Nouvelle-Hollande. Nous en possédons une série d'échantillons de différens âges, dont on est redevable à Péron et Lesueur, à MM. Garnot et Lesson, à MM. Quoy et Gaimard, à M. Busseuil et à M. Eydoux.

4. LE GRAMMATOPHORE BARBU. *Grammatophora barbata.* Kaup.

CARACTÈRES. Bord postérieur du crâne garni d'une rangée semi-circulaire d'épines. Écailles de la gorge très longues, effilées, tombantes. Pas de crête sur la ligne moyenne du dos. Flancs garnis d'écailles semblables à celles de la gorge. Des bandes d'épines en travers de la queue.

SYNONYMIE. *Agama barbata.* Cuv. Règ. anim. 2e édit. tom. 2, pag. 35.

Grammatophora barbata. Kaup. Isis, 1827, pag. 621.

Grammatophora barbata. Gray. Synops. Rept. in Griffith's anim. kingd. tom. 9, pag. 60.

Amphibolurus barbatus. Wiegm. Herpetol. mexican. pars 1, pag. 7.

DESCRIPTION.

FORMES. Cette espèce a reçu son nom de ce que les écailles de sa gorge prennent avec l'âge un développement inusité chez les Reptiles; c'est-à-dire qu'elles s'alongent de manière à ressembler jusqu'à un certain point à de gros poils qui lui composent une espèce de barbe assez touffue. Le contour horizontal de la tête du Grammatophore barbu a la figure d'un triangle isocèle. La plus grande hauteur de cette tête est une demi-fois moindre que sa largeur postérieure, laquelle est égale aux quatre cinquièmes de sa longueur totale. Le dessus du museau est tout-à-fait plan et légèrement incliné en avant. La région moyenne et longitudinale de l'occiput présente au contraire une surface enfoncée ou en gouttière. Les régions sus-oculaires sont un peu bombées. Les ouvertures nasales s'ouvrent positivement chacune de son côté, au milieu de l'espace qui existe entre l'angle antérieur des paupières et le bout du nez. Elles sont dirigées en arrière et médiocrement élargies. Il y a trois dents incisives et quatre canines à la mâchoire supérieure; à la mâchoire inférieure, on ne compte que deux des unes et deux des autres, mais il existe deux paires de dents molaires de plus, c'est-à-dire quatorze en tout. Le trou de l'oreille offre une forme subtriangulaire, au moins chez les individus adultes; car chez les jeunes sujets il est plutôt ovalaire. Les bords en sont comme renflés, mais ils ne présentent pas de dentelures. On voit de trente à trente-deux plaques pentagones ou quadrilatères oblongues appliquées sur le bord de chaque lèvre. Dans ce nombre ne sont comptées ni la rostrale, qui est octogone et deux fois plus large que haute, ni la mentonnière, qui présente cinq côtés. Les squames du dessus de la tête, qui dans le jeune âge et dans l'âge moyen sont disco - hexagonales, prennent une forme fortement tuberculeuse chez les sujets adultes, et cela particulièrement sur les régions frontale et sus-oculaires. Un rang d'épines comprimées, mais néanmoins triangulaires, très larges à leur base, garnit le bord postérieur du crâne. Ce rang d'épines fait un angle très ouvert, dont le sommet est dirigé en avant. Une autre rangée d'épines plus hautes que celles dont nous venons de parler existe au-dessus de l'oreille, d'où elle descend sur le bord postérieur du maxillaire inférieur. Un bouquet d'autres longues épines, auquel vient se réunir la rangée de celles qui bordent le crâne, est implanté de chaque côté de la face supérieure du cou. Toutes ces épines sont triangulaires, ou, pour en donner une idée plus exacte, elles ressemblent positivement à ces instrumens auxquels leur forme a valu le nom de trois quarts.

Les longues écailles qui composent l'espèce de barbe dont nous avons parlé plus haut garnissent toute la largeur de la gorge, depuis un angle du condyle de la mâchoire inférieure jusqu'à l'autre. Les squames du dessous de la tête, qui se trouvent devant et derrière ces écailles simulant de gros poils, sont rhomboïdales, oblongues et carénées. Celles de la face inférieure du cou sont également carénées, mais extrêmement petites et transverso-rhomboïdales. La portion de peau qu'elles recouvrent fait un pli transversal semblable à celui qu'on observe chez les trois précédentes espèces. Il y a encore au-dessus de l'épaule un autre groupe d'épines, qui quelquefois se trouve mis en communication avec celui du côté du dessus du cou par une ligne de grandes écailles épineuses.

Les pattes de devant ne sont pas tout-à-fait aussi longues que le tronc; la longueur des membres de derrière n'est que d'un cinquième plus considérable que la leur. Les doigts sont peu alongés, mais robustes; les ongles sont courts et crochus.

Le corps a moins de hauteur que de largeur, et le dos est légèrement tectiforme. La queue n'est parfaitement conique que dans la moitié terminale de son étendue, attendu que sa portion basilaire est un peu déprimée. Sa longueur entre pour plus de moitié dans celle de tout l'animal.

Parmi les petites écailles rhomboïdales et carénées qui garnissent les flancs, on en voit un assez grand nombre d'autres qui ne sont ni moins longues, ni moins effilées que celles de la gorge. La ligne médio-dorsale du Grammatophore barbu n'est point surmontée d'une crête dentelée en scie, comme cela s'observe chez le Grammatophore muriqué. Ici les écailles de cette région médio-dorsale sont plus grandes que celles des côtés du dos, et toutes semblables entre elles. Elles sont plates et surmontées chacune d'une carène qui se termine en pointe en arrière. Les régions latérales du dos sont également revêtues d'écailles rhomboïdales carénées; mais, outre qu'elles sont fort petites, elles se redressent un peu en épines. C'est parmi elles qu'il existe de grandes squames épineuses trièdres ou tétraèdres, formant de distance en distance des bandes transversales, auxquelles ressemblent celles que l'on voit sur le dessus de la queue. Les autres écailles de cette partie du corps, ainsi que celles du dessous des membres, du ventre et de la poitrine, ressemblent à des losanges ayant leur surface fortement carénée et leur angle postérieur épineux. Les squames transverso-rhomboïdales qui protègent le dessus des doigts, sont tectiformes. Toutes les écailles de la face supérieure des membres portent également une carène, mais elles sont rhomboïdales oblongues. Celles d'entre elles qui revêtent les coudes et les genoux ont un plus petit diamètre que sur les bras. Les avant-bras, les jambes et les cuisses en offrent de fort grandes. Le dessus des régions fémorales est hérissé de grandes épines. Les scutelles sous-digitales présentent de deux à quatre carènes épineuses. La face interne de chaque cuisse est percée de huit ou neuf petits pores entourés chacun de quatre ou cinq écailles, parmi lesquelles on en remarque une dont la grandeur est double de celle des autres.

COLORATION. La collection renferme un sujet adulte, conservé dans l'eau-de-vie, qui a le dessus de la tête, les pieds, les mains et le dessous de la queue jaunâtres. Un noir profond colore la gorge ainsi que les côtés du cou. La face supérieure de ce dernier et la région dorsale présentent un gris-brun. Les flancs sont d'un brun noirâtre. Les parties supérieures des membres sont peintes en brun plus ou moins foncé. Le ventre et la poitrine offrent sur un fond brun clair de grandes taches jaunâtres, cerclées de brun noirâtre. Les ongles ont leurs parties latérales jaunes, tandis que leur face supérieure est noire.

Les jeunes Grammatophores barbus se font remarquer par une suite de taches anguleuses de couleur noire de chaque côté de la région médio-longitudinale de leur dos. Cette région est brune et les flancs sont plus ou moins foncés, coupés verticalement par des bandes ou des taches noires. Le dessous du corps est coloré en jaune orangé ; chez quelques individus il offre un grand nombre de petits points noirs. Des bandes obliques brunes se laissent voir sur le fond fauve de la région supérieure de la queue.

DIMENSIONS. *Longueur totale*, 57" 7'". *Tête*. Long. 7" 7'". *Cou*. Long. 3". *Corps*. Long. 15". *Memb. antér*. Long. 9" 5'". *Memb. postér*. Long. 13". *Queue*. Long. 32".

PATRIE. Cette espèce est originaire de la Nouvelle-Hollande.

XLIIIe GENRE AGAME. *AGAMA* (1). Daudin.

(*Agama*, Merrem, Fitzinger, Cuvier, en partie. *Trapelus* (2), Cuvier. *Tapaya*, Fitzinger, en partie.)

CARACTÈRES. Tête triangulaire plus ou moins courte. Langue fongueuse, rétrécie et échancrée en avant. Narines percées de chaque côté du museau, à peu de distance de son extrémité. De deux à cinq dents incisives à la mâchoire supérieure. Membrane du tympan plus ou moins grande et enfoncée dans l'oreille. Un pli en long sous la gorge, un autre souvent double en travers du cou. Queue comprimée ou conique, à écaillure non distinctement verticillée. Des pores anaux. Pas de pores fémoraux.

---

(1) Nom donné par les colons de la Guyane à une espèce de ce genre, quoique ce nom paraisse d'origine grecque, Ἄγαμος, qui n'est pas marié, *cœlebs*, qui vit dans le célibat.

(2) Τραπελος, changeant, *mutabilis*.

REPTILES, IV.   3i

Les Agames ne présentent pas d'écailles crypteuses sous les cuisses, comme les Grammatophores, mais ils en offrent sur le bord antérieur du cloaque, et quelquefois sur la surface entière de la région préanale. C'est ce qui les distingue du genre précédent, de même que les écailles non distinctement verticillées de leur queue empêchent qu'on ne les confonde avec les Stellions.

Ce genre, sans être aussi naturel que beaucoup de ceux que nous avons fait connaître précédemment, présente cependant une physionomie qui lui est propre. Toutes les espèces qui le composent ont la tête plus ou moins courte, triangulaire, assez épaisse et le plus souvent fort renflée de chaque côté, en arrière de la bouche. Le dessus de sa partie antérieure est toujours assez incliné en avant, mais parfois il l'est si fortement que la ligne du profil du museau décrit un segment de cercle. Les plaques qui recouvrent le crâne sont nombreuses, presque toutes de même diamètre, à plusieurs pans et généralement à surface unie. Pourtant on remarque que sur le chanfrein il y en a presque toujours qui sont bombées ou en dos d'âne, ou bien même légèrement tuberculeuses. L'écaille occipitale est rarement distincte. L'angle que forme le museau de chaque côté est plus souvent arrondi qu'à vive arête. C'est sur ou sous un point de son étendue, et à peu de distance du bout du nez, que s'ouvre la narine; cette narine est quelquefois distinctement tubuleuse, d'autres fois la plaque dans laquelle elle s'ouvre est simplement bombée. Faiblement rétrécie et peu échancrée en avant, la langue offre une surface couverte de papilles, ce qui lui donne l'apparence d'une brosse molle. Les dents molaires ont une forme triangulaire obtuse. A la mâchoire supérieure il y a deux laniaires, et le nombre des incisives varie de deux à cinq. L'autre mâchoire offre tantôt une seule, tantôt deux paires de dents antérieures. Le diamètre de l'ouverture de l'oreille, dont les bords ne sont pas toujours dentelés, est tantôt assez grand et tantôt, au contraire, fort petit. La membrane tympanale est un peu enfoncée. Le cou, qui est plus ou moins étranglé, offre un pli longitudinal sous la gorge, un autre transversal en avant de la poitrine, et quelques-uns d'irréguliers sur ses parties latérales.

La nuque et les régions voisines des oreilles sont le plus souvent hérissées d'épines isolées ou réunies en bouquets. Certains Agames ont le dessus du corps complétement dépourvu de crête; quelques-uns en offrent une petite sur le cou; d'autres sur le cou et le tronc; enfin il en est chez lesquels elle s'étend jusqu'au bout de la queue. Celle-ci, dont la longueur est très variable, peut être comprimée ou conique. Les écailles qui la revêtent n'offrent pas un plus grand développement que celles du tronc. Elles sont de même imbriquées et surmontées de carènes formant des lignes obliques, convergentes vers la région médio-longitudinale du corps. On rencontre des espèces dont l'écaillure des parties supérieures est uniforme, tandis que d'autres les ont hérissées d'écailles épineuses ou de petits tubercules trièdres. Les membres sont en général médiocrement alongés. Cependant, dans quelques cas, leur longueur est assez considérable et leur gracilité extrême. Quelquefois les quatre premiers doigts sont étagés, c'est-à-dire que l'avant-dernier est plus long que les trois qui le précèdent; d'autres fois le quatrième est un peu plus court que le troisième. La face inférieure de ces doigts est garnie de scutelles offrant, soit des carènes, soit des petits tubercules aigus. Jamais on ne voit de pores sous les cuisses des Agames; cependant dans toutes les espèces, les individus mâles, et, dans quelques-unes, les deux sexes en offrent ou sur le bord seulement de cette sorte de lèvre qui ferme l'orifice cloacal, ou sur toute la région préanale.

On prétend que ce nom d'*Agama* a été donné en Amérique à une espèce de Lézard. Stedmann, en effet, l'indique ainsi dans son voyage à Surinam. Daudin, en empruntant cette dénomination à Linné, qui l'avait employée comme triviale ou spécifique, et croyant que c'était celle du pays, l'a malheureusement appliquée à ses Agames proprement dits,

3ı.

qui sont des espèces de l'Ancien et du Nouveau-Monde. De
là est née toute la difficulté ; car, d'après cette origine américaine présumée à tort, les citations qu'il a faites, et celle
des auteurs qui l'ont copié, se rapporte à des Sauriens d'A-
mérique et il était vraiment difficile de se reconnaître dans
ce chaos. Cuvier avait indiqué cet embrouillement, car en
parlant de l'espèce *mal à propos nommée* des Colons, il dit :
« On ne sait pourquoi Linné a donné ce nom d'Agame à l'un
» de ses Lézards? rien n'égale la confusion des synonymes
» cités par les auteurs. » C'est ce qui lui fournit l'occasion
d'en faire une ample énumération. Déjà aussi cette difficulté
avait été indiquée par nous dans nos leçons données au
Muséum ; nous allons d'ailleurs en reproduire l'explication.

Le nom par lequel nous désignons ce genre appartenait
exclusivement, dans l'origine, à l'une des espèces du genre
Lacerta de Linné. Dans la suite Daudin l'étendit à tout un
groupe générique composé d'espèces qui pour la plupart,
excepté deux, l'Agame des colons (*Lacerta agama* Linn.) et
l'Agame sombre, se trouvent réparties aujourd'hui dans une
dizaine de genres différens de la famille des Iguaniens. En
effet Cuvier a successivement séparé des Agames de Daudin,
les Galéotes, les Changeans ou Trapèles et les Marbrés ou
Poylchres ; Merrem le genre Lyriocéphale ; Kaup les Phrynocéphales et les Grammatophores ; Wiegmann les Phrynosomes ; et enfin Wagler les Hypsibates. Les auteurs alle-
mands désignent notre genre Agame par le nom de *Trape-*
lus, sous lequel ils ont les premiers réuni, avec juste raison,
les Agames sans pores aux cuisses de Cuvier et ses Changeans,
qu'aucun caractère essentiel n'en distingue réellement.

TABLEAU SYNOPTIQUE DES ESPÈCES DU GENRE AGAME.

Quatrième doigt postérieur plus

- long que le 3e : queue
  - comprimée : dos
    - uniformément brun . . . . 3. A. res Colons.
    - marqué
      - de taches roussâtres, sur un fond fauve . 9. A. de Savigny.
      - d'une bande
        - étroite, blanchâtre . . 4. A. Sombre.
        - large, fauve . . . . 1. A. Dos-a-bande.
  - conique : écailles dorsales
    - semées d'épines ; dos
      - crété. . . . . . 6. A. Épineux.
      - sans crête. . . . 8. A. Variable.
    - de petits tubercules. . . . . . . 2. A. Tuberculeux.
    - égales entre elles . . . . 5. A. Agile.
- court que le troisième ou presque de même longueur : dos
  - hérissé d'épines. . . . . 7. A. Aiguillonné.
  - à écaillure homogène. . 10. A. du Sinaï.

AGAMES INDIENS.

I. L'AGAME DOS-A-BANDE. *Agama dorsalis*. Gray.

CARACTÈRES. Tête en pyramide quadrangulaire. Narines fort petites, légèrement tubuleuses, situées immédiatement sous l'arête latérale du museau. Écailles surcilières, ainsi que celles du chanfrein, non tuberculeuses. Plaque occipitale fort petite, sans tubercules ni épines à l'entour. Trou auriculaire grand, sans épines, ni tubercules sur son pourtour. Un seul petit bouquet d'épines derrière l'oreille. Une crête fort basse parcourant le dessus du cou, le dos, et se perdant sur la queue, qui est subconique, ou très peu comprimée. Écailles des parties supérieures du tronc petites, losangiques, carénées, toutes semblables entre elles. Celles du ventre lisses. Une bande fauve sur le dessus du corps.

SYNONYMIE. *Agama dorsalis*. Gray. Synops. Rept. in Griffith's anim. kingd. tom. 9, pag. 56.

DESCRIPTION.

FORMES. La tête de cet Agame a la figure d'une pyramide à quatre côtés à peu près égaux. Sa longueur totale est d'un tiers plus étendue que sa largeur en arrière. La portion de sa surface, située en avant des yeux, est assez inclinée. Les deux régions latérales à la ligne médiane de l'occiput sont légèrement bombées. Chez les sujets adultes, les côtés postérieurs de la mâchoire inférieure offrent un renflement assez prononcé. Les plaques qui revêtent le dessus du crâne sont petites, planes et toutes de même diamètre, excepté une de celles qui couvrent le chanfrein, ainsi que l'écaille appelée occipitale, qui toutes deux sont un peu plus dilatées que les autres. La largeur du trou auditif externe n'est pas moindre que celle de l'orbite. Une courte série de petites épines se fait remarquer derrière l'oreille. De très petites écailles triangulaires, comprimées composent une crête fort basse, dentelée en scie, qui commence derrière l'occiput et va se perdre sur la première moitié de la queue. C'est dans une écaille bombée, située près de l'extrémité du museau, immédiatement sous l'arête qui est la continuation de la crête surcilière, que se trouve percée chaque narine, qui est petite, circulaire et dirigée en arrière.

Chaque mâchoire est armée de trente-deux dents molaires distinctement tricuspides. La supérieure offre en outre deux laniaires
et cinq incisives, et l'inférieure une paire d'incisives et une paire
de laniaires. La plaque rostrale est médiocre et hexagonale; la
mentonnière, qui est grande, ressemble à un triangle isocèle. A
la droite comme à la gauche de chacune de ces plaques, sont
appliquées le long de la lèvre, onze écailles quadrilatères, oblongues, unies. De chaque côté de la plaque mentonnière se montre
une grande écaille triangulaire, que suivent cinq ou six autres
disposées sur une ligne parallèle à la rangée des plaques labiales.
Le cou présente un léger étranglement; la peau qui l'enveloppe
fait en dessous un seul pli transversal qui se prolonge de chaque
côté jusqu'au-dessus de l'épaule. C'est devant cette dernière qu'il
se montre le plus élargi, et que sa face inférieure est garnie d'é-
cailles d'une extrême finesse.

Le tronc n'a pas plus de largeur que de hauteur; sa partie supérieure, ou le dos, est distinctement en toit. La queue, assez
forte à sa base, devient de plus en plus grêle en s'en éloignant;
sa longueur entre pour les deux tiers environ dans la totalité de
celle de l'animal. Quant à sa forme, elle n'est, chez la plupart des
individus, ni parfaitement conique, ni réellement comprimée.
L'étendue en longueur des pattes de devant est la même que
celle du tronc; couchés le long de celui-ci, les membres postérieurs s'étendraient jusqu'à l'oreille. Les quatre premiers doigts
des mains sont régulièrement étagés, tandis que le quatrième
des pieds n'est qu'un peu plus long que le troisième. L'écaillure
des parties supérieures du corps se compose de fort petites pièces
losangiques, imbriquées et carénées; celles d'entre elles qui revêtent le dos et les membres sont plus dilatées que celles des flancs,
mais moins grandes. Le dessous de la tête et des membres, la poitrine et le ventre offrent des écailles en losanges, entuilées et à
surface lisse; celles de la région inférieure de la queue ont la
même figure, mais elles sont carénées. Deux carènes prolongées
en pointes existent sur les scutelles sous-digitales.

Les individus du sexe mâle ont sur le bord de l'anus de six à
dix écailles crypteuses de forme rhomboïdale; elles n'y sont pas
disposées par bandes transversales, mais par séries obliques et
croisées.

Coloration. Une teinte d'un brun fauve clair règne sur toute
l'étendue du dos des sujets adultes; elle se répand même sur la

queue, dont le dessus offre une suite de grandes taches noirâtres. La surface de la tête est brune; ses côtés sont fauves, mais pas entièrement, car sur la région oculaire commence une espèce de bande brunâtre qui passe sur l'oreille, parcourt le côté du cou, et va se perdre dans la couleur noirâtre des parties latérales du tronc. Toutes les régions inférieures de l'animal présentent une teinte d'un brun très clair. Sous la tête on voit des lignes brunes former des chevrons qui s'emboîtent les uns dans les autres, et dont le sommet est dirigé en arrière. Les individus qui n'ont pas acquis tout leur développement diffèrent des adultes, en ce que leur dos est coupé en travers par des bandes ou de grandes taches noires, lesquelles sont souvent marquées de piquetures fauves. On voit en outre d'autres grandes taches de cette dernière couleur sur les parties latérales du tronc.

Dimensions. *Longueur totale*, 27" 4"'. *Tête*. Long. 3" 9"'. *Cou*. Long. 9". *Corps*. Long. 6" 8"'. *Memb. antér.* Long. 5" 4"'. *Memb. postér.* Long. 8". *Queue*. Long. 15" 8"'.

Patrie. Cette espèce d'Agame est originaire des Indes orientales. Les échantillons que renferment nos collections ont été envoyés de la côte de Coromandel par M. Leschenault.

2. L'AGAME TUBERCULEUX. *Agama tuberculata*. Gray.

Caractères. Museau médiocrement alongé; dessus des cuisses hérissé de tubercules épineux. Un grand carré d'écailles crypteuses faisant saillie sur la région préanale.

Synonymie. *Agama tuberculata*. Gray. Zool. journ. tom. 3, pag. 218.

Agama tuberculata. Illust. ind. zool. Gener. Hardw. part. 13-14, tab. 16.

Agama tuberculata. Gray. Synops. Rept. in Griffith's anim. kingd. tom. 9, pag. 56.

DESCRIPTION.

Formes. L'ensemble des formes de l'Agame tuberculeux est le même que celui de l'espèce précédente. Les écailles qui revêtent le tronc sont de même assez petites et carénées; le cou est surmonté d'une arête dentelée, et le dessus des cuisses clair-semé de petits tubercules épineux. Le nombre des écailles crypteuses qui existent sur la région préanale est plus grand que chez aucune autre espèce du genre Agame : nous en avons compté, sur un individu qui fait partie du musée Britannique, six rangées transversales, composées au moins de huit à dix chacune. Ces écailles crypteuses ressemblent à de gros tubercules.

COLORATION. L'individu dont nous venons de parler est conservé dans l'eau-de-vie. Il a la tête jaunâtre, le dessus du corps d'un gris olivâtre, et le dessous de la même couleur que la tête. La région inférieure du cou, la gorge et la poitrine sont semées de taches brunes. L'animal vivant est à ce qu'il paraît tout autrement coloré. Le général Hardwick en a publié, dans ses Illustrations de la zoologie indienne, une figure faite d'après nature, qui le représente comme ayant le dessus du corps tacheté de jaunâtre sur un fond vert, et la gorge peinte en jaune pâle avec des taches vertes. Des taches semblables se montrent sur la poitrine et l'abdomen, qui sont blanchâtres. Les tubercules préanaux sont jaunes, et le ventre offre au milieu une grande tache quadrangulaire de cette dernière couleur, encadrée de violet.

DIMENSIONS. L'échantillon du musée Britannique, le seul que nous ayons encore été dans le cas d'observer, a trente à trente-deux centimètres de longueur totale.

PATRIE. L'Agame tuberculeux a été trouvé au Bengale.

AGAMES AFRICAINS.

3. L'AGAME DES COLONS. *Agama colonorúm*. Daudin.

CARACTÈRES. Museau alongé, aigu. Narines grandes, très distinctement tubuleuses. Une plaque alongée, étroite, tectiforme, sur le milieu du chanfrein. Écailles sus-oculaires non relevées en tubercules. Plaque occipitale assez dilatée, sans tubercules à l'entour. Trou auriculaire grand, laissant bien voir la membrane du tympan, et ayant son bord antérieur garni de petites pointes. Des bouquets d'épines sur les côtés du cou; celui-ci surmonté d'une crête. Écailles de la partie supérieure du tronc assez dilatées, semblables entre elles. Celles du ventre lisses. Queue longue, forte, comprimée.

SYNONYMIE. *Salamandra Lacertæ æmula americana, cauda crassá, nodosá*. Séb. tom. 1, pag. 146, tab. 93, fig. 3.

Salamandra americana Lacertæ æmula, altera. Séb. tom. 1, pag. 170, tab. 107, fig. 3.

Lacerta cauda tereti longa, pedibus pentadactylis, dorso antice denticulato; collo capiteque pone aculeatis. Linn. Amænit. Acad. tom. 1, pag. 288, n° 14, exclus. synon. fig. 1 et 2, tab. 107, tom. 1. Séb. (Stellio vulgaris).

Lacerta amphibia. Linn. Mus. Adolph. Freder. pag. 44 : exclus. synon. fig. 1 et 2, tab. 107. Séb. (Stellio vulgaris).

Lacerta Agama. Linn. Syst. nat. édit. 10, pag. 367. Spec. 28, exclus. synon. fig. 1 et 2, tab. 107, tom. 1. Séb. (Stellio vulgaris).

Iguana Salamandrina. Laur. Synops. Rept. pag. 47.

Iguana cauda subulata tereti longa, crista nulla, capite postice aculeato. Gronov. Zoophy. pag. 13.

L'Agame. Daub. Dict. Rept. pag. 587.

L'Agame. Lacép. Hist. Quad. ovip. tom. 1, pag. 295, exclus. Synon. fig. 1 et 2, tab. 107, tom. 1. Séb. (Stellio vulgaris).

L'Agame. Bonnat. Encycl. méth. pl. 5, fig. 3. (Cop. de Séb.).

American Galeote. Shaw. Gener. zool. tom. 1 3, pag. 210.

L'Iguane Agame. Latr. Hist. Rept. tom. 1, pag. 262, exclus. synon. fig. 1 et 2, tab. 107, tom. de Séba (Stellio vulgaris).

Agama colonorum. Daud. Hist. Rept. tom. 3, pag. 356, exclus. Synon. Iguana cordylina. Laur. et fig. 1 et 2, tab. 107, tom. 1 de Séba (Stellio vulgaris). Lacertus major è viridi cinereus, etc. de Sloane, Hist. Jam. tom. 2, pag. 333, tab. 273, fig. 2. Guana lizard. Brown.; Blue lizard, Edw.; l'Agame ou Caméléon du Mexique, Stedmann. Voy. Guyan .t. 2, pag. 162. Salamandre, 2ᵉ esp. Ferm. Desc. de Sur. tom. 2, 213.

Agama calotes. Var. Daud. Hist. Rept. tom. 3, pag. 366.

Agama macrocephala. Merr. Syst. amph. pag. 52.

Agama colonorum. Id. pag. 54.

Agama colonorum. Kuhl. Beït. zur Zool. und Vergleich anat. pag. 107.

L'Agama des colons. Cuv. Règn. anim. 2ᵉ édit. tome 2, pag. 36.

Trapelus colonorum. Wagl. Syst. amph. p. 145.

Agame spinosa. Gray. Synops. Rept. in Griffith's anim. kingd. tom. 9, pag. 56.

Agama occipitalis. Id. loc. cit.

DESCRIPTION.

FORMES. La tête de cet Agame ressemble à une pyramide à quatre faces peu alongée et légèrement aplatie. Elle est recouverte de plaques de grandeur et de figure diverses : celle appelée occipitale peut être considérée comme la plus grande de toutes ; en général, elle présente cinq côtés, mais dans quelques cas elle est simplement ovalaire. Une autre plaque à peu près de même étendue que celle-ci, mais étroite, alongée et tectiforme, se fait remarquer sur la ligne médio-longitudinale du museau. A sa droite et à sa gauche il en existe d'autres de même forme, mais plus petites. Les plaques qui garnissent le front sont quadrangulaires ou pentagones et légèrement imbriquées d'avant en arrière. Celles qui protègent les régions sus-oculaires sont hexagonales et disposées par bandes alongées, obliques, lesquelles s'imbriquent de dehors en dedans. Les plaques sus-oculaires ont leur surface unie, de même que celles du front. Les narines s'ouvrent chacune dans une écaille fortement tubuleuse et un peu penchée en arrière. Cette écaille nasale est située positivement sur l'arête du museau. Elle est précédée d'une petite plaque qui est couchée sur elle. L'écaille mentonnière est la seule de toutes les plaques qui recouvrent les lèvres qui ne soit pas quadro-rectangulaire oblongue ; sa forme est celle d'un triangle isocèle. Les labiales supérieures sont au nombre de neuf paires, et les inférieures de huit. Il y a trente-deux à quarante dents molaires enfoncées dans chaque mâchoire. Celle d'en bas offre quatre dents antérieures, dont deux médianes fort petites et deux latérales très grandes ; celle d'en haut en présente cinq, parmi lesquelles on distingue deux grandes laniaires et trois petites incisives assez éloignées les unes des autres. L'ouverture de l'oreille, à l'entrée de laquelle on aperçoit la membrane du tympan, est fort grande : quelques dentelures garnissent les parties antérieure et postérieure de son contour. Sous cette même ouverture de l'oreille, on voit trois bouquets d'épines placés sur une ligne courbe. On en remarque un quatrième placé au-dessus de l'orifice auriculaire, derrière la dentelure de son bord postérieur ; un cinquième se montre sur le côté du cou, et un sixième en avant de l'épaule. Ces faisceaux d'épines se composent d'écailles effilées et très pointues à leur sommet. On en remarque d'absolument semblables sur le cou, où elles constituent

une crête. Ce cou, qui est légèrement étranglé, offre, sur chacun
de ses côtés, quelques plis ramifiés et en dessous deux plissures
transversales et une longitudinale qui se prolonge sous la gorge,
où elle pend un peu en fanon. Le dos s'abaisse à droite et à
gauche de sa ligne médiane, de manière à former le toit. La
queue, forte, arrondie, ou plutôt faiblement déprimée à sa
base, est de plus en plus comprimée, à mesure qu'elle s'éloigne
du corps.

Les membres sont assez robustes; ceux de devant ont à peu
près la même longueur que le tronc; quant à ceux de derrière,
lorsqu'on les couche le long du corps, chez quelques individus
ils atteignent jusqu'à l'oreille, tandis que chez d'autres ils n'arrivent que jusqu'à l'épaule. Les doigts, sans être grêles, ne sont
pas très forts; le quatrième, aux mains comme aux pieds, est à
peine un peu plus long que le troisième. Les ongles sont robustes
et arqués.

Les régions inférieures de la tête sont protégées par des écailles
subhexagonales plates, lisses et non imbriquées; celles du ventre
ne diffèrent de celles-ci que parce qu'elles sont distinctement
rhomboïdales. Les squames du dessous du cou sont moitié plus
petites et à surface légèrement bombée. Sur le dos il existe des
écailles du double plus grandes que celles du dessus du cou, mais
beaucoup moins dilatées que celles de la queue. Toutes ces écailles
ressemblent à des losanges surmontés chacun d'une carène qui se
prolonge en pointe aiguë, en arrière. Les écailles des flancs ne
sont pas tout-à-fait aussi grandes que celles du dos. Les membres
offrent des squamelles rhomboïdales; celles de leur face supérieure sont carénées, mais celles qui protégent leur face inférieure
sont lisses. Le bord antérieur du cloaque des individus mâles
offre une bande transversale de dix ou onze écailles crypteuses.

Coloration. Nous possédons cinq échantillons de cette espèce
d'Agame, tous différens les uns des autres par leur mode de coloration. L'un, dont les parties supérieures offrent une teinte brune
mêlée de jaunâtre, est de cette dernière couleur sur les régions
inférieures, à l'exception cependant de la poitrine et du ventre,
qui sont noirâtres. Le dessous du cou est marqué de bandes brunes
en travers, et ses côtés sont tachetés de blanc. Un second a le dessus et le dessous du corps olivâtre, les membres bruns, et les
flancs et les aisselles piquetés de jaunâtre. Un troisième et un
quatrième ont les parties supérieures et inférieures peintes en

couleur de suie, laquelle est assez foncée sur les premières, tandis qu'elle est très claire sur les secondes. Enfin un cinquième est tout entier d'une teinte fauve.

Dimensions. L'Agame des colons est de tous ces congénères celui qui semble avoir la plus grande taille. Les dimensions suivantes sont celles d'un individu mâle.

Longueur totale, 39". *Tête*. Long. 3" 5"'. *Cou*. Long. 1" 5"'. *Corps*. Long. 10" 5"'. *Memb. antér*. Long. 7". *Memb. postér*. Long. 9". *Queue*. Long. 23" 5"'.

Patrie. On trouve l'Agame des Colons sur la côte de Guinée et au Sénégal. Notre Musée en renferme de ce dernier pays deux individus qui y ont été recueillis par M. Perotet, qui nous a dit en avoir pris un sur un nid de Termites.

Observations. Il est bien évident que cet Agame est le même que Daudin a nommé des Colons : c'est une grande erreur, car cette espèce ne se rencontre pas en Amérique, comme il le suppose, mais bien en Afrique. C'est d'après cette fausse origine qu'il a confondu sous ce nom une foule de Sauriens qui en sont complétement différens. Ainsi il cite, comme se rapportant à son Agame des colons, les figures 1 et 2 de la Planche 107 du 1er volume de l'ouvrage de Séba, qui représentent le Stellion ordinaire. Au reste Linné et Gmelin avaient précédemment commis la même erreur à propos de leur *Lacerta Agama*, auquel se rapporte notre *Agama colonorum*. Parmi les autres fausses citations qui ont été faites par Daudin dans l'article de son *Agama colonorum*, se trouvent celle de l'*Iguana salamandrina* de Laurenti, espèce qui n'est autre que le *Stellio vulgaris*, du *Lacertus major e viridi*, etc. de Sloane, et du *Blue Lizard* d'Edwards, qui sont des Anolis. On peut encore ajouter le *Guana Lizard* de Brown, ainsi que l'Agame ou Caméléon de Mexique, qui appartiennent sans aucun doute à la sous-famille des Iguaniens pleurodontes.

4. L'AGAME SOMBRE. *Agama atra*. Daudin.

Caractères. Museau assez court, un peu obtus ; narines petites, subtubuleuses. Plusieurs plaques renflées sur le chanfrein. Écailles sus-oculaires non tuberculeuses. Plaque occipitale médiocre, non entourée d'épines. Membrane tympanale assez grande, bien découverte ; bord antérieur du trou auriculaire hérissé de fines épines. Des bouquets de très petites pointes écailleuses sur les côtés du cou. Une crête s'étendant de la nuque jusque près de l'extrémité de la queue. Écailles de la partie supérieure du tronc distinctement plus grandes sur le dos que sur les flancs, au-dessus desquels règne une série de fort petites pointes. Écailles ventrales lisses. Queue longue ; comprimée.

SYNONYMIE. *Salamandra rara exinsulá S. Eustachii.* Séb. tom. 1, pag. 139, tab. 87, fig. 6.

Agama atra. Daud. Hist. Rept. tom. 3, pag. 349.

Agama atra. Merr. Syst. amph. pag. 54.

Dernige Agame oder Galeote. Merr. Beït. zur Gesch. der amph. frit. Heft. sect. 86, taf. 5. (La figure, non la description.)

Agama atra. Cuv. Rég. anim. tom. 2, pag. 36.

Agama subspinosa. Gray. Ann. philos. tom. 2, pag. 214.

Trapelus subhispidus. Kaup. Isis, 1827, pag. 616.

Agama subspinosa. Gray. Synops. in Griffith's anim. kingd. t. 9, pag. 57.

DESCRIPTION.

FORMES. La tête est, en arrière, moitié moins haute et d'un tiers moins large qu'elle n'est longue, mesurée du bout du nez à l'occiput. Le museau est court et s'abaisse ou se courbe assez brusquement dès sa naissance, c'est-à-dire à partir du front. Les plaques qui revêtent celui-ci sont subhexagonales, un peu renflées ou comme tectiformes. On en voit de même figure et de même diamètre, mais à surface plane sur les régions sus-oculaires. Celles qui garnissent le bout du museau, entre les narines, sont plus petites et légèrement bombées. Ces plaques céphaliques ne sont pas entuilées comme cela s'observe dans l'espèce précédente. L'écaille occipitale offre un petit diamètre ; bien qu'elle semble être circulaire, elle a réellement plusieurs côtés. Elle est située au milieu du crâne, sur la ligne qui conduit directement d'un bord orbitaire postérieur à l'autre. La surface occipitale est revêtue de plaques de petit et de grand diamètre. Les écailles dans lesquelles sont percées les narines forment deux petits tubes penchés en arrière et placés, l'un à droite, l'autre à gauche, sur l'angle même du côté du museau. Vingt ou vingt-quatre petites plaques quadrilatères oblongues sont appliquées sur chaque lèvre, sans compter, ni la rostrale qui est pentagone, ni la mentonnière qui a cinq côtés. Au-dessus de la rangée des labiales supérieures, se trouvent deux autres séries parallèles de plaques hexagonales. Sous l'œil il en existe une autre, mais les écailles qui la composent sont en dos d'âne. Cette série sus-oculaire s'étend depuis la narine jusqu'au-dessus de l'angle de la bouche. Le bout de la mâchoire supérieure est armé de trois petites dents incisives et de deux grandes laniaires; celui de la mâchoire inférieure ne porte qu'une paire de ces dernières. L'une et l'autre mâchoire ont chacune trente-deux dents molaires. La membrane du tympan est un peu enfoncée dans le trou auriculaire, qui est arrondi et d'un assez grand diamètre. Les bords antérieur et supérieur de l'oreille donnent naissance à de petites pointes fines, disposées sur un ou deux rangs. D'autres épines un peu plus hautes hérissent la région sous-auriculaire de la mâchoire inférieure, ainsi que les côtés du cou, où elles sont rassemblées en deux ou trois petits bouquets. La conformation du cou est la même que dans l'espèce précédente. Quoiqu'un peu plus déprimé que celui de l'Agame des colons, le tronc de l'Agame sombre se trouve néanmoins un peu en toit. Tantôt le cou seul est surmonté d'une crête qui tantôt aussi se prolonge sur le dos et quelquefois jusque sur la queue; mais ceci n'a lieu que quand cette queue est comprimée, caractère qui nous a semblé être particulier aux individus du sexe mâle: comprimée ou conique, elle est toujours assez forte à sa base, et entre en général pour plus de la moitié dans la longueur totale de l'animal.

On voit s'étendre tout le long des côtés du corps, depuis le devant de l'épaule jusqu'à la naissance de la cuisse, un pli de la peau qui n'est pas également bien marqué chez tous les individus. La longueur des pattes de devant est la même que celle du tronc; tandis que l'étendue des membres postérieurs n'est pas moindre que celle qui existe entre l'aine et la région auriculaire. Le troisième et le quatrième doigt sont de même longueur.

L'écaillure des parties supérieures du corps se compose de petites pièces proportionnellement beaucoup moins dilatées que chez l'espèce précédente. Toutes ces pièces sont semblables entre elles, c'est-à-dire qu'elles ont la figure de petits losanges surmontés chacun d'une arête qui se prolonge en pointe en arrière. Les écailles qui revêtent la queue sont une fois plus étendues que celles qui couvrent le dos. Les membres sont garnis de squamelles rhomboïdales; mais celles de la face supérieure sont carénées, tandis que celles de la face supérieure sont lisses.

On compte de treize à quinze écailles crypteuses sur le bord antérieur de l'orifice cloacal des individus mâles. Elles y sont disposées sur une seule et même ligne transversale.

Coloration. Cette espèce se laisse aisément reconnaître à la large bande de couleur orangé qui est imprimée tout le long de son dos. Ses autres parties supérieures sont d'un noir profond, souvent uniforme, quelquefois comme piqueté de jaunâtre. Cette dernière couleur se répand sur la queue, autour de laquelle se montrent, de distance en distance, des anneaux brunâtres. La surface de la tête est couverte de taches, les unes noires, les autres jaunâtres. La poitrine et le ventre offrent généralement une teinte d'un brun très foncé. La gorge est vermiculée de noir sur un fond jaune pâle. La région inférieure de la queue, la paume des mains et la plante des pieds sont colorées en fauve. Le devant de l'épaule des jeunes sujets est marqué d'une large tache noire. On rencontre certains individus sur les parties supérieures desquels règne une teinte uniformément brune ou bien fauve, plus ou moins foncée.

Dimensions. *Longueur totale*, 23" 6'". *Téte*. Long. 2" 8'". *Cou*. Long. 1". *Corps*. Long. 6" 5'". *Memb. antér*. Long. 4" 6'". *Memb. post*. Long. 7". *Queue*. Long. 13" 3'".

Patrie. L'Agame sombre semble n'habiter que la partie australe de l'Afrique. Jusqu'ici nous ne l'avons reçu que du cap de Bonne-Espérance, où il est à ce qu'il paraît très commun. La collection en renferme des individus de tout âge dont on est redevable à feu Delalande, à M. Jules Verreaux, son neveu, et MM. Quoy et Gaimard.

5. L'AGAME AGILE. *Agama agilis*. Olivier.

Caractères. Museau court, obtus; narines petites, peu tubuleuses. Plusieurs plaques renflées sur le front. Écailles sus-oculaires non épineuses. Plaque occipitale petite, non environnée d'épines; membrane tympanale enfoncée dans le trou auriculaire. Celui-ci étroit, recouvert en partie par les petites épines qui en garnissent le bord supérieur. Un très petit groupe de pointes fines de chaque côté de la nuque. Point de crête sur le dessus du corps. Écailles dorsales médiocres, semblables entre elles, surmontées d'une petite carène finissant en pointe en arrière. Squamelles ventrales lisses. Queue longue, conique.

SYNONYMIE. *Agama agilis.* Oliv. Voy. emp. Ottom. tom. 2, pag. 438, tab. 29, fig. 2.

Agama agilis. Gray. Synops. Rept. in Griffith's anim. kingd. tom. 9, pag. 58. exclus. synon. Agame .... Rept. Égypt. suppl. Pl. 1, n° 5. (Agama Savignii Nob.)

Trapelus flavimaculatus. Rüpp. Atl. Reise Nordlich. Afrik. zool. Rept. pag. 12, tab. 6, fig. 1.

Agama leucostigma? Reus. Mus. Senckenberg. 1re partie, pag. 44.

DESCRIPTION.

FORMES. Bien que cette espèce offre une grande ressemblance avec l'Agame sombre, elle s'en distingue pourtant à la première vue par l'absence de toute espèce de crête sur le dessus du corps, par une ouverture auriculaire moins grande et couverte en partie, chez les sujets adultes, par la dentelure écailleuse qui en garnit le bord supérieur.

Nous ne savons pas s'il existe des individus ayant la queue comprimée, comme cela s'observe quelquefois dans l'espèce précédente. Chez les Agames agiles que nous avons eu occasion d'étudier, cette partie du corps est parfaitement conique et presque de moitié plus longue que le reste de l'étendue de l'animal. On compte deux grandes dents laniaires et de vingt-huit à trente molaires à chaque mâchoire : la supérieure offre quatre incisives et l'inférieure deux seulement. Les plaques dans lesquelles sont percées les narines ne sont pas réellement tubuleuses, mais simplement renflées. Les cinq ou six écailles frontales ont une légère forme tuberculeuse. La scutelle occipitale est fort petite, ovalaire et plate. Derrière elle, se montrent des squames un peu relevées en tubercules pointus. Les lèvres sont garnies chacune de trente-huit à quarante petites plaques carrées ou pentagones, sans compter la rostrale ni la mentonnière, qui offrent l'une et l'autre une figure subhexagonale, mais celle-ci est un peu plus grande que celle-là. Les proportions des membres, relativement au corps, sont les mêmes que chez l'espèce précédente; cependant ici le quatrième doigt est plus long que le troisième. Le diamètre transversal du tronc est à peu près égal à son diamètre vertical. Le dos est presque arrondi ou à peine élevé en toit. Une ou deux petites épines effilées sont implantées de chaque côté de la partie posté-

REPTILES, IV. 32

rieure de la tête. Immédiatement derrière l'oreille, on voit une quinzaine d'écailles épineuses. La gorge, le dessous et les côtés du cou sont protégés par des écailles rhomboïdales, dont la surface est unie. La région collaire supérieure est, ainsi que le dos et la queue, revêtue de squamelles en losanges, surmontés chacune d'une carène qui, en arrière, se prolonge en une petite pointe. Les écailles des flancs et de la partie inférieure du tronc ont la même figure, mais elles sont moins dilatées et complétement dépourvues de carènes. L'écaillure des membres ne diffère pas de celle qui garantit les mêmes parties chez l'Agame sombre, si ce n'est cependant sous les mains et les pieds, où chaque petite lame écailleuse se trouve distinctement relevée de trois pointes presque verticales ou très légèrement couchées en avant. Les ongles sont longs et faiblement arqués. Des écailles crypteuses circulaires composent deux rangées transversales situées tout près du bord antérieur du cloaque.

COLORATION. Les trois seuls échantillons de cette espèce, qui existent dans la collection du Muséum, ont leurs parties supérieures d'une teinte olivâtre, avec quatre ou cinq bandes brunes, mal indiquées en travers du dos, le long du milieu duquel on remarque une tache oblongue blanchâtre, placée sur chacune des bandes brunes dont nous venons de parler.

D'autres taches brunes coupent transversalement le dessus des membres et de la queue, qui n'en offre pas moins d'une douzaine. La gorge est longitudinalement rayée de brun, sur un fond olivâtre. La poitrine et le ventre sont blanchâtres, et la face inférieure des pattes colorée en jaune olive.

Dans l'état de vie, cette espèce, d'après le dessin qu'en a publié M. Ruppell, aurait les taches dorsales, les mains et les pieds, ainsi que la gorge, de couleur jaune; puis des raies d'un beau bleu, tracées en long sous la mâchoire inférieure.

DIMENSIONS. *Longueur totale*, 22" 1"'. *Tête*. Long. 2" 7"'. *Cou*. Long. 7"'. *Corps*. Long. 4" 4"'. *Memb. antér*. Long. 5" 7"'. *Memb. postér*. Long. 6" 4"'. *Queue*. Long. 13" 3"'.

PATRIE. Le naturaliste Olivier nous apprend, dans la relation de son Voyage dans l'empire Ottoman, que l'Agame agile est très commun aux environs de Bagdad. Il ajoute qu'il se tient de préférence sur les arbres. M. Ruppell a trouvé ce même Agame près de Djetta en Arabie.

Observations. Nous pensons que M. Gray a eu tort de considérer cette espèce comme étant la même que l'Agame représenté par Savigny dans l'ouvrage de l'Égypte, Planche 1re du supplément, n° 5. Cette figure nous paraît être celle d'une espèce particulière, que le grand diamètre de ses écailles différencie nettement de l'Agame agile.

6. L'AGAME AIGUILLONNÉ. *Agama aculeata*. Merrem.

CARACTÈRES. Museau très court, très obtus ou presque arrondi. Narines petites, à peine tubuleuses. Plaques du chanfrein légèrement coniques. Écailles sus-oculaires un peu relevées en pointes. Plaque occipitale grande, sans épines à l'entour. Membrane tympanale bien découverte; bord antérieur de l'oreille garni de petites pointes. Quelques bouquets d'épines sur les côtés du cou. Une crête s'étendant depuis la nuque jusqu'à la moitié de la queue. Écailles du dessus du tronc offrant parmi elles des tubercules trièdres, disposés sur deux ou trois rangées de chaque côté de la ligne médio-dorsale. Écailles ventrales non carénées. Queue longue, très forte, subconique.

SYNONYMIE. *Lacerta aculeata Promontorii Bonæ-Spei*. Séb. tom. 2, pag. 10, tab. 8, fig. 6.

Lacerta stellio. Shaw. Gen. zool. tom. 3, pag. 229, tab. 7. (Cop. Séb.)

Agama aculeata. Merr. Syst. amph. pag. 53, exclus. synon. fig. 7, tab. 8, tom. 2. Séb. (Agama spinosa Nobis.)

Trapelus hispidus, Gravenh. Act. Acad. Cæs. Leop. Carol. nat. curios. tom. 16, part. 2, pag. 917, tab. 64, fig. 1-8.

DESCRIPTION.

FORMES. L'Agame aiguillonné est très élancé, et sa queue, quoiqu'aussi alongée que celle des Agames sombre et agile, est néanmoins proportionnellement plus forte. Elle a une forme presque conique, tant elle est peu comprimée. Le museau est extrêmement court, c'est-à-dire qu'il s'avance à peine au delà du front. Ceci donne au contour horizontal de la tête une figure triangulaire, dont l'angle correspondant au museau est fortement arrondi. Chaque mâchoire porte une paire de dents canines et vingt-quatre molaires; en bas il existe deux incisives, et en haut trois, dont la médiane est la plus courte. Les narines sont

32.

fort petites; leur ouverture est dirigée en arrière et pratiquée
dans une plaque bombée. L'écaille rostrale est subhexagonale,
de même que la mentonnière. A droite et à gauche de chacune
de ces deux plaques, il y a douze autres écailles labiales quadrilatères ou presque pentagones oblongues. Les squames qui revêtent le dessus de la tête ont plusieurs pans. Toutes sont à peu près
de même grandeur, excepté l'occipitale, qui est distinctement plus
dilatée que les autres. Elle offre une figure subtriangulaire et une
surface plane; les écailles qui l'entourent ne sont pas non plus
relevées en tubercules, ce qui est un des caractères propres à faire
distinguer l'Agame aiguillonné de l'Agame épineux, dont la scutelle occipitale est à la fois fort petite et environnée d'épines. On
observe que les plaques qui garnissent le milieu de la région la
plus postérieure du dessus de la tête, ont leur centre faiblement
relevé en cône. Celles des côtés de l'occiput sont plus grandes et
plus distinctement tuberculeuses. Le diamètre de l'ouverture auriculaire est à peu près le même que chez l'Agame sombre, c'est-
à-dire assez grand. Cette ouverture est également bien découverte,
et n'offre que quelques pointes fort courtes sur les parties antérieure et supérieure de son pourtour. Il existe sur la tempe un
espace subcirculaire couvert d'écailles imbriquées, à plusieurs
pans. Celles d'entre elles qui en occupent le centre se relèvent
en tubercules polyèdres. On remarque deux groupes d'épines
situés, l'un au-dessus, l'autre en arrière du bord postérieur de
l'oreille; il y en a un troisième, mais un peu plus fort que ces
deux-ci, de chaque côté du milieu du cou. Une courte ligne
d'écailles épineuses se laisse voir en avant et en haut de la région
scapulaire. Des épines écailleuses, trièdres, bien que comprimées, penchées en arrière, constituent une crête qui s'étend sans
interruption depuis la nuque jusque vers le milieu de la queue.
Il règne de chaque côté de cette crête, et parallèlement à elle,
quatre séries de grandes squames en losanges, carénées et relevées en épines. Au dehors de ces quatre séries, qui se terminent
à la racine de la queue, il en existe encore une autre qui leur
ressemble parfaitement, quant aux écailles qui la composent;
mais dont l'étendue est beaucoup plus courte, attendu qu'elle n'é-
gale pas même celle du flanc. Toutes les autres écailles des parties supérieure et latérales du tronc sont rhomboïdales, d'un
petit diamètre et surmontées chacune d'une arête se prolongeant
en pointe en arrière. Les squames caudales leur ressemblent par

la forme, sinon par le diamètre, qui est plus grand. Pourtant on remarque qu'entre celles de ces écailles qui garnissent le dessus de la base de la queue et celles qui en revêtent le dessous, il existe cette différence que les unes sont épaisses et fortement carénées, tandis que les autres offrent une très faible arête. Les membres de l'Agame aiguillonné, sous le rapport de leur écaillure, ressemblent à ceux de l'espèce précédente, mais ils diffèrent de ceux de l'Agame épineux, en ce qu'ils ne sont pas comme chez celui-ci hérissés de tubercules épineux. On trouve encore un autre moyen de distinguer ces deux espèces l'une de l'autre, c'est en observant la surface des écailles rhomboïdales qui protégent le dessous de leur tête et de leur cou, leur poitrine et leur région abdominale; car cette surface est parfaitement lisse chez l'Agame aiguillonné, au lieu qu'elle est fortement carénée dans l'Agame épineux. Le bord antérieur du cloaque d'un individu mâle, le seul échantillon de cette espèce que nous ayons encore été dans le cas d'observer, présente une douzaine d'écailles crypteuses disposées sur une rangée transversale.

COLORATION. Il règne sur les parties supérieures du corps une teinte olivâtre qui devient plus claire et passe même au jaunâtre sur les régions inférieures. La ligne médio-longitudinale du dos et de la queue offre de chaque côté une série de grandes taches d'un brun olive. Les membres sont coupés, en dessus, par des bandes transversales de cette dernière couleur. La gorge est peinte en noirâtre.

DIMENSIONS. *Longueur totale*, 23" 5'". *Tête*. Long. 2" 5'". *Cou*. Long. 9'". *Corps*. Long. 6" 7'". *Memb. antér*. Long. 4" 4'". *Memb. postér*. Long. 6" 6'". *Queue*. Long. 13" 4'".

PATRIE. L'Agame aiguillonné est originaire de l'Afrique australe. L'individu que renferme notre collection a été rapporté du cap de Bonne-Espérance par feu Delalande.

Observations. Cet Agame est évidemment celui que Séba a représenté tome 2, Pl. 8, fig. 6, sous le nom de *Lacerta aculeata Promontorii Bonæ-Spei*. On le reconnaît à la forme étroite et alongée de son corps, ainsi qu'à la grosseur et à l'alongement assez considérable de sa queue. C'est par conséquent le véritable *Agama aculeata* de Merrem, qui cite cette même figure d'après laquelle sa phrase caractéristique semble avoir été faite. Toutefois nous ferons remarquer que cet auteur a faussement rapporté à cette figure, n° 6, celle qui dans la même planche porte le n° 7, laquelle est la représentation, non pas d'un *Agama aculeata*, mais du jeune âge d'une espèce différente, dont Merrem lui-même a cités, comme appartenant à son *Agama orbicularis*, trois autres figures données aussi par Séba, qui le représentent dans son état adulte. Cette espèce est notre *Agama spinosa* que Cuvier indique à tort sous le nom d'*Agama aculeata* Merrem. Notre Agame aiguillonné est appelé *Trapelus hispidus* par M. Gravenhorst, qui en a publié la description et la figure avec beaucoup de détails dans les Actes des curieux de la nature de Berlin.

7. L'AGAME ÉPINEUX. *Agama spinosa*. Nobis.

CARACTÈRES. Museau court, obtus. Narines petites, peu tubuleuses. Un à trois tubercules polyèdres sur le milieu du chanfrein. Écailles sus-oculaires relevées en pointes. Plaque occipitale petite, environnée d'épines. Oreille peu ouverte, à bords antérieur et supérieur armés de grandes pointes. Des groupes de tubercules épineux sur la nuque et les côtés du cou; celui-ci et le dos surmontés d'une crête. Des épines trièdres éparses au milieu des écailles du dessus du tronc. Squames ventrales carénées. Queue courte, grêle, conique.

SYNONYMIE. *Lacertus orbicularis spinosus, sive Tapayaxin ex Novâ-Hispaniâ*. Séb. tom. 1, pag. 134, tab. 83, fig. 1 et 2.

Bufo americanus spinosus Tapayaxin, sive salamandra orbicularis. Id. tom. 1, pag. 173, tab. 109, fig. 6.

Tapayaxin, sive Lacerta orbicularis, minor Promontorii Bonœ-Spei. Id. tom. 2, pag. 10, tab. 8, fig. 7.

Lacerta hispida. Linn. Mus. Adolph. Frédér. pag. 44.

Lacerta hispida. Linn. Syst. nat. édit. 10, pag. 205.

Lacerta orbicularis. Id. Syst. nat. édit. 12, pag. 365, exclus synon. Lacerta orbicularis d'Hernandez. (*Phrynosoma orbicularis*.)

Cordylus orbicularis. Laur. Synops. Rept. pag. 51.

Cordylus hispidus. Id. loc. cit.

Lacerta orbicularis. Gmel. Syst. nat. pag. 1061, exclus. synon. Lacertus orbicularis Hernand. (*Phrynosoma orbicularis*).

Le Tapaye. Daub. Dict. des Rept. pag. 685.

Le Tapaye. Lacép. Hist. quadrup. ovip. tom. 1, pag. 390

Le Tapaye. Bonnat. Encyclop. méth. Pl. 9, fig. 3.

Lacerta orbicularis. Shaw. Gener. zool. tom. 3, pag. 231, tab. 71 (cop. de Séba).

Stellio orbicularis. Latr. Hist. Rept. tom. 2, pag. 26.

Agama orbicularis. Daud. Hist. Rept. tom. 3, pag. 406 (non la figure, qui est celle de l'*Agama mutabilis*).

Agama gemmata. Daud. Hist. Rept. tom. 3, pag. 410.

Agama aspera. Daud. Hist. Rept. tom. 3, pag. 402, exclus. synon. fig. 6. tab. 86, tom. 1, de Séba (*Proctotretus?*).

Agama gemmata. Merr. Synops. Rept. pag. 53.

Agama orbicularis. Kuhl. Beïtr. zur Zool. und Vergl. anat. pag. 114.

Agama aculeata. Cuvier. Règn. anim. tom. 2, pag. 36.

Cape agama. Gray. Synops. Rept. in Griffith's anim. kingd. tom. 9, pag. 57.

DESCRIPTION.

Formes. L'Agame épineux, au lieu d'offrir les formes élancées de l'espèce précédente, est presque aussi court et aussi trapu que les Phrynosomes. Pourtant son museau n'a pas tout-à-fait autant de brièveté que celui de l'Agame aiguillonné. L'Agame épineux se distingue principalement de ce dernier par un corps plus dé primé, par une queue moins longue, moins forte et qui devient plus brusquement grêle, immédiatement après sa naissance. Il en diffère encore par une oreille moins ouverte, et par les écailles des régions inférieures de son corps, qui, au lieu d'être lisses, offrent une forte arête terminée en pointe aiguë. L'Agame épineux présente d'ailleurs une très petite plaque occipitale environnée de tubercules épineux, et deux ou trois écailles frontales, que leur forme également tuberculeuse fait ressembler à de petites cornes. Les squamelles sus-oculaires sont pointues ; celles des tempes et des régions latérales de la surface de l'occiput sont transformées en tubercules trièdres. Les bouquets d'épines qui existent sur les côtés du cou et aux environs des oreilles sont en même nombre, mais beaucoup plus touffus que chez l'Agame aiguillonné. Le dessus des membres est hérissé de tubercules épineux, ce qu'on n'observe pas dans cette dernière espèce ; enfin les épines qui sont éparses au milieu des écailles des parties supérieures du tronc, se montrent plus nombreuses et disposées avec moins de régularité. Sur le bord antérieur du cloaque, on compte deux rangées

transversales composées chacune de quinze ou seize écailles crypteuses.

Coloration. Il règne sur le dessus du corps une teinte qui varie
du jaune plus ou moins clair au brun olivâtre foncé. Une série
de chevrons ou bien de taches angulaires noires se laisse voir le
long de l'épine dorsale; d'autres taches de la même couleur, mais
d'une forme mal déterminée, se succèdent à peu de distance les
unes des autres sur le dessus de la queue. Les parties inférieures
de l'animal sont lavées de jaunâtre. Parfois elles sont parcourues
par des lignes brunes, qui y dessinent une sorte de réseau à
mailles assez larges. L'intérieur de la gorge est coloré en noir.

Dimensions. *Longueur totale*, 17" 3"'. *Tête*. Long. 2" 8"'. *Cou.*
Long. 5". *Corps*. Long. 6". *Membr. antér*. Long. 4" 2"'. *Memb.*
postér. Long. 5" 3"'. *Queue*. Long. 8".

Patrie. Les divers échantillons de l'Agame épineux que possède
le Muséum d'histoire naturelle ont été recueillis au cap de Bonne-
Espérance par MM. Péron et Lesueur, par feu Delalande, par
MM. Quoy et Gaimard et M. J. Verreaux.

Observations. Les figures 1 et 2 de la Planche 83, et 6 de la
Planche 109 du tome 1er de l'ouvrage de Séba, représentent l'âge
adulte, et la figure 7 de la Planche 8 du second volume, le jeune
âge de cette espèce, qui est, comme nous l'avons déjà dit, différente de notre *Agama aculeata* figuré par le même auteur, tome
2e, Planche 8, fig. 6.

Ce sont trois de ces figures (1 et 2, Pl. 86, et 6, Pl. 109, tom. 1er)
qui donnèrent lieu à Linné d'établir, dans la dixième édition du
Systema naturæ, son *Lacerta hispida*, qu'avec juste raison il
distinguait alors de son *Lacerta orbicularis*, ou Tapayaxin d'Hernandez, qui est un Phrynosome, et auquel il eut la mauvaise
idée de le réunir dans la douzième édition, ce à quoi Gmelin ne
changea rien dans la treizième. Daubenton et Lacépède imitèrent
en quelque sorte Linné, en confondant ces deux espèces sous le
nom de Tapaye; et Daudin enchérit sur eux, en ajoutant la figure
d'un Agame variable, à l'article dans lequel il mêlait l'histoire du
Tapayaxin d'Hernandez à celle de l'Agame épineux. D'un autre
côté, ce naturaliste faisait connaître dans le même ouvrage, sous
le nom d'*Agama gemmata*, le jeune âge de cette dernière espèce,
de laquelle n'est pas non plus différente son *Agama aspera*, établie sur un échantillon en mauvais état que nous avons retrouvé
dans la collection du Muséum d'histoire naturelle. Nous devons

dire aussi, à ce sujet, que la figure de Séba, citée par Daudin comme se rapportant à son prétendu Agame rude, est certainement celle d'un Iguanien pleurodonte, du genre des Proctotrètes ou des Tropidolépides.

Merrem a reproduit, à l'égard de l'Agame épineux, les fautes commises par Daudin. Quant à Cuvier, c'est cette espèce qu'il a décrite brièvement, mais d'une manière reconnaissable, et qu'il a désignée par le nom d'*Agama aculeata*.

8. L'AGAME VARIABLE OU CHANGEANT. *Agama mutabilis*. Merrem.

CARACTÈRES. Museau court, obtus. Narines petites, à peine tubuleuses. Plaques du chanfrein un peu tuberculeuses. Écailles sus-oculaires unies. Plaque occipitale petite, sans tubercules à l'entour. Tympan enfoncé dans l'oreille, dont l'ouverture est étroite et en partie cachée par les petites pointes qui en garnissent le bord supérieur. Nuque et côtés du cou clair-semés de petits tubercules. Point de crête sur le dessus du corps. Des tubercules aplatis, mêlés aux écailles irrégulièrement en losanges des parties supérieures du tronc, qui sont unies ou fort peu carénées. Écaillure ventrale lisse. Queue conique, médiocrement alongée.

SYNONYMIE. *Agama ruderata*. Oliv. Voy. Emp. Ott. tome 2, pag. 428, tab. 29, fig. 3.

L'Agame orbiculaire. Daud. Hist. Rept. tom. 3, Pl. 45, fig. 1. (La description qui l'accompagne est en partie celle de notre *Agama spinosa*.)

Agame variable ou changeant. Isid. Geoff. Rept. d'Egypt. tom 1, pag. 127, Pl. V, fig. 3 et 4.

Agame . . . . . Savign. Rept. d'Egypt. suppl. Pl. 1, fig. 6.

Agama mutabilis. Merr. Syst. amph. pag. 50.

L'Agame variable. Bory de St.-Vinc. Dict. class. d'hist. nat. tom. 1, pag. 134.

Trapelus ægyptius. Cuv. Règn. anim. tom. 2, pag. 37.

Trapelus mutabilis. Gray. Synops. Rept. in Griffith. anim. kingd. tom. 9, pag. 58.

Agama deserti. Mus. Berl.

Agama pallida. Reuss. Mus. Senckerberg. 1re part., pag. 38, tab. 3, fig. 3.

Agama nigro-fasciata? Id. loc. cit. pag. 42.

DESCRIPTION.

FORMES. A peu près aussi ramassé dans ses formes que l'Agame épineux, l'Agame variable offre comme lui une tête fort courte, dont les deux côtés constituent un angle à sommet très obtus et quelquefois même arrondi. Les parties latérales de la région supérieure et postérieure de la tête sont très renflées, tandis que la médiane présente un creux assez marqué. L'étranglement du cou est très prononcé ; le tronc est déprimé et le dos faiblement arqué en travers. La queue a une forme conique et une longueur triple de celle du reste de l'animal. Les membres ont à peu près le même développement que ceux de l'espèce précédente. Les quatre premiers doigts sont étagés. Onze ou douze dents molaires garnissent les deux mâchoires, de chaque côté. La supérieure est armée de deux incisives et de quatre laniaires ; on ne compte qu'une paire de l'une et une paire de l'autre à l'inférieure. Les plaques nasales sont un peu renflées, leur ouverture est petite et circulaire. Il y a trente-six petites plaques carrées appliquées sur chaque lèvre, sans compter la rostrale ni la mentonnière qui toutes deux sont hexagonales. L'écaillure du dessus de la tête ressemble beaucoup à celle de l'Agame agile ; c'est-à-dire qu'elle se compose de petites pièces à plusieurs pans, toutes à peu près de même grandeur, mais parmi lesquelles on en remarque de simplement bombées sur le front, et de tuberculeuses sur les parties renflées de la région occipitale. Les ouvertures auriculaires sont petites, et le bord supérieur de leur pourtour offre trois ou quatre petites pointes qui, abaissées qu'elles sont, les couvrent en partie. On voit des petits tubercules implantés çà et là derrière les oreilles. Il existe parmi les petites écailles des parties supérieures du cou et du tronc d'autres écailles plus grandes et plus épaisses en arrière qu'en avant, ce qui fait qu'elles s'élèvent un peu au-dessus des autres. Les petites sont généralement lisses; lorsque par hasard elles se montrent surmontées d'une carène, cette carène est excessivement faible. Ces mêmes petites écailles, celles particulièrement qui couvrent la région dorsale, sont tout-à-fait planes, et semblent adhérer à la peau par toute leur face inférieure, tant elles sont peu imbriquées.

Elles sont en outre dissemblables entre elles, aussi bien par leur diamètre que par leur figure; car on en voit de petites et de grandes, de rhomboïdales, de pentagonales, et même d'hexagonales. Toutes les squamelles qui couvrent la peau des flancs sont rhomboïdales, et un peu moins aplaties que celles du dos. Ce sont des lames écailleuses, ayant la figure de losanges à angles obtus ou arrondis, qui protégent le dessous de la tête, la poitrine et l'abdomen. Les membres sont, ainsi que la queue, revêtus d'écailles rhomboïdales. Celles de ces écailles qui se trouvent situées sous la face inférieure des premiers, sont les seules qui ne soient pas carénées. Les scutelles sous-digitales présentent trois carènes prolongées en pointe en avant. Les ongles sont peu alongés, mais assez forts. Vingt-sept ou vingt-huit écailles crypteuses constituent un double rang transversal sur le bord antérieur de l'ouverture cloacale.

COLORATION. Le nom de changeant que porte cette espèce d'Agame lui vient de ce qu'elle a la faculté de changer de couleur aussi promptement que le Caméléon. M. Isidore Geoffroy rapporte, d'après M. son père, qui a observé ce petit Saurien vivant, « que souvent il est d'un bleu foncé, nuancé de violet, avec la » queue annelée de noir, et des taches rougeâtres peu distinctes, » disposées sur le dos de manière à former quatre ou cinq petites » bandes transversales assez régulières. Dans d'autres instans, le » bleu est remplacé par le lilas clair : alors la tête et les pattes sont » ordinairement nuancées de verdâtre, et rien ne rappelle plus les » premières couleurs du changeant, si ce n'est les petites taches » rougeâtres du dos. »

Mais le mode de coloration que présentent les Agames variables conservés dans les collections est loin de ressembler à celui-ci. Quelques-uns de ceux que nous possédons ont les parties supérieures d'un vert olive plus clair sur le dessus des membres, sur les épaules et la queue que sur la tête et le dos. Ils ont la gorge verdâtre, nuancée de bleu, et les autres régions du dessous du corps d'une teinte verte tirant sur le fauve. D'autres sont d'un gris cendré uniforme. Il y en a dont le dessus est olivâtre clair, nuagé de brun ou bien marqué de grandes taches de cette couleur, formant deux séries longitudinales sur le dos. Il en est sur la surface entière desquels est répandue une teinte fauve ou d'un blond très clair. Enfin presque tous ont la queue plus ou moins annelée de noir ou de brun.

DIMENSIONS. *Longueur totale*, 16" 1'". *Tête*. Long. 2" 3'". *Cou*.

Long. 6'''. *Corps.* Long. 4''. *Memb. antér.* Long. 3'' 5'''. *Memb. postér.* Long. 5'' 7'''. *Queue.* Long. 9'' 2'''.

Patrie. Cette espèce d'Agame est fort commune en Égypte. Olivier nous l'apprend, et dit qu'elle ne l'est pas moins en Perse et dans le nord de l'Arabie. On la trouve aussi en Nubie; car la collection en renferme un individu venant de ce pays, qui a été envoyé à notre Musée par le directeur de celui de Berlin. Il portait le nom d'*Agama deserti.* Nos autres exemplaires ont été recueillis en Égypte par M. Bové et M. Botta.

Observations. Cette espèce est celle dont Cuvier avait fait le type d'un genre particulier, nommé *Trapelus*, qu'on n'a pas dû conserver, attendu qu'aucun caractère réellement important ne la distingue des autres Agames. Il n'existe même pas entre elle et ces derniers la différence sur laquelle Cuvier s'appuyait pour l'en séparer génériquement; car les écailles de son dos offrent, il est vrai, des épines moins fortes que celles de la plupart des autres Agames; mais elles n'en sont pas complétement privées, comme l'a dit l'auteur du Règne animal.

L'Agame variable a reçu différens noms, parmi lesquels nous avons choisi celui sous lequel il est plus généralement connu.

9. L'AGAME DE SAVIGNY. *Agama Savignii.* Nobis.

Caractères. Museau peu alongé, un peu obtus. Narines de grandeur médiocre subtubuleuses. Plaques du chanfrein renflées. Écailles sus-oculaires à peu près planes. Plaque occipitale médiocre, non environnée d'épines ou de tubercules. Bord supérieur de l'ouverture de l'oreille garni de pointes. Nuque et côté du cou dépourvus de bouquets d'épines. Une crête s'étendant de l'occiput jusque sur la queue. Celle-ci longue, subcomprimée. Écailles de la partie supérieure du tronc grandes, semblables entre elles.

Synonymie. Agame .... Savig. Rept. d'Égypt. suppl. Pl. 1, n° 5.

DESCRIPTION.

Formes. A en juger par la figure qui représente ce Saurien dans l'un des Planches de l'ouvrage d'Égypte, il doit avoir des formes plus alongées que celles de l'Agame variable. Sa queue est aussi proportionnellement plus forte et plus longue : elle paraît être légèrement comprimée. Les plaques céphaliques sont inégales en grandeur, et la plupart d'entre elles sont verruqueuses. Celles qui protègent les côtés de la région occipitale se relèvent en po ites aiguës. On remarque sur le bord supérieur de l'oreille deux ou trois dents squameuses. Une crête dentelée en scie, qui commence sur la nuque, se prolonge jusque près de l'extrémité de la queue. Les quatre premiers doigts des mains et des pieds sont étagés, mais le quatrième est à peine plus long que le troisième. Les écailles qui revêtent les parties supérieures du tronc paraissent être proportionnellement aussi grandes que celles de l'Agame des colons. Elles sont rhomboïdales, fortement carénées, et toutes de même forme et de même hauteur.

COLORATION. Nous ignorons quel est précisément le mode de coloration de cette espèce d'Agame, attendu que la seule figure par laquelle il nous est connu n'est point enluminée. Tout ce que nous pouvons dire, c'est qu'elle le représente avec de grandes taches arrondies sur le dos et des bandes transversales sur le dessus de la queue.

DIMENSIONS. *Longueur totale*, 29" 5"'. *Tête*. Long. 3". *Cou*. Long. 7"'. *Corps*. Long. 4" 5"'. *Memb. antér*. Long. 4" 5"'. *Memb. postér*. Long. 6". *Queue*. Long. 12" 8"'.

PATRIE. Cet Agame se trouve en Égypte.

Observations. Les Agames avec lesquels celui-ci offre le plus de ressemblance sont ceux appelés variable et agile ; mais ses écailles, par leur uniformité, le distinguent de suite du premier, de même que par leur grand diamètre, elles empêchent qu'on ne le confonde avec le second.

10. L'AGAME DU SINAÏ. *Agama Sinaita*. Heyden.

CARACTÈRES. Museau court, obtus. Narines petites, très distinctement tubuleuses. Plaques du chanfrein bombées. Écailles susoculaires planes. Plaque occipitale petite, non entourée de tubercules. Tympan fort grand, bien découvert. Deux ou trois petits tubercules coniques sur le bord antérieur de l'oreille. Ni épines ni tubercules sur la nuque et les côtés du cou. Celui-ci dépourvu de crête, aussi bien que le dos et la queue. Écailles dorsales petites, semblables entre elles ; celles du ventre lisses. Queue longue, excessivement peu comprimée.

Synonymie. *Agama Sinaita*. Heyd. Atl. Reis. Nordl.Af. von Rüpp. Rept., pag. 10, tab. 3.

Rüppel's Agama. Gray. Synops. Rept. in Griffith's anim. kingd. tom. 6, pag. 58.

Agama straminea. Mus. Berl. ?

DESCRIPTION.

Formes. On reconnaît cet Agame, entre tous ses congénères, à la maigreur de ses membres, à la brièveté de ses doigts, à la longueur et à la gracilité de sa queue, au grand diamètre de son oreille, enfin à l'uniformité de son écaillure, parmi laquelle il ne s'élève ni épines ni tubercules. La tête de l'Agame du Sinaï est de moitié moins haute et d'un quart moins large que haute. Ses côtés forment un angle dont le sommet est assez obtus. Les petites plaques qui revêtent la surface du crâne sont unies, à l'exception des frontales et des occipitales, qui offrent une légère convexité. Les écailles nasales sont tuberculeuses et penchées en arrière; leur ouverture est petite et circulaire. Le diamètre de l'oreille est presqu'aussi grand que celui de l'orbite; son pourtour, en dedans duquel est tendue la membrane du tympan, est dépourvu de tubercules, si ce n'est sur sa région antérieure, où l'on en voit un ou deux petits, de forme conique. Quelques autres semblables à ceux-ci sont implantés en arrière de chaque joue. On en voit aussi deux ou trois très courts, former un petit groupe sur chaque côté du milieu du cou. Les dents qui arment la mâchoire supérieure sont deux laniaires, trois incisives et trente-deux molaires; le même nombre, moins une incisive, existe à la mâchoire inférieure. L'écaille rostrale est quadrilatère oblongue, et la mentonnière, qui a une surface assez étendue, offre une figure pentagonale. A la droite et à la gauche de chacune de ces écailles, se trouvent appliquées sur la lèvre seize à dix-huit petites squames carrées. Des petits tubercules triangulaires garnissent le bord des paupières. Aucune espèce de crête ne règne sur la partie supérieure du corps. Celui-ci est assez alongé, médiocrement déprimé et convexe sur sa face supérieure. Le cou est à la fois court et étroit. L'un des trois plis transversaux que fait la peau sous sa région inférieure se prolonge obliquement au-dessus de chaque épaule. Devant celle-ci on remarque un léger enfoncement circulaire où la peau, plus mince que sur les régions voisines, semble sécréter une humeur visqueuse. Les membres sont proportionnellement plus longs, mais surtout beaucoup plus maigres que chez toutes les autres espèces d'Agames connus. En opposition avec ce qui existe généralement, les doigts sont ici excessivement courts, mais assez forts. Les trois premiers des mains sont régulièrement étagés; c'est-à-dire que le second est plus long que le premier, et que le troisième est plus long que celui-ci; mais le quatrième est plus court que le troisième. Aux pieds, le troisième et le quatrième doigt sont à peu près de même longueur; cependant si quelquefois l'un est plus alongé que l'autre, c'est le troisième. Les ongles, qui sont courts, forts et crochus, sont remarquables en ce que la moitié de leur étendue longitudinale, à la base, se trouve placée dans un étui, composé de deux pièces écailleuses, l'une supérieure, l'autre inférieure : ces deux pièces offrent chacune trois carènes mousses, qui se prolongent antérieurement en une pointe colorée en noir, de même que le prolongement épineux de chacune des deux crêtes qui surmontent les scutelles sous-digitales. Les écailles de la paume de la main et de la plante des pieds sont tricuspides, et l'on remarque que la pointe médiane est plus courte que les latérales.

La queue entre pour les deux tiers dans la longueur totale de l'animal. L'ensemble en est assez grêle. Presqu'arrondie à sa racine, cette queue se comprime de plus en plus en s'éloignant du corps, mais cependant en conservant toujours une forme légèrement convexe en dessus et en dessous. Les écailles qui la revêtent sont distinctement plus développées que celles des parties supérieures du tronc; leur figure est rhomboïdale et leur surface relevée d'une carène qui finit en pointe aiguë. Il en est même parmi elles qui paraissent être tricuspides. Toutes les autres écailles du dessus comme du dessous du corps, de la face interne comme de la face externe des membres, sont en losanges. Celles du dessus des pattes et des côtés du tronc sont très distinctement carénées; celles du dos le sont fort peu, et celles de la poitrine, du ventre et de la région inférieure des membres, sont lisses.

Chez cette espèce, les mâles et les femelles ont des écailles crypteuses sur le bord antérieur du cloaque. Les premiers en offrent de sept à neuf sur une rangée transversale, et les secondes quatre ou cinq seulement.

COLORATION. La tête de l'Agame du Sinaï est entièrement peinte en bleu; parfois elle l'est uniformément sur ses quatres faces;

d'autres fois elle ne l'est que sur la supérieure et les latérales : alors l'inférieure est vermiculée de fauve. Deux des quatre exemplaires que nous possédons ont toutes leurs parties inférieures colorées en bleu, à l'exception cependant de la queue, de la paume des mains et de la plante des pieds, dont la couleur est un jaune orangé. En dessus, ils offrent un gris ardoisé qui passe au brun fauve sur la queue, où se montrent quelques bandes transversales bleuâtres. Nos deux autres échantillons ont le dos et le dessus des membres marqués en travers de bandes d'un brun bleuâtre, sur un fond gris fauve. Leurs régions inférieures sont blanchâtres. La face supérieure des ongles est noire, ainsi que les deux pièces écailleuses qui en protègent la moitié, du côté de la base.

DIMENSIONS. *Longueur totale*, 23" 3"'. *Tête*. Long. 2" 5"'. *Cou*. Long. 8" 8"'. *Corps*. Long. 5". *Memb. antér*. Long. 4" 2"'. *Memb. postér*. Long. 6"' 6". *Queue*. Long. 15".

PATRIE. Les sujets de cette espèce d'Agame qui font partie de notre collection, ont été recueillis en Syrie par M. Bové.

XLIVᵉ GENRE. PHRYNOCÉPHALE. *PRYNOCEPHALUS* (1). Kaup (2).

CARACTÈRES. Tête presque circulaire, aplatie. Narines percées obliquement de haut en bas sur le bord du front. Langue entière, triangulaire. Point d'oreilles externes. Cou étranglé, plissé transversalement en dessous. Tronc déprimé, élargi. Aucune crête sur le dessus du corps. Queue aplatie à sa base, et quelquefois dans toute son étendue, à écailles ni épineuses ni verticillées. Bords des doigts dentelés. Point de pores au cloaque, ni aux cuisses.

Ce groupe générique est un des plus naturels de la sous-famille des Iguaniens acrodontes. Il n'a pas la langue échan-

(1) Isis, 1826, pag. 591; 1827, pag. 290.
(2) De Φρυνος, crapaud, *bufo*, et de Κεφαλη,, tête.

crée, ni les oreilles visibles à l'extérieur, comme cela s'observe dans les quatre genres précédents.

Il se distingue plus particulièrement des Agames, en ce qu'il manque de pores sur le bord antérieur du cloaque, qu'il a les côtés des doigts dentelés, et le museau excessivement court. Comme celui-ci est arrondi ou fort peu anguleux, il s'ensuit que le contour horizontal de la tête est presque circulaire ; cela est également cause que les narines se trouvent situées positivement sur le bord du front. Elles sont percées de haut en bas presque verticalement. La langue est assez épaisse et de forme triangulaire ; sa surface a une apparence veloutée, et son extrémité antérieure n'offre point d'échancrure. On ne distingue point de rostrale parmi les plaques qui revêtent les lèvres. Ces plaques sont petites, quadrilatères, et toutes de même diamètre.

Les dents molaires ont la figure d'un triangle ; elles sont tranchantes et très pointues. Parfois on distingue difficilement les dents intermaxillaires, attendu qu'elles ont la même longueur, à peu près la même forme, et qu'elles observent le même écartement entre elles, que les molaires.

D'autres fois on peut très bien compter trois ou quatre incisives, et deux laniaires à la mâchoire supérieure. Les paupières sont bordées de petites squames triangulaires qui simulent jusqu'à un certain point des cils. A l'extérieur, rien ne décèle l'existence d'un organe de l'ouïe.

On ne voit pas non plus pendre le moindre petit fanon sous la gorge ; mais sous le cou il existe des plis transversaux, dont un, placé immédiatement en avant de la poitrine, se prolonge obliquement au-dessus de chaque épaule. Le tronc est à la fois ventru et déprimé. Aucune partie du dessus de l'animal n'est surmontée de crête ou de carène.

La longueur des membres n'a rien d'extraordinaire. Tous les doigts, dont les quatre premiers de chaque patte sont étagés, ont leurs côtés garnis de dentelures, parfois assez longues, et leur surface inférieure protégée par des

REPTILES, IV.   33

scutelles carénées. Les ongles, grêles et pointus, offrent une légère courbure. Le bord antérieur du cloaque et les régions inférieures des cuisses ne sont pas percés de pores.

La queue, toujours très aplatie à sa naissance, l'est quelquefois dans toute son étendue ; mais en général elle a une forme conique. Chez quelques espèces elle est préhensile, c'est-à-dire qu'elle est susceptible de s'enrouler autour de petits corps cylindriques, à la manière de celle des Caméléons, des Urostrophes, et d'une espèce de Geckotiens, à laquelle cette particularité a valu le nom de Strophure.

La queue des Phrynocéphales entre à peu près pour la moitié dans la longueur totale de l'animal. L'écaillure de ces Iguaniens acrodontes est fort petite sur toutes les parties du corps. Le dessus de la tête présente des plaques anguleuses, bombées, à peu près égales entre elles, mais néanmoins toujours plus petites, et comme granuleuses sur les régions sus-oculaires.

Le dessus du tronc est couvert de squamelles rhomboïdales, bien imbriquées et surmontées d'une petite carène finissant en pointe en arrière.

La queue est protégée de la même manière.

Dans quelques cas le dos et le cou sont hérissés, soit de petits tubercules, soit de petites écailles redressées en épines.

La même chose a lieu quelquefois sur la base et les côtés de la queue.

C'est à ce genre Phrynocéphale, qui a été fondé par M. Kaup, qu'appartient le singulier Saurien décrit et représenté par Pallas, sous le nom de *Lacerta aurita;* ainsi appelé à cause de deux grandes membranes situées l'une à droite, l'autre à gauche, derrière l'angle de la bouche ; membranes qui, sous le rapport de la forme, ont quelque ressemblance avec les oreilles de certaines Chauves-Souris. Ce développement bizarre de la peau des joues, dont on ne comprend pas plus l'usage que celui de la grande collerette qui entoure le cou des Chlamydosaures, a été considéré par

M. Eichwald, comme fournissant un caractère propre à faire séparer le *Lacerta aurita* des Phrynocéphales, pour en former un genre particulier qu'il a nommé *Megalo-chilus* (1).

Le même auteur a aussi inscrit, dans l'ouvrage cité ci-dessous, sept différentes espèces de Phrynocéphales, parmi lesquelles il s'en trouve cinq que nous regrettons beaucoup de n'avoir pas encore eu l'occasion d'observer nous-mêmes. Aussi ce que nous avons à rapporter, touchant l'histoire de ces cinq espèces, se bornera-t-il à la reproduction pure et simple des descriptions malheureusement trop peu dé-taillées qu'en a données M. Eichwald. Voici ces des-criptions :

LE PHRYNOCÉPHALE RÉTICULÉ.
(*Phrynocephalus reticulatus*. Eichw.)

. Il est recouvert de très petites écailles. Son dos offre, sur un fond brun-jaune, des taches ovales d'une teinte roux jaunâtre, bordée de noir. Ces taches n'offrent pas la moindre régularité dans la manière dont elles sont disposées. Les jambes et les cuisses sont chacune marquées en travers de deux ou trois bandes noires. On en compte neuf fort larges sur la queue, dont le sommet présente une teinte blan-châtre, légèrement purpurescente.

Le Phrynocéphale réticulé habite les pays voisins des bords orientaux de la mer Caspienne.

LE PHRYNOCÉPHALE BIGARRÉ.
(*Phrynocephalus varius*. Eichw.)

Les écailles ressemblent à de petits tubercules granuleux. Ses parties supérieures sont brunes, offrant des bandes trans-

---

(1) *Eichwald. Zoologia specialis Rossiæ et Poloniæ. Wilna et Leipsick* ; 1ʒ31, tom. III.

33.

versales noires, et de grandes taches rouges disséminées irrégulièrement. On voit sur la ligne médiane du dos une série
de petites taches bleues disposées par paires. Le ventre est
blanc, et le dessus du cou semé de taches de la même couleur. La queue et les membres sont bordés de noir. Cette espèce habite dans la Sibérie australe, vers les monts Altaï-
ques.

LE PHRYNOCÉPHALE OCELLÉ.
(*Phrynocephalus ocellatus.* Eichw. *Agama ocellata.*
Lichtenst.)

Il est ocellé de roux en dessus, et présente une série de
grandes aréoles réunies deux à deux, qui s'étend depuis l'entre-deux des épaules jusqu'à la base de la queue. Celle-ci est
traversée par sept bandes noires. Ce Phrynocéphale vit en
Asie, sur les bords du lac Arale.

LE PHRYNOCÉPHALE MÉLANURE.
(*Phrynocephalus melanurus.* Eichw.)

Des taches confluentes rousses, bordées de noir, sont répandues sur le dessus du corps. Il règne tout le long du dos
une bande cendrée qui s'avance sur la racine de la queue,
dont la pointe est très noire. La gorge et la région abdominale offrent une teinte noirâtre. Cette espèce devient plus
grande que les précédentes. Elle est originaire de la Sibérie
australe.

LE PHRYNOCÉPHALE NOIRATRE.
(*Phrynocephalus nigricans.* Eichw.)

Le dessus du corps offre de petites taches noires jetées
pêle-mêle sur un fond noirâtre. La queue est annelée de
noir, et la gorge tachetée de la même couleur. Le ventre est
blanc, ainsi que les doigts, dont les bords sont dentelés. Les
jeunes sujets, si toutefois ce ne sont pas des individus ap-

partenant à une autre espèce , ont sur le dos une suite de taches noires, bordées de blanc. Ce Phrynocéphale habite les mêmes contrées que le précédent.

Le tableau synoptique suivant donne les moyens de distinguer de suite les unes des autres les cinq espèces de Phrynocéphales que nous avons pu décrire d'après nature.

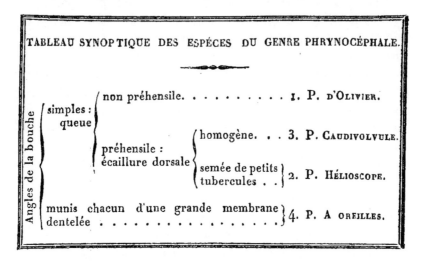

1. LE PHRYNOCÉPHALE D'OLIVIER. *Phrynocephalus Olivieri.* Nobis.

CARACTÈRES. Écailles dorsales clair-semées d'autres écailles un peu plus épaisses et un peu plus grandes. Queue non préhensile , presque ronde, très grêle, annelée de blanc et de noir. Dos brun ; côtés du cou et flancs noirs ; reins et régions interscapulaires grisâtres.

SYNONYMIE ?

DESCRIPTION.

FORMES. La tête du Phrynocéphale d'Olivier est presque circulaire dans son contour horizontal. Les plaques qui en revêtent la face supérieure sont polygones, légèrement bombées, et toutes à peu près de même diamètre , si ce n'est sur l'occiput, où l'on en voit quelques-unes d'un peu plus dilatées que les autres. La lèvre supérieure est garnie de vingt-sept petites plaques, y compris la rostrale, qui, aussi bien que les cinq ou six qui viennent après elle de chaque côté, offre une figure carrée, tandis que les autres sont pentagonales. Parmi les plaques labiales inférieures, il n'y a que la mentonnière qui ait cette dernière forme; toutes les autres, au nombre de vingt-six, sont à quatre pans égaux. Elle se fait aussi remarquer par un diamètre notablement plus grand. Toutes les écailles labiales sont chacune percées de cinq ou six petits pores. Les dents qui arment les mâchoires de cette espèce sont petites, triangulaires et toutes de même longueur. On en compte vingt-trois en haut et vingt-deux en bas. Le cou présente un étranglement très prononcé. La peau qui l'enveloppe forme deux plis transversaux sous la région inférieure, et deux longitudinaux, dont un très développé, sur chacune de ses parties latérales. Quoique assez déprimé, le tronc n'en est pas moins légèrement convexe en dessus. Les membres ont une certaine gracilité ; lorsqu'on les couche le long du tronc, ceux de derrière atteignent à l'œil, et ceux de devant à l'aine. Les doigts sont grêles, les ongles effilés et pointus. La queue n'est réellement aplatie et élargie qu'à sa racine; car, presque immédiatement en arrière du corps, on la voit se rétrécir et prendre une forme arrondie qu'elle conserve jusqu'à son extrémité. Un pavé de petites écailles lisses, et à plusieurs pans, protége le dessous de la tête. La poitrine offre de petites squames en losanges unies et imbriquées. Ce sont des écailles carrées, disposées par bandes transversales, qui garnissent le ventre. Sur le dessus du cou et du tronc on voit que l'écaillure est composée de pièces subrhomboïdales peu imbriquées, dépourvues de carènes, parmi lesquelles on en remarque quelques-unes dont la grandeur est un peu plus considérable, et l'épaisseur un peu plus forte que celles des autres. Les flancs sont granuleux. Le dessus des membres est recouvert d'écailles carénées, ressemblant à des rhombes. Sur leur face inférieure, on en voit qui offrent la même figure, mais qui sont dépourvues de carènes. Les scutelles sous-digitales sont surmontées de deux et même de trois arêtes. La face supérieure de la base de la queue est semée de petites verrues ; l'inférieure présente des squamelles plates, ayant une figure losangique. Le reste de l'étendue de cette partie terminale du corps offre de petites écailles rhomboïdales, imbriquées et faiblement carénées.

COLORATION. La moitié antérieure du dessus de la tête est brune, et la postérieure noirâtre. Ces deux couleurs sont séparées par une bande fauve. Un brun noirâtre est répandu sur le dos, sur les flancs et sur les côtés du cou, dont les plis sont gris, couleur qui règne aussi sur les épaules, sur les reins et sur la base de la queue. Celle-ci est sept ou huit fois annelée de blanc et de noir alternativement. Cette dernière couleur est celle qui se montre à son extrémité. Les membres sont gris, bordés de noirâtre. Toutes les parties inférieures, la queue exceptée, sont uniformément blanches. Les ongles sont lavés de jaune.

DIMENSIONS. *Longueur totale*, 12" 1'". *Tête*. Long. 1". *Cou*. Long. 4'". *Corps*. Long. 4" 9'". *Memb. antér*. Long. 2" 3'". *Memb. postér*. Long. 3" 6'". *Queue*. Long. 5" 8'".

PATRIE. Les individus, d'après lesquels nous avons établi cette espèce, proviennent du voyage d'Olivier; mais comme ce naturaliste a visité l'Archipel grec, l'Égypte et la Perse, nous ne pouvons pas savoir dans lequel de ces pays il les aura recueillis; car nous n'avons rien trouvé, ni dans la relation de son voyage, ni sur l'étiquette du bocal renfermant ces petits Sauriens, qui pût nous éclairer à cet égard.

2. LE PHRYNOCÉPHALE HÉLIOSCOPE. *Phrynocephalus helioscopus*.

CARACTÈRES. Dessus du corps hérissé de petits tubercules épars au milieu de petites écailles. Queue légèrement préhensile, subconique, pas très grêle, noire à sa pointe et tachetée de la même couleur de chaque côté. Parties supérieures olivâtres, nuancées ou tachetées de brun.

SYNONYMIE. *Lacerta helioscopa*. Pall. Voy. Emp. russ., tom. 8, pag. 81.

Lacerta. — Lepech. Reise provinz. russ. tom. 1, pag. 317, tab. 22, fig. 1.

Lacerta helioscopa. Gmel. Syst. nat. pag. 1074, n. 69.

Lacerta Uralensis. Gmel. Syst. nat. pag. 1073, n. 67.

Lacerta helioscopa. Shaw. Gener. zool., tom. 3, pars 1, pag. 245; et *Lacerta Uralensis*, pag. 252.

Stellio helioscopa. Latr. Hist. Rept. tom. 2, pag. 30; et *Stellio Uralensis*, pag. 39.

Agama helioscopa. Daud. Hist. Rept. tom. 3, pag. 419; et *Agama Uralensis*, pag. 422.

Agama helioscopa, et *Agama Uralensis*. Merr. Syst. amph. pag. 52, n°ˢ 14 et 15.

Agama helioscopa, et *Agama Uralensis*. Kuhl. Beïtr. Zool. und Vergleich. anat. pag. 115.

Phrynocephalus Uralensis. Fitz. Verzeich. Mus. Wien. pag. 47.

Phrynocephalus helioscopus. Wagl. Syst. amph. pag. 144.

Phrynocephalus helioscopus. Eichw. Zool. Spec. Ross. et Polon., tom. 3, pag. 186.

Phrynocephalus helioscopus. Gravenh. Act. acad. Cœsa. Leop. Carol. nat. curios., tom. 16, pars 2, pag. 934, tab. 64, fig. 9, 14.

Phrynocephalus helioscopus. Wiegm. Herpet. mexic., pars 1, pag. 17.

Phrynocephalus Uralensis. Gray. Synops. Rept. in Griffith's anim. kingd., tom. 9, pag. 59.

DESCRIPTION.

Formes. Ce Phrynocéphale est plus trapu que le précédent. Ses membres et sa queue sont distinctement moins grêles ; mais sa tête a exactement la même forme. Parmi les petites plaques polygones qui en revêtent la surface, celles des régions frontale, interoculaire et occipitale se font remarquer par leur diamètre un peu plus grand, aussi bien que par leur forme plus tuberculeuse. Chaque bord surcilier se compose de cinq ou six squamelles alongées, étroites et imbriquées d'une manière oblique. Le bord libre de la lèvre supérieure est comme festonné; celle-ci est garnie, la rostrale comprise, de vingt-cinq petites plaques, toutes ayant la même grandeur. On en compte un nombre semblable autour de la lèvre inférieure, mais on remarque que la plaque mentonnière a un ou deux côtés de moins que les autres ; c'est-à-dire trois au lieu de quatre ou cinq, et qu'elle est plus dilatée. Les deux mâchoires portent chacune dix-huit dents molaires, triangulaires, pointues et serrées les unes contre les autres. La mâchoire inférieure, qui est aussi armée de deux dents lanières comme la supérieure, n'offre qu'une paire d'incisives, au lieu de deux. Le cou a le même étranglement et les mêmes plissures cutanées que celui du Phrynocéphale d'Olivier. Comme chez ce dernier, le tronc est déprimé, élargi et légèrement convexe en dessus. Couchées le long du corps, les pattes postérieures atteignent par leur extrémité à la région temporale, et il ne s'en faut que de l'épaisseur de la cuisse pour que le bout des membres antérieurs, amenés en arrière, ne touche à l'aine. Les doigts et les ongles, sans être courts, ne sont pas non plus très effilés. La queue, qui est légèrement préhensile, se montre fort large et très déprimée à sa racine, immédiatement en arrière de laquelle elle se rétrécit brusquement pour prendre une forme conique. Cette partie du corps est moins longue chez les femelles que chez les mâles. Dans celles-là, elle ne fait guère que la moitié de la longueur de l'animal, tandis que dans ceux-ci elle excède cette moitié de l'étendue longitudinale de la tête.

De petits tubercules trièdres ou tétraèdres, semblables à ceux qu'on voit sur l'occiput, hérissent le dessus du cou, dont le dessous, aussi bien que celui de la tête, présente des écailles en losanges, imbriquées et à surface lisse. Sur toute la partie supérieure du corps il existe de petites écailles épaisses, rhomboïdales, fortement appliquées en recouvrement les unes sur les autres, et surmontées chacune d'une carène obtuse. Parmi ces écailles, il y en a de plus grandes et de plus épaisses que les autres, qui se redressent en forme de petits tubercules. La plupart des écailles dorsales sont percées d'un petit pore à leur sommet. L'écaillure de la queue ressemble à celle du dos, si ce n'est que les tubercules qui en font partie ne se montrent que sur les côtés de la région voisine du corps. Les régions pectorale et abdominale présentent une cuirasse composée d'écailles en losanges, à surface lisse, quoique un peu tectiforme. Le dessus des membres est revêtu de squamelles rhomboïdales, distinctement carénées; tandis que le dessous en offre dont le contour est le même, mais qui sont simplement en dos d'âne. Des dentelures garnissent les bords des doigts. Ceux de derrière en ont de plus longues que ceux de devant. Les scutelles sous-digitales sont tricarénées, et même quadricarénées.

COLORATION. Un jaune olivâtre règne sur les parties supérieures, qui offrent une série de taches noires de chaque côté de l'épine dorsale, lesquelles se continuent sur le dessus de la queue, dont l'extrémité est d'un noir profond. Le dessous de l'animal présente une teinte blanche, lavée de jaunâtre. Des lignes brunes en chevrons emboîtés les uns dans les autres, se voient sous la gorge. Des raies noires, alternant avec d'autres raies de couleur fauve pâle, ou presque blanches, sont imprimées sur les lèvres, dans le sens vertical de la tête.

DIMENSIONS. *Longueur totale,* 10" 4'". *Tête.* Long. 1" 5'". *Cou.* Long. 4'". *Corps.* Long. 3" 4'". *Memb. antér.* Long. 2" 8'". *Memb. postér.* Long. 4". *Queue.* Long. 5" 5'".

PATRIE. Le Phrynocéphale hélioscope habite le désert de la Sibérie méridionale. Les deux individus que nous possédons proviennent de la Bucharie. Ils nous ont été envoyés du Musée de Berlin.

3. LE PHRYNOCÉPHALE CAUDIVOLVULE. *Phrynocephalus caudivolvulus.*

CARACTÈRES. Écaillure dorsale homogène. Queue préhensile, subconique à l'extrémité, assez alongée, noire à la pointe, annelée de la même couleur et marquée en dessus d'une ligne longitudinale jaune. Dos offrant des raies ondulées de couleur brune, sur un fond olivâtre.

SYNONYMIE. *Lacerta caudivolvula.* Pall. Zoograph. ross. tom. 3, pag. 27.

Lacerta. — Lepech. Reise, tom. 1, pag. 317, tab. 22, fig. 2-3.

Lacerta guttata? Gmel. Syst. nat. pag. 1078.

Scincus guttatus. Schneider. Hist. amph. fasc. 2, pag. 204.

Agama guttata. ? Daud. Hist. rept. tom. 3, pag. 426.

Phrynocephalus caudivolvulus. Fitzing. Verzeich. pag. 48.

Phrynocephalus caudivolvulus. Wagl. Syst. amph. pag. 144.

Phrynocephalus Pallasii. Gray. Synops. Rept. in Griffith's anim. Kingd. tom. 9, pag. 59.

Phrynocephalus caudivolvulus. Eichw. Zool. special. Ross. et Polon. tom. 3, pag. 186.

Phrynocephalus caudivolvulus. Wiegm. Herpetol. Mexic. pars 1, pag. 17.

DESCRIPTION.

FORMES. L'ensemble des formes du Phrynocéphale caudivolvule est le même que celui de l'espèce précédente ou du Phrynocéphale hélioscope. Toutefois on remarque que la queue est plus préhensile, et qu'elle présente une légère dépression jusqu'à son extrémité. Les dents molaires sont au nombre de neuf paires à chaque mâchoire. La supérieure offre quatre incisives et deux laniaires ; tandis que l'inférieure, qui a bien aussi deux laniaires, ne porte que deux incisives. Chacune des lèvres est garnie de vingt-sept petites plaques, y compris la rostrale pour la supérieure, et la mentonnière pour l'inférieure. Les vingt-sept écailles qui existent sur celle - ci sont carrées, à l'exception de la mentonnière, dont la figure est triangulaire et la surface plus dilatée que celle des autres. Quant aux plaques labiales supérieures, elles sont toutes quadrilatères et de même grandeur ; mais les sept ou huit dernières de chaque côté ne sont pas, comme celles qui les précèdent, soudées les unes aux autres dans toute leur hauteur, attendu que la portion de la lèvre qu'elles couvrent est dentelée. Parmi les petites plaques qui revêtent le dessus de la tête, celles du front, de l'occiput et de l'espace interoculaire se font remarquer par une forme bombée, ainsi que par un diamètre un peu plus étendu. Les régions temporales et les auriculaires donnent naissance à de petites écailles tuberculeuses. Le dos et le dessus du cou offrent des écailles rhomboïdales carénées ; celles qui garnissent les côtés de celui-ci et les flancs ont la même figure, mais elles sont lisses et moins grandes. L'écaillure caudale, qui ressemble à celle du tronc, n'est pas semée de petits tubercules, comme cela s'observe dans les Phrynocéphales hélioscopes. Le dessous de la tête est protégé par des squamelles en losanges, à surface légèrement tectiforme. La poitrine et la région moyenne du ventre en montrent qui ont la même forme, mais qui sont très distinctement carénées. Celles qui garnissent les parties latérales de l'abdomen sont également rhomboïdales, mais parfaitement lisses. Le mode d'écaillure des membres ne diffère en aucune façon de celui des deux espèces précédentes.

Coloration. Des lignes brunes parcourent, en faisant de nombreuses circonvolutions, les parties supérieures du corps, dont le fond offre une teinte olivâtre. Il règne sur le dessus de la queue, de sa racine à son extrémité opposée, une raie jaune, de chaque côté de laquelle on voit une suite de six ou sept taches noirâtres affectant une forme quadrilatère. Un noir profond colore le dernier quart de la longueur de la queue, sous laquelle, dans les deux quarts précédents, on le voit encore former trois larges bandes transversales. Toutes les autres régions inférieures de l'animal sont d'un blanc jaunâtre.

Dimensions. *Longueur totale*, 11" 1'". *Tête*. Long. 1" 2'". *Cou*. Long. 4'". *Corps*. Long. 3" 5'". *Memb. antér*. Long. 2" 1'". *Memb. postér*. Long. 3" 9'". *Queue*. Long. 6".

Patrie. Cette espèce se trouve en Tartarie, nous n'en possédons qu'un seul individu, qui nous vient du musée de Berlin.

4. LE PHRYNOCÉPHALE A OREILLES. *Phrynocephalus auritus.*
(Voyez Planche 40, fig. 1.)

Caractères. Angles de la bouche garnis chacun d'une grande membrane à bord libre, curviligne et dentelé. Queue très déprimée dans toute sa longueur. Bords des doigts très dentelés.

Synonymie. *Lacerta mystacea aut Lacerta aurita.* Pall. Voyage Emp. Russ. tom. 8, pag. 84, tab. 100, fig. 1.

Lacerta aurita. Gmel. Syst. nat. pag. 1073, n° 68.

Lacerta lobata. Shaw. Gener. Zool. tom. 3, part. 1, p. 244.

Gecko auritus. Latr. Hist. Rept. tom. 2, pag. 61.

Agama aurita. Daud. Hist. Rept. tom. 3, pag. 429, tab. 45, fig. 2.

Agama mystacea. Merr. Syst. amph. pag. 53.

Agama aurita. Kuhl. Beitr. Zool. und Vergleich. anat. pag. 115.

Phrynocephalus auritus. Kaup.

Phynocephalus auritus. Gray. Synops. Rept. in Griffith's anim. Kingd. tom. 9, pag. 58.

Megalochilus auritus. Eichw. Zool. special. Ross. et Polon. t. 3, pag. 185.

Phrynocephalus auritus. Wiegm. Herpetol. mexican. pars 1, pag. 17.

DESCRIPTION.

Formes. Ce qui frappe le plus dans la physionomie de ce Phrynocéphale, c'est l'existence à chaque angle de sa bouche d'une grande membrane plus mince, mais de même nature que celle qui constitue le fanon des Iguanes et autres Sauriens de la même famille. Cette membrane qui a la forme d'un disque auquel, à l'aide d'une section rectiligne, on aurait enlevé une portion égale au quart de sa largeur, offre par conséquent un bord droit, et c'est par lui qu'elle adhère au pourtour de la partie postérieure de la fente buccale, mi-partie sur la lèvre supérieure, mi-partie sur la lèvre inférieure. Elle a ses deux faces garnies d'écailles lenticulaires, et son bord découpé de manière à présenter une suite de dents dont une petite alterne avec une un peu plus grande qu'elle. Le côté gauche, de même que le côté droit de chaque mâchoire, est armé de sept fortes dents molaires, triangulaires, à bords tranchans, parmi lesquelles l'avant-dernière se fait remarquer comme étant la plus longue. En haut, il y a deux dents laniaires et trois incisives; en bas, on compte une incisive de moins. La lèvre supérieure est garnie de vingt-huit écailles, y compris deux rostrales, toutes semblables entre elles, c'est-à-dire fort petites et quadrilatères. On remarque aussi la même figure et le même diamètre aux plaques labiales inférieures, qui sont au nombre de seize, en comptant la mentonnière, qui est double. Parmi les squames qui revêtent le dessus de la tête, celles du bout du museau sont les moins petites. Elles offrent un contour anguleux et une surface légèrement renflée. Les écailles sus-oculaires sont nombreuses, subrhomboïdales, un peu imbriquées et très distinctement carénées, comme le sont au reste les autres plaques céphaliques. On distingue très bien une petite écaille occipitale, qui est ovalaire et bombée.

Le cou est fortement rétréci, le tronc assez déprimé, et la queue très aplatie dans toute son étendue. La longueur des pattes de devant est la même que celle qui existe entre l'épaule et la cuisse; couchés le long du corps, les pieds de derrière s'étendent jusqu'à l'œil. Les ongles sont longs, effilés, pointus, mais peu courbés. Les doigts sont à la fois grêles et déprimés. Ils ont leur face inférieure garnie de scutelles tectiformes. Tous, à l'exception des pouces et des orteils, ont leurs bords profondément dentelés.

De petits tubercules coniques, parmi lesquels on en remarque quelques-uns d'assez effilés hérissent les parties latérales de la nuque. Le dessus du cou, aussi bien que celui du tronc, se trouve protégé par des écailles en losanges, entuilées et munies de carènes. Ces écailles du tronc diminuent de grandeur à mesure qu'elles descendent sur les flancs. On en voit de même forme disposées en verticilles autour de la queue. Un fort tubercule aplati est implanté de chaque côté de la poitrine, un peu en arrière de l'aisselle. Des squamelles rhomboïdales, lisses, imbriquées, garnissent le dessous de la tête; sur la poitrine et la région abdominale, on en voit de carénées qui ressemblent à des losanges. L'écaillure des membres se compose de petites pièces rhomboïdales : celles qui occupent les faces supérieures sont distinctement carénées, tandis que celles des régions inférieures sont simplement tectiformes ou en dos d'âne.

Coloration. Le seul individu appartenant à cette espéce, que nous ayons encore été dans le cas d'observer, présente une teinte grisâtre, nuancée de brun sur ses parties supérieures; les inférieures sont blanches, et les ongles jaunâtres.

DIMENSIONS. *Longueur totale*, 13" 7'". *Tête*. Long. 2". *Cou*. Long. 6'". *Corps*. Long. 5" 5'". *Memb. antér*. Long. 4" 2'". *Memb. postér*. Long. 6" 3'". *Queue* (comprimée à l'extrémité). Long. 5" 6'".

PATRIE. Le Phrynocéphale à oreilles habite la Tartarie, de même que les deux espèces précédentes. L'individu qui fait partie de notre collection provient du musée de Berlin.

XLVᵉ GENRE. STELLION.
STELLIO. Daudin.

CARACTÈRES. Tête triangulaire, médiocrement alongée, aplatie; côtés du museau anguleux; quatre dents incisives et deux laniaires en haut. Langue fongueuse, épaisse, légèrement rétrécie et échancrée au bout. Un pli de la peau de chaque côté du dos; écailles de celui-ci beaucoup plus grandes que celles des flancs. Troisième et quatrième doigt des mains égaux. Pas de pores fémoraux, mais des écailles crypteuses sur la région préanale. Queue subconique, entourée de verticilles d'écailles plus ou moins épineuses.

Ce qui caractérise particulièrement les Stellions, c'est la forme épineuse et la disposition distinctement verticillée de leurs écailles caudales; particularité que ne présente aucun des deux genres Grammatophore et Agame, les seuls avec lesquels ils pourraient être confondus.

La tête des Stellions, aplatie, triangulaire dans son contour, et légèrement renflée de chaque côté, en arrière,

---

(1) Nom très ancien employé par Pline pour désigner un Lézard qui a des taches étoilées, *stellarum ad instar*.

offre en dessus de petites plaques à plusieurs pans, ayant toutes à peu près le même diamètre. L'oreille est grande et la membrane tympanale un peu enfoncée. Les narines, dont l'ouverture est subovale et pratiquée obliquement d'arrière en avant, sont situées de chaque côté sous l'angle même du museau, vers le premier tiers de la longueur existant entre le bout de celui-ci et le coin antérieur de l'œil. A la mâchoire supérieure, le nombre des dents incisives est de quatre, et celui des canines de deux; en bas il n'y a que quatre dents antérieures. Les molaires sont simplement triangulaires. La surface de la langue est fongueuse et son extrémité, légèrement rétrécie, arrondie, est à peine échancrée. Le bord externe de la surface sus-oculaire fait une saillie qui se prolonge en une espèce d'arête jusqu'à la narine. Il existe divers plis irréguliers sur les côtés du cou; il y en a un transversal et ondulé en avant de la poitrine, et un autre longitudinal pendant en fanon sous la gorge. Les flancs eux-mêmes offrent quelques plissures ramifiées; et entre chacun d'eux et le dos, on voit encore un pli dont une des extrémités touche à l'épaule et l'autre à la hanche. La largeur du cou est moindre que celle de la partie postérieure de la tête. Le tronc est déprimé et légèrement convexe en dessus. La queue elle-même est un peu aplatie à sa racine, mais bien distinctement conique dans le reste de son étendue; aux pattes de devant, le quatrième doigt est de la même longueur que le troisième; aux pieds, il est un tant soit peu plus long. De petits groupes d'épines environnent les oreilles. Il n'y a pas la moindre trace de crête sur le dos ni sur la queue. Des bandes transversales d'écailles subrhomboïdales ou carrées, armées d'une petite pointe en arrière, protégent la partie supérieure, de même que les régions latérales du tronc; mais ces écailles sont fort grandes sur l'une et extrêmement petites sur les autres.

Les scutelles caudales sont fort épaisses, de forme quadrilatère oblongue, et surmontées chacune d'une petite carène finissant en pointe aiguë. Leur grande épaisseur fait que, disposées comme elles le sont en anneaux non imbriqués leur diamètre diminue de deux en deux, à proportion de celui de la queue ; elles constituent de cette manière une suite de petits degrés circulaires d'un bout à l'autre de cette partie du corps.

Les Stellions n'ont pas de pores fémoraux comme les Grammatophores, mais ils offrent des écailles crypteuses sur la région préanale, comme certains Agames.

TABLEAU SYNOPTIQUE DES ESPÈCES DU GENRE STELLION.

Cou

complétement dépourvu de crête. . . . 1. S. Commun.

surmonté d'une petite crête . . . . . . 2. S. Cyanogastre.

1. LE STELLION COMMUN. *Stellio vulgaris.* Daudin.

CARACTÈRES. Pas de crête cervicale. Écailles caudales grandes, formant des verticilles disposés comme les degrés d'un escalier. Ventre jaunâtre.

SYNONYMIE. *Cordylus, sive uromastix.* Aldrov. Quad. digit. ovip. lib. 1, pag. 665.

Κοσκορδίλος. Tournef. Voy. Lev. tom. 1. pag. 313.

Salamandra americana posteriore parte lacertam referens amphibia. Séb. tom. 1, pag. 169, tab. 107, fig. 1.

Salamandra americana amphibia prioris femella. Séb. pag. 169, tab. 107, fig. 2.

Lacerta stellio. Linn. Syst. nat. édit. 10, pag. 202, et édit. 12, pag. 361. Exclus. synonym.fig. 7, tab. 8, tom. 2,Séb. (Agama spinosa).

Iguana cordylina. Laur. Synops. rept. pag. 47.

Lacerta stellio. Gmel. Syst. nat. pag. 1060. Exclus. synonym. fig. 7, tab. 8, tom. 2. Séb. (Agama spinosa).

Lacerta stellio. Hasselq. Voy. Lev. pag. 46.

Le Stellion. Daub. Dict. Rept. pag. 683.

Le Stellion. Lacep. Hist. quadr. ovip. tom. 1, pag. 369.

Le Stellion. Bonnat. Encycl. méth. Pl. 8, fig. 4.

Stellio vulgaris. Latr. Hist. rept. tom. 2, pag. 22.

Stellio vulgaris. Daud. Hist. rept. tom. 4, pag. 16.

Agama Sebæ et *Agama cordylea*. Merr. Syst. amph. pag. 55.

Stellio vulgaris. Von Heyd. Atl. der Reis. norld Afrik. Rüpp. pag. 6, tab. 2.

Le Stellion des anciens. Isid. Geoff. Rept. Égypt. tom. 1, p. 17, Pl. 2, fig. 3.

Le Stellion du Levant. Bory Saint-Vinc. Résum. d'Erpét. p. 108.

Le Stellion du Levant. Cuv. Règn. anim. 2e édit. tom. 2, p. 34.

Stellio vulgaris. Wagl. Syst. amph. pag. 45.

Stellio vulgaris. Guer. Icon. Règn. anim. Cuv. tab. 6, fig. 2.

Stellio vulgaris. Gray. Synops. Rept. in Griffith's anim. kingd. tom. 9, pag. 57.

Stellio antiquorum. Eichw. Zool. Special. Ross. et Polon. tom. 3, pag. 187.

Stellio vulgaris. Schinz. Naturgesch. und Abbild. rept. pag. 91, tab. 31, fig. 1.

Stellio vulgaris. E. Menest. Cat. rais. pag. 64.

Stellio vulgaris. Bib. et Bory Saint-Vinc. Rept. Expédit. scient. Mor. pag. 68, tab. 11, fig. 1.

Stellio vulgaris. Wiegm. Herpet. mexic. pars 1, pag. 17.

Κοσκορδιλος des Grecs modernes.

Hardun des Arabes.

DESCRIPTION.

FORMES. Le contour horizontal de la tête, dont la longueur totale est double de sa hauteur, est d'un tiers plus étendu que sa largeur postérieure, et se présente sous la figure d'un triangle isocèle. La membrane tympanale est tout à fait à découvert ; elle se trouve tendue immédiatement en dedans du bord du trou de l'oreille, dont le diamètre est assez grand. Les plaques qui recouvrent le dessus de la tête du Stellion commun sont en général aplaties ; cependant, sur le front, on en remarque quelques-unes qui ont un tant soit peu l'apparence de tubercules et d'autres s'étendant des régions latérales, à la portion médiane de

REPTILES, IV.   34

l'occiput, qui se redressent en pointes comprimées. Parmi ces plaques céphaliques, les sus-oculaires sont celles qui présentent le plus
petit diamètre. Il existe quelques pointes écailleuses au-dessus de
l'angle de la bouche, ainsi que sur le bord antérieur du pourtour
de l'oreille. Les ouvertures nasales sont arrondies, dirigées en
arrière, et les plaques squameuses dans lesquelles elles se trouvent pratiquées n'offrent qu'un léger renflement. L'écaille qui
garnit le bout du museau est hexagonale et du double plus large
que haute ; celle du menton est triangulaire et fort grande ; les
autres plaques des lèvres sont rhomboïdales, assez petites et au
nombre de onze ou douze paires, sur l'une comme sur l'autre.
Toutefois on remarque que celles de la lèvre inférieure sont un
peu plus dilatées que celles de la supérieure. En haut, le pourtour de la bouche du Stellion commun est armé de quatre dents
incisives, de deux fortes laniaires et de vingt-six molaires ; en
bas, on compte deux incisives de moins et une paire de molaires
de plus. Cet Iguanien a le corps assez déprimé ; son dos, légèrement abaissé des deux côtés, forme un angle très ouvert, si on
le considère dans son sens transversal. Les membres sont forts ;
la longueur de ceux de devant est la même que celle du tronc ;
quant aux pattes de derrière, leur étendue est égale à celle qui
existe entre l'aine et l'oreille. Les côtés de la tête, en arrière de
la bouche, sont hérissés d'épines coniques, réunies en six ou sept
groupes, dans la composition de chacun desquels il en entre
cinq à onze, disposées en cercle autour d'une plus haute que les
autres. Au reste, les parties latérales et postérieure de la tête ne
sont pas les seules du corps qui présentent de semblables groupes
d'épines ; il en existe aussi sur le cou et les côtés du tronc. Le premier en offre d'abord un, à peu près au milieu de chacune de ses
régions latérales ; puis il y en a quatre implantés sur sa face supérieure comme aux quatre coins d'un carré, à droite et à gauche
duquel on en voit encore deux autres. Les côtés du tronc en offrent un certain nombre disposées tantôt sur quatre, tantôt sur
trois séries longitudinales. Ces groupes d'épines s'élèvent au-
dessus de fort petites écailles subrhomboïdales, le plus souvent
lisses, mais parfois cependant faiblement carénées ; car telle est
la composition de l'écaillure du dessus et des côtés du cou, et
des parties latérales du tronc. La face supérieure de celui-ci, ou
le dos proprement dit, présente, au contraire, de grandes squames, soit à quatre, soit à cinq ou bien même à six pans ; ces

squamés, qu'on voit disposées par bandes transversales, sont en arrière armées d'une pointe, véritable prolongement de la carène qui les surmonte. Un rudiment de crête dentelée se laisse voir depuis la nuque jusques un peu en arrière des épaules. La peau de la gorge est couverte d'écailles rhomboïdales, relevées d'une forte arête épineuse ; celles d'entre elles qui sont situées sur la ligne médio-longitudinale de la région gulaire offrent un plus grand diamètre que les autres. Les squamelles du dessous du cou, ainsi que celles de la poitrine et de l'abdomen, présentent également une forme rhomboïdale, mais leur surface est unie. On en voit qui leur ressemblent, sous la face inférieure des membres, sans y comprendre cependant les mains et les pieds, dont l'écaillure est fortement carénée. Les scutelles sous-digitales offrent même deux arêtes longitudinales, tandis que les écailles qui se trouvent du côté opposé à celles-ci sont parfaitement lisses. De grandes squames rhomboïdales, à carène fortement élevée et pointue, protégent la région supérieure des bras, des avant-bras, des cuisses et des jambes. Les fesses portent, au milieu de très petites écailles rhomboïdales carénées qui les revêtent, des tubercules épineux, comprimés, disposés sur cinq à sept rangées verticales. Les ongles sont courts, mais robustes. La queue, dont la longueur fait un peu moins des deux tiers de celle de l'animal, est parfaitement conique dans toute son étendue, excepté à sa racine, où elle offre un léger aplatissement. Les plaques écailleuses qui la recouvrent sont quadrilatères et à surface relevée en arête, qui se prolonge en pointe en dehors de leur bord postérieur. Ces plaques constituent des anneaux complets au nombre de soixante-dix à soixante-douze. Les Stellions mâles, de même que les Agames du même sexe, présentent des écailles crypteuses sur leur région préanale. Chez cette espèce nous en avons compté de trente à quarante.

Coloration. Les Stellions communs, au moins les individus conservés dans nos collections, ont les parties supérieures du corps d'une teinte jaune olivâtre plus ou moins claire, nuancée de noirâtre. La plupart offrent sur le dessus du cou, d'une épaule à l'autre, une espèce de demi-collier noir, composé de six ou sept grandes taches oblongues ; d'autres taches de la même couleur se montrent de distance en distance en travers de la face supérieure de la queue. Quelques-uns de nos échantillons conservent encore les traces des grandes taches blanches, dont ils avaient

34.

le dos marqué pendant leur vie. Le dessus des ongles est brun et leurs parties latérales sont jaunâtres. Toutes les régions inférieures de cette espèce d'Iguanien sont lavées de jaune olive.

Dimensions. *Longueur totale*, 13" 9"'. *Tête*. Long. 4" 2". *Cou*. Long. 1" 4"'. *Corps*. Long. 7" 5"'. *Memb. antér*. Long. 6" 6"'. *Memb. postér*. Long. 9" 3"'. *Queue*. Long. 19" 8"'.

Patrie. Le Stellion commun est répandu dans tout le Levant. On le trouve en Egypte, en Syrie, en Grèce. Il est, à ce qu'il paraît, extrêmement commun dans ce dernier pays, où il a l'habitude de se retirer dans les trous des murs dégradés. Ce Saurien se nourrit de toutes sortes d'insectes. Nous avons trouvé dans son estomac des débris de Coléoptères, d'Hémiptères et d'Orthoptères.

Observations. Cette espèce est le véritable *Lacerta stellio* de Linné, à laquelle il a faussement rapporté la figure qui porte le n° 7 dans la huitième planche du second volume du Trésor de Séba, figure qui est celle d'un jeune Agame épineux. D'un autre côté, il cite également à tort, comme appartenant à son *Lacerta agama*, deux autres figures du même ouvrage (n°ˢ 1-2, tab. 107, tom. 1) qui représentent réellement le Stellion commun.

2. LE STELLION CYANOGASTRE. *Stellio cyanogaster*. Rüppel.

Caractères. Une très petite crête cervicale. Écailles caudales de moyenne grandeur, formant des verticilles simplement imbriquées. Ventre bleu.

Synonymie. *Stellio cyanogaster*. Rüpp. Neue. Wirbelth. zu der Faun. Von Abyss. Amph. pag. 10, tab. 5.

Agama gularis. Reuss. Mus. Senckenberg. Erst. Band. pag. 36.

DESCRIPTION.

Formes. Cette espèce se distingue de suite de la précédente, en ce qu'elle porte une très petite crête sur le cou; en ce que ses grandes squames du dos et du dessus des membres sont moins dilatées; en ce que ses écailles caudales sont de moitié plus petites, et que les verticilles qu'elle forme sont régulièrement imbriqués et nullement disposés en degrés, comme ceux d'un escalier. On ne compte pas moins de cent de ces verticilles autour de la queue.

Coloration. Un brun olivâtre règne sur toutes les parties supé-

rieures du corps, et une belle teinte bleue sur les régions inférieures. Le dos et les membres, à leur origine, sont semés de petites taches jaunes.

DIMENSIONS. *Longueur totale*, 29". *Tête*. Long. 3" 3"'. *Cou*. Long.
1" 2"'. *Corps*. Long. 7" 8"'. *Memb. antér*. Long. 6" 3"'. *Memb.
postér*. Long. 8" 8"'. *Queue*. Long. 16" 7"'.

PATRIE. Le Stellion cyanogastre vit en Arabie. M. Rüppel l'a
rencontré aux environs de Djetta. Le Muséum possède un échantillon qu'il a obtenu par échange de ce savant voyageur.

XLVIᵉ GENRE. FOUETTE-QUEUE. *UROMASTIX* (1) Merrem.

(*Stellions bâtards* de Daudin en partie ; *Fouette-
queue* de Cuvier ; *Mastigura* de Fleming.)

CARACTÈRES. Tête aplatie, triangulaire ; museau
court, arqué d'arrière en avant ; narines latérales,
dirigées en arrière. Trou de l'oreille vertico-oblong,
dentelé sur son bord antérieur et en partie couvert par
les plissures de la peau du cou. Langue épaisse, fongueuse, triangulaire, divisée en deux petites pointes
à son sommet. Trois ou quatre dents intermaxillaires
se soudant ensemble avec l'âge. Des plis transversaux
sur le dessous et les côtés du cou. Aucune espèce de
crête sur le dessus du corps. Tronc alongé, déprimé,
garni de petites écailles unies. Queue aplatie, assez
large, entourée de verticilles d'épines. Sous chaque
cuisse, une ligne de pores se prolongeant ordinairement jusque sur la région préanale.

Les Fouette-queues ont un *facies* qui leur est particu-

_____

(1) De Ουρά, *cauda*, la queue, et de Μαστιξ, fouet, *flagellum*,
caudiverbera.

lier. On les reconnaît de suite à leur tête un peu déprimée, ayant la figure d'un triangle équilatéral ; à leur museau court et plus ou moins arqué dans le sens de sa longueur ; à leur cou non étranglé ; à leur tronc, à la fois alongé et déprimé, complétement dépourvu de crête, et dont l'écaillure est petite, lisse, et presque toujours uniforme ; à leurs membres assez courts, mais robustes ; enfin à leur queue, aussi longue que le reste du corps, fort aplatie et très large, si ce n'est vers son tiers postérieur, où elle se rétrécit en prenant une forme conique. Bien que cette partie terminale du corps soit entourée d'épines comme celle des Stellions, son aplatissement et sa largeur sont un caractère qui, joint à ceux d'avoir le dessous des cuisses percé de pores et les écailles du dos petites et non carénées, sert principalement à distinguer les Fouette-queues de ces derniers.

La tête des Fouette-queues a, sous le rapport de sa forme, une grande ressemblance avec celle des Chersites ou Tortues terrestres. Les squames qui en protégent la surface sont petites, anguleuses, un peu plus dilatées sur le vertex et beaucoup moins sur les régions sus-oculaires que sur le reste du crâne. Les oreilles, à l'entrée desquelles est tendue la membrane du tympan, sont deux grands trous oblongs, dont le diamètre le plus étendu est placé de haut en bas. Elles sont dentelées ou tuberculées sur leur bord antérieur et en partie recouvertes par les plis que forme la peau du cou immédiatement derrière elles, ce qui leur donne plutôt l'apparence de simples fentes que de véritables oreilles. C'est sans doute cela qui a fait dire à Belon, en parlant d'une espèce de ce genre, qu'il suppose être le Cordyle d'Aristote, qu'elle avait des ouïes comme les poissons, d'où il concluait qu'elle était aquatique.

Chez les jeunes Fouette-queues, on voit à la mâchoire supérieure deux à quatre dents antérieures ou intermaxillaires, qui avec l'âge finissent par se souder de manière à n'en plus former qu'une seule. En bas, il existe toujours un grand intervalle entre les deux dents de l'extrémité de la mâchoire. Les dents molaires sont triangulaires, mais à sommet moins pointu que dans les genres précédents. Voici comment Wagler a décrit la disposition des dents et leurs conformations dans les espèces du genre Uromastix. Il y a à la mâchoire supérieure deux dents antérieures très larges, planes, à couronnes trilobées très aiguës, fort rapprochées et implantées dans un os inter-maxillaire prolongé. A la mâchoire inférieure on en compte quatre qui sont petites, d'égale longueur, rapprochées et à couronne comprimée, simple et droite. En haut il y a une laniaire de chaque côté, plus courte que la portion avancée de l'os intermaxillaire, contre lequel elle se trouve couchée et comme implantée. En dessous, il y a également une de ces laniaires moitié moins longue que la supérieure correspondante; elle est aussi plus large, courte, et sa couronne est transversalement tronquée, avec une petite échancrure au milieu. Il y a quinze molaires en haut et douze en bas; elles font partie continue des os; rapprochées les unes des autres, leurs couronnes légèrement comprimées, sont entières, mais comme coupées en travers; les plus antérieures sont courtes, celles qui sont en arrière deviennent de plus en plus grandes et semblent se porter en dehors des os des mâchoires,

La langue, qui est épaisse et à surface fongueuse, se termine en angle aigu, dont le sommet est divisé en deux petites pointes. Les plaques qui garnissent les lèvres sont fort petites, et parmi elles on distingue une rostrale, ce qu'on n'observe pas chez les Phrynocéphales. Celles de ces plaques, qui avoisinent l'angle de la bouche sur la lèvre supérieure, forment une petite dentelure qui pend devant le point de la lèvre inférieure qui leur est opposé. Le cou n'est pas très court, il est entouré de plis nombreux ondulés. On en remarque un assez long et curviligne qui s'étend depuis le devant du bras, en passant au-dessus de l'épaule, jusque vers le milieu du flanc. La même chose s'observe chez les Doryphores, espèces qui terminent la série des Iguaniens Pleurodontes, et dont la queue est à peu près semblable.

Le plus souvent le tronc est revêtu de petites écailles rhomboïdales, lisses, égales, subimbriquées ; mais quelquefois,
au lieu de cela, il existe de petites squames granuleuses, qui
sont entremêlées d'autres un peu plus grosses. Les doigts
sont gros, courts, cylindriques, protégés en dessus par un
rang d'écailles unies, rhomboïdales ; de chaque côté par
deux rangs semblables ; et en dessous par des scutelles hexagonales, élargies, dont la surface est souvent relevée de carènes. Les quatre premiers doigts de chaque patte sont étagés. Toutes les espèces ont le dessus des cuisses et le dehors
des jambes hérissés de tubercules épineux. Une rangée de
pores, généralement assez grands, s'étend en droite ligne du
jarret à l'extrémité opposée de la cuisse où elle forme un
angle pour aller se terminer au bord antérieur du cloaque.

La queue, qui entre au plus pour la moitié dans la longueur totale de l'animal, est déprimée et très large jusque
vers la fin du second tiers de son étendue, où elle commence
à diminuer de diamètre et à prendre une forme conique.

Les écailles qui revêtent cette queue sont quadrilatères,
et parmi elles les supérieures sont presque toutes surmontées d'une épine triangulaire vers l'un des angles de leur
bord postérieur. Le plus souvent elles sont fort grandes et
constituent autour de cette partie du corps des anneaux qui
tantôt ont la même largeur dans leur entier diamètre, mais
qui tantôt sont moins étroits en dessus qu'en dessous ;
d'autres fois une bande transversale de scutelles à quatre
pans les sépare les uns des autres. Chez quelques espèces,
les écailles caudales sont fort petites. Celles de la région
inférieure sont quadrangulaires, lisses et imbriquées. En
dessus on en voit d'épineuses, formant des séries transversales, entre lesquelles se trouvent quelquefois trois et même
quatre bandes d'écailles carrées, surmontées d'une petite
carène.

TABLEAU SYNOPTIQUE DES ESPÈCES DU GENRE FOUETTE-QUEUE.

Épines caudales {

grandes, formant des anneaux entiers {

plus étroits en dessous qu'en dessus, et alternant avec une rangée de plaques : flancs {

semés de petits tubercules. . . . . 2. F. SPINIPÈDE.

sans tubercules. . . . . 3. F. ACANTHINURE.

}

aussi larges en dessous qu'en dessus, et n'alternant pas avec une rangée de plaques. . . . . } 1. F. ORNÉ.

}

petites, formant des demi-anneaux; de petites écailles quadri-latères, lisses, imbriquées sous la queue : celle-ci, en dessus, {

convexe. . . . . 4. F. DE HARDWICH.

tectiforme. . . . . . F. 5. GRIS.

}

}

A. Espèces a écaillure caudale se composant d'une suite d'anneaux formés de grandes scutelles quadrilatères oblongues, dont
les supérieures sont larges et épineuses, et les inférieures
étroites et souvent sans pointes ni piquans.

Ces espèces ont le dessus du tronc revêtu d'écailles plates, en
losanges, lisses, subimbriquées, toutes égales entre elles et
disposées par séries transversales affectant une forme légèrement anguleuse sur la ligne moyenne du dos. Les écailles ventrales ne diffèrent de celles des parties supérieures que par un
diamètre un peu plus grand. On peut subdiviser ce groupe en
deux autres suivant que les verticilles caudales ont la même largeur dans toute leur circonférence ou qu'elles sont plus étroites
en dessous qu'en dessus. Les ouvertures nasales sont circulaires
et pratiquées dans une seule écaille, légèrement tubuleuse.

a. *Espèces à cercles écailleux de la queue ayant la même largeur
dans toute leur circonférence et se suivant de manière, qu'en dessous
des bandes transversales de plaques ne les séparent pas les uns des
autres.*

1. LE FOUETTE-QUEUE ORNÉ. *Uromastix ornatus.* Rüppel.

Caractères. Dessus du museau peu arqué. Neuf ou dix grands
pores fémoraux de chaque côté. Épines du dessus des cuisses serrées les unes contre les autres. Quelques écailles de la région pubienne épaisses, paraissant enduites d'une substance graisseuse.
Dos vert, vermiculé de brun, offrant en travers des bandes onduleuses, formées de la réunion de taches jaunes ou orangées.

Synonymie. *Uromastix ornatus.* Rüpp. Atl. Reis. nordl. Afr.
pag. 1, tab. 1.

Uromastix ornatus. Wagl. Syst. amph. pag. 145.

Uromastix ornatus. Gray. Synops. in Griffith's anim. kingd.
pag. 61.

Uromastix ornatus. Schinz. Naturgesch. und Abbild. Rept. pag.
91, tab. 31, fig. 3.

DESCRIPTION.

FORMES. La tête du Fouette-queue orné présente dans son contour horizontal la figure d'un triangle à côtés à peu près égaux.
Sa hauteur est d'un tiers moindre environ que sa largeur en
arrière. Tout-à-fait à l'extrémité de la mâchoire supérieure, il
existe trois dents intermaxillaires quadrilatères oblongues, qui
avec l'âge finissent par s'entre-souder d'une manière presque
complète. L'une de ces dents, la médiane, dont le sommet est
dentelé, a une largeur double de celle de chacune des latérales.
Les dents molaires sont au nombre de dix-sept ou dix-huit de
chaque côté, en haut comme en bas. Elles sont légèrement comprimées, et à pointe obtuse et tranchante. Les narines, circulaires et un peu tubuleuses, s'ouvrent de chaque côté du museau
dans une plaque située fort près de l'extrémité de celui-ci. La
lèvre supérieure se trouve couverte, à droite comme à gauche
de l'écaille rostrale, qui est médiocre et hexagonale, de trois
rangs longitudinaux de petites plaques à cinq ou six pans, mais
toutes à peu près de même diamètre. On compte une douzaine de
squames labiales inférieures ayant une forme rhomboïdale ou
carrée. L'écaille mentonnière est à cinq côtés. Neuf ou dix plaques quadrilatères ou pentagones, plus grandes que celles des
régions voisines, forment une série correspondante au bord orbitaire inférieur. De petites squames polygones, à surface légèrement convexe, dont le nombre, la forme et le diamètre varient,
recouvrent le dessus de la partie antérieure de la tête. Sur le bord
externe de la région sus-oculaire, on remarque deux ou trois
séries longitudinales de fort petites plaques quadrilatères et
bombées. Le reste de la surface de cette région se trouve protégé
par d'autres plaques d'un diamètre moins petit, polygones, et
qui semblent disposées par bandes curvilignes. L'espace interoculaire et l'occiput offrent un pavé d'écailles à plusieurs pans,
dont la grandeur est à peu près la même que celle des plaques
frontales. Les écailles nuchales, dont la figure est polygone, sont
relevées en petits tubercules à pointe mousse. Le bord antérieur
de l'oreille donne naissance à cinq ou six écailles tuberculeuses,
qui rendent celui-ci comme dentelé. Le cou offre des plis transversaux en dessus et en dessous, et d'autres ramifiés sur ses parties
latérales. Il s'en faut de l'épaisseur du bras que les membres pos-

térieurs n'atteignent aux aisselles, lorsqu'on les couche le long du tronc. Les pattes de devant ont un cinquième de moins en longueur. Les doigts et les ongles sont courts, mais robustes. La queue n'entre pas tout-à-fait pour la moitié dans la longueur totale de l'animal. Elle est fort large à sa base et déprimée dans toute son étendue, si ce n'est vers son extrémité, où elle devient légèrement conique. Les anneaux d'écailles qui l'entourent sont au nombre de vingt-trois ou vingt-quatre. Il règne tout le long du dessous de la cuisse une série de six ou sept pores circulaires, fort grands et toujours remplis d'une matière graisseuse. D'autres pores semblables forment sur la région préanale deux rangées transversales, composées l'une de quatre, l'autre de six ou huit, dont le diamètre est assez petit. Une petite partie de la région pubienne offre aussi des écailles crypteuses. Le dessous des doigts est garni d'une bande d'écailles dilatées en travers et surmontées de trois ou quatre carènes. Le dessus des bras et la face antérieure des cuisses sont revêtus d'écailles imbriquées en losanges, plates et unies. Il en existe de semblables, mais de moitié plus petites, sous les membres antérieurs et sur les fesses; tandis que les régions fémorales supérieures, aussi bien que le devant des jambes, sont hérissées d'écailles épineuses, les unes rhomboïdales, les autres coniques. Celles-ci, qui sont fort espacées, se montrent sur la face antérieure de la jambe; celles-là, qui sont au contraire très rapprochées les unes des autres, protégent le dessus des cuisses.

COLORATION. La partie supérieure du corps du Fouette-queue orné est d'une teinte jaune verdâtre sur laquelle sont répandues des vermiculures brun marron, et que coupent transversalement sept à huit bandes, composées chacune d'une suite de taches rondes ou oblongues, de couleur orangé-jaune. Ces taches, qui sont liserées de brun, sont plus ou moins rapprochées les unes des autres. Le dessous du corps est jaune, largement réticulé de vert. Des bandes transversales, flexueuses, de couleur noire, se détachent du fond jaune verdâtre du dessous du cou et de la tête. Il règne sur les membres une teinte jaune mélangée de vert. Cette dernière couleur est celle que présente le dessus de la queue, dont la partie inférieure est jaune.

DIMENSIONS. *Longueur totale*, 34" 6'". *Tête*. Long. 4". *Cou*. Long. 1" 6'". *Corps*. Long. 13". *Memb. antér*. Long. 7" 3'". *Memb. postér*. Long. 9" 9'". *Queue*. Long. 16".

PATRIE. Ce Fouette-queue est originaire du nord de l'Afrique. Nous en possédons deux magnifiques échantillons qui ont été envoyés d'Égypte par M. Botta, voyageur naturaliste du Muséum d'histoire naturelle.

Observations. Le Fouette-queue orné a été fort bien représenté dans l'ouvrage de M. Rüppel, intitulé : Atlas d'un voyage dans le nord de l'Afrique. Il paraîtrait, suivant M. Gray, que l'*Uromastix ocellatus* de Lichtenstein appartient à cette espèce.

B. *Espèces à verticilles de la queue plus larges en dessus qu'en dessous, où ils alternent avec une ou deux bandes transversales de scutelles quadrangulaires oblongues.*

Les scutelles dont se composent les bandes qui séparent les anneaux, diminuent graduellement de longueur à mesure que, d'un côté comme de l'autre, elles s'éloignent de la ligne médio-longitudinale de la queue.

2. LE FOUETTE-QUEUE SPINIPÈDE. *Uromastix spinipes.* Merrem.

CARACTÈRES. Dessus du museau assez arqué. De seize à dix-huit petits pores sous chaque cuisse. Épines fémorales écartées les unes des autres. Un semis de petits tubercules coniques le long des reins et des flancs. Parties supérieures uniformément vertes ou d'un gris verdâtre.

SYNONYMIE. *Caudiverbera*. Κροκοδειλος χερσαῖος, Bélon. De Aquatilibus, lib. 1, pag. 45.

Le Cordyle. Rondel. Hist. poiss. pag. 176.

Caudiverbera. Gesn. Icon. anim. quad. vivipar. et ovip. pars 5, pag. 357.

Le Lézard Quetz-Paleo. Lacép. Hist. quad. ovip. tom. 2, pag. 497, exclus. synon. Quetz-Paleo. Séb. (Oplurus Sebæ).

Stellio spinipes. Daud. tom. 4, Hist. rept. pag. 31.

Uromastix spinipes. Merr. Syst. amphib. pag. 56.

Mastigura spinipes. Flem. Philos. zool. tom. 2, pag. 277.

Uromastix spinipes. Fitz. Verzeich. Zool. Mus. Wien. pag. 49.

Uromastix spinipes. Gray. Synops. in Griffith's anim. kingd. pag. 61.

Le Stellion spinipède. Isid. Geoff. Descript. Rept. Égypt. tom. 1, pag. 125, Pl. 2, fig. 2.

Le Fouette-queue d'Égypte. Bory de St.-Vinc. Dict. class. d'hist. nat. tom. 15, pag. 527.

Le Fouette-queue d'Égypte. Cuv. Règ. anim. tom. 2, pag. 35.

Uromastix spinipes. Wagl. Syst. amph. pag. 145.

Uromastix spinipes. Wiegm. Herpetol. mexic. pars 1, pag. 17.

DESCRIPTION.

FORMES. Cette espèce a la tête plus épaisse, plus courte, et le profil du museau plus arqué que la précédente. Chez les jeunes sujets, les dents intermaxillaires sont au nombre de quatre ; dans un âge plus avancé on n'en compte plus que trois, attendu que les deux médianes se sont intimement soudées ; enfin, lorsque l'animal est adulte, on n'en distingue réellement plus qu'une seule, par conséquent fort grande et à peu près carrée. Il y a quatorze à dix-huit molaires en haut et douze en bas de chaque côté. Il arrive aussi, aux cinq ou six premières de la mâchoire supérieure, de s'entre-souder de manière à ne plus constituer qu'une seule et même pièce tranchante, tandis que les dernières demeurent distinctes les unes des autres.

Une double rangée de petits tubercules se fait remarquer sur le bord antérieur de l'oreille. Les ouvertures nasales sont latérales, subcirculaires et un peu tubuleuses. La plaque rostrale, dilatée en travers, est hexagonale ; la mentonnière a le même diamètre et la même figure que les plaques labiales inférieures, c'est-à-dire qu'elle est petite et carrée. Ces dernières sont au nombre de dix-huit de chaque côté. On compte environ vingt-huit petites scutelles autour de la lèvre supérieure. Toutes, moins les cinq dernières, qui forment une espèce de dentelure, sont pentagonales oblongues. Le dessus de la tête est recouvert de plaques, toutes à peu près de même diamètre, excepté celles des régions sus-oculaires, qui sont un peu plus petites que les autres. On distingue une très petite squame occipitale, dont la figure est ovalaire.

Les plissures que fait la peau du cou ne diffèrent pas de celles qu'on remarque chez le Fouette-queue orné, auquel ressemble encore le Fouette-queue spinipède par la longueur, ainsi que par la forme de ses membres et de saqueue ; mais les épines qui hérissent le dessus de ses cuisses et le devant de ses jambes sont toutes de forme conique et éloignées les unes des autres. Un caractère qui est particulier à cette espèce, c'est d'avoir les côtés des reins et les flancs semés de petits tubercules coniques. Quant à son écaillure dorsale, elle se compose de petites pièces rhomboïdales, non carénées, et à surface légèrement convexe dans le jeune âge. Les écailles ventrales sont carrées. Vingt-deux ou vingt-trois cercles écailleux entourent la queue. En dessous, entre les deux premiers de ces cercles, il y a cinq bandes transversales de petites plaques carrées; entre le second et le troisième, quatre; entre celui-ci et le cinquième, trois; de même qu'entre le sixième et celui qui le précède; puis, jusqu'au douzième, il n'en existe plus que deux; enfin on n'en remarque plus qu'un seul jusqu'au dix-septième, après lequel on n'en voit plus du tout.

Une ligne de seize à dix-huit pores très petits s'étend sous chaque cuisse, depuis le jarret jusque sur la région préanale. Ces pores s'ouvrent, comme chez certains Cyclures, au milieu d'une sorte de rosace, formée par cinq ou six petites écailles.

COLORATION. Il paraît que dans l'état de vie le Fouette-queue spinipède a toutes ses parties d'un beau vert pré. Nous en possédons un exemplaire conservé dans l'alcool, qui permet effectivement de croire qu'il a dû être coloré de cette manière. Mais nous en avons d'autres dont le dessus du corps est d'un gris fauve, parfois nuagé de brun, et chez lesquels les régions inférieures, ainsi que la queue tout entière, paraissent avoir été jaunâtres.

DIMENSIONS. *Longueur totale*, 22" 7'''. *Tête*. Long. 5". *Cou*. Long. 3" 2'''. *Corps*. Long. 19" 5'''. *Membr. antér*. Long. 11". *Memb. postér*. Long. 13" 5'''. *Queue*. Long. 25".

PATRIE. Le Fouette-queue spinipède habite l'Égypte. Les individus qui font partie de nos collections ont été recueillis dans ce pays, soit par M. Geoffroy St.-Hilaire, soit par M. Bové.

3. LE FOUETTE-QUEUE ACANTHINURE. *Uromastix acanthinurus*. Bell.

CARACTÈRES. Dessus du museau peu arqué. Treize ou quatorze grands pores fémoraux de chaque côté. Épines du dessus des cuisses rapprochées les unes des autres. Point de petits tubercules le long des flancs. Dos ponctué de noir sur un fond gris fauve, roussâtre ou verdâtre; ou bien noir, tacheté de blanc.

SYNONYMIE. *Uromastix acanthinurus*. Bell. Zool. jour. 1825, tom. 1, pag. 457, tab. 17.

Uromastix dispar. Rupp. Atl. Reis. Nordl. Afrik. pag. 5.

Uromastix acanthinurus. Wagl. Syst. amph. pag. 145.

Uromastix dispar. Gray. Synops. in Griffith's anim. kingd. pag. 61.

DESCRIPTION.

Formes. La tête et les pattes du Fouette-queue acanthinure res-semblent, sous le rapport de la forme et de l'écaillure, à celles du Fouette-queue orné. Trois dents intermaxillaires, qui se sou-dent avec l'âge, arment le bout de la mâchoire supérieure, à la-quelle on compte douze molaires de chaque côté. La mâchoire inférieure n'en offre que douze, en avant desquelles se montre une espèce de canine assez forte. Quatre ou cinq dentelures se font remarquer le long du bord antérieur du trou auriculaire. Les pores dont se trouve percé le dessous des cuisses ont plus de ressemblance avec ceux du Fouette-queue orné qu'avec ceux de l'espèce appelée Spinipède, en ce qu'ils sont assez grands et tou-jours remplis d'une substance graisseuse. Ces pores, au nombre de quinze ou seize de chaque côté, forment une série qui com-mence un peu au-dessus du jarret, se continue en ligne droite jusqu'à la naissance de la cuisse, où elle s'abaisse en angle obtus pour se terminer au bord du cloaque. Chacun de ces pores n'est entouré que de trois ou quatre écailles. Dans cette espèce, la queue est proportionnellement un peu plus courte que dans les deux précédentes, attendu que sa longueur ne fait guère que la moitié de celle qui existe entre son extrémité et les régions scapulaires. Cette partie du corps est aussi moins rétrécie en arrière, où elle est très distinctement déprimée. Les grandes écailles qui com-posent les dix-neuf anneaux qui l'entourent sont un peu plus étroits et par conséquent plus nombreux que chez les deux pre-mières espèces. Le nombre des bandes de scutelles, qui en dessous se trouvent placées entre les anneaux, est de trois à la base de la queue, de deux ensuite, et d'un seul dans tout le reste de son étendue. Les écailles qui revêtent les parties supérieures du tronc sont petites, rhomboïdales, ou mieux en losanges, et rangées par lignes obliques; celles des régions inférieures sont un peu plus grandes et disposées par bandes transversales.

Coloration. Le mode de coloration du Fouette-queue acanthi-nure est très variable. Voici au reste les différences qu'il nous a offertes chez les cinq individus que renferment nos collections. L'un d'eux, le plus grand, a le dessus du corps brun, semé de taches d'un blanc grisâtre. Un brun d'acier nuancé de gris est répandu sous son ventre. Son cou et ses bras sont colorés en jaune. Le dessous de sa queue offre un gris argenté uniforme, tandis que le dessus est tacheté de brun sur un fond grisâtre. Deux autres sujets présentent un gris fauve, uniforme sur la queue, piqueté de noir sur le dos. Il règne une teinte fauve blanchâtre sur toutes leurs parties inférieures. Le dessus et les côtés du cou sont irrégulièrement peints de noir, couleur qui se montre aussi, mais sous forme de grande tache, sur le devant de la cuisse, près de l'aine. Un quatrième échantillon a tout le dessus du cou et du tronc tacheté plutôt que piqueté de brun sur un fond verdâtre, qui passe au jaune sous le ventre, le cou et les membres. Quant à la queue, elle est réellement jaune sur ses deux faces. Enfin un cinquième exemplaire, le plus petit de tous, offre des piquetures de couleur orangé sur un fond brun fauve.

DIMENSIONS. *Longueur totale*, 28" 6'". *Tête*. Long. 4" 7'". *Cou*. Long. 2" 2'". *Corps*. Long. 16" 2'". *Memb. antér*. Long. 7". *Memb. postér*. Long. 9" 5'". *Queue*. Long. 15" 5'".

PATRIE. Cette espèce est originaire du nord de l'Afrique. Les échantillons que nous possédons proviennent du voyage de M. Ruppell et d'envois faits de l'Algérie au Muséum.

B. ESPÈCES A ÉCAILLURE CAUDALE SE COMPOSANT, POUR LE DESSOUS, D'UN GRAND NOMBRE DE SQUAMELLES CARRÉES, LISSES, IMBRIQUÉES; POUR LE DESSUS, DE BANDES TRANSVERSALES DE TUBERCULES CONIQUES, COMPRIMÉS, A SOMMET TRÈS AIGU, SÉPARÉES LES UNES DES AUTRES PAR DEUX, TROIS, QUATRE OU MÊME CINQ RANGS D'ÉCAILLES, SOIT GRANULEUSES, SOIT QUADRILATÈRES ET CARÉNÉES.

Les parties supérieures du corps des espèces appartenant à ce groupe offrent des petits grains squameux épars au milieu d'écailles granuleuses encore plus petites. Comme dans l'autre division, les squamelles ventrales sont quadrangulaires et lisses. La queue, très déprimée dans les deux premiers tiers de sa longueur, devient conique et assez effilée. Les ouvertures nasales sont ovalaires, un peu obliques d'arrière en avant, et entourées chacune de cinq écailles, dont l'antérieure est deux fois plus grande que les autres.

4. LE FOUETTE-QUEUE D'HARDWICK. *Uromastix Hardwickii.* Gray.

CARACTÈRES. Museau très court, très arqué. Treize à seize pe_
tits pores fémoraux de chaque côté. Tubercules du dessus des
cuisses forts petits, peu nombreux et très espacés. Face supérieure
de la queue convexe. Dos grisâtre, réticulé de brun. Une large
tache noire sur le devant de la racine de chaque cuisse.

SYNONYMIE. *Uromastix Hardwickii.* Gray. Zool. journ. tom. 3 ,
pag. 219.

Uromastix reticulatus. Cuv. Règn. anim. tom. 2 , pag. 34.

Uromastix reticulatus. Guér. Icon. Règn. anim. tab. 6 , fig. 4.

Uromastix Hardwickii. Illustr. ind Zool. gener. Hardw. part.
15-16, tab. 17.

Uromastix Hardwickii. Gray. Synops. in Griffith's anim. kingd.
tom. 9 , pag. 62.

DESCRIPTION.

FORMES. La tête de cette espèce est moins longue qu'elle n'est
large en arrière , ce qui tient à la brièveté du museau , dont la
ligne du profil est encore plus arquée que chez le Fouette-queue
d'Égypte. Le Fouette-queue d'Hardwick , au moins les deux individus que nous avons eu occasion d'observer, n'offrent qu'une
seule grande dent intermaxillaire , à droite et à gauche de laquelle il existe seize molaires. On en compte également seize de
chaque côté , à la mâchoire inférieure , qui , de plus , offre deux
fortes dents antérieures , dont le sommet est échancré. Il y a
deux rangées de petites plaques labiales supérieures , dont la
plupart sont hexagones ; elles diminuent graduellement de diamètre à mesure qu'elles approchent de l'écaille rostrale. Celle-ci
est très-élargie et suboctogone. La plaque mentonnière est hexagonale. On remarque également deux rangées d'écailles labiales
inférieures.

Celles du premier rang sont carrées ou pentagones ; celles du
second hexagones. D'autres plaques ou écailles à six pans , plus
grandes que les labiales , garnissent , sur une ou deux séries , le
dessous de chaque branche du maxillaire inférieur.

Quatre ou cinq petits tubercules coniques sont implantés sur
le bord antérieur de l'oreille. La longueur des membres posté-

rieurs fait les deux tiers de celle du tronc ; les pattes de devant sont moitié moins longues que cette partie du corps.

Une suite de treize à seize petits pores, entourés chacun de quatre ou cinq écailles formant une espèce de rosace, s'étend sous chaque cuisse, depuis le jarret jusqu'au milieu de la région préanale.

Le dessus des membres postérieurs de ce Fouette-queue n'est pas hérissé d'un aussi grand nombre d'écailles épineuses que chez les trois espèces précédentes. On ne voit effectivement que des tubercules coniques isolés au-dessous du genou, et quelques grains squameux de même forme sur le haut de la fesse.

La queue n'entre pas tout-à-fait pour la moitié dans la longueur totale de l'animal. Bien que fortement comprimée dans la plus grande partie de son étendue, elle est néanmoins un peu convexe en dessus et en dessous. Sa face supérieure se trouve coupée transversalement par une quarantaine de bandes d'écailles quadrilatères, relevées en tubercules comprimés et pointus, parmi lesquels on remarque, comme étant les plus développés, ceux qui sont situés aux extrémités des bandes qu'ils composent. Celles-ci sont séparées les unes des autres par d'autres bandes composées de petites écailles, les unes granuleuses, les autres carrées ou rhomboïdales, surmontées de carènes. Leur nombre, qui est de quatre à la racine de la queue, se réduit à trois, à deux, enfin à une seule.

COLORATION. On voit sur le fond gris du dessus du cou, du tronc, de la base de la queue et des membres, un grand nombre de raies confluentes de couleur brune, qui y forment un dessin réticulaire. Toutes les parties inférieures du corps sont lavées de blanc jaunâtre. Le dessous du cou est marbré de brun, et le devant de chaque épaule marqué d'une tache noire. Une autre tache noire, mais d'un diamètre beaucoup plus grand, couvre, pour ainsi dire, la face antérieure de la racine de chaque cuisse. Des bandes verticales brunes se montrent sur les côtés de la tête. Les ongles et la plus grande partie de la queue sont jaunâtres.

DIMENSIONS. *Longueur totale*, 29" 9'". *Tête*. Long. 3" 2'". *Cou*. Long. 1" 7'". *Corps*. Long. 11". *Memb. antér*. Long. 5". *Memb. postér*. Long. 7" 4'". *Queue*. Long. 14".

PATRIE. Le Fouette-queue d'Hardwick a pour patrie les Indes orientales. La collection en renferme deux échantillons qui ont été envoyés du Bengale par M. Alfred Duvaucel.

35.

5. LE FOUETTE-QUEUE GRIS. *Uromastix griseus*. Cuvier.

CARACTÈRES. Douze ou treize petits pores fémoraux de chaque
côté. Dessus de la queue en forme de toit. Dos uniformément gris.

SYNONYMIE. *Uromastix griseus*. Cuv. Règn. anim. tom. 2 ,
pag. 34.

Uromastix griseus. Gray. Synops. Rept. in Griffith's anim.
kingd. tom. 9, pag. 62.

DESCRIPTION.

FORMES. Le Fouette-queue gris se distingue du précédent par
une écaillure dorsale plus fine et plus distinctement granuleuse ;
par un plus grand nombre de petits tubercules sur les régions
fémorales , et surtout par la queue qui , au lieu d'être légèrement
convexe sur sa face inférieure comme sur sa face supérieure , se
montre tout-à-fait plane en dessous et comme inclinée en toit en
dessus.

COLORATION. Le mode de coloration de cette espèce diffère de
celui du Fouette-queue d'Hardwick , en ce que toutes ses parties
supérieures offrent une teinte uniformément grisâtre.

DIMENSIONS. *Longueur totale*, 33" 4'''. *Tête*. Long. 3" 4'''. *Cou*.
Long. 2". *Corps*. Long. 15". *Memb. antér*. Long. 6". *Memb. postér*.
Long. 9". *Queue*. Long. 13".

PATRIE. Le Fouette-queue gris se trouve à la Nouvelle-Hollande,
où feu Péron en a recueilli deux individus qui sont déposés dans
notre musée.

Observations. Cette espèce , il faut bien l'avouer, a les plus
grands rapports avec la précédente. Toutefois, nous n'avons pas
cru devoir l'y réunir, attendu qu'elle se distingue par les caractères indiqués plus haut , et qu'elle vient d'un pays dont toutes
les productions connues sont complétement différentes de celles
des Indes orientales , où se trouve le Fouette-queue d'Hardwick.

§ IV. Des débris osseux de Reptiles sauriens qui paraissent avoir appartenu a des genres voisins des
Iguaniens : des Ptérodactyles en particulier.

Jusqu'à nos jours on n'a fait connaître aucun débris
de Reptiles que l'on puisse indubitablement rapporter
à la famille des Lézards iguaniens, comme on l'a fait
avec certitude pour ceux que nous avons indiqués à la
suite de l'histoire des Crocodiliens et des Varaniens.
Cependant on a découvert des squelettes entiers ou des
portions notables de la charpente osseuse d'espèces qui
ont certainement appartenu à des Reptiles sauriens. Ils se
rapprochaient des Dragons par la faculté dont ils parais-
saient jouir, non-seulement de se soutenir dans l'air à
l'aide d'un large parachute ; mais qui pouvaient peut-
être ramer dans l'espace et y voler à la manière des Chiroptères et des oiseaux. Ces êtres bizarres , ainsi que
l'exprime si heureusement Cuvier, étaient incontestablement les plus extraordinaires de ceux dont l'orycto-
logie nous a révélé l'ancienne existence ; ceux qui , si
on les voyait vivans, paraîtraient les plus étrangers à la
nature actuelle. On en a fait un genre particulier , à
cause de la longueur extraordinaire de l'un de leurs
doigts des pattes ou membres antérieurs, partie qui
entre pour près de moitié dans la composition de leur
aile, et on a donné à ce genre le nom de Ptérodactyle (1) ou d'Ornithocéphale (2).

Nous devons exprimer de suite notre pensée sur
l'essence de ces débris fossiles. Nous n'avons aucun

---

(1) *Pterodactylus* (*Cuvier*), de Πτερὸν, aile, et de Δακτυλος , doigt.
(2) *Ornithocephalus* (Soemmering), de Ορνις, ἰθος , oiseau, et de
Κεφαλή , tête.

doute relativement à la classe et même à l'ordre auxquels on doit les rapporter, ainsi que nous le prouve-
rons par la suite, ils ont certainement appartenu à des
Reptiles sauriens ; mais, d'après les seuls os fossiles qui
ont servi à cette détermination, il n'y a pas un seul caractère positif propre à démontrer qu'ils proviennent
d'espèces Iguaniennes. En effet, cette famille des Iguanes a été établie spécialement d'après la forme et la disposition des écailles qui recouvrent le front et le tronc ;
sur la structure et la conformation de la langue, ou
d'après la disposition des paupières ; enfin sur celle de
plusieurs parties molles qui ont été détruites. Jusqu'à
ce moment cependant, on n'a pu observer aucune
portion fossile de ces organes, ni la moindre empreinte
bien évidente des tégumens, sur la nature desquels les
naturalistes ont pourtant émis des opinions diverses et
conjecturales. D'un autre côté, nous verrons que le
mode d'implantation des dents, chacune dans un alvéole distinct, leur isolement réciproque et leur forme
conique les rapprochent un peu plus de la famille des
Crocodiliens, mais surtout de celle de Varaniens ;
espèces de Lacertiens dont ils diffèrent d'ailleurs sous
plusieurs rapports.

Mais, avant d'entrer dans ces détails, nous allons
faire connaître les faits tels qu'ils ont été successivement observés. Nous dirons quelles ont été les conjec-
tures et les opinions émises par les paléologues et les
naturalistes sur la nature singulière des animaux, dont
proviennent les curieuses reliques d'un monde primi-
tif, qui, se joignant aux autres monumens irrévocables
des révolutions de notre globe, doivent servir à constater, sinon l'époque, au moins à acquérir la certitude
de l'événement subversif ou de la catastrophe qui les
a produits.

CUVIER (G.) et HERMANN VON MEYER ont déjà tracé l'histoire de la découverte et de la détermination des ossemens fossiles dont nous allons parler. L'animal dont le squelette pétrifié a révélé d'abord l'antique existence, a produit des recherches importantes d'anatomie comparée et donné lieu à des opinions différentes sur les habitudes de l'être singulier dont provenait cette charpente osseuse, et ensuite sur la classe à laquelle on devait naturellement le rapporter. Il résulte de ces circonstances qu'il devient nécessaire de raconter les faits avec quelques détails.

Pendant long-temps on n'a connu que la figure gravée en 1783 dans les mémoires de l'Académie Palatine (3) et la description succincte qui en a été faite par COLLINI, directeur du cabinet de Manheim, où la pièce était alors conservée. Cet auteur, qui n'était pas très versé dans les études de l'anatomie comparée, reconnut pourtant qu'on ne pouvait ranger les restes de cet animal ni dans la classe des Mammifères, ni dans celle des oiseaux; il pensait qu'ils devaient avoir appartenu à une espèce de Poisson. Il se demandait cependant s'ils ne proviendraient pas de quelque animal amphibie; mais il se contenta de soulever cette question sans la résoudre. Un fait important à constater, c'est que la pierre, sorte de schiste calcaire feuilleté des couches Jurassiques, dans laquelle ce

---

(1) Cuvier (G.), dans plusieurs de ses ouvrages, mais surtout dans ses Recherches sur les ossemens fossiles, tom. V, part. 2, 1824, page 358, § 1, Sauriens, Pl. 23.

(2) *Palæologia*, 1832, pag. 115 et 228.

(3) *Acta Academ. Theod. Palat.* tom. V, *pars Physica*, pag. 58, figure. (Celle-ci est copiée dans le tome IV de la 1re édition des Recherches sur les ossemens fossiles, par Cuvier, ainsi que la description faite par Collini.)

squelette était conservé et comme imprimé, par l'état
d'aplatissement de toutes les parties saillantes du
tronc, contenait en même temps beaucoup de débris
d'animaux marins, ce qui devait faire croire à son
genre de vie aquatique. Le gisement de cette pierre
est indiqué comme étant des environs d'Aischtedt, de
la vallée de l'Atlmuthl, dans le comté de Pappenheim.

Le professeur HERMANN de Strasbourg, qui s'était
beaucoup occupé des rapports des animaux (1), s'était
fait l'idée, d'après la figure du squelette de l'animal
auquel il avait servi de charpente qu'il devait être plus
semblable aux Mammifères que ne le sont les Chauves-
Souris, et par conséquent fort distinct des oiseaux.
Dans cette hypothèse, il avait même dessiné ou restitué
cet être avec une peau étendue sur le corps qu'il avait
supposé et recouverte de poils très courts.

Ce fut en 1800 que CUVIER retrouva dans ce squelette les os d'un Reptile volant, ainsi qu'il le nomma
d'abord. Cependant, en 1807, BLUMENBACH (2) croyait
encore qu'il pouvait provenir d'un oiseau nageur.
SOEMMERING (3), en 1812, le rapporta aux Mammifères, malgré l'opinion de Cuvier, qui parvint plus
tard à combattre victorieusement cette idée. GOLD-
FUSS (4) adopta le nom donné par Soemmering ainsi que
les idées qu'il avait émises; mais OKEN (5) en 1819,
partageant l'avis de Cuvier, après avoir étudié avec soin
les pièces anatomiques, plaça le Ptérodactyle parmi

---

(1) Joh. Hermann, *Tabulæ affinitatum animalium*, 1783, in-4°.

(2) Blumenbach, Manuel d'histoire naturelle, édit. de 1807,
pag. 731, et *Archæologia telluris*, Gott. 1801.

(3) Soemmering-Denksch, d. Academ. zu München, et *ibid.* 1817,
pag. 105. Ornithocephalus.

(4) *Nova Acta Academ. Leop. Carol. nat. curios.* tom. XV.

(5) Isis, 1819, t II, pag. 1788, Pl. 20, fig. 1.

les Reptiles, et en cette occasion il en donna une description complète et une figure. En 1826, FITZINGER
reconnut la nécessité de cette classification ; mais WA-
GLER, en 1830, a rangé le genre dont il s'agit, sous le
nom d'*Ornithocéphale*, dans une classe intermédiaire
aux Mammifères qu'il nomme animaux pouvant sucer
(*Saugthiere*) et les oiseaux (*Vögel*), sous le nom de
GRYPHI (*Greife*), adoptant jusqu'à un certain point,
comme il le dit, l'opinion de M. E. GEOFFROY.

Telle est l'histoire abrégée et analytique des travaux entrepris sur ce singulier squelette et sur plusieurs os fossiles appartenant à quelques autres espèces que tout porte à regarder, par analogie, comme
étant du même genre ; mais dans un ouvrage tel que
celui-ci, après avoir énoncé les sources où nous avons
puisé, il nous suffira de faire une description succincte
du squelette de l'une des espèces principales et d'indiquer seulement les autres, avec les titres des livres
dans lesquels on pourra trouver des renseignemens
plus étendus.

Nous ne connaissons le squelette du Ptérodactyle
que par les pièces modelées qui font partie de nos
collections et par les figures consignées dans les ouvrages que nous venons de citer, tels que ceux de Cuvier, Soemmering, Oken, Goldfuss, Wagler, et par
les descriptions faites par Blumenbach, Munster,
Buckland, et par M. Hermann von Meyer ; mais nous
en exposerons les détails d'une toute autre manière,
parce que, venant après eux, nous avons pu profiter de
leurs observations et mettre plus d'ordre dans notre
description.

D'abord, d'après l'ensemble, on voit que l'échine
ressemble un peu à celle d'un oiseau. Les vertèbres du

cou ont leur corps alongé, sans apophyses épineuses ou transverses bien saillantes ; de sorte que le cou devait pouvoir être mu dans tous les sens, ou jouir d'une grande flexibilité. Ces os sont au nombre de sept à huit, car on ne peut déterminer, d'une manière précise, la forme et l'étendue de la première pièce qui soutenait le crâne, ni de la dernière qui devait porter la première côte. On sait que dans les Reptiles les dernières vertèbres cervicales ont des apophyses transverses articulées, qui sont les rudimens des côtes. La région du dos semble être composée par une vingtaine de vertèbres, si on les désigne ainsi dans toute la longueur de l'échine jusqu'au bassin. La plupart des côtes étant déplacées et les facettes articulaires n'étant pas évidentes, on peut présumer qu'après les vertèbres lombaires il y en avait au moins deux destinées à soutenir les os du bassin, dont les pièces ont été séparées et sont hors de place dans la grande pierre de Manheim. Toutes ces vertèbres ont des apophyses épineuses, larges, mousses et arrondies. Ce qu'il y a de très remarquable dans cette échine, c'est sa terminaison en une série de douze ou treize vertèbres qui sont courtes, et qui vont constamment en diminuant de volume, de sorte que la queue avait très peu de longueur, comme dans certaines espèces de Tortues terrestres ou Chersites et c'est surtout ce qui démontre que ce squelette ne provient pas d'un oiseau. D'après l'examen de la colonne vertébrale, il est facile de voir que cet animal ne pouvait être un oiseau, puisque ses vertèbres dorsales étaient évidemment très mobiles et que les coccygiennes ou caudales n'étaient pas terminées par une pièce large, aplatie, propre à recevoir les plumes du croupion, qui, dans les oiseaux, sont destinées à diriger le vol. Sous un autre point de vue, les vertèbres du cou, qui ressemblent beaucoup à celles des oiseaux par l'absence des éminences postérieures et des trachéliennes, éloignent cet animal de la classe des Mammifères. La question serait tout-à-fait décidée si l'on avait observé l'articulation occipito-atloïdienne, car les Mammifères seuls et les Batraciens, parmi les Reptiles, ont le crâne articulé sur l'échine par deux condyles latéraux, tous les oiseaux, les Reptiles et les poissons n'ayant qu'une seule articulation ou un condyle au devant du grand trou occipital.

La tête, dont les parties sont imparfaitement conservées dans le schiste d'Aischtedt, nous offre une longueur prodigieuse, bien rare parmi les Mammifères, excepté pour les espèces qui sont constamment plongées ou qui vivent uniquement dans l'eau comme les Cétacés.

Le crâne est, en proportion, très petit; car cette grande étendue de la tête est principalement donnée par le développement des os de la face et surtout des mâchoires; comme on le remarque d'ailleurs dans plusieurs genres de Reptiles, tels que les Gavials, les Varans. Ce qui doit exciter notre attention et nos regrets dans cette tête, c'est d'une part l'absence du condyle pour l'articulation temporale, ce qui démontrerait que l'animal dont on examine le squelette ne serait pas un mammifère, et d'autre part la forme des dents, ainsi que la manière dont elles sont enchâssées dans l'épaisseur des os. Or ces dents ne sont pas très certainement celles d'une Chauve-Souris : elles sont trop espacées entre elles et elles n'ont qu'une seule pointe, légèrement recourbée en arrière. Il n'y a que les dauphins qui aient des dents analogues parmi les Mammifères;

nous en trouvons ensuite d'à peu près semblables chez les Sauriens varaniens. L'existence de ces dents les éloigne tout-à-fait des oiseaux et les rapprocherait un peu de certains poissons de la famille des brochets ou des Siagonotes. Ainsi le nom de *Tête-d'Oiseau* (*Ornithocephalus*), donné par Blumenbach, ne convenait réellement pas au genre Ptérodactyle ; peut-être aussi la tête fossile provient-elle d'un jeune individu dont les dents n'étaient pas encore développées.

Il nous serait difficile d'indiquer la forme et l'étendue que pouvait avoir eues la poitrine : les côtes et les pièces du sternum sont tout-à-fait déplacées ou perdues dans la grande pièce de Manheim et dans la figure qu'a donnée Soemmering en 1817, dans les mémoires de l'Académie de Munich, et que Cuvier a fait copier sous le n° 7 de sa planche 23, il y aurait quelque apparence d'un thorax d'oiseau, si quelques - unes des côtes offraient une dilatation sur leur grande courbure ; si l'on pouvait croire à l'existence des pièces correspondantes au sternum et jointes en chevron pour former un angle ouvert en devant ; si enfin l'os pectoral présentait une partie élargie en bouclier, avec une crête saillante ou une quille moyenne et longitudinale. Mais rien de cela. Les côtes sont très grêles, quoique Wagler leur ait trouvé quelque similitude avec celles des oiseaux, par la manière dont il dit qu'elles s'articulaient du côté de l'échine, et parce que leur sternum, semblable à celui des Ornithorhinques et des Fourmiliers échidnés (*Tachyglosus* d'Illiger), se terminait en avant par deux apophyses destinées à recevoir une forte clavicule (os coracoïde de Cuvier) analogue à celle des oiseaux.

Quant aux membres postérieurs, aucun Reptile

connu n'en offre d'aussi alongés. On y distingue un bassin, un fémur, une jambe , un tarse , des os du métatarse fort longs et quatre doigts , dont les dernières phalanges étaient armées d'ongles crochus.

Le bassin a été si déformé, que MM. Cuvier et Oken ne sont pas d'accord pour l'arrangement des os qui le composent, quoique tous deux reconnaissent un ischion, un iléon et un pubis, ces os sont tellement hors de place, que l'ischion semble se porter en avant et le pubis en arrière. On ne voit pas de rotule. On ne peut dire s'il y avait un péroné, mais l'ensemble de cette patte de derrière , pour la longueur des parties , ressemble plutôt à celle d'un oiseau qu'à celle d'un Reptile , aucune espèce de cette classe n'ayant les membres postérieurs aussi alongés.

Quant aux détails , Wagler dit que le fémur , qui en effet n'est pas courbé sur sa longueur, offrait en outre un grand trochanter. C'est ce qu'il ne nous a pas été donné de reconnaître. Le tarse est composé d'un petit nombre d'os dont aucun n'est saillant comme le calcanéum , qui est si remarquable par son alongement dans les Chiroptères. Les os du métatarse sont au nombre de quatre , mais celui des phalanges diffère pour chacun des doigts : deux , trois , quatre , cinq, comme dans les Lézards et non comme dans les Chauves-Souris, qui ont constamment trois phalanges à chaque orteil , excepté au pouce. Quant aux oiseaux, aucun , avec la même disposition des phalanges , n'offre quatre os métatarsiens ; mais bien un seul : aussi, comme le remarque Cuvier, cette circonstance, négligée par les autres observateurs , mérite ici une grande attention. Peut-elle être l'effet du hasard ? Voici en effet un animal qui , par son ostéologie , depuis les dents jusqu'au bout des ongles, offre tous les caractères des Sauriens ; on ne peut donc pas douter qu'il ne les ait aussi présentés dans ses tégumens et dans ses parties molles ; qu'il n'en ait eu les écailles, la circulation, les organes de génération, etc. ; mais c'était en même temps un animal pourvu des moyens de voler, et qui très probablement en avait la faculté.

En effet, c'est dans les membres antérieurs que se rencontrent la plus grande anomalie de structure qui existe parmi les animaux vertébrés. Les épaules et le sternum sont difficiles à reconnaître, parce qu'ils ont été déplacés et mal conservés dans la pièce, tellement que Soemmering ne les a pas vus de la même manière que Cuvier et Oken, lesquels ont reconnu une clavicule dans la pièce que le premier regardait comme un humérus. Ce dernier os est à la vérité hors de sa place et altéré ; cependant on le voit se joindre aux os de l'avant-bras, auxquels s'unissent les os du carpe placés sur deux rangs, pour recevoir de longs os du métacarpe et ceux-ci paraissent être au nombre de trois ou de quatre. C'est à l'extrémité de ces os qu'on voit les séries de phalanges qui correspondent aux doigts antérieurs.

Il y a d'abord trois petits doigts : l'un est composé de deux phalanges, un autre de trois, le troisième est rompu ; le nombre devait être de quatre ; tous étaient terminés par des onguéaux comprimés, courbés et pointus ; mais c'est surtout le quatrième doigt qui est remarquable, parce qu'il est excessivement alongé, formé de quatre pièces, ou phalanges dont la dernière ne porte pas d'ongle : c'est l'avant-dernière qui est la plus longue.

Cuvier dit qu'il n'est guère possible de douter que ce long doigt n'ait servi à supporter une membrane qui formait à l'animal un aile bien plus puissante que celle du Dragon, et qu'il se servait en outre de ses trois autres doigts courts pour se suspendre aux arbres. C'était, ajoute-t-il, un animal qui dans sa station devait faire peu d'usage de ses extrémités antérieures, si même il ne les retenait toujours reployées sur les parties latérales du tronc, comme les oiseaux placent leurs ailes lorsqu'ils appuient leur corps sur les pattes postérieures. Il devait aussi tenir comme eux le cou redressé et recourbé en arrière, pour que son énorme tête ne rompît pas tout-à-fait l'équilibre.

D'après ces données, Wagler a dessiné ce Reptile à l'état de vie, comme l'indiquait Cuvier, en ajoutant « que la figure que l'on obtiendrait serait des plus » extraordinaires, et semblerait, à ceux qui n'ont pas » suivi toute cette discussion et vu les débris de notre » animal, le produit d'une imagination malade plutôt » que des forces ordinaires de la nature. »

Cuvier n'a indiqué que deux espèces de Ptérodactyles : le Longirostre, qui est celui de Collini, et le Brévirostre de Soemmering, dont il a copié la figure. Wagler croit que ce dernier est le squelette d'un jeune individu.

Hermann von Meyer a inscrit dans le même genre six autres espèces, sur lesquelles nous ne donnerons qu'une simple indication.

3. Le *Crassirostre* de Goldfuss, qui ne différerait que par le nombre et la disposition des dents, lesquelles sont rapprochées deux par deux et en moindre nombre à la mâchoire inférieure qu'à la supérieure.

4. Le *Ptérodactyle moyen* (*medius*). Il paraîtrait que la racine de sa dent serait creuse comme celles des Crocodiles.

5. Le *Ptérodactyle de Munster*. C'est dans cette espèce, dont les dents sont semblables aux deux mâchoires, qu'on dit avoir reconnu un os de la langue.

6. Le *Ptérodactyle macronyx* de Buckland ; ses dents seraient en forme de lancettes et les ongles très alongés et fort gros.

7. *Ptérodactyle géant* (*grandis*), d'après Cuvier, qui n'en a décrit et figuré, d'après Soemmering, que le fémur et le tibia, et deux phalanges du grand doigt qui supportait l'aile.

Deux autres espèces n'auraient été pour ainsi dire qu'indiquées, l'une par Buckland et l'autre par Spix.

FIN DU TOME QUATRIÈME.

TABLE ALPHABÉTIQUE

DES NOMS DE GENRES,

ADOPTÉS OU NON,

QUE CONTIENT CE VOLUME.

REPTILES, IV.   **36**

FIN DE LA TABLE DES GENRES.

TABLE MÉTHODIQUE

DES MATIÈRES

CONTENUES DANS CE QUATRIÈME VOLUME.

SUITE DU LIVRE QUATRIÈME.

DE L'ORDRE DES LÉZARDS OU DES SAURIENS.

CHAPITRE VIII.

FAMILLE DES IGUANIENS OU SAURIENS EUNOTES.

FIN DE LA TABLE.

ERRATA ET EMENDANDA.

Page 30, ligne 4, *d'après*, lisez *après*.

Page 31, avant-dernière ligne, *Métapoceros*, lisez *Métopocéros*.

Page 32, ligne 4, *Leiolepsis*, lisez *Leiolepis*.

Page 36, avant-dernière ligne, *Uperanodon*, lisez *Upéranodonte*.

Page 39, ligne 21, *des pores aux cuisses*, lisez *pas de pores aux cuisses*.

Page 78, après la seizième ligne : l'Urostrophe de Vautier, ajoutez : (*Voyez* Pl. 37, fig. 1).

Page 82, après la quinzième ligne : Le Norops doré, ajoutez : (*Voyez* Pl. 37, fig. 2).

En regard de la page 90, dans le tableau synoptique des espèces du genre Anolis, ligne 10, *plus que celles des côtés du corp*, lisez : *plus petites que celles des côtés du corps.*

Page 100, les trois premières lignes devraient être en plus petits italiques semblables à ceux des deux premières de la page 97.

Page 125, ligne 34 : *narium foramina minima*, lisez *narium foramina supra rostrum minima.*

Page 182, supprimez la citation, *Lézard lion*, de la 5e ligne.

Page 187, supprimez aussi la même citation aux 4e et 5e lignes.

Page 242, après la première ligne : Le Léiosaure de Bell, ajoutez : (*Voyez* Pl. 39, fig. 1).

Page 288, après Le Proctotrète signifère, ajoutez : (*Voyez* Pl. 39, fig. 2).

Page 330, après Le Tropidogastre de Blainville, ajoutez : (*Voyez* Pl. 39 *bis*, fig. 1).

Page 359, après Le Trachycycle marbré, ajoutez : (*Voyez* Pl. 39 *bis*, fig. 2).

Page 472, après Le Grammatophore de Decrès, ajoutez : (*Voyez* Pl. 41 *bis*, fig. 1).

Page 499, après L'Agame épineux, ajoutez : (*Voyez* Pl. 41 *bis*, fig. 2).